여행은

꿈꾸는 순간,

시작된다

리얼
호주

여행 정보 기준

이 책은 2024년 2월까지 취재한 정보를 바탕으로 만들었습니다.
정확한 정보를 싣고자 노력했지만, 여행 가이드북의 특성상
책에서 소개한 정보는 현지 사정에 따라 수시로 변경될 수 있습니다.
변경된 정보는 개정판에 반영해 더욱 실용적인 가이드북을 만들겠습니다.
한빛라이프 여행팀 ask_life@hanbit.co.kr

이미지 라이선스

본문에 사용된 이미지 가운데는 호주 관광청 Tourism Australia에서 제공한
이미지가 다수 포함되어 있음을 밝힙니다. https://australia.com

리얼 호주

초판 발행 2019년 10월 25일
개정2판 2쇄 2024년 6월 28일

지은이 박선영 / **펴낸이** 김태헌
총괄 임규근 / **책임편집** 고현진 / **교정교열** 박영희 / **디자인** 천승훈 / **지도·일러스트** 조민경
영업 문윤식, 신희용, 조유미 / **마케팅** 신우섭, 손희정, 박수미, 송수현 / **제작** 박성우, 김정우

펴낸곳 한빛라이프 / **주소** 서울시 서대문구 연희로2길 62 한빛빌딩
전화 02-336-7129 / **팩스** 02-325-6300
등록 2013년 11월 14일 제25100-2017-000059호
ISBN 979-11-93080-29-0 14980, 979-11-85933-52-8 14980(세트)

한빛라이프는 한빛미디어(주)의 실용 브랜드로 우리의 일상을 환히 비추는 책을 펴냅니다.

이 책에 대한 의견이나 오탈자 및 잘못된 내용은 출판사 홈페이지나 아래 이메일로 알려주십시오.
파본은 구매처에서 교환하실 수 있습니다. 책값은 뒤표지에 표시되어 있습니다.
한빛미디어 홈페이지 www.hanbit.co.kr / 이메일 ask_life@hanbit.co.kr
블로그 blog.naver.com/real_guide_ / 인스타그램 @real_guide_

지금 하지 않으면 할 수 없는 일이 있습니다.
책으로 펴내고 싶은 아이디어나 원고를 메일(**writer@hanbit.co.kr**)로 보내주세요.
한빛라이프는 여러분의 소중한 경험과 지식을 기다리고 있습니다.

호주를 가장 멋지게 여행하는 방법

리얼
호주

박선영 지음

IB 한빛라이프

책이나 영화를 볼 때, 처음과 두 번째는 다르다. 세 번째, 네 번째…, 반복할수록 같은 내용인데 다른 느낌이다. 내가 달라진 거다. 내 안의 감정과 상황, 이해도에 따라 같은 내용도 다르게 다가오는 거다. 여행도 그렇다. 같은 장소를 여러 번 여행하다 보면 매번 다른 감동을 느낀다. 계절, 날씨, 함께 하는 사람, 그리고 쌓이는 시간에 따라.

처음 호주를 만났던 시간에서 15년의 세월이 지났다. 그동안 내 여권에 찍힌 호주 출입국 기록도 그만큼의 숫자를 거듭했고, 셀 수 없을 만큼 여러 번 호주의 사계절을 보았다. 설레던 시선에서 익숙한 시선으로 바뀌게 되었으며, 〈뉴질랜드 100배 즐기기〉와 〈호주 100배 즐기기〉로 시작한 가이드북 만들기가 〈리얼 시리즈〉로 거듭나는 변화까지 맞게 되었다. 그럼에도 불구하고 이놈의 나라는 갈 때마다 다른 곳인 양 시치미를 떼고 새로운 척 반긴다.

〈리얼 호주〉 취재를 위해 찾은 가장 최근의 호주에서는 정말 많은 변화를 발견했다. 우선, 취재를 위한 짐이 가벼워졌다. 두꺼운 노트북 대신 가벼운 태블릿 또는 스마트폰 하나면 충분해졌다. 지도책이 필요 없어진 지는 이미 오래다. 목이 빠지게 무겁던 카메라도 성능 대비 훨씬 가벼워졌다. 두 번째는 시드니 공항 입국장을 넓게 차지하고 있던 무료 숙소 전화 데스크가 사라진 것. 그 자리는 통신사들의 유심칩 판매대가 차지하고 있었다.
세 번째가 가장 큰 변화인데, 길 찾기와 숙소 찾기가 식은 죽 먹기만큼이나 쉬워졌다. 구글맵과 숙소 예약 애플리케이션 하나로 여행을 망설이게 하는 8할의 고민이 사라져버린 거다. 데이터 비용에 대한 부담이 남아있지만, 이마저도 현재의 와이파이 프리존 보급 속도라면 가까운 시일에 해결될 거라 생각한다. 물론 변하지 않은 것도 있다. 세상 어디에도 없는 호주의 자연! 그건 아마 백 년 후에도 그대로일 거라 믿는다.

더 이상 여행은 '선수(?)'들의 전유물이 아니다. 누구나 시드니에 도착한 첫날부터 버스를 탈 수 있고, 동네 산책하듯 오페라 하우스를 찾아갈 수 있다. 처음 호주책을 내던 당시에 '이 책이 고성능 슈퍼 나침반이 되길 바란다'고 머리말에 썼는데, 15년 후 그 바람을 스마트폰이 대신하고 있을 줄이야.

나침반과 내비게이션의 역할은 성능 좋은 문명의 이기利器에 맡겨두고, 이 책은 다정한 친구가 되길 바라본다. 밤마다 조곤조곤 다음날 여행에 대해 알려주고, 낮 동안에는 든든한 가이드가 되어주는 경험 많고 마음 맞는 친구 말이다. 출발 전의 설렘과 여행이 끝난 후의 추억까지 책의 행간에 고스란히 간직한 절친이 되길 바란다.

> **"새로운 사람을 만나고, 새로운 음식을 맛보고, 새로운 길을 걸어보는 것은**
> **내 남은 인생에 대한 예의다."**

자, 이제 세상에서 가장 멋진 곳, 호주를 만날 일만 남았다. 이 책과 함께 길 떠나는 모두에게 절친의 마법을 걸어본다. "Have a Good Trip!"

Thanks to

꽤 오랜 시간이 지났습니다. 처음 호주책을 내겠다고 찾았던 초보 저자에게 마음을 내어주고, 다시 십수 년이 지난 후 새 책을 내겠다고 찾은 뜬금없는 저자를 반겨주신 서호주 관광청 김연경 이사님, 찰리 조 사장님, 오랜 인연에 감사드립니다.

퀸즐랜드 관광청 경성원 실장님, 싱가포르 항공 이혜원 이사님, 두 분 덕분에 큰 산을 넘을 수 있었습니다.

적도를 넘어가는 순간 우리의 슈퍼 울트라 빽(?)그라운드가 되어주는 뉴질랜드투어의 한재관 사장님과 노수아 실장님. 언제나 감사합니다. 그리고 길 위에서 만난 모든 인연들에게 고개 숙여 감사드립니다.

INTRODUCTION
일러두기

〈리얼 호주〉는 크게 6개 파트로 이루어져 있습니다. 호주가 어떤 나라인지 한눈에 알 수 있게 구성한 PART 01과
조금 더 깊이 들여다보는 정보편 PART 02, 주별로 나뉘어진 호주의 각 도시를 탐험하는 PART 03~05 그리고 당
황하지 않고 호주에 입성하도록 도와주는 여행 준비편 PART 06. 각 파트별 구성과 활용법은 아래와 같습니다.

도시별 가이드

각 도시를 이해하기 쉽도록 6단계로 나누어, 상세한 최신 정보와 사진으로 소개합니다.

① CITY PREVIEW 도시 미리보기

② ACCESS 가는 방법

③ REAL COURSE 추천 코스

④ REAL MAP 도시 지도

⑤ SEE

⑥ EAT

INTRODUCTION
일러두기

- 이 책에 나오는 지역명이나 스폿 이름은 기본적으로 외래어 표기법을 따랐지만, 경우에 따라 현지에서 사용하는 발음을 우선하였습니다. 예를 들어 멜번의 경우, 표기법상으로는 '멜버른'이지만, 현지에서 그렇게 발음하는 경우는 거의 없으므로 이 책에서는 '멜번'으로 표기하고 있습니다.

- 휴무일은 정기휴일을 기준으로 작성했습니다. 입장 요금과 상품 가격은 호주 달러로 표기했습니다.

구성별 아이콘

📷 **SEE** 어트랙션　　✖ **EAT** 레스토랑 & 카페　　🎁 **SHOP** 쇼핑　　🎮 **PLAY** 액티비티

본문에서 사용한 약어

- **St.** Street　　- **Hwy.** Highway　　- **Rd.** Road　　- **Dr.** Drive　　- **Ave.** Avenue

- **Cnr.** Corner of　　- **Tce.** Terrace　　- **Bldg.** Building　　- **Blvd.** Boulevard　　- **NP** National Park

---

스폿 정보 아이콘

📍 주소　　🏃 가는 방법　　🕐 운영 시간　　❌ 휴무　　💲 요금　　📱 전화번호　　🏠 홈페이지

지도에 사용된 기호 & 약호

ⓘ 관광안내소　　🚃 기차역　　🚌 버스 정류장　　◎ 어트랙션

🍴 레스토랑 & 카페　　🅷 숙소　　⛩ 페리 터미널　　✈ 공항

구글 맵스 QR코드

각 지도에 담긴 QR코드를 스캔하면 소개된 장소들의 위치가 표시된 구글 지도를 스마트폰에서 볼 수 있습니다.
'지도 앱으로 보기'를 선택하고 구글 맵스 앱으로 연결하면 거리 탐색, 경로 찾기 등을 더욱 편하게 이용할 수 있습니다. 앱을 닫은 후 지도를 다시 보려면 구글 맵스 애플리케이션 하단의 '저장됨'-'지도'로 이동해 원하는 지도명을 선택합니다.

* QR코드를 인식해보세요.

목
차

CONTENTS

CONTENTS
목차

CONTENTS
목차

CONTENTS
목차

CONTENTS
목차

PART 04

진짜 호주를 만나는 시간
중남부

CONTENTS
목차

PART
01

스텝 바이 스텝 호주 Step by Step Australia

AUSTRALIA

호주 기초 정보
About OZ

정식 국명 Name of Country

오스트레일리아 연방
Commonwealth of Australia

6개의 주와 2개의 특별지역(캔버라가 있는 수도 특별지역과 노던 테리토리)으로 구성된 연방국가로, 각각의 주와 특별지역은 자치권이 있다.

면적 Area

774만 1,220㎢
(남한의 77배)

호주는 세계에서 여섯 번째로 큰 나라다. 국토의 크기는 미국 본토 50개 주 가운데 48개 주를 합한 것과 같으며, 시베리아를 제외한 유럽 전체를 합한 것보다 무려 50% 정도가 더 넓다.

국가 문장
The Coat of Arms of Australia

6개 주의 휘장이 그려진 방패를 호주의 상징 동물인 캥거루와 에뮤가 들고 있는 모습의 공식 국가 문장. 캥거루와 에뮤는 절대 뒤로 걷지 않고 앞으로 나아가는 동물들로, 전진하는 호주의 미래상을 문장에 형상화하였다.

인구
Population

약 **2,669만 명**

민족구성 Racial Composition

80% 앵글로색슨 영국계

원주민 애버리진(혼혈 포함) **2.7%**

기타 유럽 및 아시아계 **17.3%**

언어
Language

영어

ENGLISH

수도
Capital

캔버라
Canberra

캔버라

정치체제
System of Government

영국 국왕 찰스 3세를 국가 원수로 하는 영연방국가 중 하나로, 입헌군주제와 의회민주주의를 채택하고 있다. 실질적인 국가의 수장은 총리며, 총리는 3년의 임기로 3선까지 선출 가능하다.

통화 Currency

호주의 화폐 단위는 오스트레일리아 달러(A$ 또는 AU$로 표기하며, 이 책에서는 A$로 표기). 보조단위는 센트(¢). A$1=100¢. 지폐는 5종류, 동전은 6종류가 유통되고 있다.

환율 Exchang Rate

1A$ = 약 910원
(2024년 6월 현재 매매기준율)

| 🏴 호주 AUD ▼ | **1** | A$(달러) |

=

| 🇰🇷 대한민국 KRW ▼ | 약 **910** | 원 |

전압 Voltage

240/250V, AC 50Hz.

소켓이 삼발 모양으로, 한국에서 사용하는 것과는 다르기 때문에 별도의 어댑터가 필요하다. 우리나라는 220V를 사용하고 있으므로 겸용 제품이 아니라면 변압기를 사용해야 한다. 또한 대부분 스위치가 달려 있어서, 쓰기 전에 ON을 눌러야 전기가 통한다.

공휴일 National Holiday

부활절과 여왕 탄생일은 매년 날짜가 다르며 주마다 조정되기도 한다. 공휴일에는 관공서나 상점이 문을 닫는 곳이 많으므로, 일정을 미리 확인해보는 것이 좋다.

날짜	전국 공통 공휴일
1월 1일	뉴 이어스 데이
1월 26일	오스트레일리아 데이(건국 기념일)
3월 하순~4월 중순	부활절 주간(굿 프라이데이 포함)
4월 25일	안작 데이
6월 둘째 주 월요일	여왕 탄생일
12월 25일	크리스마스
12월 26일	박싱 데이

호주까지 비행시간
Flying Time

약 9시간 30분~10시간 30분 소요

한국에서 시드니, 브리즈번 2개 도시에 직항편이 운행되고 있다. 시드니까지는 대한항공, 콴타스, 아시아나, 티웨이, 제트스타까지 총 5개 항공사가, 브리즈번은 대한항공과 제트스타 2개 항공사가 한국과 호주 직항편을 거의 매일 운행하고 있다.

팁 Tip

미국이나 유럽과 달리 호주에서는 팁이 일반화되어 있지 않다. 따라서 호텔과 식당의 계산서에 서비스 요금이 부과되지 않고, 택시 운전사나 각종 서비스업 종사자들도 팁을 기대하지는 않는다. 다만 고급 레스토랑이나 호텔 등에서는 일반적으로 청구된 금액의 10% 정도를 팁으로 주기도 하는데, 어떤 경우든 팁은 개인의 선택사항이다.

연령 제한 Age Limit

담배와 알코올은 만 18세 이상 가능. 투어 등의 어린이 요금 설정은 만 4세 이상~14세 이하인 경우가 많다. 7세 미만 어린이는 반드시 어린이용 카시트를 장착한 차에 태워야 하고, 모든 좌석이 아이들로 다 찼을 경우를 제외하고는 조수석에 앉히는 것도 금지다.

시차와 서머타임 Time Difference & Daylight Saving Time

호주에는 3개의 시간대가 있다. 동해안의 각 주는 한국과 1시간 차이(한국시간+1), 중앙부는 동부와 30분 차이(한국시간+30분), 서부는 동부와 2시간 차이(한국시간-1)가 난다. 또 원칙적으로 10월 마지막 일요일부터 3월 마지막 일요일까지, 뉴사우스웨일스, 빅토리아, 캐피털 테리토리(캔버라), 태즈마니아(10월 첫째 일요일부터), 사우스 오스트레일리아에서는 서머타임(현지에서는 데이라이트 세이빙이라고 한다)을 실시한다.

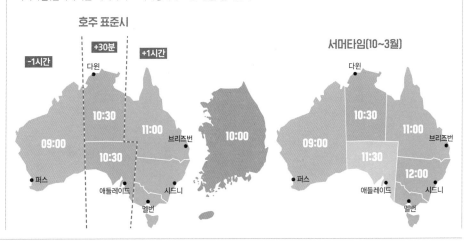

밑줄 쫙 호주
Zoom in OZ

ZOOM IN ❶
한눈에 보는 호주

호주는 넓다. 남한의 77배!

한반도의 남쪽, 적도 너머로 세계 유일의 1대륙 1국가가 있다. 호주의 면적은 남한의 77배. 남북으로 약 3,700㎞, 동서로 약 4,000㎞의 엄청난 크기다. 내륙부와 북서부는 자연환경이 혹독한 탓에 개발이 이뤄지지 않아서 크기에 비해 도시의 수가 적다. 호주 전체 인구는 2,669만 명 남짓. 인구의 대부분은 기후가 좋은 동해안에 집중해 있다.

행정구역 8개의 독립국?!

호주에는 6개의 주와 2개의 특별구가 있다. 각각의 주와 특별구는 우리나라의 지방자치제와는 비교가 안 될 만큼 강력한 자치권을 갖고 있어서 하나의 독립된 국가처럼 운영된다.

한국에서 10시간 거리, 생각보다 가까운 나라

시드니까지 비행시간은 약 10시간 30분. 유럽의 도시나 캐나다 밴쿠버 등과 거의 같은 거리다.

3개의 시간대, 3개 이상의 기후대를 가진 섬나라

동쪽과 서쪽의 시간차는 2시간, 서머타임에는 최대 3시간까지 벌어진다. 같은 나라 안에서 시차를 확인해야 하는 광대한 영토다. 기후 또한 열대 기후부터 온대 기후까지 다양하다. 세계에서 가장 건조한 대륙으로, 대륙 중앙부는 광활한 사막지대다. 다양한 기후대가 분포하는 만큼, 언제 어디를 여행하느냐에 따라서 여행지의 인상도 크게 달라진다.

호주와 뉴질랜드는 다른 나라!

당연한 말이지만 호주와 뉴질랜드는 완전히 다른 나라다. 한국과 일본을 헷갈려 하면 매우, 무척, 엄청나게 기분이 나쁜 것과 같은 이치다. 영국 국왕을 국가 원수로 하는 영연방국가라는 점과 남반구에 위치한다는 공통점을 제외하고는 역사와 문화, 환경과 국민성까지 완전히 다른 나라다. 호주의 시드니에서 뉴질랜드의 오클랜드까지는 비행기로 약 3시간이 걸린다.

호주 관광지 둘러보기

카카두 국립공원 ·········

다윈 ●

노던 테리토리 주

원주민 애버리지니의 문화가 살아 숨쉬는 곳. 북쪽에는 초원과 계곡, 습지대 등의 자연이 펼쳐지는 카카두 국립공원, 남쪽에는 적토의 대지에 솟아있는 거대한 바위 울루루(에어즈 록)가 있어서 호주 대륙의 웅대함을 실감할 수 있다.

- **다윈** 세계유산 카카두 국립공원으로 가는 거점 도시.
- **카카두 국립공원** 때묻지 않은 대자연 속에 원주민 애버리진의 수많은 벽화가 남아 있다.
- **에어즈 록** 세계유산에 등록된 세계 최대 규모의 바위. 호주의 상징이다.

번글번글 ●

NORTHERN
TERRITORY

앨리스 ·········
스프링스

에어즈 록 ●

웨스턴 오스트레일리아 주

대륙의 서쪽, 국토의 ⅓을 차지하는 주. 야생 돌고래와 고래를 볼 수 있는 장소가 많으며 해안 일부는 돌핀 코스트로 주목받고 있다. 들꽃 군락지와 기암괴석이 흩어져 있는 피나클스 등이 대표 명소.

● 몽키마이어

- **번글번글** 호주의 비경 킴벌리 관광의 하이라이트. 웅장한 산맥이 압권.
- **몽키마이어** 야생 돌고래에게 먹이를 줄 수 있는 곳. 또한 세계 유수의 바다표범 서식지기도 하다.
- **퍼스** 기후가 좋고 도시도 아름다워서 세계에서 가장 살기 좋은 곳으로 꼽힌다. 주변에 멋진 자연경관을 자랑하는 관광지가 많다.

WESTERN
AUSTRALIA

SOUTH
AUSTRALIA

● 퍼스

사우스 오스트레일리아 주

주도인 애들레이드는 18세기에 자유 이민으로 세워진 도시. 이민 초기의 건축물이 많이 남아 있는 중후한 분위기의 도시다. 근해에 떠있는 캥거루 아일랜드는 야생동물의 보고로 유명하다. 또 와인 명산지도 많다.

- **애들레이드** 캥거루 아일랜드와 호주 최대의 와인 산지 바로사 밸리로 가는 거점 도시

태즈마니아 주

본토와는 배스 해협을 사이에 두고 떨어져 있는 호주에서 가장 작은 주. 태즈마니아 섬, 플린더스 섬, 킹 섬 등으로 이루어져 있다. 태즈마니아 섬에는 높은 산은 없지만, 대부분이 산악 지대이고 대륙과는 다른 원시적이고 신비로운 자연이 남아 있다.

- **호바트** 아름다운 자연이 남아 있는 태즈마니아 주 관광의 거점 도시

퀸즐랜드 주

남회귀선이 주의 한가운데를 통과하는 아열대 지역으로 선샤인 스테이트라 불린다. 바다에는 그레이트 배리어 리프, 내륙에는 세계에서 가장 오래된 열대우림이 펼쳐진다. 케언즈와 골드 코스트, 브리즈번 등이 관광명소다.

- **그레이트 배리어 리프** 남북 약 2,000km에 이르는 세계 최대의 산호초 지대. 다이버·스노클러들이 동경하는 곳으로, 리조트 아일랜드가 많다.
- **케언즈** 세계자연유산인 그레이트 배리어 리프와 열대우림으로 가는 거점 도시.
- **해밀턴 아일랜드** 리조트 아일랜드 중에서 유일하게 제트기가 이착륙할 수 있는 곳. 이 일대는 휘트선데이 제도라고 불리며, 수많은 리조트 아일랜드가 있다.
- **브리즈번** 골드 코스트로 가는 현관
- **골드 코스트** 호주를 대표하는 휴양지. 30km 이상 되는 서프 비치가 있으며 테마 파크도 많다.

● 케언즈

● 해밀턴 아일랜드

QUEENSLAND

뉴사우스웨일스 주

주도 시드니는 호주 인구의 약 ⅓이 사는 호주 최대 도시. 유럽에서 온 이민자들이 최초로 거주한 호주의 발상지이기도 하다. 근교에는 유칼리 나무가 장관을 이루는 블루 마운틴 국립공원 등의 명소가 자리 잡고 있다.

- **시드니** 호주 최대의 도시. 아름다운 항구가 있으며 신구의 조화가 매력적이다. 관광자원도 풍부하다.

브리즈번 ●
골드 코스트 ●

애들레이드 ·········

NEW SOUTH WALES

캐피털 테리토리 주

시드니와 멜번 중 어느 곳을 수도로 정할지 검토했는데, 결정을 내리지 못하고 두 도시 사이에 신도시를 건설하자는 절충안으로 탄생한 특별지역. 계획적으로 조성되어 자연과 건축물이 멋진 조화를 이루고 있다.

- **캔버라** 호주의 수도. 스키장이 많은 스노위마운틴과 가깝다.

시드니 ●

캔버라 ●

VICTORIA

멜번 ●
그레이트 오션 로드 ●

TASMANIA

호바트 ●

빅토리아 주

주도인 멜번은 호주 제2의 도시로, 가든 시티로 불릴 만큼 녹음과 꽃에 둘러싸여 있으며, '세계에서 가장 살기 좋은 도시'로 매년 선정되고 있다. 교외에는 그레이트 오션 로드와 펭귄으로 유명한 필립 섬 등 관광명소가 많다.

- **멜번** 호주 제2의 도시로 영국풍의 거리가 아름다운 호주의 문화 중심지.

모델 루트
& 베스트 코스
Model Routes
& Best Courses

넓은 지역을 효율적으로 여행하려면 출발 전 여행 스케줄을 짤 때 동선별 소요시간과 교통요금, 각 교통수단의 장단점을 고려해서 어떤 구간을 어떤 교통수단으로 이용할지 결정해야 한다. 이용할 수 있는 교통수단별 장단점은 아래와 같다.

장거리 버스	👍	저렴하다. 버스 패스를 이용하면 더욱 저렴하다. 주요 도시는 노선이 많아서 어디든지 갈 수 있다.
	👎	시간이 많이 걸린다. 오랜 시간 타면 피곤하다. 주요 도시 구간 이외의 노선은 편수가 매우 적다.
기차	👍	이동 자체가 즐겁다. 안전하고 쾌적하다.
	👎	노선이 적다. 점점 고급화되면서 비행기보다 요금이 비싸다.
비행기	👍	정해진 시간 안에 효율적으로 주유할 수 있다. 노선이 많다.
	👎	다른 교통수단보다 요금이 비싸다. 공항에서 시내까지 먼 곳이 많다.

국토가 넓은 호주는 가는 곳마다 독특한 환경과 문화가 살아 있다. 시드니를 포함한 동부해안은 우리나라 사람들이 가장 선호하는 루트지만, 동쪽 일부를 보고 호주를 봤다고 말할 수는 없는 일. 개인의 시간과 경제적 여건에 따라 달라지겠지만 다양한 루트로 호주를 탐험해 보는 것도 남다른 즐거움이 된다.

POINT 01 스케줄은 여유 있게 짤 것

한 도시에만 머무를 경우는 문제가 없지만, 여러 개의 도시를 여행할 계획이라면 호주의 엄청난 크기를 결코 간과해서는 안 된다. 육로 이동을 기본으로 한다면 충분히 여유있는 스케줄을 짤 것을 당부하고 싶다.
최근에는 호주 국내선의 항공요금이 매우 저렴해졌으므로 가고 싶은 곳이 많은 경우에는 육로와 항로를 적절히 배합해서 일정을 짜도록 한다.

POINT 02 1주일 이내의 여행이라면 한국에서 스케줄을 확정할 것

1주일 이상의 장기간 여행이라면 출발 전에 꼼꼼하게 일정을 짜지 않아도 현지에서 얻은 최신 정보를 바탕으로 한 도시에서의 체류일수를 바꾸거나 예정 루트를 변경할 수 있는 등 유동적인 여행을 할 수 있다.
하지만 1주일 이내일 경우 일정을 대충 짜면 현지에서 제대로 된 여행을 할 수 없다. 또 1주일 이내에 여러 도시를 여행할 생각이라면 한국에서 수속 또는 예약할 수 있는 것은 모두 끝내고 가는 게 현명하다. 인터넷의 발달로 한국에서도 대부분 손쉽게 예약할 수 있다.

POINT 03 내게 맞는 여행 스케줄을 짤 것

여행의 즐거움은 계획하는 단계에서 시작되는 것. 시간·비용·여행기간 등을 고려해서 만족도 높은 호주 여행의 루트를 몇 가지 소개한다. 단, 다음에 소개하는 모델 루트 또한 단지 예시일 뿐, 개개인의 취향을 모두 만족시킬 수는 없다. 모델 루트를 참고해 자기에게 맞는 여행 계획을 세우는 것이 성공적인 여행을 위한 첫걸음. 자신만의 독창적이고 즐거운 여행을 계획해보자.

COURSE 01 동부 단기 루트

경유 도시: 시드니 　 블루 마운틴 　 바이런 베이 　 골드 코스트 　 브리즈번

1~2주 동안 호주의 하이라이트를 즐기려는 사람에게 적합한 루트. 가장 많은 사람들이 선택하는 루트이기도 하고, 신혼여행의 단골 루트기도 하다. 호주의 대표 도시 시드니와 블루 마운틴, 최고의 휴양도시 골드 코스트와 테마파크 등의 화려한 볼거리가 기다리고 있다.
시드니로 입국해서 브리즈번으로 출국하는 직항편을 이용할 수 있고, 모든 일정을 그레이하운드 버스 패스를 사용해 이동할 수도 있다.

COURSE 02 동부 일주 루트

여행 기간 **14~21일**

경유 도시: 시드니 　 골드 코스트 　 브리즈번 　 허비 베이 　 에얼리 비치 　 케언즈 　 시드니

동부 단기 루트로는 뭔가 부족하다 싶을 때, 1주일만 더 시간을 내어 동부 일주에 도전해보는 것은 어떨까. 세계 최대의 대산호초 그레이트 배리어 리프, 세계 최대의 모래섬 프레이저 아일랜드, 세계문화유산에 빛나는 케언즈의 열대우림 등 곳곳에 볼거리가 숨어 있는 동부 일주 루트. 그러나 이런 볼거리들을 제대로 감상하려면 많은 경제적 출혈이 뒤따른다.
에얼리 비치에서의 요트 세일링, 허비 베이에서의 고래 관찰, 프레이저 아일랜드 투어, 그레이트 배리어 리프에서의 스쿠버 다이빙 등등, 할 것이 많은 만큼 적게는 20만 원에서 많게는 100만 원까지의 예비비가 필요하다. 시드니로 입국해서 시드니 또는 브리즈번으로 출국할 경우, 케언즈에서 다시 되돌아오는 여정은 항공편을 이용하는 것이 합리적이다.

COURSE 03 남부 루트

여행 기간 **12~15일**

경유 도시 시드니 ○ 캔버라 ○ 멜번 ○ 애들레이드 ○ 시드니 ○

비교적 단기간에 호주 남부의 하이라이트를 돌아볼 수 있는 루트. 시드니에서는 1일 관광을 이용해서 블루 마운틴까지 다녀오고, 멜번까지 이동하는 도중 캔버라에 들러 하루 정도 묵은 후, 멜번의 그레이트 오션 로드와 펭귄 아일랜드 등 근교 볼거리를 둘러본다. 여기에서 멈추지 않고 애들레이드로 이동해 캥거루 아일랜드 1박 2일 투어를 다녀오면 쉴 새 없이 빠듯한 일정이 된다. 시드니 입국, 애들레이드 출국의 경유편 국제선을 이용하거나, 애들레이드-시드니 구간의 국내선 항공편을 이용하면 일정을 단축할 수 있다.

COURSE 04 아웃백과 남부 루트

여행 기간 **16~21일**

경유 도시 시드니 ○ 앨리스 스프링스 ○ 에어즈 록 ○ 쿠버 피디 ○ 애들레이드 ○ 멜번 ○ 시드니 ○

호주의 중남부와 남부 지방을 중심으로 구성된 루트. 시드니에서 앨리스 스프링스까지는 항공편을 이용하고, 그 뒤로는 투어와 버스를 함께 이용할 수 있다. 에어즈 록과 쿠버 피디의 지하 주택, 애들레이드와 캥거루 아일랜드, 멜번의 그레이트 오션 로드를 지나 시드니까지 돌아오는 일정이다. 에어즈 록과 그레이트 오션 로드, 캥거루 아일랜드를 보는 것만으로도 호주의 자연과 환경을 체험할 수 있는 값진 여행이 된다. 단점은 불가피하게 한 번 이상 항공편을 이용해야 한다는 것. 시간이 넉넉하지는 않지만 호주의 하이라이트를 놓치기 싫은 사람들에게 추천할 만하다. 이 구간은 버스 패스보다는 투어 버스를 이용하는 것이 더 바람직하다. 예를 들어 앨리스 스프링스에서 애들레이드까지는 5박6일짜리 투어 버스를 이용해서 이동과 숙박을 한꺼번에 해결하고, 애들레이드에서 멜번까지는 야간 장거리 버스를 이용하는 등의 방법이 있다.

COURSE 05 아웃백과 동부해안 루트

여행 기간 **20~25일**

경유 도시　시드니　앨리스 스프링스　에어즈 록　케언즈　브리즈번　골드 코스트　시드니

동부해안 일주 코스에 호주의 센터피스 에어즈 록 관광을 추가시켰다. 동부의 하이라이트와 에어즈 록 등반이라는 두 마리 토끼를 동시에 잡을 수 있지만, 단점은 항공료가 많이 든다는 것. 육로를 이용해서 가기에는 너무 많은 시간이 걸려서 이 노선만큼은 선택의 여지가 없다. 시드니에서 앨리스 스프링스까지 비행기로 이동하고, 앨리스 스프링스에서 출발하는 투어를 이용해 에어즈 록까지 다녀올 수 있다. 시간 여유가 있으면 3~4일 동안 앨리스 스프링스와 에어즈 록에서 호주 오지를 체험해보는 것도 좋다.

COURSE 06 아웃백과 동북부 루트

여행 기간 **20~30일**

경유 도시　시드니　앨리스 스프링스　에어즈 록　다윈　케언즈　브리즈번　골드 코스트　시드니

호주를 통틀어서 한국 사람들이 가장 적게 이용하는 루트. 그중에서도 앨리스 스프링스에서 다윈까지는 아웃백의 꼭대기인 데다가, 가는 도중의 여정이 너무 힘들어서 포기하고 마는 구간. 그러나 이 루트의 매력을 생각하면 쉽게 외면할 수 있는 구간이 아니다. 최근에는 앨리스 스프링스에서 다윈을 잇는 열차 더 간 The Ghan의 완공으로 예전보다 훨씬 쉽게 아웃백을 정복할 수 있다. 따라서 버스와 비행기/기차를 적절히 활용해서 다양한 체험을 더하는 것이 이 루트의 포인트! 시드니에서 앨리스 스프링스까지는 비행기를 이용해서 시간을 절약하고, 앨리스 스프링스에서 다윈까지는 기차 또는 투어 버스를, 다윈에서 케언즈까지는 다시 비행기를, 그리고 마지막 동부 노선은 버스를 이용하면 시간을 절약할 수 있다. 시간보다는 돈을 절약하고 싶다면 시드니와 앨리스 스프링스 구간만 비행기를 이용하고, 나머지는 그레이하운드 버스 패스를 구입하는 것도 한 방법이다.

COURSE 07 동서 대륙 횡단 루트

여행 기간 **40~45일**

경유
도시 ○ 퍼스   ○ 앨리스 스프링스   ○ 애들레이드   ○ 멜번   ○ 태즈마니아   ○ 시드니   ○ 골드 코스트   ○ 케언즈

호주 대륙을 동서로 누비며 다양한 체험을 해볼 수 있는 루트. 다윈과 카카두 국립공원 등 북부의 볼거리를 제외한 호주 전역을 둘러본다. 서호주의 사막과 쾌청한 날씨, 퍼스의 현대적인 아름다움을 감상할 수 있고, 에어즈 록과 그레이트 오션 로드, 태즈마니아의 독특한 자연과 환경, 시드니 그리고 골드 코스트까지 돌아보고 케언즈에서 여행을 마무리한다. 단, 호주 입국과 출국이 퍼스 또는 케언즈가 되므로 방콕이나 싱가포르·도쿄 등을 경유하는 항공편을 이용해야 한다. 싱가포르를 경유하는 싱가포르 항공, 방콕을 경유하는 타이항공, 홍콩을 경유하는 캐세이 패시픽 등 대부분의 경유 노선은 두 도시 모두 출입국이 가능하다.

COURSE 08 대륙 반 바퀴 루트

여행 기간 **40~50일**

경유
도시 ○ 시드니   ◉ 캔버라   ○ 멜번   ◉ 애들레이드   ◉ 에어즈 록

○ 시드니   ○ 골드 코스트   ○ 케언즈   ◉ 카카두 국립공원   ◉ 다윈

태즈마니아와 서호주를 제외한 호주 대륙 반 바퀴 루트. 이 루트는 버스만으로 이동할 경우 40~50일이 소요되지만, 항공편을 이용하면 기간을 단축할 수 있다. 버스로만 이동할 계획이라면 오지 익스플로러의 패키지를 활용하는 것도 좋다. 도중에 다윈에서 케언즈 구간은 항공편을 추가하는 것도 괜찮을 듯. 자잘한 볼거리들은 역시 투어 버스를 이용하는 것이 좋다. 다윈에서 출발하는 카카두 국립공원 투어, 앨리스 스프링스에서 출발하는 에어즈 록 투어 등이 대표적이다. 펭귄 아일랜드나 캥거루 아일랜드 등도 투어를 이용하는 게 효율적이다.

경유
도시

| 시드니 | 태즈마니아 | 멜번 | 애들레이드 | 에어즈 록 | 퍼스 |

| 브리즈번 | 골드 코스트 | 케언즈 | 다윈 | 캐서린 | 브룸 | 몽키마이어 |

관광 비자의 최대한도 기간인 3개월을 꽉 채우는, 호주 배낭여행의 결정판. 버스로만 이동한다면 3개월도 빠듯하지만, 곳곳에 항공편을 추가하면 한 달 가까이 시간을 단축할 수 있다.

또 개인별 일정에 따라 시드니로 들어가 브리즈번과 시드니 두 도시 중 한 곳에서 출국할 수 있다. 최소 2개월이 넘는 여행을 잘 끝내기 위해서는 시간과 돈·체력이 모두 뒷받침되어야 한다. 따라서 기본적인 이동은 버스 패스를 이용하되, 앨리스 스프링스~퍼스 같은 구간은 비행기를 이용하는 것이 체력 안배를 위해서 더 효율적이다. 버스 패스는 오지 익스피리언스 Wanderer 패키지를 선택하거나 동부와 남부 등 두 가지 이상의 패스를 조합하는 방법이 있다. 그레이하운드 위미트 패스도 비용을 아끼는 방법 중 하나다.

TIP
여행 루트 짜기 요령

호주 여행 루트를 짜는 데서 가장 신경 써야 할 것은 어느 도시로 입국해 어느 도시에서 출국하는가이다. 예를 들어 경유편을 이용할 경우에는 케언즈로 들어가서 시드니로 나오는 일자형 동부 노선을 활용할 수 있겠지만, 직항을 이용할 때는 시드니로 들어가서 시드니 또는 브리즈번으로 나와야 하기 때문에 갔던 길을 되돌아와야 한다는 제약이 있다.

따라서 우선 입출국 도시를 기준으로 삼고, 그 다음에 날짜별 루트를 짜는 것이 요령이다. 여행 시기도 루트를 짜는데 고려해야 할 포인트 중 한 가지. 예를 들어 4월에 출발했다면 남쪽으로 내려갈수록 점점 추워지므로, 아예 남쪽부터 돌고 북쪽으로 올라가는 루트를 생각할 수 있고, 9월에 출발했다면 반대 루트로 움직이는 것이 좋다.

호주 국내 교통
All That Transportation

장거리 버스 | 기차 | 비행기 | 렌터카 | 캠핑카

장거리 버스
BUS

여행자가 가장 많이 이용하는 교통수단이다. 비행기나 기차에 비해 노선 수가 많고, 무엇보다 버스터미널에서 시내까지의 거리가 가까우며, 요금 또한 가장 저렴하기 때문이다. 호주 최대의 버스회사 그레이하운드 Greyhound 외에도 태즈마니아 주에서 운행되는 타지링크 Tassielink, 애들레이드~멜번~시드니 구간을 운행하는 파이어 플라이 익스프레스 Fire Fly Express 그리고 서호주 지역의 메이저 버스 회사 웨스트레일 West Rail 등 다양한 장거리 버스 회사들이 여행자의 발이 되고 있다.

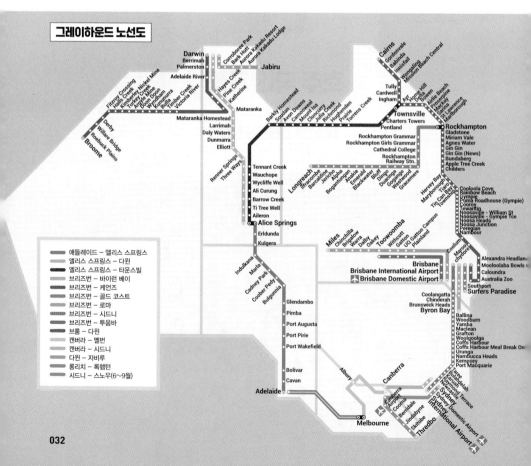

장거리 버스 패스

호주처럼 땅이 넓은 곳에서는 개별 구간의 버스 티켓을 구매하는 것보다 노선별로 묶인 할인 패스를 구입하는 것이 효율적이다. 일단 비용면에서 저렴하고, 자신이 하고자 하는 여행의 패턴과 노선에 따라 미리 이동수단을 정해 두는 셈이어서 현지에서의 혼란을 줄일 수 있다.

장거리 버스 패스는 크게 두 가지, 그레이하운드 트래블 패스 Greyhound Travel Pass와 그레이하운드 패키지 Greyhound Pakage가 있다. **두 종류의 패스 모두 사용 기간이나 구간이 남았더라도 환불되지 않으므로 큰 금액을 결제하기에 앞서 신중히 체크해야 한다.**

또한 여름과 겨울 요금이 크게 달라지는데, 지난 해 겨울 성수기 요금보다 올해 비수기 요금이 더 저렴해지는 등 시즌에 따른 요금 차이가 크다. 인터넷을 통해 구체적인 요금과 옵션을 확인해 두는 것이 좋다. 국제학생증, VIP, YHA, NOMAD 카드 등 각종 카드 소지자에 한해서 할인 요금도 적용되니 이 또한 체크할 것.

그레이하운드
☎ 1300-473-946 🏠 www.greyhound.com.au

그레이하운드 트래블 패스 Greyhound Australia Travel Pass

그레이하운드는 호주를 여행하는 동안 한 번 이상은 이용하게 되는 장거리 버스다. 호주 전역에 노선을 갖고 있던 그레이하운드 사와 퀸즐랜드를 중심으로 운행되던 맥카퍼티스 사가 전격 제휴함에 따라 지금은 하나의 회사가 되었으며, 이전보다 훨씬 막강한 네트워크로 호주를 누비고 있다.

거의 매년 시스템을 바꾸고 있는 그레이하운드 트래블 패스. 가장 최근에 확정된 패스 가운데 여행자에게 필요한 패스는 아래와 같이 중요한 두 종류로 요약할 수 있다.

> ········· **TIP** ·········
> ### 버스 패스 사용 시 주의사항
>
> 버스 패스에는 유효번호(Validation Number)가 적혀 있으며 패스는 이 번호로 컴퓨터에 등록된다. 이용 가능 일수 등의 데이터는 모두 컴퓨터로 관리되므로 반드시 예약을 해야 한다.
>
> • 버스 출발 30분 전에 터미널에 도착해야 한다.
> • 24시간 전에 예약하는 것을 원칙으로 한다.
> • 예약 후 No shows, 즉 나타나지 않으면 그 구간은 사용한 것으로 간주한다.
> • 패스는 일단 사용하면 환불되지 않는다.
> • 버스터미널에서 체크인할 때 배낭 하나당 무게 제한은 20kg이다.

이스트 코스트 휘미트 트래블 패스 East Coast Whimit Travel Pass

케언즈에서 멜번까지 호주의 동부 해안 지역을 원하는 기간만큼 자유롭게 돌아볼 수 있는 패스. 가장 대중적이면서 실용적인 패스라 할 수 있다. 무료 와이파이와 USB 충전까지 가능한 버스를 타고 7일~30일까지 나만의 자유여행을 설계할 수 있다. 처음 계획보다 일정이 늘어났다면, 여행 도중 1일~10일까지 패스 충전도 가능하다.

패스 종류	요금(A$)
7일	289
15일	369
30일	449

내셔널 휘미트 트래블 패스 National Whimit Travel Pass

패스에 정해진 날짜 동안 무제한, 자유롭게 여행할 수 있는 패스. 15일, 30일, 60일, 90일, 120일짜리가 있으며, 모두 **처음 탑승일로부터 정해진 날짜 동안 여행할 수 있으며, 최초 구입일로부터 12개월 이내에 여행을 시작해야 한다.** 홈페이지에 계정(My Greyhound Account)을 만든 후 자유롭게 탑승 예약과 변경을 할 수 있다. 그레이하운드 버스가 운행되는 모든 노선, 모든 터미널, 모든 시간대에 이용 가능하다.

패스 종류	요금(A$)
15 Day Whimit	399
30 Day Whimit	505
60 Day Whimit	569
90 Day Whimit	719
120 Day Whimit	849

그레이하운드 패키지 Greyhound Pakage

예전에는 오지 익스피리언스 패스라 불렀으나, 최근에는 그레이하운드 패키지라는 명칭으로 재단장했다. 패키지라는 단어가 보여주듯, 교통수단보다는 거점 지역에서 반드시 봐야 할 하이라이트 투어의 개념이 더 커지고 있다. 즉, 교통수단을 기본으로 하되, 서핑이나 세일링, 어트랙션 투어 등 각 도시마다 특징적인 레포츠나 추천 관광 등이 포함되는 식이다.
호주 전역을 지그재그로 누비며 일반 장거리 버스가 정차하지 않는 시골까지도 돌아볼 수 있다는 것과 여행을 통해 친구를 사귀기 좋다는 것이 장점이다. 반면 야간에는 운행하지 않기 때문에 불가피한 숙박과 뜸한 운행횟수 그리고 의사소통이 자유롭지 못한 데서 오는 불편 등을 단점으로 꼽을 수 있다.

동부 해안 패키지

패키지 종류	기간	요금(A$)
이스트 코스트 크루저	30일	2065
이스트 코스트 어드밴처	30일	1635

···· TIP ····
장거리 버스 여행에 대처하는 소소한 팁

세면도구 챙기기
반나절 이상, 오랜 시간 버스를 타면 머리가 멍해지고 몸이 나른해진다. 이럴 때는 샤워로 몸과 마음을 산뜻하게 하자. 밀 스톱 등 가끔씩 정차하는 주유소에는 샤워 시설이 있다. 요금은 A$2~3. 또 대도시의 트랜짓센터에도 샤워 시설이 있다(무료). 이른 아침에 도착했다면 먼저 샤워부터 하고 행동 개시!

여름철 냉방에 주의
버스 안의 온도는 빵빵한 냉방시설 덕분에 낮에도 서늘할 정도. 특히 야간 버스를 이용할 때는 긴 소매 상의와 긴 바지를 입어야 한다. 아울러 휴대용 베개나 침낭이 있으면 무척 도움이 된다.

비 오는 날에 주의
도로가 잘 정비되어 있는 동해안 지역에서는 별 걱정이 없지만, 대륙 내부는 비가 많이 오면 도로가 침수되어 운행할 수 없는 경우가 있다. 도로가 복구될 때까지 버스 안에서 기다려야 하는데, 이럴 때는 초조해하지 말고 아예 포기하고 마음 편히 쉬는 게 상책이다. 또 폭우가 내리면 맡겨둔 짐이 젖을 수 있으니, 우기에는 방수백을 준비하는 것도 도움이 된다.

기차
TRAIN

호주 철도는 2004년 애들레이드에서 다윈까지 연결되는 더 간 The Ghan을 완공함으로써 대륙 종단의 꿈을 이루었다. 이로써 퍼스에서 시드니에 이르는 인디언 퍼시픽 Indian Pacific과 함께 열십자로 기찻길을 내는 데 성공한 것이다. 더 간과 인디언 퍼시픽이 대륙을 가르는 양대 동맥이라면, 그레이트 서든과 오버랜드는 동남부 해안노선을 달리는 정맥과 같다. 케언즈에서 브리즈번에 이르는 고속열차 틸트 트레인 Tilt Train까지 가세해서 퀸즐랜드와 뉴사우스웨일스 주를 관통하는 기차 노선의 수가 늘어나고 있다. 이밖에도 퀸즐랜드 내륙을 관통하는 스피리트 오브 아웃백 Spirit of Outback과 인랜드 Inland, 웨스트랜더 Westlander 등은 대륙 곳곳에 물자와 관광객을 실어 나르는 모세혈관이 되고 있다.

대륙을 종횡하는 동맥과 정맥, 내셔널급 기차

호주 기차여행에서는 인내의 고통과 경이로운 자연이 주는 즐거움이 교차한다. 길고 긴 장거리 여행의 지루함과 창밖으로 펼쳐진 광활한 호주 대륙의 아름다움에서 오는 즐거움이 동시에 다가오기 때문이다. 그러나 기차는 버스와 항공에 밀려 젊은 여행자에게는 그리 인기 있는 이동수단은 아니다. 버스나 비행기에 비해 비싼 요금도 문제지만, 가장 큰 문제는 운행횟수가 적다는 것.

바쁘게 움직여야 하는 배낭여행자에게 기차는 어쩌면 엄청난 사치가 될지도 모른다. 이런 이유에서 호주의 열차는 운송보다는 관광용인 경우가 많다. 주로 노년층을 겨냥해 서비스의 질을 높이고 안락함을 강조하는 마케팅을 펴고 있다. 그러나 일생에 한번쯤 호주 기차여행을 해볼 것을 권한다. 드넓은 대륙을 달리면서 해가 뜨고 지는 모습을 바라볼 수 있는 곳은 지구 위에 몇 군데 되지 않을 테니까.

 1800-703-357
🏠 www.journeybeyondrail.com.au

더 간 The Ghan

애들레이드 – 앨리스 스프링스 – 다윈

아프간 낙타들에 의해 1929년 처음 시작된 더 간의 여정은 어느덧 100년 가까운 호주 철도의 역사가 되었다. 애들레이드와 다윈 사이를 오가는 교통편인 동시에 호화로운 식사, 프라이빗한 캐빈, 세심한 서비스 등을 자랑하는 최고급 여행의 아이콘이다.

대륙을 종단하는 2979km의 대장정을 3박4일(54시간)에 걸쳐 완주하며, 차창 밖으로 펼쳐지는 아웃백의 풍경은 지구상 어느 곳에서도 체험할 수 없는 소중한 기억으로 남는다.

인디언 퍼시픽 Indian Pacific

시드니 – 애들레이드 – 퍼스

대륙을 동서로 횡단하는 4352km의 기차 노선. 버스나 렌터카로는 도저히 접근할 수 없는 길이의 육로를 이어주는 유일한 교통수단이기도 하다. 시드니에서 출발한 열차는 평균 85km의 속도로 달려 65시간 만에 퍼스에 도착하지만, 전 구간을 이용하는 여행자 보다는 도시와 도시 사이 구간을 이용하며 기차여행의 묘미를 맛보는 사람들이 많다.

동쪽의 인도양과 서쪽의 태평양에서 따 온 인디언 퍼시픽이라는 이름처럼, 기차의 상징 또한 자유롭게 대륙을 횡단하는 독수리다.

그레이트 서든 Great Southern

애들레이드 – 브리즈번

애들레이드에서 브리즈번까지 호주 남동부를 운행하는 관광 열차. 험준한 해안선과 일출이 아름다운 해변, 숲이 우거진 봉우리, 활기찬 도시 등 놀랍도록 아름답고 다양한 호주 남부를 2박3일 동안 여행하게 된다. 그레이트 서든은 상시적으로 운행되는 노선이 아니고 여름에 한해 운행되는 한시적 노선인데, 12월부터 2월까지 10여 차례 출발한다.

오버랜드 Overland

멜번 – 애들레이드

130년 이상 애들레이드와 멜번을 오가며 여행자들에게 꾸준히 사랑받는 노선. 레드 스탠더드와 레드 프리미엄 두 단계 승차권이 있으며, 기차 내의 식당차에서는 음료와 식사를 즐길 수 있다. 40~60kg까지 짐을 소지할 수 있으며 요금도 비교적 저렴(A$114~)해서 배낭여행자들도 한번쯤 욕심내어 볼 만한 기차여행이다. 애들레이드에서 멜번으로 가는 기차는 월요일과 금요일에, 멜번에서 애들레이드 방향으로 가는 기차는 화요일과 토요일에 출발한다.

동부 해안을 이어주는 모세혈관, 각 주별 기차

동부 해안에 해당되는 뉴사우스웨일스 주와 퀸즐랜드에서는 각각 NSW Trainlink와 Queensland Rail이 운행된다. 도심의 지하철과 연계하여 시내 깊숙이까지 연결되며, 지역별 교통카드와도 연계되어 편의성을 더하고 있다. 점점 고급화되어가는 내셔널급 기차들에 비해 저렴하면서 실용적인 교통수단으로 진화하고 있는 것! 퀸즐랜드 레일과 뉴사우스웨일스 트레인링크를 연결하면 기차만으로도 동부해안을 정복할 수 있다.

퀸즐랜드 레일 Queensland Rail

퀸즐랜드에는 모두 7개의 크고 작은 기차 노선이 있다. 남북 해안선을 가르는 Spirit of the Queensland와 동서 내륙을 연결하는 Spirit of the Outback, The Westlander, The Inlander가 대표적인 노선이고, 좁은 지역을 관통하는 Gulflander, Kuranda Scenic Railway까지 다양한 노선이 여행자들의 편의를 돕는다.

☐ 07-3235-7322
🏠 www.queenslandrailtravel.com.au

뉴사우스웨일스 트레인링크 NSW Trainlink

시드니를 중심으로 남쪽으로는 캔버라, 멜번까지, 북쪽으로는 브리즈번까지, 내륙으로는 브로큰 힐까지 연결되는 장거리 기차. 뉴캐슬, 블루 마운틴, 울런공까지는 별도의 티켓 없이 오팔카드로도 이용할 수 있어서 편리하다. 뉴사우스웨일스 트레인링크의 특징은 기차역에서부터 유기적으로 연결되는 코치버스 시스템에 있다. 기차와 코치버스가 모세혈관처럼 촘촘하게 연결되어 여행자의 발이 되어준다.

☐ 13-22-32
🏠 www.transportnsw.info/routes/train

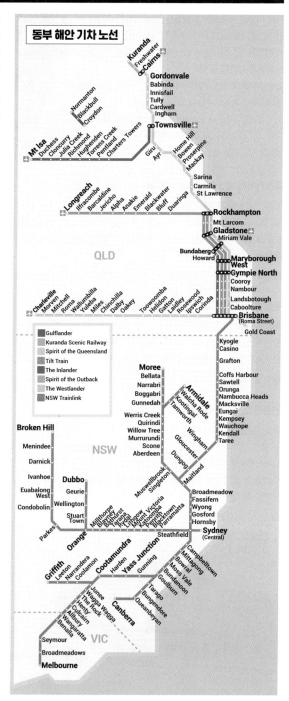

동부 해안 기차 노선

037

기차 여행을 계획하는 사람들을 위해 다양한 형태의 할인 패스를 선보이고 있다. 주로 정해진 기간과 지역 안에서 자유롭게 승하차할 수 있는 패스로, 잘 활용하면 꽤 많은 비용을 절약할 수 있다.

호주 전역의 기차를 커버하며 가장 할인 폭이 컸던 오스트레일 패스 Austrail Pass의 경우 아쉽게도 더 이상 판매하지 않지만, 매년 각 노선별로 선보이는 새로운 패스들이 나타나고 있으니 기차 여행을 계획한다면 레일오스트레일리아 사이트를 예의주시할 것.

디스커버리 패스 Discovery Pass

NSW TrainLink가 지나가는 뉴사우스웨일스 주 일대에서 사용할 수 있는 할인 패스. 북쪽으로는 브리즈번에서 남쪽으로는 멜번에 이르는 지역을 아우른다. 시드니를 중심으로 브리즈번, 캔버라, 멜번 그리고 뉴사우스웨일스 주의 내륙 도시들을 방문할 때 유용하다. 뉴사우스웨일스 트레인링크 열차는 물론이고, 열차와 연계되는 컨트리 링크 코치버스도 패스 하나로 이용할 수 있다.

⑤ 14일 A$232, 1개월 A$275, 3개월 A$298, 6개월 A$420

퀸즐랜드 코스탈 패스 Queensland Coastal Pass

퀸즐랜드 주의 철도 회사 퀸즐랜드 레일에서 판매하는 패스로, 브리즈번~케언즈에 이르는 해안 구간에서 사용할 수 있는 할인 패스. 동부 해안을 지나가는 Spirit of the Queensland, Tilt Train, Spirit of the Outback(브리즈번~록햄턴 구간만)을 정해진 기간에 무제한 승하차 할 수 있다.

⑤ 한 달 A$209

퀸즐랜드 익스플로러 패스 Queensland Explorer Pass

위의 퀸즐랜드 코스탈 패스가 동부 해안 구간에서 이용하는 패스라면, 퀸즐랜드 익스플로러 패스는 내륙까지 커버하는 넓은 지역에서 사용할 수 있는 패스이다. 북쪽으로는 케언즈, 남쪽으로는 브리즈번 사이에 있는 내륙 도시는 물론 아웃백까지 이동할 수 있어서 편리하다. 퀸즐랜드 내에서 운행되는 거의 모든 기차 즉, Spirit of Queensland, Spirit of the Outback, Tilt Train, The Inlander, The Westlander를 이용할 수 있으며, 인근 도시에서 철도역까지 연결되는 코치버스도 무료로 이용할 수 있다.

⑤ 한 달 A$299, 두 달 A$389

TIP
기차 여행 시 주의사항
....

필요한 것만 휴대하고 나머지 짐은 맡긴다. 맡긴 짐이 분실되는 경우는 거의 없다. 출발시각 40분 전까지 역에 도착해 러기지 체크 카운터 Luggage Check Countre에서 수속한다. 짐은 1인 2개, 25kg까지 맡길 수 있다. 기차에서 내려 짐을 찾을 때 보관증(Claim Tag)을 제시해야 하므로 분실하지 않도록 주의한다.

비행기
AIRPLANE

호주에서의 비행기 여행은 매우 일상적이다. 동쪽의 시드니에서 서쪽의 퍼스까지 한 나라 안에서 비행시간이 4시간을 넘을 정도이니, 말이 국내선이지 웬만한 국제선 거리와 같다. 이 먼 거리를 육로로 이동한다고 생각하면 시간과 비용이 상상을 초월한다. 따라서 개별 요금은 조금 비싸더라도 기회비용을 생각하면 여러모로 비행기가 답이다. 잘 발달된 국내선 항공 노선과 합리적인 요금 또한 비행기 이용률을 높이는 데 한몫을 하고 있다.

호주의 항공사

호주의 주요 항공사는 국적기인 콴타스를 포함해 총 5개가 있다. 대한민국 국내의 저가항공사 숫자를 생각하면 의아할 정도지만, 인구 밀도를 생각하면 적절한 정도라 생각된다. 렉스를 제외한 나머지 네 군데 항공사는 국내선 뿐 아니라 국제선까지 운행하고 있어서 규모가 나날이 커지고 있는 추세. 취항 도시, 운행 횟수, 요금, 서비스 등을 고려할 때 가장 빈번하게 이용하는 국내선 항공사로 제트스타와 버진 오스트레일리아를 꼽을 수 있다.

콴타스 Quantas

호주의 대표적인 항공사 콴타스. 호주 국내는 물론 전 세계 125개 이상의 도시에 취항하는 거대 항공사다. 콴타스가 보유한 100여 대의 항공기와 자회사 소유의 70여 대 항공기는 매년 200만 명 이상의 승객을 태우고 하늘을 가른다. 호주 내에서도 가장 많은 노선을 보유하며, 타 항공에 비해 서비스의 질과 요금이 모두 높은 편이다.

📱 13-13-13 🏠 www.qantas.com.au

버진 오스트레일리아 Virgin Australia

적색과 청색의 원색적인 로고를 앞세우고 출범한 호주 최초의 저가 항공 '버진 블루'가 버진 오스트레일리아로 이름을 바꾸었다. 국내선으로 시작된 노선이 최근에는 오세아니아를 넘어서 꽤 넓은 지역까지 커버하는 국제선 항공사로 발돋움했다. 아울러 승무원들의 복장 또한 청바지에서 정장 차림의 유니폼으로 변화했지만, 원색적이고 재기발랄한 콘셉트는 여전하다.

📱 13-67-89 🏠 www.virginaustralia.com

타이거 에어 Tiger Air

저가 항공사들 가운데서도 가장 낮은 요금을 자랑하는 항공사. 대신 가장 많은 고객 불만을 받고 있는 항공사이기도 하다. 호주 내 12개 도시에서 연간 500회에 달하는 운항횟수를 보유하며, 무엇보다 저렴한 가격이 최대 무기다. 발권에 앞서 수하물의 무게, 좌석 선택 여부, 식음료의 요금 등을 꼼꼼히 체크하는 것이 좋다.

📱 1300-174-266 🏠 www.tigerair.com.au

제트스타 Jet Star

콴타스가 출범시킨 저비용 항공 브랜드. 실시간 인터넷 예약 시스템의 도입으로 항공요금 파괴를 가져왔던 신예 항공사 버진 오스트레일리아와 동급이다. 저가 항공의 특성상, 일단 티켓을 예매한 후 취소하거나 변경하면 환불되지 않는 등급의 티켓도 있다. 취소나 변경 가능한 등급의 티켓인지 반드시 확인하도록 한다. 한국어 애플리케이션이 있어서 편리하고, 다양한 프로모션 요금을 선보인다.

📱 13-15-38 🏠 www.jetstar.com.au

렉스 Rex(Regional Express)

호주의 소도시들을 전문적으로 운항하는 항공사. 대부분의 비행기 기종이 작아서 가방의 무게나 개수에 제한이 많다. 또한 메이저 항공사들이 취항하지 않는 틈새시장을 공략하다보니, 요금에 있어서도 독점 시스템이다. 생각보다 저렴하지 않지만, 취항해주는 것만으로 고마운 노선이 꽤 있다.

📱 13-17-13 🏠 www.rex.com.au

> **TIP**
> ### 국내선 항공권 발권 요령
>
> ❶ 애플리케이션을 통한 앱 체크인이 가능해지면서 호주 내 주요 공항에서는 아예 보딩패스가 없어지는 추세이니, 항공사별 애플리케이션은 무조건 다운받고 회원가입을 하자.
>
> ❷ 국내선 티켓은 여행사나 항공사 영업소에서 구입할 수 있지만, 홈페이지나 애플리케이션 등 인터넷을 통한 예매가 가장 일반적이다. 인터넷 예매의 장점은 실시간 변하는 항공 요금에 민첩하게 대응할 수 있다는 것. 또한 회원가입을 통해 마일리지 적립이나 보너스 항공권 등의 기회를 얻을 수 있다.
>
> ❸ 홈페이지 팝업창에 뜨는 프로모션 요금을 먼저 확인하자. 또한 이른 시간과 늦은 시간대에는 낮 시간에 비해 30% 가량 저렴해지므로, 이 시간대를 공략한다. 같은 노선일지라도 항공사마다 요금이 다르고, 하루에도 예매하는 시점에 따라 요금이 달라진다.
>
> ❹ 대부분의 국내선 항공사들은 수하물의 개수와 무게에 따라 요금을 달리하고 있으며, 추가되는 수하물에 대해서 별도의 요금을 부과한다. 짐이 가벼운 여행자라면 제트스타나 버진 오스트레일리아 같은 저가 항공이 유리하지만, 반대의 경우라면 식사와 기본 수하물이 항공 요금에 포함된 콴타스를 선택하는 것이 낫다.

렌터카

RENT A CAR

호주에서 렌터카 여행은 한번쯤 도전해볼 만한 일이다. 일정에 여유가 있거나 일행이 있으면, 스스로 운전대를 잡고 광활한 대지를 누비는 것도 특별한 추억이 될 테니까. 최근에는 구글맵만으로 초행길도 손쉽게 찾아다닐 수 있어서 자유로운 렌터카 여행을 즐기는 사람들이 늘고 있다.

렌터카 예약에 필요한 것

1 호주에서 렌터카를 빌리려면 운전면허증과 여권·신용카드가 필요하다. 운전면허증과 여권은 신분 확인용이고, 신용카드는 보증금과 렌트 비용을 지불하기 위한 수단이다. 렌터카 회사에서는 만일의 사고에 대비해 일정금액의 보증금을 요구하는데, 비용은 A$1,000 정도. 이 돈은 매출 전표에만 기록될 뿐 차량을 반환할 때 취소 처리되므로 실제 금액이 사용되는 것은 아니다.

2 렌터카 운전은 21세 이상 운전자만 가능하다. 만약 사고가 났을 경우 기입되지 않은 운전자는 보험 처리를 받을 수 없으므로 계약서를 작성할 때 운전할 사람 이름을 모두 적는 것이 좋다. 차는 연료가 가득 채워진 채로 렌트되며, 반납할 때 역시 가득 채워서 반납해야 한다. 대형 렌터카 회사들은 사무실 옆에 따로 주유소를 만들어두고 있는데, 기름을 넣지 않고 반납할 경우 시중보다 조금 비싼 가격에 이를 이용해야 한다. 보증금에서 주유비를 제외하고 돌려준다.

렌터카 예약 시 주의사항

1 1일 요금에 속지 말자

렌터카를 빌릴 때는 여러 가지 조건을 잘 확인해야 한다. 가장 중요한 것은 요금이겠지만, 무조건 싸다고 선택했다가는 낭패 보는 수가 많다. 보통 광고지에 적힌 가격은 최소 7일 이상 빌렸을 경우 1일 요금을 표시한 것이고, 이때 보험료 등의 제반 비용을 제외한 순수 차량 요금일 경우가 많다. 따라서 **렌트비가 저렴한 회사일수록 1일 보험료가 얼마나 추가되는지 여부와 주행거리 제한 여부 등을 미리 확인해야 한다.**

2 한국에서 미리 예약하면 편리하다

한국에서 미리 예약하고 가는 경우와 호주에서 그때 그때 예약하는 두 가지 방법이 있다. 대표적인 렌터카 허츠 Hertz의 경우, **한국 내 사이트를 통해 호주 지역의 프로모션 요금을 지속적으로 선보이고 있어서 이를 잘 활용하면 여러모로 편리하다.** 성수기에는 호주 현지에서도 차량 수급이 쉽지 않고 도시별로 요금이 천정부지로 치솟기도 하는데 선예약을 통해 안정적으로 차량을 확보할 수 있다. 회원가입할 때 기입해 둔 한국 내 운전면허증 번호만으로, 현지에서 별도의 확인 없이 바로 차량 인수가 가능하다. 한국어로 모든 과정을 진행할 수 있다는 것도 장점이다.

3 요금보다는 안전에 더 무게를 둬야 한다

개인의 경제적 상황에 따라 선택은 달라지겠지만, 운전 거리가 먼 호주에서는 가격보다 안전에 방점을 둘 것을 권한다. **메이저급 렌터카와 로컬 렌터카는 요금 차이가 꽤 나는 편인데, 브랜드별 요금의 비밀은 연식에 있다.** 허츠 Hertz, 에이비스 Avis, 버젯 Budget의 경우는 출고 1~2년 미만의 차량들이고, 스리프티 Thrifty, 달러 Dollar, 파이어플라이 Firefly, 에이스 Ace 등은 이보다 오래된 연식의 차량들이 대여된다.

로컬 렌터카의 장점이 저렴한 가격이라면, 메이저급 렌터카의 장점은 비싼 대신 전국이 지점망으로 연결된다는 것이다. 즉 시드니에서 빌린 차량을 브리즈번에서 반환할 수 있는 등, 예약과 인도반환이 온라인으로 연결되어 무척 편리하다. 물론 차량 정비나 사고 후 서비스에서도 차이가 난다. 또한 메이저 렌터카들이 공항 내에서 바로 픽업과 리턴이 가능한 것에 비해, 로컬 업체들은 공항에서 다시 셔틀버스를 타고 이동해야 하는 경우가 많다.

연료 공급

자동차용 연료는 고급 유연, 보통 무연, 특급 무연으로 나뉘며, 판매 단위는 리터다. 요금은 리터당 A$1~A$1.5 안팎이며, 무연이 유연보다 리터당 2센트 정도 저렴하다. 자율요금제를 적용하고 있어서 주유소마다 요금이 다르고, 시내보다 외곽이나 오지로 갈수록 조금 더 올라간다.

연료 공급은 셀프 서비스가 기본. 일단 주유기 앞에 차를 세운 뒤 연료 중 하나를 선택한다. 가끔 Unleaded 91~93이라 쓰인 것과 Unleaded 99라고 쓰인 것 중 갈등할 경우가 생길 것이다. 이는 휘발유에 포함된 옥탄가를 나타내는 것으로, 비용을 생각한다면 망설임 없이 전자를 선택하면 된다. 후자의 경우 고급 연료라고 생각하면 된다.

지역에 따라 연료비가 달라지는데, 특히 아웃백 지역에서는 희소성 때문에 더 높은 가격이 책정되어 있는 편이다. **조금 비싸더라도 거리와 시간을 계산해서 미리미리 주유해두는 것이 좋다.**

콜스, 울워스 같은 대형마트의 영수증에는 주유소 할인 쿠폰이 포함된 경우가 많다. 현지인들은 모두 이 할인 쿠폰을 활용해서 주유비를 아낀다.

유료 톨게이트

시드니, 멜번, 브리즈번 같은 대도시 주변의 도로는 우리나라와 마찬가지로 톨게이트비를 징수한다. 다른 점은 운전자가 인지하지도 못하는 사이에 톨게이트를 통과한다는 것. 대부분의 톨게이트가 도로 위에 아치처럼 설치되어 있으며, 카메라를 통해 번호판을 인식하는 시스템이다. 현장 결제는 불가능하고, 렌터카의 경우 사후 결제된다. 현지인들은 태그를 부착하거나 온라인을 통한 선후납, 그리고 패스 구입까지 다양한 방법으로 지불하지만, 여행자라면 차량을 렌트할 때 지불한 보증금에서 제하므로 크게 신경 쓰지 않아도 된다.

···········TIP···········
야생동물과 캥거루 범퍼

호주에서 여행할 때 가장 주의해야 할 것은 야생동물. 특히 해 질 녘에는 먹이를 찾아 이동하는 야행성 동물들이 자동차 불빛을 향해 뛰어들거나 도로 위에서 그대로 멈춰 서는 경우가 많은데, 이 때문에 대형사고로 이어지기도 한다.

호주의 자동차 앞에 붙어 있는 범퍼는 이처럼 야생동물에 의해 자동차가 망가지는 것을 방지하기 위한 것으로, 일명 '캥거루 범퍼'라고 한다. 제한 속도를 지키고, 무엇보다 해 질 녘 이후에는 운전을 삼가는 것이 좋다.

반드시 알아야 할
호주의 교통법규

호주는 운전대가 한국과 반대로 달려 있다. 따라서 유럽과 일본에서 온 여행자들은 스스럼없이 렌터카를 이용하지만 미국이나 우리나라처럼 왼쪽 운전대에 익숙한 여행자들은 약간 낯선 것도 사실. 그러나 대도시를 제외하고는 차량 통행량이 적어서 실제로 운전하기가 그리 힘들지는 않다. 또 처음 몇 시간만 지나면 나름대로 반대 운전에 익숙해지는 것을 느낄 수 있다. 문제는, 운전대만 반대가 아니라 차선도 반대고, 우회전과 좌회전도 반대라는 것. 또 라운드 어바웃(Roundabout)이라는 교차로에서 지켜야 하는 교통법규나 교통표지판 등이 우리에게는 완전 낯설다는 것. 그럼, 하나하나 살펴보도록 하자.

CHECK 01 처음 운전대를 잡았을 때 주의해야 할 점은 역주행을 하지 않는 것이다. 항상 오른쪽 차선을 염두에 두고 움직이면 실수를 줄일 수 있다. 전 좌석 안전벨트 착용은 기본 중의 기본! 위반 시 벌금이 어마어마하다.

CHECK 02 방향지시등. 유럽 차의 경우는 대부분 방향지시등과 라이트가 한국과 같은 방향에 붙어 있지만, 일본 차의 경우는 반대로 붙어 있다(호주에서 운행되는 차의 70% 이상이 일본 차). 즉 운전대를 중심으로 오른쪽에 있던 방향지시등이 왼쪽에 붙어 있다는 말이다. 따라서 익숙해지기 전까지는 방향지시등을 켰는데 와이퍼가 움직이는 등, 무진장 정신없는 상황이 연출되게 마련이다.

CHECK 03 자동차 내부 상황이 어느 정도 진정되면 이번에는 외부 상황에 맞닥뜨리게 된다. 가장 큰 문제는 교차로. **호주에서 '라운드 어바웃'이라고 부르는 이 교차로는 둥글게 돌아가는 형태로, 이곳에서 지켜야 할 두 가지는 '무조건 정지'와 '무조건 오른쪽 차량이 우선' 원칙.** 특히 '오른쪽 차량 우선 원칙'은 전반적인 도로 교통에서도 적용된다. 일단 정지한 상태에서 오른쪽 차량이 먼저 진입한 다음 적절한 타이밍에 출발해야 한다.
말처럼 쉽지는 않겠지만, 이밖에 교통표지판은 기본적인 영어 단어만 알아도 상황에 따라 이해할 수 있을 것이다. 이 중 지켜야할 것은 바닥이나 표지판에 씌어진 'Give Way' 표시와 속도 표시. 'Give Way'는 '길을 내주라'는 말 그대로, '우선 멈춤'에 해당한다. 3초 정도 멈춰서 주위를 살핀 다음 출발하라는 표시.

CHECK 04 속도는 철저히 지키는 것이 좋다. 호주에서 운전하다 보면 의외로 모든 사람이 규정 속도를 지키는 것에 놀라게 되는데, 이는 어겼을 때 돌아오는 어마어마한 벌금 때문이다. 물론 몸에 밴 질서의식 때문이기도 하지만. **별도 표지판이 없는 한 주택가에서는 시속 40㎞, 시내 구간에서는 50㎞, 교외와 고속도로에서는 100㎞가 최고 제한속도다.** 고속도로와 같은 자동차 전용 도로에서는 도로 상황에 따라 속도 표지판이 달라지므로, 제시된 속도를 반드시 지키도록 한다.

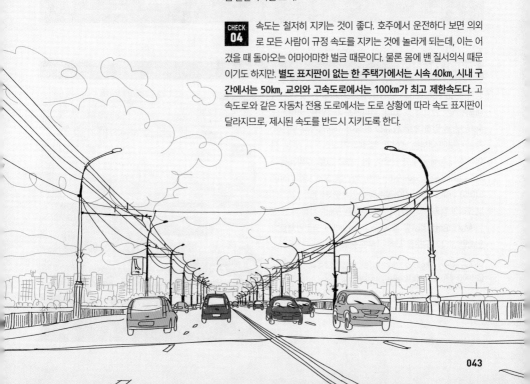

캠핑카
CAMPING CAR

호주를 여행하다 보면 캠핑카를 자주 보게 된다. 캠핑카는 차 뒤쪽에 침대, 주방, 샤워실 등의 주거공간이 설치되어 있어서 따로 숙박업소와 레스토랑을 이용할 필요가 없다. 전국 각지에 캠핑카를 위한 홀리데이파크가 잘 조성되어 있으므로, 그곳에 정차해놓고 전기와 식수 등을 공급받으면서 캠핑을 하는 것이 일반적인 여행 패턴이다.

캠핑카 대여하기

캠퍼밴 Campervan과 모터홈 Motorhome은 호주 전역 대도시에서 렌트할 수 있다. 캠퍼밴은 2~3인용, 모터홈은 4~6인용을 말하며 두 종류를 통틀어서 캠핑카라 부른다. 차량 내부에 대부분 냉장고, 싱크대, 가스스토브, 옷장, 접이식 침대 등을 갖추고 있으며, 침구류와 그릇, 주방용품까지 렌트비에 포함되어 있다. 대여 기간은 최소 5일 이상은 되어야 하며, 기간이 길어질수록 할인폭도 커진다.

대표적인 캠핑카 대여업체로는 뉴질랜드에 본사를 두고 있는 Maui, Britz, Kea를 들 수 있고, 이외에도 로컬업체들이 있지만 전국적 규모를 갖춘 곳은 드물다.

마우이 캠핑카 ♥ 653 Gardeners Rd., Mascot, NSW
▢ 1800-670-232 ♠ www.maui.com.au

출발에 앞서 꼼꼼한 점검은 필수!

일반 차량보다 차체가 훨씬 높은 캠핑카의 경우, 웬만한 베테랑 운전자라도 운전이 만만치가 않다. 운전 요령에서부터 차량의 각 부분 명칭이나 사용법까지 출발에 앞서 꼼꼼히 체크하고, 충분히 물어본 다음 출발하도록 하자.

1 흔히 캠핑카를 이용하면 어디서든 마음에 드는 곳에 주차하고 하룻밤 묵어갈 수 있을거라 생각한다. 그러나 절대로, 네버, 해서는 안되는 일이다. 호주에서 캠핑카 노숙은 엄격하게 벌금을 물고 있는 위법 행위다. 홀리데이파크나 오버나잇이 가능한 지정 주차장을 제외한 어떤 곳에서도 차를 세워놓고 밤을 새면 안 된다.

2 차량 인수 시에 나눠주는 서류를 눈여겨보면, 사고가 나도 보험처리가 안 된다고 고지하고 있는 도로가 있다. 그 도로들은 차체가 높은 캠핑카로 운전하기에는 너무 굴곡지거나 경사가 심한 곳들이다. 사고율도 높다는 반증. 그 도로들은 반드시 피해야 한다.

캠핑카의 쉼터, 홀리데이파크

캠핑장과 홀리데이파크는 시설에서 차이는 있지만 대부분 전기 공급장치, 온·냉수 공급, 화장실, 세탁시설 등 기본 설비를 갖추고 있다. 홀리데이파크에서 하루 동안의 오물을 버리고, 전기도 충전하게 된다. 장소 사용료는 1인당 A$25~35 정도. 공원 내의 시설은 모두 공동으로 쓸 수 있다. 텐트나 캠핑카가 없는 여행자를 위해서는 2인 기준으로 A$60~100 정도에 밴이나 캐빈 같은 작은 집을 빌려주기도 한다. 추천할 만한 홀리데이파크 브랜드로는 'BIG 4'가 업체 수나 시설면에서 대표적이다.

BIG 4 홀리데이파크 🏠 www.big4.com.au

TIP

무료 캠핑장 이용 꿀팁!
Wikicamps Australia

전기와 수도가 넉넉하다면 매일 유료 홀리데이파크를 이용할 필요는 없다. 경비 절감 차원에서도 하루걸러 하루 정도는 무료 홀리데이파크를 이용하는 것이 좋고, 또 무엇보다 무료 홀리데이파크의 멋진 입지를 경험해 보는 것도 좋다. 무료 홀리데이파크는 화장실과 오물을 버릴 수 있는 덤프 스테이션만 갖추고 있거나 그조차 없는 경우도 있지만, 그 대신 바닷가나 호숫가 등 도심에서 떨어진 경치 좋은 곳에 자리하고 있다.

그럼, 어떻게 무료 홀리데이파크의 위치를 알 수 있을까? 바로 이 앱 하나면 된다. 호주 전역의 숙박 시설과 캠핑카 주차장 정보를 보여주는데, 유·무료 홀리데이파크 위치는 물론이고 이용자들의 깨알 같은 후기까지 보여주니 시설을 미리 가늠할 수도 있다. 캠핑카 여행을 계획한다면, 무조건 이 Wikicamps Australia 앱 하나 깔고 출발하자.

한발 더 들어간 정보 OZ A to Z

호주의 기후와 여행 시즌

CLIMATE

호주는 남반구에 자리 잡고 있으며, 우리나라와는 계절이 정반대다.
국토가 넓은 만큼 기후 또한 다양한데, 전반적으로 비가 적게 내려서 맑고
푸른 하늘이 특징이다. 연평균 강수량은 465㎜로 6대륙 중에서
가장 건조한 대륙으로 알려졌고, 국토의 75%가 사막 또는
황무지로 남아있을 정도. 그러나 맑은 날씨는 이방인들이 여행하기에
더할 나위 없이 좋은 조건이다.

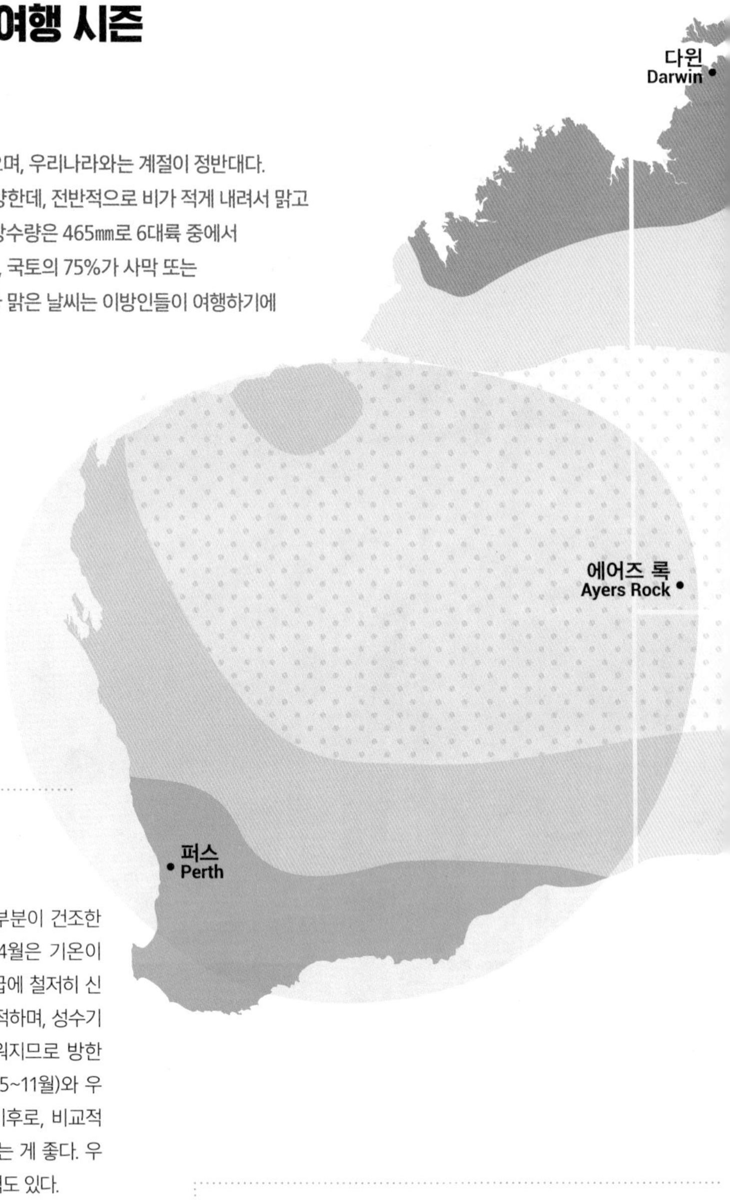

다윈
Darwin

에어즈 록
Ayers Rock

퍼스
Perth

중서부
대륙 내부는 대부분이 건조한
사막 기후. 11~4월은 기온이
높아서 수분 공급에 철저히 신
경 써야 한다. 6~9월이 가장 쾌적하며, 성수기
에 해당된다. 단, 해가 지면 추워지므로 방한
대책을 세워야 한다. 또한 건기(5~11월)와 우
기(12~4월)가 뚜렷한 열대성 기후로, 비교적
선선하고 쾌청한 건기에 여행하는 게 좋다. 우
기에는 아예 관광할 수 없는 지역도 있다.

동남부
동남부 지역은 호주의 다른 지역에 비해 겨울철 기온
이 낮으므로 현지의 여름인 11~3월이 상대적으로 여
행하기 좋은 계절이다. 시드니·캔버라·멜번·호바트 등
을 포함한 이 지역에서는 여름철에 서머타임을 실시하기 때문에 활동
시간이 그만큼 길어지는 장점이 있다. 단, 크리스마스와 연말연시에는
현지 관광객이 많으므로 숙소나 교통편은 예약하는 게 좋다.

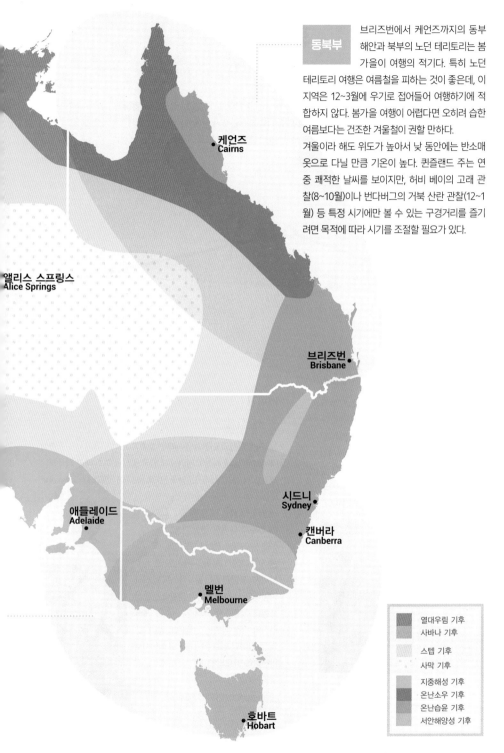

브리즈번에서 케언즈까지의 동부 해안과 북부의 노던 테리토리는 봄가을이 여행의 적기다. 특히 노던 테리토리 여행은 여름철을 피하는 것이 좋은데, 이 지역은 12~3월에 우기로 접어들어 여행하기에 적합하지 않다. 봄가을 여행이 어렵다면 오히려 습한 여름보다는 건조한 겨울철이 권할 만하다.

겨울이라 해도 위도가 높아서 낮 동안에는 반소매 옷으로 다닐 만큼 기온이 높다. 퀸즐랜드 주는 연중 쾌적한 날씨를 보이지만, 허비 베이의 고래 관찰(8~10월)이나 번다버그의 거북 산란 관찰(12~1월) 등 특정 시기에만 볼 수 있는 구경거리를 즐기려면 목적에 따라 시기를 조절할 필요가 있다.

케언즈
Cairns

앨리스 스프링스
Alice Springs

브리즈번
Brisbane

시드니
Sydney

애들레이드
Adelaide

캔버라
Canberra

멜번
Melbourne

호바트
Hobart

	열대우림 기후
	사바나 기후
	스텝 기후
	사막 기후
	지중해성 기후
	온난소우 기후
	온난습윤 기후
	서안해양성 기후

호주의 역사
HISTORY

세계사에 등장한 호주의 역사는 짧지만 호주 대륙의 역사는 결코 짧지 않다.
4만 년 전에 이미 호주 대륙에는 인류가 정착했으며,
애버리진이라 불리는 원주민은 세계에서 가장 오래된 부족 중 하나로 알려져 있다.

기원전~17세기
원주민 애버리진의 세계

애버리진은 채집과 수렵을 하면서 호주 전역에 걸쳐 부족사회를 형성했으며, 부족 간의 경계를 존중하며 평화를 유지해갔다. 그런 애버리진의 영토가 백인들에 의해 짓밟히고 평화가 깨지기 시작한 것은 16세기 후반. 새로운 대륙을 찾아 떠난 유럽의 탐험가들에 의해 호주 대륙이 심심찮게 지도에 오르내리던 시기도 바로 이맘때쯤이다.

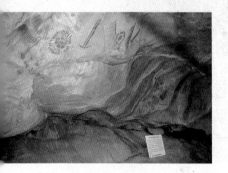

18세기
초대받지 않은 방문자, 백인의 도래

1770년, 역사의 이면에 존재하던 호주가 드디어 세계사의 전면에 나서게 된 일대 사건이 일어났다. 영국 왕실 소속의 해군 제독이던 제임스 쿡 선장이 시드니 남쪽 보타니 베이에 '인데버 Endeavour' 호를 정박시키면서 식민지 개발의 첫 삽을 뜨게 된 것이다. 호주 대륙의 개발 가능성을 눈여겨본 제임스 쿡 선장은 시드니에서 북쪽의 케이프 요크까지 측량한 뒤 '뉴사우스웨일스'라 명명하고, 내친김에 영국 왕실령으로 선포한다. 몇만 년을 지켜온 원주민 애버리진의 의견 따위는 안중에도 없이. 그의 말 한마디에 호주는 영국의 식민지로 만천하에 공표되었다.

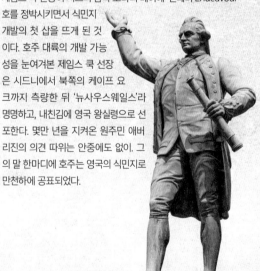

18~19세기
확장된 영국 식민지

1788년 1월 26일(이날은 호주의 건국 기념일이다), 초대 총독으로 발령받은 아서 필립은 11척의 배에 736명의 죄수를 포함한 1,373명의 이민단을 태우고 호주 땅에 입성했다. 이로써 본격적인 이주의 역사가 시작된 것이다. 그 뒤로도 1850년대까지 죄수 이송은 계속되었고, 총 16만 명의 죄수들이 호주에 유배되었다. 유형의 땅에 변화를 가져온 것은 황금이었다. 1851년에 뉴사우스웨일스 주의 바트허스트에서 금광이 발견되고, 연이어 멜번 인근의 벤디고와 발라렛 그리고 서호주의 칼굴리에서 대량의 금맥이 발견되자 바야흐로 골드러시를 타고 경제 발전의 일대 전환점을 맞게 된다. 유럽·중국·미국에서 금을 찾아 모여든 사람들은 금광 주변에 도시를 건설했고, 교통과 통신의 발달은 호주 경제의 윤활유가 되었다.

20~21세기
다문화 국가로 가는 길

유형의 역사로 시작된 호주. 인종차별과 원주민 정책 등으로 국제사회에서 비난을 받아오던 호주 정부는 변해가고 있다. 애버리진과 이민자에 대한 정책은 융화에 초점을 맞추고 있으며, 다민족·다문화 국가로의 재정비에도 박차를 가하고 있다. 200년 남짓 짧은 역사에도 불구하고 세계의 강대국 대열에 어깨를 나란히 하는 호주. 여전히 많은 과제를 안고 있지만, 그들의 저력만큼은 눈여겨봐야 할 것이다.

19세기
식민지의 자치권 획득과 호주 연방 성립

한바탕 골드러시가 휩쓸고 간 이후, 정치와 경제는 차차 안정을 되찾기 시작했다. 늘어난 인구와 안정적인 재정은 1823년 뉴사우스웨일스 주가 최초로 영연방으로부터 자치 독립을 선언하는 바탕이 되었다.

당시 확장되는 식민지의 적절한 통치를 위해서 시드니·멜번·퍼스·호바트·브리즈번의 5개 주도는 영국 정부가 임명한 총독들이 통치하고 있었는데, 뉴사우스웨일스 주의 독립을 계기로 식민지의 자치독립문제는 호주 전역의 화두로 떠올랐다. 이어서 태즈마니아·남호주·퀸즐랜드 등이 차례로 독립을 선언하고, 1890년 서호주를 마지막으로 모든 주가 자치권을 획득하게 되었다. 그러나 이 과정에서 불거진 각 주 사이의 갈등은 다시 연방 결성의 필요성을 대두시켰고, 10년간의 모색 끝에 6개의 식민지가 드디어 호주 연방으로 발족하기에 이르렀다. 이로써 호주는 정식으로 연방 국가가 되었고 세계무대의 전면에 당당히 출사표를 던지게 되었다. 1901년 1월 1일의 일이다.

이렇게 자리를 잡아가던 호주도 그 뒤에 일어난 제1·2차 세계대전에서 전쟁의 포화를 피해갈 수는 없었다. 호주는 뉴질랜드군과 연합해 '안작'이라는 이름으로 참여한 전쟁에서 6만 명의 희생자를 내게 되었다.

호주의 세계유산

NATIONAL HERITAGE

순도 100%의 자연이 여전히 살아 숨 쉬는 청정국가 호주.
2024년 현재 호주에는 3개의 세계문화유산,
4개의 세계복합유산, 그리고 12개의 세계자연유산이 있다.
안타깝게도 자연훼손을 방지하기 위해
관광객의 출입을 금하는 곳이 많지만,
접근 가능한 호주의 세계유산들을 찾아가는 여행은
그 어떤 여행보다 소중한 체험이 될 것이다.

1981년
카카두 국립공원
Kakadu National Park

2003년
파눌룰루 국립공원
Purnululu National Park

1991년
샤크 베이 Shark Bay

WESTERN
AUSTRALIA

2011년
닝갈루 해안 Ningaloo Coast

2010년
호주 유형수 유적
Australian Convict Sites

1978년
하드 & 맥도널드 제도
Heard and McDonald Islands

↙

1982년
태즈마니아 원생 지역
Tasmanian Wilderness

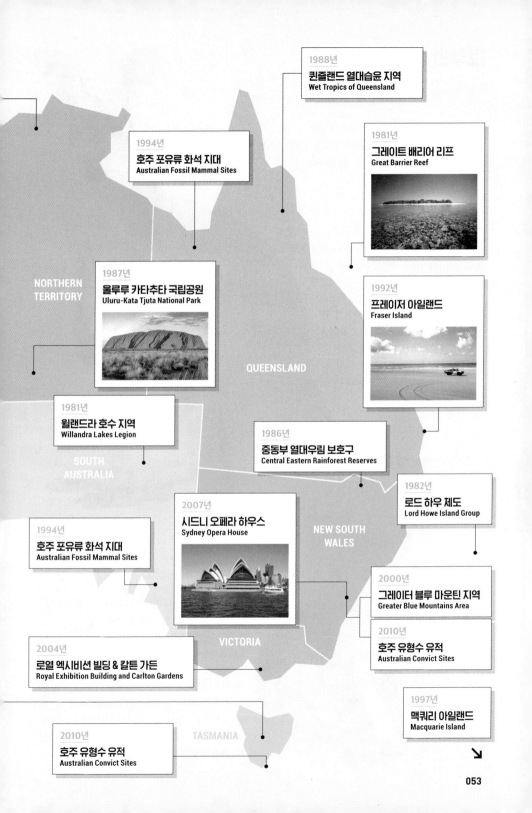

1988년
퀸즐랜드 열대습윤 지역
Wet Tropics of Queensland

1994년
호주 포유류 화석 지대
Australian Fossil Mammal Sites

1981년
그레이트 배리어 리프
Great Barrier Reef

1987년
울루루 카타추타 국립공원
Uluru-Kata Tjuta National Park

NORTHERN
TERRITORY

1992년
프레이저 아일랜드
Fraser Island

QUEENSLAND

1981년
윌랜드라 호수 지역
Willandra Lakes Legion

1986년
중동부 열대우림 보호구
Central Eastern Rainforest Reserves

SOUTH
AUSTRALIA

1982년
로드 하우 제도
Lord Howe Island Group

2007년
시드니 오페라 하우스
Sydney Opera House

1994년
호주 포유류 화석 지대
Australian Fossil Mammal Sites

NEW SOUTH
WALES

2000년
그레이터 블루 마운틴 지역
Greater Blue Mountains Area

2010년
호주 유형수 유적
Australian Convict Sites

2004년
로열 엑시비션 빌딩 & 칼튼 가든
Royal Exhibition Building and Carlton Gardens

VICTORIA

1997년
맥쿼리 아일랜드
Macquarie Island

TASMANIA

2010년
호주 유형수 유적
Australian Convict Sites

호주의 동물
ANIMAL

캥거루와 코알라가 호주를 상징하는 동물이라는 사실은
널리 알려진 바와 같다. 그러나 알려지지 않은 다양한 동물을 만나는 것
또한 호주 여행에서 빼놓을 수 없는 즐거움이다.

캥거루
KANGAROO

유럽 사람들이 호주에 처음 도착했을 때, 두 발 달린 동물이 새끼를 배에 넣고 뛰어다니는 것을 보고 신기하여 저것이 무엇이냐고 물으니 원주민이 "캥거루(나도 모른다)!"라고 대답했다. 그래서 "음~, 저 동물의 이름이 캥거루군!!"이라고 생각하게 된 유럽인이 그 이름을 널리 세상에 알렸으니, 그것이 바로 유대류 중에 가장 커다란 동물인 캥거루. 에뮤와 함께 호주 문장에 들어가는 호주의 대표적인 동물이기도 하다.

원주민어로 '물을 마시지 않는다'라는 뜻을 가진 코알라. 이름 그대로 물을 전혀 먹지 않고 유칼립투스 나뭇잎만 먹고 산다. 유칼립투스의 종류는 600여 종에 달하는데, 이중 코알라는 50여 종의 유칼립투스만 먹는다. 키 80㎝, 몸무게 12kg이 되면 다 큰 것이며, 평균 수명은 15년 정도. 하루 18시간 이상 잠을 자는 코알라는 깨어 있는 모습보다는 나뭇가지에 매달려 잠자는 모습으로 더 자주 발견되는데, 이유는 유칼립투스 나뭇잎의 알코올 성분이 코알라를 잠들게 하기 때문이다.

코알라
KOALA

딩고
DINGO

딩고는 늑대와 개의 중간 종으로 알려졌으며, 늑대처럼 울부짖는 특성이 있다. 야생의 기질을 발휘해서 큰 짐승을 공격할 때는 무리를 지어 움직이기도 하고, 잘 훈련된 딩고는 혼자서 수천 마리의 양을 몰 수도 있을 만큼 통솔력이 강하다. 주로 일몰과 일출 때 활동한다.

포섬
POSSUM

다람쥐와 쥐의 중간 형태로, 크기는 작은 고양이만 하다. 캥거루처럼 새끼를 5개월 동안 주머니 속에 넣어 키우는 유대류에 속한다. 호주의 숲과 도시에서 어렵지 않게 볼 수 있는 야행성 동물이며, 주 활동 무대는 도심의 공원이나 산악지대다. 마치 새 발자국처럼 작은 발자국을 남기며, 진갈색의 털은 무척 부드러워서 의류용 모피로도 사용된다.

웜뱃
WOMBAT

새끼 곰 같은 모습으로 낮에는 동굴이나 큰 나무에 난 구멍에 들어가서 잠을 자고 밤이 되면 먹이를 찾아다닌다. 몸길이는 70~120㎝, 몸무게는 30~40kg. 다리가 짧고 몸집이 뚱뚱하지만 달리는 속도만큼은 엄청나게 빨라서, 최대 시속이 40km나 된다. 성격이 온순하고 풀과 약초, 나무뿌리 등을 먹는다. 암놈은 한 번에 새끼를 한 마리밖에 낳지 않으며, 6개월 동안 주머니에서 기르는 전형적인 유대류다.

에뮤
EMU

캥거루와 함께 호주의 문장에 새겨져 있는 날지 못하는 새. 현존하는 새 중에서 가장 큰 새로 알려졌으며 시속 50km의 빠른 속도로 달리는 새이기도 하다. 캥거루처럼 뒤로는 걷지 못하고 앞으로만 전진할 수 있다. 에뮤는 암놈이 알을 낳으면 알이 부화할 때까지 수놈이 돌보는, 부성애가 강한 동물 중의 하나다. 호기심이 많고 온순하지만 가끔 도전적인 행동을 하기도 하는 등, 외모만큼이나 하는 행동도 장난스럽다.

호주의 축제
FESTIVAL

1월 JANUARY

· **시드니 축제** / 뉴사우스웨일스
음악·연극·무용 공연

· **호주 오픈 테니스** / 빅토리아
그랜드 슬램 경기 중 하나

2월 FEBRUARY

· **마르디 그라스 축제**
/ 뉴사우스웨일스
동성애 축제.
특별행사와 퍼레이드

· **본다이 비치 클래식**
/ 뉴사우스웨일스
2천여 명의 올림픽 및
장애인 올림픽 참가자들의
수영 축제

3월 MARCH

· **애들레이드 축제** / 사우스 오스트레일리아 2년에 한 번 열리는 오페라·무용·연극·음악·미술제
· **포뮬러 원 그랑프리** / 빅토리아 국제 포뮬러 원 자동차 경기 중 첫 번째 경기
· **멜번 패션 축제** / 빅토리아 호주 디자이너들의 가을·겨울 컬렉션

4월 APRIL

· **멜번 국제 코미디 축제** / 빅토리아
예술·코미디·연극·사진 축제

· **슈퍼바이크 월드 챔피언십** / 빅토리아
오토바이 경주

· **멜번 국제 꽃박람회** / 빅토리아
세계적인 수준의 꽃꽂이 작품, 정원과
다양한 식물 전시

5월 MAY

· **수바루 랠리 캐피털** / 캔버라
세계 최고의 드라이버들이 펼치는 자
동차 경주

· **그레이트 오스트레일리언 아웃백 캐
틀 드라이브** / 퀸즐랜드 & 사우스 오
스트레일리아
오지에서 펼치는 말타기 경주

6월 JUNE

· **빅 보이스 토이스 엑스포**
/ 퀸즐랜드
자동차·오토바이·배·여행·스
포츠·자동차 액세서리 전람회

더할 나위 없이 좋은 기후와 풍요로운 대지는 호주인들을
낙천적이고 즐길 줄 아는 사람들로 만들었다. 동성애 축제와
스포츠 제전, 꽃과 음식이 넘쳐나는 계절 축제까지,
호주 어느 곳을 가도 즐겁고 흥겨운 축제와 만날 수 있다.

7월 JULY

- **앨리스 스프링스쇼 & 카멜컵**
  / 노던 테리토리
  요리와 사진·예술·원예 전시·낙타 경주
- **멜번 국제 필름 페스티벌** / 빅토리아
  호주의 새로운 영화와 세계 각국의 영
  화 상영

8월 AUGUST

- **노던 테리토리 트로피컬 가든** / 노던 테리토리   음식·와인·맥주 페스티벌
- **헨리 온 토드 레가타**
  / 노던 테리토리
  메마른 강에서 펼쳐지는
  이색 요트 경기

9월 SEPTEMBER

- **킹스 파크 야생화 축제**
  / 웨스턴 오스트레일리아
  호주에서 가장 크고 다양한 야생화 전
  시회
- **플로리에이드** / 캔버라
  봄을 알리는 꽃의 축제

10월 OCTOBER

- **멜번 축제** / 빅토리아
  호주 각 지방과 세계 각국의
  시각·행위예술 축제
- **국제 바로사 음악축제**
  / 사우스 오스트레일리아
  공연과 와인·음식 축제

11월 NOVEMBER

- **멜번컵 경마대회** / 빅토리아
  경마·패션과 엔터테인먼트

12월 DECEMBER

- **요트 대회** / 시드니~호바트   남반구 최대의 요트 축제

- **호바트 서머 페스티벌** / 시드니~호바트
  요트 경기의 폐막 행사, 태즈마니아 음식과 와인 축제
- **새해 전야 축제** / 뉴사우스웨일스
  시드니 항구에서 펼쳐지는 파티와 축하연, 불꽃놀이

호주의 와인
WINE

200년이 채 안 된 호주 와인은 역사에 비해서 뛰어난 맛을 자랑한다.
특히 와인 산지로 유명한 바로사 밸리와 야라 밸리, 마가렛 리버, 헌터 밸리 등에서
생산되는 와인은 맛과 향에서 국제적으로 높은 평가를 받고 있다.

호주 와인의 역사와 특징

1788년, 11척의 상선을 이끌고 시드니항에 온 영국인 아서 필립이 항구 근처에 포도나무를 심은 것이 호주 와인의 시초. 그 후 1824년에 프랑스 보르도에서 농업 학교를 운영하던 제임스 버스비 James Busby가 호주로 이민, 그에 의해 본격적으로 포도 재배와 와인 제조가 시작되었다. 이때부터 호주인들은 적당한 포도 품종을 찾고 호주 와인만의 개성 있는 맛을 찾는 노력을 기울였고, 100여 년 후 호주 와인은 세계적인 와인으로 성장했다.

오늘날 와인 수출 세계 4위를 자랑하는 호주 와인은 기본 와인부터 향이 풍부한 스파클링 와인, 저장고에서 수십 년 동안 숙성시킨 와인까지 다양한 스타일을 선보인다.

호주 와인이 이처럼 성장할 수 있었던 요인은 강수량이 적은 겨울과 일조 시간이 긴 여름 때문. 또 식민지시대에 와인 제조에 대한 규제가 없었기 때문에 품종 개량과 블렌드 기술이 발달한 것도 이유로 들 수 있다. 여러 개의 품종을 조합한 깊이 있는 맛은 놀라울 만큼 진하고 향이 풍부하다.

···· TIP ····
캐스크를 아시나요?
호주 와인은 주로 병 Bottle 단위로 생산되지만, 3~5리터가 들어 있는 캐스크 와인 Cask Wine까지 다양한 용량의 제품이 판매된다. '술을 담는 통'을 의미하는 캐스크는 종이상자에 든 와인으로, 상자 안에 수도꼭지가 달린 플라스틱 봉지가 있어서 와인을 따라 마시게 되어 있다. 보통 와인 3~4병 정도의 용량이며, 배낭여행자들 사이에서는 '호주 막걸리'로 통한다.

❶ 스완 밸리

퍼스 북동쪽, 자동차로 약 30분 거리에 있는 서호주 최대의 와인 생산지. 스완 디스트릭트라는 이름으로도 잘 알려져 있다. 소비뇽 블랑, 샤르도네 등 풍미가 높은 풀바디의 화이트 와인을 생산한다.

❷ 마가렛 리버

퍼스 남쪽, 자동차로 3시간 거리에 있는 와인 산지. 역사는 오래되지 않았지만 프리미엄 와인을 만드는 산지로 명성이 높으며 호주 국내에서도 주목을 받고 있다. 카베르네 소비뇽으로 명성을 확립했지만 샤르도네 단품종, 소비뇽 블랑과 세미용을 블랜드한 와인도 호평을 받고 있다.

❸ 바로사 밸리

애들레이드 북동쪽, 자동차로 약 1시간 거리. 1847년부터 시작된 와인 산지로 독일인의 영향을 많이 받았다. 100년이 넘은 포도나무가 있는 것으로도 유명하다. 50개가 넘는 와이너리가 있으며 호주 와인의 약 10%를 생산한다. 프랑스 보르도 지구와 같은 토지 환경에서 생산되는 고급 와인 산지. 홀수 해에는 빈티지 페스티벌이 개최된다.

❹ 야라 밸리

멜번 동쪽, 자동차로 약 1시간 거리에 있는 빅토리아 주의 대표 와인 산지. 1838년에 프랑스인 라일리 형제가 포도 묘목을 심은 것이 시초가 되었다. 현재도 와이너리 '예링스테이션'에 그 묘목이 남아있다. 화이트 와인으로는 샤르도네, 레드 와인으로는 피노 누아와 카베르네 소비뇽이 명성이 높다.

❺ 캔버라 근교

수도 캔버라 중심부에서 북쪽으로 펼쳐진 구릉지대에 포도밭이 자리하고 있다. 여름에는 덥고 수확 시기에는 시원해지는 내륙성 기후가 포도 재배에 좋은 조건으로 작용한다. 이 지역의 와이너리는 규모가 작고 대부분 현지인이나 관광객을 상대로 판매하는 부티크 와이너리다.

❻ 헌터 밸리

시드니에서 자동차로 약 3시간 거리. 1825년부터 시작된 호주에서 가장 오래된 와인 산지다. 구릉지대인 로어 헌터 밸리와 헌터 리버 근처의 어퍼 헌터 밸리의 2개 지역으로 나뉘며 70개가 넘는 와이너리가 분산되어 있다. 숙성이 빨리 되는 세미용과 부드러우면서 풍미가 진한 샤르도네의 산지로 주목 받고 있다.

❼ 드웬트 밸리

다소 생소할 수 있지만 태즈마니아 주에서는 가장 유명한 와인 산지다. 호바트에서 가까운 지리적 이점 때문에 와이너리 투어도 잘 발달되어 있다. 샤르도네와 피노 누아를 비롯해 다채로운 품종의 포도가 재배된다. 근처의 콜 리버 밸리도 카베르네 소비뇽과 멜롯 재배로 유명한 와인 산지다.

호주에서 생산되는 주요 포도 품종

화이트 와인

샤르도네 Chardonnay	리슬링 Riesling	세미용 Semillon	소비뇽 블랑 Sauvignong Blanc
그레이프 프루츠, 숙성된 복숭아라고도 표현되는 프루티한 풍미가 특징. 화이트 와인을 만드는 품종 가운데서는 가장 일반적이다. 토지의 특색을 살린 것이 많다.	고급스러운 향이 특징. 프루티하면서 마시기 편한 것부터 산미가 강한 것까지 다양한 타입이 있다. 호주 전역에서 생산되지만 리슬링 품종으로는 남호주 산이 가장 유명하다.	상큼한 맛이 특징. 디저트 와인 품종으로도 알려져 있다. 소비뇽 블랑과 블랜드한 것이 많은데, 단품종에서는 꿀 향이 느껴진다.	열대 과일 맛과 허브의 풍미가 느껴지는 품종으로, 채소 요리와 잘 어울린다. 서호주 남부의 품종이 가장 높은 평가를 받고 있다.

레드 와인

쉬라즈 Shiraz	피노 누아 Pinot Noir	카베르네 소비뇽 Cabernet Sauvignon	멜롯 Melot
호주 와인의 대표적인 품종으로, 향이 강하고 스파이시하다. 짙은 자주색을 띠며 깊이 있는 향이 특징. 헌터 밸리와 바로사 밸리가 유명한데, 산지에 따라 맛이 크게 다르다.	탄닌 성분이 비교적 적으며, 딸기, 체리 같은 과일 맛이 난다. 냉랭한 기후에서 잘 자라 빅토리아 주와 서호주 남부, 태즈마니아 산이 인기가 있다.	농후한 맛과 진한 산미가 특징이다. 마가렛 리버와 야라 밸리 산이 인기 있으며 육류 요리와 잘 어울린다.	보르도의 기본이 되는 품종. 산미와 탄닌이 적고 부드러워서 와인 초보자도 마시기 좋은 품종이다. 마가렛 리버와 야라 밸리 산이 인기가 있다.

호주의 맥주
BEER

예로부터 물 좋고 공기 맑은 곳은 술이 맛있다 했던가. 호주가 딱 그렇다.
맥주 브랜드마다 생맥주 Draft, 강한 맛 Bitter, 쓴맛 Larger으로 구분하고 있으며, 호주에서 생산되는
맥주의 종류는 수십 종에 이른다. 호주인 1인당 맥주 소비량은 세계 3~4위를 오가고 있다.

골라 마시는 재미가 쏠쏠한 지역별 대표선수

주마다 고유한 브랜드의 맥주가 생산되고 있다. 흔히 '비비 VB'라는 애칭으로 불리는 빅토리아 비터 Victoria Bitter는 호주 사람들이 가장 즐겨 마시는 맥주. 그 밖에 우리가 호주의 대표적인 맥주로 알고 있는 포스터스 Foster's나 태즈마니아의 대표적인 맥주 캐스케이드 Cascade, 퀸즐랜드의 포엑스 XXXX 등은 호주 전역에서 사랑받고 있다. 서호주의 스완 Swan, 뉴사우스웨일스의 투이스 Tooheys, 남호주의 쿠퍼스 Coopers 등도 각 주를 대표하는 브랜드. 호주를 여행하며 가장 많이 만나게 될 주요 브랜드들을 소개한다.

빅토리아 비터 Vicroria Bitter
빅토리아 주

VB라는 로고가 강렬한 호주 국민 맥주. 이름 그대로 빅토리아 주에서 생산되는 강한 맛(Bitter)의 맥주다. 통통한 몸채의 병 디자인에, 톡 쏘는 맛이 일품이다. 알코올 도수 4.6%

포스터스 라거 Foster's Larger
빅토리아 주

호주 최대의 맥주 회사 칼튼&유나이티드 브루어리에서 만드는 호주 대표 맥주. 주로 수출용으로 공급되는 포스터스라는 브랜드와 호주 국내용 브랜드 칼튼 드래프트를 함께 사용한다. 달콤하면서 톡 쏘는 맛이 독특하다. 알코올 도수 4.9%

투이스 Tooheys
뉴사우스웨일스 주

보리향이 강한 드래프트 맥주. 알코올 도수가 낮아서 부담 없이 마실 수 있지만, 끝도 없이 들어간다는 것이 함정. 알코올 도수 4.6%

한 프리미엄 Hahn Premium
뉴사우스웨일스 주

시드니 근교에서 생산되는 맥주로, 창립주의 이름 Dr. Chuck Hahn에서 비롯된 이름이다. 인기가 많은 드라이 맥주로 단맛과 쓴맛이 절묘하게 조화를 이루며 뒷맛이 산뜻하다. 프리미엄 라거와 프리미엄 라이트 두 종류가 가장 유명하며, 알코올 도수는 각각 5%와 2.6%.

포엑스 맥주 XXXX Bitter
퀸즐랜드 주

퀸즐랜드 주에서 생산되는 역사가 오래된 맥주. 브리즈번 시내에 공장이 있어서 맥주공장 투어로도 유명하다. 상쾌한 맛이 일품인 비터 외에도 다양한 맛의 맥주를 생산한다. 알코올 도수 4.5%

캐스케이드 Cascade
태즈마니아 주

1824년부터 맥주를 생산한, 호주에서 가장 오래된 양조장에서 생산된다. 태즈마니아에서 생산되지만 전국구로 사랑받는 맥주 브랜드. 부드럽고 깔끔한 맛을 자랑하며, 진하면서도 뒷맛이 산뜻하다. 알코올 도수 2.6%.

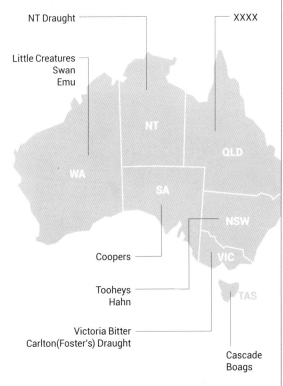

NT Draught

XXXX

Little Creatures
Swan
Emu

Coopers

Tooheys
Hahn

Victoria Bitter
Carlton(Foster's) Draught

Cascade
Boags

· TIP ·
주당이라면 반드시 기억해야 할, 리큐어숍과 BYO

호주에서 주류를 구입하려면 리큐어숍이라 불리는 술 전문 판매점으로 가야 한다. 가까운 뉴질랜드만 해도 맥주와 와인 정도는 슈퍼마켓에서 판매하지만, 호주는 술에 관한 한 아직 엄격한 편. 거리나 공공장소에서 술을 마실 때도 병이나 라벨이 보이지 않게 종이 등으로 병을 감싸고 마셔야 한다. 이를 어기면 A$100 이상의 벌금을 낸다.

한편 호주의 레스토랑에서 자주 눈에 띄는 BYO라는 용어는 'Bring Your Own'의 약자로, 자신의 술을 가져와서 마셔도 된다는 뜻이다. 레스토랑에서 주류를 판매하려면 허가를 받아야 하는데, BYO 레스토랑의 경우 주류 판매 허가는 없지만 손님이 자신의 술을 가져와 마시는 것은 괜찮다는 뜻. 가까운 리큐어숍에서 술을 사가지고 가면 1인당 A$2~3 정도를 받고 컵이나 병따개 등을 빌려준다.

주류의 소비판매에 관한 규정은 주마다 다르지만, 일반적으로 호텔들의 허가된 영업시간은 월요일부터 토요일까지는 오전 5시에서 밤 12시까지. 일요일 영업시간은 주마다 다르게 적용된다. 주류 구입은 만 18세 이상만 가능하다.

호주의 교육
EDUCATION

호주의 교육은 초·중·고등학교,
전문대학, 정규대학으로 나뉘며,
모든 학교를 연방정부가
직접 관리해 높은 질의 교육을
보장받을 수 있다.

호주의 교육체계

학기는 2월에 시작하며 초·중·고등학교는 4학기제로 운영된다. 총 12학
년의 과정을 마치면 전문대학이나 정규 대학에 진학할 수 있다.

초등학교는 1~6(7)학년 과정이고 수업내용은 기본적인 영어 구사와 수
학, 사회, 체육, 기타활동, 외국어 교육 등이다. 평균 교사 5명에 학생 16
명의 비율. 중·고등학교는 7(8)~12학년으로 구성되며 중등부(10학년까
지)와 고등부(11·12학년)로 나뉜다. 대학에 진학하지 않는 학생들은 의
무교육 기간인 10학년을 마치고 직업교육을 받거나 바로 직업전선에
뛰어든다.

수업 내용이나 형식은 우리나라 대학과 비슷하다. 기본과목과 선택과
목으로 나누어서 중등부는 영어·사회·수학·과학을, 고등부는 영어·영문
학·경제학·역사 등을 기본과목으로 듣는다. 이 밖에 음악·미술·가사·물
리·회계·생물·화학 등의 과목 중에서 선택할 수 있다. 수업은 교사 위주
가 아닌 학생들이 참여하는 방식으로 진행한다. 수강과목에 따라 학생
이 교실을 옮겨 다니며 수업을 듣는 방식.

초·중·고등학교의 학비와 생활비는 학교와 지역에 따라 다르지만 대
개 1년에 A$9,000~1만 9,000 정도. 공립학교의 학비는 사립학교보다
20%쯤 저렴하지만 교과서나 교복 등의 비용은 추가로 내야 한다.

입학을 위해 필요한 영어 실력은 TOEFL 530점, IELTS 5.5 이상이면 가
능하다. 영어 실력이 부족할 경우 현지의 사설 연수기관이나 학교 부설
영어 연수과정에서 공부할 수 있고, 18세 이하의 미성년자는 부모나 현
지 영주권자 이상의 후견인이 필요하다. 그렇지 않은 경우 반드시 학교
에서 지정한 가디언(법적 후견인)의 하숙집에 기거하게 되어 있다.

호주의 대학교

대학은 전문대학 과정과 정규 대학 과정으로 나뉜다. 보통 2학기제로, 2월과 7월에 학기가 시작된다. 전문대 과정은 1년간의 수료과정에서 취업 또는 디플로마 과정 진학을 위한 실질적인 교육을 받는다.

디플로마 과정은 1~2년간의 정식 학위 과정으로 이 과정을 마치면 전문대학 졸업장을 받는다.

고급 준학사 과정은 디플로마 이상을 말하며, 준학사 과정 이후에는 학위 프로그램이 있다.

국내 고등학교 2학년 과정을 마쳤거나 졸업한 학생은 파운데이션 과정을 통해 호주 내 일반 대학에 입학할 수 있다. 국내 대학에서 1학년을 마쳤거나 국내 전문대학을 졸업한 사람은 파운데이션 과정 없이 바로 입학할 수 있다. 이때 IELTS 6.0 이상 또는 TOEFL 550 이상의 영어성적이 요구된다.

호주에서 가장 우수한 대학은 G8(The Group of 8)이라는 약칭으로 불린다. G8에 속하는 대학은 애들레이드 대학 The University of Adelaide, 호주 국립대학 The Australian National University, 멜번 대학 The University of Melbourne, 모나쉬 대학 Monash University, 뉴사우스웨일스 대학 The University of New South Wales, 퀸즐랜드 대학 The University Queensland, 시드니 대학 The University of Sydney, 서호주 대학 The University of Western Australia이다.

오지 잉글리시

AUSSIE ENGLISH

호주식 영어는 조금 특이하다. 독특한 악센트와 발음 앞에서 영어에
꽤 자신이 있는 사람조차도 처음에는 당황스러울 만큼. 그리 넓지 않은 우리나라에서도
남쪽과 북쪽 말이 다른데, 땅덩어리 넓은 호주에서는 오죽하랴.

오지와 메이트십

호주 사람들은 흔히 스스로를 '오지 Aussie'라고 부른다. 오지는 '토박이'를 뜻하는 호주 말. 이민
자의 나라에 토박이라? 호주의 진정한 토박이는 원주민 애버리진이겠지만, 인구의 77%에 이르는
영국과 아일랜드계 호주인들은 자신들이 이 땅의 주인이라는 자부심에서 스스로를 오지라 일컫
는다. 그만큼 호주를 아끼는 마음과 호주인으로서의 긍지가 크다는 뜻.

한편 호주 사람들의 특성을 한 마디로 표현하자면, '메이트십'이라 할 수 있다. 동료의식이 강하고
무엇에 얽매이는 것을 싫어하는 자유분방한 성격 그리고 낙천적이며 친절한 호주 사람들을 표현
하는 가장 적절한 단어다.

한국 사람들의 "안녕하세요?" 만큼이나 흔하게 쓰이는 "굿 다이 마이트 Good Day Mate"에서도
나타나듯이, 조금만 가까워지면 마음을 터놓고 '친구 Mate'라고 부르는 것이 호주 사람들이다.

오지 잉글리시

일종의 사투리라 할 수 있는 오지 잉글리시는 내륙으로 들어갈수록 더 심해진다. 사막의 모래와 들끓는 파리떼가 입안으로 들어가지 못하게 입을 오므리고 발음하다 보니 마치 입을 열지 않고 오물거리는 듯한 독특한 영어가 나오게 된 것.

유난히 줄임말이 많은 것도 이런 이유 때문이다. 대도시에 사는 젊은 사람들은 킹스 잉글리시라는 표준 영국식 영어를 많이 쓰지만, 사투리가 정겨운 것처럼 오지 잉글리시는 어딘지 모르게 촌스러우면서도 친근한 느낌을 준다. 물론 제대로 알아듣기만 하면 말이다.

자, 그럼 본격적으로 오지 잉글리시를 배워보자. 가장 큰 특징은 'A' 발음을 '아이'로 한다는 것. Day는 '다이', Today는 '투다이', Mate는 '마이트', Stay는 '스타이'. 'Have a Good Day'는 '하바굿다'로 발음한다.

미국에 슬랭이 있듯 호주에도 오지 슬랭이 있는데, 단어의 생략화가 특징이다. 예를 들어 'Barbecue(바비큐)'는 짧게 'Barbie(바비)'라고 줄여 말한다. 또 Dunny(야외 화장실)·Tinny(캔맥주)·Tucker(요리)·Cossie(수영복)·Digger(광부) 등은 다른 영어권 국가에서 볼 수 없는 오지 슬랭의 대표적인 예다.

미국영어 vs 호주영어

	미국 영어	호주 영어
상점	Store	Shop
아파트	Apartment	Flat
추월	Passing	Overtaking
통조림	Can	Tin
영화	Movies	Cinema
감자튀김	French Fry	Chips
예약	Reservation	Booking
휴지통	Garbage Can	Rubbish Bin
엘리베이터	Elevator	Lift
가솔린	Gas(Gasoline)	Petrol
테이크아웃	To go	Take Away
공중화장실	Public Toilet	Dunny
자전거	Bicycle	Push Bike
안녕하세요	Hello	G'day Mate
잘 지내요?	How are you?	How are you doing?
통화 중	Line is busy	Line is engaged
장거리 전화	Long distance call	Trunk call
전화하다	Call(someone)	Ring(Someone)
바비큐	Barbecue	Barbie
유료로 빌리다	Rent	Hire
짐	Baggage	Luggage
길을 양보하다	Yield	Give way
센터	Center	Centre

호주의 주말시장

MARKETS

호주 사람들은 주말이면 야외활동을 즐긴다. 일주일 내내 쌓인 피로를 주말 동안 레포츠나 여행 등으로 날려버리는 것. 그런 야외활동 가운데 하나가 바로 곳곳에서 열리는 주말시장 기웃거리기다.

도시마다 반드시 있다!

주로 토요일이나 일요일 오전에 열리는 주말시장은 호주 전역의 거의 모든 도시에서 볼 수 있고, 지역 주민과 관광객이 어우러져 흥겨운 한때를 연출한다. 공원이나 광장 등이 단골 장소이고, 가끔은 아예 마켓으로 자리 잡은 상설 좌판도 보인다. 어느 나라나 시장 구경은 즐겁다. 그중에서도 호주의 주말시장은 직접 그린 그림과 직접 만든 액세서리·수공예품·스웨터 등이 넘쳐나는 흥미진진한 만물시장이다. 판매하는 제품들은 대부분 세상에 단 하나밖에 없는 수제품으로, 여행의 추억을 간직할 수 있는 좋은 기념품이 된다. 어디에나 있는 주말시장이니 다음에 사지 뭐, 하고 지나갔다가는 세상 어디에서도 그 제품을 구입할 수 없게 된다.

만물상 혹은 벼룩시장

가격 또한 백화점이나 기념품점보다 저렴하고, 중요한 것은 흥정도 가능하다는 사실! 물건값을 깎는 재미도 쏠쏠하다. 케밥, 피자, 스시, 생과일주스, 튀김류 등의 먹을거리도 빠뜨릴 수 없는 즐거움이다. 최근에는 태국이나 중국 등지에서 온 마사지사들이 주말시장의 한쪽을 차지하기도 한다. 여행 도중 피로가 쌓였을 때 한 번쯤 몸을 맡겨보는 것도 색다른 경험이된다. 브리즈번이나 시드니 같은 동부 해안의 대도시에서는 전 세계에서 온 다양한 인종의 사람들을 만나는 것이 주말시장의 또 다른 재미다. 간혹 사용하던 물건을 가지고 나와 저렴한 가격에 물물교환하는 벼룩시장이 열리기도 하는데, 이 빠진 그릇이나 주파수도 안 잡히는 라디오, 빛바랜 스웨터 등 보기만 해도 정겨운 물건들이 주인공이 되는 곳. 호주의 주말시장은 평소 조용하던 도시를 들뜨게 하는 마법의 공연장과 같다.

주요 도시 주말시장

도시	장소	시간
시드니	킹스 크로스	토요일 오전
	패딩턴	토요일 10:00~
	록스	토·일요일 10:00~17:00
멜번	사우스 게이트	토·일요일 13:00~15:00
	세인트 킬다	일요일 10:00~17:00
호바트	살라망카	토요일 08:30~15:00
다윈	민딜 비치	건기의 목·일요일 16:00~22:00
	파랍	토요일 08:00~14:00
에얼리 비치	에스플러네이드	토요일 오전
캔버라	벨코넨	수~금요일 08:00~18:30
	킹스톤 구 버스정류장	일요일 10:00~16:00
케언즈	포트 더글러스 안작 파크	일요일 오전
	쿠란다	수·목·금·일요일 09:00~14:00
퍼스	프리맨틀	금요일 09:00~21:00, 토요일 09:00~17:00, 일·월요일 10:00~17:00
브리즈번	사우스 뱅크 파크랜드	금요일 17:00~22:00, 토요일 11:00~17:00, 일요일 09:00~17:00
	이글 스트리트 피어	일요일 오전

GERMAN

호주에서 한 달 살기

ONE MONTH

머무는 여행이 대세다. 스치듯 지나가는 감질맛나는 여행이 아닌,
한 도시에 머물며 일상을 공유하는 한 달 살기 로망을 실현하는 여행자들도 늘고 있다.
도시 선정에서부터 의식주까지, 한 달 살기에 필요한 것들을 모았다.

어느 도시에서 한 달을 살까?

항공 노선을 고려하면 한국에서 직항으로 드나들 수 있는
시드니와 브리즈번이 가장 유력하다. 조용하면서 여유로운
일상을 엿보고 싶다면 애들레이드와 멜번도 추천할 만하
다. 최근에는 물가 비싼 동부 보다는 가성비 좋은 서호주의
퍼스로 눈을 돌리는 여행자들도 많다.

위에 언급한 도시는 모두 각 주의 주도로, 교육, 문화, 자연,
기후, 치안 등 실생활에 필요한 모든 요소들이 고르게 잘
갖춰진 곳들이다.

결국 각자의 취향과 경제적 능력, 그리고 동반자의 성향에
맞춰 선택해야 하는데, 젊은 커플이나 활동적인 싱글이라
면 케언즈처럼 액티비티를 마음껏 즐길 수 있는 소도시도
후보가 될 수 있다.

집은 어떻게 구하지?

한 달 살기의 로망에 불을 지핀 것은 에어 비앤비다. 낯선
곳에서 내 집을 갖는다는 상상을 현실로 만들어준 것. 일주
일 할인, 한 달 할인 등 장기 숙박에 최적화되어 있으며, 일
행이 있다면 개별 호텔 요금보다 훨씬 저렴하게 주거를 해
결할 수 있다. 내 집처럼 취사와 세탁을 할 수 있다는 것도
장점. 대신 조건과 컨디션이 좋은 곳들은 일찍 마감되기 쉬
우므로, 숙소 예약만큼은 조금 일찍 서두르는 것이 좋다.

아이가 있는 가정에서 방학을 이용해서 한 달 살기를 계획
한다면, 도시별 교민 사이트 등에 올라있는 정보를 활용해
보는 것도 좋다. 방학 시즌에는 호주교포들 가운데 역으로
한국으로 들어오면서 집을 렌트하는 경우가 많은데, 이때
기간과 가격이 잘 맞으면 심리적으로 조금 더 안정감 있게
한 달을 보낼 수 있다.

돈은 얼마나 들까?

가장 큰 비용이 드는 항공과 숙박을 제외하면, 나머지는 어디에 살든 들기 마련인 생존비용이다. 즉, 한국에서의 한 달 생활비와 대동소이하다는 말. 차이점은 나라마다 다른 생활물가와 개인의 라이프 스타일에 따른 부대 비용 정도(어학연수나 액티비티 등). 어떤 집을 구하고, 뭘 할 것인지에 따라 비용은 천차만별이지만, 대략적이고 상식적인 선에서의 비용 산출은 아래와 같다. 예시된 금액은 숙박을 제외하고는 1인당 비용이며, 혼자보다는 2~3인일 때 가성비가 더 좋다.

예상 경비

항공 요금 120~200만 원(왕복)

숙박 요금
1달 180~250만 원(*2인 기준)

어학연수 100만 원

액티비티 또는 근교 여행 100만 원

식비 및 통신 기타 잡비 100만 원

자동차 렌트 또는 교통비 50만 원

총 합계 650~800만 원

슈퍼마켓

우리나라의 이마트나 롯데마트처럼 호주에도 대형 슈퍼마켓이 있다. 호주 슈퍼마켓의 양대산맥은 콜스 Coles와 울월스 Woolworth. 거의 대부분의 도시에 한 군데 이상 있으며, 대형 쇼핑몰 안에는 두 곳이 함께 있는 곳도 많다. 품목별로 두 군데 가격이 조금씩 다르지만, 어느 곳을 가도 차이를 느낄 정도는 아니다. 육류, 채소, 음료, 과자, 과일, 세제, 의약품, 생활용품 등 알코올 제품을 제외한 모든 생필품을 저렴하게 구입할 수 있다.

은행

- CBA(Commonwealth Bank 커먼웰스 뱅크)
- ANZ(Australia and New Zealand Bank 에이엔젯)
- NAB(National Australia Bank 내셔널 오스트레일리아 뱅크)
- Westpac(웨스트팩)

리큐어숍

호주의 슈퍼마켓에서는 주류를 판매하지 않는다. 주류는 리큐어숍에서만 판매하도록 법으로 정해져 있기 때문. 리큐어랜드 Liquorland나 비더블유에스 BWS가 가장 흔하게 볼 수 있는 리큐어숍 브랜드이며, 주로 울월스나 콜스 슈퍼마켓 근처에 한 군데 이상 자리하고 있다.

약국

주위를 둘러보면 동네마다 Terry White, Chemmart, My Chemist, Discount Drugstore, Good Price Pharmacy 등의 약국 이름들이 보일 것이다. 그러나 최근에 전국구로 가장 큰 규모를 자랑하는 약국 프랜차이즈의 이름은 케미스트 웨어하우스 Chemist Warehouse다. 창고형(?) 약국으로 거의 모든 건강보조식품과 의약품, 화장품까지 판매하며, 이벤트와 할인도 어마어마하다. 일상생활에 필요한 제품은 물론이고, 귀국 시 선물도 이곳에서 대부분 해결할 수 있다.

호주의 숙소
ACCOMMODATION

백패커스 호스텔 Backpackers Hostel

백팩 Backpack, '배낭을 맨 여행자를 위한 호스텔'이라는 뜻의 백패커스. 가장 저렴한 동시에 가장 많은 정보가 넘쳐나는 자유로운 형태의 숙박업소다. 객실 전체가 아니라 침대를 빌리는 방식이어서 혼자 여행하는 경우에 유용하게 이용할 수 있다. 백패커스의 객실은 싱글·도미토리·더블·트윈 등으로 나뉜다. 도미토리는 3~10명 또는 그 이상이 같이 쓰는 방을 말하는데, 몇 인용이냐에 따라 요금이 달라진다. 객실에 화장실과 샤워실이 있는 방을 엔스윗룸 Ensuite Room이라고 하는데, 대부분의 백패커스는 층마다 샤워실과 화장실이 하나씩 있는 공용이 많다. 이 밖에도 취사도구가 갖춰진 공동주방과 동전 세탁기가 있는 세탁실, TV나 비디오가 있는 휴게실 등을 갖추고 있다. 백패커스의 요금은 키를 받기 전에 미리 계산하는 것이 관례이며, 디파짓 Deposit(보증금)을 요구하는 경우도 많다. 열쇠나 침대 커버, 담요, 식기 등을 빌릴 때 내는 돈은 A$5~10 정도다. 체크아웃할 때 그대로 돌려받을 수 있으니 너무 긴장하지는 말 것. 백패커스 요금은 대개 도미토리가 A$25~35, 싱글이 A$40~60, 더블이 A$70~100 정도지만, 비수기와 성수기의 차이가 크다는 점을 기억해야 한다.

모텔과 호텔 Motel & Hotel

모텔은 Motor+Hotel의 합성어다. 즉 자가 운전자를 위한 숙소. 당연히 넓은 주차공간을 확보하고 있으며, 서비스와 시설, 가격면에서 유스호스텔과 호텔의 중간쯤 된다. 호텔과의 차이점은 콘도처럼 객실 내에 주방시설을 갖추고 있다는 것. 직접 조리를 할 생각이라면 호텔보다 모텔이 더 적합하다. 주로 모터인 Motor Inn이라고 하며, 요금은 A$80~120. 호주의 호텔은 세계적인 체인은 물론 대도시의 카지노 호텔들까지 가세해 날로 화려함과 정교한 서비스를 더해가고 있다. 보통 3~5스타까지 등급이 나뉘는데, 위치와 시설에 따라 가격은 천차만별이다. 여행 중 피로가 쌓이거나 기분 전환이 필요할 때 이용할 만하다.

여행하기 좋은 나라 호주에는 여러 종류의 숙박시설이
고르게 잘 발달되어 있다. 여행 스타일과 예산에 맞는
숙소를 선택할 수 있으며, 숙박 앱과 에어 비앤비의 등장으로
더 많은 숙박 옵션들이 여행자들의 선택을 기다린다.

퍼브가 있는 호주의 전통 호텔 Pub Hotel

전통적으로 호주에서는 'Hotel'이 술집 Pub을 뜻한다.
개척시대의 호주에는 집을 떠난 노동자들이 일을 끝내
고 선술집에 들러 한잔 걸친 뒤 바로 2층의 숙소로 올라
가 잠을 청했는데, 이런 이유로 1층에는 퍼브가 있고 2
층에는 숙소가 있는 건물을 '호텔'이라 일컫게 되었다.
지금도 도시 외곽이나 작은 도시에 가면 건물 외관에
'HOTEL'이라고 적혀있는 술집 건물을 많이 볼 수 있다.

지하 동굴 호텔 Cave Hotel

땅 밑에 지어진 숙소로, 오팔로 유명한 쿠버 피디에 가
면 지하에 지어진 호텔과 주택을 볼 수 있다. 지열이 뜨

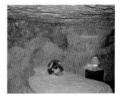

거워 지상에서 생활하기 어려운 황무지에서 살아남기
위한 일종의 생존
전략인 셈. 쿠버 피
디라는 도시에 가
면 지하 동굴 숙소
에서 하룻밤을 묵
어보는 것도 좋은
추억이 된다.

아파트먼트와 홀리데이 플랫
Apartment & Holiday Flat

호주에서는 플랫 Flat이 아파트라는 말처럼 쓰인다. 주
로 휴양지에서 볼 수 있으며, 우리나라로 치면 콘도와
가장 비슷한 형태. 외관은 일반 아파트처럼 생겼는데,
쉽게 아파트의 한 집을 빌린다고 생각하면 된다. 조리기
구가 딸려 있는 주방에서는 손수 음식을 해먹을 수 있
고, 객실마다 샤워실과 화장실·TV가 딸려 있는 등 가정
적인 설비를 갖춰놓았다. 다만 별도의 서비스가 제공되
지는 않으므로 침대를 정리하거나 지내는 동안 쓰레기
통을 비우는 것은 투숙객의 몫이다.

비앤비 & 에어 비앤비 B&B & Air B&B

B&B는 호주처럼 넓은 국가에서 무척 유용한 숙박형태다. 시골길을
달리다 보면 인적이 거의 드문 길가에 B&B를 알리는 작은 간판을 볼
수 있는데, 불빛 하나 없는 곳에서 편히 쉴 곳을 마련하고 아침식사
를 해결할 수 있다는 점만으로도 반가울 수밖에 없다.
이름 그대로 '침대와 함께 아침식사'까지 제공하는 점이 특징이다.
각 지역 관광안내소에 비치된 B&B 안내 책자를 통해 찾을 수 있으
며, 더블룸 가격이 A$80~120선이다.
비앤비에서 개념을 따 온 에어 비앤비는 전통적인 비앤비와는 조금
다른 의미로 사용되는 숙박 형태다. 내가 사용하는 공간을 다른 사
람과 공유하거나 완전히 내어주는 시스템으로, 호주에서의 에어 비
앤비는 안전하고 가성비도 좋다는 평을 얻고 있다. 특히 가족 여행자
들에게는 머무는 여행의 좋은 대안이 되고 있다. 애플리케이션을 통
해 정보 서칭에서 예약까지 편리하게 이용할 수 있다.

Hertz Gold Plus Rewards®

골드회원 전용 카운터를 통한 신속한 차량 픽업
임차 비용 $1 당 1포인트 적립 및 예약 시 포인트 사용
Express Return 서비스를 통한 신속한 반납 서비스
회원 등급별 다양한 혜택 제공
회원 전용 특별 프로모션

The First Class in car rental service

THEME
BOOK IN BOOK

호주에서 이건 꼭!
OZ BUCKET LIST

MUST DO!

레포츠 천국 호주, 이곳에서는 아무리 움직이기 싫어하는 몸치일지라도 두 가지 이상의
액티비티를 경험하게 된다. 눈으로 보는 여행은 호주에서 별 의미가 없다. 역사나 정적인 볼거리보다는 몸으로
부딪히고 느끼는 체험여행이야말로 진짜 호주를 만나는 방법. 호주에서는 지금까지의 나를 버려라!!

꼭 해야 할 체험 BEST 7

01 해저 세계 대탐험
스쿠버 다이빙 Scuba Diving

하늘에서 뛰어내리면 땅이 나오지만, 바다에서 뛰
어내리면 그 깊이를 알 수 없다. 세계 최대의 대산
호초 그레이트 배리어 리프에 빠져 즐기는 해저 세
계는 이곳이 지구 밖 어느 행성인지 착각이 들 정도
다. 일단 한번 시작하면 헤어나올 수 없는 바닷속
꽃밭의 황홀경에 빠져보자!

02 서퍼스 파라다이스에서 파도타기에 도전
서핑 Surfing

시드니에서 케언즈에 이르는 동부 해안은 서퍼들
의 천국. 동북부에서는 케언즈와 에얼리 비치, 동남
부에서는 시드니 본다이 비치와 바이런 베이 등이
소문난 서핑 스폿이다. 초보자를 위한 서핑 클래스
도 많으니, 호주에서 서퍼의 꿈을 이뤄보는 것은 어
떨까.

03 자연과 함께 호흡하는 즐거움
카누와 카약 Canoeing& Kayaking

호주 전역의 강과 바다에서 즐길 수 있다. 뉴사우
스웨일스 주에서는 머레이강의 상류, 노던 테리토
리의 캐서린 협곡, 태즈마니아의 프랭클린강 그리
고 케언즈 앞바다에서 즐기는 시 카약 Sea Kayak
까지. 카누와 카약은 천천히 자연을 음미하는 가장
멋진 방법이다.

04 바닷바람 가르며 호주의 바다를 만끽
요트 세일링 Yacht Sailing

에얼리 비치에 가면 요트 세일링에 도전하자. 끝없이 고요한 바다에 구름 한 점, 갈매기 날갯짓 하나, 점점이 떠 있는 섬과 요트들. 요트에서 맞는 밤과 새벽은 세상 어느 곳에서도 경험하지 못할 추억을 선사한다.

05 열대우림 속에서 가져보는 사색의 시간
부시워킹 Bushwalking

호주에서 반드시 한 번 이상 경험하게 될 야외활동 중 하나는 부시워킹이다. '숲'이라는 뜻의 오지 잉글리시 '부시'와 워킹이 결합하여 탄생한 호주식 스포츠(?). 숲길을 걷는 가벼운 산책이지만, 울창한 열대우림을 부시워킹하다 보면 어느샌가 심오한 사색의 세계로 빠져든 자신을 발견한다.

06 거대한 생명체가 펼치는 파노라마
웨일와칭 Whale Watching

호주에서 놓치지 말아야 할 것 중 하나는 떼를 지어 이동하는 험프백 고래를 가까이서 바라보는 것. 매년 3~10월이면 무동력선을 타고 바다로 나가 고래의 합창을 들을 수 있다. 허비 베이가 가장 유명한 고래 관찰 스폿이며, 록햄턴이나 포트 스티븐스 등의 동부 해안에서도 같은 시기에 고래 관찰이 가능하다.

07 모래바다에서 보드 삼매경에 빠지다
샌드보드 Sand Board

다양한 기후와 지형을 지닌 호주에서는 사막의 모래에서 보드를 타고 미끄러져 내리는 체험이 가능하다. 눈썰매를 타듯 샌드 보드에 몸을 맡기고 모래언덕 정상에서 미끄러지는 기분! 보통 4WD 차량으로 사막을 가로질러 달린 뒤, 적당한 위치에서 샌드 보드를 탄다. 서호주의 사막지대와 시드니 근교의 포트 스티븐스, 태즈마니아의 스트란 근처 사막에서 경험할 수 있다.

MUST EAT & DRINK!

거친 아웃백의 맛 스테이크에서 달콤한 스펀지케이크 래밍턴까지.
호주에는 별다른 전통 음식이 없다는 고정관념을 버리면, 맛있는 호주가 펼쳐진다.

꼭 맛봐야 할 음식 BEST 7

01 투박하지만 담백한 전통(?)음식
댐퍼 빵과 빌리 티

백인들이 호주 대륙에 정착한 이후, 야외용 화로 위에 커다란 찜통을 얹어서 차를 끓여 마시는 것이 하나의 전통이 되었다. 이때 차를 끓이던 찜통의 이름 '빌리'에서 이름을 딴 호주식 차의 이름이 바로 '빌리 티'. 댐퍼 빵 역시 투박하지만 담백한 맛을 자랑한다. 소다를 넣어 반죽한 밀가루를 깊은 냄비에 담고, 불이 꺼진 모닥불 위에서 은근한 온기로 부풀린다. 빌리 티와 댐퍼 빵은 아웃백 부시 투어에 참가하면 맛볼 수 있는 호주의 대표적인 고유 음식이다.

02 깜짝 놀랄만큼 짜거나 혹은 달거나
베지마이트와 래밍턴

베지마이트는 일종의 채소 잼이다. 이스트 추출물과 소금·채소즙으로 만들어져 잼처럼 끈적이고 짠맛이 강하다. 검은빛이 도는 갈색 베지마이트는 주로 빵이나 비스킷 등에 발라먹는다. 처음 베지마이트를 개발한 사람은 호주의 한 약사인데, 그래서인지 티아민과 리보플라민·니아신 등의 영양소가 많이 함유되어 있다.
래밍턴은 호주 사람들이 즐겨 먹는 달콤한 케이크. 네모반듯한 정육면체 초콜릿 스펀지케이크 위에 하얀 코코넛 가루를 뿌려 단맛을 더했다. 래밍턴만 먹으면 너무 달고, 홍차나 커피 등에 곁들여 먹으면 적당한 당도가 유지되어 피로회복에도 좋다.

03 연방 국가들의 보편적 입맛
피시앤칩스

영국의 전통음식이라고까지 불리는 피시앤칩스는 영국 이민자가 많은 호주에서도 거의 전통음식 수준으로 많이 먹는다. 흰살생선에 밀가루와 튀김옷을 입혀 높은 온도에서 튀겨낸 것을 피시, 길게 썬 감자튀김을 칩스라고 한다. 주로 두 종류를 섞어 먹으며 생선의 종류와 조각의 수에 따라 가격이 달라지는데, A$20 정도면 두 사람이 배불리 먹을 수 있다.

04 단맛의 끝판왕
팀탐과 아노츠 비스킷

가끔 한국의 슈퍼마켓에서도 볼 수 있는 것으로 미루어, 팀탐의 인기가 국경을 넘고 있나보다. 첫맛은 너무 달아서 머리가 띵할 정도지만, 피곤한 여행 중에 맛보는 팀탐과 아노츠의 초콜릿 제품들은 여느 피로회복제 못지 않다. 한국에 돌아와서도 호주의 국민과자 팀탐과 아노츠 비스킷의 맛이 생각날지 모르니, 가방 구석에 한두 개 쟁여와도 좋다.

05 여기서밖에 못 먹는다!
캥거루 스테이크와 크로커다일 립

지구상에 캥거루가 사는 나라는 호주밖에 없으니, 호주가 아니면 맛볼 수조차 없는 요리. 다소 질기지 않을까 생각한 캥거루 스테이크의 맛은 깜짝 놀랄만큼 부드럽고 쫄깃하다. 더 질기지 않을까 생각한 크로커다일 립은 생각만큼 질긴 맛. 운동 많이 한 토종닭 다리를 씹는 것과 비슷한 식감이다. 두 재료 모두 조리 방법과 소스에 따라 맛이 달라지지만, 어느 경우라도 호주에서는 한번쯤 시도해 볼 만하다.

06 호주만의 정체성
헝그리잭스와 햄버거

겉모습은 버거킹 혹은 맥도날드인데, 간판에는 Hungery Jack's라 적혀 있다. 버거킹이 처음 호주에 진출할 당시 이미 애들레이드에 같은 이름의 상호가 상표 등록이 되어 있었기 때문에, 우여곡절 끝에 호주만의 브랜드로 탄생한 것이 헝그리 잭이다. 익숙한 맛과 분위기지만, 호주에만 있는 브랜드이니 꼭 한번 맛보자. 이외에도 각 도시마다 대표 햄버거 브랜드가 있을 정도로 호주인의 햄버거 사랑은 유별나다. 패스트푸드가 아닌, 건강한 수제 버거로 유명세를 탄 곳들도 많다.

07 호주식 커피 메뉴
롱블랙과 플랫화이트

국내에서도 스페셜티 커피가 열풍이지만, 호주에서는 훨씬 이전부터 커피에 대한 자부심과 사랑이 남달랐다. 오죽했으면 전세계 어디에도 없는 호주만의 커피 메뉴까지 생겼을까. 진한 에스프레소 자체는 숏블랙, 뜨거운 물을 추가한 아메리카노는 롱블랙, 숏블랙에 우유를 가미한 카페라테는 플랫 화이트로, 호주에서는 호주식으로 주문하고 즐겨보자.
PS. 우유가 가미되어 부드러운 맛이 일품인 호주 커피 음료도 강추!!

MUST BUY!

여행의 즐거움 중 하나는 그곳에서만 살 수 있는, 또는 그곳이 원산지인 아이템들을 쇼핑하는 일이다.
1차 산업을 잘 보존하고 있는 호주에서는 쇼핑 아이템 또한 자연에서 나온, 순수하고 청정한 제품들이 주를 이룬다.
호주 여행자들의 손에 영양제와 화장품이 많은 이유도 모두 좋은 원료에 우수한 기술력이 더해진 때문이다.

꼭 사야 할 아이템 BEST 7

01 남반구 감성
어그부츠와 양모제품

호주를 대표하는 신발 브랜드 Ugg에서
생산하는 어그부츠. 마치 일반명사처
럼 양모부츠를 대표하는 이름이 되었
다. 바람 한 톨 샐 틈 없이 따뜻하지만 투
박한 제품부터, 세련되면서도 따뜻한 제
품까지 디자인과 퀄리티 면에서 진화를
거듭하고 있다. 부츠 외에도 이불이나 머
플러 같은 다양한 호주산 양모제품이 있
으며, 'Australia Made' 마크가 붙은 제품을 구
입해야 '메이드인 차이나'를 피할 수 있다.

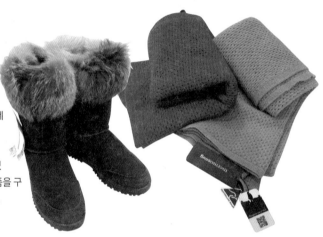

02 재구매를 부르는 마성
양 태반 화장품

태반에 함유된 리놀린 성분은 세포 재생과 보습에 탁월한 효과가 있다.
호주에서 생산되는 태반 제품은 양 태반을 사용하는 것
으로, 양의 태반에는 영양 성분이 다른 동물의 태반보다
월등히 많이 함유되어 있는 것으로 유명하다. 화장품 가
공 기술이 미흡했던 예전에는 양 태반 특유의 냄새 때문
에 사용이 꺼려지기도 했지만, 최근에 나오는 제품
들은 완벽하게 개선되어 편안하게 사용할
수 있다. 비행기 기내에서 고가로
판매되는 양 태반 화장품
들을 호주 현지에서는
좀더 합리적인 가격에 구
입할 수 있다.

03 일명 판빙빙 크림
비타민 E 크림

중국 영화배우 판빙빙의 가방에서 우연히 떨
어진 것으로 유명한 비타민 E 크림. 이후 판빙
빙이 사용하는 화장품으로 입소문이 나면서
애칭까지 판빙빙 크림으로 변모한 바로 그
제품이다. 호주 최대의
제약회사 블랙모어스에
서 생산한 유일한 화장품
으로, 보습력이 무척 뛰어나
다. 가격 대비 효과를 생각하
면 고가의 화장품 부럽지 않
을 정도.

04 호주의 국민크림
포포 크림

호주 출신 셀럽 미란다 커가 립밤으로 사용하는 것이 알려지면서 우리나라에서도 찾는 사람이 많아졌다. 호주는 물론 뉴질랜드에서까지 대부분의 가정에 상비약처럼 두고 사용하는 국민크림이다. 바세린에 파파야 성분이 함유되어 아토피, 벌레물린 데, 보습과 피부 보호 등에 효능이 있다. 여러 브랜드 가운데 원조는 루카스 포포 Lucas Paw Paw. 슈퍼마켓이나 기념품 가게, 약국 등에서 손쉽게 구입할 수 있다.

05 가성비 좋은 선물
영양제와 건강보조식품

호주에는 블랙모어스, 세노비스. 네이처스 톱, 헬시케어 등의 대형 건강보조식품 회사들이 있다. 동네마다 있는 대형 약국 '케미스트 웨어하우스 Chemist Warehouse'에서는 로열제리, 오메가3, 프로폴리스 등이 함유된 영양제가 브랜드별로 다양하게 구비되어 있다. 좋은 재료와 우수한 기술력이 합해진 호주의 건강보조식품은 우리나라 여행자들 사이에서도 믿을 수 있는 제품으로 인식되어 있다. 남녀노소 누구라도 미소짓게 할 선물 아이템들이다.

06 확실한 인증
부메랑과 캥코 인형

어느 도시 기념품숍에 들어가도 반드시 만나는 캥거루와 코알라 인형. 아울러 벽면을 장식하고 있는 부메랑도 손쉽게 볼 수 있는 아이템이다. 애버리진 원주민들이 사용했던 부메랑은 부메랑에 그려진 애버리진 회화가 더해져 고급지고 유니크한 선물이 된다. 캥거루와 코알라 인형 역시 호주 여행을 인증하는 가장 확실한 아이템이다. 진짜 코알라 한 마리 데려오고 싶은 마음은 내려놓고 인형이라도….

07 왜인지는 모르겠지만
판도라

영국의 액세서리 브랜드 판도라가 도대체 왜 호주에서 인기 아이템이 되었는지는 아직 모르겠지만, 많은 사람이 호주에서 판도라 액세서리를 구입하는 것은 사실이다. 실제로 구입해보니 한국에서 보다는 가격 경쟁력이 있고, 호주 내 도시마다도 가격 차이가 있어서 발빠른 여행자라면 꽤 많은 비용을 절감할 수 있다. 호주에서만 이뤄지는 프로모션과 시그니처 제품도 구매를 부추긴다.

WESTERN
AUSTRALIA

NORTHERN
TERRITORY

QUEENSLAND

SOUTH
AUSTRALIA

NEW SOUTH
WALES

VICTORIA   • ACT

TASMANIA

진짜 호주를 만나는 시간

동부해안

호주 연방 정부의 태동
뉴사우스웨일스 주
NEW SOUTH WALES

DATA

면적 80만9,444㎢ **인구** 약 760만 명 **주도** 시드니

시차 한국보다 1시간 빠르다(서머타임 기간에는 2시간 빠르다) **지역번호** 02

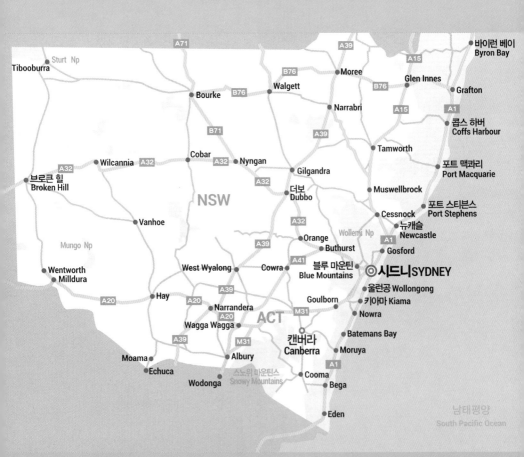

이것만은 꼭!
HAVE TO TRY

시드니의 서큘러 키와 록스에서 하버 브리지와 오페라 하우스를 배경으로 인증샷 남기기.
하버 브리지 클라이밍에 참가하거나 파일런 전망대에 오르면 시드니의 전경이 파노라마처럼 펼쳐진다.

서큘러 키에서 출발하는 페리를 타고 시드니 항만의 낭만적인 풍경을 감상한다.
더블 베이, 로즈 베이, 왓슨 베이로 이어지는 시드니 부촌들을 지나 갭 파크에 올라본다.
페리로 30분이면 도착하는 시드니 북부의 타롱가 동물원에서는 캥거루, 코알라 등 호주의 동물을 만날 수 있다.

11월에서 3월 사이의 여름에 방문했다면 시드니 동북부의 해변에서 서핑을 즐겨본다. 본다이 비치와 맨리 비치는
시드니 근교에서 가장 유명한 해변이다. 부서지는 파도에 온몸을 맡기거나 내리쬐는 태양 아래 선탠을 즐겨도 좋다.

시드니에서 교외선 기차를 타고 블루 마운틴을 다녀온다.
세계문화유산으로 등재되어 있는 블루 마운틴은 시드니에서 다녀올 수 있는 최고의 일일 관광지.
카툼바역에 내려 에코 포인트까지 걸어가다 보면, 눈앞에 숨막힐 듯 아름다운 산세가 펼쳐진다.

포트 스티븐스는 한편에서 푸른 파도가 넘실거리고, 다른 한편에서 사막이 펼쳐지는 독특한 지형을 가진 도시다.
이곳에서 험프백 고래 관찰, 또는 모래언덕에서 샌드 보드 타고 구르기.

NEW SOUTH WALES

SYDNEY

삶의 여유가
묻어나는 빅 시티
시드니
SYDNEY

샌프란시스코, 리우데자네이루와 함께 세계 3대 미항으로 꼽히는 호주 최대 도시 시드니. 혹시 아직도 시드니가 호주의 수도라고 굳게 믿고 있는 사람은 없는지. 그러나 그 믿음이 100% 틀렸다고만은 할 수 없다. 호주의 행정 수도는 분명 캔버라이지만, 문화·외교·경제의 수도만큼은 바로 이곳 시드니임에 틀림없으니까. 구불구불 도시 깊숙이 파고드는 해안선은 고층빌딩과 어우러져 아름다운 스카이라인을 만들어내고, 크고 작은 공원과 유럽식 주택들은 이 도시 사람들의 삶의 여유를 보여주는 단면이 된다. 오페라 하우스와 하버 브리지의 유려한 곡선은 항구도시 시드니를 오랫동안 기억하게 만드는 일등공신. 과거와 현대, 고풍스러움과 모던함, 고층빌딩과 푸른 공원 등 상반되는 이미지가 최상의 조화를 이루고 있는 곳, 시드니는 도시 안팎의 문화적 유산과 에너지만으로도 모든 사람들의 눈과 귀, 머리와 가슴을 만족시켜주는 최고의 여행지임에 틀림없다. 이 도시에서는 누구라도 잠시 일상을 내려놓고 신대륙의 활기를 만끽하길 바란다.

 인구 **약 490만 명**　 지역번호 **02**

인포메이션 센터

Sydney Visitor Centre
The Rocks ◉ Shop 1-2, The Rocks Centre, Cnr Playfair & Argyle Sts. ◷ 09:30~17:30 ✕ 부활절, 크리스마스 ▯ 8273-0000 ♠ www.sydney.com / www.australianvisitorcentres.com.au

시드니 미리보기

어떻게 다니면 좋을까?

걷기에 자신이 있다면 도심에서는 도보만으로 웬만한 볼거리를 섭렵할 수 있다. 물리적으로는 조금 무리가 있는 거리지만, 아름다운 이 도시에서는 심리적으로 그리 멀게 느껴지지 않을 것이다. 걷기에 자신이 없다면 다양한 교통수단을 이용하는 것도 요령. 시드니의 주요 교통수단은 버스·전철·페리로 요약할 수 있다. 4백만 명이 넘는 시민과 수천만 명의 관광객들이 이용하는 시드니의 대중교통 체계는 얼핏 보면 무척 복잡하게 느껴질지 모르지만, 조금만 신경 써서 살펴보면 의외로 심플하다는 사실을 발견하게 된다. 하나의 시스템으로 통합된 버스·전철·페리 이외에도 관광객을 위한 라이트 레일과 시드니 익스플로러 버스, 시티 사이트싱 버스 등 다양한 교통수단이 여행자의 발이 되어주고 있다.

어디서 무엇을 볼까?

시드니는 호주 최대의 도시다. 따라서 도시 곳곳에 볼거리가 포진되어 있으며, 구역을 나누어 보더라도 최소 3일 이상은 열심히 돌아다녀야 동서남북이 파악되는 곳이다. 각자 주어진 시간의 여유에 따라 록스, 서큘러 키, 센트럴, 달링 하버, 킹스크로스, 동북부 해안의 순서로 확장해서 둘러보는 것이 좋다. 하루밤에 시간이 없다면 록스와 서큘러 키, 이틀의 시간이 있다면 센트럴과 달링 하버까지, 이후 남는 시간은 본다이 비치와 맨리 비치 등 해안을 둘러보는 식이다. 그러나 한 군데에서 하루 종일 보내고 싶을 만큼 매력적인 어트랙션들이 수없이 널려있는 곳이니 반드시 보고 싶은 곳과 시간을 보내야 할 곳을 나누어 계획하는 것이 좋다.

SYDNEY

어디서 뭘 먹을까?

하버 브리지 아래에서 오페라 하우스까지 이어지는 서큘러 키와 록스 지역에는 노천카페와 레스토랑이 많다. 어느 곳을 들어가든 일정 수준 이상의 음식 맛을 자랑하므로, 마음에 드는 분위기와 전망만 선택하면 된다. 특히 도우즈 포인트 주변에는 해산물을 전문으로 하는 고급 레스토랑이, 서큘러 키 주변에는 가벼운 이탈리안 레스토랑이 그리고 록스 광장 쪽에는 저렴한 퍼브가 주를 이룬다. 달링 하버의 대표적인 레스토랑가는 코클 베이 와프와 마주 보는 하버사이드에 모여 있다. 주변 관광지들과 어우러져 언제나 활기가 넘치며, 대부분 항구를 바라볼 수 있는 야외 테이블을 두고 있다. 더 스타 카지노 안에 있는 네 군데 레스토랑도 추천할 만하다.

센트럴 지역은 시드니의 다른 어떤 지역보다 먹을거리가 풍부한 곳이다. 쇼핑센터와 시티 레일 역 등 주요 건물마다 푸드코트가 형성되어 있고, 차이나타운 일대에는 값싸고 다양한 아시안 음식점들이 있다. 곳곳에 패스트푸드점까지 자리 잡고 있어서 그야말로 식도락이 즐거운 곳이다.

어디서 자면 좋을까?

최근의 경향은 센트럴 쪽이 대세이긴 하지만, 불과 몇 년 전까지만 해도 시드니 전체를 통틀어 숙소 선택의 폭이 가장 넓은 곳은 킹스크로스였다. 한 집 건너 한 집 꼴로 백패커스가 밀집해 있고, 센트럴 쪽보다 가격 면에서도 저렴하다.

킹스크로스 쪽이 고만고만 대동소이한 데 반해서 센트럴 쪽의 숙소들은 규모와 시설 면에서 경쟁력이 있다. 객실 수가 많은 만큼 게스트 수도 많아서 좋은 곳은 미리미리 예약하지 않으면 방 구하기가 어려울 정도. 가장 많은 숙소가 몰려 있는 곳은 차이나타운에서 센트럴역에 이르는 지역이며, 이 지역의 숙소들은 오래된 건물임에도 불구하고 지속적인 내부공사를 통해 최신 시설을 자랑하는 곳도 많다. 3일 이상 묵으면 할인되는 곳이 많고, 일주일 이상 장기 체류할 경우에는 하루 정도 무료로 묵을 수 있는 곳도 많다. 최근에 속속 들어서고 있는 글로벌 체인의 호텔들은 달링 하버와 서큘러 키 쪽에 포진하고 있다.

ACCESS
시드니 가는 방법

호주 최대의 도시 시드니는 전 세계를 향해 열려 있다. 호주뿐 아니라 대양주 전체를
대표하는 관문의 역할을 톡톡히 하고 있는 셈. 따라서 한국은 물론 대부분의 아시아 국가들,
유럽, 북미 등지에서 시드니로 향하는 직항로가 개설되어 있다. 국내 교통편도 비행기·버스·기차 등
모든 교통수단이 시드니를 중심으로 방사상으로 호주 전역을 연결하고 있다.

시드니로 가는 길

경로	비행기	버스	거리(약)
인천→시드니	9시간 30분		
브리즈번→시드니	1시간 20분	15시간 45분	1025km
캔버라→시드니	55분	4시간	300km
멜번→시드니	1시간 30분	12시간 30분	925km
케언즈→시드니	3시간		2945km

비행기 Airplane

한국 → 시드니

코로나 종식 이후, 시드니로 가는 길은 선택의 폭이 넓어졌다.
기존의 대한항공, 아시아나항공에 콴타스항공이 가세하고, 티
웨이항공과 제트스타 같은 LCC까지 더해져 총 5군데 항공사
가 인천-시드니 직항편을 운항하고 있다. 그리고 시간은 좀 걸
리지만, 싱가포르나 베트남, 홍콩 등의 아시아 국가를 경유하
는 방법도 있다. 직항편보다 가격이 저렴한 편이므로, 여유가
있다면 아시아의 한 도시를 더 여행한다 생각하고 경유편을
선택하는 것도 나쁘지 않다.

호주 국내 → 시드니

호주 국내선의 경우, 공항이 개설된 도시라면 거의 빠짐없이
시드니로 가는 노선이 열려 있다. 저가 항공 버진 오스트레일
리아 Virgin Australia와 제트스타 Jet Star의 등장으로 항공
요금이 파괴된 지 오래. 덩달아 콴타스까지 가격 경쟁에 나서
서 승객들은 즐거운 비명을 지른다. 브리즈번, 케언즈, 골드 코
스트, 캔버라, 멜번, 퍼스, 애들레이드 등의 대도시에서는 하루
에도 여러 편이 오간다.

주요 항공사
· 콴타스 🏠 www.qantas.com.au
· 버진 오스트레일리아 🏠 www.virginaustralia.com

공항 ⟶ 시내

시드니에 도착하는 모든 항공기는 시내에서 남쪽으로 9km 떨어진 킹스포드 스미스 공항 Kingsford Smith Airport에 도착한다. 국내선과 국제선 터미널이 2km 간격으로 떨어져 있으며, 두 터미널 사이는 공항버스가 5분 간격으로 오간다. 국제선 터미널에서 가장 먼저 만나는 곳은 보다폰, 옵터스 등의 호주 통신사 부스들인데, 한국에서 미처 유심칩을 구입하지 못했다면 이곳에서 도착 즉시 구입할 수 있다.

에어포트 링크 Airport Link(T8)

목적지나 숙소가 시내 쪽이라면 에어포트 링크를 타고 한번에 갈 수 있다. 에어포트 링크는 시드니 시내와 공항을 연결하는 일종의 지하철로 '시티 레일'이라고도 부른다. 도착 후 짐을 찾고 나오면 기차 표시와 함께 'Airport Link' 또는 'T8'이라는 방향 표시 사인이 눈에 보이므로 헤매지 않을까 걱정할 필요가 없다.
자동판매기에서 1회용 티켓을 구입할 수도 있지만, 시드니에서 대중교통을 이용할 계획이 있다면 공항에서부터 오팔 카드를 구입하는 것이 좋다. ▶▶ 오팔 카드 P.096
국제선 터미널에서 출발한 시티 레일은 국내선 공항을 거쳐 센트럴까지 겨우 네 정거장. 타운홀까지는 20분이면

도착한다. 정확한 목적지가 없을 때는 티켓을 구입할 때 'City'를 선택하면 되는데, 이 티켓으로 타운홀, 센트럴, 서큘러 키 등 6개 시내 구간 중 아무 곳에서나 내릴 수 있다.

시드니 에어포트 링크 ⏰ 운행 05:00~24:00 💲 국내선 및 국제선 터미널→시티 A$21.80(Gate Pass 포함), 오팔 카드 이용 시 A$19.48(off-peak) A$20.68(peak) 📱 8337-8417 🏠 www.airportlink.com.au

에어포트 셔틀버스

여러 회사가 공항버스를 운행한다. 원하는 숙소까지 데려다주기 때문에 시드니에 처음 발을 딛는 사람들에게는 매우 편리한 교통수단이다. 반대로, 시내에서 공항까지 갈 때도 예약하면 호텔로 픽업을 나온다. 공항 내에 몇 개 회사의 부스가 보이므로 가격 비교를 한 후 선택하도록 한다.

Redy2Go 💲 공항↔호텔 편도 A$23~ 📱 1300-246-669 🏠 www.redy2go.com.au

택시

일행이 3명 이상일 때는 택시를 이용하는 게 더 저렴하다. 택시 승차장은 국제선 터미널의 남쪽 끝에 있으며, 시내까지 요금은 A$45~55. 하버 브리지를 넘어가거나 유료 도로를 이용할 경우에는 승객이 통행료를 내게 되어 있다. 우버 택시를 이용할 경우 조금 더 저렴하게 이용할 수 있으며, 도착 터미널 내에 공항 근처에서 대기 중인 우버 택시의 실시간 상황을 보여주는 커다란 전광판도 마련되어 있다.

버스 Bus

호주 전역을 연결하는 그레이하운드 버스의 구심점이 되는 곳이 시드니의 센트럴이다. 모든 장거리 버스는 센트럴 기차역 바로 옆 에디 애버뉴 Eddy Ave.에 있는 시드니 코치 터미널에 도착한다. 지상은 센트럴 기차역으로 사용하고, 아래층에 코치 터미널 사무실과 승차장이 있다.

센트럴 지역은 이름 그대로 시드니의 노른자에 해당하는 중심 지역이므로 다음 목적지가 어느 방면이든 이곳에서 버스나 시티 레일을 갈아탈 수 있다. 또 굳이 멀리 가지 않더라도 터미널 근처에 크고 작은 백패커스와 호텔 등이 있으므로 첫날은 센트럴 근처에서 숙소를 찾는 것도 권할 만하다.

기차 Train

센트럴 기차역은 대륙을 달려온 여러 종류의 기차들이 가쁜 숨을 가다듬으며 들어가는 최종 목적지다. 동서를 연결하는 인디언 퍼시픽 Indian Pacific, 남북을 연결하는 NSW 트레인링크에 이르기까지 수십 량의 기차들이 끊임없이 출발과 도착을 거듭하고 있다. 애들레이드나 퍼스에서 출발할 때는 인디언 퍼시픽을, 멜번과 브리즈번에서는 NSW 트레인링크▶▶P.037를 이용해서 시드니로 갈 수 있다.

1906년 세워진 센트럴 기차역은 외관부터 고풍스러운 분위기가 물씬 풍긴다. 서울역처럼 장거리 기차역과 지하철역을 겸하고 있는데, 건물 지상은 시드니 기차역으로 사용하고, 지하 1층은 시티 레일 역으로 사용한다. 이곳에서 호주 전역으로 기차 노선이 연결된다.

Indian Pacific
☎ 1800-703-357 🏠 www.journeybeyondrail.com.au

NSW Trainlink
☎ 13-22-32 🏠 www.transpartnsw.info

TIP
렌터카 이용하기

렌터카가 필요할 때는 도착장 Arrival 근처에 있는 렌터카 카운터를 이용하면 공항에서부터 사용할 수 있다. 공항 내 렌터카 회사는 허츠 HERTZ나 쓰리프티 Thrifty 등의 믿을 수 있는 세계적인 회사들. 저렴한 로컬 렌터카를 원한다면 시내 킹스크로스 지역의 윌리엄 스트리트 William St.로 가는 것이 좋다.

주요 렌터카
· **Hertz Australia** ☎ 9669-2444 　· **Avis Australia** ☎ 8374-2870
· **Thrifty Car Rental** ☎ 9582-1701 　· **Delta Europcar** ☎ 13-13-90
· **Budget** ☎ 13-28-48 　· **Red Spot Rental** ☎ 9317-2233

시드니 시내교통

Covid-19를 계기로, 시드니 시내교통은 전면 비대면 카드 결제로 재편되고 있다.
특히 시내버스의 경우 현금이나 1회용 싱글티켓을 전혀 사용할 수 없으며,
교통카드 기능이 탑재된 신용카드와 교통카드 전용 '오팔 카드'만 사용할 수 있게 되었다.
지하철이나 라이트레일, 페리 등에서는 1회용 싱글티켓 사용이 가능하지만, 점차 이용자가 줄고 있는 추세다.
거두절미, 여행자라면 공항에서부터 무조건 오팔 카드부터 구입하고 볼 일이다.

시드니 교통통합 사이트 Transport Customer Service Centre
📍 서큘러 키 Wharf 5 at Circular Quay on Alfred St. / 센트럴역 on the Grand Concourse at Central Station
📱 131-500 🏠 www.transportnsw.info

시내버스 Sydney Bus

300여 개의 노선을 가진 약 1,700여 대의 시내버스는 하루 60만 명 이상의 시민들을 실어 나르는 시드니 최대의 교통 수단이다. 예전에는 잠시 머물다 떠나는 여행자의 경우 어느 도시에서든 버스를 이용하기 쉽지 않았는데, 최근에는 스마트폰 앱(Sydney Transport 또는 Opal Travel)을 통해 노선 번호와 승강장 검색이 손쉬워져서 버스 활용도가 높아지고 있다. 스마트폰을 사용할 수 없는 여행자라면, 출발 전에 미리 시드니 교통 통합 사이트(www.transportnsw.info)에 들어가 노선도를 출력해가도록 하자. 현지에서는 지정된 교통안내소에서 유료로 구입해야 하므로, 출발 전에 미리 준비하면 요긴하게 사용할 수 있다.

정류장마다 'BUS STOP'이라는 이정표와 노선별 타임테이블이 적혀 있고, 지하철과 주간 버스가 끊어지는 늦은 밤에는 나이트 라이드 버스 Night Ride Bus도 운행한다.

버스 요금은 거리별로 부과되는데, 교통카드 기능이 포함된 신용카드(비접촉식 결제 장치) 또는 오팔 교통카드를 소지한 사람만 탑승할 수 있으니 버스를 타기 전에 반드시 트랜짓숍 또는 매표소에서 오팔 카드 ▶▶ P.096를 구입해야 한다.

버스 요금(A$)

구간	오팔 카드 요금	
	어른	어린이
0~3km	3.20	1.60
3~8km	4.50	2.07
8km 이상	5.33	2.66

시드니는 호주에서 가장 큰 도시입니다. 그러니 이 도시에 거주하는 한국인의 숫자 또한 호주 최대입니다. 그런데 그 많은 한인이 다 어디에 살고 있을까요. 뉴욕 맨해튼의 32번가나 LA 코리아타운처럼 한국 사람들을 위한 모든 편의시설이 갖추어진 곳. 특이하게도 시드니에는 이런 코리아타운이 세 군데나 형성되어 있습니다. 시드니 서부의 스트라스필드 Strathfield, 시드니 남부의 캠시 Campsie, 그리고 북부의 이스트우드 Eastwood가 되겠습니다. 참, 최근에 급격히 한국인 인구가 늘고 있는 챗우드 Chatswood도 빼놓을 수 없겠네요. 이 지역들의 특징은 모두 지하철 시티 레일로 손쉽게 이동할 수 있으며, 시드니 중심부에서 40분 남

짓이면 이동할 수 있는 위치라는 것입니다. 한인타운의 원조 격인 스트라스필드의 경우, 대로변이 온통 한국 간판으로 둘러싸여서 이곳이 한국의 어느 지방 도시가 아닌가 착각이 들 정도입니다. 다소 촌스럽기도 하고 시대에 뒤떨어진 것처럼도 느껴지지만, 거리를 걷다 보면 묘한 향수를 자극하는 곳이기도 하지요.
혹, 시드니에서 정말 맛있는 한국음식이 먹고 싶거나, 한국인 의사를 찾아야 할 때, 또는 거리에서 들려오는 한국말이 그리울 때는 시티 레일을 타고 한인타운을 찾아가 보세요.

시드니 지하철, 트레인 Train

시드니에는 세 종류의 기차가 다닌다. 첫 번째는 공항과 시내를 오가는 에어포트 링크 Airport Link(트레인 노선 8, T8), 두 번째는 시드니를 중심으로 멜번과 브리즈번을 오가는 교외선 컨트리 링크 Country Link, 마지막으로 시드니 시내와 근교 뉴캐슬까지 연결되는 지하철 시티 레일 City Rail. 이 중에서도 신속하고 정확한 시티 레일은 출퇴근 러시아워에 진가를 발휘하는 대중교통 수단이다. 이 모든 기차를 통틀어서 트레인 Train이라 부르고, 노선에 따라 T1~T8로 나뉜다. 요금도

거리에 따라 부과하는 통합 시스템으로, 역시 오팔 카드 하나로 관리되고 있다.
시드니의 트레인은 1층과 2층으로 나뉜 더블 데크 차량으로, 우리나라 경춘선 청춘 열차와 비슷한 형태다. 트레인의 모든 노선은 원모양을 그리며 센트럴, 타운홀, 윈야드, 서

큘러 키, 세인트 제임스, 뮤지엄의 6개 역에 정차하는데, 이 원 부분을 시티 서클이라 부른다. 트레인의 전체 노선이 지나가는 역은 타운홀, 센트럴, 레드펀 3군데 역이 있으며 이 가운데 장거리 기차가 출도착하는 센트럴역의 경우 매우 혼잡하고 플랫폼을 찾기도 복잡하므로, 지하철을 갈아탈 때는 타운홀역에서 환승하는 것이 좋다.

메트로 & 트레인 요금(A$)

거리	오팔 카드 요금(off peak 요금)		싱글 티켓 요금	
	어른	어린이	어른	어린이
0~10km	4.0(2.80)	2.0(1.40)	4.80	2.40
10~20km	4.97(3.47)	2.48(1.73)	6.0	3.0
20~35km	5.72(4.0)	2.86(2.0)	6.90	3.40
35~65km	7.65(5.35)	3.82(2.67)	9.20	4.60
65km 이상	9.84(6.88)	4.92(3.44)	11.80	5.90

시티 서클이라는 이름 때문에 지하철이 순환한다고 생각하기 쉬운데, 실제로는 순환선이 아니라 한 방향으로 돌아서 교외로 나가는 구조이니 이 점에 주의해야 한다. 시드니 공항과 시내를 잇는 에어포트 링크(T8)도 시티 서클과 연결되어 있다. 티켓은 대부분의 역에 설치된 티켓 발매기 또는 매표소에서 구입할 수 있다.

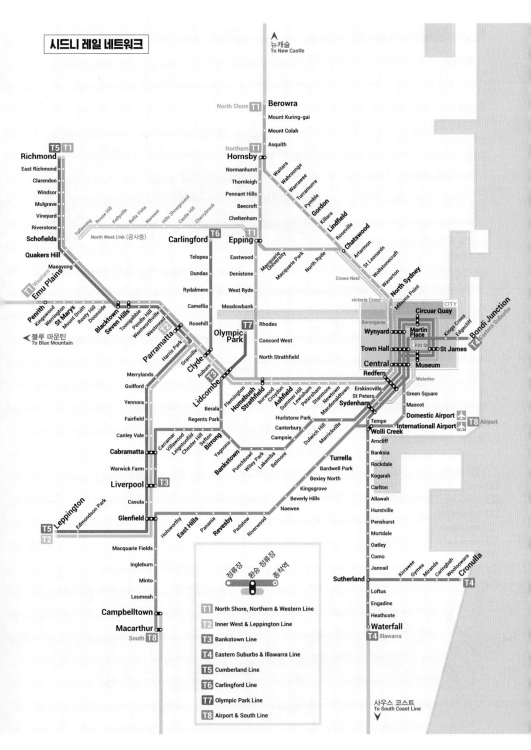

시드니 레일 네트워크

페리 Ferry

시드니처럼 바다가 도심까지 들어와 있는 지형의 도시에서는 버스나 지하철보다 바다를 가로질러가는 해상 교통수단이 매우 유용하다. 육상 교통수단으로는 빙빙 돌아가야 하는 곳을 바다 건너 직진으로 갈 수 있기 때문. 바다를 사이에 두고 남북으로 마주 보는 왓슨 베이와 맨리를 예로 들어보자. 왓슨 베이에서 맨리까지 육로를 통해 가려면 서쪽의 파라마타까지 가서 돌아가야겠지만, 페리로 연결하면 10분도 채 안 걸린다. 때문에 페리는 시드니 시민들에게는 남과 북을 잇는 요긴한 출퇴근 교통수단으로,

관광객들에게는 시드니 하버의 수려한 풍경을 감상할 수 있는 관광용으로, 일석이조를 담당하고 있다.

페리 터미널은 서큘러 키에 있으며, 티켓은 서큘러 키의 와프 매표소 또는 자동판매기에서 구입하거나, 일부 운행편의 경우는 승선해서 구입할 수도 있다. 오팔 카드를 이용하면 버스, 지하철, 라이트 레일과 마찬가지로, 페리까지 자유롭게 이용할 수 있다.

세계 3대 미항이라 불리는 시드니의 진짜 모습을 보기 위해서는 항구에서 조금 떨어져 도시를 조망하는 것이 가장 좋은 방법이다. 관광 크루즈를 이용할 시간적 경제적 여유가 없는 여행자라면 시드니 시민들의 출퇴근 페리를 이용해 보는 것은 어떨까. 굳이 정해진 장소가 없다면 가장 가

까운 서큘러 키에서 출발, 달링 하버까지 짧게 이어지는 F4 노선이라도 이용해 볼 것을 권한다. 요금은 거리에 따라 두 종류의 존으로 나누어 부과한다. 페리 터미널이 위치한 서큘러 키에서 9km 미만 거리의 지역을 1존이라 하고, 9km를 초과하는 지역을 2존이라 부른다. 맨리와 파라마타 노선 일부 지역을 제외하고는 대부분 1존에 해당한다.

페리 요금(A$)

구간	오팔 카드 요금		싱글 티켓 요금	
	어른	어린이	어른	어린이
0~9km(1 Zone)	6.79	3.39	8.20	4.10
9km 이상 (2 Zone)	8.49	4.24	10.20	5.10

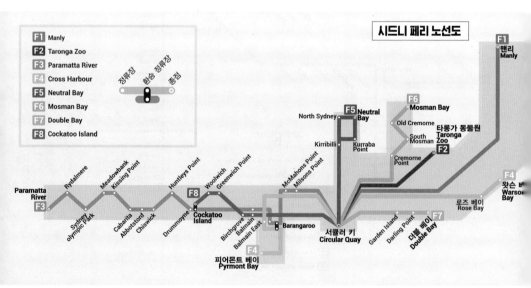

시드니 페리 노선도

- F1 Manly
- F2 Taronga Zoo
- F3 Paramatta River
- F4 Cross Harbour
- F5 Neutral Bay
- F6 Mosman Bay
- F7 Double Bay
- F8 Cockatoo Island

정류장 / 환승 정류장 / 종점

F1 맨리 Manly

F5 Neutral Bay
North Sydney
Kirribilli
Kurraba Point

F6 Mosman Bay
Old Cremorne
South Mosman
Cremorne Point

타룽가 동물원 Taronga Zoo F2

F4 왓슨 베이 Warson Bay

McMahons Point
Milsons Point

로즈 베이 Rose Bay

Paramatta River F3
Rydalmere
Meadowbank
Kissing Point
Sydney olympic Park
Cabarita
Abbotsford
Chiswick
Huntleys Point
Drummoyne
Woolwich
Greenwich Point
F8 Cockatoo Island
Birchgrove
Balmain
Balmain East

Barangaroo

서큘러 키 Circular Quay

Garden Island
Darling Point
더블 베이 Double Bay F7

F4 피어몬트 베이 Pyrmont Bay

사설 페리 서비스

뉴사우스웨일즈 주정부 Transportnsw에서 운영하는 페리 이외에도 사설 페리들이 시드니 항만을 수놓고 있다. 그 가운데 가장 대표적인 캡틴쿡 크루즈 Captain Cook Cruises는 대니슨 요새, 루나 파크, 타롱가 동물원 등의 관광명소로 관광객을 실어 나르는 대표적인 크루즈선이다. 크루즈와 어트랙션 입장권을 묶은 콤보 티켓을 구입하면 개별 요금보다 훨씬 저렴하게 이용할 수 있다.

비교적 최근에 생겨난 맨리 패스트 페리 Manly Fast Ferry는 서큘러 키에서 북부해안 맨리까지 20분 만에 도착할 수 있는 쾌속선으로, 관광객뿐 아니라 현지인들도 즐겨 이용하는 교통수단이다.

캡틴쿡 크루즈
☐ 1800-804-843 ⌂ www.captaincook.com.au

맨리 패스트 페리
☐ 9583-1199 ⌂ www.manlyfastferry.com.au

라이트 레일 Light Rail

라이트 레일은 지상의 레일 위를 달리는 전차, 일종의 트램이다. 시티 레일처럼 지하로 내려가지 않아도 되고, 버스처럼 노선이 복잡하지도 않아서 많은 사람들이 이용하는 교통수단이기도 하다. 시내 전 지역을 커버하지는 못하지만, 차이나타운-달링 하버-피어몬트 지역을 아우르며 시티 레일이 지나가지 않는 지역을 효과적으로 커버하고 있다. 특히 걸어서 이동하기에는 꽤 먼 거리인 더 스타 카지노, 피시마켓 등을 갈 때는 최고의 이동수단이 된다. L1~L3까지 3개의 노선으로 나누고, 거리에 따라 요금이 부과된다.

라이트 레일 요금(A$)

구간	오팔 카드 요금		싱글 티켓 요금	
	어른	어린이	어른	어린이
0~3km	3.20	1.60	4.0	2.0
3~8km	4.15	1.96	5.0	2.50

라이트 레일 노선도

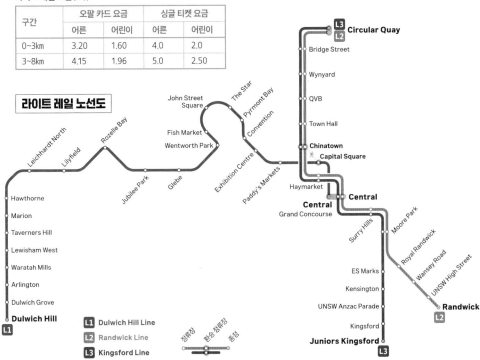

시드니 교통 패스의 종결자,
오팔 카드 Opal Card

카드는 무료, 충전은 원하는 만큼!

오팔 카드는 성인용, 학생용, 아동·청소년용, 고령자 및 연금수령자용으로 대상에 따라 종류가 나뉘어 있다. 세븐일레븐 같은 편의점, 울워스 같은 슈퍼마켓, 기차역의 간이 매점, 신문가판대, 키오스크 등등 시내 곳곳의 판매처에서 손쉽게 오팔 카드를 구입할 수 있으며, 성인은 최소 A$20 이상, 어린이는 A$10 이상 원하는 만큼의 금액을 충천해서 사용한다. 카드 자체는 무료다.
오팔카드 어플리케이션을 사용하면 좀더 편리한데, 스마트폰 스토어에서 'Opal Travel'을 다운로드받아 로그인하고 홈 화면에 카드를 등록할 수 있다. 앱을 통해 충전할 수도 있고, 정류장에 가까워지면 알람도 해주는 등 다양한 기능이 탑재되어 있다. 단 앱으로 충전할 경우 카드 잔액이 업데이트되는 데 최대 1시간까지 걸릴 수 있다.
앱을 사용하지 않을 경우, 가까운 키오스크나 카드 판매점에서도 현금 또는 신용카드로 오팔 카드 충전이 가능하다. 사용하고 남은 금액에 대해서는 일정 금액 이상이면 환불받을 수도 있지만 번거로운 절차를 거쳐야 하니, 대략적인 사용량을 가늠해서 충전하거나 적은 금액을 자주 충전하는 것이 좋다.

시드니 근교까지 오팔 카드 하나면 패스!

시드니에서 여행을 끝내고 근교 지역으로 이동하는 일정이라면 조금 넉넉하게 충전해두어도 좋다. 오팔 카드 하나면 블루 마운틴, 센트럴 코스트, 일라와라, 써던 하이랜드, 헌터 등의 지역에서도 별도의 티켓팅 없이 모든 교통수단에 이용할 수 있다. 이들 도시로 이동하는 기차 또는 버스 요금까지도 오팔 카드로 해결된다.

일일 요금 한도, 일요일 요금 한도, 주간 교통 이용 인센티브 등 최강 할인 Cap을 씌우다!

이 부분이 오팔 카드의 하이라이트다. 마치 할인해주기 위해 안간힘을 쓰는 것처럼 각종 할인 시스템으로 요금 인센티브를 주고 있다. 버스, 기차, 라이트 레일 모두 싱글 티켓을 구입할 때보다 오팔 카드로 지불할 때 요금이 저렴하고, 여기에 더해 각종 인센티브까지 적용되니 더이상 시드니의 대중교통 요금이 비싸다는 느낌이 없다.
우선, 하루 동안의 대중교통 이용에 대해 오팔 카드로 지불하는 금액은 최대 A$17.80을 넘지 않는다(일일 요금 한도 Daily Travel Cap). 이 말은 아무리 여러 번 버스, 지

시드니 트레인 역에서 매표소가 사라진 지 오래다.
대부분 교통 카드를 사용하기 때문이다. 이름하여 오팔 카드.
일종의 스마트 카드로, 우리와 다른 점은 선불,
충전식 카드라는 점이다. 카드에 일정 금액을 충전하면
기차, 페리, 버스, 라이트 레일까지 모든
유형의 대중교통을 오팔 카드 하나로 이용할 수 있다.

하철, 라이트 레일을 타더라도 A$16.80을 넘어가면 더는
요금이 빠져나가지 않는다는 의미다.

둘째, 덧붙여서 **토·일·공휴일에는 아예 모든 교통수단의**
요금이 A$8.90을 넘지 않는다(주말 요금 한도 Weekend
Travel Cap).

셋째, **월요일부터 사용한 오팔 카드의 요금이 A$50을 넘**
는 순간부터는 이후 그 주간의 모든 요금이 무료가 되는
주간 요금 한도 Weekday Travel Cap도 무척 유용하다.

마지막으로, 메트로, 트레인, 버스, 라이트 레일의 경우 피
크 시간을 피해서 이용할 경우 정상 요금에서 30% 할인된
오프피크 요금이 적용된다. 이때 피크타임은 월요일에서
목요일까지 06:30~10:00, 15:00~19:00를 말한다. 이 외의
시간은 오프피크 타임이 되는 것이다.

60분 내 환승 할인!

또 오팔 카드는 60분 이내에 같은 유형의 교통수단으로
환승할 경우 단일 여정 및 단일 요금으로 계산된다. 즉, 버
스에서 내려서 50분 정도 구경하고, 다시 다른 노선 번호
의 버스로 갈아탈 경우 무료가 된다는 의미다. 시티 내에서
이동할 때는 시간 계산만 잘하고 다녀도 엄청난 교통비를
절약할 수 있다.

※이 모든 경우에 예외가 있는데, 시드니 공항에서 시내로 나오는
에어포트 링크가 바로 그것이다. 일일 혹은 주간 교통 한도에도 별
개로 계산되고, 60분 환승 할인도 적용되지 않는다. 혜택은 적용되
지 않지만, 오팔 카드로 에어포트 링크를 이용할 수 있으며 요금 할
인도 된다.

오팔 카드 판독기는 기차역, 페리 부두, 버스 승차장, 라이
트 레일 승차장에 비치되어 있다. 카드 판독기에 오팔 카드
를 갖다 대기만 하면 자동으로 요금과 남은 금액이 표시된
다. 내릴 때와 환승할 때도 반드시 판독기에 카드를 대야
한다.

오팔 카드 📞 13-67-25 🏠 www.opal.com.au

시드니 익스플로러 버스 Sydney Explorer Bus

관광객을 위한 맞춤 버스 시드니 익스플로러 버스는 두 개의 노선이 하나처럼 연결되어 운영되고 있다. 시드니 투어와 본다이 투어로 불리는 각각의 노선을 한 바퀴 도는 데는 90분 정도가 소요되는데, 1번 정류장인 서큘러 키에서 23번 정류장 록스까지를 시드니 시티 투어라 부르고, 24번 정류장인 센트럴역에서부터 33번 더블 베이까지를 본다이 투어로 부른다.

시드니 투어에는 QVB, 타운홀, 킹스크로스, 오페라 하우스, 하이드 파크, 해양 박물관, 아쿠아리움, 록스 등의 관광지가, 센트럴역에서 출발하는 본다이 투어에는 차이나타

운, 패딩턴, 본다이 비치, 로즈 베이 등의 관광지가 포함되어 있다. 노선상의 모든 관광지에서는 원하는 곳에서 몇 번이고 내렸다가 다시 탈 수 있는, 일명 Hop On-Hop Off 시스템.

티켓의 종류는 크게, 하루 동안 사용하는 One Day Classic Ticket과 2일 동안 사용하는 Two Day Premium Ticket으로 나뉜다. 덧붙여서 2일 동안의 버스 이용과 1시간 캡틴쿡 크루즈가 포함된 디럭스 티켓 Deluxe Ticket도 판매하고 있는데, 딱히 권할 만한 옵션은 아니다.

티켓은 시드니 익스플로러 사이트에서 온라인으로 구입할 수 있으며, 발급된 e티켓을 프린트해서 소지해야 한다. 관광안내소 등에서도 티켓을 구입할 수 있으며, 버스 안에 있는 헤드폰을 끼면 영어, 일어, 중국어 등의 안내방송이 나온다. 한국어 안내방송도 있으니 놓치지 말 것.

시드니 익스플로러 버스
- ⏰ 08:30~18:00(시드니 투어), 09:30~18:00(본다이 투어)
- 💲 One Day Ticket A$43.15, Two Day Ticket A$56.43
- 📱 9567-8400 🏠 www.sydney.com.au

---

talk 하버, 비치, 코스트, 베이, 걸프, 포트 …

지금부터 여행할 시드니와 호주 전체의 지명 가운데 바다에 대한 여러 가지 명칭이 나옵니다. 혹시 지도를 보다가 똑같은 바닷가인데 왜 하버, 비치 또는 코스트, 베이 등으로 나뉘는 게 궁금하지 않았나요? 그렇다면 이 순간 이후로 그 궁금증을 싹 날려드리지요.^^

비밀은 '해안의 형태'에 있습니다. 일반적으로 구불구불한 해안을 하버 Harbour, 모래사장이 있는 해안을 비치 Beach라고 합니다. 시드니항이 전자의 대표적인 예가 되겠고, 본다이 비치가 후자의 예가 되겠죠. 또한 똑같이 모래사장이 있지만 길게 이어지는 해안은 코스트 Coast라고 합니다. 골드 코스트를 생각하면 쉽겠죠? 모래사장이 42km나 이어지는 골드 코스트는 '비치'라는 말로는 표현이 안 되는, 진정한 '코스트'랍니다.

그렇다면 베이는 또 뭘까요? 길게 들어간 해안을 베이 Bay라고 합니다. 우리나라의 영일만이나 시드니의 코클 베이 같은 곳을 생각하면 됩니다. 베이보다 규모가 큰 것은 걸프 Gulf, 항아리처럼 들어간 해안을 포트 Port라고 합니다. 태즈마니아의 데본 포트라는 도시는 전체적인 지형이 항아리처럼 움푹하게 들어간 곳입니다.

와~, 그러고 보니 똑같은 해안을 놓고 참 여러 가지로 구분했네요. 한편으로는 아주 합리적인 분류법이라는 생각도 듭니다. 이제, 구불구불 이어지는 시드니항이 왜 하버인지 이해가 되시죠?

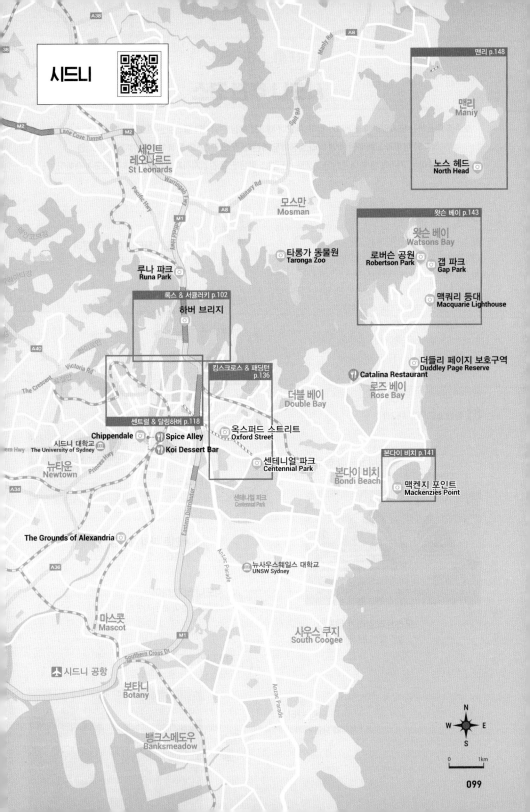

시드니

맨리 p.148

맨리
Manly

노스 헤드
North Head

왓슨 베이 p.143

왓슨 베이
Watsons Bay

로버슨 공원
Robertson Park

갭 파크
Gap Park

맥쿼리 등대
Macquarie Lighthouse

세인트
레오나르드
St Leonards

모스만
Mosman

타롱가 동물원
Taronga Zoo

루나 파크
Runa Park

록스 & 서큘러키 p.102

하버 브리지

더들리 페이지 보호구역
Duddley Page Reserve

Catalina Restaurant

킹스크로스 & 패딩턴
p.136

더블 베이
Double Bay

로즈 베이
Rose Bay

센트럴 & 달링하버 p.118

Chippendale   Spice Alley

시드니 대학교
The University of Sydney

Koi Dessert Bar

옥스퍼드 스트리트
Oxford Street

뉴타운
Newtown

센테니얼 파크
Centennial Park

본다이 비치 p.141

본다이 비치
Bondi Beach

맥켄지 포인트
Mackenzies Point

센테니얼 파크
Centennial Park

The Grounds of Alexandria

뉴사우스웨일스 대학교
UNSW Sydney

마스콧
Mascot

사우스 쿠지
South Coogee

시드니 공항

보타니
Botany

뱅크스메도우
Banksmeadow

N
W   E
S

0   1km

REAL COURSE

시드니 추천 코스

호주를 대표하는 도시인만큼 볼거리가 많다. 시드니 시내의 핵심 관광지만 둘러보는 데도 2~3일 정도는 소요되며,
각자의 취향과 교통수단 등에 따라 일정이 달라진다. 킹스크로스와 동북부 해안까지 둘러보려면
최소 4일 이상, 거기에 블루 마운틴이나 포트 스티븐스 같은 근교 관광지까지 둘러보려면 일주일도 부족하다.

DAY 01~02

첫날은 록스의 비지터센터에서
여행정보를 확보한 후 천천히 걸어서
록스 일대의 볼거리 탐험에 나선다.
천문대가 있는 언덕에 오르면 하버 브리지와
오페라 하우스, 푸른 바다가 어우러진
시드니 최고의 전경을 감상할 수 있다.
둘째 날은 센트럴과 달링 하버의 볼거리 공략에
나선다. 트레인과 버스 등의 대중교통을
적절히 이용해 동선을 좁히면 이틀 동안 시내의
볼거리들을 대략적으로나마 둘러볼 수 있다.

🕐 예상 소요시간 1~2일

Start

록스 시드니 여행자 센터
록스 관광은 여기서부터!

도보 3분

현대미술관
전 세계의 현대미술을 한 자리에서
감상할 수 있는 기회

도보 15분

시드니 천문대
시드니 최고의 전망 포인트

도보 15분

서큘러 키
활기찬 페리 선착장

도보 5분

시드니 오페라 하우스
더 이상 말이 필요 없는 시드니의 얼굴마담

도보 5분

로열 보타닉 가든
안구 정화되는 초록

도보 15~20분

세인트 마리 대성당
아름다운 고딕 건물의 자태

도보 10분

시드니 타워 아이
시드니의 높이 솟은 자존심

도보 15분

오스트레일리안 뮤지엄
호주를 대표하는 박물관

도보 15분

차이나타운
출출할 때는 차이나타운으로 가자

도보 15분

달링 하버
자유와 낭만의 거리

Finish

코스
01

Start

서큘러 키

버스 50분, 자동차 20분

본다이 비치
바위에 부서지는 파도

도보 15분

맥켄지 포인트
햇살과 파도 가득,
근사한 해변 산책로

버스 10분, 도보 35분

더들리 페이지 보호구역
히든 포토 스폿

버스 15분, 도보 40분

갭 파크
절벽 아래 철썩이는 파도

도보 10분

왓슨 베이
동부 해안 끝자락

Finish

DAY 03

셋째 날, 시내 관광이 마무리 될 즈음 도심을 벗어나
동부 해안의 수려한 풍경 속으로 달려간다.
본다이 비치와 갭 파크는 반드시 들러야 할 필수
관광지이며 하루 종일 시간을 보내도 좋은 곳들이다.
이후에 더 시간이 허락한다면, 페리를 타고
맨리와 타롱가 동물원을 다녀오거나,
시티 레일을 타고 블루 마운틴과 포트 스티븐스,
울런공 같은 근교 도시까지 다녀온다.

Start

코스
02

서큘러 키

페리 30분

맨리
남자의 바다

버스 20분, 도보 45분

노스 헤드
고즈넉한 산책로와 외로운 바다

Finish

101

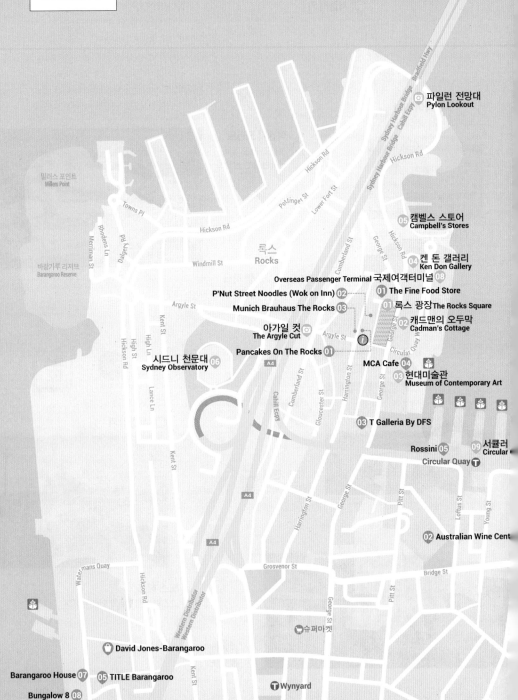

록스 &
서큘러 키

하버 브리지 07
Harbour Bridge

파일런 전망대
Pylon Lookout

밀러스 포인트
Millers Point

바랑가루 리저브
Barangaroo Reserve

록스
Rocks

캠벨스 스토어 05
Campbell's Stores

켄 돈 갤러리
Ken Don Gallery 08

Overseas Passenger Terminal 국제여객터미널

P'Nut Street Noodles (Wok on Inn) 02   01 The Fine Food Store

Munich Brauhaus The Rocks 03

록스 광장 The Rocks Square

아가일 컷
The Argyle Cut

02 캐드맨의 오두막
Cadman's Cottage

Pancakes On The Rocks 01

시드니 천문대
Sydney Observatory 06

MCA Cafe 04

현대미술관
Museum of Contemporary Art

03 T Galleria By DFS

Rossini 05

09 서큘러
Circular

Circular Quay

02 Australian Wine Cent

Grosvenor St

슈퍼마켓

David Jones-Barangaroo

Barangaroo House 07   05 TITLE Barangaroo

Bungalow 8 08

Wynyard

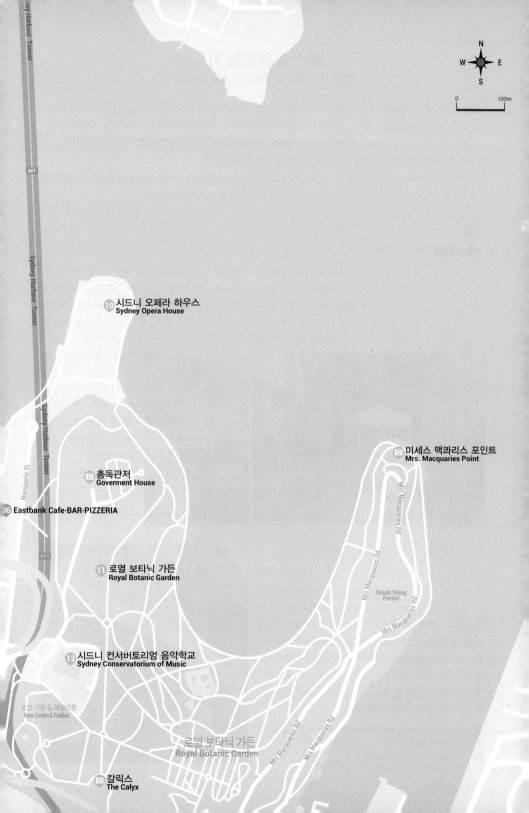

N
W · E
S

0 — 100m

⑩ 시드니 오페라 하우스
Sydney Opera House

미세스 맥콰리스 포인트
Mrs. Macquaries Point

총독관저
Goverment House

⑯ Eastbank Cafe·BAR·PIZZERIA

Mrs Macquaries Rd

Mrs Macquaries Rd

Domain Yurong
Precinct

⑪ 로열 보타닉 가든
Royal Botanic Garden

⑫ 시드니 컨서버토리엄 음악학교
Sydney Conservatorium of Music

로즈 가든 & 파빌리온
Rose Garden & Pavilion

로열 보타닉 가든
Royal Botanic Garden

Mrs Macquaries Rd

Mrs Macquaries Rd

칼릭스
The Calyx

록스 & 서큘러 키
THE ROCKS & CIRCULAR QUAY

사람들이 상상하는 시드니의 모든 풍경이 이곳에 있다. 오페라 하우스와 하버 브리지가 보이고, 한낮의 태양 아래 테라스 카페에서 한가로이 커피 마시는 사람들의 모습이 풍경이 되는 곳, 서큘러 키와 록스는 바로 이런 여유와 활기가 넘치는 곳이다. 길 양쪽으로 페리 선착장과 카페의 파라솔이 길게 이어져 있으며, 개척시대를 연상시키는 커다란 범선과 '코트 행어'라는 애칭을 가진 하버 브리지가 엽서의 한 장면처럼 펼쳐진다.

하버 브리지 아래부터 천천히 걷다 보면 자연스럽게 오페라 하우스에 도착한다. 페리를 타기 위해 모여드는 사람들과 투어 회사의 매표소 그리고 거리의 예술가들이 내뿜는 거리의 활기는 낭만으로 가득 차 있다.

`01`

록스 광장 The Rocks Square
언제나 뜨거운 록스의 심장

록스 여행자 센터 뒤쪽의 플레이페어 스트리트 Playfair St.로 가면 차량 통행이 금지된 록스 광장이 나온다. 넓지는 않지만 록스의 과거에서 현재까지의 모습을 보여주는 상징적인 공간. 눈여겨봐야 할 곳은 광장 가운데에 세워져 있는 대형 기념비 퍼스트 임프레션 First Impression과 록스 센터 그리고 매주 주말에 열리는 록스 마켓 등이다. 퍼스트 임프레션은 호주에 처음 정착한 죄수와 군인, 이주민 가족의 모습을 담고 있는 조

형물로, 마치 돌에서 사람들이 빠져나온 듯한 삼면의 음각이 인상적이다. 오래된 건물로 둘러싸인 광장에서 시드니의 옛 시절을 상상하며 마시는 커피도 운치 있다.

🏠 www.therocks.com

시드니 여행자 센터 Sydney Visitors Centre

록스 광장 입구에 있으며 시드니에서 가장 크고, 최신의 시설과 서비스를 갖춘 비지터센터. 그만큼 다양한 여행정보를 접할 수 있는 곳. 록스 센터 건물 입구에는 마치 쇼핑몰처럼 너덧 군데의 기념품점과 카페 등이 있고, 1층과 2층 일부를 비지터센터로 활용한다. 여러 명의 자원봉사자들이 여행자를 돕고 있으며, 이곳에서 숙소와 투어도 예약할 수 있다. 센터 안쪽으로 들어가면 서큘러 키와 록스 로고를 새긴 티셔츠, 열쇠고리, 우편엽서 등의 기념품을 팔고 있으며, 팸플릿 등을 꼼꼼히 살펴볼 수 있는 간이 의자도 마련되어 있다.

📍 Shop 1-2, The Rocks Centre, Cnr Argyle and Playfair Sts.
🕐 09:00~17:30 ✚ 부활절, 크리스마스 📱 8273-0000
🏠 www.sydneyvisitorcentre.com

아가일 컷 The Argyle Cut

중세의 요새 같기도 한 이곳은 거대한 바위산을 깎아서 록스 중심부와 웨스트 록스를 연결한 길이다. 물론 건설에 동원된 인부는 죄수들이었으며, 여기서 나온 돌무더기들은 서큘러 키를 매립하고 건설하는 데 사용되었다고 한다. 바위 곳곳에 절단한 흔적과 미로처럼 연결된 부분들이 역사의 흔적으로 남아있다.

(talk) 시드니의 주말 시장 배틀, 록스 vs. 패딩턴

록스 마켓

만약, 시드니에 있는 동안 주말을 맞게 된다면 꼭 록스 마켓에 가보세요. 조지 스트리트 George St.와 플레이페어 스트리트 Playfair St.의 끝에서부터 시작된 간이천막 캐노피 Canopy의 행렬이 브리지 클라이밍이 시작되는 하버 브리지 아래 다우스 포인트 Dawes Point까지 길게 이어진 모습이 정말 장관이랍니다. 마치 돛을 펼친 배 위에서 벌어지는 한바탕 잔치를 보듯, 흥청흥청, 바글바글, 살아있는 시드니 사람들의 모습을 보게 될 거에요. 부담스럽지 않은 가격의 보석들과 세상에 하나밖에 없을 수공 액세서리들, 도마나 그릇 같은 식기류, 집에서 직접 재배했다는 산딸기와 아보카도, 보기만 해도 군침이 도는 잼과 치즈. 온통 높은 건물과 사무실만 있을 것 같은 시드니 시내 한가운데에도 사람들의 일상이 있다는 실감이 난답니다. 시드니의 명물 록스 마켓은 매주 주말마다 열리며, 비가 오나 눈이 오나 150개 이상의 작은 점포들이 오전 10시부터 오후 5시까지 손님들을 맞습니다. 금요일 오전 9시부터 오후 3시까지는 푸디 마켓도 열리니 참고하세요.

The Rocks Market
📍 Playfair St. & George St. & Jack Mundey Place 🕐 토~일요일 10:00~17:00 🏠 www.therocks.com/things-to-do/the-rocks-markets

패딩턴 마켓

패딩턴 지역의 대표적인 주말 시장. 옥스퍼드 스트리트 연합교회 Uniting Church 옆 공터에서 열리는 이 시장은 특히 액세서리와 골동품이 많이 거래되는 곳으로 유명합니다. 손때 묻은 오래된 물건을 사고파는 진정한 의미의 벼룩시장이지요. 물론 과일이라든가 기념품·식기 등 기타 다양한 물건도 판매합니다. 샌드위치나 중국식 스낵 따위를 파는 노점도 있고, 임시 안마 시술소에서 간단한 어깨 마사지 등을 받을 수도 있습니다.

Paddington Market
📍 395 Oxford St., Paddington 🕐 매주 토요일 10:00~16:00 📞 9331-2923 🏠 www.paddingtonmarkets.com.au

캐드맨의 오두막 Cadman's Cottage

말을 훔친 죄로 유형을 살게 된 선원 캐드맨이 1816년부터 살았던 집. 현존하는 호주의 주거용 건물 중에서 가장 오래됐다. 예전에는 이 건물 바로 앞까지 바닷물이 들어왔으며, 존 캐드맨은 이곳에 거주하면서 주 정부의 보트 선착장 감독일을 했다고 한다. 소박한 2층 건물 안에는 당시의 생활상과 건축물을 재현한 모형과 사진을 전시한다.

♀ 110 George St., The Rocks ⏰ 화~금요일 10:00~16:30, 토·일요일 10:00~16:00 ✖ 월요일 ⑤ 무료

현대미술관 Museum of Contemporary Art

1991년에 문을 연 현대미술관은 호주뿐 아니라 전 세계의 현대미술을 한 자리에서 감상할 수 있는 곳이다. 오페라 하우스와 록스의 풍경에 정신이 팔려 자칫 그냥 지나치기 쉬운데, 일부러 시간을 내서라도 반드시 들러볼 가치가 있다. 구관과 신관이 어우러진 건물 외관부터 눈길을 끄는데, 내부로 들어가면 호주 원주민 애버리지널 작품부터 앤디워홀과 같은 당대 최고의 현대작가 작품을 한 자리에서 감상할 수 있도록 동선이 이어진다. 특히 이곳은 재능만 있다면 신인과 기성작가를 가리지 않고 전시할 기회를 주는 곳으로 유명한데, 이런 명성 때문인지 다른 곳에서 보기 어려운 파격적인 작품들도 눈에 띈다.

작품은 정기적으로 교체되며, 시즌별로 기획전도 활발하게 열리고 있다. 전시에 관한 사항은 미술관 입구나 관광안내소에 비치된 팸플릿을 통해 확인할 수 있다. 1층에는 명품 의류숍과 MCA 카페가 있으며, 로비의 티켓 판매소에 짐을 맡겨놓을 수도 있다.

미술관 건물 앞에서는 거리의 악사가 연주하는 바이올린 선율과 무명 배우의 퍼포먼스가 사람들의 발길을 끈다.

♀ 140 George St., The Rocks ⏰ 10:00~17:00(수요일만 21:00까지) ✖ 크리스마스 ⑤ 무료(특별전의 경우는 요금을 낼 때도 있다) ☎ 9245-2400 🏠 www.mca.com.au

켄 돈 갤러리 Ken Don Gallery

가장 호주스러운 작품과 작가

태양 아래 빛나는 오페라 하우스와 하버 브리지, 캥거루 등 호주를 상징하는 문양을 컬러풀하게 표현함으로써 전 세계에 호주를 알리는 데 공헌한 현대화가 켄 돈. 그의 이름을 모르는 사람이라도 이곳에 전시된 작품들을 보면, 어디선가 한 번쯤 본 듯한 기억이 날 것이다. 컬러풀하고 대담한 오리지널 작품을 감상한 뒤 여유가 있으면 작품이나 작은 기념품 또는 티셔츠 등을 구입하는 것도 괜찮다.

현대미술관의 뒷문이 있는 조지 스트리트 George St.에서 언덕을 올라가면 작은 삼거리 교차로에 붉은 벽돌의 켄 돈 갤러리 건물이 나온다.

◎ 1 Hickson Rd., The Rocks ⏱ 10:00~17:30 ⑤ 무료
☎ 8274-4599 🏠 www.done.com.au

캠벨스 스토어 Campbell's Stores

창고 건물의 화려한 변신

캠벨 코브를 마주하고 한 줄로 서 있는 부둣가 건물들. 1839년부터 1861년까지 한 채 두 채 늘어난 건물이 현재의 모습으로 완성되었다. 이 건물의 주인이었던 로버트 캠벨의 이름을 따 캠벨 스토어 하우스라고 하며, 수입된 차와 설탕 등을 저장할 목적으로 시드니 부두에 지어진 '창고 건물'이었다. 현재는 고급 레스토랑과 퍼브로 개조되어 낭만적인 명소로 손꼽힌다. 근처에 고급 호텔들까지 들어서면서 나날이 명성이 높아지는 곳이며, 외부는 고색창연하지만 내부만큼은 최신 인테리어에 고급스러움을 더했다. 높은 곳에서 바라보면 길게 늘어선 건물과 노천카페의 하얀 천막이 경쾌한 조화를 이룬다.

◎ 7-27 Circular Quay West 🏠 www.campbellsstores.com.au

시드니 천문대 Sydney Observatory

별 볼일 있는 천문대 언덕

1857년에 설립된, 호주에서 가장 오래된 천문대. 이곳에 오르려면 꽤 다리품을 팔아야 한다. 록스에서부터 거의 하버 브리지와 같은 높이의 언덕을 올라가야 하기 때문이다. 하지만 이곳에서 바라보는 풍경은 그 노력이 헛되지 않을 만큼 훌륭하다. 경사가 완만한 천문대 언덕 Observatory Park은 시드니 시민들의 피크닉 장소로 손꼽히고, 웨딩 촬영의 단골장소이기도 하다.

천문대가 세워졌을 당시에는 시드니항에 들어오는 배의 정확한 시각을 기록하는 것이 이곳의 역할이었다. 천문박물관으로 바뀌게 된 것은 1980년대 이후부터. 야간 투어에 참여하면 사우스 돔에 있는 지름 29㎝의 망원경으로 천체를 관찰할 수 있다. 낮에는 무료로 입장할 수 있지만, 오후 6시 30분부터 10시까지 1일 5회 열리는 천문대투어는 반드시 온라인 예약을 통해서만 참가할 수 있다.

◎ 1003 Upper Fort St., Millers Point ⑤ 어른 A$36, 어린이 A$24 ☎ 9921-3485
🏠 www.maas.museum/sydney-observatory

하버 브리지 Harbour Bridge

1923년에 착공되어 1932년에 완공된 세계에서 네 번째로 긴 싱글 아치형 다리. 총 길이는 1,149m로 당시 세계에서 가장 길었던 뉴욕의 베이온 브리지보다 60㎝가 짧다. 이 다리는 1920년대에 불어 닥친 경제공황을 타개하고 실업자를 구제하기 위한 목적으로 건설되었다.

9년의 공사 기간 동안 매일 1,400명의 노동력과 2천만 달러가 넘는 자원이 투입되었다니, 실업자를 구제하고 경기를 살리기 위한 애초의 목적은 달성한 셈이다. 이로 인해 '철의 숨결'이라는 거룩한 칭송도 받았다. 하지만 다리에 투입된 어마어마한 건설 연체금이 쌓이고 쌓여, 개통 56년이 지난 1988년에야 겨우 완불할 수 있었다고 한다.

산 넘어 산이라 했던가. 영국에서 들여온 공사비 차관을 모두 갚고 나니 이번에는 늘어난 교통량 때문에 또 다른 교량이 필요해졌다. 마침내 1992년 하버 브리지 동쪽에 해저 터널을 건설하게 되었고, 이후 이어지는 교량의 유지 보수비 때문에 현재까지도 시내 진입 차량에 대해서는 통행료를 징수하고 있다.

다리는 시드니 북부와 남부를 오가는 페리가 통과할 수 있도록 조금 높게 건설되었다. 다리 위에 둥글게 굽은 아치가 '옷걸이' 같아서, '올드 코트행어 Old Coathanger(낡은 옷걸이)'라는 애칭으로도 불린다.

파일런 전망대 Pylon Lookout

하버 브리지를 받치고 있는 4개의 교각 가운데 남동쪽의 교각 상단에는 전망대가 설치되어 있다. 굳이 우리말로 표현하자면 '기둥 Pylon' 전망대. 여기부터 매표소가 있는 곳까지는 가뿐히 올라갈 수 있지만, 표를 끊고부터는 상황이 달라진다. 200개가 넘는 계단을 올라가야 하기 때문. 정상에 가까워지면 기념품과 엽서 등을 파는 작은 가게가 나온다. 정상에는 어깨높이 정도의 유리막이 둘러쳐져 있는데, 이곳에서 바라보는 네 방향의 전망이 눈이 시릴 만큼 아름답다. 브리지에 오를 자신이 없는 사람들은 반드시 파일런 전망대까지라도 올라볼 것을 권한다. 적지 않은 요금이 아깝지 않을 만큼 인상적인 전망이 기다린다.

아가일 컷 오른쪽에 있는 'Bridge Stair' 이정표를 따라 컴버랜드 스트리트 Cumberland St.까지 올라간 뒤 바로 길 건너편의 Pedestrian Pathway를 따라 5분쯤 가면 전망대 교각이 나온다.

🕐 10:00~17:00 ❌ 크리스마스 💲 어른 A$24.95, 어린이 A$12 📞 9240-1100 🏠 www.pylonlookout.com.au

---

TIP
다리의 끝은 어디인가요?

호주 여행자들 사이에는 세상에서 가장 미친 짓 두 가지가 바로 '번지 점프'와 '하버 브리지 클라이밍'이라는 우스갯소리가 있다. 파일런 전망대에서 하버 브리지로 오르는 행렬을 바라보면 그 말에 절로 고개가 끄덕여진다. 그러나 모든 모험에는 성취했을 때의 쾌감이 따르게 마련. 전 세계의 젊은이들은 오늘도 이 쾌감을 맛보기 위해 지상 134m 위에 세워진 하버 브리지의 아슬아슬한 골조 위를 걸어 올라가고 있다. 왜? 정상이 그곳에 있으니까!!

두 사람이 겨우 지나갈 정도의 아치 위에 서서 아래를 바라보면, 360도 파노라마로 펼쳐지는 광경에 가슴 벅찬 감동이 밀려온다. 3시간 30분 동안의 등반이 절대 헛되지 않을 만큼. 하지만 정상에 오르는 길은 생각보다 험난하다. 고소공포증이 있는 사람은 절대 엄두도 내지 않는 것이 좋다. 정상으로 갈수록 바람도 거세지고, 10~12명이 한 팀이 되어 끈으로 연결되어 있으므로 누구 한 사람의 실수도 용납되지 않는다. 15분 동안 간단한 건강 체크와 시뮬레이션 교육을 받은 다음 이스턴 아치에서 등반을 시작한다. 암벽 등반을 방불케 하는 장비와 복장을 갖추고 한 발 한 발 계단을 밟아가다 보면 마침내 정상이다. 풀코스가 버거운 사람들을 위해서 주중에 1시간 30분 동안 클라이밍의 맛보기를 해볼 수 있는 샘플러 코스도 마련되어 있고 시간대별로 다양한 요금과 프로그램이 있으니 홈페이지를 참고할 것.

브리지 클라이밍 투어 📍 5 Cumberland St., The Rocks 🕐 07:00~19:00 💲 A$198~403 📞 8274-7777 🏠 www.bridgeclimb.com

국제여객터미널 Overseas Passenger Terminal

록스에서 서큘러 키로 향하는 서큘러 키 웨스트에는 모 던한 외형의 여객선 터미널이 있다. 그러나 터미널이 눈 에 들어오는 때는 크루즈선이 없을 때고, 크루즈가 정박 해 있는 동안에는 터미널이 눈에 들어오지도 않는다. 이 름 그대로 해외에서 시드니항으로 들어오고 나가는 대 형 크루즈선들이 이용하는 터미널로, 이용객들의 편의를 위해서 1층과 2층에 다양한 편의시설과 레스토랑이 자 리하고 있다. 평소 이용객이 별로 없어서 고즈넉하게 시 드니항의 전망을 즐길 수 있다.

📍 130 Argyle St. 📞 9296-4999

TIP

시크릿 전망 포인트, 서큘러 키 트레인 역 승강장

서큘러 키역은 2층으로 이루어져 있다. 1층 개찰구를 지나 2층으로 올라가면 기차 승강장이 나오는데, 이곳에서 바라보는 서큘러 키와 록스의 전경이 아름답다. 대부분의 사람들은 좁은 승강장에서 빠져 나가려 바쁘게 움직이지만, 잠시 멈춰 서서 바깥으로 시선을 돌려보 자. 발 아래 오가는 사람들의 활기와 크루즈가 정박해 있는 시드니항 의 모습은 그대로 엽서 한 장이 된다. 2층에서 본 거리의 풍경이 왜 아 름다운지 알게 될 것이다.

09 서큘러 키 | Circular Quay

해풍과 햇살 가득한 이벤트 플레이스

시드니를 찾는 대부분의 관광객은 서큘러 키에서 출발하는 크루즈에 몸을 싣게 된다. 오페라 하우스와 하버 브리지의 중간 지점에 자리한 서큘러 키 선착장은 록스와 함께 호주의 역사가 시작된 곳. 개척시대의 서큘러 키는 죄수들이 탈출하는 것을 막기 위해서 정부의 허락을 받은 사람만 항구를 드나들게 했다고 한다. 예나 지금이나 교통의 요지로, 하버 브리지가 건설되기 이전에는 서큘러 키에서 출발하는 페리가 남북을 잇는 유일한 교통수단이기도 했다. 록스에서 오페라 하우스로 향하는 도중의 서큘러 키는 지금도 수많은 사람으로 북적이는 교차로다. 러시아워에는 맨리나 노스 시드니의 주택가에서 시티센터로 출퇴근하는 직장인들로 북적이고, 낮에는 수려한 시드니항의 풍경을 감상하려는 관광객들로 북적인다. 굳이 무엇을 하거나 보려하지 않아도 충분히 재미있고 언제나 이벤트 가득한 곳, 즐비한 노천 레스토랑과 실력파 버스킹까지 이어져 여행의 맛을 제대로 느끼게 된다.

TIP

시드니의 사건 & 사고

BC 3만~15만 년 최초의 애버리진 조상들이 시드니 인근 지역에 살았던 흔적 발견

1770년 제임스 쿡 선장이 시드니 남부 보타니 베이 Botany Bay에 상륙

1788년 아서 필립 Arthur Phillip 함장이 이끄는 1차 이민 선단 도착. 시드니 코브 Sydney Cove에 죄수들을 위한 유형지 설립

1808년 정부 정책에 불만을 품은 군무원과 공무원의 폭동 발생

1840년 본토로부터의 죄수 송출 중단

1842년 도시로서의 위상 정비

1852년 골드러시 시작. 수많은 사람이 유입됨

1888년 타운홀 완공

1901년 오스트레일리아 연방 성립. 센테니얼 공원에서 선포됨

1932년 하버 브리지 오픈

1973년 오페라 하우스 오픈

2000년 27회 시드니 올림픽 개최

10

시드니 오페라 하우스 Sydney Opera House

사진 속 바로 그 장소

착공에서 완공까지 14년이 걸린 호주의 상징. 호주뿐 아니라 전 세계적으로 손꼽히는 아름다운 건축물이다. 바다를 향해 날개를 펼치듯 돌출해 있는 모습이 조개껍질 같기도 하고 오렌지 조각 같기도 하지만, 공식적으로는 '돛'을 표현했다고 한다.

1957년 시드니를 상징할 수 있는 건축물의 필요성을 절감한 뉴사우스웨일스 주정부는 디자인 콘테스트를 통해 전 세계 건축가의 설계도를 공모했다. 32개국 232점의 작품 가운데 당선의 영광은 덴마크의 건축가 요른 우츤에게 돌아갔다. 하늘과 땅, 바다 어디에서 봐도 완벽한 곡선을 그리며 전체적인 모습이 보이도록 설계된 것이 다른 작품들과의 차별점이었다. 그러나 세기의 건축물이 탄생된 이면에는 웃지 못할 일화가 있었다. 공모에 참가하기 위해 고심하는 남편을 위해서 요른의 부인은 과일과 차를 준비했는데, 이때 접시 위에 놓여 있던 오렌지 조각을 본 요른이 "바로 이거야!!"하고 외쳤고, 곧이어 설계도 위에는 오렌지 조각을 본뜬 유려한 곡선의 오페라 하우스가 그려졌다는 것.

공사 초기에는 구조적인 결함으로 건축할 수 없다는 판정도 받았으며, 예산을 크게 웃도는 건축비도 문제거리였다. 자칫하면 '미완의 교향곡'으로 끝날 뻔한 오페라 하우스의 건축이 본격적인 궤도에 오른 것은 요른 우츤이 지붕을 조립식으로 변형한 뒤부터. 그 덕분에 건축비를 절감하고 공사 기간도 크게 단축할 수 있었기 때문이다. 그래도 부족한 예산은 시드니 시민의 기부금과 '오페라 하우스 복권' 발행으로 겨우 충당할 수 있었다. 1959년 착공에서 1973년 완공까지 소요된 총비용은 1억 2천만 달러.

오페라 하우스는 콘서트홀을 중심으로 오페라 극장, 드라마 극장, 연극관의 4개 공연장으로 나뉘어 있다. 이밖에 5개의 연습실, 60개의 분장실, 리허설룸, 레스토랑, 바, 휴게실, 도서관, 갤러리, 기념품점 등이 있다. 입구의 안내데스크에서는 공연 스케줄과 가이드 투어에 대한 안내를 받을 수 있다.

오페라 하우스를 조금 더 깊이 들여다 볼 수 있는 투어로는 오페라 하우스 투어와 백스테이지 투어, 그리고 건축 투어 세 가지가 있다. 가장 대중적인 오페라 하우스 투어의 경우 영어, 일어, 독일어 등과 함께 한국어도 선택할 수 있어서 영어 울렁증 없이 편안하게 몰입할 수 있다. 건축과 기술에 관심이 있다면 건축 투어도 권할 만하다.

📍 Bennelong Point 📞 9250-7111 💲 오페라 하우스 투어 A$45, 백스테이지 투어 A$190, 건축 투어 A$45 🏠 www.sydneyoperahouse.com

로열 보타닉 가든 Royal Botanic Garden

아름다운 녹색 융단

여유로움을 즐길 수 있는 최상의 공간. 오페라 하우스 맞은편에서 하이드 파크에 이르는 24ha의 넓은 부지에 이 같은 녹색대가 있다는 사실만으로도 감탄을 자아낸다. 주말 오후가 되면 가족들끼리 피크닉을 즐기는 모습이 인상적이다. 오래된 다양한 수종의 숲이 우거져 있는가 하면 넓은 공연장이 펼쳐지고, 또 한편에는 유리 돔 양식의

열대정원도 마련되어 있다. 식물원 북서쪽에 지어진 총독관저는 초대 총독이었던 필립 경에 의해 기초가 마련되었다. 그는 호주 최초의 농장이었던 땅을 현재의 보타닉 가든으로 개척한 인물이기도 하다. 원래 이곳은 총독을 위해 채소를 심던 곳이었는데, 일하는 사람들이 일사병으로 쓰러지자 일사병을 예방하기 위해 큰 나무를 심으면서 식물원이 만들어지기 시작했다. 보타닉 가든의 비지터 센터에서 오페라 하우스까지 운행하는 꼬마열차 Choo Choo Express를 타면 넓은 공원을 효율적으로 둘러볼 수 있다.

📍 Mrs Macquaries Rd. 🕐 07:00~일몰 💲 무료
📱 9231-8111 🏠 www.rbgsyd.nsw.gov.au

미세스 맥콰리스 포인트 Mrs. Macquaries Point

추추 꼬마열차 Choo Choo Express

오페라 하우스에서 둥글게 형성된 팜 코브를 따라 걸으면 뾰족 튀어나온 모서리에 다다르게 된다. 이곳이 바로 미세스 맥콰리스 포인트. 호주 제2대 총독 맥콰리의 부인은 바다와 가까운 이곳에 나와 멀리 영국 쪽을 바라보며 향수를 달래곤 했다는데, 그녀의 이름을 따서 미세스 맥콰리스 포인트라고 한다. 그러나 정작 사람들이 이곳을 찾는 이유는 돌로 된 의자에서 기념사진을 찍기 위해서다. 맥콰리 부인이 앉아서 고향을 그리던 바로 그 자리가 '미세스 맥콰리스 체어'가 되어 하루 수십 명의 기념사진 속 배경이 되는 것. 움푹 파인 바위 의자 위로 나무 그늘이 드리워져 운치 있지만, 시간대를 잘못 선택하면 밀려드는 관광객들 때문에 잠시 엉덩이가 붙이는 것만으로 만족해야 한다.

넓디넓은 보타닉 가든을 걸어서 둘러보려면 한나절 작정하고 걸어야 한다. 물론 이렇게 걸어다니며 구석구석을 둘러보는 것이 공원을 즐기는 가장 좋은 방법이기는 하지만, 시간이 부족하거나 체력에 자신이 없을 때는 추추 익스프레스에 몸을 싣는 것도 대안이다. 남녀노소 모두 동심으로 돌려놓는 빨간색 꼬마기차 추추를 타고 공원 전체를 도는 데 걸리는 시간은 25분. 원하는 곳에서 내렸다가 몇 번이고 다시 탈 수 있는, 나름 호프 온 호프 오프 Hop On Hop Off 시스템이다.

칼릭스 The Calyx

2016년에 오픈한 복합 전시공간. 보 타닉 가든의 중앙에 위치해서 어딘가 좀 쉴 곳이 없을까 두리번거릴 즈음 '짠' 하고 나타나는 근사한 공간이다. 각종 이벤트와 전시가 계절별로 주제 를 달리하며 펼쳐지고, 통유리를 통 해 싱그러운 공원을 바라볼 수 있도 록 설계된 레스토랑과 카페도 있다. 유리의 성처럼 생긴 내부에는 남반구 에서 가장 큰 녹색 벽이 있는 것으로 유명한데, 벽면 전체에 각종 식물이 싱그럽게 자라는 모습은 보는 것만으 로도 힐링이다. 가벼운 마음으로 전 시를 둘러보자.

🕐 10:00~16:00 💲 무료

12

시드니 컨서버토리엄 음악학교 Sydney Conservatorium of Music　　천재 건축가 그린웨이를 추억하며

1814년에 시드니로 유배된 프랜시스 그린웨이라는 죄수가 있었다. 그는 14년이라는 기나긴 형을 선고받았으나 5년 만에 특별사면 되어 자유인의 몸이 되었을 뿐 아니라, 오늘날까지 도시 곳곳에 자신의 흔적을 남겨두고 있다. 건축에 재능이 있었던 그는 우 연히 총독의 눈에 띄어 건축가로 활약하게 됐으며, 그 덕분에 형을 감면받고 명성까지 얻었다. 그가 설계한 11개의 건물은 오늘날까지 건재하고 있는데, 그중 하나가 바로 주립 음악학 교. 맥쿼리 총독이 프랜시스 그린웨이에게 설계 를 의뢰해 지은 고딕 양식의 건물이다. 1913년부 터 정부가 매입해서 지금의 음악학교를 세웠다. 보타닉 가든이 이 학교의 캠퍼스인 셈. 굳이 내 부를 들여다보지 않더라도 보타닉 가든을 오가 는 길에 만나게 될 터이니, 잠시 건물을 마주하 고 천재 건축가이자 죄수였던 그린웨이의 삶을 떠올려보자.

📍 1 Conservatorium Rd. 🏠 www.sydney.edu.au/ music

아름다운 항구도시를 즐기는 두 가지 방법,
크루즈 & 웨일 와칭
Cruises & Whale Watching

시드니에서 꼭 해봐야 할 것이 시드니 하버 크루즈다. 크루즈를 타고 서큘러 키에서 점점 멀어질수록 오페라 하우스와 고층빌딩이 어우러진 아름다운 시드니의 전경이 한눈에 들어온다. 멀어질수록 가까워지는 아름다운 매직이다. 크루즈 갑판에서 바라보는 고급 주택가의 전경과 하버 브리지 아래를 지날 때의 감동도 시드니를 기억하게 하는 특별한 추억이 된다. 크루즈의 종류 또한 선상 뷔페와 음료가 포함된 크루즈에서부터 단순 페리 기능만 하는 크루즈까지 시간(1~21시간)과 비용(A\$29~430)에 따라 다양하게 선택할 수 있다.

대표선수는 캡틴쿡 크루즈. 시드니 뿐 아니라 퀸즐랜드, 남호주, 서호주에서도 다양한 프로그램의 크루즈를 운영하는 대표적인 투어 회사다. 호주 전역을 여행한다면 즐겨찾기 해 두고 지역마다 홈페이지에 들어가서 자신의 예산과 목적에 맞는 크루즈를 선택하면 된다.

예약이 필요한 크루즈와 예약 없이 이용할 수 있는 크루즈가 있는데, 예약 없이 이용할 때는 출발 시각보다 30분 정도 일찍 서큘러 키 와프에 나가서 신청하는 것이 좋다. 크루즈가 출발하는 곳은 서큘러 키의 다섯 군데 와프. 크루즈 회사마다 와프 앞에 매표소를 두고 있어서 쉽게 안내받을 수 있다.

캡틴쿡 크루즈 Captain Cook Cruises ☎ 9206-1122 🏠 www.captaincook.com.au
마틸다 크루즈 Matilda Cruises ☎ 9264-7377 🏠 www.matilda.com.au
에코 호퍼 Ecohopper ☎ 9583-1199 🏠 www.ecohopper.com.au

한편 매년 5월부터 11월까지는 고래 와칭 크루즈가 시즌을 맞는다. 남극 고래들은 매년 가을이면 출산을 위해 따뜻한 바다를 찾아서 약 반년에 걸친 왕복 1만 킬로미터의 긴 여행에 나서는데, 시드니 근해는 혹등고래들이 지나가는 길목이기 때문. 서큘러 키에서 출발하는 웨일 와칭 크루즈는 오페라 하우스 앞을 지나서 먼 바다로 나가기 때문에 볼거리도 풍부해서 일석이조다. 만일 고래를 보지 못했을 경우에는 한 번 더 이용할 수 있는 스탠바이 티켓을 주는데, 고래를 못 볼 확률보다는 보는 확률이 월등히 높다.

단, 바다로 나간다고 바로 눈앞에 고래가 나타나주는 것이 아니므로 다소의 인내력이 필요하다. 실내와 실외를 오가며 느긋하게 바다 풍경을 즐기고 매점에서 주전부리도 즐기다보면 어느 순간 고래가 튀어오르고 아드레날린도 솟구친다. 거대한 생명체가 눈앞에서 유유히 헤엄치며 물을 뿜는 모습은 그 자체로 경이롭다. 가까이는 50m 이내에서 손에 닿을 듯 지나가기도 하지만, 언제나 행운이 따르는 것은 아니다. 선내 방송을 통해 고래의 생태와 습성에 대한 자세한 설명을 해주고, 고래가 나타나면 적절한 타이밍에 안내도 하므로 귀 기울여 볼 것.

고래 크루즈는 먼 바다로 나가기 때문에 날씨가 좋아도 추위를 느끼기 쉽다. 따뜻한 웃옷과 자외선을 막아줄 선글라스, 자외선 차단제는 필수품이다. 또 파도가 거세고 배가 흔들릴 경우도 있으니 멀미가 걱정되는 사람은 반드시 멀미약을 복용해두는 것이 좋다.

◆ 2023년 시즌은 5월 20일부터 시작한다.

Whale Watching Cruises
📍 Circular Quay Wharf No.6에서 출발
📱 9206~1111
🕐 화~일요일 10:00, 토·일요일 13:15 출발
💲 A$92(온라인 예약 시 A$75)
🏠 www.captaincook.com.au

센트럴 시드니
& 달링 하버

David Jones-Barangaroo

Barangaroo House 07   05 TITLE Barangaroo

Bungalow 8 08

26 바랑가루
Balangaroo   바랑가루
Balangaroo

32 더 스타 카지노
The Star Casino

Rosyd International

와일드라이프 시드니 주
Wild Life Sydney Zoo
27

국립 해양 박물관 31
Australian National Maritime Museum

마담 투쏘 시드니 28
Madame Tussauds Sydney

시드니 수족관 29
The Sydney Aquarium

Pancakes on the Rocks 01

30 피어몬트 브리지
Pyrmont Bridge

Fish Market

I'm Angus Steakhouse 10

Harbourside Shopping Centre 06

Thai Foon Restaurant 09

Nick's Seafood
Restaurant 11

달링하버
Daring Harbour
Base Backp

33 시드니 피시마켓
Sydney Fish Market

Wentworth Park

달링 쿼터 34
Darling Quarter

웬트워스 파크 그레이하운즈
Wentworth Park Greyhounds

Arisun-Chinatown 15

중국 정원 35
Chinese Garden of Friendship

양산박 17

Exhibition Center

Seoul Ria Restaurant 16

Mamak 18

25 파워하우스 뮤지엄
Power House Museum

Paddy's
Markets 차이나타운 24
China Town

패디스 마켓(헤이 마켓) 23
Paddy's Market(Haymarket)

얼티모
Ultimo

Metro Aspire Hotel Sydney

19 Spice Alley   Chinese Noodle Restaurant 12

치펀데일
Chippendale

790 on George
Backpackers

20 Koi Dessert Bar

Sydney Central YHA

Wake Up! Sydne

N
W   E
S

0   100m

118

칼릭스
The Calyx

Wynyard

Eastern Distributor

로열 보타닉 가든
Royal Botanic Garden

13 마틴 플레이스
Martin Place
Martin Place

14 뉴사우스웨일스 미술관
Art Gallery of New South Wales

15 하이드 파크 배럭 박물관
Hyde Park Barracks Museum

04 Dymocks Sydney

David Jones

20 시드니 타워 아이
Sydney Tower Eye

St James

아치볼드 분수

16 세인트 마리 대성당
St Mary's Cathedral

도메인
Domain

Sir John Young Cres

19 퀸 빅토리아 빌딩
Queen Victoria Building(QVB)

타운홀
Town Hall

18 세인트 앤드류 성당
St Andrew Cathedaral

Town Hall

21 하이드 파크
Hyde Park

17 오스트레일리안 뮤지엄
Australian Museum

Kings Cross

William St

Eastern Distributor

13 3 Wise Monkeys Pub

안작 메모리얼

15 Arisun-World Square

Hyde Park Inn
Museum

22 월드 타워
World Tower

Liverpool St

14 Din Tai Fung

Travellodge Sydney

IBIS World Square

The George Street Hotel

Maze Backpackers

옥스퍼드 스트리트 Oxford Street

Capitol Square

Burton St

Burton St

서리 힐스
Surry Hills

사립병원
St Vincent's Private
Hospital Sydney

Railway Square

Central

119

센트럴 시드니
CENTRAL SYDNEY

고층빌딩 숲 사이로 지나다니는 바쁜 사람들. 분주한 발걸음 속에 경쾌함이 묻어나는 센트럴 시드니는 시드니의 중심이자 호주 대륙 전체의 비즈니스 특구이기도 하다. Pitt St.와 William St.로 대변되는 번화가에는 고풍스러운 벽돌 건물과 현대적인 쇼핑센터가 조화를 이루고, 이곳의 위상을 자랑하듯 빌딩마다 증권사·금융회사·관공서들이 들어서 있다. 그런가 하면 빌딩 숲 가운데 자리한 하이드 파크의 울창함은 거대 도시의 허파가 되어 도심에 맑은 공기를 공급한다. 현대적이면서 동시에 초록 넘치는 풍경까지 간직한 시드니의 중심!

13
마틴 플레이스 Martin Place

클래식과 모던 사이, 빌딩숲에 둘러싸인 광장

시드니의 주요 이벤트는 모두 마틴 플레이스에서 시작된다. 크리스마스 트리의 불이 가장 먼저 켜지는 곳도 이곳이며, 안작 퍼레이드의 팡파르가 울리는 곳도 이곳이다. 광장을 둘러싼 거대한 건물들은 위협적이면서도 중세풍의 낭만이 묻어나 강렬한 인상을 준다. 빌딩 숲에 둘러싸여 있지만 차량의 통행이 금지된 보행자 전용도로여서 다양한 야외 공연이 펼쳐지기도 하며, 점심시간이면 햄버거를 들고 이를 구경하는 직장인들의 모습이 무척 활기차다. 조지 스트리트와 맥쿼리 스트리트 사이에 있으며, 시티 레일 마틴 플레이스역에서 나오면 바로 광장이 펼쳐진다. 마틴 플레이스를 둘러싼 건물들 중 눈여겨 볼 건물은 광장의 가장 큰 부분을 차지하고 있는 '넘버 원 마틴 플레이스 NO. 1 Martin Place' 빌딩. 1866년에 지어지기 시작해서 1891년에 완공된 이 건물은 1996년까지 백 년이 넘는 시간 동안 연방 우체국으로 사용되었으나 현재는 호텔, 쇼핑센터, 갤러리, 글로벌 그룹의 업무동 등으로 나눠진 복합 건물로 사용되고 있다. 인상적인 사암 파사드와 시계탑이 건물의 상징이자 광장의 상징이다.

14
뉴사우스웨일스 미술관
Art Gallery of New South Wales

화려한 외관과 알찬 콜렉션

세인트 마리 대성당에서 우측으로 난 아트 갤러리 로드를 따라 걷다보면, 그리스 신전처럼 우뚝 선 화려한 외관의 건물이 나타난다. 입구를 받치고 있는 12개의 기둥은 기둥 꼭대기에 이오니아식의 섬세한 장식을 새겼으며 신전 건축양식을 본떴다.

외관뿐 아니라 소장품의 퀄리티와 전시 콘텐츠 역시 호주 최고를 자랑한다. 건물 앞 잔디밭에는 헨리 무어의 조각 작품이 놓여 있고 신관과 구관을 가득 메운 예술품들의 수준은 전 세계를 아우르는 최고의 컬렉션이다. 모네·고흐 등 유명 화가의 작품을 직접 볼 수 있으며, 호주 최고의 아티스트로 손꼽히는 로이드 리스 Lloyd Rees, 마거릿 프레스톤 Margaret Preston 등의 작품을 가까이서 감상할 수 있는 흔치 않은 공간이다. 입장료까지 무료이니 보타닉 가든으로 향하던 발길을 잠시 멈추고 미술관 안으로 들어가 볼 것을 권한다.

📍 Art Gallery Rd., The Domain 🕐 10:00~17:00(매주 수요일은 22:00까지) ❌ 굿 프라이데이, 크리스마스 💲 무료
📱 9225-1744 🏠 www.artgallery.nsw.gov.au

15

하이드 파크 배럭 박물관 Hyde Park Barracks Museum

식민지 역사의 호주를 단적으로 이해할 수 있는 곳이다. 1819년에 유형수들을 수용할 목적으로 세워진 하이드 파크 배럭은 감옥과는 또 다른 의미의 유형소. 주립음악 학교를 설계한 죄수 출신 건축가 프란시스 그린웨이가 설계했으며, 당시에는 죄수 막사와 법정 등으로 사용되었다. 지금도 3층 건물의 외벽이 그대로 보존되어 있으며, 내부에는 식민지 시대부터 현대까지 병영의 역사가 전시되어 있다. 특히 건물 안에 걸려 있는 설계자 프란시스 그린웨이의 초상화가 인상적이다. 건물 바깥에는 노천카페가 있어서 약간 썰렁한 분위기를 완화해준다.

📍 Queens Square, Macquarie St. 🕐 10:00~17:00 ❌ 굿 프라이데이, 크리스마스
💲 무료(온라인 예약 권장) 📱 8239-2311 🏠 www.sydneylivingmuseums.com.au/hyde-park-barracks-museum

16

세인트 마리 대성당 St Mary's Cathedral

칼리지 스트리트 College St.를 사이에 두고 하이드 파크와 마주 보고 있다. 1822년 파리의 노트르담 사원을 본떠 설계되었으며, 그 뒤 두 차례의 화재를 겪으면서 현재의 고딕 양식으로 완성된 것은 100년이 더 지난 1928년의 일이다.

화려한 외관과 더불어 내부에는 유다를 제외한 예수 제자들의 얼굴이 조각된 기둥, 성서의 내용이 형상화된 우아한 스테인드글라스가 어우러져 격조를 자아낸다. 시드니 여성들 사이에서는 결혼식 장소로 가장 선호하는 곳이기도 하며, 미사가 없는 시간에는 관광객들에게도 내부를 공개한다. 가로로 긴 건물에 높이 솟은 첨탑 때문에 카메라 프레임에 성당의 모습을 다 넣기는 쉽지 않은데, 하이드 파크의 아치볼드 분수 앞에서 성당을 배경으로 찍으면 완벽한 인증샷 완성!

📍 St Marys Rd. 🚶 트레인 St James 역 하차, 도보 2분 🕐 06:30~18:30
💲 9220-0400 🏠 www.stmaryscathedral.org.au

오스트레일리안 뮤지엄 Australian Museum

일반적인 역사·문화 박물관과는 달리 이곳은 주로 동식물·광물에 대한 자료를 전시하는 일종의 자연사 박물관이다. 이름처럼 호주를 대표하는 박물관답게 이 분야에 관한 한 타의 추종을 불허하는 방대한 자료를 보유하고 있다. 호주의 독특한 자연과 자원·환경 등에 관심이 있는 사람이라면 반드시 들러야 할 곳.

1827년에 설립되어 200년 가까이 유지되고 있는 건물로는 보이지 않을 만큼 모던하면서도 합리적인 공간 구성이 돋보인다. 1층은 호주의 동물과 공룡, 2층은 광물, 3층은 곤충과 조류 등의 카테고리로 나누어 전시하고 있으며, 일반 전시 외에 시즌별로 바뀌는 다양한 기획 전시도 볼거리가 풍부하다. 원래는 유료 입장이었으나 최근 새단장 후 전면 무료로 개방되었다. 단, 대부분의 특별 전시는 별도의 요금이 부과된다.

📍6 College St. 🚶트레인 St James, Museum, Town Hall 역에서 각각 도보 7분 🕐10:00~17:00 ❌크리스마스 💲무료 📱9320-6000 🏠www.australianmuseum.net.au

18 타운홀 Town Hall

시청의 상징, 시계탑을 찾아주세요

지하철과 쇼핑센터, 버스 정류장, 관광안내소 등
이 밀집한 교통의 요지에 자리하고 있다. 건물 중
앙의 시계탑은 도시의 랜드마크이며, 타운홀 입
구의 계단은 시드니 최대의 만남의 장소.
빅토리아 왕조풍의 이 건물은 시드니 인근에서
생산되는 건축자재로만 지어진 것으로도 유명하
다. 그러나 1868년에 시작된 공사는 20년이 넘은
1889년에야 완성되었고, 설계자가 여덟 번이나
바뀌는 우여곡절을 겪었다. 시장실과 시의회실,
음악회를 개최할 수 있는 센테니얼홀 등으로 구
성되어 있다. 8천 개의 파이프로 만들어진 세계에
서 가장 큰 파이프 오르간도 있으며, 창마다 아름
다운 스테인드글라스 장식이 눈길을 끈다.

📍 483 George St. 📞 9265-9007

세인트 앤드류 성당 St Andrew's Cathedral

타운홀 바로 옆에는 호주 최고의 고딕양식 건축
물로 알려진 세인트 앤드류 성당 St Andrew's
Cathedral이 자리하고 있다. 외부에서 볼 때는 그
리 커 보이지 않지만, 내부로 들어가면 의외로 확
트인 공간에 스테인드글라스 장식이 볼만하다.
도심 한 가운데서 시공간을 초월한 듯 고요함을
만끽할 수 있는 곳이다. 앤드류 성당 바로 앞에는
관광안내 키오스크와 버스 정류장이 있어서 언
제나 사람들로 북적거린다.

📍 George & Bathust sts.
🏠 www.sydneycathedral.com

퀸 빅토리아 빌딩 Queen Victoria Building(QVB)

세계에서 가장 아름다운 쇼핑센터

타운홀 건너편에 있는 퀸 빅토리아 빌딩 Queen Victoria Building은 줄여서 QVB라고 부른다. 디자이너 피에르 가르뎅이 이곳을 방문하고 "세계에서 가장 아름다운 쇼핑센터"라고 격찬했을 정도로 건물 외관과 내부가 화려하다. 1898년 건물이 설립되기 전까지 이곳은 시장터였으며, 1959년 이후에는 호텔과 카지노로 사용됐다.

현재의 백화점으로 탈바꿈한 것은 말레이시아의 한 기업인이 7천5백만 달러를 투자하는 조건으로 시드니 시의회에서 99년간의 임대권을 부여받은 뒤부터. 따라서 현재 이 건물의 소유권은 시드니 시의회에, 임대권은 말레이시아 기업인에게 있다. 건물 안에는 고급 부티크와 카페·레스토랑 등 200여 개 점포가 입점해 있으며, 계단 유리창을 장식한 스테인드글라스와 건물 중앙에 매달려 있는 로열 시계는 화려함의 극치를 보여준다. 매시 정각이면 시계에서 튀어나오는 인형 퍼레이드도 이곳의 명물이다.

이 밖에 건물 앞에 세워져 있는 빅토리아 여왕의 거대한 동상, 행운을 가져다준다는 개의 동상도 눈여겨보자. 개의 이름은 이슬레이 Islay로, 여왕의 애견이었다고 한다. 건물은 비잔틴궁을 본뜬 화려한 로마네스크 양식이며, 지붕에 놓인 21개의 크고 작은 돔 장식도 인상적이다. 특별히 구입할 물건이 없더라도, 100년 넘은 엘리베이터를 타고 건물을 오르내리는 것만으로도 특별한 체험이 되는 곳.

📍 455 George St. 🕐 월~수요일, 금~토요일 09:00~18:00, 목요일 09:00~21:00, 일요일 11:00~17:00 📱 9265~6800 🏠 www.qvb.com.au

20 시드니 타워 아이 Sydney Tower Eye

한 눈에 보이는 시드니

높이 309m의 시드니 타워는 멜번의 유레카 스카이덱보다 낮지만 꽤 오랫동안 남반구에서 가장 높은 건물로 기록되었던 대표 건물이다. 맑은 날 오후에 전망대에 오르면 시드니 시가지는 물론, 멀리 태평양과 블루 마운틴까지 한눈에 들어오는 환상적인 전경을 감상할 수 있다. 보석을 뿌려놓은 듯 반짝이는 야경은 시드니 관광의 백미! 타워의 꼭대기에 자리한 전망대는 모두 4개 층으로 이루어져 있다. 1·2층은 360도로 회전하는 전망 레스토랑, 3층은 커피숍, 4층은 일반 전망대로 이용된다. 전망대까지 가려면 센터 포인터 쇼핑센터의 엘리베이터를 타고 포디움 레벨 Podium Level 까지 올라간 뒤, 매표소에서 표를 끊고 다시 고속 엘리베이터를 이용해야 한다. 지상층에서 맨 위층까지 소요되는 시간은 단 40초.

1981년 완공된 이 건물은 세계에서 가장 안전한 건물 중 하나로 손꼽히는데, 각각 7t에 달하는 금속 케이블 56개가 타워를 안정되게 잡아주고 있어서 지진과 강풍에도 견딜 수 있도록 설계되었다. 56개의 케이블을 한 줄로 이으면 시드니에서 앨리스 스프링스까지, 또는 시드니에서 뉴질랜드의 오클랜드까지 이을 수 있는 길이라고 한다. 매표소에서 티켓을 구입하는 것보다 인터넷 홈페이지에서 온라인 티켓을 구매하면 정상가보다 약 30% 가량 저렴하며, 마담 투쏘, 시드니 수족관, 와일드라이프 가운데 2~4개까지 선택할 수 있는 '2~4 Attraction Pass'를 구매하면 개별 티켓 요금들보다 저렴하게 구매할 수 있다.

📍 100 Market St. 🕐 09:00~21:00(마지막 입장 20:00)
💲 온라인 요금 어른 A$33, 어린이 A$25 📞 9333-9222
🏠 www.sydneytowereye.com.au

4D 시네마 4D Cinema

전망대에 오르기 전 '호주 대모험'이라는 가상 체험이 기다리고 있다. '오리엔테이션 캠프장'을 거쳐 참가자 모두 헤드폰을 끼고 호주의 신비한 역사 이야기를 듣는 '탐험 텐트', 모형과 풍경·홀로그램 등으로 구성된 '발견의 방'을 지나고, 이어서 고대 호주 원주민들의 동굴을 재현한 '가상 동굴'을 지나 '대호주 탐험 라이드'로 투어를 마치게 된다. '대호주 탐험 라이드'는 움직이는 의자에 앉아 특수효과와 서라운드 음향이 어우러진 짜릿한 가상현실을 체험하는, 스카이 투어의 하이라이트! 타워 입장 요금에는 4D 시네마 티켓도 포함되어 있다.

하이드 파크 Hyde Park

도심을 가로지르는 초록 벨트

세월을 가늠할 수 없을만큼 커다란 나무둥치가 무성한 잎을 드리우고 있는 곳. 하늘을 가릴 만큼 푸르른 나뭇잎 사이로 보이는 마천루의 풍경이 이국적이다. 시내 중심가에서 남북으로 길게 이어지는 이곳은 원래 호주 최초의 크리켓 경기가 열렸던 곳. 한때 군사훈련장이기도 했으며 경마장으로 사용되기도 했다. 런던의 하이드 파크를 그리워하는 영국 이민자들의 마음을 담아서 하이드 파크라 불리는데, 원조보다 규모는 작지만 휴식공간으로의 역할만큼은 원조 못지않다. 하이드 파크가 끝날 즈음 이어지는 도메인과 보타닉 가든은 시드니 도심을 가로지르는 초록 벨트가 되어 끝없는 싱그러움을 선사한다. 공원 북쪽에는 프랑스에서 기증한 아치볼드 분수가, 남쪽에는 호주 전몰자들의 넋을 기리기 위한 안작 메모리얼이 있다. 아르데코 양식의 안작 메모리얼은 전쟁기념관으로 쓰이고 있다.

📍 Elizabeth St. 📞 9265-9333

월드 타워 World Tower

만남의 광장

시드니 센트럴 번화가에 우뚝 솟은 지하 10층, 지상 65층의 주상복합 건물. 최근에는 메리튼 호텔이 들어서며 Meriton Suites World Tower로 정식 명칭이 바뀌었지만, 대부분의 사람들은 여전히 월드 타워라 부른다. 아파트, 호텔 등의 주거공간과 사무공간으로 출입구가 구분되어 있으며, 건물 1층과 지하에는 상가들이 밀집해 있는 월드 스퀘어가 자리 잡고 있다. 지하 1층의 푸드코트에는 점심시간마다 인근 직장인들로 북적이고, 건물 가운데 월드 스퀘어는 퇴근 후 만남의 광장으로 유명하다. 이곳의 아파트와 오피스텔에는 특히 한국 사람들이 많이 거주하는데, 이를 반영하듯 건물 주변에 한국 식당과 베이커리 등이 포진되어 있다. 건물에 입점한 레스토랑들도 대체로 좋은 평을 받고 있으니, 끼니가 고민될 때는 월드 스퀘어로 가면 실패 확률이 적다.

📍 95 Liverpool St. 🚶 트레인 Museum 역에서 하차, 도보 5분

23 패디스 마켓(헤이 마켓) Paddy's Market(Hay Market)

차이나타운의 남쪽, 토머스 스트리트와 헤이 스트리트의 코너에는 'Market City'라고 쓰인 붉은 벽돌 건물이 있다. 헤이 마켓이라고도 부르는 이곳의 건물 지하에 패디스 마켓이 있는데, 중국인들뿐 아니라 호주 현지인들도 널리 이용하는 재래시장이다.

우리나라 남대문 시장처럼 왁자한 분위기와 저렴한 물건이 지천에 널린, 진정한 의미의 도매시장이다. 오후보다는 오전이 훨씬 활기차고, 특히 과일·생선·채소 등은 다른 어떤 곳보다 저렴한 가격으로 구입할 수 있다. 1층에는 잡화·의류·액세서리점 등이 빼곡히 들어차 있고, 2층과 3층에는 푸드코트와 대형 슈퍼마켓까지 입점해 있어 입맛까지 즐거운 곳이다. 1800년에 처음 문을 열었다가 한때 폐쇄의 위기까지 맞았으나, 1988년 호주 건국 200주년과 함께 다시 활기를 띠면서 시드니의 관광명소가 되었다.

♥ 9-13 Hay St. 🚶 라이트 레일 Paddy's Market 역에서 하차 🕐 10:00~18:00 ☎ 9325-6200 🏠 www.paddysmarkets.com.au

24 차이나타운 China Town

전 세계 어디나 화교가 없는 곳은 찾아보기 힘들지만, 특히 호주 하고도 시드니에는 중국인이 많이 살고 있다. 19세기 중반 이후 골드러시 시대에 황금을 찾아 몰려든 중국인들이 본국으로 돌아가지 않고 정착하면서 형성되기 시작한 시드니의 차이나타운, 규모는 그리 크지 않지만 시티 한가운데의 최고 요지에 형성되었다는 사실만으로도 중국인들의 파워를 실감할 수 있다. 딕슨 스트리트의 남쪽과 북쪽을 막고 있는 붉은색 일주문 사이가 차이나타운의 주 도로이며, 보행자 전용 도로로 형성되어 언제나 사람들로 북적인다. 다소 시끄럽긴 해도 저렴한 물건을 구입하기에는 이만한 곳도 없으며, 역시 조금 지저분하긴 하지만 걸쭉하고 푸짐한 음식을 값싸게 먹기에도 이만한 곳은 없다. 금요일 밤에 열리는 차이나타운 프라이데이 나이트 마켓 Chinatown Friday Night Market에서는 도로 가운데에 길게 늘어선 포장마차에서 뿜어내는 맛있는 음식 냄새로 일대의 공기마저 자욱할 정도. 오후 4시부터 밤 11시까지 흥겨움이 계속된다.

♥ 82-84 Dixon St., Haymarket

파워하우스 뮤지엄 Power House Museum

파워하우스는 원래 시드니 트램과 개폐식 다리에 전력을 공급하기 위한 발전소 건물이었다. 외관은 별 특징이 없어 보이지만, 규모와 내용만큼은 남반구 최대를 자랑한다. 25개 섹션으로 나누어 과학·정보·기술·장식·예술·하이테크·교통·우주과학·문화 등을 주제로 다양한 전시가 이루어지고 있으며, 각 전시관에서는 힘의 원리와 동작을 직접 체험할 수 있다.

매표소를 지나면 바로 만나게 되는 교통 전시관에는 세계 일주에 사용되었던 헬리콥터가 전시되어 있고, 호주 최초의 증기기관차도 보존되어 있다. 매일 11:30과 13:30에는 무료 가이드 투어가 열리는데, 한국어 안내 자료도 있으니 티켓을 구입할 때 요청할 것. 관람을 마치고 나오면 아이들을 위한 놀이터와 컨테이너를 활용한 모던한 인테리어의 레스토랑이 나온다. 조금만 자세히 들여다보면, 작은 것 하나에도 파워하우스다운 콘셉트를 적용하고 있다는 것을 알 수 있다. 오래된 공장 건물의 놀라운 변신이다.

라이트 레일 Power House Museum 역에서 하차하거나 헤이마켓에서 헤이 스트리트의 보행자용 다리를 건너 5분 정도 걸으면 도착한다.

◆ 2024년 2월 현재 파워하우스 뮤지엄은 업그레이드 공사로 임시 폐쇄 중

📍 500 Harris St., Ultimo　🕐 10:00~17:00　❌ 크리스마스
💲 무료　📱 9217-0111　🏠 www.powerhouse.com.au

팩토리의 바람직한 진화, 낡을수록 더 좋아!
더 그라운드 오브 알렉산드리아 & 치펜데일

◼ The Grounds of Alexandria

시드니 센트럴 남쪽, 알렉산드리아의 노후된 공장지대가 시드니 최고의 핫플레이스로 떠오르고 있다. 더 그라운드라는 이름으로 새롭게 태어난 이 일대는 시드니의 트렌드세터들과 호기심 가득한 여행자들이 트레인을 타고 일부러 찾아가는 먹거리 혹은 볼거리 명소. 특히 주말 오전의 브런치 장소로 인기 높다. 첫 인상은 붉은 벽돌과 굴뚝, 이어서 나타나는 디자이너 브랜드의 감각적인 간판들, 조금씩 발을 들여놓을수록 싱그러움 가득한 실내와 다양한 테마의 레스토랑들이 차례로 눈에 들어온다. 무심한 듯 아기자기하고, 내추럴하면서 세련된 분위기의 가드닝에 뜬금없는 돼지우리와 게임기구들까지 어우러져 잠시 어리둥절하기까지…. 관심 가는 레스토랑이나 카페에서 원하는 음식을 구입한 후, 푸드코트처럼 자유롭게 놓여있는 테이블에서 즐기면 된다. 딱히 뭐라 표현하기는 어렵지만, 그냥 그곳을 비추는 햇살과 맛있는 음식, 행복해 보이 는 사람들의 표정들이 어우러진 멋진 곳! 시드니 센트럴역에서 에어포트 방면 트레인을 타고 Green Square 역에서 하차. Bourke Rd. 방면으로 나오면 더 그라운드 알렉산드리아의 이정표가 보인다. 1km 정도 걷다보면 오른쪽에 붉은 벽돌 건물들과 입구가 나온다.

The Grounds of Alexandria
📍 2 Huntley St., Ale xandria 🕐 07:00~21:00
📱 9699-2225 🏠 www.the grounds.com.au

◼ Chippendale

사실 공장지대의 변신으로 치자면, 치펜데일이 더 원조일지 모른다. 센트럴 기차역에서 시드니공대 UTS 방면으로 십여 개의 블록을 포함하고 있는 치펜데일은 맥주공장이 있던 자리와 공장 노동자들의 숙소와 주거지들이 모여 있던 낙후된 지역이었다. 그러나 도시재생사업의 성공적인 사례로 손꼽히는 이곳은 현재 시드니에서 가장 트렌디한 장소로 탈바꿈했다. 지역사회의 자구 노력에 감각적인 예술가들의 손길이 더해지면서 '낡은 것이 가장 트렌디하다'는 새로운 인식을 만들어 낸 것이다. 마치 서울의 성수동이 도심의 낙후된 공장 지대에서 핫플레이스로 거듭나고 있는 것처럼. 치펜데일의 산 역사라 할 수 있는 올드 클레어 호텔은 '더 켄트 브루어리' 맥주 공장 건물을 그대로 사용하고 있는 부티크 호텔이 되었다. 옛스러움을 잃지 않으면서 멋스럽게 개조된 건물 1층의 퍼브는 이 동네의 밤을 즐기려는 사람들로 언제나 핫하고, 건물 뒤편 켄싱턴 스트리트의 디저트 카페 코이 Koi는 이 동네의 대표선수로 자리매김하고 있다.

달링 하버
DARLING HARBOUR

달링 하버는 낭만이 넘치는 거리다. 달링 하버라는 달콤한 이름처럼 사랑하기에 이보다 더 좋을 수는 없을 것만 같은. 이름값이라도 하듯 달링 하버의 코클 베이 Cockle Bay를 따라 젊은 연인들이 쌍쌍이 앉아 있는 모습을 볼 수 있다. 마치 작은 연못의 동심원처럼 동그랗게 도심을 파고드는 코클 베이는 이름처럼 조개 모양이기도 하고 조개를 줍던 바닷가이기도 했다. 물론 지금은 조개를 찾아볼 수 없지만. 조개를 줍던 그 바닷가에 공원·쇼핑센터·카지노·레스토랑·극장·수족관 등이 들어섰다. 옛 시절의 소박함은 사라졌지만 아름다운 야경과 현대적인 낭만은 그대로 간직한 채.

26
바랑가루 Balangaroo   떠오르는 랜드마크

예전에는 달링 하버에서 시작된 발걸음이 수족관 앞에서 돌아나왔지만, 최근에는 오히려 수족관 너머의 바랑가루를 향하는 발걸음이 늘고 있다. 킹스트리트 와프 King Street Wharf에서 시작되는 바랑가루 일대의 도시계획이 완료되면서 이곳은 센트럴 시드니에서 가장 핫한 지역이 되었기 때문. 높이 솟은 세 쌍둥이(?) 고층빌딩은 바다에서도 보이는 반짝이는 랜드마크가 되었고, 바랑가루 리저브 Balangaroo Reserve는 매년 12월 31일이면 불꽃놀이를 보기 위해 수많은 시드니사이더들이 입장료를 구입해서까지 모여드는 명소가 되었다. 또한 이곳은 시드니 식도락의 바로미터로 진화하는 중인데, 마치 커다란 화분을 겹겹이 쌓아 뒤집어 놓은 것같은 바랑가루 하우스를 비롯해서 다양한 국적의 레스토랑들이 저마다의 실력을 뽐내고 있다. '바랑가루'라는 지명은 6천 년 전 이 일대에 살았던 원주민 Eora 부족의 부족장 아내의 이름이라 전한다.

🚶 트레인 Wynyard 역에서 하차 📞 9255-1724 🏠 www.barangaroo.com

27
와일드라이프 시드니 주 Wild Life Sydney Zoo

시드니 수족관 바로 옆에 자리한 와일드라이프 시드니 주. 이
곳은 호주 야생 동물의 생태를 보여주는 환경테마파크라
할 수 있다. 사실, 시드니나 대도시에만 머물다 돌아가는 대
부분의 관광객은 아웃백이라 불리는 호주의 생태계를 경험할
기회가 그리 많지 않은데, 이런 사람들에게 이곳은 살아있는
호주의 자연을 보여주는 좋은 관광지다.

내부에 들어가면 최대한 실제 생태계와 유사한 환경을 조성
해놓았다. 코알라나 캥거루, 웜뱃 등 호주에서만 서식하는 독
특한 동물들을 볼 수 있는 것은 물론이고, 아웃백의 사막과
그레이트 배리어 리프의 바다 등을 간접 체험할 수 있다. 요금
이 조금 부담스럽기는 하지만, 인터넷으로 미리 예매하면 할
인된 요금으로 입장할 수 있으며, 시드니 수족관까지 포함된
디스커버리 콤보 티켓 Discovery Combo Ticket을 구입하면
훨씬 저렴한 요금으로 입장할 수 있다.

📍 1-5 Wheat Rd,. Darling Harbour 🕐 10:00~17:00
💲 온라인 예매 시 어른 A$38.80, 어린이 A$28.80 📱 9333-9288
🏠 www.wildlifesydney.com.au

28
마담 투쏘 시드니 Madame Tussauds Sydney

살아 숨 쉴 듯 정교한 밀랍인형들

밀랍인형 박물관은 전 세계 주요 도시에 하나쯤 있어서 그리
새로울 것도 없지만, 다른 도시들에 비해 비교적 늦은 2012년
에 오픈한 만큼 최신의 설비와 최첨단 싱크로율을 자랑한다.
특히 호주 역사의 산증인 캡틴쿡과 희대의 범죄자 네드 켈리
등의 밀랍인형은 시드니에서만 볼 수 있는 반가운 인물들. 호
주 출신의 영화배우들과 국적 불명 유명 인사들의 밀랍인형
들이 실물 사이즈로 관광객을 반긴다. 수족관, 와일드라이프
주와 입구를 나란히, 아니 거의 같이 쓰고 있다. 입장료 역시
통합티켓을 구입하면 더 저렴하고, 온라인으로 구입하면 현장
요금보다 20% 저렴하게 예매할 수 있다.

📍 1-5 Wheat Rd., Darling Harbour 🕐 10:00~18:00 ❌ 금요일
💲 온라인 예매 시 어른 A$32, 어린이 A$22.40 📱 1800-205-851
🏠 www.madametussauds.com.au

시드니 수족관 The Sydney Aquarium

니모와 도리가 사는 곳

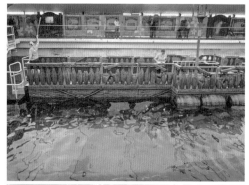

영화 〈니모를 찾아서〉의 배경이 되는 호주 앞바다를 재현한 곳. 세계에서 가장 큰 상어와 대형 가오리, 수천 종의 열대어 그리고 그레이트 배리어 리프의 화려한 산호초 등 천혜의 자연환경이 선사하는 환상적인 분위기는 오랫동안 기억에 남는다. 한때 호주에서 가장 큰 수족관이었으나, 현재는 멜번 수족관 등에 밀려서 명성이 무색해졌다. 부분 개보수를 거듭하고 있지만 연식은 어쩔 수 없는 듯.

수심 10m, 길이 145m의 수중 유리터널을 따라 움직이는 바닷속을 탐험하며, 다이버가 직접 상어에게 먹이를 주는 샤크 피딩타임 Shark Feeding Time 등은 놓치지 말아야 할 볼거리다. 인터넷 홈페이지에서 온라인 티켓을 구매하면 20% 이상 저렴하고, 입구를 나란히 하고 있는 와일드라이프 주, 마담 투쏘 박물관 등을 함께 입장할 수 있는 콤보 티켓을 구입하면 훨씬 저렴한 개별 요금이 된다. 트레인 Town Hall 또는 Wynyard 역에서 하차한 후 달링 하버 방면으로 7분 정도만 걸어가면 매표소가 나온다.

📍 1-5 Wheat Rd., Darling Harbour 🕙 10:00~18:00
💲 온라인 예매 시 어른 A$38.40, 어린이 A$28.00
📱 1800-195-650 🏠 www.visitsealife.com

피어몬트 브리지 Pyrmont Bridge

달링 하버의 포토 스폿

달링 하버의 코클 베이 일대가 공장지대였던 시절, 시내에서 공장지대까지 물류를 바로 연결하기 위해서 만든 다리. 시드니항에 배가 드나드는 데 지장이 없게 다리 일부가 열리도록 설계된 개폐교로, 1902년에 완공되었다. 일반적인 개폐교가 단순히 다리 가운데가 벌어지는 것에 비해서 피어몬트 브리지는 가운데 부분이 180도 회전하면서 열리도록 설계되었다. 총 길이 369m의 다리 중간쯤에 있는 감시탑과 바리케이드는 다리가 열릴 때 사람들의 통행을 막기 위한 일종의 안전장치. 웬만해서는 다리가 열리는 모습을 보기 힘들지만, 다리 위에서 바라보는 시드니항의 전망만큼은 언제나 볼 수 있는 장관이다.

국립 해양 박물관 Australian National Maritime Museum

호주가 섬나라였지?

피어몬트 브리지 옆에 자리한 국립 해양 박물관은 호주를 둘러싼 바다와 선박의 역사와 문화에 대해 이해할 수 있는 곳이다. 호주 연안의 어종 등을 전시하며, 옥외 전시장에는 호주의 마지막 구축함 뱀파이어호 HMAS Vampire와 러시아 잠수함 폭스트롯 Foxtrot을 전시하고 있다. 뱀파이어호는 베트남전에 참전한 호주 군함을 호위했으며, 폭스트롯은 1994년까지 사용되었던 길이 91.5m의 러시아 잠수함. 두 군데 모두 선박 안으로 들어가 볼 수 있으며, 내부의 시설을 직접 체험해볼 수 있다. 영화감독 제임스 카메론이 일생 동안 추적하고 기록한 심해 바다의 환경, 생물, 생태

에 대한 전시와 3D 영화가 포함된 '제임스 카메론 James Cameron'을 포함해서 박물관의 모든 것을 관람하고 체험할 수 있는 다양한 프로그램이 준비되어 있다. 박물관 외부로 나오면 하얀 외관의 등대가 보이는데, 꼭대기까지 올라가면 확 트인 달링 하버와 시드니 앞바다가 한눈에 들어온다. 등대 입장은 무료. 서큘러 키 5번 선착장에서 페리를 타고 피어몬트 베이 선착장에 내리거나, 라이트 레일을 타고 피어몬트 베이 역에서 내리면 정면에 입구가 보인다.

📍 2 Murray St., Darling Harbour 🕐 09:30~17:00 ❌ 크리스마스 💲 어른 A$25, 어린이 A$15 📱 9298-3777 🏠 www.sea.museum

더 스타 카지노 The Star Casino

200개의 게임 테이블과 1,500개의 슬롯머신, 2개의 대형 극장, 나이트클럽, 12개의 레스토랑과 바 그리고 호텔·수영장까지 갖춘 호주 최대 규모의 카지노 호텔. 1년 365일 쉬지 않고 영업하는 이곳은 건물 자체의 화려함과 항구가 보이는 전망이 멋지게 어우러져 시드니의 명소로 꼽히고 있다. 게임에 관심이 없는 사람도 한 번쯤 들러볼 만한 백만 불짜리 야경과 밤늦도록 먹고 마실 수 있는 자유가 있는 곳이다. '스타 시티 카지노'라는 이름에서 '더 스타'로 정식 명칭이 바뀌었지만 현지에서는 여전히 스타 시티 카지노로 통한다. 골드 코스트 더 스타 카지노, 브리즈번의 트레저리 카지노와 같은 그룹에서 운영한다. '더 스타 클럽 The Star Club'에 가입하면 세 군데 모두에서 멤버십 혜택과 할인 등을 제공받을 수 있다. 한편 카지노 안에 있는 네 군데 레스토랑은 각각 다른 맛과 분위기 그리고 서비스를 자랑한다. 이탈리안 레스토랑 알 포르토 Al Porto, 중식 레스토랑 로터스 폰드 Lotus Pond, 시푸드 레스토랑 피어몬트 Pyrmont, 그리고 카지노 호텔 꼭대기층에 자리한 전망 좋은 레스토랑 아스트랄 Astral까지. 아스트랄을 제외하고는 적당한 가격대의 캐주얼 레스토랑들이다.

📍 20-80 Pyrmont St. 📞 9777-9000 🏠 www.star.com.au

시드니 피시마켓 Sydney Fish Market

이름 그대로 수산시장이다. 시드니는 물론 뉴사우스웨일스 주에서 가장 큰 규모의 수산시장이라고 하는데, 노량진 수산시장을 생각하는 한국 사람들 눈에는 턱없이 아담한 규모다. 그러나 호주 어부들에 의해 갓 잡힌 싱싱한 해산물들의 집결지인 만큼, 신선도만큼은 어느 곳에도 뒤지지 않는다. 조개, 대게, 바닷가재는 물론이고 다양한 어종의 생선들까지 얼음 위에서 신선도를 자랑하고, 가격 또한 마트보다 훨씬 저렴해서 시드니 시민들의 단골 장터로도 손꼽힌다. 살아있는 수산물 외에도 각종 향신료와 훈제식품, 농산물까지 다양한 품목의 델리들이 즐비하고, 해산물을 바로 잡아 조리해주는 즉석 레스토랑도 곳곳에 자리하고 있다. 메뉴가 고민된다면 여러 종류의 해산물이 푸짐하게 조리되어 나오는 시푸드 플레이트 Seafood Plate를 주문하면 된다. 시티에서 라이트 레일을 타고 피시마켓 Fish Market 역에 내려 이정표를 따라 5분 정도만 걸어가면 입구가 나온다.

📍 Bank St. & Pyrmont Bridge Rd. 🕐 월~목요일 07:00~16:00, 금~일요일 07:00~17:00 ✖ 크리스마스 📞 9004-1100 🏠 www.sydneyfishmarket.com.au

달링 쿼터 Darling Quarter

거대한 공공 놀이터

달링 하버에서 ICC 방면으로 걷다보면, 조금은 소란스럽고 흥겨운 웃음소리가 발길을 재촉한다. 차이니즈 가든까지 길게 이어지는 공공 놀이터(?)의 정식 명칭은 달링 쿼터. 어른과 아이 모두 좋아할 만한 창의적인 놀이시설들이 이어지며, 곳곳에 카페와 벤치도 마련되어 있다. 이곳의 시설들은 모두 무료. 물장구치며 펌프의 원리를 배우는 물놀이터도 있고, 모래 위에서 마구 뒹굴며 모래성을 쌓을 수 있는 모래 놀이터, 그리고 거대한 미끄럼틀과 줄타기 등등. 아이들의 웃음소리에 뒤섞여 오랜만에 여행의 긴장을 내려놓고 동심으로 돌아가게 되는 공간이다. 처음에는 그야말로 아이들

을 위한 놀이터로 시작했지만, 최근에는 점점 남녀노소 모두를 위한 거대한 놀이터로 진화하고 있다. 주말이면 어김없이 펼쳐지는 이벤트와 워크숍, 하나 둘 모여드는 맛집들까지 가세해서 시드니의 새로운 어트랙션으로 자리잡고 있다. 여름밤에 펼쳐지는 어린이를 위한 야외 영화 페스티벌 'Night Owls'도 놓치지 말 것.

📍 1-25 Harbour St.　📱 8267-8200
🏠 www.darlingquarter.com

중국 정원 Chinese Garden of Friendship

오리엔탈 힐링

중국의 광저우와 호주 시드니가 자매결연을 하고 이를 기념하기 위해 만든 곳이다. 1988년에 지어졌으며, 시드니에 거주하는 부자 화교들의 기부금으로 지어졌다고 한다. 시드니 엔터테인먼트 센터와 툼발롱 공원, 달링 쿼터 등의 관광지 가운데 있는데, 주변의 북적거림과 달리 고즈넉한 분위기가 신비감마저 자아내는 곳이다. 입구에는 중국식 연못과 돌다리가 놓여 있는데, 입장료를 내고 들어가면 명나라 시대를 재현한 정원과 연못이 연결된다. 재스민 티를 마시기 좋은 찻집과 연못 위에 설치된 정자 등이 시선을 끈다. 주말에는 야외 결혼식이 열리기도 한다.

📍 Pier St., Darling Harbour　🕐 겨울 09:30~17:00, 여름 09:30 ~17:30　💲 어른 A$12, 어린이 A$8
📱 9240-8888　🏠 www.darlingharbour.com

킹스크로스
& 패딩턴
KINGS CROSS
& PADDINGTO

킹스크로스의 이미지는 어떤 시간대에 찾았는가에 따라 180도 달라진다. 만약 낮에 킹스크로스의 중심거리 달링허스트에 도착했다면 다소 의아한 기분이 들지도 모른다. "도대체 어디가 남반구 최고의 환락가란 말이야?"라며 실망할 수도 있고, 한가한 거리 모습에 한국의 어느 소도시 정도를 떠올릴지도 모른다. 그러나 어둠이 내리기 시작하면 킹스크로스의 본색(?)이 드러나게 된다. 거리는 왠지 모를 흥청거림과 어수선함을 동시에 지니고 있으며, 밤이 깊을수록 현란해지는 네온사인 아래 호객꾼과 술 취한 사람들과 마약중독자, 그리고 쉴 새 없이 오가는 순찰차. 이런 것들이 또 하나의 관광상품이 되어 밤마다 사람들을 이 거리로 끌어들이고 있다.

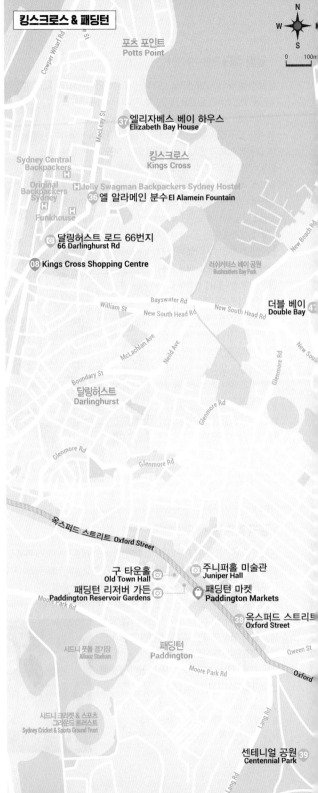

36

엘 알라메인 분수
El Alamein Fountain

뒤늦게 합류한 SEOUL

킹스크로스의 대표적인 약속장소. 피츠
로이 광장에 자리한 이 분수대는 공작이
날개를 펼친 모양으로, 제2차 세계대전
에 참전한 호주 병사들을 기념하기 위해
만들어졌다. 분수대 앞에는 이곳에서 세
계 각국의 수도에 이르는 방향과 거리를
표시해두고 있는데, 이 책의 취재 초기에
는 없었던 SEOUL 이정표가 몇 년 전부
터 세워져 있어 한국 관광객들을 미소짓
게 만든다.

📍 MacLeay St., Elizabeth Bay.
📞 9873-8500

TIP
컬처쇼크, 달링허스트 로드 66번지

이곳은 관광지가 아니다. 그러나 호주의 현재를 단적으로 보여주는 장소이니 눈도장 정도는 찍어도 좋을 것 같다. 이곳에서 하는 일은 요
주의 인물들을 데려와 건강상태를 체크한 뒤 정량의 마약을 주사하는 일. 마약중독자를 단속해도 모자랄 판에 오히려 마약을 놓아주다
니. 의아하게 생각하겠지만 이것이 호주의 현실이자, 킹스크로스의 민낯이다. 이미 마약에 중독된 사람들에게 정량의 마약을 투여함으
로써 더 이상의 중독을 피해 보자는 피치 못할 선택. 어쨌거나 지금은 이러한 정책 덕분(?)에 매년 1천 명이 넘는 생명을 구했다고 하니,
절반의 성공이라고 생각해야 하나?!

엘리자베스 베이 하우스 Elizabeth Bay House

엘리자베스 베이 하우스는 1835년에 뉴사우스웨일스 주의 통치를 위해 파견된 알렉산더 맥클리 총독과 그 가족을 위해 지어졌다. 식민지 시대에는 최고 저택으로 꼽혔으며, 당시 상류층들의 생활상을 보여주는 고급 가구와 화려한 식기·건축자재 등이 볼거리다. '식물의 낙원'으로 불리던 옛 정원은 흔적만 남아 있지만, 집 앞으로 탁 트인 엘리자베스 베이의 전망은 여전히 감탄을 금치 못할 만큼 아름답다. 응접실과 다이닝룸·조찬실·도서실까지 갖춘 저택의 화려함과 계단을 밟고 올라가야 할 정도로 높은 당시의 침대 등을 보면 처음 생각처럼 입장료가 아깝지는 않다.

문제는 찾아가기가 쉽지는 않다는 것. 맥클리 스트리트를 따라가다가 18번지를 지나자마자 좁은 골목길로 들어가야 한다. 워낙 좁은 골목이라 자칫 지나치기 쉬운데, 고맙게도 이정표가 있다. 계단을 지나면 오른쪽으로 바다와 함께 하얀 이층집이 나타난다.

📍 7 Onslow Ave. 🕐 일요일 10:00~16:00
❌ 굿 프라이데이, 크리스마스
💲 무료(온라인 사전 예약) 📱 9356-3022
🏠 www.mhnsw.au/visit-us/elizabeth-bay-house

(talk) **패딩턴에서 봐야 할 두 가지, 테라스 하우스 & 마르디 그라스**

1850년대, 호주 전역에서 금이 발견되기 시작하면서 골드러시 바람이 거세게 불기 시작했습니다. 유럽은 물론 아메리카, 멀리 중국에서까지 일확천금을 노린 이주민들이 몰려오면서 급증한 도시빈민을 수용하기 위해 호주 정부는 고민하기에 이르렀죠. 이때 낙점된 곳이 바로 패딩턴. 19세기에는 유한계급의 별장지로 각광받던 패딩턴이 졸지에 이주민을 수용하기 위한 '신주택지(?)'로 개발되기 시작했습니다. 집과 집의 간격은 좁게, 한 건물에 여러 세대가 살 수 있게. 이렇게 지어진 것이 오늘날까지 남아 있는 '테라스 하우스'의 실체랍니다. 다행히도 가난한 예술가와 문인, 거리의 악사들이 이 테라스 하우스에 하나둘 모여들면서 패딩턴은 독특하고도 낭만적인 예술의 거리가 됐습니다.

비슷한 맥락에서 패딩턴의 두 번째 볼거리가 등장합니다. 매년 패딩턴 일대에서 펼쳐지는 동성애자 축제, '마르디 그라스 Mardi Gras'입니다. 2월부터 3월 초까지 이어지는 이 축제는 옥스퍼드 스트리트의 대형 퍼레이드를 끝으로 화려하게 막을 내립니다. 영광과 시련이 동시에 스치고 간 거리, 시드니의 지나간 세월을 추억하기에는 이만한 곳도 없지만 최근에는 관광객들의 발길이 뜸해져서 안타까움을 자아냅니다.

38

옥스퍼드 스트리트 Oxford Street

동성애자들의 성지

패딩턴의 메인 도로. 매년 3월 첫째 주 토요일이 되면 이 도로는 60만 인파가 몰려드는 축제의 도가니가 된다. '마르디 그라스 Mardi Gras'라는 이름의 동성애자 축제에 참가하기 위해 전 세계에서 몰려든 게이와 레즈비언, 호모 그리고 축제를 구경하려는 인파가 한꺼번에 몰려들기 때문.
이날만큼은 동성애자들이 마음껏 자신들의 아름다움(?)을 뽐낸다. 원색적인 메이크업과 파격적인 의상, 동성애자들의 화려한 몸매가 축제의 하이라이트이자 관전의 포인트다.
평소의 옥스퍼드 스트리트는 조용하면서도 활기찬 쇼핑과 문화 특구로 불린다. 재래시장 패딩턴 마켓과 최신 유행의 인터섹션 패딩턴 The Intersection Paddington에서는 쇼핑을, 올드 타운홀 Old Town Hall과 패딩턴 레저버 가든 Paddington Reservoir Garden에서는 예술과 휴식을…, 일단 들어서면 끝없이 걷고 싶은 길이다.

39

센테니얼 공원 Centennial Park

진짜 공원

220ha의 광활한 공원 안에는 자동차 도로, 승마용 도로, 자전거 도로, 보행자 도로가 따로 놓여 있으며 공원 곳곳에 BBQ 시설과 스포츠 시설이 갖추어져 있다. 주말이면 가족 단위로 피크닉 나온 시민들의 모습이 무척 평화로워 보인다. 이곳은 1988년 1월 26일 호주 건국 100주년 기념식이 열렸던 역사적인 장소이기도 하다. 메인 게이트는 옥스퍼드 스트리트 Oxford St.에 있고, 랜드윅 Randwick과 앨리슨 로드 Alison Rd.에도 출입문이 있다. 일출에서 일몰까지 문을 연다.

시드니 동부 해안
EASTERN BEACHES

시내 관광이 웬만큼 끝났으면 슬슬 외곽으로 나가보자. 세계적으로 손꼽히는 미항답게 시드니 동부에는 크고 작은 해변들이 저마다의 경관을 뽐내며 관광객을 기다리고 있다. 가깝게는 본다이 비치를 비롯해서 멀리 맨리 비치까지, 모두 자동차로 한 시간 남짓 거리에 포진한 아름다운 해변들이다.

40

본다이 비치 Bondi Beach

서퍼들의 천국

시드니 인근 해변 가운데 가장 심한 유명세를 치르는 곳. 여름철이 되면 마치 해운대 해수욕장처럼 많은 인파가 몰린다. 수영을 즐기기보다는 파도에 몸을 맡기는 서핑이나 따끈따끈한 모래사장에서의 일광욕이 더 어울리는 이 해변은 일명 '서퍼들의 천국'으로도 불린다. '본다이'는 '바위에 부서지는 파도'라는 뜻의 원주민 언어. 이름처럼 시원스레 부서지는 파도가 서퍼들을 열광하게 한다. 서핑 보드를 끼고 걸어가는 구릿빛 피부의 남성, 과감하고도 화려한 비치 패션의 여성들, 부서지는 파도 소리에 눈과 귀가 함께 즐겁다. 해안을 따라 완만한 곡선을 그리며 형성된 캠벨 퍼레이드 Campbell Parade가 최고 번화가며, 이곳에 서핑 강습소와 레스토랑·백패커스 등이 밀집되어 있다.

📍 20-80 Pyrmont St. 📞 9777-9000 🏠 www.star.com.au

본다이 파빌리온 Bondi Pavilion

1920년대에 지어진 역사적인 건물로, 본다이 비치 한 가운데 위치하고 있다. 이곳은 본다이 비치 지역 주민들을 위한 일종의 문화센터 역할을 담당하고 있는데, 내부에 음악 스튜디오, 갤러리, 극장 등이 있어서 전시나 공연, 영화 상영, 또는 다양한 이벤트 등이 열리기도 한다. 관광객들에게는 널찍한 화장실과 여유로운 탈의실, 그리고 이 지역의 역사를 알 수 있는 디스커버리 센터 등이 요긴하게 이용된다. 건물 앞에 위치한 두 군데 레스토랑에서 해변을 바라보며 즐기는 커피 한 잔도 강추!!

📍 Queen Elizabeth Dr., Bondi Beach
📞 9083-8400
🏠 www.waverley.nsw.gov.au

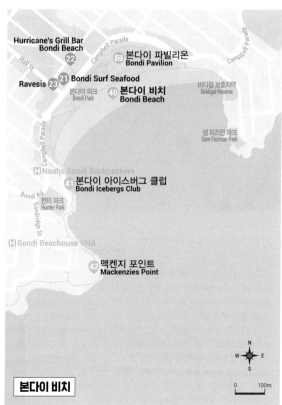

본다이 비치

41
본다이 아이스버그 클럽 Bondi Icebergs Club

우리도 그들처럼

1880년대에 지어진 오래된 건물로 본다이 비치의 명물 중한 곳이다. 부유층을 대상으로 한 사교클럽으로, 현재는 간단한 가입 절차를 거치면 누구라도 멤버십에 가입할 수 있다. 20달러의 가입비를 내면 클럽 내의 모든 시설에 출입할 수 있으며, 식음료 할인도 받을 수 있다. 이곳에서 주목할 곳으로는 바다를 향해 탁 트인 야외 수영장과 전망 좋은 레스토랑을 들 수 있다. 바다 수영이 꺼려지는 사람이라면, 본다이 아이스버그 클럽의 야외 수영장을 이용해보는 것도 좋다.

📍 1 Notts Ave., Bondi Beach 🕐 수영장 평일 06:00~18:30, 주말 06:30~18:30 ❌ 목요일 📞 9130-3120 🏠 www.icebergs.com.au

42
맥켄지 포인트 Mackenzies Point

꽤 근사한 해변 산책로

본다이 비치에서 브론테 비치로 이어지는 해안 산책로의 모서리에 위치하고 있는 전망대. 버스에서 내리자마자 해변을 바라보고 오른쪽으로 펼쳐진 노츠 애버뉴 Notts Ave를 따라 걸어가면 해안을 따라 긴 산책로가 이어진다. 수영장이 인상적인 본다이 아이스버그 클럽을 지나 산책로를 따라가면, 탁 트인 남태평양과 철썩이는 파도를 안고 세상에서 가장 근사한 산책을 즐길 수 있다. 약 15분 정도 걷다보면 해안이 꺾어지는 모서리, 전망 좋은 곳에 맥켄지 포인트가 자리 잡고 있다. 이 길을 따라 계속 걸어가면 브론테 비치, 쿠기 비치가 차례로 펼쳐진다.

TIP
본다이 비치로 가는 가장 빠른 버스

본다이 비치로 가는 가장 빠른 방법은 빨간색으로 칠해진 333번 버스를 타는 것이다. 이 노선은 서큘러 키에서 출발, 센트럴, 패딩턴, 본다이 정션을 거쳐 본다이 비치까지 운행된다. 일반 버스와의 차이점은 최소의 정거장에만 정차하므로 본다이 비치까지 최단시간에 도착할 수 있다는 것과 미리 티켓을 구입한 사람만 탈 수 있다는 점이다. 버스의 차체에 커다랗게 'Prepay Only'라고 적혀 있으며, 말 그대로 미리 요금을 지불한 사람만 승차할 수 있다는 의미다. 따라서 일반 버스처럼 운전기사가 요금을 받지 않으므로, 신문 가판대나 티켓 자동판매기 등을 통해 미리 프리페이 티켓을 구입해야만 한다. 티켓 자동판매기는 센트럴의 Wynyard 역과 Bondi Junction Interchange 두 군데에 설치되어 있다. 오팔 카드가 있으면 당연히 무사 통과!

43
더들리 페이지 보호구역
Duddley Page Reserve

애견에게 상속한 땅

더들리 페이지는 주택가들 사이에 영구적으로 남겨진 보호구역이다. 이곳이 공터로 남을 수 있었던 이유는 이 땅의 주인이었던 억만장자 부자가 자신의 애견에게 이 땅을 상속했기 때문이다. 애견 더들리(?)가 죽은 후 현재는 시에서 보호구역으로 관리 중이며, 유언에 따라 이곳에는 어떤 건물도 짓지 않고 오롯이 주민들의 휴식공간으로 남겨져 있다. 그런데, 시내에서 본다이 비치로 가는 도중 고급 주택가들 사이로 나지막하게 솟아 있는 이 언덕은 얼핏 보기에는 공터 같지만, 알고 보면 시드니에서 가장 사진 찍기 좋은 곳이다. 언덕 아래로 시드니의 아름다운 주택가가 펼쳐지고, 멀리 시드니항과 하버 브리지까지 사진 속의 배경이 되기 때문. 뒹굴고 싶은 잔디밭의 끝에 그림 같은 시드니의 풍경이 펼쳐진다. 낮 시간의 풍경도 좋지만, 해질녘과 야경이 더 아름답다. 시티에서 트레인을 타고 Bondi Junction 역까지 간 다음, 380번 버스 본다이 비치행을 타고 더들리 페이지 하차. 운전사에게 미리 말해두는 것이 좋다.

📍 Military Rd. & Lancaster Rd., Dover Heights.
📱 9083-8300

왓슨 베이 일대

45 왓슨 베이
Watsons Bay

갭 블러프
Gap Bluff

Doyles on the Beach 25

Watsons Bay Boutique ⓗ

로버슨 파크
Robertson Park

44 갭 파크
Gap Park

Old South Head 길

바틀 앤 글라스 포인트
Bottle And Glass Point

홉타운 Ave
Hopetoun Ave

던바 헤드
Dunbar Head

닐슨 파크
Nielsen Park

파슬리 베이 리저브
Parsley Bay Reserve

맥쿼리 등대
Macquarie Lighthouse

뱅클루즈 Rd
Vaucluse Rd

웬트워스 Rd
Wentworth Rd

피츠윌리엄 Rd
Fitzwilliam Rd

보클루즈
Vaucluse

호퍼 Ave
Hopper Ave

New South Head Rd

Old South Head Rd

24 Catalina Restaurant

47 더블 베이
Double Bay

46 로즈 베이
Rose Bay

43 더들리 페이지 보호구역
Duddley Page Reserve

갭 파크 Gap Park

왓슨 베이에서 로버슨 공원을 지나 동쪽 언덕을 오르면 시드니 내셔널파크 Sydney National Park라는 이정표와 함께 갭 파크로 향하는 길이 나 있다. 사우스 헤드 산책로와도 맞닿아 있는 이곳은 한때 대포가 설치되어 있던 군사 요충지. 100m 높이의 까마득한 단애절벽에 거센 파도가 부서져 하얀 거품을 일으키는 모습이 장관이다. 태즈만해의 푸른 파도가 넘실거리고, 굽이진 절벽은 파도에 휩쓸려 겹겹이 세월의 흔적으로 남아 있다. 식민지 시대에 고된 노동에 시달리던 이들이 고향에 대한 그리움을 달래려 이곳을 찾았다가 스스로 목숨을 던져 '자살 명소가 되기도 했으며, 영화 〈빠삐용〉에서 주인공이 몸을 던졌던 마지막 촬영지와 유사한 것으로 유명하다.

📍 Gap Rd., Watsons Bay 📞 9391-7000

왓슨 베이 Watsons Bay

왓슨 베이는 손가락처럼 솟아 있는 동부 해안의 맨 끝에 자리하고 있다. 맨리의 노스 헤드 North Head와는 바다를 사이에 두고 마주보고 있으며, 일명 사우스 헤드 South Head라고 불린다. 왓슨 베이의 북쪽 캠프 코브 Camp Cove는 식민지 시대 초대 총독이었던 아서 필립이 시드니에서 첫 번째 밤을 보냈던 곳으로 유명하고, 더 위쪽에 있는 레이디 베이 Lady Bay는 누드 비치로 알려져 있다. 왓슨 베이가 조용하고 잔잔한 부둣가인데 비해, 반대쪽은 거친 파도와 단애절벽으로 이루어져 있다. 해안 절벽을 따라 형성된 산책길은 비장함마저 감돌 정도의 비경이며, 산책로 중간에는 호주에서 가장 오래된 것으로 알려져 있는 맥쿼리 등대 Macquarie Lighthouse가 있어 운치를 더한다. 왓슨 베이와 갭 파크 사이에 있는 로버슨 공원 Robertson Park에서 바라보는 시드니의 전경 또한 압권이다. 서큘러 키 4번 와프에서 Watsons Bay 행 페리를 타고 종점에서 하차한다.

맥쿼리 등대 Macquarie Lighthouse
📍 Old South Head Rd., Vaucluse 🏠 www.harbourtrust.gov.au

로버슨 공원 Robertson Park 📍 22 Military Rd., Watsons Bay

로즈 베이 Rose Bay

더블 베이에서 뉴사우스헤드 로드 New South Head Rd.를 따라 북쪽으로 10분쯤 더 올라가면 로즈 베이가 나온다. 더블 베이만큼 부촌은 아니지만 조용하고 깨끗한 풍경이 무척 따사롭게 느껴지는 해변 마을이다. 시티에서 로즈 베이까지 운행되는 버스나 연결편 트레인도 있지만, 여행자들이 로즈 베이로 가는 가장 손쉬운 방법은 페리를 이용하는 것이다. 목적지는 왓슨 베이로 정해두고, 도중에 잠깐 내려 더블 베이의 한적한 분위기를 맛보는 것이 합리적이다. 페리 선착장 바로 옆의 린 파크 Lyne Park는 골프장과 이어져 초록 융단처럼 펼쳐지고, 해질녘이면 조깅 나온 주민들의 모습이 더없이 평화로워 보인다. 서큘러 키 4번 와프에서 왓슨 베이행 페리를 타면 로즈 베이와 더블 베이에서 잠시 정차한다.

더블 베이 Double Bay

더블 베이는 시드니에서도 가장 유명한 부촌에 속한다. 해안선의 모양이 W자라고 해서 더블 베이이기도 하지만, 현지인들 사이에서는 '더블 베이=더블 페이'라고 할 만큼 높은 물가와 높은 집값의 대명사로 불린다. 주중에는 호화 요트가 잔뜩 정박해 있고, 전망 좋은 곳에 자리 잡은 저택들은 조용하기 이를 데 없다. 더블 베이의 중심 거리 녹스 스트리트 Knox St.는 유명 디자이너의 부티크와 분위기 좋은 카페들로 가득하다. 윈도쇼핑만으로 이 멋진 거리를 감상해야 한다는 것이 안타까울 뿐.

시드니 북부
NORTH OF SYDNEY

도시 깊숙이 들어와 있는 해안선은 시드니를 북부와 남부로 나누고 있다. 북부의 대표적인 관광지로는 타롱가 동물원과 맨리가 있으며, 두 군데 모두 페리로 30분이면 도달할 수 있는 거리다. 특히 맨리는 잠시 페리를 타고 왔을 뿐인데 마치 다른 도시 여행을 온 것처럼 색다른 기분을 느낄 수 있는 곳이며, 시드니 시민들의 주말 여행지로도 인기 높은 곳이다.

48

타롱가 동물원 Taronga Zoo
바다가 보이는 동물원

서큘러 키에서 출발하는 페리를 타면 정확히 12분 만에 도착한다. 시내에서 가까운 곳에 있다 보니 시드니 인근 4개의 동물원 가운데 가장 많은 관광객이 찾는다. 29만ha의 넓은 부지에 캥거루·왈라비·코알라 등의 호주 야생동물을 비롯해 사자·호랑이·코끼리 등 3천여 마리의 동물들이 모여 있다. 이벤트장에서는 양털깎기쇼도 열린다. 특히 해안선과 맞닿아 있는 이곳은 '타롱가-아름다운 물이 보이는 곳'이라는 이름처럼 아름다운 항구의 모습을 감상할 수 있어서 더욱 인상적이다. 넓은 동물원 내를 이동할 때는 케이블카의 일종인 스카이 사파리 Sky Safari를 이용하면 손쉽게 이동할 수 있다. 여름에만 운영하는 와일드 로프 Wild Ropes는 공중에 매달린 로프를 맨손으로 잡고 이동해야 하는 어드벤처 기구로, 동물원에서 흔히 맛보기 힘든 스릴감을 선사하지만 상시적으로 운영하지는 않는다. 동물원 입장료는 현장에서 구입하는 것보다 온라인 구입이 훨씬 저렴하고, 왕복 페리와 입장료를 결합한 상품을 선택하면 저렴한 요금에 이용할 수 있다. 서큘러 키 2번 와프에서 Taronga Zoo 행 페리를 이용하면 된다.

📍 Bradleys Head Rd., Mosman 🕐 9~4월 09:30~17:00, 5~8월 09:30~16:30 💲 어른 A$51 (온라인 A$45.90), 어린이 A$30(온라인 A$27) 📱 9969-2777 🏠 www.taronga.org.au

루나 파크 Runa Park

펑벌어진 마우스 게이트가 인상적인 놀이공원

공원 입구에 끔찍할 정도로 큰 얼굴의 인형이 어마어마한 입을 벌리고 있는 루나 파크. 마치 우리나라의 월미도 공원을 연상시키는 놀이공원으로, 다소 낡았지만 향수를 불러일으키는 곳이다. 시드니 북부에 있지만, 밀슨 포인트 기차역과 페리 와프가 있어서 교통도 편리하다.

놀이시설의 수준과 난이도는 온갖 첨단 놀이기구에 익숙한 한국 관광객들에게는 귀여울 정도. 시드니 하버를 운행하는 페리를 타고도 공원 입구를 볼 수 있다. 트레인이나 페리에서 내려 도보로 5분 정도만 걸으면 입구가 나온다. 오픈 시간은 대체로 11:00~23:00이지만 시즌과 요일에 따라 일찍 문을 닫기도 하니 미리 홈페이지를 통해 확인해 보는 것이 좋다. 트레인을 타고 Milsons Point 역에 내리거나, 서큘러 키에서 페리를 타고 Milsons Point에서 내린 후 약 300m 정도만 걸어가면 공원 입구가 나온다.

📍 1 Olympic Dr., Milsons Point 💲 요일에 따라 어른 A$44~75, 어린이 A$34~65
📱 9922-6644 🏠 www.lunaparksydney.com

노스 헤드 North Head

남과 북이 마주보는 절경

왓슨 베이의 사우스 헤드와 쌍벽을 이루는 맨리의 관광명소. 깎아지른 각도만 보면 사우스 헤드보다 노스 헤드가 더 스릴 있어 보인다. 전망대까지는 맨리 선착장에서 운행되는 버스를 이용하는 것이 좋고, 내려갈 때는 산책길을 따라 천천히 걸어보는 것도 괜찮다. 도중에 셀리 헤드랜드 전망대 Selly Headland Upper Lookout와 건 엠플레이스먼트 터널 Gun Emplacement Tunnels 등의 볼거리가 있다.

📍 Fairfax Track, Manly 🚶 위맨리 선착장 왼쪽 웨스트 에스플러네이드 West Esplanade B 버스정류장에서 135번 버스 이용.
📱 1300-072-757 🏠 www.nationalparks.nsw.gov.au

51 맨리 미술관과 박물관 Manly Art Gallery & Museum

페리 선착장을 나오자마자 왼쪽으로 펼쳐진 해안 도
로를 따라 5분 정도 걸어가면 아담한 규모의 미술관&
박물관 건물을 만날 수 있다. 1930년에 개관한 이곳은
맨리 시티 카운슬 소속의 부속기관으로, 뉴사우스웨일
스 주에서는 처음으로 문을 연 지역 미술관으로 알려
져 있다.

맨리의 역사와 주변 환경을 보여주는 사진과 수영복의
역사를 보여주는 컬렉션, 각종 도자기 작품, 그리고 근
현대 화가의 미술작품까지 자잘한 주제의 아기자기한
전시가 주를 이룬다. 입구에 있는 뮤지엄숍에서는 선
물이 될 만한 엽서나 기념품 등을 판매한다. 바다 쪽으
로 난 뮤지엄 카페에서는 향기 좋은 커피를 마시거나
독서 삼매경에 빠지기 좋다.

📍 West Esplanade, Manly 🕐 화~일요일 10:00~17:00
❌ 월요일 💲 무료 📱 8495-5036
🏠 www.northernbeaches.nsw.gov.au

52 더 코르소 The Corso

맨리의 메인 스트리트

맨리의 최고 번화가. 선착장을 나오면 버스 정류장이
보이고 그 맞은편에서 맨리 비치까지 더 코르소가 이
어진다. 거리를 따라 대형 슈퍼마켓, 쇼핑센터, 부티크,
레스토랑, 숙소 등이 늘어서 있고 곳곳에 놀이터와 쉼
터, 벤치가 마련되어 있으며 거리
전체에 조형물들이 적절히 배치
되어 있다. 해변 가까이 가면 원형
의 공연장이 나오는데, 이곳에서
날마다 흥겨운 거리공연이나 재
즈 페스티벌이 펼쳐진다.

맨리 비치 Manly Beach

이름처럼, 용맹스럽게 일렁이는 파도

1788년 아서 필립 제독이 처음 이 땅에 발을 디뎠을 때, 원주민들의 태도는 무척 당당하고 남자다웠다고 한다. 그 용맹스러움에 얼마나 감동을 하였으면 이 땅을 '남자답다'라는 뜻의 '맨리'라 명명했겠는가.

시드니 북부, 노스 헤드를 끼고 있는 맨리는 바다를 향해 튀어나온 반도 모양이다. 육지와 닿아 있지만 어딘지 모르게 섬 같은 느낌도 들고, 주거지인 동시에 리조트 같은 분위기를 지녔다. 현지인들 사이에서는 데이트 장소와 나들이 코스로 각광받고 있다. 선착장을 나와 맞은편의 더 코르소를 따라 15분쯤 걸어가면 해변이 나온다. 높은 파도가 쉴 새 없이 부서지는 맨리 비치는 본다이 비치와 함께 서핑의 메카로 알려졌다. 해변을 따라 늘어선 고급 호텔과 아파트, 한가롭게 오후의 햇살을 즐기는 관광객들, 잘 정비된 가로수와 휴식공간들이 멋진 조화를 이룬다. 맨리 비치에서 오른쪽으로 발길을 옮기면 둥글게 굽은 형태의 아담한 셸리 비치 Shelly Beach가 나온다. 비밀의 장소처럼 아늑한 이곳도 놓치지 말 것. 서큘러 키 1번 와프(F1)에서 페리로 30분 걸린다.

📍 N Steyne, Manly 📱 9976-1500 🏠 www.northernbeaches.nsw.gov.au

01

The Fine Food Store

인포메이션 스토어

인포메이션 센터가 있는 록스 센터 1층에 있다. 다양한 티와 커피, 고급스러운 식재료와 식기 등을 판매하는 곳으로, 커피와 티를 마실 수 있는 공간도 마련되어 있다. 샌드위치나 파스타 등의 식사도 가능하다. 이곳에서 판매되는 제품들은 이름 그대로 파인 푸드인 것처럼 보인다. 정갈하고 고급스러운 포장에, 오가닉 제품들이 대부분이다. 록스 근처를 산책하다가 커피 한 잔이 그리울 때 들러볼 만하다. 시드니 내에 두 군데 매장이 있으며, 이곳 외에 시드니 서쪽 로젤 Rozelle이라는 곳에도 매장이 있다.

📍 The Rocks Centre, Cnr Mill Lane & Kendall Lane, The Rocks
🕐 월~토요일 7:00~16:00 일요일 7:30~16:00 📱 9252-1196
🏠 www.finefoodstore.com

02

Australian Wine Centre

국제배송 가능한 와인숍

호주산 와인을 전문으로 다루는 와인숍. 30년이 넘는 세월 동안 한 자리를 지키며 점점 내실을 더해가고 있다. 매장에는 1,200종의 와인이 진열되어 있으며, 다양한 호주 와인을 직접 테이스팅 할 수 있고, 홈페이지에서는 더 많은 와인들에 대한 정보를 얻을 수 있다. 전 세계 어느 곳이나 택배로 보낼 수 있고, 시드니 시내의 호텔과 크루즈까지는 무료 배달도 가능하다. 여권과 항공권을 가져가면 면세 가격으로 구입할 수 있다.

📍 42 Pitt St., Circular Quay 🕐 화~토요일 09:30~20:00, 일~월요일 10:00~19:00 📱 9247-2755 🏠 www.australian winecentre.com

03

T Galleria by DFS

고급진 면세 백화점

록스 광장의 초입에 있어서 오며가며 눈에 띄는 외관의 백화점. 4개 층으로 이루어진 시드니의 면세 백화점 갤러리아는 층마다 화장품·패션·와인·액세서리 등 다양한 제품의 브랜드 매장이 입점해 있다. 여행사나 항공사, 투어 회사 등에서 발급하는 할인 쿠폰을 활용하면 정상가에서 10~20%까지 저렴하게 구입할 수 있다.

📍 155 Gorge St., Rocks 🕐 11:00~20:00 📱 8243-8666
🏠 www.dfs.com/en/sydney

Dymocks Sydney

호주의 교보문고

창업주 월터 디목 Walter Dymock의 이름을 딴 호주 최대 규모의 서점. 어느 도시를 가나 손쉽게 볼 수 있으며 시드니 내에도 여러 개의 매장이 있다. 그중에서도 조지 스트리트의 디목스 시드니는 호텔 건물 전체를 서점으로 개조한, 디목스 본점에 해당한다. 우리나라 대형 서점에서 팬시 용품을 판매하듯이, 디목스 역시 서적 외에 다양한 상품을 판매한다.

♥ 424-430 George St. ⏱ 월~수·금요일 09:00~19:00, 목요일 09:00~21:00, 토요일 09:30~18:00, 일요일 10:00~18:00
☎ 9235-0155 🏠 www.dymocks.com.au

Title Barangaroo

이토록 멋진 서점!

레스토랑이 많은 바랑가루에서 눈에 띄는 서점 겸 레코드 가게 겸 영화 포스트숍. 천정까지 닿을 듯 높은 책꽂이가 있는 서점을 생각했다면 적지 않게 놀랄만한 인테리어다. 노출 콘크리트 아래 벽면은 감각적인 영화 포스터들이 무심한 듯 채우고, 모던한 조명 아래 나즈막한 서가에는 책과 음반 등이 장르별로 잘 정리되어 있다. 'TITLE is not about what's new. it's about what's good.'이라는 캐츠프레이즈처럼, 새로운 것이 아니라 좋은 것에 대한 심미안이 커지는 반가운 곳이다.

♥ 400 Barangaroo Ave., Barangaroo ⏱ 월~금요일 09:00~19:00, 토요일 10:00~17:00, 일요일 11:00~16:00
☎ 9262-4404 🏠 www.barangaroo.com/shop/title

Harbour Side Shopping Centre

달링 하버의 낭만

달링 하버의 상징이라 할 수 있는 대형 쇼핑센터. 2층짜리 건물이지만 길게 이어진 내부는 꽤 알차다. 호주 야생동물 인형을 판매하는 기념품 가게와 애버리지널 아트 전문점 그리고 미식가의 천국인 Promenade Eatery까지. 특히 달링 하버를 향하고 있는 1층의 레스토랑들은 어느

곳을 들어가도 실패가 없을 만큼 고르게 맛있는 맛집들로 정평이 나있다. 밤이 되면 화려한 조명이 켜지고, 달링 하버의 낭만과 어우러져 더욱 화려하다.

♥ 231/2-10 Darling Dr. ⏱ 10:00~21:00 ☎ 8398-5700 🏠 www.harbourside.com.au

07

Kings Cross Shopping Centre

코카콜라 사인보드

킹스크로스의 상징인 코카콜라 간판을 떠받치고 있는 쇼핑센터 건물. 시력이 마이너스인 사람도 한 눈에 찾을 만큼 큰 간판이 있는 건물이니 찾기는 당연히 쉽다.

예전에는 밀레니엄 호텔 건물로 더 많이 알려졌지만, 지금은 아파트로 개조하는 공사가 한창이다. 지하 1층에는 대형 슈퍼마켓이 있고, 1층에는 꽃집, 스포츠용품점, 미용실, 레스토랑 등이 입점해 있다.

📍 82/94 Darlinghurst Rd., Potts Point 📱 9358-6247

talk
말 통하는 곳에서 한 번에 귀국선물을 해결하고 싶다면? Rosyd International

개인적인 경험이지만, 늘 여행 끄트머리에 이 사람 저 사람 얼굴이 떠오르며 마음이 급해집니다. 그제야 선물을 사기 위해 이곳저곳 기웃거리지만 마땅한 곳도 없고, 무엇보다 건강식품 따로, 공예품 따로, 양털 이불 따로…, 몇 군데 숍을 돌아다니다 지치기 십상이었죠. 환불이나 교환 등에 대한 기준도 가게마다 다르고, 영어도 속 시원히 따라주지 않고. 이런 경험 다들 있으시죠?

이럴 때 활용하기 딱 좋은 곳이 있습니다. 한국인이 운영하는 곳이어서 한국말이 통하는 건 물론이고, 한국인 취향에 맞는 다양한 상품을 갖추고 있어서 웬만한 선물들은 이곳에서 다 해결이 됩니다. 주로 패키지 여행자들이 이용하는 곳이지만, 단체 여행자들과 시간이 겹치지 않는다면 오히려 넓은 공간에서 여유있게 쇼핑을 즐길 수 있답니다. 특히 이곳에서 판매하는 태반에센스와 아토피 크림류는 호주 정부가 인증하는 제품들로, 자신있게 추천할 만합니다. 기내 면세품으로도 구입할 수 있는 이 제품들을 로시드에서는 면세가격 보다 저렴하게 판매하니까요. 여행자라면 누구나 한번쯤 가게 되는 달링 하버에 있으니, 그날은 아예 쇼핑데이로 정하고 시간을 비워두세요~.

로시드 인터내셔널 Rosyd International
📍 95-101 Sussex St. 📱 9299-1915
🏠 www.rosyds.com.au

록스 & 서큘러 키

01
Pancakes on the Rocks

팬케이크에 무슨 짓을 한거야?

1975년 문을 연 40년 전통을 자랑하는 팬케이크 집. 팬케이크 하나 먹자고 문을 열자마자 계단에 줄을 서는 사람들을 보며 발걸음을 돌리기 일쑤였지만, 직접 맛을 보고나니 줄 선 시간이 아깝지 않을 정도다. 팬케이크의 종류만 12종이 넘고, 피자와 스테이크, 립, 샐러드까지 꽤 다양하고 특이한 메뉴가 많다. 그러나 어렵게 팬케이크 온 더 록스에 입성했다면 꼭 팬케이크 메뉴를 맛볼 것을 권한다. 선택장애가 있다면 메뉴판에 표시된 베스트 메뉴에 도전해보는 것도 좋은 방법. 고풍스러운 외관이지만 실내로 들어서면 탁 트인 공간에 2개 층을 사용하고 있어서 쾌적하다. 인기에 힘입어 달링하버의 하버사이드 쇼핑센터 1층에도 지점이 있으나 본점만큼 붐비지는 않는다. 줄서는 걸 조금이라도 피해볼 생각이라면 달링 하버 또는 헤이마켓 쪽으로 가볼 것. 이외에도 비버리힐즈와 서퍼스 파라다이스 등 호주 동부에 총 7개의 매장이 있다.

📍 22playfair St., The Rocks 🕐 24시간
📱 9247-6371 🏠 www.pancakesontherocks.com.au

02
P'Nut Street Noodles(Wok on Inn)

광장을 점령(?)한

록스 광장의 한 모퉁이에 자리하고 있는 작은 테이크어웨이 전문점. 요리가 만들어지고 주문을 받는 내부는 서너 명이 들어서면 꽉 찰 정도로 작지만, 가게 앞의 광장이 모두 이 집 홀 같은 느낌이다. 음식을 주문하고 포장한 후 광장에 놓여 있는 테이블에 앉아 자유롭게 즐기면 된다. 중국식 볶음 우동과 말레이시아식 사테이, 그리고 태국식 똠양꿍 누들 수프까지 다양한 종류의 면 요리가 가능하고, 커리나 볶음밥 같은 밥 요리도 가능하다. 모든 메뉴는 네모 박스에 포장되고, 가격은 A$10~15 정도면 한 끼 식사로 충분하다.

📍 26 Playfair St., The Rocks
🕐 11:30~20:00 📱 9247-8554
🏠 www.pnut.com.au

03

Munich Brauhaus The Rocks

옥토버 페스티벌의 현장감

맥주 메뉴만 70종이 넘게 구비되어 있는 정통 독일식 생맥줏집. 연중 '옥토버 페스티벌'이 벌어지는 듯한 분위기다. 독일 전통의상을 입은 종업원들이 거품 가득한 생맥주를 양손 가득 들고 테이블 사이를 오가며, 낮에도 록스 광장을 오가던 사람들이 생맥주 한 잔을 시켜놓고 담소 나누는 모습이 무척 낭만적이다. 별다른 안주나 식사 없이 맥주 한 잔만 마셔도 눈치 볼 일 없어서 더더욱 좋다. Lowenbrau라는 이름으로 오랫동안 영업을 한 탓에 아직도 컵이나 인테리어 곳곳에 로고나 흔적이 남아있다.

📍 33 Playfair St., The Rocks 🕐 월~금요일 11:00~밤늦게, 토~일요일 09:00~밤늦게 📱 9247-7785
🏠 www.munichbrauhaus.com.au

04

MCA Cafe

우아한 휴식을 선사하는 미술관 카페

현대미술관 입구에 자리하고 있는 야외 카페. 미술관 뒤쪽으로 파라솔과 테이블이 놓여 있어서 한가롭게 거리를 바라보기 좋다. 특히 시드니 항에 크루즈가 들어오는 날에는 푸른 바다와 거대한 크루즈, 그리고 하버 브리지까지 한 눈에 들어오는 기가 막히는 명당이다. 풍경과 함께하는 카푸치노 맛이 일품이며 토스트, 피시앤칩스 등 간식류의 종류도 다양하다. 현대미술관을 한 바퀴 돌고 나오며 잠시 쉬어가면 완벽한 코스.

📍 4/140 George St., The Rocks 🕐 수~월요일 10:00~16:00
❌ 화요일 📱 9245-2400 🏠 www.mca.com.au

05

Rossini

흔한 관광지 맛집, But 진짜 맛집

언제나 인파로 북적이는 서큘러 키 선착장 맞은편에 있는 이탈리안 레스토랑. 진열된 음식 중에서 마음에 드는 것을 고른 뒤, 카운터에서 계산을 하고 영수증을 가져가면 음식을 담아준다. 큼직한 하드롤빵이 함께 나오니 너무 많은 양을 시키지는 말 것. 선착장을 바라보며 한가로운 식사를 즐기고 싶을 때는 메뉴판을 보고 A La Carte 메뉴를 주문해도 된다. 모든 요리에 사용되는 재료는 오로지 호주에서 생산된 것만 사용한다는 것이 1950년대에 처음 식당 문을 연 이후부터의 원칙이라고.

📍 Alfred St., Circular Quay 🕐 7:30~밤늦게 📱 9247-8026
🏠 www.rossini.com.au

Eastbank Cafe · BAR · PIZZERIA

분위기로 먹고, 맛으로 먹고

서큘러 키의 한 면을 채우고 있는 것이 페리 선착장이라면, 다른 면을 차지하고 있는 것은 레스토랑의 파라솔들이다. 이곳은 그중에서도 터줏대감격인 레스토랑으로, 시드니 하버의 전망을 즐길 수 있는 최적의 장소에 자리 잡고 있다. 이미 조리되어 뷔페처럼 유리 진열대에 놓인 음식 중에서 원하는 것을 선택할 수 있어서 메뉴 고민을 줄여준다. 이외에도 계절별로 다양한 메뉴가 개발되고 있어서 찾을 때마다 새로운 곳이다. 추천 메뉴는 식사처럼 즐길 수 있는 피시앤칩스와 골고루 맛있는 7종류의 피자.

♥ 61-69 Macquarie St., Circular Quay ⏰ 금~화요일 11:00~02:00
📱 9241-6722 🏠 www.eastbank.com.au

Barangaroo House

존재만으로 이미 인싸!

'2018 시드니 최고의 바 Bar'에 선정되면서 한번 더 주목받게 된 바랑가루 하우스. 스타 셰프 매트 모란 Matt Moran과 호주 외식업계의 큰손 솔로텔 Solotel 그룹의 이름만으로 오픈 당시 이미 화제가 되었으며, 독특한 외관으로 존재감을 뽐내고 있는 곳이다. 바랑가루가 시작되는 지점에 거대한 생명체처럼 자리잡고 있는 3층 건물에 스모크 바 Smoke Bar, 비 레스토랑 Bea Restaurant, 하우스 바 House Bar라는 이름의 레스토랑들이 각각의 콘셉트로 전층을 차지하고 있다. 식사를 하든, 차를 마시든, 술을 마시든 원하는 모든 것을 제공하겠다는 다부진 자신감이 전해진다. 달링 하버와 바랑가루를 오가며 가볍게 들러 쉬어가도 좋다.

♥ 35 Barangaroo Ave., Barangaroo ⏰ 11:00~24:00
📱 8587-5400 🏠 www.barangaroohouse.com.au

Bungarow8

바랑가루의 바람과 햇살

낮 시간에는 나른한 시선으로 오가는 사람들과 크루즈를 바라보며 잠시 휴식을 취하기 좋은 곳. 그러나 밤이 되면 분위기는 완전히 바뀌고 급기야 주말 밤에는 클럽으로 변신해버리고 만다. 다양한 해산물 요리와 샐러드가 메뉴에 올라있는데, 플레이팅과 소스에 에스닉한 맛과 느낌이 가득하다. 식사를 즐기거나 클럽문화를 즐길 목적이 아니더라도, 햇살 좋은 날 테라스 좌석에 앉아 칵테일 한 잔 놓고 멍 때리기 딱 좋은 곳이다.

♥ 3 Lime St., Barangaroo ⏰ 일~목요일 12:00~밤늦게, 금~토요일 12:00~02:00 📱 8322-2006 🏠 www.bungalow8sydney.com.au

09

Thai Foon

거부할 수 없는 타이의 향기

하버사이드 쇼핑센터에 자리한 태국 레스토랑. 입구부터 독특한 향과 분위기가 물씬 풍긴다. 시드니 시티의 야경을 바라보며 즐기는 타이 정통의 맛과 분위기가 꽤 근사하다. 간이 조금 짠 게 흠이지만, 그런대로 '정통'이라 할 만하다.

📍 Shop 328-346, Harbourside Shopping Centre, 2-10 Darling Drive ⏰ 일~목요일 11:00~22:00, 금~토요일 11:00~22:30 📞 9281-2005 🏠 www.thaifoon.com.au

10

I'm Angus Steak House

오래 사랑받는 스테이크 명소

코클 베이 와프에 있는 정통 스테이크 전문점. 오픈 키친에서 들려오는 스테이크 익는 소리와 냄새가 구미를 당긴다. 전면이 달링 하버로 향하고 있으며, 실내외가 이어지는 구조로 온종일 낭만 가득한 분위기다. 엔트리는 A$18~32, 메인 요리인 스테이크의 경우는 A$25~40 정도면 맛볼 수 있다. 결코 저렴하다고는 할 수 없지만, 눈앞에 펼쳐지는 코클 베이의 멋진 풍경과 호주 최고를 자랑하는 스테이크의 육질, 그리고 엄선된 와인 앞에서는 그리 아깝지 않은 가격이다.

📍 T. 109 Cockle Bay Wharf, Darling Harbour ⏰ 월~목요일 11:30~15:00, 17:00~22:00 금~토요일 11:30~15:00, 17:00~23:00 일요일 11:30~22:00 📞 1300-989-989 🏠 www.nicksgroup.com.au

11

Nick's Seafood Restaurant

제대로 된 해산물 요리를 원한다면

아임 앵거스 스테이크 하우스와 나란히 코클 베이 와프에 위치하고 있으며, 같은 회사에서 운영하는 다른 스타일의 레스토랑이다. 타이틀처럼 시푸드를 전문으로 하는 레스토랑으로, 신선한 해산물과 샐러드가 강추 메뉴. 모차렐라 치즈를 얹은 왕새우 버터구이 등은 우리 입맛에도 익숙한 인기 메뉴. 일행이 있다면 홍합, 주꾸미, 오징어, 조개관자 등이 여한 없이 들어있는 'Nick's Seafood Platter for Two'를 맛보는 것도 좋다.

📍 T.102 Cockle Bay Wharf, Darling Harbour ⏰ 월~목요일 11:30~15:00, 17:00~22:00 금~토요일 11:30~15:00, 17:00~23:00 일요일 11:30~22:00 📞 9264-1212 🏠 www.nicksgroup.com.au

12

Chinese Noodle Restaurant

이상하게 당기는, 중독성 강한 맛

식사시간이면 자리가 없어서 미리 주문해두고 기다려야 한다. 중국인들뿐 아니라 호주 현지인들 사이에서도 알 만한 사람은 다 아는 중국 음식점. 입구에 붙어 있는 음식 사진을 보고 번호만 선택하면 되므로 중국 음식에 대해 잘 몰라도 주문하는 데 아무런 지장이 없다. 자리가 많지는 않지만, 어쨌든 중국인 특유의 여유로 몰려드는 손님을 다 받아내는 게 신기할 정도. 단, 한 테이블에 여러 팀을 앉히는 합석도 불사한다. 맛은 먹을수록 중독이 될 만큼 확실하고 양도 푸짐하다. 개인적으로는 시드니에 도착한 첫날 반드시 가야하는 맛집이며, 강추 메뉴는 볶음우동과 튀김만두. 위생이나 서비스, 분위기를 중요시하는 사람보다는 맛과 가격이 우선인 사람들에게 만족도가 높은 곳이다.

📍 160 Thomas St., Haymarket ⏰ 10:00~22:00
📱 9281-4508

13

3 Wise Monkeys Pub

구관이 명관

조지 스트리트와 리버풀 스트리트의 코너에 있다. 오래된 건물의 입구에 세 마리의 원숭이 조각이 새겨져 있으며, 덩치 좋은 가드들이 입구를 지키고 있어서 찾기 쉽다. 시드니에서 가장 오랫동안 유명세를 치르고 있는 나이트 스폿 Night Spot으로, 해가 지기도 전에 입장을 기다리는 사람들이 길게 줄을 선다. 매일 밤 라이브 연주가 펼쳐지고, 사람들은 테이블에 맥주잔을 올려둔 채 일어서서 분위기를 즐긴다. 1층은 그나마 몇 개의 좌석이 있지만, 2층은 아예 올 스탠드업 All Standup이다. 분위기만 맛보고 싶다면 평일 4시부터 7시까지의 해피아워를 노려볼 것.

📍 555 George St. ⏰ 10:00~04:00 📱 9283-5855
🏠 www. 3wisemonkeys.com.au

14

Din Tai Fung

홍콩에서 온 딤섬의 본좌

홍콩에서 딤섬을 맛본 사람이라면 시드니에서 만나는 이곳의 간판이 무척 반가울 것이다. '세계에서 가장 맛있는 딤섬'을 표방하고 있는 이곳은 딤섬 하나로 세계인의 입맛을 사로잡은, 딤섬의 본좌 브랜드 '딘 타이 펑'이다. 우리가 알고 있는 만두는 하나이지만, 이곳에서 만나는 딤섬의 종류는 수십 가지가 넘는다. 제대로 된 딤섬을 맛보고 싶다면 추천할 만한 곳이다.

◈ World Square, 644 George St. ⏰ 일요일 11:00~14:30, 17:00~20:30 월~수요일 11:30~14:30, 17:30~21:00 목~금요일 11:30~14:30, 17:00~21:30 토요일 11:00~14:30, 17:00~21:30
📱 9261-0219 🏠 www.dintaifung.com.au

15

Arisun

맥주 당기는 한국식 치킨

시드니 센트럴에서 꽤 유명한 한국 음식점. 그러나 주 메뉴는 중식과 프라이드치킨이다. 아리산이라는 이름의 중식당을 운영하면서 동시에 선스 치킨이라는 한국식 호프도 함께 운영하는 것. 리버풀 스트리트를 따라 달링 하버로 넘어가는 고가도로 바로 직전에 위치하고 있다. 중식당 아리산에서는 한국의 중국집에서 먹던 바로 그 맛을 만날 수 있다. 자장면과 짬뽕은 물론이고 마파덮밥이나 김치볶음밥 등 메뉴도 다양하다. 시드니 시티 월드 스퀘어에도 같은 이름의 지점을 두고 있다.

◈ 차이나타운점 Shop 35/1 Dixon St.(월드 스퀘어점 99 Liverpool St.) ⏰ 11:00~00:30 📱 9264-1588

16

Seoul Ria Restaurant

오랫동안 지켜온 한결같은 맛

시내 번화가 조지 스트리트, 월드 타워 바로 맞은편에 있어서 눈에 띄는 한국 음식점. 2층에 자리하고 있지만 입소문이 나서 넓은 실내가 언제나 북적인다. 유학생이나 교민들에게는 물론, 호주 현지인들에게도 입에 맞는 한국 음식점으로 손꼽히는 곳이다. 한국 식당에서 볼 수 있는 웬만한 메뉴는 다 있고, 간혹 돈가스나 짬뽕 같은 다국적 메뉴도 눈에 띈다. 간이 조금 센 듯하지만, 반찬의 종류도 다양하고, 떨어지기가 무섭게 리필해주는 서비스는 감동이다.

◈ Level 2, 605-609 George St. ⏰ 11:00~23:00 📱 9269-0222

17

양산박 Yang San Park

진짜 맛있는 호주 갈비

차이나타운 입구와 마주 보고 있는 양산박은 시드니에서 꽤 핫한 고깃집이다. 두툼한 돼지갈비는 진심 한국의 유명 고깃집보다 맛있는 것 같다. 덧붙여 나오는 밑반찬의 구색도 다양하고 깔끔해서 사이드 디시 개념이 없는 호주에서 가격 대비 오히려 푸짐한 느낌이다. 특히 이집의 계란찜은 절로 엄지가 올라가는 비주얼과 맛으로 강추! 호주산 소고기의 진짜 맛을 보고 싶을 때도 추천할 만한 곳이다.

◈ 21/1 Dixon St. ⏰ 12:00~23:00 📱 8283-3276

Mamak

치명적인 숯불 향

말레이시아 음식 전문점. 차이나타운 입구 즈음에 길게 늘어선 줄이 보인다면 그 끝이 바로 마막의 입구다. 평일 낮에도 30분 이상의 줄은 기본. 어스름이 내리면서 줄은 차이나타운 입구까지 길게 이어진다. 체스우드와 멜번에도 지점이 있지만 시드니 시티점이 가장 인기가 좋다. 나시고랭, 니고랭 등의 대표 메뉴는 말레이시아 본토의 맛을 깔끔하게 재현하고 있으며, 숯불 위에서 꽤 오랜 시간 공들여 구워낸 꼬치구이 사테는 냄새만으로도 기절할 지경이다.

📍 15 Goulburn St. 🕐 월~목요일 11:30~14:30, 17:30~22:00 금요일 11:30~14:30, 17:30~02:00 토요일 11:30~14:00 일요일 11:30~22:00 📱 9211-1668 🏠 www.mamak.com.au

Spice Alley

맛있는 이름으로 기억되는 푸드코트

시드니에서 가장 핫한 지역으로 떠오르는 치펀데일 켄싱턴 스트리트에 위치한 아시안 푸드코트. 싱가포르, 말레이시아, 타이, 홍콩, 일본, 중국 등의 아시아 음식들이 각각의 상호를 내걸고 연결되어 있다. 내부의 코너들은 시즌에 따라 드나듦이 있지만, 이들을 대표하는 스파이스 앨리라는 이름만큼은 변함없이 맛있는 이름으로 기억되고 있다. 센트럴 기차역 근처에서 마땅히 먹을 곳을 찾을 수 없을 때는 망설이지 말고 스파이스 앨리로! 익숙한 음식들을 고르는 재미가 있다.

📍 18-20 Kensington St., Chippendale
🕐 일~수요일 11:00~21:30, 목~토요일 11:00~22:00
📱 9281-0822 🏠 www.spicealley.com.au

Koi Dessert Bar

시드니에서 가장 핫한 디저트 레스토랑

인기 TV 프로그램 〈마스터셰프 오스트레일리아〉에서 톱4까지 오르며 인기 있었던 신예 레이놀드 포에노모 Reynold Poernomo 셰프가 직접 운영하는 디저트 바. 단언컨대 최근 몇 년간 시드니에서 가장 인기있는 디저트 레스토랑 중 한 곳이다. 코이 디저트 바가 있는 센트럴파크 애비뉴는 아침부터 밤늦은 시간까지 그의 디저트를 맛보기 위한 사람들의 발길이 끊이지 않는다. 정교하고 창의적이며 다양하기까지 한 이곳의 디저트들은 눈으로 놀라고 혀끝으로 놀라게 되는 호들갑스러운 경험을 선사한다. 디저트만으로 4코스 요리를 선보이는 'Just Desserts'가 이곳의 시그니처 메뉴다.

📍 6 Central Park Ave, Chippendale 🕐 화~일요일 10:00~22:00
❌ 월요일 📱 9182-0976 🏠 www.koidessertbar.com.au

21

Bondi Surf Seafood

본다이 비치에 가는 이유

본다이 비치가 내려다보이는 캠벨 퍼레이드의 번화가에 있다. 주변 가게들보다 월등히 북적대는 손님들 때문에 찾기 쉽다. 싱싱한 해산물을 즉석에서 튀겨주는, 우리식으로 말하자면 즉석 튀김 요리 전문점. 진열대에 놓여 있는 해산물 중 원하는 재료를 선택하고 1분만 기다리면 정말 맛있는 튀김 요리를 맛볼 수 있다. 최고 인기 메뉴는 역시 피시앤칩스. 튀긴 감자와 생선이 함께 나오는 피시앤칩스 1인분이면 한 끼 식사가 해결된다. 대개는 g당 판매하지만 원하면 하나씩이 튀겨준다.

📍 128 Cambell Parade, Bondi Beach 🕐 09:00~21:30
📱 9130-4554 🏠 www.bondisurfseafood.com.au

22

Hurricane's Grill & Bar Bondi Beach

뜯어먹는 재미

서큘러 키와 달링 하버에서도 눈에 띄는 알록달록한 간판의 허리케인 그릴. 그러나 원조는 바로 이곳 본다이 비치점이다. 1995년 처음 문을 연 이후 꾸준히 자리를 지키고 있는 본점의 인기에 힘입어 서퍼스 파라다이스에까지 지점을 확장했다. 대표 메뉴는 립 Ribs으로, 소고기, 돼지고기, 양고기 중에서 선택할 수 있으며, 어떤 것을 선택하든 남다른 사이즈와 비주얼에 심장이 콩닥거린다. 무게별로 선택할 수 있는 스테이크 메뉴와 고소함이 터지는 햄버거도 추천!

📍 126-130 Roscoe St., Bondi Beach
🕐 12:00~밤늦게 📱 9130-7101
🏠 www.hurricanesgrillandbar.com.au/bondi-beach

23

Ravesis

멋진 부티크 호텔 레스토랑

캠벨 퍼레이드와 램콕 애버뉴의 코너에 자리한 호텔의 멋진 레스토랑. 해변에서의 낭만적인 식사를 원한다면 꼭 한 번 들러볼 것. 밖에서 보기에는 비쌀 듯하지만 실제로는 가성비 있는 곳이다. 커피나 칵테일 등의 음료는 A$10 내외로 즐길 수 있고, 간단한 스낵류도 부담 없이 맛볼 수 있다. 단, 해변에서 방금 걸어 나온 것 같은 복장으로는 출입할 수 없고, 최소한 스마트 캐주얼 정도는 갖추어야 한다.

📍 118 Cambell Parade, Bondi Beach 📱 9365-4422
🏠 www.hotelravesis.com

24

Catalina Restaurant

전망 좋은 레스토랑

로즈 베이 선착장 옆에 있는 카페테리아. 요트가 떠 있는 아름다운 해변에 배 모양으로 지어져 있으며, 바다를 향해 튀어나와 있어서 전망이 좋다. 분위기만큼이나 음식의 플레이팅과 맛도 뛰어나다. 특히 해산물 요리에 사용되는 소스는 이집만의 특별 비법이 있는 듯. 이곳에서 바라보는 석양은 특히 아름답다.

📍 Lyne Park, Rose Bay 🕐 월~토요일 12:00~22:00, 일요일 12:00~17:00 📱 9371-0555
🏠 www.catalinarosebay.com.au

25

Doyles on the Beach

대를 이어 맛있는 시푸드

레스토랑과 포장만 가능한 테이크어웨이 매장, 그리고 피시마켓까지 운영하는 왓슨 베이의 터줏대감. 1885년 이 부둣가에 처음 문을 열었으니 한 자리에서만 150년 가까운 역사를 자랑하고 있다. 배에서 갓 잡아온 싱싱한 해산물로 요리를 하고, 금방 튀겨낸 피시앤칩스를 판매하면서 입소문이 났다. 왓슨 베이 일대에서 가장 좋은 평가를 받는 레스토랑 중 한 곳으로, 깜짝 놀랄만큼 다양한 해산물 메뉴를 선보이며 해물을 이용한 햄버거나 스튜 등도 인기 메뉴다.

📍 11 Marine Parade, Watsons Bay 🕐 12:00~15:00, 17:30~ 21:00 📱 9337-2007
🏠 www.doyles.com.au

NEW SOUTH WALES

● Blue Mountain

신비에 휩싸인 푸른 산, 푸른 숲
블루 마운틴
BLUE MOUNTAIN

시드니 서쪽 약 100km 지점, 푸른빛의 울창한 원시림이 살아 숨 쉬는 곳. 블루 마운틴 국립공원은
퀸즐랜드 주에서 빅토리아 주까지 이어지는 산맥의 일부로, 넓이가 약 2,679㎢에 이르는 웅장한 산
악지대다. 산 전체는 유칼립투스 원시림으로 덮여 있는데, 이 나무에서 분비된 수액이 강한 태양빛
에 반사되면 주위의 대기가 푸르러 보이게 된다. 멀리서 보면 마치 산 전체가 푸른 운무에 휩싸인 것
처럼. 구름 한 점 없이 맑은 날 이곳에 올라 '블루 마운틴'의 실체를 확인해볼 것!

인포메이션 센터 Blue Mountain Visitor Information Centre
📍 76 Bathust Rd., Katoomba(Train Station 맞은편) 🕐 08:30~14:30, (Echo Point 09:00~17:00)
❌ 크리스마스 📱 1300-653-408 🏠 www.visitbluemountains.com.au

블루 마운틴 미리보기

어떻게 다니면 좋을까?

카툼바역에 도착해서 튼튼한 두 다리로 걷거나, 블루 마운틴 익스플로러 버스 Blue Mountains Explorer Bus를 이용하는 것이 가장 좋다. 걸어서 이동할 때는 기차역 맞은편의 카툼바 스트리트 Katoomba St.를 따라 20분 정도 걸어가다가 에코 포인트 또는 쓰리 시스터즈 Three Sisters 이정표를 따라 이동하면 된다. 동네가 손바닥만 해서 찾는 데 어려움은 없다.

어디서 무엇을 볼까?

블루 마운틴에 가는 가장 큰 목적은 에코 포인트에서 쓰리 시스터즈, 일명 세 자매 바위의 장엄한 자태를 감상하기 위해서다. 그다음은 세 자매 바위를 둘러싸고 있는 푸른 산을 다 각도로 탐험해보는 것. 바다처럼 넓은 원시림을 케이블카를 타고 내려다보거나, 두 발로 직접 밟아보는 부시워킹 체험이야말로 블루 마운틴을 제대로 감상하는 방법이다.

어디서 자면 좋을까?

대부분 시드니에서 출발해 오후에 돌아오는 당일치기 일정으로 블루 마운틴을 찾는다. 하지만 부시워킹이나 동굴 탐험 등을 위해서는 하루 정도 짬을 내어 이곳에 머무르는 것도 좋다.

숙소를 포함해 레스토랑·상점 등은 대부분 카툼바 기차역 맞은편의 카툼바 스트리트를 따라 자리 잡고 있다.

ACCESS

블루 마운틴 가는 방법

블루 마운틴으로 가는 방법은 크게 두 가지를 생각할 수 있다. 첫 번째는 시드니에서 출발하는 교외선 인터시티 트레인 Intercity Trains▶▶ 시드니 레일 네트워크 P.093을 이용하는 것인데, 이 방법이 가장 일반적이고 추천할 만하다.

시드니 센트럴역에서 출발하는 블루 마운틴행 트레인을 타면 카툼바역까지 정확하게 2시간이 걸린다. 시드니 CBD를 빠져나온 기차는 한가로운 도시 외곽의 풍경을 선사하며 블루 마운틴이 있는 카툼바역까지 편안하게 여행자들을 실어 나른다. 일정이 맞는다면 평일보다는 주말에 다녀올 것을 강력하게 추천하는데, 토·일·공휴일에 오팔 카드를 사용할 경우 왕복 A$8.15에 블루 마운틴을 다녀올 수 있기 때문이다.▶▶ 오팔 카드 P.096

한편, 블루 마운틴은 여행사의 패키지 프로그램이 잘 발달된 구간이기도 하다. 특히 블루 마운틴뿐 아니라 제놀란 동굴까지 볼 생각이라면 투어에 참가하는 편이 시간과 비용면에서 훨씬 경제적이다. 투어 회사별로 교통편과 점심식사, 시닉 월드 탑승료, 제놀란 동굴 입장료까지 포함된 다양한 상품을 선보이고 있으므로, 꼼꼼히 살핀 후 선택하면 된다.

인터시티 트레인 Ⓢ 시드니 센트럴역→카툼바역 편도 A$10.80(오팔 카드 A$8.99)

주요 투어 회사

· **Colourful Trips** Ⓢ A$135~ ☐ 9318-0853 🏠 www.colourfultrips.com
· **F.J. Tours** Ⓢ A$120~ ☐ 9637-4466 🏠 www.fjtours.rezdy.com
· **Last Minute Day Tours** Ⓢ A$109~ ☐ 1300-2424-88 🏠 www.lastminutedaytours.com

TIP
블루 마운틴의 빨간색 마스코트

걷는 데 자신이 없다면 익스플로러 버스에 몸을 싣고 주요 포인트마다 돌아보는 방법도 있다. 20년이 넘도록 블루 마운틴을 맴돌고 있는 이 빨간색 이층 버스는 블루 마운틴의 터줏대감. 에코 포인트, 시닉 월드, 애버리지널 컬처센터, 카툼바 폭포 등 구석구석의 볼거리를 찾아 이동한다. 한 번 구입한 티켓은 하루 동안 유효한데, 몇 번이고 승하차할 수 있어 개별 여행자들에게 적합하다. 버스 티켓을 구입하면 시닉 레일과 스카이웨이 할인 쿠폰을 주는데, 만약 못 받았다면 운전사에게 요구하면 된다. 또 블루 마운틴 내의 주요 레스토랑과 관광지에서는 익스플로러 버스 티켓을 보여주면 할인도 받을 수 있다. 매일 09:30부터 카툼바역에서 1시간마다 출발하며, 마지막 버스 도착시각은 16:30.

블루 마운틴 익스플로러 버스 📍 283 Main Street, Katoomba Ⓢ 어른 A$49, 어린이 무료 ☐ 4782-1866 🏠 www.explorerbus.com.au

❸ 워크웨이

❹ 케이블웨이

❶ 스카이웨이

시닉 월드 Scenic World

경이로운 풍경 속으로

관광산업이 활성화되기 이전 카툼바에는 석탄·혈암 채굴 등의 광산산업이 활발했었다. 시닉 월드는 이 시절 카툼바 탄광회사의 본부가 있던 곳. 카툼바 탄광회사가 문을 닫고, 그 자리를 인수해 1958년에 문을 연 시닉 월드는 시닉 스카이웨이 Skyway라는 걸출한 관광용 케이블을 개발했다. 이후 레일웨이 Railway, 케이블웨이 Cableway와 함께 블루 마운틴의 장엄함을 감상하는 가장 좋은 교통수단이 되었다. 정리하자면, 레일웨이는 광물을 실어 나르던 석탄 차를 개조한 것이고, 스카이웨이와 케이블웨이는 전망용 케이블카다.

왕복 티켓을 구입하면 대개 ❶ 스카이웨이를 타고 폭포가 있는 협곡을 건너갔다가 ❷ 레일웨이를 타고 산 아래로 내려간 후, ❸ 10분 정도 워크웨이를 따라 산책을 하고, ❹ 올라올 때는 케이블웨이를 이용하게 된다. 레일웨이는 84명의 승객을 태우고 3분 동안 가파른 경사를 따라 제미슨 계곡으로 들어가는데, 이때 경사의 각도는 52도, 절벽의 높이는 250m나 된다. 계곡에 도착하면 열대우림 가운데 놓인 워크웨이 Walkway를 따라 일찍이 경험해보지 못한 열대림 속을 통과한다. 블루 마운틴의 워크웨이는 총 2.2km로 호주에서 가장 긴 것으로 알려졌다.

한편 스카이웨이는 카툼바 폭포 Katoomba Falls를 지나 절벽 맞은편까지 이동하는 공중 케이블카로, 발아래 펼쳐지는 원시림의 물결은 말 그대로 하늘을 나는 것처럼 아찔한 스릴을 만끽하게 한다.

살짝 복잡해 보이지만, 결국 시닉 월드에는 4종류의 Way가 있으며, 무제한 이용할 수 있는 디스커버리 패스를 구입하면 스카이웨이, 레일웨이, 케이블웨이의 세 종류 탈 것과 도보로 이동하는 워크웨이를 모두 이용할 수 있게 된다. 단, 성수기와 비수기, 주말과 평일에 따라 패스 요금이 달라지니 홈페이지를 통해 해당 날짜의 요금을 미리 확인하는 것이 좋다. 시닉 월드에는 이 밖에도 블루 마운틴의 장엄함을 오디오와 비디오로 감상할 수 있는 시닉 시네마와 전망 레스토랑, 기념품점 등이 있다.

📍 Cnr. Violet St. & Cliff Dr.　🕐 09:00~17:00
💲 디스커버리 패스 어른 A\$50~61, 어린이 A\$30~36.60
📱 4780-0200　🏠 www.scenicworld.com.au

❷ 레일웨이

에코 포인트 & 세 자매 바위 Echo Point & Three Sisters

카툼바역에서 남쪽으로 20분쯤 걸어가면 확 트인 전망대가 나온다. 웅장한 산의 자태가 파노라마처럼 펼쳐지는 이곳이 바로 산을 향해 고함지르면 메아리가 되어 돌아올 것 같은 에코 포인트. 수억 년의 시간이 만들어낸 자연의 걸작은 미국의 그랜드 캐니언과 비슷하다 해서 '리틀 캐니언'이라고도 불린다. 에코 포인트에서 바라보는 세 자매 바위는 블루 마운틴을 대표하는 절경이다. '세 자매 바위 Three Sisters'라는 지명은 애버리진 전설에서 유래한 것으로, 비극적인 전설의 내용은 다음과 같다. 먼 옛날 이곳에는 마법사와 아름다운 세 딸이 살고 있었는데, 세 딸의 미모를 탐한 마왕이 그녀들을 자신의 손아귀에 넣으려고 한 데서 비극이 시작된다. 마법사는 마법을 써서 세 딸을 바위로 만들어 마왕의 손에서 벗어나게 했다. 그러나 곧 마법사는 마왕의 복수에 목숨을 잃고, 마법을 풀지 못한 세 자매는 지금까지 바위로 남아 있다는 슬프고도 황당하고도 안타까운 이야기.

산악지대인 블루 마운틴 국립공원은 연중 짙은 안개가 끼는 곳으로도 유명하다. 짙은 구름에 휩싸인 세 자매 바위가 구름 사이로 조금씩 자태를 드러낼 때면 관광객들의 탄성도 함께 터져 나온다. 에코 포인트 입구에는 블루 마운틴 국립공원 관광안내소가 있으며, 관광안내소 뒤편의 부시워킹 코스는 세 자매 바위까지 이어진다. 부시워킹을 할 계획이라면 반드시 산악 지도와 두꺼운 옷, 식수 등의 준비물을 체크해야 한다. 관광안내소에서 나눠주는 지도를 참고하여 짧게는 한 시간에서 길게는 2박3일이 넘는 코스까지, 체력과 시간에 맞는 코스를 선택하면 된다.

제놀란 동굴 지대 Jenolan Caves

카툼바에서 서남쪽으로 80km 떨어진 곳에 위치한 석회암 동굴 지대, 9개 동굴이 모여 있는 이 일대를 제놀란 동굴 지대라 부른다. 아름다운 석순과 석호를 지닌 종유동이 연

결되어 있는 것만으로도 놀라운데, 가장 많이 알려진 맘모스 동굴 외에 8개의 동굴이 차례로 이어져 있는 종유동의 내부는 지상과는 또 다른 경이로움의 세계. 이 일대는 공개된 지 100년이 넘었지만, 아직도 인간의 발이 닿지 않은 동굴도 있다고 한다. 동굴 안에는 자연보호 차원에서 개인적으로는 들어갈 수 없게 되어 있다.

제놀란 동굴 투어
💲 동굴 종류에 따라 A$42~149 📱 6359~3911
🏠 www.jenolancaves.org.au

힘이 느껴지는 산업도시

뉴캐슬
NEWCASTLE

뉴캐슬은 호주에서 여섯 번째로 큰 도시이자 뉴사우스웨일스 주에서 두 번째로 큰 도시이지만, 공업도시라는 이미지가 강해서 여행자들이 그냥 지나쳐버리기 쉽다. 하지만 와인 산지인 헌터 밸리와 포트 스티븐스로 가는 길목인 동시에 근교에는 노스 비치, 뉴캐슬 비치 등 서핑 마니아를 유혹하는 아름다운 비치들이 자리하고 있다. 한때는 '뉴사우스웨일스의 지옥'으로 불릴만큼 악명 높은 죄수들을 수감하던 형무소가 있었으며, 1989년에는 호주 역사상 유례없는 큰 지진의 아픔을 겪기도 했던 사연 많은 곳이다. 지금은 이 모든 역경을 딛고 호주 최대의 항구이자 최고의 철강 생산지로 명성을 이어가고 있다.

인포메이션 센터

Newcastle Visitor Information-Newcastle Shop ♥ 6 Workshop Way, Newcastle
🕐 화~일요일 10:00~17:00 ❌ 월요일 📱 4974- 2109 🏠 www.visitnewcastle.com.au

뉴캐슬 가는 방법

뉴캐슬은 시드니에서 2시간 거리에 있으며, 시드니와는 시티 레일 City Rail로 연결되어 있어서 거의 같은 생활권의 도시라 할 수 있다. 따라서 뉴캐슬로 가는 비행기·버스·기차를 통틀어서 가장 좋은 방법은 시드니 센트럴역에서 출발하는 인터시티 트레인 Intercity Trains을 이용하는 것. Central Coast & Newcastle Line 트레인을 타면 2시간 만에 뉴캐슬 기차역에 도착한다.

비행기를 이용할 경우, 브리즈번에서 뉴캐슬까지는 버진 오스트레일리아와 제트스타의 직항편이 1일 3회 이상 연결되고, 시드니를 제외한 멜번·애들레이드·브리즈번·퍼스·케언즈 등의 대도시에서도 뉴캐슬 공항까지 항공편을 이용할 수 있다. 뉴캐슬 공항은 시내에서 자동차로 25분 거리인 윌리엄 타운에 있으며, 공항에서 시내까지는 포트 스티븐스 코치 Port Stephens Coaches 버스를 이용하면 쉽게 갈 수 있다.

그레이하운드 버스를 이용해서도 손쉽게 갈 수 있지만 운행 횟수가 많지는 않다. 그레이하운드 버스로 시드니에서 뉴캐슬까지는 2시간 50분이 소요되며, 관광안내소 근처 Honeysuckle Dr.에 있는 버스 정류장에 정차한다.

한편 뉴캐슬 시내에서 반나절에서 하루 정도의 일정이라면 도시 내에서 굳이 교통수단을 이용할 필요는 없다. 관광안내소를 중심으로 사방 3km 이내에 볼거리가 밀집해 있으며, 번화가를 둘러본 다음 뉴캐슬 비치 Newcastle Beach와 노비스 비치 Nobbys Beach 정도를 둘러보는 데는 걷는 것만으로 충분하다.

교통 정보
· 버스 📱 4928-9800 🏠 www.newcastlebuses.info
· 기차 📱 131-500 🏠 www.transportnsw.info

TIP
뉴캐슬 동서남북

뉴캐슬의 번화가는 시빅 몰이 있는 헌터 스트리트 Hunter St.를 중심으로 오클랜드 스트리트 Auckland St., 래먼 스트리트 Laman St., 다비 스트리트 Darby St.에 둘러싸인 지대라고 할 수 있다. 사방 1km의 이 사각형 지대 안에 시청과 광장, 극장, 공원, 문화센터, 아트 갤러리 등이 모여 있으며, 헌터 스트리트 맞은편에는 기차역까지 있는 등 명실상부한 중심가다. 따라서 잠깐 뉴캐슬을 둘러볼 일정이라면, 이곳을 둘러보는 것만으로도 뉴캐슬의 절반은 봤다고 말할 수 있다. 한편 뉴캐슬 비치로 향하는 길목에 있는 헌터 스트리트 아울렛 역시 쇼핑가와 레스토랑 등이 몰려 있는 번화가다.

01 시빅 파크 Civic Park

뉴캐슬의 사랑방

시티홀 뒤쪽으로 아담하게 펼쳐지는 공원. 규모가 크지는 않지만 오래된 나무와 벤치 그리고 잘 가꿔진 꽃밭 등이 인상적이다. 시청사·극장·레스토랑 등으로 둘러싸인 시빅 몰

과 어우러져 시민들의 휴식공간이 되고 있으며 안작데이 퍼레이드나 선데이마켓 등의 지역행사가 열리는 단골 장소이기도 하다.

📍 Cnr Darby & King Sts. 📱 4974-2000
🏠 www.newcastlelive.com.au/locations/civic-park

02 뉴캐슬 아트 갤러리 Newcastle Region Art Gallery

무료이지만 알찬

시빅 파크 맞은편에 뉴캐슬 컬처센터와 나란히 자리하고 있다. 식민지 시대부터 현대까지의 호주 유명 아티스트의 작품을 소장하고 있다. 특

히 세라믹 작품에서는 최고의 컬렉션을 보유한 것으로 알려졌으며, 주로 호주와 일본 유명 작가의 작품을 전시한다.

◈ 2024년 2월 현재 뉴캐슬 아트 갤러리는 확장 프로젝트 공사 중, 2024년 하반기에 재개장 예정이다.

📍 1 Laman St., Cooks Hill 📱 4974-5100
🏠 www.nag.org.au/Home

03 뉴캐슬 박물관 Newcastle Museum

뉴캐슬의 과거와 현재

헌터 스트리트 서쪽에 자리한 이곳은 이 도시의 역사와 과학기술·환경을 잘 알게 하는 곳이다. 주요 전시 가운데 하나인 공룡전 '다이너소 얼라이브 Dinosaurs Alive'는 모형과 사진·비디오 자료 등을 활용한 입체적인 전시. 이밖에 다양한 체험 프로그램과 지속적인 학술활동 등을 통해 뉴캐슬 지역에 대한 이해를 돕고 있다.

📍 6 Workshop Way 🕐 화~일요일 10:00~17:00 ❌ 월요일, 굿 프라이데이, 크리스마스
💲 무료 📱 4974-1400 🏠 www.newcastlemuseum.com.au

04

맥쿼리 호수 Lake Macquarie

호주에서 가장 큰 호수

센트럴 코스트에서 뉴캐슬에 걸쳐 크
고 작은 연안 호수가 이어진다. 그중
에서도 레이크 맥쿼리는 시드니 하
버의 4배나 되는 110㎢ 넓이의, 호
주에서 가장 큰 염수호 Salt Water
Lagoon으로 알려져 있다. 인간의 손이
닿지 않은 원시림과 와타간 마운틴스
Watagan Mountains가 호수를 둘러
싸고 있어서 해양 스포츠와 부시워킹
을 즐길 수 있다.

레이크 맥쿼리 인포메이션 센터
📍 228~234 Pacific Hwy., Blacksmiths
🕐 월~금요일 09:00~17:00, 토·일요일·공
휴일 09:00~16:00 ❌ 굿 프라이데이, 크
리스마스 📱 4921-0740

········· TIP ·········
뉴캐슬 이스트 헤리티지 워크 Newcastle East Heritage Walk

뉴캐슬에는 문화유산으로 지정된 역사적 건
축물이 많다. 특히 시내 동쪽 일대에 모여 있
는데, 산책하는 기분으로 이 일대를 둘러보
는 코스가 관광객에게 인기가 높다. 인포메
이션 센터에서 루트가 표시된 지도를 받을
수 있다. 출발점은 길게 튀어나온 곶의 끝쪽
에 있는 노비스 등대 Nobby's Lighthouse.
먼저 노비스 로드 Nobby's Rd.를 남쪽으로
내려와서 스콧 스트리트 Scott St.를 따라서
서쪽으로 간다. 역 옆의 헌터강 방면에 서 있는 것이 우아한 커스텀 하우스 Custom House
로, 지금은 카페로 쓰이고 있다. 스콧 스트리트 남쪽으로 내려가면 옛 병영터와 세인트 필립
교회 St Philips Church(1905년), 세션 하우스 Session House(1890년)로 이어진다.
처치 스트리트 Church St. 오른쪽에는 크라이스트처치 대성당이 있다. 또 코트 하우스 앞
에서 볼튼 스트리트 Bolton St.로 들어서면 뉴캐슬에서 가장 오래된 건물인 로즈 코티지
Rose Cottage(1828년)가 나온다.
페이머스 트램 Famous Tram을 이용하면 편리한데, 45분 동안 시내 명소와 유적을 도는 유
서 깊은 관광트램이다. 일부 구간은 리노베이션 중이라 입장이 불가능한 곳도 있다.

Famous Tram 🕐 11:00(Queens Wharf에서 출발) 📱 0418-307-166
🏠 www.famous-tram.com.au

05

블랙버트 자연보호지역 Blackbutt Reserve

자연그대로의 자연보호구역

시내에서 버스로 30분 거리(85km)에 있는 180ha 규모의
자연동물 보호지역. 코알라·캥거루·에뮤 등 호주를 대표하
는 동물을 가까이서 볼 수 있다. 워킹트레일, 피크닉 지역,
BBQ 시설이 잘되어 있어 현지인들에게 가족 나들이 코스
로 인기 있다. 공원으로 이어지는 길은 버스 정류장 바로 앞
이며, 운전사에게 미리 말해두면 내려준다. 무료라서 더욱
호감이 가는 곳이지만, 렌터카를 이용하는 경우가 아니라
면 일부러 찾아가기는 쉽지 않다.

📍 Carnley Ave., Kotara 🚶 뉴캐슬 시내 중심부에서 217·316번 버
스 이용 🕐 피크닉장 07:00~19:00, 키오스크 10:00~15:00, 와일
드라이프 엑시비트 10:00~17:00 💲 무료 📱 4904-3344
🏠 www.newcastle.nsw.gov.au/Blackbutt-Reserve/Home

(talk)
맥주러버들 모여라! Newcastle Craft Beer Week

매년 3월 마지막 주가 되면 조용한 도시가 열병을 앓습니다. 전국에
서 몰려든 맥주 생산업자들과 주당들, 그리고 이때를 기다린 뉴캐
슬 시민들과 여행자들까지 합세해서 흥분의 도가니를 만들어갑니
다. 이름하여 '뉴캐슬 비어 페스타 Newcastle Beer Festa', 호주 전
역의 내로라는 수제맥주 제조업자들은 이날을 기다렸다가 신제품
을 출시하기도 하고, 퍼브마다 인심 좋은 서비스 메뉴를 선보이며,
거리마다 버스킹 선율에 낮부터 흥청이게 되지요. 2014년부터 시
작된 이 축제는 해를 거듭할수록 명성을 더해가더니, 이제는 호주
를 대표하는 맥주 페스타를 넘어서 공업도시 뉴캐슬의 이미지까지
바꿔놓은 히든카드가 되었답니다.

Newcastle Beer Festa 🏠 www.newcastlebeerfest.com.au

평온한 시간을 선사하는 휴양지

홀리데이 코스트
HOLIDAY COAST

시드니에서 센트럴 코스트를 지나 250km 지점, 여기부터 퀸즐랜드와의 주 경계까지 이르는 호주 동해안 일대를 홀리데이 코스트라고 한다. 이름 그대로 아름다움·평화로움·여유로움의 삼박자를 갖춘, 휴양지로 손색이 없는 곳이다. 연중 온화한 기후에, 육지에는 풍요로운 아열대림이, 바다에는 새하얀 해변이 끝없이 펼쳐진다.

여행자에게는 조금 낯선 지명이지만 호주 국내에서는 오래전부터 휴양지로 알려져서 고급 리조트와 허니문 스폿으로도 유명하다. 세계자연유산 그레이트 배리어 리프가 시작되는 콥스 하버 Coffs Harbour를 비롯해 양모 수출항인 포트 맥콰리 Port Macquarie, 다양한 액티비티를 즐길 수 있는 포트 스티븐스 Port Stephens 등 매력적인 도시들이 포진해 있다.

인포메이션 센터 Holiday Coast Visitors Information Centre

Port Stephens Visitors Information Centre ♥ 60 Victoria Parade, Nelson Bay ⏰ 월~토요일 09:00~17:00, 일요일 09:00~14:00 ☎ 1800-808-900 🏠 www.portstephens.org.au

Coffs Coast Visitor Information Centre ♥ 351 Pacific Hwy. ⏰ 09:00~17:00 ☎ 6648-4990
🏠 www.coffscoast.com.au

콥스 하버 가는 방법

항공편은 콴타스 항공이 시드니에서 콥스 하버까지 1일 6회 운항하고, 약 1시간 15분이 걸린다. 가장 많은 사람이 이용하는 그레이하운드 버스는 시드니와 브리즈번 구간을 오가는 도중 상하행선 각 4회씩 콥스 하버를 경유한다. 10시간 정도 소요. 버스는 퍼시픽 하이웨이에 있는 관광안내소 앞에 정차한다.

콥스 하버를 작은 도시로 생각했다면 뜻밖에 큰 도시 규모에 놀라게 될 것이다. 시티센터에서 대표적 어트랙션인 콥스 하버 제티까지 걸어가기는 약간 무리다. 대부분 숙소에서 투숙객을 위한 무료 셔틀 차량을 운행하므로 이를 이용하거나, 자전거를 이용하는 것이 가장 좋다.

포트 스티븐스 가는 방법

대부분 시드니에서 출발하는 데이 투어를 이용해서 포트 스티븐스를 찾는다. 한국 단체 관광객들의 단골 코스이기도 한 이곳은 투어가 발달한 탓인지 대중교통편이 많이 알려져 있지 않다. 자가운전을 할 때는 시드니에서 F3 Free Way를 따라 북쪽으로 200km쯤 달려야 하며, 2시간 30분 정도가 소요된다. 도중에 이정표가 없으므로 미리 지도를 잘 살펴야 그냥 지나치지 않는다. 대중교통은 시드니 센트럴역에서 출발하는 포트 스티븐스 코치 Port Stephens Coach 버스를 이용하는 것이 가장 편리하다. 매일 14:00에 출발하며, 2시간 40분 가량 소요된다.

Port Stephens Coach ♀ 15 Port Stephens Dr., Anna Bay
☎ 4982-2940 🏠 www.pscoaches.com.au

TIP
콥스 하버 vs. 포트 맥콰리

콥스 하버는 시드니에서 550km 떨어진 작은 해안도시로 내륙의 벨링겐 Bellingen과 남쪽의 남부카 헤즈 Nambucca Heads와 함께 콥스 코스트 Coffs Coast 삼각지대를 형성한다. 열대 숲의 그린 Green과 황금빛 해변의 골드 Gold, 푸른 바다의 블루 Blue로 상징되는 콥스 코스트 삼형제 중 가장 맏형이다.

인구 6만여 명의 작은 도시지만 그레이트 배리어 리프가 시작되는 곳이며, '세계자연유산' 지역으로 선정되기도 했다. 기름진 토양과 아열대성 기후는 바나나·아보카도·블루베리 등의 과일 재배에 최적의 환경이며 그중에서도 바나나 산업에서는 호주 최대의 산지로 발돋움했다.

한편 시드니 북쪽 420km 지점에 형성된 해안도시 포트 맥콰리는 도시 가운데에 헤이스팅스강이 흐르고, 시의 중심부는 강 하구에 발달해 있다. 따라서 시내 곳곳에서 만나는 헤이스팅스강의 잔잔한 물줄기가 시내 동쪽 끝에서 바다로 흘러드는 모습을 고스란히 지켜볼 수 있는 지형이다. 도시가 성립되던 초기에는 내륙에서 생산된 양모의 수출항으로 주목받았으며 그 뒤로 어업과 목재 산업, 와인 산업 등을 거쳐 최근에는 관광업이 중심 산업으로 떠오르고 있다.

콥스 하버
COFFS HARBOUR

01

빅 바나나 펀 파크 The Big Banana Fun Park

바나나로 별별 테마파크

브리즈번 방면에서 콥스 하버로 들어가는 퍼시픽 하이웨이의 초입에 커다란 바나나 조형물과 간판이 눈길을 끈다. 시내에서 북쪽으로 약 3km 떨어져 있는 이곳은 호주 최대의 바나나 산지 콥스 하버의 상징과도 같은 곳. 일종의 관광농장으로 개발되어 있어서 농장 안에서는 미니 전동차를 타고 바나나 재배현장을 둘러보게 된다.

해를 거듭할수록 규모가 커져서, 최근에는 펀 파크라는 이름의 대규모 테마파크로까지 확장되었다. 아이스링크, 미니골프장, 워터파크, 슬라이딩 시설까지 그야말로 구색만으로는 웬만한 놀이공원 못지않다. 단, 한국의 테마파크 수준을 생각하면 절대 안 된다는 사실! 어린이를 동반한 여행자라면 이 일대를 지날 때 놓치지 말아야 할 것이며, 이곳의 명물인 '초콜릿 바른 얼린 바나나' 역시 한번쯤 먹어볼 일이다.

📍 351 Pacific Hwy. 🕐 여름 09:00~17:00, 겨울 09:00~16:30 ❌ 크리스마스 💲 무료(투어 어트랙션은 유료) 📱 6652-4355 🏠 www.bigbanana.com

---

보타닉 가든
North Coast Regional Botanic Garden

콥스 하버의 일상 풍경

도심 한가운데서 열대림과 아름다운 새소리를 감상할 수 있는 곳이다. 이곳에서 꼭 경험해야 할 것 가운데 하나는 콥스 크릭 워크 Coffs Creek Walk. 도심을 휘감고 흐르는 콥스강을 따라 공원을 산책하는 기분이 무척 상쾌하다. 열대식물을 모아놓은 글라스 하우스와 넓은 피크닉 장소도 빼먹지 말자. 하이 스트리트 몰에서 항구 쪽으로 하버 드라이브 Harbour Dr.를 따라 15분쯤 걸어가면 보타닉 가든 입구가 있는 하드에이크 스트리트 Hardacre St.가 나온다.

📍 Corn. of Coff St. & Hardacre St. Coffs Harbour 🕐 09:00~ 17:00 💲 무료 📱 6648-4188 🏠 www.coffsbotanicgarden.com.au

---

제티 비치 Jetty Beach

포토제닉 포인트

시티 동쪽 끝에는 제티 비치라는 이름의 작은 해변이 나온다. 이곳에서 바라보이는 풍경은 마치 꽃게의 날카로운 집게발처럼 바다를 향해 두 개의 포인트가 튀어나와 있다. 집게 위쪽은 다리를 놓아 건너갈 수 있게 만든 머통버드 아일랜드 Muttonbird Island, 아래쪽은 코람비라 포인트 Corambirra Point. 양쪽 끝까지 걸

어가면 바다를 사이에 두고 마주 보는 꼴이 된다. 머통버드 아일랜드는 희귀 새의 일종인 머통버드 1만 2천 쌍이 사는 자연보호구역으로, 해마다 8월 말이면 필리핀 근해까지 날아갔던 새들이 다시 이 섬으로 돌아와 장관을 연출한다. 험프백 고래가 이동하는 시즌에는 돌고래떼도 볼 수 있다. 하이 스트리트 몰에서 항구 쪽으로 하버 드라이브를 따라 끝까지 걸어가면 된다. 걷는 데 자신이 없다면 자전거나 차량을 이용하는 것이 좋다.

📍 Jordan Esplanade, Coffs Harbour 📱 1300-369-070 🏠 www.coffscoast.com.au/play/jetty-beach

코로라 전망대 Korora Lookout

콥스 하버에서 북서쪽, 내륙에 위치한 코로라 일대는 나지막한 산맥과 울창한 숲이 이어지는 산악지대다. 코로라의 브룩스너 파크 Bruxner Park에 자리한 전망대는 일대를 조망할 수 있는 빼어난 경치와 전망대까지 걸어가며 만끽하는 자연의 소리와 청량감으로도 유명하다. 600미터 길이로 이어지는 굼갈리 트랙 Gumgali Track을 따라 약 25분 가량 산책하듯 걸어가면 전망대가 나온다. 렌터카로 여행 중이라면 도시 간 이동 중에 한번쯤 들러 볼 만하다.

📍 115A Bruxner Park Rd, Korora ⑤ 무료
📱 1300-655-687

포트 스티븐스
PORT STEPHENS

스톡턴 비치 모래언덕 Stockton Beach Sand Dunes

도깨비방망이처럼 튀어나온 지형의 아래쪽, 그러니까 포트 스티븐스의 남쪽에 해당하는 스톡턴 비치 Stockton Beach, 그중에서도 아나 베이 Anna Bay는 바다와 맞닿은 곳이 온통 모래언덕으로 이루어져 있다. 호주의 사막(?) 지형 중에서 가장 넓은 곳으로 알려진 이곳은 약 32km에 이르는 넓은 지역이 모래언덕이다.
4WD 차량만 들어갈 수 있어서 개별 여행자나 승용차로 온 사람들은 불가피하게 투어에 참가할 수밖에 없다. 물론 옆구리에 샌드보드를 끼고 발이 푹푹 빠지는 모래언덕을 걸어 올라가겠다면 말릴 수는 없지만.

모래언덕 꼭대기에서 샌드보드에 몸을 싣고, 까마득한 저 아래를 향해 미끄러져 내려가는 기분! 남녀노소·국적을 불문하고 모두 동심으로 돌아가게 된다. 투어 예약은 관광안내소에서 할 수 있고, 비용은 1시간 30분에 약 A$20~30. 차량의 종류, 소요시간, 시즌별로 가격이 조금씩 달라진다. 차량과 샌드보드, 가이드가 포함된 가격이다. 출발시각이 정해져 있으므로 투어 회사별로 확인하는 것이 좋다.

06
카멜 라이드 Camel Rides
모래 위를 걷는 가장 현명한 방법

모래언덕이 있는 스톡턴 비치의 비루비 포인트 Birubi Point에서는 황금빛 모래 위를 걷는 독특한 체험이 펼쳐진다. 구불구불한 낙타 등을 타고 움푹 움푹 파이는 모래 위를 출렁이며 걷는 기분, 눈앞에는 푸른 바다가 일렁이고, 운이 좋으면 멀리 솟구치는 고래떼도 볼 수 있다. 숙련된 가이드와 함께 약 20분 가량 해안을 따라 걸으며, 토요일과 일요일에는 일몰 시간에 맞춘 선셋 사파리도 가능하다. 낙타 사파리는 서호주의 북부 일부에서만 가능한 체험으로, 동부 해안에서는 흔하지 않은 기회다. 해안을 따라 조금 더 올라간 포트 맥쿼리의 Lighthouse Beach에서도 낙타 사파리가 가능하므로 일정에 맞춰 선택할 것.

투어 회사 **Oakfield Ranch** ○ Lower Carpark, James Paterson St., Anna Bay ○ 화, 목요일, 주말, 공휴일 10:00~16:00 ○ 어른 A$40, 어린이 A$30 ○ 0429-664-172 ○ www.oakfieldranch.com.au

07
돌고래와 고래 관찰 Dolphin & Whale Watching
고래를 만나다

호주 동부 해안을 따라 해마다 두 차례씩 이동하는 험프백 고래와 돌고래를 관찰하는 투어. 대규모 크루즈를 타고 30분쯤 먼 바다로 나가 고래가 이동하는 모습을 지켜본다. 험프백 고래는 겨울이 되면 따뜻한 북쪽으로 이동하고, 여름이 되면 남극을 향해 이동하는데, 매년 여름과 겨울이면 반복되는 고래의 대장정을 바로 눈앞에서 관찰할 수 있다. 가족 단위로 집단생활을 하는 험프백 고래가 무리를 지어 튀어 오르고 물을 뿜어내는 모습이 장관이다. 동부 해안의 다른 도시에서 이미 봤다면 굳이 이곳에서 볼필요는 없지만, 그렇지 않다면 한 번쯤 참가해볼 만하다.

투어 회사 **Moonshadow-TQC**
○ 4984-9388 ○ www.moon shadow-tqc.com.au

> **talk** 백패커식 난방법

땅덩어리가 넓은 호주는 도시마다 기후가 다릅니다. 1주일쯤 한 지역을 여행한다면 몰라도, 3주 이상 주 경계를 넘나들 때는 난방이 아주 중요한 문제가 되지요. 호텔이나 모텔에서 묵을 형편이 안 되는 배낭족에게 히팅은 그림의 떡. 스스로 '발열'하는 수밖에. 가장 손쉬운 방법은 낮 동안 사용하던 물통을 이용하는 겁니다. 플라스틱 물통에 더운물을 받아서 끌어안고 자면 체온이 올라갑니다.
이 정도로 안 될 때는 일단 박스 와인을 한 통(?) 마셔야 합니다. 배낭족 사이에서 흔히 '막걸리'로 통하는 3~4리터들이 와인을 혼자 마시려면 웬만한 주량의 소유자라도 일주일은 걸리고, 서넛이 마시면 다음 날 누구랑 마셨는지 기억 못 할 정도의 용량이죠. 이게 아주 튼튼해서 핫팩을 만들기에 안성맞춤. 먼저 미지근한 물을 채운 뒤 뜨거운 물을 받은 세면대에 잠시 담가두면 적당히 뜨거워집니다. 그다음엔 이불 속에 넣고 신줏단지처럼 끌어안고서 꿈나라로~.

동쪽 끝의 히든카드

바이런 베이
BYRON BAY

호주의 동쪽 끝으로 튀어나온 바이런곶의 풍경은 세상 끝에 온 듯한 비장미와 끝없이 펼쳐지는 장엄한 바다, 외로이 서 있는 등대 등으로 인해 호주의 어떤 풍경보다 오래도록 인상에 남는다. 배낭여행자들 사이에서는 진작부터 호주의 백미로 손꼽히는 이곳을 보기 위해 찾는 사람들이 해마다 늘고 있다.

1770년 이 일대를 처음 발견한 제임스 쿡 선장 일행은 부함장 '존 바이런'의 이름을 따서 '바이런 베이'라는 이름을 붙였다. 존 바이런은 시인이자 철학자로 유명한 조지 바이런의 할아버지. 물론 당시에는 시인 바이런의 존재조차 없었겠지만, 이름에 걸맞게 이 도시는 시적이고 철학적인 도시로 사람들의 기억 속에 각인되고 있다.

인포메이션 센터
Byron Visitor Centre ♀ Old Stationmaster's Cottage, 80 Jonson St. 🕒 월~토요일 09:00~17:00, 일요일 10:00~16:00 📞 6680-8558 🏠 www.visitbyronbay.com

바이런 베이 가는 방법

바이런 베이는 행정구역상 뉴사우스웨일스 주에 해당하지만, 지리적으로는 퀸즐랜드와 더 가깝다. 따라서 버스로 꼬박 13시간 이상 걸리는 시드니보다는 2~3시간이면 도착하는 브리즈번이나 골드 코스트에서 가는 게 편리하다. 대부분의 여행자는 시드니에서 시계 반대방향으로 거슬러 오는 도중에 들르거나, 반대로 골드 코스트의 다음 목적지로 바이런 베이를 찾는다.

비행기 Airplane

비행기를 이용할 경우 가장 가까운 공항은 바이런 베이에서 자동차로 약 30분 거리에 있는 발리나 Ballina 공항이지만, 대부분 조금 더 규모가 큰 골드 코스트의 쿨랑가타 공항을 이용한다. 발리나 공항에서는 바이런 이지 버스 Byron Easy Bus가 바이런 베이까지 운행되고, 쿨랑가타, 골드 코스트, 브리즈번 공항에서 바이런 베이까지도 바이런 이지 버스 하나로 해결된다.

Byron Easy Bus
📱 6685-7447 🏠 www.byronbayshuttle.com.au

버스 Bus

시드니에서 브리즈번으로 가는 모든 장거리 버스가 바이런 베이를 경유한다. 시드니에서 출발하는 그레이하운드 버스는 1일 4회 바이런 베이를 경유하고, 브리즈번과 골드 코스트에서 출발하는 버스도 1일 6회 이상 정차한다.

로컬 버스로는 바이런 이지 버스와 동일 회사에서 운영하는 바이런 이스트 버스 Byron East Bus가 브리즈번 시내와 바이런 베이를 4차례 오가며, 누사 헤드, 골드 코스트 공항까지도 하루 8회씩 운행한다. 장거리 버스터미널은 번화가인 존슨 스트리트 Jonson St.에 있으며 버스 승차장 바로 뒤쪽에는 관광안내소가 있다. 기차역까지는 걸어서 5분 거리다.

바이런 베이 시내교통

바이런 베이에서 체류하는 시간은 반나절 정도가 가장 적당하다. 물론 시간 여유가 있거나 워킹홀리데이, 서핑 등의 다른 목적이 있을 때는 며칠이고 묵어갈 수 있겠지만 여행만을 목적으로 할 경우 그 이상 시간을 보내기는 다소 지루하다. 번화가는 장거리 버스터미널이 있는 존슨 스트리트. 이 길을 알면 이 도시의 절반을 알았다고 할 수 있다. 버스터미널을 마주 보고 왼쪽으로는 기차역과 대형 쇼핑센터가 있으며, 오른쪽으로는 레스토랑과 다이브숍이 즐비하다. 백패커스를 포함한 대부분의 숙소도 존슨 스트리트의 맞은편 골목길에 흩어져 있으니 모든 길은 존슨 스트리트로 통한다고 할 만하다.

도시의 규모도 워낙 아담하지만, 시내 자체가 네모반듯하게 잘 정비되어 있어 길을 잃을 염려는 없다. 따라서 시내 안에서는 튼튼한 발 이외에 다른 교통수단은 필요하지 않다. 단, 바이런 베이에 온 진정한 목적을 이루기 위해서는 시내 동쪽에 있는 등대와 바이런곶에 가야 하는데, 이때는 자동차나 자전거가 있으면 좀 더 쉽게 갈 수 있다.

바이런곶 등대 Cape Byron Lighthouse

호주 동쪽 끝에 자리한, 남반구에서 가장 밝은 빛을 내며 호주에서 가장 큰 등대다. 등대가 세워진 연대는 1901년으로 한 세기가 넘는 세월이 흘렀건만 그 빛은 여전히 퇴색되지 않고 있다.

시내에서 로손 스트리트 Lawson St.를 따라 언덕길을 올라가면 등대에 이르는 라이트하우스 로드 Lighthouse Rd.가 나온다. 여기부터 20~30분쯤 산책로를 따라 올라가면 멀리 바이런곶의 정상에 서 있는 하얀 등대의 황홀한 자태가 눈에 들어온다. 등대가 황홀할 수 있는 이유는 등대 뒤로 펼쳐지는 광활한 남태평양과 이곳에서 느껴지는 세상 끝에 다다른 듯한 비장함 때문이 아닐까. 이곳 풍경은 뒤로 보이는 평화로운 바이런 베이와는 사뭇 대조적이다.

등대에 올랐다 내려오면 바로 옆에 자리한 등대 박물관도 반드시 들르자. 이곳에는 등대에 대한 여러 전시 자료와 함께 가장 중요한 '방문 인증 도장'이 마련되어 있다. 여러 가지 그림의 도장이 있으니 선택해서 노트 등에 찍으면 기념이 된다.

등대에서 해변에 이르는 500m의 계단을 내려가면 '호주의 동쪽 끝'이라는 기념비가 나온다. 라이트하우스 로드에 있는 캡틴쿡 전망대에서 출발하는 일주 코스는 열대숲과 바다를 조망할 수 있는 코스로, 1시간~1시간 30분 정도 소요된다.

📍 Cape Byron Walking Track 🕐 08:00~18:00

TIP
바이런 베이의 숙소

대부분의 숙소는 존슨 스트리트 맞은편 골목에 분포되어 있다. 장거리 버스터미널에서는 걸어서 10분 안에 도착할 수 있는 거리다. 손바닥만 한 도시의 규모에 비해서는 꽤 많은 백패커스가 있는데, 이는 서핑을 즐기려고 장기 투숙하는 서양 여행자들이 많기 때문. 대부분의 숙소가 깔끔하게 관리되고 있으며, 자전거나 서핑보드, 부기보드 등을 무료로 빌려준다.

메인 비치 Main Beach

시내에서 가장 가까운 해변으로, 등대로 향하는 산책로와도 닿아 있다. 존슨 스트리트를 따라 동쪽으로 끝까지 가면 바다가 나오는데, 도중에 수많은 서핑 클럽과 다이브숍을 만날 수 있다. 이곳이 바로 서핑의 메카로 불리는, 말 그대로 메인 비치이기 때문. 옆구리에 서핑보드를 낀 구릿빛 피부의 젊은이와 카누를 타고 수평선을 향해 유유히 노를 저어가는 노인의 모습이 인상적이다. 해변에는 부드러운 모래가 끝없이 펼쳐지고, 곳곳에 화장실·탈의실·벤치 등이 마련되어 있어서 피크닉을 즐기기에도 좋다. 해변에서 멀어질수록 파도가 높아지지만, 해안가는 파도가 잔잔해서 수영을 즐기기에 좋다. 일출과 일몰이 아름답기로도 유명한 곳이다.

님빈 Nimbin

바이런 베이 근교 리스모어 Lismore에서 북쪽으로 30km 떨어진 작은 마을 님빈은 1973년에 열린 아쿠아리우스 페스티벌 Aquarius Festival을 계기로 전 세계에 알려졌다. 그 뒤 'Back to the Land 흙으로 돌아가자'라는 캐치프레이즈 아래, 호주 전체를 하나로 묶는 진보적인 문화운동의 진원지가 되었다. 현재도 이런 물질문명에 대한 '대안 공동체 Alternative Communs'가 이 지역에 남아 있다.

이 작은 마을의 중심가는 컬렌 스트리트 Cullen St. 컬렌 스트리트의 님빈 박물관 Nimbin Museum과 헴프 대사관 Hemp Embassy 등이 주요 볼거리다. 님빈 박물관은 일반적인 박물관과는 완전히 다른 개념의 박물관이다. 헴프 대사관에서는 매년 5월 마르디 그라스 페스티벌 Mardi Gras Festival이 열린다.

바이런 베이에서 출발하는 데이 투어를 이용하면 님빈까지 1시간 30분이면 도착할 수 있으며, 주요 관광지와 대안 공동체를 견학할 수 있다.

REAL INTER CITY 04

귓가를 간지럽히는 '바다의 소리'

울런공
WOLLONGONG

시드니 남쪽, 여행자들에게 이 도시는 캔버라나 멜번으로 향하는 도중에 잠시 들렀다가는 바닷가 마을이지만, 조금 더 들여다보면 시드니, 뉴캐슬에 이어 뉴사우스웨일스 주에서 세 번째로 큰 도시다. 울런공이라는 이름은 원주민 말로 '바다의 소리'라는 뜻. 이름처럼 귀를 간지럽히는 파도 소리가 추억 속에 각인되는 곳이다. 시드니에서 기차를 타고 당일투어로 다녀오기도 좋다.

인포메이션 센터

iHub Visitor Information Centre ♀ 93 Crown St. ⏰ 월~금요일 09:00~17:00, 공휴일, 토~일요일 10:00~15:00 ⊗ 크리스마스, 1월1일, 굿 프라이데이 📞 4267-5910 🏠 www.visitwollongong.com.au

ACCESS
울런공 가는 방법

시드니 ⟶ 울런공

가장 좋은 방법은 시드니 센트럴역에서 출발하는 South Coast Line 기차▶▶시드니 레일 네트워크 P.093를 타는 것. 1시간 45분이면 울런공 기차역에 도착한다. 렌터카를 이용 중이라면 동부 해안을 따라 남쪽으로 이어지는 Grand Pacific Drive를 달려 볼 것을 권하다. 도로 이름 그대로, 남태평양을 바라보며 달리는 어마어마한 기쁨을 선사한다.

캔버라 ⟶ 울런공

캔버라에서 울런공까지는 자동차로 2시간30분에서 3시간 정도가 걸린다. 따라서 많은 여행자들이 시드니로 향하는 도중에 잠시 쉬어가는 곳으로 활용한다. 대중교통으로는 Murrays 버스가 매일 오후 6시에 캔버라에서 출발, 9시20분에 울런공에 도착한다. 도착해서 하루 정도 묵은 후, 오전 시간을 활용해서 도시를 둘러보는 것이 좋다.

Murrays 버스 📞 13-22-51 🏠 www.murrays.com.au

노스 비치 North Beach

울런공의 대표적인 해안이자 여유로운 울런공의 삶을 잘 보여주는 곳. 사우스 비치, 시티 비치, 노스 비치 등으로 나뉘는 울런공의 비치 가운데서도 가장 인기 있는 곳으로 꼽힌다. 노스 비치의 높은 파도는 서퍼들을 부르는 일등공신이며, 바다 수영이 두려운 사람들도 부담없이 바다를 즐길 수 있도록 수영장 '오리엔탈 풀 Oriental Pool'도 마련되어 있다. 수영장을 품고 있는 노스 비치 노보텔 호텔도 덩달아 유명세를 치르는 중. 해안도로 클리프 로드 Cliff Rd.를 따라 고급 레스토랑과 숙소 등이 즐비하다.

브레이크워터 등대와 헤드 등대
Wollongong Breakwater Lighthouse & Head Lighthouse

노스 비치의 끄트머리에 우뚝 솟은 헤드 등대와 이름 그대로 '방파제 Breakwater' 위에 세워진 귀여운(?) 브레이크워터 등대. 헤드 등대를 둘러싼 나지막하고 넓은 잔디 언덕은 산책과 사진촬영을 위한 베스트 스폿이다. 바다 쪽으로 포구를 향하고 있는 세 개의 대포도 인상적이다.

키아마 Kiama

동화 같은 해안마을

시드니에서 출발한 South Coast Line 기차를 타고 울런공을 지나 한 시간 정도 더 내려가면, 블로우홀로 유명한 작은 해안마을 키아마가 나온다. 기차역에서부터 블로우홀이 있는 블로우홀 포인트 Blowhole Point 까지 한 바퀴 돌아나오는 데 한 시간이 채 안 걸릴 정도로 작고 정다운 마을이다. 블로우홀을 보고 돌아오는 길에 마을 곳곳을 기웃거리는 것만으로 소소한 재미가 있다.

Kiama Visitor Information Centre
📍 Blowhole Point Road, Kiama 🕐 09:00~17:00 ❌ 크리스마스 📱 1300-654-262 🏠 www.kiama.com.au

블로우홀과 키아마 등대 Blowhole & Kiama Lighthouse

사람들이 이 작은 해안마을 키아마에 가는 이유는 바로 바닷가 커다란 바위틈에서 솟아오르는 물줄기, 블로우홀을 보기 위해서다. 날씨와 계절에 따라 약간의 변화는 있지만, 대부분 10분 정도만 기다려도 높이 솟구치는 블로우홀을 볼 수 있다. 블로우홀로 향하는 입구에 키아마 비지터센터와 파일럿 코티지 뮤지엄 Pilot's Cottage Museum, 그리고 키아마 등대 등의 볼거리가 있으며, 해안을 따라 산책로 Coast Walk도 잘 조성되어 있다.

호주 수도 특별주

캐피털 테리토리 주
AUSTRALIAN CAPITAL TERRITORY

DATA

면적 2,538㎢ **인구** 약 44만 명 **주도** 캔버라
시차 한국보다 1시간 빠르다(서머타임 기간에는 2시간 빠르다) **지역번호** 02

이것만은 꼭!
HAVE TO TRY

01

자전거를 타고 벌리 그리핀 호수 주변을 돌아보거나 호수 유람선 타기. 호수 가운데에서 하루 두 번 솟구치는 제트 분수도 볼 만하다.

02

호주 최대 규모의 봄맞이 꽃 축제 '플로리에이드', 색색의 풍선이 하늘을 수놓는 열기구 축제, 박진감 넘치는 슈퍼카 레이싱 경주 '랠리 오브 캔버라' 등. 축제의 도시 캔버라에서 흥겨운 축제에 참가하기.

03

세계 최고 높이의 국기 게양대가 있는 국회의사당 방문. 호주의 문화와 창조성을 보여주는 이 건물은 장엄함과 현대적 조형미가 어우러져 감탄을 자아낸다.

04

아름답고 비장한 건축물, 호주 전쟁기념관에서 'Korean War'의 흔적 찾기. 기념관 내 통곡의 벽에서는 전몰장병들을 위해 묵념! 전쟁기념관에서 바라보면 안작 퍼레이드와 멀리 국회의사당까지 일직선으로 연결된다.

NEW SOUTH WALES

ACT
● Canberra

호주의 수도, 가장 성공한 계획도시

캔버라
CANBERRA

희뿌연 매연과 바삐 오가는 사람들의 풍경, 자동차 경적 소리, 빽빽한 고층빌딩에 익숙한 사람들에게 캔버라는 새로운 미래형 수도의 모습을 보여준다. 황무지 위에 세워진 인공도시, 그러나 유리알처럼 투명하고 정돈된 계획도시. 캔버라는 지금 막 정리를 마친 책상 위처럼 모든 것이 질서정연하고 깔끔하다. 도시의 중심을 차지하고 있는 호수와 방사상으로 잘 정비된 도로, 그리고 넓은 공원은 인공적인 것도 아름다울 수 있음을 보여준다.

캔버라의 또 하나의 매력은 인간의 능력에 대한 경이로움을 느낄 수 있다는 점. 허허벌판에 길을 만들고, 건물을 세우고, 전기를 끌어오고, 사람들이 모여들고. 이 모든 과정의 집합체인 도시가 살아있는 거대한 생명체처럼 다가온다. 캔버라에 가면 호주의 또 다른 얼굴을 만나게 된다.

인포메이션 센터 Canberra Visitor Centre
📍 Regatta Point, Barrine Drive, Parkes 🕐 주중 09:00~17:00, 주말, 공휴일 09:00~16:00 ❌ 크리스마스
📱 1300-554-114 🏠 www.visitcanberra.com.au

캔버라 미리보기

어떻게 다니면 좋을까?

한 나라의 수도라고 생각하면 그리 큰 규모가 아니지만, 그렇다고 손바닥만 한 도시는 더더욱 아니다. 벌리 그리핀 호수를 사이에 두고 도시가 남북으로 나뉜데다가, 볼거리 역시 호수를 사이에 두고 골고루 분포된 편이다. 따라서 웬만한 거리는 걸어서 다닐 수 있지만 남쪽에서 북쪽으로 가거나 반대로 이동할 때는 자전거 또는 버스 등의 교통수단을 이용하는 것이 효율적이다.

어디서 무엇을 볼까?

도시는 크게 노스 캔버라와 사우스 캔버라로 나뉜다. 시티 힐을 중심으로 하는 노스 캔버라는 쇼핑 중심가 '캔버라 센터'와 각종 레스토랑, 호텔, 백패커스, 장거리 버스터미널 등이 밀집해 있는 캔버라의 생활 중심지다. 반면 사우스 캔버라는 이 도시가 호주의 수도임을 실감하게 하는 곳. 특히 국회의사당이 있는 캐피털 힐은 입법·사법·행정의 중심지이며, 힐의 서쪽 얄라룸라는 각국 대사관들까지 모여 있는 국제정치의 중심지이기도 하다. 다윈 애버뉴, 애들레이드 애버뉴, 호바트 애버뉴, 브리즈번 애버뉴, 멜번 애버뉴 등 캐피털 힐을 중심으로 방사상으로 뻗어 있는 길의 이름이 호주의 각 도시 이름인 것도 재미있다. 마치 이곳이 수도임을 천명하는 것처럼.

CANBERRA

어디서 뭘 먹을까?

캔버라의 먹을거리는 대부분 런던 서키트 London Circuit와 번다 스트리트 Bunda St. 사이에 있는 시티 워크 City Walk에 밀집되어 있다. 일종의 몰처럼 형성되어 있는 시티 워크에는 가레마 코트 Garema Court를 비롯해 가레마 플레이스 Garema Place 등 크고 작은 상가와 푸드 몰이 옹기종기 거리를 메우고 있다. 한국 음식점도 이곳을 중심으로 모여 있다.

어디서 자면 좋을까?

캔버라에는 유난히 고급 호텔이 많다. 특히 전통적인 양식으로 지은 헤리티지 Heritage 호텔이 많은데, 캔버라가 호주의 수도라는 점과 어떻게든 전통적인 것을 찾아보려는 호주인들의 노력이 일맥상통한 결과인 듯하다. 덕분에 예산 빠듯한 배낭여행자들에게는 이래저래 오래 머물기는 어려운 도시인 것도 사실. 일행이 둘 이상이라면 캔버라에서는 백패커스보다는 모텔을 이용하라고 권하고 싶다. 노스번 애버뉴를 따라 저렴한 모텔들이 늘어서 있으며, 시즌에 따라 파격적인 가격을 제시하는 곳도 많기 때문이다.

캔버라 가는 방법

캔버라가 속해 있는 캐피털 테리토리 Capital Territory는 호주의 어떤 주에도 속해 있지 않은 수도 특별주다.
거대한 호주 대륙의 7개 주를 다스리는 행정력이 이 작은 도시에서 나오는 셈. 하지만 이곳으로 가는
길만큼은 국제적이지도 강력하지도 않다. 사람들로 하여금 여전히 호주의 수도는 시드니라고 믿게 할 요량인지,
국제선 비행기도 들어가지 않고 기차와 자동차도 시드니나 멜번을 거쳐야만 도착할 수 있다.
그나마 다행인 점은 경유 도시에서 거리가 멀지 않고 요금이 합리적이며 운행 편수가 많다는 것이다.

캔버라로 가는 길

경로	비행기	버스	거리(약)
시드니 → 캔버라	50분	3시간 20분	300km
멜번 → 캔버라	1시간	8시간	625km
브리즈번 → 캔버라	1시간 50분	17시간	1320km
애들레이드 → 캔버라	1시간 35분	19시간 20분	1415km
퍼스 → 캔버라	3시간 50분		4235km

비행기 Airplane

인천공항에서 호주의 수도 캔버라까지 가는 직항편은 없다. 대신 싱가포르를 경유하는 싱가포르 항공과 도하를 경유하는 카타르 항공이 캔버라 국제공항에 취항하므로, 캔버라로 바로 들어갈 예정이라면 참고할 것.

호주 국내선의 경우, 시드니에서 캔버라까지 버스로 3시간 20분 가야하는 거리를 비행기를 타면 50분만에 도착한다. 여행자 보다는 비지니스 수요가 많다.

항공	출발 도시
버진 오스트레일리아	시드니, 멜번, 브리즈번, 퍼스, 애들레이드, 다윈, 호바트
콴타스	퍼스, 애들레이드, 멜번, 시드니, 브리즈번
제트스타	없음
타이거 에어	브리즈번, 멜번

제트스타는 캔버라 취항을 하지 않고, 대신 콴타스 항공과 버진 오스트레일리아의 경우 호주 내 다양한 도시에서 캔버라로 직항을 운항한다. 타이거 에어는 브리즈번과 멜번에서만 직항을 이용할 수 있다.

공항에서 시내까지는 7km 떨어져 있다. 거리가 멀지 않아서 택시를 이용해도 별로 부담스럽지 않고, 공항 셔틀버스를 이용해도 편리하다. 공항터미널에서 시티까지 약 20분

가량 걸린다. 택시는 공항터미널의 카운터에 요청해도 되고, 우버 택시를 이용하는 것도 경제적이다. 특히 일행이 있으면 택시가 버스보다 더 경제적이다. 시내까지 택시 요금은 A$30~40.

공항 버스 Snowy Mountain Shuttles
☎ 0497-888-444
🏠 www.snowymountainsshuttles.com.au

주요 택시 회사
· Elite Taxies ☎ 13-22-27
· Cabxpress ☎ 1300-222-977

버스 Bus

시드니와 멜번 사이를 장거리 버스로 이동하는 여행자들에게 캔버라는 보너스와 같은 도시다. 15시간 거리를 한 번에 가는 것보다는 중간 도시 캔버라에서 하루나 이틀 정도 쉬어가는 것도 호주 같은 큰 대륙을 여행하는 지혜이기 때문. 실제로 많은 배낭여행자가 이용하는 방법이기도 하다. 모든 장거리 버스는 노스번 애버뉴 North bourne Ave.에 있는 졸리먼트 센터에 도착한다. 센터 안에는 샤워 시설, 로커, 인터넷뿐 아니라 인포메이션 센터와 장거리 버스 회사, 그리고 각종 투어 회사와 항공사 사무실까지 모여 있어서 앞으로의 일정을 계획하기에 편리하다.

기차 Train

시드니에서 출발하는 뉴사우스웨일스 트레인링크 NSW Trainlink와 멜번에서 출발하는 브이라인 VLine 기차를 타고 캔버라로 들어가는 여행객들은 모두 웬트워스 애버뉴 Wentworth Ave.에 있는 캔버라역에 도착하게 된다.

단, 시드니-캔버라 노선은 직통으로 연결되지만, 멜번-캔버라 노선은 직통으로 연결되지 않는다. 멜번에서 출발하는 알버리 Albury 행 기차를 타고 코치 버스로 갈아타거나, 멜번-시드니 노선의 기차를 타고 굴번역 Goulburn railway station에 내려 캔버라행 기차로 갈아탈 수 있다.

TRANSPORT
캔버라 시내교통

대중교통 TC(Transport Canberra)

액션 버스와 교외선 기차 등으로 나뉘어 있던 캔버라의 대중교통은 TC라는 이름으로 통폐합되었다. '액션 ACTION 버스로 불리던 버스의 경우 TC Bus가 되고, 교외선 기차의 이름은 라이트 레일 Right Rail로 정리되었다. TC 티켓은 MyWay라는 이름의 카드로 통합 관리된다. 마이웨이 카드는 A$5를 지불하고 따로 구입한 후 원하는 만큼의 금액을 충전하는 방식이다. 따라서 버스를 많이 이용할 계획이 아니라면, 조금 불편하지만 그때 그때 티켓 자동 판매기에서 선불 승차권을 구입하는 방식이 더 합리적일 수 있다. 구입에 앞서서 일정과 버스 이용횟수 등을 꼼꼼히 살펴볼 것.

요금과 기억해야 할 특징을 정리하면 다음과 같다.

❶ 요금은 1회 싱글 A$3.22. 단, 카드를 이용하지 않고 선불 승차권으로 지불할 때는 1회 싱글 A$5.00을 내야 한다.

★ COVID-19로 인해 현금 지불 불가

❷ 1시간 30분 내에 무료 환승이 가능하다.

❸ 하루 동안 집중적으로 대중교통을 이용할 계획이라면 선불 데일리 티켓 Daily Ticket(A$9.60)을 구입하면 무제한으로 이용할 수 있다.

❹ 09:00~16:30, 18:00 이후에 해당되는 오프 피크 Off Peak 타임을 이용하면 더 저렴한 요금(마이웨이 카드 오프 피크 A$2.55)에 이용할 수 있으며 주말과 공휴일에는 종일 오프 피크 요금이 적용된다.

TC(Transport Canberra)
☐ 13-17-10 🏠 www.transport.act.gov.au

REAL COURSE

캔버라 추천 코스

일단 캔버라에서는 두 가지 길 이름을 기억해야 한다. 노스번 애버뉴 Northbourn Ave.와
커먼웰스 애버뉴 Commonwealth Ave. 특히 노스번 애버뉴는 모든 종류의 차량이 이 도시에서
맨 처음 만나게 되는 대로이며, 캔버라의 모든 길은 이 노스번 애버뉴로 연결된다.
노스번 애버뉴가 끝나는 곳에서 시작되는 커먼웰스 애버뉴는 캐피털 힐에서 뻗어나가는
5개의 주요 도로와 함께 사우스 캔버라에서 기억해야 할 이름이다.
캔버라에서 길을 잃었다면 현재 위치가 이 두 도로의 왼쪽인지 오른쪽인지부터 확인할 것.

DAY 01

노스 캔버라에서 호주의 문화와
예술을 감상하고, 수도민으로서의 자부심
가득한 캔버라 사람들을 만나자.
걸어 다니기에는 조금 무리이므로
자전거나 버스 등 적절한 교통수단을
이용하는 것이 좋다.

🕐 예상 소요시간 8~9시간

Start

오스트레일리아 내셔널 보타닉 가든
무지 넓은 자연의 보물창고

도보 10~15분

블랙마운틴 타워
사방에서 보이는
캔버라의 랜드마크

도보 30분, 자전거 10분

호주 국립박물관
독특한 외관과 방대한 전시물

도보 30분, 자전거 10분

내셔널 캐피털 엑시비션
수도 캔버라의 탄생을 한눈에!

도보 3분

벌리 그리핀 호수
캔버라의 젖줄. 제트 분수의 장관도 놓치지 말 것!

도보 35분, 자전거 10분

전쟁기념관
아름답고 숙연한 대리석 건물

Finish

커먼웰스 플레이스
공연, 전시, 콘서트 그리고 휴식

Start

사우스 캔버라에 밀집된 호주의
행정기관들을 방문하자. 호주의 수도임을
천명하는 캔버라의 핵심은 모두
사우스 캔버라의 캐피털 힐을 중심으로
밀집되어 있다. 그래도 시간이 남는다면
캔버라 외곽의 관광명소를 둘러보자.
사우스 캔버라까지 건너간 뒤에는 버스보다
도보로 이동하는 것이 더 편리하다.

🕐 예상 소요시간 7~10시간

도보 7분

퀘스타콘
21세기 과학과 기술을 오감으로 체험

도보 7분

호주 국립미술관
최고 수준의 컬렉션

도보 5분

애버리지널 천막대사관
소유와 권리에 대해 많은 생각을 하게 하는 곳

국회의사당
세계에서 가장 높은 국기 게양대

자전거 10분

Finish

얄라룸라 대사관 거리
전 세계 건축박람회에 온 듯 다양한 대사관 건물들

벨코넨 마켓
Belconnen Markets

Belconnen Premier Inn

캔버라

블랙마운틴 타워(텔스트라 타워)
Black Mountain Tower

호주 국립대학교
Australian National University

내셔널 보타닉 가든스
National Botanic Gardens

액튼
Acton

Glenloch Interchange

Caswell Dr

Black Mountain Dr

Black Mountain Dr

Black Mountain Dr

Clunies Ross St

Clunies Ross St

Barry Dr

David St

Boldrewood St

Barry Dr

Glenloch Interchange

Glenloch Interchange

Glenloch Interchange

Glenloch Interchange

Lady Denman Dr

Lady Denman Dr

Parkes Way

Parkes Way

Parkes Way

Parkes Way

Lady Denman Dr

Parkes Way

Weston Park Rd

웨스턴 파크
Weston Park

Weston Park Rd

벌리 그리핀 호수
Lake Burley Griffin

호주 국립박물관
National Museum of Australia

Banks St

Novar St

Alexandrina Dr

Alexandrina Dr

Hopetoun Circuit

Stirling Park

Alexandr

Royal Canberra Golf Club

Dunrossil Dr

Schlich St

얄라룸라
Yarralumla

Banks St

Novar St

Hopetoun Circuit

Schlich St

Empire Circuit

Perth Ave

Dunrossil Dr

Lady Denman Dr

Cotter Rd

Cotter Rd

Dudley St

Weston St

Novar St

Weston St

얄라룸라 대사관 거리의 한국대사관
Yarralumla Diplomatic Mission

Adelaide Ave

Hopetoun Circuit

Adelaide Ave

Adelaide Ave

National Circuit

194

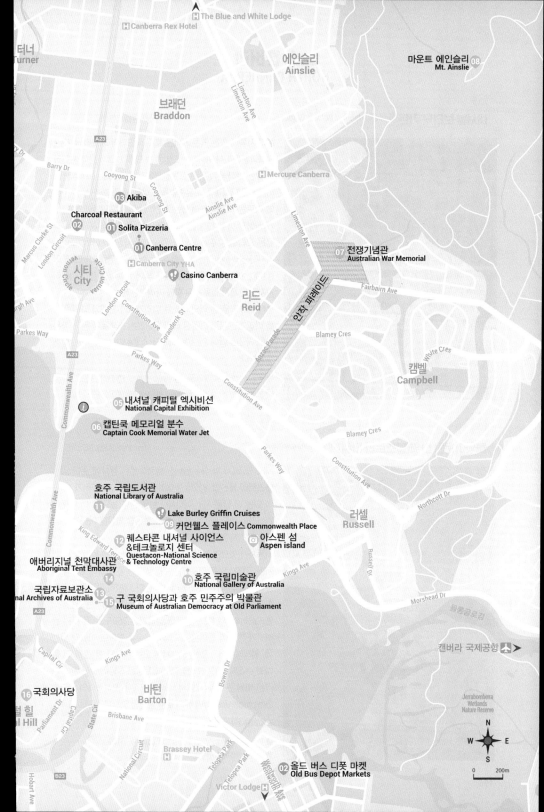

노스 캔버라
NORTH CANBERRA

01

내셔널 보타닉 가든 Australia National Botanic Gardens

하루종일 놀아도 좋은 곳

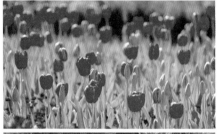

시티 서쪽에 있는 액튼 지역은 호주 국립대학과 보타닉 가든, 블랙마운틴까지 이어지는 드넓은 녹지대다. 그 가운데 자리하고 있는 보타닉 가든은 호주 전역에서 볼 수 있는 희귀식물을 비롯해 열대식물들과 유칼립투스 나무, 각종 화초 등 6천 종에 이르는 식물이 모여 있는 자연의 보고. 1948년에 첫 나무가 심어진 이후 1950년대와 1960년대를 거치면서 오늘날과 같은 모습을 갖추게 되었다. 입구의 주차장에서 바라보이는 비지터센터에서 가든 지도를 얻을 수 있고, 무료 가이드 투어(11:00, 14:00)도 신청할 수 있다. 투어는 예약을 통해 이루어지지만 단체가 있을 경우 함께 따라가면 된다.

통나무로 길을 낸 메인 패스를 따라가다가 왼쪽의 타워 워크를 따라가면 블랙 마운틴 타워에 이르는 산책로가 된다. 가든 안에 레스토랑이 있으며, 비지터센터에서는 북센터도 함께 운영한다.

📍 Clunies Ross St., Acton 🕐 08:30~17:00 ❌ 크리스마스
💲 무료 📱 6250-9540 🏠 www.anbg.gov.au/gardens

02

블랙마운틴 타워(텔스트라 타워) Black Mountain Tower

도시 어디서나 보이는

시티센터에서 약 5km 떨어진 블랙마운틴 정상에 솟아 있는 텔스트라 통신탑. 812m 높이의 산 정상에 또 195m가 더 솟아 있는 이 탑은 시티 어디서나 보일 만큼 높으며, 이 때문에 캔버라의 랜드마크가 된 지 오래. 통신탑 역할뿐 아니라 관광지 역할까지 톡톡히 하고 있다.

자동차가 있으면 블랙마운틴 로드를 따라 쉽게 올라갈 수 있지만 그렇지 않은 경우에는 보타닉 가든을 통과해 2km가 넘는 거리를 산책(?) 삼아 올라가야 한다. 다행히 산책로가 완만하고 중간 중간의 경치가 아름다워 별로 후회되지는 않는다. 엘리베이터를 타고 전망대에 올라가면 360도로 확 트인 캔버라가 한눈에 들어온다. 전망대는 2개 층으로 이뤄져 있는데, 엘리베이터가 있는 곳에서 밖으로 나가면 한 층을 더 올라갈 수 있다. 타워의 전망대 레스토랑은 전망이 멋진 만큼 가격은 비싼 편. 전망대에서 내려오는 길에 지하 1층의 갤러리 Exhibition Gallery에 들러 호주 통신의 역사를 살펴보자.

◆ 2024년 2월 현재 내부 공사로 폐쇄 중.

📍 100 Black Mountain Dr., Acton 📱 6219-6120
🏠 www.telstratower.com.au

호주 국립대학 Australian National University

호주의 수도답게 캔버라는 호주 유일의 국립대학을 품에 안고 있다. 시티의 서쪽 보타닉 가든과 마주하고 있는 이곳은 공원에 버금갈 만큼 넓은 잔디밭과 오래된 나무들로 둘러싸여 있다. 교내 곳곳에 자리한 역사적인 건물들은 자유로운 젊음과 어우러져 신선함마저 자아낸다.

130ha에 달하는 넓은 부지에는 울타리나 교문이 없어서 어디가 시작이고 끝인지도 헷갈릴 정도. 보타닉 가든이나 블랙마운틴 타워로 가는 도중에 짬을 내어 들러볼 만하다.

호주 국립박물관 National Museum of Australia

국립박물관이라는 타이틀 때문에 고풍스럽거나 지루할 것으로 생각했다면 건물을 보는 순간 눈을 의심하게 된다. 박물관이라기보다는 초현대식 미술관이라는 명칭이 더 잘 어울릴 것 같은 외관에, 안으로 갈수록 더욱 분위기가 모던해진다.

호주의 역사에 대해 보여주되, 모든 전시의 기본은 방문자가 직접 체험해보는 것이 이 박물관의 모토다. 박물관 밖에 있는 커다란 원형 조형물과 호주 대륙의 원시 형태를 보여주는 체험장 같은 것이 그 예로, 모두 올라가고 만져볼 수 있도록 설치되어 있다. 그래서 지금까지 보아온 어떤 박물관과도 다르다는 느낌이 든다.

특히 박물관이 자리하고 있는 액튼 페닌슐라는 벌리 그리핀 호수 쪽으로 튀어나온 손가락 모양의 부지인데, 이곳에서 바라보는 호수의 풍경이 수려하다. 로비에는 호수를 바라보며 휴식을 취할 수 있는 레스토랑과 기념품점이 있다.

📍 Lawson Crescent, Acton Peninsula ⏰ 09:00~17:00 ❌ 크리스마스 💲 무료(가이드 투어와 특별전은 유료) 📱 6208-5000 🏠 www.nma.gov.au

내셔널 캐피털 엑시비션 National Capital Exhibition

다양한 전시와 액티비티

계획도시 캔버라의 실체를 볼 수 있는 박람회장. 동시에 캔버라가 아니면 볼 수 없는 독특한 공간이기도 하다. 애초의 주인이었던 애버리진의 생활부터 도시의 기초가 만들어지고 현재와 같이 발전하기까지 캔버라의 모든 것을 한눈에 보여준다. 세계 최고의 계획도시 캔버라 자체가 하나의 관광상품이 된 셈. 내부 공간이 그리 넓진 않지만 모형과 사진·일러스트 등을 통해 수도 캔버라를 입체적으로 설명하고 있는 느낌이다. 엑시비션이 자리하고 있는 레가타 포인트 Regatta Point는 캡틴쿡 분수대가 가장 잘 보이는 낮은 언덕으로, 전망이 좋다.

📍 Barrine Dr., Regatta Point, Commonwealth Park, Parkes ⏰ 월~금요일 09:00~17:00, 토~일요일 10:00~16:00 ❌ 공휴일 💲 무료 📱 6272-2902 🏠 www.nca.gov.au

벌리 그리핀 호수와 캡틴쿡 기념분수 Lake Burley Griffin & Captain Cook Memorial Water Jet

계획도시 캔버라의 아이콘

캔버라를 계획도시라고 하는 가장 큰 이유 중의 하나는 아마 벌리 그리핀 호수 때문일 것이다. 호수가 없었다면 이 도시의 경관이 지금처럼 아름답지 못할 테고, 국회의사당이 자리한 남쪽과 시티센터가 있는 북쪽이 계획적으로 정비되지도 못했을 테니까. 이를 기념하듯이 호수의 이름은 도시를 설계한 건축가의 이름을 따서 '벌리 그리핀 호수'가 되었다.

이 호수에는 두 가지 명물이 있다. 첫 번째는 매일 10:00~12:00, 14:00~16:00에 140m의 물기둥을 뿜어대는 캡틴쿡 기념분수 Captain Cook Memorial Water Jet. 캡틴쿡의 호주 상륙 200주년을 기념해서 세워진 것이다. 호수 한가운데 있어서 도시 어디서나 높이 치솟는 분수대의 장관을 볼 수 있다. 운이 좋으면 분수가 뿜어질 때 생기는 무지개도 볼 수 있다.

또 하나는 호수에 떠 있는 작은 섬 아스펜 Aspen Island에서 울려 나오는 아름다운 종소리. 캔버라 수도 50주년을 기념해서 영국에서 기증한 카리용(여러 개의 종으로 이루어진 타악기)으로, 매주 수요일과 일요일 그리고 특별한 기념일에 울린다.

전쟁기념관과 안작 퍼레이드 Australian War Memorial & Anzac Parade　이토록 아름다운 기억의 전당

전쟁기념관이라고 하기에는 너무 아름답고 장엄한 대리석 건물. 길게 늘어선 안작 퍼레이드를 지나갈 때는 신성한 전당에 들어설 때처럼 숙연해지기까지 한다. 전쟁에서 목숨을 잃은 보통 사람들의 특별했던 삶을 기억하기 위해 지어진 이 건물에서는 호주군이 참여했던 세계의 모든 전쟁에 대한 기록을 전시하고 있다.

전시는 사진, 미니어처, 군병기, 군복, 병사의 일기, 가족들과 주고받은 편지 그리고 3차원 입체자료들까지 그야말로 전쟁에 대한 모든 자료를 망라하고 있다. 특히 건물 중앙에 있는 기억의 전당 Hall of Memorial의 중정에서 바라보는 돔형 천장은 비잔틴 양식의 화려한 스테인드글라스로 장식되어 있으며, 벽면에는 10만여 명의 전사자 이름이 새겨져 있어서 장엄함을 자아낸다. 건물 앞에 붉은 돌로 포장되어 있는 안작 퍼레이드 양쪽 옆으로는 각 전쟁마다 참전했던 용사들의 이름과 전쟁의 기록이 남아 있다. 가운데쯤에 태극기와 함께 있는 한국전쟁에 관한 기록도 눈여겨볼 것. 안작 퍼레이드에서는 매년 4월 25일 안작 데이를 기념하는 퍼레이드가 펼쳐진다.

📍 Treloar Crescent, Campbell 🚶 시티센터에서 캠벨 쪽으로 도보 20분, 또는 액션 버스 33번을 타고 전쟁기념관 하차
🕙 10:00~17:00 ❌ 크리스마스 💲 무료 📱 6243-4211
🏠 www.awm.gov.au

캐피털 테리토리 주

마운트 에인슬리 Mt. Ainslie　탁 트인 시야

전쟁기념관 뒤쪽에 나지막하게 누워 있는 마운트 에인슬리. 해발 843m의 높이로, 산이라기보다 언덕에 가깝다. 그러나 정상의 전망대에서 바라보는 풍경만큼은 블랙마운틴 타워에 못지 않다. 블랙마운틴과는 동과 서로 마주 보고 있어서 블랙마운틴 타워에서 보이는 것과는 또 다른 각도의 전망을 감상할 수 있다. 도보로는 전쟁기념관의 뒤쪽 산책로를 따라 올라가고, 자동차로는 에인슬리 드라이브를 따라 산기슭까지 간 다음 정상까지 걸어가야 한다.

사우스 캔버라
SOUTH CANBERRA

09
커먼웰스 플레이스 Commonwealth Place

모던과 심볼

캔버라의 관광명소 중에서 비교적 최근에 만들어진 이곳은 캔버라를 대표하는 사진 대부분의 촬영지가 될 만큼 아주 독특하고도 기념비적인 공간이다. 얼핏 보면 건축물이라기보다는 끝이 약간 원형으로 올라간 광장 정도로 생각되기 쉽다. 그러나 이 광장의 가운데에 터널처럼 만들어진 길을 따라가면 구 국회의사당과 현재의 국회의사당이 파노라마처럼 일직선으로 펼쳐진다. 영연방과의 화해를 상징하는 장소라고 한다. 건축에 사용된 모든 재료들 역시 호주산 사암과 블루스톤으로 이루어져 있다.

한편 이곳에서 벌리 그리핀 호수 쪽을 바라보면 역시 일직선상에 붉은 융단처럼 안작 퍼레이드가 펼쳐지고, 이어서 전쟁기념관의 대리석 건물까지 시야가 연결된다. 하나의 공간에서 도시 전체를 조망할 수 있도록 설계된 것이다. 커다란 컵 모양의 잔디밭은 각종 전시·콘서트·이벤트·기념식 등을 위한 공간이고, 가운데에 있는 리콘실레이션 플레이스 Reconsilation Place는 누구나 자신의 주장을 펼칠 수 있는 일종의 단상이다. 터널을 통해 내셔널 포트레이트 갤러리 National Portrait Gallery와 연결된다.

📍 Queen Elizabeth Terrace, Parkes 🏠 www.nca.gov.au

10
호주 국립미술관 National Gallery of Australia

로뎅과 마이욜이 있는 최고 수준의 컬렉션

근대에서 현대에 이르기까지 방대한 미술작품들을 소장하고 있다. 특히 20세기 미술품과 애버리진 아트 컬렉션에서는 세계 최대 수준. 전시실마다 회화·조각·사진 등 장르별 작품이 시대별·지역별로 잘 전시되어 있다. 호주뿐 아니라 아시아와 유럽, 아메리카 미술품까지 충실하게 전시하며 야외 조각공원에서는 로뎅과 마이욜 등 거장의 작품을 만날 수 있다. 무엇보다 한국어로 된 팸플릿과 오디오 설명이 있어서 한결 쉽게 감상할 수 있다.

📍 Parkes Pl. E, Parkes 🕐 10:00~17:00 ❌ 크리스마스
💲 무료 📱 6240-6411 🏠 www.nga.gov.au

11

국립도서관 National Library of Australia

여의도 국회의사당을 연상시키는 대리석 건물.
그러나 이곳은 호주에서 가장 큰 규모의 국립
도서관이다. 1901년에 건립된 이후 도서와 신
문·잡지뿐 아니라 서적의 필사본과 필름·지도·
음반·비디오·구술자료 등 실로 다양한 분야의
자료를 수집, 4만여 종의 원본 서적과 50만여
종의 사진 자료 등을 소장하고 있다. 호주뿐만
아니라 세계 각국의 다양한 역사와 다큐 자료
도 갖추고 있는데, 한국 전쟁과 동아시아 국가
들에 관한 자료도 눈에 띈다.

8개의 열람실과 방문객을 위한 도서관, 전시장
과 갤러리, 300석 규모의 소극장 그리고 북 카
페와 서점 등 단순히 도서관이라는 개념을 넘어서 하나의 문화공간이자 휴식공간으
로서 방문할 가치가 충분한 곳이다.

📍 Parkes Pl. W, Parkes 🕐 월~목요일 10:00~20:00, 금·토요일 10:00~17:00, 일요일 13:30~
17:00 💲 무료 📱 6262-1111 🏠 www.nla.gov.au

12

퀘스타콘 Questacon-National Science & Technology Centre

일행 중 어린이가 있다면 반드시 방문해야 할 관광지. 우리나라의 엑스포 공원 같은
콘셉트의 과학기술 체험관인데, 조금 더 차원이 높다고 생각하면 된다. 예를 들어 지
구 갤러리 Earth Gallery에서는 지진과 사이클론 같은 자연현상들을 직접 체험해볼
수 있도록 시뮬레이션해 놓았다. 교과서에서 막연히 배웠던 자연과학 현상들이 이곳
에서는 모두 현실화되는 것. 갤러리나 사이언스쇼만 볼 수도 있지만, 이왕이면 두 가지
모두 체험하는 것이 좋다. 이곳은 특이하게 온라인 예매 시 수수료가 붙어서, 현장 구
매 요금이 더 저렴하니 참고하자.

📍 King Edward Tce., Parkes 🕐 09:00~17:00 ❌ 크리스마스 💲 전시장&사이언스쇼 어른
A$23, 어린이 A$17.50 📱 6270-2800 🏠 www.questacon.edu.au

국립자료보관소 National Archives of Australia

호주의 출생증명서가 있는 곳

1927년에 설립된 이 건물은 캔버라 최초의 정부기관이었던 곳. 근처의 구 국회의사당과 같은 시기에 건립됐으며, 같은 건축가가 디자인했다. 내부는 호주의 역사와 정부의 발자취를 보여주는 각종 자료로 가득 차 있는데, 특히 연방정부 갤러리 Federal Gallery에서는 호주의 출생증명서 Australia.s Birth Certificates를 볼 수 있다.

유럽에서 이민 온 호주인들, 그중에서도 전쟁에 참전한 조상이 있는 호주인들에게는 남다른 곳이다. 우리가 주민등록이나 호적을 열람하듯이, 이곳에서는 개개인의 역사에 대한 열람이 가능하기 때문.

📍 18 King George Terrace, Parkes 🕐 09:00~17:00 💲 무료
📱 6212-3600 🏠 www.naa.gov.au

애버리지널 천막대사관 Aboriginal Tent Embassy

소유와 권리에 대하여

구 국회의사당을 봤다면, 이곳은 보지 않으려야 안 볼 수 없을 것이다. 광장 바닥에는 호주 정부가 만들어놓은 애버리진의 작품이 그려져 있고, 그 위에 애버리진들이 만든 다 쓰러져가는 오두막 몇 채. 그나마 불에 타고 낙서로 얼룩져 보는 사람의 마음을 안타깝게 한다. 오늘도 이곳에서는 애버리진 대표들과 그들과 뜻을 같이하는 사람들이 천막에서 숙식을 해결하면서 자신들의 권리를 찾기 위해 호소하고 있다. 세계에서 가장 높은 국기 게양대에서 펄럭이는 호주 국기와 바람에 초라하게 흔들리는 애버리진 깃발이 묘한 대조를 이룬다. 한번쯤 호주라는 나라와 그들의 역사 그리고 원주민 애버리진에 대해 생각하게 하는 곳.

📍 1 King George Tce., Parkes

구 국회의사당과 호주 민주주의 박물관 Museum of Australian Democracy at Old Parliament

민주주의도 전시가 되는 곳

지금의 국회의사당이 완공되기 직전인 1927년부터 1988년까지 호주의 행정 중심지 역할을 하던 곳이다. 현재는 예전의 구 국회의사당 모습을 재현·전시하는 한편, 호주

민주주의 박물관으로 사용하고 있다. 호주 민주주의 박물관으로 사용되는 공간 외에는 국회의사당 시절의 가구나 사무집기 등을 그대로 보존하고 있다. 특히 여왕의 집무실과 의상실·휴식공간 등을 재현해둔 곳이 흥미롭다. 카페와 서점도 함께 운영하고 있는데, 특히 서점에 전시된 고가의 기념품들은 한번쯤 눈여겨볼 만한 명품들이다.

📍 18 King George Tce., Parkes 🕐 09:00~17:00
❌ 크리스마스 💲 무료(예약 필수) 📱 6270-8222
🏠 www.moadoph.gov.au

16

국회의사당 Parliament House

캔버라에서 국회의사당을 보지 않고 가는 사람은 없을 것이다. 산 넘고 물 건너 이 도시까지 온 진정한(?) 이유는 이곳을 배경으로 사진 한 장 찍기 위해서일 수도 있으니까. 32ha에 달하는 넓은 캐피털 힐, 그 중에서도 중앙에 자리한 호주의 심장부. 81m 높이의 세계 최대를 자랑하는 국기 게양대와 그 위로 휘날리는 호주 국기를 보면 호주들의 자부심이 느껴진다. 건물의 설계는 국제공모전을 통해 선발된 미국인 건축가 로말도 기우르골라 Romaldo Giurgola of Mitchell에 의해 이루어졌다. 대망의 오픈식이 열렸던 1988년 5월 9일에는 영국 여왕 엘리자베스 2세가 직접 참석하기도 했다. 건물 옥상으로 올라가면 또 하나의 멋진 전망대 퀸스 테라스 Queens Terrace가 나오는데, 카페도 함께 운영하고 있다. 건물 앞 광장의 바닥에 그려진 애버리진 회화작품도 눈여겨볼 것. 매일 09:00~16:00에 30분마다 무료 가이드 투어가 있고, 오후 2시에는 수상을 직접 만날 수 있는 'Question Time'도 있다.

 Capital Hill 의회 비개정 기간 09:00~17:00, 의회 개정 기간 월~화요일 09:00~18:00, 수~목요일 08:30~18:00
 무료 6277-7111 www.aph.gov.au

17

얄라룸라 대사관 거리 Yarralumla Diplomatic Mission

캐피털 힐 서쪽, 스테이트 서클 외곽에 자리하고 있는 얄라룸라 지역은 각국의 대사관과 공관들이 자리하고 있는 일종의 정치특구다. 각국의 건축양식을 따른 전통적인 건물들과 어딘지 모르게 엄숙한 분위기가 어우러져 있다. 이곳에서의 관광 포인트는 뭐니 뭐니 해도 각국의 다양한 문화, 그중에서도 건축문화를 감상하는 것. 힌두교 사원을 본뜬 인도네시아 대사관과 금장식이 인상적인 태국 대사관, 지중해의 대리석 건물을 연상시키는 그리스 대사관과 정갈한 느낌의 일본 대사관 그리고 청기와를 얹은 대한민국 대사관까지 아주 다채롭다.

한국 대사관
 113 Empire Circuit, Yarralumla 6270-4100

01

Cruise

인공호수 유람선

크루즈를 타고 벌리 그리핀 호수를 따라 도시를 조망하는 투어. 세 군데의 터미널에서 매일 6회 출발하며, 호수를 다 둘러보는 데 걸리는 시간은 약 1시간이다. 하루 동안 몇 번이라도 원하는 터미널에서 내렸다가 탈 수 있어서 잘만 활용하면 발품을 줄일 수 있는 수단도 된다. 회사별로 차이가 있지만, 대부분의 크루즈에서는 무료 커피와 음료, 간단한 스낵과 사탕을 제공한다.

Lake Burley Griffin Cruise ♥ Queen Elizabeth Tce., Parkes
🕐 10:30, 13:30 ⑤ 어른 A$25, 어린이 A$12 ▯ 0419-418-846
🏠 www.lakecruises.com.au

02

Canberra Casino

불이 꺼지지 않는 그곳

캔버라 카지노가 자리하고 있는 글리브 파크 Glebe Park 는 20ha가 넘는 넓은 부지에 파크 로열 호텔, 내셔널 컨벤션센터, 그리고 국립극장까지 모여 있어서 늘 활기가 넘치는 곳이다. 그중에서도 캔버라 카지노는 39개의 게임 테이블과 블랙잭·룰렛 등의 일반적인 게임 외에도 매일 바뀌는 고액의 상품들로 언제나 사람들을 유혹하는 곳. 실내에 환전소와 TV 라운지, 현금 인출기 등이 있는데, 특히 이곳에서의 외국환 환전 비율이 좋은 편이다.

♥ 21 Binara St. 🕐 24시간 ▯ 6243-3700 🏠 www.casino canberra.com.au

03

Balloon Flights

하늘에서 보는 일출과 일몰

캔버라의 홍보용 사진에 가장 많이 등장하는 소품(?)은 바로 이 열기구다. 색색의 애드벌룬이 날아다니는 벌리 그리핀 호수의 전경은 기억 속에 꽤 선명하게 각인된다. 인공도시 캔버라와 열기구가 주는 동화적인 느낌이 묘한 조화를 이루기 때문일까. 1시간의 비행을 위해 준비하는 시간과 비행 후 열기구를 함께 접는 시간까지 합하면 총 소요시간은 3시간 정도. 벌리 그리핀 호수 위에서 일출을 보고 내려오면 샴페인을 곁들인 아침식사가 준비되어 있다. 조금 비싸지만 하늘을 나는 특별한 경험과 환상적인 일출 그리고 넓고 푸른 캔버라의 아름다운 풍경을 보기 위해 한번쯤 도전해볼 만한 호사스런 체험이다.

Dawn Drifters ⑤ 어른 A$410~455, 어린이 A$290~320 ▯ 6248-8200
🏠 www.dawndrifters.com.au

01

Canberra Centre

백화점과 재래시장이 한 자리에

캔버라 최대 규모의 백화점, 대형 슈퍼마켓, 스낵 바 등이 하나의 공간에 모여 있는 복합 쇼핑센터. 데이빗 존슨 백화점과 캔버라 시티 마켓이 구름다리로 연결되어 있으며, 시티 마켓 안에 할인매장 타겟 Target도 있는, 재래시장과 할인매장이 함께 있는 공간이다. 백화점 매장이 문을 닫고 난 후에도 식당가는 밤 11시까지 영업하는 곳이 많다.

📍 148 Bunda St. 🕐 월~목요일 09:00~17:30, 금요일 09:00~21:00, 토요일 09:00~17:00, 일요일 09:00~16:00 📞 6247-5611 🏠 www.canberracentre.com.au

02

Old Bus Depot Market

인정 넘치는 주말 시장

캔버라 센터가 현대적인 쇼핑센터라면, 이곳은 재래시장에 가깝다. 우리나라의 5일장처럼 매주 일요일 하루만 열리는 7일장. 특히 이곳이 정치행정의 중심지인 사우스 지역에 자리한다는 점을 감안하면, 캔버라의 인간적인 면을 보는 것 같아 흥미롭다. 일요일 오전이 되면 울긋불긋 차양막이 쳐지고, 그 아래로 집에서 직접 만든 홈웨어나 액세서리·공예품 등을 가지고 나온 상인과 관광객들이 어우러져 활기가 넘친다. 캐피털 힐에서 브리즈번 애버뉴를 따라 도보 10분 정도 걸어가면 만날 수 있다.

📍 21 Wentworth Ave., Kingston
🕐 일요일 10:00~16:00 📞 6295-3331
🏠 www.obdm.com.au

03

Belconnen Market

호주판 농수산물 도매시장

아무리 인공도시라고는 하지만 사람 사는 곳인 만큼 싱싱한 농수산물을 값싸게 살 수 있는 시장은 있기 마련. 지역 이름을 딴 벨코넨 시장은 우리나라의 가락동 농수산물 시장과 같은 개념의 장터다. 1976년부터 40년이 넘는 시간 동안 점차 매장 수를 늘려가며 현재와 같은 모습을 갖추었다. 싱싱한 과일과 채소·육류·생선이 주품종이며, 여기에다 아이스크림이나 커피 등을 즐길 수 있는 카페·레스토랑·베이커리 등이 자리 잡고 있다. 적어도 이곳에서 파는 품목에 한해서는 캔버라 안에서 가장 저렴한 가격에 구입할 수 있다. 어린이 놀이터와 무료 주차장을 갖추고 있어서 가족 단위의 여행객들이 둘러보기에도 편리하다. 도보로 이동하기는 먼 거리이고, 렌터카 여행자라면 한번쯤 들러볼 만하다.

📍 15 Lathlain St., Belconnen 🕐 수~일요일 8:00~18:00 📞 6251-1680 🏠 www.belconnenmarkets.com.au

01

SoLita Pizzeria & Pasta Bar

배달되는 피자집

전통적인 가정식 이탈리아 요리를 맛볼 수 있는 곳으로, 코로나 이후에는 마치 우리나라 피자집처럼 배달에도 박차를 가하고 있다. 무려 25종에 이르는 피자를 높은 열기의 화덕에 구워내는데, 어떤 피자를 시켜도 고르게 만족스러운 맛이다. 파스타나 샐러드 메뉴도 다양하고, 와인 리스트도 충실하다. 레스토랑 이름은 '솔리타'이지만, '10인치 커스텀 피자'로 더 많이 알려져 있다. 전 메뉴 포장 가능하고, 10% 할인도 된다.

📍143 London circuit ⏱(점심)화~목요일 12:00~14:00, (저녁) 화~토요일 17:00~ 📱6247-1010 🏠www.solita.com.au

02

Charcoal Grill Restaurant

차콜에 구운 오지 스타일 스테이크

1962년에 문을 연 스테이크 하우스. 캔버라에서 가장 오래된 레스토랑 중 한 곳이다. 이곳의 최고 인기 메뉴는 차콜에서 구운 오지 비프스테이크. 한번 먹어보면 그 맛을 잊지 못할 정도. 100종이 넘는 호주산 와인도 있다. 오픈 이후 한번도 자리를 옮긴 적이 없는 만큼 인테리어는 올드하지만, 그 느낌과 변함없는 맛 때문에 찾는 사람이 많다. 쉬는 날이 많으니 문을 여는 요일과 시간을 반드시 확인하고 갈 것.

📍Melbourne Bldg., 61 London Circuit ⏱런치 화~금요일 12:00~14:30, 디너 화~토요일 18:00~21:30 📱6248-8015 🏠www.charcoalrestaurant.com.au

---

······ TIP ······
캔버라의 자전거

캔버라에서 가장 많이 눈에 띄는 것은 자전거를 탄 시민들의 모습이다. 호숫가는 물론이고 도심 곳곳에서도 자전거를 타고 여유롭게 오가는 모습을 볼 수 있다.

계획도시답게 언덕보다는 평지가 많은 캔버라의 지형과 아름다운 가로수 그리고 잘 정비된 자전거 전용도로가 자전거를 하나의 교통수단으로 정착시켜준 것. 곳곳에 설치된 자전거 보관소도 인상적이다. 주의할 점은 캔버라뿐 아니라 호주에서 자전거를 탈 때는 반드시 헬멧을 비롯한 각종 안전장비를 갖춘 뒤에 타야 한다는 것이다.

또 독특한 캔버라의 도로체계 때문에 자칫 길을 잃을 염려가 있으므로, 인포메이션 센터나 자전거 대여점에서 미리 도로 지도를 입수하는 것도 잊지 말자. 자전거 도로가 표시된 지도는 신문 가판대나 서점, 안내센터 등에서 구입할 수 있다.

캔버라의 자전거 대여소 Mr. Spokes Bike Hire
📍Barrine Dr., Acton ⏱09:00~17:00(겨울 10:00~16:00)
❌화요일 📱6257-1188 🏠www.mrspokes.com.au

03

Akiba
퓨전 이자카야

나름 경쟁 치열한 시티센터에 자리하고 있어서 주변 레스토랑들과의 경쟁에서 살아남은 맛집 중 한 곳이다. 얼핏 보기에는 일식 레스토랑인데, 메뉴를 들여다보면 홍콩식 딤섬과 말레이식 바비큐, 중국식 나물볶음이나 싱가포르식 볶음밥 같은 다양한 아시아 요리들이 보인다. 굳이 표현하자면 딱, 이자카야 같은 느낌. 메뉴들은 고르게 맛있고 분위기도 캐주얼하다.

📍 40 Bunda St. 🕐 11:30~15:00, 17:30~24:00
📱 6162-0602 🏠 www.akiba.com.au

talk 🔊 **호주의 수도는 캔버라예요!**

'사람들이 모이는 곳 Meeting Place'이라는 뜻의 캠버라 Kamberra. 이곳에 도시가 만들어질 것을 미리 예견이라도 한 것처럼 애버리진은 예전부터 이 땅을 그렇게 불러왔습니다.

1901년, 영연방에서 독립해 자치권을 얻은 호주 정부는 흩어진 민심을 수습하고 새 정부의 권위를 보여줄 수 있는 새로운 수도의 건립을 놓고 고민하게 되었는데, 영원한 맞수 시드니와 멜번이 한 치도 물러설 수 없는 각축을 벌이면서 기나긴 7년의 시간을 끌었지요.

1908년, 어느 쪽도 선택할 수 없었던 정부는 마침내 두 도시의 가운데에 새로운 수도를 건립하기로 결정하고 수도가 될 새로운 땅을 매입했습니다. 1913년에 현재의 '캐피털 캔버라 Capital Canberra'라는 정식 명칭이 붙게 되었고. 수도 건설이 진행되는 동안에는 멜번이 임시 수도의 역할을 맡았습니다.

그러나 세계 최대의 계획도시 프로젝트가 나라 안팎의 사정으로 난항을 거듭하는 바람에, 본격적인 궤도에 오른 것은 제2차 세계대전이 끝난 후부터. 비로소 반세기를 끌어온 수도 건설의 과제를 마치게 된 거지요. 도시의 이름처럼 초기에는 5만 명에 지나지 않던 인구가 현재는 6배에 달하는 30만 명을 넘어섰다고 합니다. 정치·외교·경제의 중심지로도 발돋움한 캔버라는 세계 최대의 인공도시라는 명예로운 이름으로 미래도시의 바람직한 모델이 되고 있습니다.

선샤인 스테이트

퀸즐랜드 주
QUEENSLAND

━━━ DATA ━━━

면적 185만3000㎢ **인구** 약 470만 명 **주도** 브리즈번 **시차** 한국보다 1시간 빠르다 **지역번호** 07

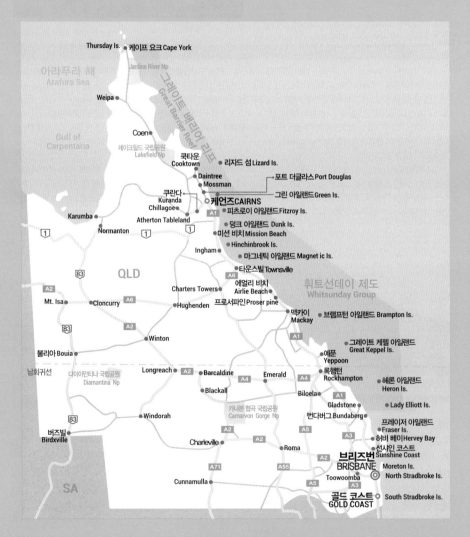

이것만은 꼭!
HAVE TO TRY

세계 최대의 대 산호초 그레이트 배리어 리프에서 만끽하는 스쿠버 다이빙 또는 스노클링. 바닷속이 마치
봄날의 꽃밭 같다. 아름다운 휘트선데이 제도에서의 요트 세일링 또한 놓치지 말아야 할 즐거움.

케언즈에서 쿠란다까지 운행하는 시닉 레일웨이 또는 세계 최장 길이의 스카이레일을 타고
열대우림 경험하기. 두 가지 모두 경험해볼 가치가 충분하다.

허비 베이에서 험프백 고래 관찰. 7월 마지막 날부터 시작되는 고래떼의 이동은
10월 마지막 주까지 계속된다. 이 기간에는 고래떼의 재롱을 눈앞에서 관찰할 수 있다.

세계 최대의 모래섬 프레이저 아일랜드에서 4WD 차량을 타고 해변 달리기. 남에서 북으로 길게 뻗은
75마일 비치를 달리면 세상 끝에 다다를 것 같다. 운이 좋으면 호주 토종개 딩고를 만날 수도.

QUEENSLAND

● Brisbane

한번쯤 살아보고 싶은 도시
브리즈번
BRISBANE

브리즈번은 호주에서 세 번째로 큰 도시다. 남쪽으로는 호주 최대의 휴양지 골드 코스트가, 북쪽으로는 선샤인 코스트의 환상적인 해변이 도시를 감싸고 있어서 휴양지로 떠나는 발걸음들이 한 번쯤 머무는 곳이다.

퀸즐랜드의 행정수도이기도 한 이곳은 호주인들이 가장 살고 싶어 하는 도시로 꼽는 곳이기도 하다. 일 년 내내 꽃이 피고, 덥지 않은 여름과 춥지 않은 겨울을 가진 도시. 쾌적한 공기와 강을 따라 펼쳐지는 시원한 전경, 높이 솟은 고층빌딩과 고풍스러운 건축물들의 조화 그리고 세계 각국의 다양한 인종이 활기차게 살아가는 국제적인 면모. 이 도시를 찾은 사람들 모두가 '선샤인 캐피털'이라는 애칭에 절로 동감하게 된다.

👫 인구 **약 225만 명**   ☎ 지역번호 **07**

인포메이션 센터

Brisbane Visitor Information and Booking Centre

📍 The Regent, 167 Queen Street Mall, Queen St. 🕐 월~목요일 09:00~17:30, 금요일 09:00~19:00, 토요일 09:00~17:00, 일요일 10:00~17:00 ❌ 굿 프라이데이, 크리스마스 📞 3006-6290 🏠 www.visitbrisbane.com.au

South Bank Visitor Centre

📍 Stanley Street Plaza, South Bank Parklands 🕐 09:00~17:00(안작데이 13:00~17:00) ❌ 굿 프라이데이, 크리스마스 📞 3156-6366

브리즈번 미리보기

어떻게 다니면 좋을까?

도시의 전체적인 형태는 브리즈번강을 중심으로 둘로 나뉜다. 도시를 뱀처럼 구불구불 감도는 브리즈번강을 따라 북쪽에는 시청과 쇼핑가, 트랜짓센터 등이 자리 잡고 있으며 남쪽에는 강을 따라 공원과 박물관·갤러리·전망대 등이 자리하고 있다. 북쪽이 행정과 쇼핑의 중심가라면, 남쪽은 문화와 예술 특구인 셈이다.

브리즈번은 10개 이상의 행정구역으로 나누어진 대도시라서 220만 인구의 발이 되는 대중교통 역시 잘 발달된 편. 교통체제는 버스와 페리·전철이 하나의 시스템으로 통합되어, 하나의 티켓으로 세 가지 교통수단을 모두 이용할 수 있다. 곳곳에 마련된 공공 자전거를 이용하거나 자전거 시티투어를 이용하는 것도 좋다.

어디서 무엇을 볼까?

시내는 넓은데 볼거리는 흩어져 있는 다른 도시들에 비해 브리즈번은 매우 짜임새 있는 도시라 할 수 있다. 규모로 보자면 호주 제3의 대도시지만, 주요 볼거리들이 시내를 중심으로 몰려 있어서 아침 든든히 먹고 출발하면 웬만한 볼거리는 하루 동안 다 걸어서 둘러볼 수 있다. 전체 일정을 둘로 나누어 브리즈번강 노스와 사우스를 하루씩 둘러보는 것이 좋다.

BRISBANE

어디서 뭘 먹을까?

대도시답게 다양한 입맛을 충족시킬 수 있는 먹을거리가 널려 있다. 오랜만에 제대로 된 한식을 맛볼 수도 있으며, 꽤 근사한 레스토랑에서 정통 이탈리아 요리나 프랑스 요리도 맛볼 수 있다. 한편 브리즈번은 퀸즐랜드의 어느 도시보다 한국 음식점과 식품점이 많으므로 굳이 외식을 하지 않더라도 저렴하게 한국 음식을 직접 만들어 먹을 수 있는 장점이 있다. 시티의 엘리자베스 스트리트를 중심으로 한국 식당들이 몰려있고, 한인 마트에 가면 라면은 물론 고추장·된장 등 한식 재료 일체를 호주에서 가장 싼(?) 값에 살 수 있다.

어디서 자면 좋을까?

대부분의 경제적인 숙소들은 트랜짓센터를 중심으로 사방 1km 안팎에 밀집되어있다. 따라서 굳이 픽업 서비스를 받지 않더라도 숙소까지 갈 수 있으며, 숙소에서 시티까지도 손쉽게 걸어 다닐 수 있다.

차이나타운 근처에도 저렴한 숙소가 여러 군데 있어서 예전의 명성을 이어가고 있으나, 아무래도 시티까지는 조금 거리가 있다. 고급 호텔들은 전망이 좋은 브리즈번 강변에 모여 있고, 최근에는 아파트먼트의 공급이 눈에 띄게 늘었다.

브리즈번 가는 방법

브리즈번은 호주 전역은 물론이고 전 세계 주요 도시와도 항공노선이
연결되어 있어서 드나들기가 무척 편리한 도시다. 호주 내에서는 비행기·버스·기차 등의
다양한 교통편을 이용해 브리즈번으로 갈 수 있다.

브리즈번으로 가는 길

경로	비행기	버스	거리(약)	경로	비행기	버스	거리(약)
인천 → 브리즈번	9시간 30분			타운스빌 → 브리즈번	1시간 50분	23~24시간	1555km
시드니 → 브리즈번	1시간 30분	17시간	1025km	누사 → 브리즈번		2~3시간	160km
케언즈 → 브리즈번	2시간 20분	29시간	1925km	퍼스 → 브리즈번	4시간 30분		5185km

비행기 Airplane

한국 ⟶ 브리즈번

인천 국제공항에서 브리즈번까지는 대한항공이 주 7회,
제트스타가 주 3회 직항편을 운행하고 있다. 이외에도 시
드니를 경유할 경우 더 많은 시간대의 항공편을 선택할 수
있다.

호주의 각 도시 ⟶ 브리즈번

제트스타, 버진 오스트레일리아, 콴타스 항공이 브리즈번
과 호주의 각 도시를 연결한다. 시드니·멜번·케언즈·퍼스·다
윈 등의 대도시는 물론이고 해밀턴 아일랜드와 휘트선데이
코스트 같은 퀸즐랜드 주의 섬들, 그리고 멀리 태즈마니아
의 호바트, 론서스톤까지도 비행기 노선이 연결되어 있다.

주요 항공사
· 콴타스 🏠 www.qantas.com.au
· 버진 오스트레일리아 🏠 www.virginaustralia.com
· 제트스타 🏠 www.jetstar.com

공항 ⟶ 시내

브리즈번 공항은 시내에서 북동쪽으로 15km쯤 떨어져 있
다. 국제선과 국내선 청사가 나뉘어 있지만 수시로 무료 셔
틀버스가 다니기 때문에 불편한 점은 없다. 공항에서 시내
로 가는 가장 일반적인 교통수단은 에어트레인 Airtrain이
라는 이름의 기차를 이용하는 것이다. 에어트레인은 매일

새벽부터 저녁까지 15분마다 공항과 브리즈번 매표소와
시티센터를 오가며 사람들을 나르는 일종의 공항철도로,
이 도시에 처음 온 사람도 손쉽게 이용할 수 있는 대중교통
수단이다. 매표소와 타는 곳은 국제선과 국내선 청사를 나
오자마자 있으며, 브리즈번 시내까지 20분이 소요된다. 숙

소까지 도어 투 도어 서비스를 원한다면 콘액션 Con-X-ion 버스를 이용하면 된다. 골드 코스트, 선샤인 코스트, 시드니, 멜번, 케언즈에서도 동일한 브랜드의 버스가 공항셔틀 역할을 하고 있다.

일행이 있을 때는 택시가 더 경제적일 수 있는데, 시내까지 대략 20분 정도 걸리며, 요금은 A$45~55선이다. 우버택시는 A$40~50 정도에 이용할 수 있다.

에어트레인
ⓒ 05:30~20:30 Ⓢ 공항→브리즈번 센트럴 편도 A$21.90(온라인 예매 시 18.62) *2024년 상반기까지 한시적으로 온라인 예약자에 한해 편도 요금으로 왕복편을 이용할 수 있다. 📞 3215-5000 🏠 www.airtrain.com.au

콘액션 Con-X-ion 버스
Ⓢ 공항→시티 편도 A$32, 왕복 A$61 📞 1300-266-946
🏠 www.con-x-ion.com

버스 Bus

그레이하운드 버스의 퀸즐랜드를 향한 상행선과 뉴사우스웨일스를 향한 하행선이 맞물려 있는데다가, 다양한 로컬버스 회사들까지 가세해서 브리즈번으로의 여행길을 재촉하고 있다. 이 모든 장거리 버스들이 도착하는 곳은 로마 스트리트의 트랜짓센터. 버스가 건물을 돌고 돌아서 3층 대합실에 도착한다.

트랜짓센터 안에는 각종 투어 데스크와 버스 회사의 발매 데스크, 푸드 몰, 우체국 등이 들어서 있으며, 3층에는 일자리를 구하는 여행자를 위한 숙소 및 구직 안내 센터 Backpackers Employment Service도 자리하고 있다. 커다란 배낭도 충분히 들어가는 무인 로커 시설까지 갖췄다.

브리즈번 트랜짓센터 📍 151/171 Roma St., Brisbane City 📞 7238-4511 🏠 www.brisbanetransitcentre.com.au

💬 talk **브리즈번은 뉴사우스웨일스 주의 부총독 이름**

호주 대부분의 도시가 그렇듯, 브리즈번 또한 유형의 역사를 간직하고 있습니다. 브리즈번 북쪽의 레드 클리프에 있던 유배지가 현재의 브리즈번 자리로 옮겨지면서 인구가 유입됐고, 이후 유배제도가 폐지됨에 따라 자유 이민자가 늘어나기 시작했습니다.

1859년 퀸즐랜드 주로 독립하기 전까지는 뉴사우스웨일스 주의 일부였으며, '브리즈번'이라는 지명도 뉴사우스웨일스 주의 부총독이었던 '토머스 브리즈번 Tomas Brisbane'에서 유래했다고 합니다.

브리즈번 시내교통

교통 통합 시스템, 트랜스링크 Translink

퀸즐랜드 동남부의 교통 통합 시스템, 트랜스링크는 브리즈번 시내를 2개의 존으로 나누고, 골드 코스트에 이르는 브리즈번 동남쪽 지역까지 6개의 존을 추가해서 총 8개의 존으로 나누었다. 존을 나누어 놓은 이유는 거리에 따라 요금을 징수하겠다는 뜻. 따라서 같은 존 안에서는 트레인, 버스, 페리 세 가지 교통편을 모두 이용할 수 있지만, 존이 달라지면 추가 요금이 발생한다. 예를 들어 1회권에 해당하는 싱글 티켓을 구입하면, 2시간 이내에 몇 번이고 세 가지 교통수단을 바꿔 탈 수 있다. 단, 이동 반경은 티켓에 명시된 존 안에서만 가능하다. 아래에 표시된 구간별 요금표에서 컬러 표시된 부분이 브리즈번 시내에 해당된다.

트랜스링크 구간별 요금

Zone	Single	go card
1	**5.10**	**3.55**
2	**6.30**	**4.34**
3	9.60	6.63
4	12.60	8.72
5	16.60	11.46
6	21.10	14.55
7	26.20	18.10
8	31.10	21.48

트랜스 링크 📱 13-12-30 🏠 www.translink.com.au

선택할 수 있는 티켓은 2종류다. 종이로 된 1회권 싱글 티켓과 일종의 할인 카드인 go card. 그러나 go card의 경우 레지던스(거주자) 등록을 해야 하고 보증금도 내야 하는 등 여행자가 이용하기에는 다소 불편한 카드다. 이를 보완하기 위해, **여행자를 위한 카드가 나왔으니 이름하여 'Go SeeQ'. 고씨큐 카드는 별도의 등록 없이 신문 가판대, 관광 안내소, 트랜스링크 홈페이지에서 구입할 수 있으며, 3일(A$79)과 5일(A$129)의 정해진 기간 동안 버스, 시티트레인, 페리를 무제한 이용할 수 있다.**

대부분의 시내버스는 마이어센터 지하의 퀸 스트리트 버스 스테이션에 집결한다. 다른 도시와는 다르게 최고 번화가인 퀸 스트리트 몰 한가운데, 그것도 마이어센터 지하에 버스 정류장이 있다는 점도 색다르고, 그 규모 또한 놀랍다. 지상에도 버스 정류장이 있는데, 타운홀 광장이 있는 애들레이드 스트리트가 바로 그곳. 길게 늘어선 정류장의 번호에 따라 목적지가 달라진다. 관광안내소나 퀸 스트리트 지하 정류장의 교통 안내센터에서 노선표를 받아볼 수 있다.

무료 버스 시티 루프 City Loop

40번과 50번 노선버스로 시티센터를 10분 간격으로 순환하는 무료 버스다. 앞면의 전광판에 'Free Loop'라고 씌어 있어서 눈에 띈다. 버스 정류장의 이정표에 노선이 그려져 있으며, 안내방송까지 나오므로 원하는 목적지를 그냥 지나칠 일은 없다. 단, 이 버스는 한 방향으로만 돈다는 사실을 염두에 둘 것. 즉 시계 방향(40번)과 반시계 방향(50번) 두 가지 노선이 시내를 감싸돌며 운행한다. 타운홀, 안작 스퀘어, 퀸 스트리트 몰, 보타닉 가든 등 대부분 걸어다닐 수 있는 관광지를 순환하므로, 걷다가 지치거나 기분전환이 필요할 때 적절히 활용할 만하다. 월~금요일 07:00~17:50에 10분마다 운행한다.

시티트레인 Citytrain

브리즈번 시내와 근교를 연결하는 6개 노선이 있다. 시내에서는 마치 지하철처럼 촘촘히 연결하고, 멀리는 골드 코스트와 선샤인 코스트까지 연결하는 광역 철도 노선이 된다. 트랜짓센터와 연결되는 로마 스트리트역, 시티 중심부에 있는 센트럴역, 포티튜드 밸리역에는 모든 노선의 전차가 정차한다. 버스로 갈아탈 때도 이 3개 역을 이용하는 게 편리하다. 참고로, 에어트레인 역시 시티트레인의 일종으로, 공항과 시내를 연결하는 노선의 이름이다.

(talk) ▶ 브리즈번에서 길 찾기

무슨 이유인지는 모르지만, 브리즈번 번화가의 거리는 남자와 여자의 이름으로 동서를 구분하게 되어 있습니다. 예를 들면 동서로 연결된 거리는 엘리자베스·퀸·앤·애들레이드·샬럿·메리·마가렛·앨리스 등의 여자 이름이고, 남북으로 이어진 거리는 조지·앨버트·에드워드 등의 남자 이름이랍니다. 길을 가다가 '여기가 어디지?'라는 생각이 들 때는 거리 이름을 보세요. 여자 이름이면 동서 노선, 남자 이름이면 남북 노선. 적어도 동서남북은 파악되겠죠?

또 하나 눈여겨봐야 할 곳은 도심의 남쪽 끝에 있는 조지 스트리트입니다. 조지는 남자 이름이니 남북으로 난 길이겠지요. 중요한 것은 이 거리의 분위기. 시청, 주의사당 그리고 애초에 관공서로 사용되었던 카지노 등으로 이루어진 일종의 관청가라 할 수 있습니다. 고딕·콜로니얼·르네상스 등 갖가지 건축양식이 어우러진 건물들이 도시의 품위를 더해주어 마치 건축역사 박물관에 온 것 같습니다. 길을 걷다가 관청과 심상찮은 양식의 건축물이 줄줄이 나오면 그곳이 바로 시티의 남쪽 끝 조지 스트리트입니다!

브리즈번 시티트레인 노선도

* QS : Queen Street Bus Station
* KGS : King George Square Busway Station

Caboolture Line
Redcliffe Peninsula Line
Petrie
Lawnton
Bray Park
Strathpine
Bald Hills
Carseldine
Zillmere
Geebung
Sunshine
Virginia

Shorncliffe Line
Shorncliffe
Sandgate
Deagon
North Boondall
Boondall
Nudgee
Banyo
Bindha
Northgate
Nundah
Toombul

International Airport 국제선 공항
Domestic Airport 국내선 공항
Airport Line

Ferry Grove Line
Ferny Grove
Keperra
Grovely
Oxford Park
Mitchelton
Gaythorne
Enoggera
Alderley
Newmarket
Wilston
Windsor
Royal Brisbane Women's Hopital
Federation Street
Herston
QUT Kelvin Grove

Kedron Brook
Lutwyche
Truro Street
Busway

Clayfield
Hendra
Ascot
Eagle Junction
Wooloowin
Albion
Doomben
Doomben Line

Normanby
Milton
Auchenflower
oowong
aringa
Special event service only

로마 스트리트
Roma Street
QS   KGS

Bowen Hills
보웬 힐스
Fortitude Valley

Brisbane Central 브리즈번 센트럴

Cultural Centre
컬처센터
Busway
UQ Lakes

South Brisbane 사우스 브리즈번
South Bank 사우스 뱅크
Mater Hill
Woolloongabba

Indooroopilly
Chelmer
Graceville
Sherwood
Corinda
Oxley
acol
Goodna
Redbank
Darra
Gailes

Dutton Park Place
Boggo Road
PA Hospital

Park Road 파크로드
Dutton Park
Fairfield
eronga
eerongpilly
Moorooka
Rocklea
Salisbury
Coopers Plains
Banoon
Sunnybank
Altandi
Runcorn
Fruitgrove
Kuraby
Trinder Park
Woodridge
Kingston

Buranda
Coorparoo
Norman Park
Morningside
Cannon Hill
Murarrie
Hemmant
Lindum
ynnum North
ynnum
Wynnum Central
Manly
Lota
Thorneside
Birkdale
ellington Point
Ormiston
Cleveland
Cleveland

Langlands Park
Stones Corner
Busway
Greenslopes
Holland Park West
Griffith University
Upper Mount Gravatt
Eight Mile Plains
Busway

Richlands
Springfield
Springfield Central
Springfield Line

Ipswich/
Rosewood Line

Loganlea
Bethania
Edens Landing
Holmview
Beenleigh
Beenleigh Line

Gold Coast Line

218

페리 Ferry

브리즈번강을 가르는 세 종류의 페리는 관광용인 동시에 시민의 일상 교통수단이기도 하다. ❶ 시티캣 City Cat이라는 이름의 쾌속선은 18개의 선착장을 거치면서 날렵하게 강을 가른다. 시티캣이 강의 긴 부분을 운행하는 반면, 시티센터의 좁은 구간에서만 운행하되 시티캣이 정차하지 않는 곳까지도 멈춰 서서 사람들을 태우는 것이 ❷ 시티호퍼 City Hopper다. 강의 북쪽과 남쪽을 연결하는 ❸ 크로스 리버 페리 Cross River Ferry는 시민들의 출퇴근 교통수단으로 사랑받고 있다.

페리는 강 곳곳에 설치된 페리 선착장에서 타고 내릴 수 있으며, 요금은 앞서 설명한 트랜스링크 통합 시스템에 따라 거리별로 부과된다. 페리의 모든 정류장은 존 1에 해당되며, 존 안의 다른 교통수단으로의 환승은 무료다. 따라서 하루 정도는 데일리 티켓을 구입해서 버스나 전철·페리까지 이용해 보는 것도 알뜰 여행의 지혜다.

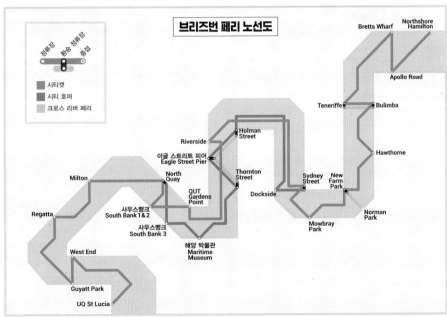

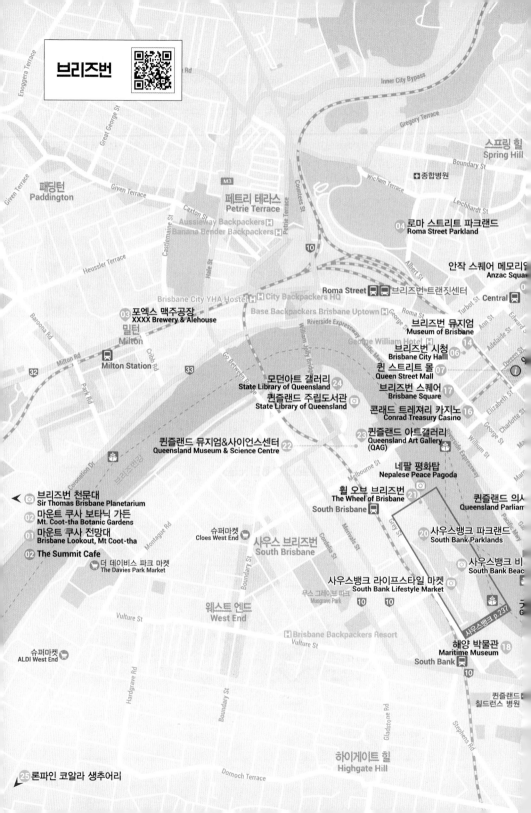

브리즈번

스프링 힐
Spring Hill

페트리 테라스
Petrie Terrace

Aussieway Backpackers
Banana Bender Backpackers

04 로마 스트리트 파크랜드
Roma Street Parkland

안작 스퀘어 메모리얼
Anzac Square

패딩턴
Paddington

Brisbane City YHA Hostel
City Backpackers HQ
Roma Street 브리즈번 트랜짓센터
Base Backpackers Brisbane Uptown
Central

03 포엑스 맥주공장
XXXX Brewery & Alehouse

밀턴
Milton

브리즈번 뮤지엄
Museum of Brisbane

George William Hotel

브리즈번 시청
Brisbane City Hall

Milton Station

07 퀸 스트리트 몰
Queen Street Mall

24 모던아트 갤러리
State Library of Queensland

17 브리즈번 스퀘어
Brisbane Square

퀸즐랜드 주립도서관
State Library of Queensland

16 콘래드 트레져리 카지노
Conrad Treasury Casino

22 퀸즐랜드 뮤지엄&사이언스센터
Queensland Museum & Science Centre

23 퀸즐랜드 아트갤러리
Queensland Art Gallery
(QAG)

네팔 평화탑
Nepalese Peace Pagoda

브리즈번 천문대
Sir Thomas Brisbane Planetarium

21 휠 오브 브리즈번
The Wheel of Brisbane

South Brisbane

퀸즐랜드 의사
Queensland Parlia

02 마운트 쿠사 보타닉 가든
Mt. Coot-tha Botanic Gardens

01 마운트 쿠사 전망대
Brisbane Lookout, Mt Coot-tha

20 사우스뱅크 파크랜드
South Bank Parklands

02 The Summit Cafe

슈퍼마켓
Cloes West End

사우스 브리즈번
South Brisbane

사우스뱅크 비
South Bank Beac

더 데이비스 파크 마켓
The Davies Park Market

사우스뱅크 라이프스타일 마켓
South Bank Lifestyle Market

무스 그레이브 파크
Musgrave Park

웨스트 엔드
West End

슈퍼마켓
ALDI West End

Brisbane Backpackers Resort

사우스뱅크 D 237

해양 박물관
Maritime Museum
South Bank

18

퀸즐랜드
칠드런스 병원

하이게이트 힐
Highgate Hill

25 론파인 코알라 생추어리

브리즈번 추천 코스

브리즈번강을 중심으로 강북과 강남으로 코스를 나누는 것이 이동하기에 편하다.
강북의 카지노에서 빅토리아 다리를 건너 퀸즐랜드 미술관으로 바로 넘어갈 수도 있지만,
편의상 이틀에 나누어 강북과 강남을 둘러보도록 한다.

DAY 01

강북의 시티센터 워킹 코스.
관청, 우체국, 몰, 트랜짓센터, 백화점
등이 모여 있는 브리즈번 북부는 정치와
행정의 중심지다. 특히 퀸 스트리트
몰을 중심으로 형성되어 있는
각종 편의시설은 여행자들에게도
매우 유용하다. 가벼운 워킹만으로도
브리즈번의 활기를 느낄 수 있다.

🕐 예상 소요시간 7~8시간

Start

브리즈번 시청
아름다운 광장과 시계탑

버스 20~30분

도보 5분

마운트 쿠사 전망대
브리즈번을 한눈에

자동차 20분

퀸 스트리트 몰
젊음과 열정이 넘치는 공간, 브리즈번의 심장부

자동차 10분, 도보 30분

파워하우스
팩토리의 아름다운 변신

자동차 20분

도보 10분

보타닉 가든
도심 속의 오아시스

도보 5분

콘래드 트레저리 카지노
혹시 알아요, 돈벼락 맞을지?

자동차 20분

잇 스트리트 마켓
주말에 꼭 가야하는 야시장

Finish

DAY 02

브리즈번 강남의 문화가 산책.
굿윌 브리지를 건너 강을 거슬러
올라가는 코스. 사우스뱅크 파크랜드의
다채로운 어트랙션을 따라 걷다보면
박물관과 미술관·공원·전망대 등에
다다른다. 전체적으로 문화·예술의
향기가 짙은 일정. 박물관이나
미술관에 별 관심이 없는 사람이라면
조금 무리해서 첫째 날 코스에
둘째 날 코스를 덧붙여도 괜찮다.

🕐 예상 소요시간 8~10시간

Start

굿윌 브리지
이보다 아름다울 수 없는 보행자 다리

도보 10분

사우스뱅크 파크랜드
하염없이 걸어도 좋을 것 같은 길

도보 10분

사우스뱅크 비치
강을 바라보며 해수욕!

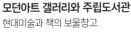

도보 15분

퀸즐랜드 뮤지엄 & 사이언스 센터
입구부터 기선 제압하는 고래 화석

도보 10분

모던아트 갤러리와 주립도서관
현대미술과 책의 보물창고

자동차 20분, 페리 1시간15분

론파인 코알라 보호구역
코알라가 주인인 동물원

Finish

01
마운트 쿠사 전망대 Brisbane Lookout, Mt Coot-tha

브리즈번을 그대 품에

브리즈번 시내 애들레이드 스트리트에서 트랜스링크 471번 버스를 타고 20~30분 정도만 가면 해발 270m의 나지막한 야산이 나온다. 시내에서 서쪽으로 7km 떨어진 이곳은 굽이치는 브리즈번강과 시내를 한눈에 내려다볼 수 있는 곳. 마치 비행기를 타고 공중에서 내려다보는 것처럼 시가지의 모습이 360도 파노라마로 펼쳐진다. 산 아래에는 보타닉 가든과 토머스 브리즈번 천문대 Sir Thomas Brisbane Planetarium가 있고, 식물원에서 다시 5분쯤 드라이브 코스를 따라 올라가면 전망대가 나온다. 전망대에 오르면 팔각정을 연상시키는 아담한 누각이 나오고, 사방이 빨간 지붕의 전망대 레스토랑 마운트 쿠사 서미트 레스토랑 Mt. Coot-tha Summit Restaurant이 눈에 띈다. 전망대에서 바라보는 풍경은 상상 그 이상. 만약 날씨가 좋다면 스스로 행운아

라고 자부해도 좋다. 이곳에 오르지 않았으면 숲은 보지 못하고 나무만 볼 뻔했다는 안도감이 절로 생긴다. 이곳에서 보는 브리즈번은 커다란 숲과 같이 전체가 한눈에 들어오기 때문. 멀리 저 혼자 흘러 흘러 모튼 베이까지 흘러가는 브리즈번강의 물줄기가 마치 살아 꿈틀거리는 생명체처럼 느껴진다.

📍 Sir Samuel Griffith Dr., Brisbane Lookout, Mt Coot-tha ⓢ 무료 ☎ 3369-9922
🏠 www.brisbanelookout.com

마운트 쿠사 보타닉 가든 Mt. Coot-tha Botanic Gardens

내 마음 속 시크릿 가든

브리즈번에는 두 개의 보타닉 가든이 있다. 시티의 보타닉 가든과 바로 이곳, 마운트 쿠사 보타닉 가든. 규모로 보자면 야산을 활용해서 만든 마운트 쿠사 쪽이 훨씬 더 크게 느껴진다. 56만㎡ 규모의 식물원 안에는 여러 개의 호수와 다양한 수종의 관목숲이 있으며, 곳곳에 피크닉 장소가 마련되어 있어서 나들이 코스로 적합하다.

커다란 돔으로 이루어진 열대식물관 Tropical Dome 안에는 사시사철 희귀한 아열대 식물들이 꽃을 피우고 있어 장관이다. 가든과 접하고 있는 천문대 Sir Thomas Brisbane Planetarium와 비지터센터 Mt. Coot-tha Visitor Information Centre도 놓치지 말고 들러보자.

♀ 152 Mount Coot Tha Rd., Mount Coot-Tha
🕐 9~3월 08:00~17:30, 4~8월 08:00~17:00
💲 무료 📞 3403-8888
🏠 www.brisbane.qld.gov.au/botanicgardens

포 엑스 에일 하우스 맥주공장 XXXX Brewery & Alehouse

맥주러버를 위한 성지

시티에서 마운트 쿠사 방향으로 밀톤 로드의 오르막길을 올라가면 오른쪽으로 'XXXX'라고 적혀 있는 커다란 간판을 볼 수 있다. 월요일부터 토요일까지 매일 4회씩 가이드 투어를 실시하며(토요일은 9회), 예약한 소수의 정원만 견학할 수 있다. XXXX 맥주는 호주 최대의 맥주 회사이자, 퀸즐랜드 주 곳곳에서 'Our Beer'라는 타이틀을 볼 수 있을 만큼 타의 추종을 불허하는 180년 전통의 맥주 브랜드. 보통 'Four X'라고 읽는다. 맥주 공장 투어의 하이라이트는 뭐니 뭐니 해도 시음. 공장 견학을 마친 후 이 공장에서 생산하는 다양한 맥주를 맛볼 수 있다. 투어에 참가하지 못할 경우에는 새롭게 문을 연 에일 하우스 갤러리 Alehouse Gallery를 방문해 보자. 투어를 마친 사람들이 집결하는 곳이기도 한데, 이름은 갤러리지만 맥주 갤러리이다 보니 딱 분위기 좋은 퍼브로 이용되곤 한다. XXXX 맥주는 물론이고 안주가 될 만한 간단한 스낵 메뉴들도 다양하게 갖춰져 있다. 갤러리는 투어와 상관없이 일반에게 오픈되어 있으며, 18세 이상만 맥주 투어에 참여할 수 있다.

♀ Milton Rd., Milton 🕐 화~금요일 11:00, 13:00, 15:00, 17:00, 토요일 11:00~14:00(30분 간격), 15:00, 17:00 ❌ 일요일, 공휴일, 12월 23일~1월 2일 💲 투어 어른 A$37 📞 3361-7597 🏠 www.xxxx.com.au

로마 스트리트 파크랜드 Roma Street Parkland

시티의 보타닉 가든이 평지에 위치한 드넓은 공원이라면, 로마 스트리트 파크랜드는 언덕에 자리한 대규모 야외 식물원과 같다. 도심에 자리하고 있어서 브리즈번 시민들의 피크닉 장소로 인기가 높고, 어린이들의 놀이터로도 최상의 장소다. 아름답게 조성된 정원과 곳곳에 마련된 연못, 드넓은 잔디밭과 갖가지 조형물들이 어우러져 평화로우면서도 아름답다. 매일 오전 10시부터 공원 내를 돌아다니는 트롤리를 이용하면 약 15분 동안 편안하게 공원을 돌아볼 수 있다. 걷다가 힘들면 트롤리를 이용할 것. 로마 스트리트 트랜짓센터를 통과하면 건물 뒤편에 파크랜드 입구로 향하는 엘리베이터와 에스컬레이터가 있다. 365일 24시간 개방되며, 입장료도 무료다.

📍 1 Parkland Blv., Brisbane City 🕐 24시간 💲 무료 📱 1300-137-468
🏠 www.romastreetparkland.com

안작 스퀘어 Anzac Square

센트럴역 건너편에 그리스 신전처럼 품위 있는 원형 건축물이 시선을 끈다. 이 건축물은 제1차 세계대전 중 전사한 호주 군인들을 기념하기 위해 1930년에 세운 일종의 전쟁기념 조형물이다. 여러 기둥으로 둘러싸인 가운데에는 전사자를 기념하는, 영원히 꺼지지 않는 불꽃이 타고 있다. '안작'은 제1차 세계대전에 참전했던 호주와 뉴질랜드 연합군(Australian And New Zealand Army Corps)의 정식 명칭. 제1차 세계대전 때 창설된 안작군은 제2차 세계대전과 한국전·베트남전에도 참전했다.

📍 285 Ann St., Brisbane City 📱 3403-8888
🏠 www.brisbane.qld.gov.au

브리즈번 시청 Brisbane City Hall

시민의, 시민을 위한

대리석 건물의 웅장한 자태는 둘째 치더라도 건물 앞의 넓고 자유로운 광장, 휴식처가 되는 공간 등이 부러움을 자아낼 뿐이다. 시청이 공무원을 위한 곳이 아니라 온전히 시민들의 공간이라는 사실을 보여주는 곳이다. 1920년대에 완성된 이 건물은 네오클래식이라는 건축양식이 말해주듯, 고전이면서도 모던한 품격을 지니고 있다. 시청 앞 광장은 몇 차례의 변신 끝에 복합퍼포먼스 공간으로 탈바꿈했다.

📍 64 Adelaide St., Brisbane City ⏰ 월~금요일 08:00~17:00 📱 3403-8888 🏠 www.brisbane.qld.gov.au

시계탑 전망대

시청 건물 입구를 지나 안으로 들어가면 커다란 홀이 나오고 왼쪽에는 미술관과 박물관이 자리 잡고 있다. 미술관 입구의 엘리베이터를 타고 3층으로 올라가면 다시 시계탑 전망대용 엘리베이터가 나온다. 사람이 일일이 손으로 작동하는 오래된 전망 엘리베이터를 타는 일도 흥미롭고, 거대한 시계탑의 내부를 들여다보는 일도 흔히 접할 수 있는 광경은 아니다. 자칫 정시가 되어 시계추가 울리면 고막이 떨어져나갈 정도로 커다란 소리가 난다. 높이 92m의 시계탑 전망대에서 바라보는 브리즈번의 경치는 한번쯤 감상할 만하다. 단, 안전 문제로 한번에 7명까지만 엘리베이터에 탑승할 수 있으니 서둘러서 예약할 것.

📍 Lvl 3, City Hall 내 ⏰ 10:15~16:45(금요일은 18:45까지) 매 15분 간격으로 엘리베이터 운행 💲 무료

브리즈번 뮤지엄 Museum of Brisbane

시청 로비의 좌우를 차지하고 있는 브리즈번 뮤지엄. 약자로 MoB라는 애칭을 가지고 있다. 규모는 작지만 다양한 기획전시와 실험적인 전시가 이루어지는 곳. 전시 작품에 대한 자세한 설명을 듣고 싶을 때는 무료 가이드 투어를 이용할 수 있는데, 매주 화·목·토요일 오전 11시에 시티홀 내에 있는 메모리 시어터에서 출발한다. 무료 입장이니, 시계탑 전망대에 올라가기 전에 한번 들러보기를 권한다.

📍 Lvl 3, City Hall 내 ⏰ 토~목요일 10:00~17:00, 금요일 10:00~19:00 ❌ 부활절, 크리스마스 💲 무료 📱 3339-0800 🏠 www.brisbane.qld.gov.au

퀸 스트리트 몰 Queen Street Mall

600개가 넘는 상점과 45개의 카페·레스토랑, 2개의 영화관, 카지노 그리고 11개의 쇼핑몰을 거느린 명실상부한 브리즈번의 심장부. 몰의 중앙에는 노천카페와 관광안내소가 자리하고 있으며 곳곳에서 길거리 공연 등의 이벤트가 열린다. 하늘을 덮고 있는 투명 차양은 자유로운 거리의 분위기에 조형미를 더해주고 있다.

고급 백화점 마이어 Myer와 윈터 가든 Winter Garden은 최고의 쇼핑센터로 꼽히며, 이들 건물의 지하에는 대형 푸드 몰이 자리 잡고 있다. 흥겨운 음악 속에 브리즈번의 낭만은 밤늦도록 계속된다.

TIP
브리즈번 관광안내소 Brisbane Information Centre

최근 새롭게 개장한 브리즈번 관광안내소. 다양한 정보와 서비스 이외에도 터치스크린과 논스톱 예약 시스템 등 최신 설비를 갖추고 있다. 언제나 사람들로 북적이는 퀸 스트리트 몰 한가운데 자리하고 있으며, 열린 입구를 통해 드나들기에 자유로운 분위기다. 숙소와 투어, 관광지 등의 자료들이 항목별로 잘 비치되어 있고, 직원들의 서비스도 친절하다. 브리즈번 여행의 시작은 이곳에 들러 시내 지도를 입수하는 것부터 시작하자.

Brisbane Visitor Information and Booking Centre
📍 The Regent, 167 Queen Street Mall, Queen St. 🕐 월~목요일 09:00~17:30, 금요일 09:00~19:00, 토요일 09:00~17:00, 일요일 10:00~17:00 ❌ 굿 프라이데이, 크리스마스
📱 3006-6290 🏠 www.visitbrisbane.com.au

이글 스트리트 피어 Eagle Street Pier

이 부두 Pier가 특별한 이유는 독특한 분위기 때문이다. 이글 스트리트를 향해 있는 건물 자체는 크게 볼거리가 없지만, 그 이면에 숨겨진 부두의 모습은 꽤 낭만적이다. 부두에 떠있는 레스토랑 페리는 개척시대의 모습 그대로를 재현하고 있으며, 건물 1층과 2층에서 강을 내려다볼 수 있게 만들어진 고급 레스토랑들도 우아한 분위기를 연출한다. 밤이 되면 커플들의 활동무대가 되기도 한다. 하지만 관광객들에게는 고급 레스토랑보다는 프리마켓의 활기가 더 큰 매력으로 다가온다. 일요일 오전에 열리는 프리마켓에서는 각 지역의 특산품을 비롯해 각종 수공예품과 의류·장신구 등을 파는데, 잘 살펴보면 선물용으로 적당한 것을 고를 수 있다.

커스텀스 하우스 Customs House

시티홀, 우체국 건물 등과 함께 브리즈번에서 손꼽히는 오래된 건물. 1889년에 지어진 이 건물은 브리즈번강을 통해 들어오는 많은 물자의 통행세 징수와 행정을 담당하기 위해 지어진, 말 그대로 '세관' 건물이다. 그러나 더 이상 강을 통한 해상무역이 필요 없어지면서 100년을 이어오던 세관 업무도 없어져 1988년에 문을 닫았다. 현재의 용도는 퀸즐랜드대학의 부속건물. 건물 안으로 들어가면 강의실로 사용되는 흔적을 확인할 수 있다. 건물 지하에는 상설전과 기획전을 동시에 진행하는 갤러리가 있고, 고급 레스토랑 '브라세리 Brasserie'가 있다.

커스텀 하우스를 제대로 감상하는 방법은 길 건너편에서 네오 클래식 양식의 건물 외관을 감상한 다음 갤러리를 둘러보고, 브라세리에서 강을 굽어보며 차 한 잔을 마시는 것. 일요일에 있는 무료 가이드 투어에 참가하거나 현지인들의 웨딩 이벤트를 구경하는 것도 즐겁다.

📍 399 Queen St., Brisbane City 🕐 화~금요일 09:00~22:00, 토요일 10:00~22:00, 일요일 09:00~16:00, 월요일 09:00~17:00 10:00~16:00 💲무료 📱 3365-8999 🏠 www.customshouse.com.au

10

브리즈번 파워하우스 Brisbane Power House

세월의 흔적을 뒤집어쓴 채 방치되어 있던 1920년대 발전소 건물이 매력적인 현대문화의 본거지로 탈바꿈했다. 시드니의 '치펜데일'이나 '더 그라운드 알렉산더' 처럼 이곳 역시 도시재생사업의 일환으로 시민들에게 되돌아온 공간. 연간 1250건이 넘는 공연과 행사가 펼쳐지며, 대부분의 공연이 무료. 공연이나 강연이 없을 때도 누구나 자유롭게 출입할 수 있으며, 내부로 들어서는 순간 낡은 것과 새로운 것의 이질적인 조화에 눈이 번쩍 뜨인다. 오래된 것이 아름다울 수 있다는 증거를 보고 싶다면, 반드시 방문해 보길 권한다. 내부에 레스토랑과 전시장도 있고 넓은 부지에는 잔디광장도 조성되어 있어서 한나절이 금방 지나간다. 파워하우스로 향하는 제임스 스트리트 James Street 역시 떠오르는 핫스폿으로, 감각적인 소품숍과 트랜디한 레스토랑들이 밀집해있다. 건물 뒤편 테라스에서 바라보는 브리즈번강의 풍경도 아름답다.

📍 119 Lamington St., New Farm
🕐 월요일 09:00~17:00, 화~일요일 09:00~밤늦게 💲 무료
📱 3358-8600 🏠 www.brisbanepowerhouse.org

차이나타운 Chinatown

예전에는 브리즈번 최대의 번화가로 명성을 날리던 곳. 지금은 옛날의 영광만 남은 오래된 건물들이 차이나타운의 명맥을 이어가고 있다. 앤 스트리트 Ann St.와 위캄 스트리트 Wickham St.로 난 두 개의 일주문 사이에 200m 길이의 보행자 전용 몰이 있으며, 주변에 쇼핑센터와 식당들이 몰려 있다. 몰 한가운데까지 테이블과 의자를 늘어놓은 바에서는 라이브 음악으로 손님들을 유혹한다. 분위기만 보면 영락없는 홍콩의 뒷골목이다.

번성했던 시절에 자리 잡은 한국 음식점과 기념품점·식료품점 등도 차이나타운의 역사를 기억하듯 자리를 지키고 있는데, 오래된 간판과 어딘지 허름한 분위기 때문에 선뜻 들어갈 엄두는 나지 않는다. 연변 조선족이나 중국인이 운영하는 한국 음식점도 있다. 시내에서 도보로 20분 정도 걸리지만, 앤 스트리트를 따라 걷다 보면 어느새 일주문이 나온다.

📍 33 Duncan St, Fortitude Valley 📞 3006~6251

스토리 브리지 Story Bridge

차이나타운과 캥거루 포인트를 잇는 스토리 브리지는 아름다운 철골 구조의 조형미가 돋보인다. 이를 놓치지 않고 브리지 클라임 투어 Story Bridge Adventure Climb가 성황을 이루는 곳. 시드니에 하버 브리지 클라이밍이 있다면 브리즈번에는 스토리 브리지 클라이밍이 있는 셈이다. 2시간 30분 동안 숙련된 가이드와 함께 교각을 등반하는 체험은 상상 이상의 스릴! 1940년대 대공황을 극복하기 위해 건설된 총 길이 1072m, 높이 80m의 다리가 현재는 브리즈번강을 가르는 주요 교량이자 관광자원으로 활용되고 있다.

Story Bridge Adventure Climb
📍 170 Main St., Kangaroo Point 🕐 06:00 ~22:00 💲 A$139~169 📞 3188-9070
🏠 www.storybridgeadventureclimb. com.au

캥거루 포인트 Kangaroo Point

먼 옛날에는 이곳에서 캥거루가 뛰어놀기라도 했을까. 이름에 얽힌 사연은 모르겠지만 왠지 그런 그림이 그려지는 곳이다. 이곳이 유명한 이유는 강 건너 브리즈번 시내의 야경을 보기에 기가 막힌 장소라는 사실과 강변에 접한 절벽 트레킹이 너무 좋다는 입소문 때문이다. 단, 한번에 둘 다 즐길 수 없으니 절벽 트레킹에 도전하고 싶다면 낮 시간에 찾는 것이 좋다.

강 건너 이글 스트리트 피어 선착장에서 시티호퍼를 타고 캥거루 포인트 선착장(Thornton Street ferry terminal)에 내리면 된다.

보타닉 가든 Botanic Gardens

1858년에 문을 연 보타닉 가든은 브리즈번강이 굽어지는 기슭에 자리하고 있다. 20만㎡에 달하는 넓은 부지는 150여 년이라는 오랜 세월 동안 브리즈번 시민들의 휴식처가 되어온 곳. 여느 도시의 보타닉 가든이 도심에서 조금 벗어난 곳에 있는 것에 비하면, 브리즈번의 보타닉 가든은 시내 한복판에 있어서 더욱 친근감이 느껴진다. 강을 따라 형성된 산책로는 조깅을 하거나 자전거를 타는 시민들로 늘 활기가 넘치고, 우거

진 관목 아래 피크닉 나온 가족들의 모습은 한없이 평화로워 보인다. 정문은 앨리스 스트리트와 앨버트 스트리트의 교차로에 있으며, 퀸 스트리트에서 도보로 약 10분 거리에 있다. 입구에 있는 자전거 대여소에서 자전거를 빌리면 공원 안을 둘러보기가 훨씬 쉽다.

♥ Alice St., Brisbane City ⑤ 무료
☐ 3403-8888 ♠ www.brisbane.qld.
gov.au

15 퀸즐랜드 의사당 Queensland Parliament

프렌치 르네상스 양식의 건물

보타닉 가든의 동쪽 출입구 쪽에 자리하고 있는 웅장한 석조 건물. 퀸즐랜드 기술대학 Queensland University of Technology과 올드 가버먼트 하우스 Old Government House와 어깨를 나란히 하고 있다. 프렌치 르네상스 양식으로 지어진 이 건물은 퀸즐랜드 지역에서 생산되는 샌드 스톤 Sand Stone이라는 석재로 지어졌으며, 1867년에 완공되어 오늘까지 이어지고 있다. 건물의 외관보다는 내부의 인테리어가 더 눈길을 끄는데, 석조 건물 특유의 웅장함이 느껴진다. 건물 내부는 의회가 열리지 않는 시간에 가이드 투어를 이용하면 견학할 수 있다.

📍 2A George St., Brisbane City ⏱ 09:00~16:45 ✖ 토~일요일
💲 무료 📱 3406-7111 🏠 www.parlia ment.qld.gov.au
가이드 투어 ⏱ (의회가 열리지 않을 때) 월~금요일 오후 1시, 2시, 3시, 4시 📱 3553-6470

16 콘래드 트레저리 카지노 Conrad Treasury Casino

조지 스트리트와 윌리엄 스트리트 사이의 교차로에 있는 르네상스 양식의 트레저리 빌딩 Treasury Building. 이곳은 1885년 공사가 시작되어 장장 43년이라는 세월이 흐른 후 완공되었다. 카지노를 짓기 위해 이 긴 시간 공을 들인 것은 아니고, 애초에는 정부의 기관으로 사용하려고 화려한 외관의 건물을 지었던 것. 카지노로 사용되기 시작한 것은 1995년 세계적인 호텔 체인 콘래드 그룹 Conrad Group이 이 건물을 인수하면서부터다. 관공서였던 건물의 성격상 건물 가운데의 대형 홀을 중심으로 크고 작은 룸이 늘어서 있는데, 이곳에서 진짜 '꾼'들이 그들만의 게임을 즐기고 있다. 그밖에 수준급의 뷔페 레스토랑, 이탈리안 레스토랑, 카페, 7개의 바 등이 밤낮없이 영업한다. 골드 코스트의 더 스타 카지노와 같은 계열이어서 하나의 회원증으로 두 군데 모두 사용할 수 있다. 두 카지노를 오가는 셔틀버스를 이용하면 쉽게 골드 코스트까지

갈 수 있다. 카지노 곳곳에는 커피나 티 등을 마실 수 있는 작은 라운지가 있으며, 이곳에서 경마나 케이블 TV 등을 시청할 수도 있다. 단, 카지노에 입장하려면 부피가 큰 가방이나 소지품은 사물함에 넣고 들어가야 하는데, 이 사물함의 비용이 만만치 않다. 시간 단위가 아니라 무조건 하루 단위로 빌려야 하니. 카지노에 갈 때는 가뿐하게 몸만 가자.

📍 130 William St, Brisbane City ⏱ 365일 연중무휴
📱 3306-8888 🏠 www.treasurybrisbane.com.au

브리즈번 스퀘어 Brisbane Square

카지노 앞 광장

트레저리 카지노에서 빅토리아 브리지로 넘어가는 광장의 이름은 브리즈번 스퀘어다. 강바람 맞으며 자유로운 분위기 속에서 광합성하기 안성맞춤인 공간. 원형과 사각의 커다란 조형물들과 곳곳에 놓인 벤치, 그리고 광장 모서리를 차지하고 있는 커피숍과 레스토랑 등 모든 것이 조화롭다. 주말에는 이곳에서 플리마켓이 열리기도 하고, 간혹 플래카드를 든 사람들이 집회를 열기도 한다. 밤이 되면 조형물에 조명이 반사되어 더욱 화려해진다.

📍 Brisbane Square, 266 George St., Brisbane City

해양 박물관 Maritime Museum

브리즈번은 항구다

사우스뱅크의 동쪽 끝자락에 있는 이곳은 1881년에 처음 문을 연 드라이 독 Dry Docks을 그대로 유지한 채 박물관 건물이 들어섰다. 때문에 건물 바로 옆에는 선창가에 정박한 모습 그대로 실제 배가 보존되고 있다. 박물관 내로 들어서면 퀸즐랜드의 해양 환경과 역사, 각종 선박과 해양 문화가 고스란히 보존되어 있다. 하지만 꽤 오랫동안 보수를 하지 않은 탓에 실내는 생각보다 낙후되어 있다. 해양 문화나 선박에 관심있는 여행자라면 오래된 자료들이 그 자체로 의미를 갖지만, 번듯한 전시물과 규모를 생각했다면 다소 실망할 수 있다. 바로 옆 굿윌 브리지 위에서도 박물관 건물과 야외에 전시된 선박들을 내려다볼 수 있다.

📍 Cnr Stanley & Sidon Sts., South Brisbane ⏰ 09:30~16:30
❌ 굿 프라이데이, 안작 데이, 크리스마스 💲 어른 A\$18, 어린이 A\$8 📞 3844-5361 🏠 www.maritimemuseum.com.au

---

(talk) **브리즈번과 친해지는 가장 좋은 방법, 브리즈번 그리터스** Brisbane Greeters

평균 연령 50세 이상. 대부분 이 도시에서 일생을 보냈다는 그들의 나이에는 나이만큼의 경험이 축적되어 있습니다. 브리즈번 그리터스 Brisbane Greeters라는 이름으로 활동하고 있는 토박이 자원봉사자들의 이야기입니다. 전문 가이드는 아니지만 열정과 미소만큼은 누구보다 넘치는 분들이지요. 빨간 모자와 빨간 티셔츠를 입은 밝은 표정의 어르신들이 보인다면 망설이지 말고 물어보세요. 이 도시에 관한 것이라면 모르는 것 없고 알려주지 못할 것이 없답니다. 좀 더 흥미로운 도시 이야기를 듣고 싶다면, 퀸 스트리트 몰 관광안내소에서 출발하는 그리터스 도보 투어에 참여해보세요. 그룹당 6명씩, 약 2시간 가량 브리즈번 곳곳을 돌며 보석같은 도시의 숨은 이야기를 들려줍니다. 'Greeter's Choice 또는 'Your Choice' 두 가지 프로그램의 노선을 체크한 후 선택할 수 있고, 모든 투어는 무료입니다.

그리터스 투어 신청
🏠 www.visitbrisbane.com.au/brisba ne-greeters

19

굿윌 브리지 Goodwill Bridge

아름다운 보행자 다리

브리즈번강을 가로지르는 다리들은 대부분 차량과 사람이 함께 통행하는 도로다. 반면 굿윌 브리지는 사람만을 위한, 보행자 전용 다리다. 다리가 끝나는 북쪽은 보타닉 가든이, 남쪽은 사우스뱅크가 시작되는 절묘한 동선도 마음에 든다. 빌딩, 강, 산책로, 해양 박물관, 시티캣을 타고 강을 오가는 사람들···. 다리 위에 서면 브리즈번의 모든 것이 보인다. 다리 가운데는 쉬어갈 수 있는 카페와 포토존도 마련되어 있다. 참고로 이 도시의 주요 볼거리들은 굿윌 브리지와 빅토리아 브리지 사이의 강변에 밀집되어 있다. 두 다리 사이의 관광지들은 튼튼한 두 다리로 걸어볼 것을 권한다.

퀸즐랜드 주

사우스뱅크 파크랜드 South Bank Parklands 문화예술의 종합선물세트

브리즈번강 남쪽, 강을 따라 형성된 16만㎡의 녹지대는 브리즈번에서 빼놓을 수 없는 명소이
자 이 도시의 상징과도 같은 곳이다. 퀸즐랜드 박물관·미술관, 퍼포밍 아트센터와 나란히 늘어
선 이곳에는 공원과 산책로, 페리 터미널, 인공 해변, 쇼핑센터, 공연장에 이르기까지 그야말
로 다양한 문화시설과 휴양시설이 강을 따라 어우러져 있다. 마치 문화예술의 종합선물세트
를 보는 느낌. 사우스뱅크를 따라 길게 설치된 철재 아치의 꽃길도 무척 아름다운데, 이 길의
이름은 아버 Arbour, 넝쿨처럼 자라는 핑크빛 꽃의 이름은 부겐빌레아 Bougainvillea다.

📱 3867-2051 🏠 www.visitsouthbank.com.au

사우스뱅크 비치 South Bank Beach

네팔 정원에서 10분 정도 산책로를 따라 걸으
면 브리즈번 강물을 끌어들여 만든 야외 수영
장 사우스뱅크 비치가 나온다. 예전에는 이곳
에 '코닥 비치'라는 이름의 인공해변이 있었는
데, 몇 차례의 리노베이션을 거치는 동안 점점
규모도 커지고 멋있는 스트리트 비치로 완성되
었다. 마치 고급 해변 리조트의 야외 수영장처
럼, 길게 이어지는 크고 작은 수영장과 곳곳에
미끄럼틀과 시소 등의 놀이시설이 갖추어져 있
다. 물의 깊이는 어린이도 수영할 정도인데, 안
전요원이 항상 대기하고 있어서 안심하고 수영
할 수 있다. 비치 뒤쪽에는 레스토랑, 카페, 숍
들이 즐비한 스탠리 플라자가 있어서, 수영 후
휴식을 취할 때 가볍게 둘러보기 좋다.

네팔 평화탑 Nepalese Peace Pagoda

만국기 광장을 지나면 네팔리스 피스 파고다라는 이름의 건축물을 만나게 된다. 네팔 정통 양식으로 지어진 목조 건축물과 탑·연못 등이 인상적이다. 특히 건물에 새겨진 조각을 눈여겨보자. 힌두교의 교리에 나오는 힌두신들의 모습을 재현해놓은 것이라고 한다.

📍 Clem Jones Promenade, South Brisbane 📱 3006-6290

사우스뱅크 라이프스타일 마켓
South Bank Lifestyle Market

아름다운 사우스뱅크에서 가장 흥겨운 거리, 스탠리 플라자에는 주말 시장이 열린다. 정식 이름은 '콜렉티브 마켓 The Collective Markets'이지만, 현지인이나 여행자들은 라이프스타일 마켓이라는 이름이 더 익숙하다. 스탠리 플라자는 평소에도 스타일 좋은 레스토랑과 패션숍들이 모여있는 곳으로 유명한데, 주말이 되면 오전부터 흥겨운 분위기에 여행자의 마음마저 설레는 거리가 된다. 여유로운 브리즈번 시민들의 삶을 엿보고 싶다면 사우스뱅크의 주말 시장을 놓치지 말자.

📍 29 Stanley St Plaza, South Brisbane ⏰ 금요일 17:00~21:00, 토요일 10:00~21:00, 일요일 09:00~16:00 📱 3844-2440
🏠 www.collectivemarkets.com.au

사우스뱅크

모던아트 갤러리
Gallery of Modern Art

주립도서관
Queensland State Library of

The Edge

퀸즐랜드 뮤지엄 & 사이언스 센터
Queensland Museum & Science Centre

퀸즐랜드 아트센터
Queensland Art Gallery

빅토리아 브리지 Victoria Bridge

퀸즐랜드 퍼포밍 아트센터
Cultural Forecourt

South Brisbane Railway Station

휠 오브 브리즈번
Wheel of Brisbane

Queensland Symphony Orchestra

Queensland Conservatorium

South Bank Ferry Terminal 1

Opera Queensland

라인 포레스트 그린워크
Rainforest Green Walk

South Bank Ferry Terminal 2

사우스뱅크 피아짜

리버사이드 그린 플레이트 그라운드
Riverside Green Plate Ground

Little Stanley St Restaurants

사우스뱅크 비치

사우스뱅크 라이프 스타일 마켓

South Bank Ferry Terminal 3

Picnic Island Green

사우스 키 그린
River Quay Green

Emporium

Picnic Island

South Bank Railway Station

Queensland College of Art

해양 박물관

The Goodwill Bridge 굿윌 브리지

21

휠 오브 브리즈번 The Wheel of Brisbane

추억을 소환하는 대관람차

빅토리아 브리지를 건너면 가장 먼저 만나는 사우스뱅크의 풍경, 커다란 대관람차 휠 오브 브리즈번이다. 마치 놀이공원에 입장할 때처럼 사우스뱅크로 향하는 발길을 재촉하는 일등공신이다. 낮 동안에는 가장 높은 곳에서 브리즈번을 조망할 수 있는 전망대 역할을 하고, 밤 시간에는 스스로 밝힌 조명으로 도시를 더욱 아름답게 장식하는 랜드마크가 된다. 특별한 추억을 남기고 싶다면 대관람차 안에서 즐기는 온 보드 다이닝을 노려보는 것도 좋다.

📍 Russel St., South Brisbane ⏱ 일~목요일 10:00~22:00, 금~토요일 10:00~23:00 💲 어른 A$20.90, 어린이 A$16.15 📞 3844-3464 🏠 www.thewheelofbrisbane.com.au

22

퀸즐랜드 뮤지엄 & 사이언스 센터 Queensland Museum & Science Centre

호주 최대 규모의 박물관

퀸즐랜드 주의 자연환경과 생태까지 한자리에 모아놓은 호주 최대의 박물관. 시티에서 빅토리아 브리지를 건너면서부터 우측에 웅장한 모습이 보인다. 퀸즐랜드 박물관은 퀸즐랜드 주의 역사와 지리·자연환경·문화에 걸친 다양한 유물들을 전시하고 있다. 입구를 따라 들어서자마자 천장에 매달려 있는 거대한 험프백 고래의 박제가 전시에 앞서 관람객들을 압도한다. 1928년 나 홀로 비행으로 호주에서 영국까지 비행했던 실제 경비행기와 다양한 앤티크 차량들도 전시한다.

📍 Corner of Grey & Melbourne Sts., South Bank, South Brisbane ⏱ 09:30~17:00 ✖ 굿 프라이데이, 크리스마스, 박싱 데이 💲 무료 📞 3840-7555 🏠 www.qm.qld.gov.au

퀸즐랜드 아트 갤러리 Queensland Art Gallery(QAG)

박물관과 나란히 있는 미술관은 현재 활동하고 있는 호주의 유명 작가들과 대표적인 애버리진 작품들을 한 자리에서 관람할 수 있는 흔치 않은 공간이다. 호주뿐 아니라 전세계 유명 작가들의 작품 역시 미술관의 품위를 높여주고 있는데, 피카소·르누아르·드가 등의 근현대 유명 작가의 작품들이 꼭꼭 숨겨둔 보석처럼 빛나고 있다. 특별전을 제외한 모든 전시는 무료 관람이다. 미술관과 구름다리로 연결된 퍼포밍 아트 콤플렉스도 빠뜨릴 수 없는 명소. 건물 앞 광장에서는 각종 콘서트와 퍼포먼스가 열리고, 건물 내부의 넓은 홀은 연극, 오페라, 뮤지컬 등을 위한 무대다. 강을 따라 길게 늘어선 건물의 조형성도 눈여겨볼 만하다.

📍 Stanley Pl., South Bank, South Bris bane ⏱ 10:00~17:00 ❌ 굿 프라이데이, 크리스마스, 박싱 데이 💲 무료 📱 3840-7303 🏠 www.qagoma.qld.gov.au

---

모던아트 갤러리와 주립도서관 Gallery of Modern Art(GOMA) & State Library of Queensland

끝까지 걸어가야 만나는 곳

2006년 12월에 오픈한 브리즈번 모던아트 갤러리와 바로 옆의 주립도서관은 두 건물 모두 모던함의 극치를 보여준다. 강가에 위치하고 있어서 작품 감상이 아니라도 한 번쯤 들러볼 만한 곳이다. 퀸즐랜드 박물관 너머 사우스뱅크 파크랜드 쪽에 비하면 인적도 드물고 왠지 강바람까지 상쾌하게 느껴진다. 대부분의 관광객은 빅토리아 브리지를 넘어 퀸즐랜드 미술관과 박물관까지만 관람하고 돌아가는데, 미술관의 후문 연결 통로를 따라 내려오면 그야말로 모던하게 생긴 모던아트 갤러리 건물을 만나게 된다. 퀸즐랜드 미술관(QAG)에서 운영하는, 현대미술 작품만 모아놓은 전시장이다.

갤러리의 로비층에는 아트숍과 커피숍이 자리하고 있으며, 주립도서관의 로비층에는 여행자들도 이용할 수 있는 인터넷 PC방(?)이 갖추어져 있다.

모던 아트 갤러리
📍 Stanley Pl., South Brisbane ⏱ 10:00~17:00
❌ 굿 프라이데이, 크리스마스, 박싱 데이 💲 무료
📱 3840-7373 🏠 www.qagoma.qld.gov.au

주립도서관
📍 Cultural Precinct, Stanley Pl., South Brisbane
📱 3840-7666 💲 무료 🏠 www.slq.qld.gov.au

론파인 코알라 보호구역 Lone Pine Koala Sanctuary

코알라와 사진

코알라를 안고 사진 찍는 일이나 캥거루에게 먹이를 주는 일 따위는 동화에나 나옴직하다. 그러나 이곳 론파인 코알라 보호구역에 오면 현실이 된다. 에뮤·왈라비 같은 호주의 야생동물들까지도 손바닥 위에 놓인 먹이를 먹기 위해 바로 코앞으로 다가온다. 시내에서 남서쪽으로 12km 떨어진 이곳은 130마리의 코알라가 살고 있는 호주 최대, 아니 세계 최대의 코알라 보호구역. 대표적인 동물은 코알라지만 태즈마니안 데빌이나 포섬·도마뱀·캥거루·왈라비 등의 다양한 야생동물들이 함께 서식한다. 노선버스 또는 주립도서관 앞 The pontoon에서 출발하는 미리마 Mirimar 사의 페리를 타면 쉽게 갈 수 있다. 매일 오전 10시에 출발하는 페리는 11시15분에 론파인 코알라에 도착하고, 다시 오후 2시 15분에 시티 쪽으로 출발한다. 한국 여행자들에게는 꽤 알려진 관광지로, 인터넷 사이트에 들어가면 한글로 된 설명도 있다. 입장료 수익은 코알라를 연구하고 보존하는 데 사용된다고 한다.

📍 708 Jesmond Rd., Fig Tree Pocket 🕐 09:00~17:00(안작 데이 13:30~17:00) ✖ 크리스마스 💲 어른 A$54, 어린이 A$39 📱 3378-1366 🏠 www.koala.net

The Mirimar Boat Cruise
📱 0412-749-426 🏠 www.mirimar.com

EAT

마루

한국식 밤문화를 즐기고 싶다면

깔끔한 분위기에 치킨, 매운 주꾸미 등 다양한 종류의 한식 메뉴를 선보이는 퓨전 포차. 시내 번화가 엘리자베스 스트리트에 있어서 유학생이나 여행자 등 주로 젊은층이 즐겨 찾는다. 매일 밤 9시~10시 사이에는 모든 주류가 반값이 되는 해피 아워도 운영하고 있어서 밤이 깊을수록 사람이 더 많아진다. 브리즈번에서 한국 스타일 밤문화를 즐기고 싶다면 이곳이 딱이다.

📍 157 Elizabeth St. 🕐 11:00~24:00 📱 3221-7778
🏠 www.marurestaurant.com.au

The Summit Cafe

마운트 쿠사 전망대에 있는 레스토랑. 산 정상에 있어서 전망 하나는 정말 끝내준다. 햇살 좋은 날 노천 테라스에서 커피를 마시며 담소를 나누는 사람들의 모습이 평화롭기 그지없다. 메인 디시 외에 간단한 음료와 샌드위치·아이스크림 등도 판매한다.

📍 1012 Sir Samuel Griffith Dr., Mount Coot-Tha
🕐 06:30~21:00, 토요일 06:30~22:00
📞 3333-5535
🏠 www.summitbrisbane.com.au

Pig N Whistle

호주식 패밀리 레스토랑
굳이 찾으려 하지 않아도 퀸 스트리트 몰을 걷다보면 보이는 레스토랑. 귀여운 돼지 캐릭터와 흥겨운 분위기에 발길이 절로 가는 곳이다. 심지어 365일 24시간 영업이라니! 언제 가도 그곳에서 무언가를 먹을 수 있다는 건 호주에서는 축복 같은 일이다. 스테이크에서 햄버거까지, 커피에서 칵테일까지 다양한 메뉴가 가능하고, 고르게 맛도 있다. 시내에 같은 이름의 레스토랑이 서너 군데 더 있지만, 이곳은 워낙 눈에 띄는 곳이라 가장 유명세를 치르고 있다.

📍 T5 Queen Street Mall, Queen St., Brisbane City
🕐 07:00~24:00 📞 3003-1593 🏠 pignwhistle.com.au

Brewhouse Brisbane

Since 1863, 수제맥주의 프라이드
방부제가 들어가지 않은 물과 보리, 이스트, 홉만으로 신선하게 제조된 수제맥주가 이집의 프라이드다. 시내 중심에서는 조금 떨어진 울룬가 바에 자리하고 있지만 일부러 찾아오는 사람들도 많다. 특히 밤 시간에는 라이브 음악과 라이브 맥주가 함께 하는 장점 때문에 빈 자리 찾기가 어렵다. XXXX 맥주와 비교해 보는 것도 좋을 듯. 맥주 뿐 아니라 다양한 와인과 칵테일도 주문 가능하고, 타코, 미트볼, 칼라마리 등의 안주도 고르게 맛있다.

📍 601 Stanley St., Woolloongabba 🕐 일~목요일 10:00~24:00, 금~토요일 10:00~01:00 📞 3891-1011

주말 밤의 버킷리스트
잇 스트리트 마켓
EAT STREET MARKET

넓은 부지에 컨테이너 박스를 쌓아 공간을 조성한 잇 스트리트 마켓은 금, 토, 일요일에 열리는 일종의 상설 야시장이다. 이 도시에서 주말을 맞는다면 반드시 가야 할 버킷리스트 장소 중 하나이며, 밤문화가 전무한 호주에서 뜨거운 주말 밤을 보내고 싶다면 가장 추천할 만한 곳.

카지노처럼 성인들만을 위한 공간이 아닌 남녀노소 누구나 먹고 마시며 즐길 수 있는 곳이다. 시내에서 조금 떨어져 있다는 것이 함정이지만, 자동차가 있다면 20분 정도면 넓은 주차장에 도착할 수 있고 시티캣으로는 Northshore Hamilton Ferry Terminal에 하차 후 250m 가량 걸어가면 입구가 나온다. 우버 택시를 이용하는 사람들도 많다.

입장료를 내고 들어가는 마켓은 시작 전부터 사람들로 장사진을 이룬다. 일요일을 제외하면 거의 일몰 시간에 문을 열게 되므로 시간이 갈수록 조명과 음악이 더해져 분위기가 고조된다. 아시아, 호주, 유럽, 아프리카 요리까지 정말 다양한 푸드 매장들 사이사이에 스테이지가 마련되어 있고 시간대별로 다양한 공연이 펼쳐진다. 간혹 눈이 번쩍 뜨일만큼 맛있는 음식을 발견하기도 하고, 어느새 현지인처럼 즐기고 있는 스스로를 발견하게 된다. 잇 스트리트의 명물 진저 비어와 수제 아이스크림은 반드시 맛볼 것! 이곳에서는 누구라도 자유롭고 맛있고 재밌는 밤을 보낸다. 참고로, 입구 오른쪽에 ATM 기계도 비치되어 있다.

Eat Street Market 📍221D MacArthur Ave., Hamilton 🕐금~토요일 16:00~22:00, 일요일 16:00~21:00 💲어른 A$6, 13세 미만 어린이 무료 📱1300-328-787 🏠www.eatstreetnorthshore.com.au

지상 최고의 파라다이스
골드 코스트
GOLD COAST

황금빛으로 빛나는 해변은 이 일대의 이름까지 골드 코스트로 불리게 했다. 눈에 보이는 그대로, 펼쳐지는 풍경 그대로가 지명이 된 경우다. 43km에 이르는 황금빛 해변에는 하얀 파도와 짙푸른 바다가 일렁이고, 반대쪽에는 고층빌딩이 가로수처럼 늘어서 있다. 문명과 자연이 한 장의 스틸 컷에 담기고, 그대로 멋진 엽서가 되는 풍경이다. 겨울에도 평균기온 20℃를 넘는 아열대 기후와 연중 300일 이상 계속되는 '쨍한' 날씨, 여기에다 구릿빛으로 빛나는 팔등신 비키니 미녀와 서핑보드를 옆구리에 끼고 스쳐가는 젊음의 물결. 여름과 바다와 태양을 사랑하는 사람들에게는 천국이 따로 없다. 자유와 젊음, 문화와 축제, 스포츠 그리고 멋진 리조트가 어우러진 이곳은 누구라도 행복한 여행자가 되는 트래블러스 파라다이스 Traveler's Paradise다.

인포메이션 센터 Surfers Paradise Visitor Information Centre

📍 2 Carvill Ave., Surfers Paradise 🕐 월~금요일 08:30~17:00, 토요일 09:00~18:00, 일요일 09:00~16:00
📱 5570-3259, 1300-309-440 🏠 www.visitgoldcoast.com

골드 코스트 미리보기

어떻게 다니면 좋을까?

골드 코스트는 꽤 넓은 지역을 아우르고 있다. 중심가인 서퍼스 파라다이스를 둘러보는 데는 걸어서도 충분하겠지만, 정작 볼거리인 무비 월드, 시 월드, 드림 월드 등은 시 외곽에 있어서 반드시 교통수단을 이용해야 한다. 즉 서퍼스 파라다이스 안에서는 걸어 다니거나 트램을 이용하는 것이 가장 좋고, 외곽으로 나갈 때는 투어나 버스 등을 이용하는 것이 일반적인 방법. 자유로움을 즐기고 싶다면 렌터카를 이용하는 것도 괜찮다.

어디서 무엇을 볼까?

바닷길 에스플러네이드에 세워진 '서퍼스 파라다이스 Surfers Paradise'라는 조형물부터 길게 이어지는 500m의 보행자 전용 거리가 바로 카빌 몰. 늘 인파가 몰리는 곳이라 찾는 데 어려움은 전혀 없다. 카빌 몰에 이어서 기억해야 할 곳은 오키드 애버뉴 Orchid Avenue. 카빌 몰의 중간쯤에서 직각으로 연결되는 오키드 애버뉴는 고급 부티크와 레스토랑·극장, 나이트클럽 등이 밀집된 곳으로, 밤이 되면 더욱 뜨거워지는 젊음의 거리다. 이 두 군데를 둘러본 뒤 다시 원점으로 돌아와 조형물 앞에서 기념사진 한 장 찍고 나면 이제 해변에서 내리쬐는 태양을 실컷 즐기는 일만 남았다.

GOLD COAST

어디서 뭘 먹을까?

세계적인 관광지인 만큼 세계적인 요리로 다양한 입맛을 충족시키고 있다. 관광안내소에 비치된 책자에는 레스토랑의 광고 페이지와 함께 할인 쿠폰이 붙어 있는 곳이 많으니 잘 활용하면 도움이 된다. 관광안내소가 있는 카빌몰을 중심으로 레스토랑이 가장 많이 밀집되어 있으며, 쇼핑센터와 푸드코트도 도시 규모에 비해 많은 편이다. 퍼시픽페어 같은 쇼핑몰에서는 하루 세 끼를 먹어도 질리지 않을 만큼 많은 레스토랑이 여행자들을 기다린다.

어디서 자면 좋을까?

골드 코스트의 저렴한 숙소들은 서퍼스 파라다이스를 중심으로 넓은 지역에 분포되어 있다. 중저가 숙소의 특징은 오래된 휴양도시답게 시설이 다소 낙후되었다는 것인데, 음료나 식사 쿠폰 같은 다양한 서비스로 이를 보충하고 있다. 에어 비앤비와 같은 공유 숙소가 많은 것도 골드 코스트의 특징인데, 해변가 아파트먼트 방 한 칸에서부터 그림같은 집 한 채까지 선택의 폭이 다양하다. 최근에는 서퍼스 파라다이스에서 브로드비치 Broad Beach에 이르는 해변을 따라 고급 아파트먼트와 리조트들이 속속 생겨나고 있어서 가족 여행객들에게는 이래저래 가성비 좋은 도시로 거듭나고 있다.

골드 코스트 가는 방법

골드 코스트는 쿠메라 Coomera에서 쿨랑가타 Coolangata에 이르는 넓은 지역을 일컫는 지명이고,
서퍼스 파라다이스는 골드 코스트의 핵심 지역 명칭이다. 따라서 이 일대를 찾는 여행자들의 최종 목적지는
서퍼스 파라다이스라고 할 수 있다. 장거리 버스터미널이 있을 뿐만 아니라 공항이나 기차역에서 오는 모든 교통편도
서퍼스 파라다이스를 경유하기 때문에 이곳이 골드 코스트 여행의 전초기지인 셈. 퀸즐랜드의 최남단 도시이자
뉴사우스웨일스 주의 최북단과 맞닿아 있는 덕분에 다양한 육로 교통이 발달해 있으며, 연결편 또한 충실하다.

골드 코스트로 가는 길

경로	비행기	버스	거리(약)
브리즈번 → 골드 코스트		1시간~1시간 30분	80km
시드니 → 골드 코스트	1시간 30분	13시간~13시간 30분	945km
바이런 베이 → 골드 코스트		1시간 40분	100km
멜번 → 골드 코스트	2시간		1865km

비행기 Airplane

서퍼스 파라다이스에서 남쪽으로 30km 떨어진 곳에 쿨랑가타 Coolangatta 공항이 있다. 이곳이 골드 코스트에서 가장 가까운 공항이지만, 시드니나 멜번 등의 대도시를 제외하고는 운항 노선이 적어서 이용률이 그리 높지는 않다. 오히려 국내선과 국제선 비행 편수가 많은 브리즈번 공항을 이용하는 사람들이 많다.

브리즈번 공항 ⟶ 시내

브리즈번 공항에서 출발하는 에어트레인 Airtrain을 이용하면 서퍼스 파라다이스 시내까지 쉽게 갈 수 있다. 골드 코스트의 쿠메라 Coomera, 헬렌스베일 Helensvale, 네랑 Nerang을 거쳐 로비나 Robina까지 1시간 30분이 소요되며, 브리즈번 공항에서 30분 간격으로 출발한다.

숙소까지 찾아가는 일이 걱정이라면 액티브 투어스 Active Tours에서 운행하는 브리즈번 에어포트 트랜스퍼스 Brisbane Airport Transfers 또는 콘액션 Con-X-ion 버스를 이용하면 된다. 이 버스들은 브리즈번 공항부터 골드 코스트의 각 숙소까지 도어 투 도어 Door to Door 서비스를 장점으로 내세우고 있으며, 운전사에게 미리 말해 두면 원하는 숙소 앞에 내려준다.

에어트레인 ⏰ 06:30~19:00 ⑤ 브리즈번 공항→서퍼스 파라다이스 A$43.60(온라인 예매 시 A$37.83) ☎ 5574-5111
🏠 www.airtrain.com.au

액티브 투어스 ⏰ 07:30~19:00 ☎ 5313-6631
🏠 www.activetransfers.com.au

콘액션 Con-X-ion 버스 ⏰ 07:30~19:00 ⑤ 브리즈번 공항→서퍼스 파라다이스 트랜짓센터 편도 A$50, 왕복 A$100 ☎ 1300-266-946 🏠 www.con-x-ion.com

쿨랑가타(골드 코스트) 공항 ⟶ 시내

골드 코스트 공항은 퀸즐랜드 주와 뉴사우스웨일스 주의 경계가 되는 쿨랑가타에 있다. 공항에서 시내까지는 트랜스링크 Translink 버스 777번을 이용하는 것이 가장 경제적이다. 단, 브로드 비치 사우스까지만 운행하므로, 목적지 위치를 확인한 다음 이용하도록 한다.

조금 더 넓은 지역까지 커버하는 공항 셔틀은 스카이 버스에서 운행하는 에어포트 트랜스퍼 Airport Transfer 버스가 있지만, 코로나 이후 잠정 운행을 중지한 상태다.

에어포트 트랜스퍼 Airport Transfer
☎ 5574-5111 🏠 www.skybus.com.au

버스 Bus

골드 코스트로 향하는 가장 일반적인 방법은 뭐니 뭐니 해도 버스를 이용하는 것. 그레이하운드 버스가 오전 2회, 오후 4회씩 브리즈번에서 서퍼스 파라다이스 방향으로 운행한다. 상행선도 뉴사우스웨일스 주의 바이런 베이에서 서퍼스 파라다이스까지 하루 6회 장거리 버스편이 있다. 특히 브리즈번과 서퍼스 파라다이스 사이에는 시티트레인과 로컬 버스 등의 다양한 교통편이 있어서 시간대에 상관없이 이동할 수 있다.

서퍼스 파라다이스에 도착하는 버스들은 모두 비치 로드 Beach Rd.의 버스 스테이션 Surfers Paradise Bus Station에 도착한다. 이곳에서 카빌 몰 Cavil Mall까지는 5분 거리, 해변까지도 7분 정도만 걸어가면 되는 거리다. 버스터미널이 이처럼 번화가 한가운데 있다 보니 오히려 외곽의 백패커스로 갈 때 교통편을 이용해야 할 정도다. 대부분의 고급 호텔이나 아파트형 숙소들은 터미널 근처의 서퍼스 파라다이스 비치를 따라 형성되어 있지만, 백패커스들은 중심에서 조금씩 떨어져 있기 때문이다.

숙소의 무료 픽업 서비스를 원한다면 터미널 안에 비치된 투어 데스크를 이용하면 된다. 이곳에서 각종 숙소 정보는 물론이고, 지도나 투어 정보까지 얻을 수 있다. 터미널 내에 무료 샤워 시설과 큼직한 짐 보관소까지 준비되어 있어서 여러모로 편리하다.

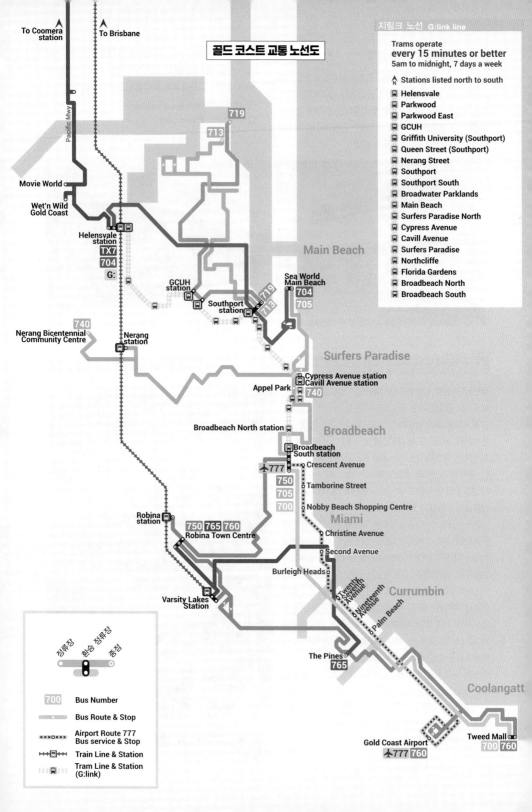

골드 코스트 시내교통

트랜스링크 버스 Translink Bus

골드 코스트 전역을 커버하는 공영 버스의 이름은 서프사이드 버스 Surfside Bus. 최근에는 트랜스링크로 통합되어 브리즈번, 케언즈를 포함한 퀸즐랜드 전역이 하나의 교통체제로 통합되었다. 총 25개의 노선 중 관광객에게 필요한 노선은 무비월드와 드림 월드 방향의 TX7, 시 월드 방향의 705번 노선 정도. 현지 주민들이 주로 이용하는 'Go Card'를 구입하면 할인된 요금에 교통편을 이용할 수 있지만, 하루 이틀 머무는 여행자들에게는 그리 경제적이지 않다. 대신, **여행자들의 편의를 위해 탄생한 'Go Explore' 카드를 구입하면 하루 A$10에 버스와 라이트레일을 무제한 이용할 수 있다.** COVID-19 이후 종이로 된 일반 티켓은 거의 사용하지 않는다.

트랜스링크 버스 📞 5571-6555 🏠 translink.com.au/gold-coast

지링크 라이트레일(트램) G:link Light Rail(Tram)

브로드 비치에서 서퍼스 파라다이스 구간에서는 버스보다 더 유용한 대중교통 수단으로, 복잡한 버스 노선을 몰라도 손쉽게 이용할 수 있다. 총 19개의 역으로 구성되어 있으며, 북쪽으로는 헬렌스베일, 남쪽으로는 브로드 비치까지 길게 이어진다. **트랜스링크에서 운영하므로, 버스와 요금 체제가 동일하고, 고 카드나 싱글 티켓으로 라이트레일과 버스를 유기적으로 이용할 수 있다.** 이용 횟수가 잦은 날은 하루 종일 버스와 라이트레일을 무제한 이용할 수 있는 여행자 티켓 Go Explore를 구입하는 것이 경제적이다. 새벽 5시부터 밤 12시까지 약 15분 간격으로 운행한다.

······ TIP ······
고 익스플로어 카드 VS 고 카드

골드 코스트에서는 두 개의 교통카드로 편하게 대중교통을 이용할 수 있는데, 카드별로 사용 범위와 기능이 다르기 때문에 자신의 여행 일정에 맞게 잘 선택해야 한다. 먼저 당일이나 1박 2일의 짧은 일정이라면 고 익스플로어 카드 Go Explore card가 유리하다. 하루 A$10로 골드 코스트에서 버스와 트램을 무제한 탈 수 있고, 선샤인 코스트에서는 버스를 이용할 수 있다. 반면 긴 일정으로 퀸즐랜드의 다른 도시들과 함께 묶어서 여행할 계획이라면 충전식 카드인 고 카드 Go card가 편리하다. 처음에 A$20의 충전 금액과 디파짓 비용 A$10이 포함되는데, 퀸즐랜드 전 구역에서 버스, 기차, 페리, 트램을 모두 탈 수 있다.

골드 코스트 추천 코스

골드 코스트를 '제대로' 즐기려면 최소 4일 이상의 시간이 필요하다. 서핑도 싫고 테마파크도 관심 없다면
한두 시간이면 둘러볼 수 있는 도시지만, 단지 황금빛 해변만 보고 골드 코스트를 봤다고 할 수는 없다.
하루 정도는 서퍼스 파라다이스를 중심으로 유유자적하다가 이틀째부터는 테마파크 순회를 나서야 한다.
솔직히, 다 보고 나면 좀 시시한 느낌도 없지 않지만, 그래도 말 그대로 테마파크가 아니던가.
한 군데에 하루씩만 할애하더라도 최소 세 군데를 보려면 3일은 잡아야 한다.

DAY 01

골드 코스트의 핵심은 서퍼스 파라다이스,
그중에서도 핵심은 카빌 몰 Cavill Mall이라
할 수 있다. 이곳을 중심으로 서쪽으로
한 블록만 가면 골드 코스트 하이웨이가
연결되며, 동쪽으로 한 블록만 발길을 옮기면
푸른 파도가 일렁인다. 시작은 카빌 몰에서
가까운 스카이 포인트 전망대에 올라
골드 코스트의 동서남북을 조망하고, 해가 지면
브로드 비치의 쇼핑센터와 카지노에서
골드 코스트의 밤을 즐긴다.

🕐 예상 소요시간 6~10시간

Start

스카이 포인트 전망대
골드 코스트를 한 눈에

도보 10분

서퍼스 파라다이스 서핑 클래스
골드 코스트 해변 만끽하기

도보 3분

허리케인 바 & 익스프레스
바다가 보이는 스테이크 레스토랑

도보 3분

서클 온 카빌
카빌 몰 핫 플레이스

트램 10분, 도보 30분

퍼시픽 페어 쇼핑센터
호주 최대의 쇼핑센터

도보 7분

더 스타 골드 코스트 카지노
낮보다 밤이 아름다운 곳

Finish

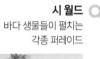

드림 월드, 시 월드, 무비 월드, 웻&와일드,
덧붙여서 와일드라이프 생츄어리까지.
이 밖에도 크고 작은 테마파크가 우후죽순으로 생겨나
이 도시를 찾는 관광객들의 주머니를 무차별로
노리고 있다. 시간과 경제적 여유가 있다면 다 둘러보면
좋겠지만, 그렇지 못하다면 우선순위를 정해야 한다.
3대 테마파크는 기본이고, 시간이 되면
웻&와일드 정도를 덧붙이는 것이 일반적이다.
하루에 한 군데씩만 돌아도 장장 3~4일은
걸리는 일정이므로, 미리 각 테마파크의 내용을 꼼꼼히
살핀 후에 두 군데 정도만 고르는 것이 좋다.

🕐 **예상 소요시간**
각 테마파크별로 5~8시간

드림 월드
놀이기구가 유혹하는 꿈의 월드

시 월드
바다 생물들이 펼치는
각종 퍼레이드

자동차 30분

자동차 15분

자동차 15분

웻&와일드
놀이공원과 스파 사이

**서퍼스
파라다이스**

자동차 30분

자동차 30분

자동차 30분

무비 월드
영화 속 세상이 현실로

큐럼빈 생츄어리
동물과의 다정한 시간들

파라다이스 컨트리
아기자기 재미있는 오지 체험

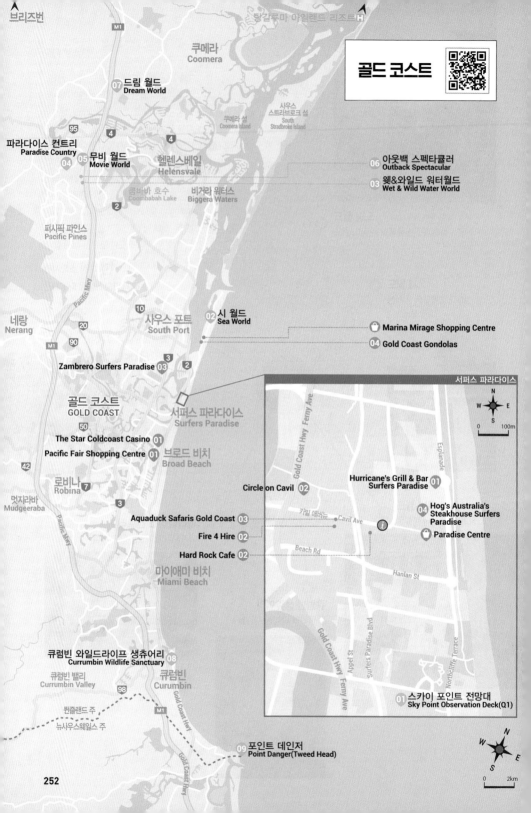

브리즈번
Brisbane

쿠메라
Coomera

07 드림 월드
Dream World

95

파라다이스 컨트리
Paradise Country 04

05 무비 월드
Movie World

헬렌스베일
Helensvale

쿠메라 섬
Coomera Island

사우스 스트라브로크 섬
South Stradbroke Island

골드 코스트

06 아웃백 스펙타큘러
Outback Spectacular

03 웻&와일드 워터월드
Wet & Wild Water World

콤바바 호수
Coombabah Lake

비거라 워터스
Biggera Waters

퍼시픽 파인스
Pscific Pines

네랑
Nerang

사우스 포트
South Port

02 시 월드
Sea World

Marina Mirage Shopping Centre

04 Gold Coast Gondolas

Zambrero Surfers Paradise 03

골드 코스트
GOLD COAST

서퍼스 파라다이스
Surfers Paradise

The Star Coldcoast Casino 01

Pacific Fair Shopping Centre 01

브로드 비치
Broad Beach

로비나
Robina 7

먼지라바
Mudgeeraba

마이애미 비치
Miami Beach

큐럼빈 와일드라이프 생츄어리 08
Currumbin Wildlife Sanctuary

큐럼빈 밸리
Currumbin Valley

큐럼빈
Curumbin

퀸즐랜드 주
뉴사우스웨일스 주

09 포인트 데인저
Point Danger(Tweed Head)

서퍼스 파라다이스

Gold Coast Hwy Ferny Ave

Esplanade

Hurricane's Grill & Bar
Surfers Paradise 01

Circle on Cavil 02

Aquaduck Safaris Gold Coast 03

키빌 애버뉴
Cavil Ave

Fire 4 Hire 02

Hard Rock Cafe 02

Beach Rd

Hog's Australia's
Steakhouse Surfers 04
Paradise

Paradise Centre

Hanlan St

Gold Coast Hwy Ferny Ave

Surfers Paradise Blvd

Appel St

North-cliffe Terrace

01 스카이 포인트 전망대
Sky Point Observation Deck(Q1)

Gold Coast Hwy

0   2km

스카이 포인트 전망대 Sky Point Observation Deck(Q1)

골드 코스트를 내 발 아래

스카이 포인트는 세계에서 가장 높은 거주용 건물 중 하나로 꼽히는 Q1 빌딩의 꼭대기 층 전망데크의 이름이다. 42.7초만에 77층 전망대로 가는 세계에서 가장 빠른 엘리베이터를 보유하고 있으며, 2005년 완공 당시에는 200km 밖에서도 보이는 첨탑의 아크 조명이 화제가 되기도 했다. Q1 빌딩의 높이는 322.5m, 스카이 포인트에서 바라보는 전망은 해발 230m와 맞먹는다.

테마파크와 해변 외에 별다른 볼거리가 없던 골드 코스트에 이처럼 수직상승한 어트랙션의 등장은 시작부터 지금까지 뜨거운 관심거리다. 360도로 둘러싼 유리벽을 통해 바라보는 골드 코스트 해변은 마치 항공기에서 내려다보이는 풍경처럼 스펙타클하고, 담력 있는 여행자라면 건물 벽을 오르는 스카이 포인트 클라임 Climb에서 더 큰 스릴을 맛볼 수 있다.

2000년 호주 올림픽 기간 동안 디자인 된 이 건물의 마무리는 올림픽 성화의 상승곡선에서 영감을 얻었다고 한다. 건물의 꼭대기 부분이 시드니 오페라 하우스의 겹치는 곡선을 연상시키는 것도 바로 이런 이유 때문. 레스토랑과 기념품점도 있으니 해발 230m에서 커피 한 잔 해 볼 것을 권한다.

📍 Level 77, 3003 Surfers Paradise Boulevard, Surfers Paradise ⏰ 일~목요일 07:30~21:00, 금~토요일 07:30~22:00 💲 1Day 어른 A$36, 어린이 A$28 📞 5582-2700
🏠 www.skypoint.com.au

시 월드 Sea World

골드 코스트의 테마파크 중에서 시내에서 가깝다는 이점 때문에 가장 많은 사람이 찾는 곳이다. 입구를 겸하고 있는 넓은 스탠드 좌석에서는 하루 두 차례 펼쳐지는 박진감 넘치는 수상스키쇼를 즐길 수 있으며, 넓은 공원 내부는 모노레일로 이동할 수 있다.

돌고래 쇼와 물개의 묘기, 돌고래 양식장, 수족관 등의 볼거리가 곳곳에 배치되어 있고, 공원 안으로 들어갈수록 롤러코스트, 해적선 탐험, 후룸라이드, 버뮤다 삼각지대, 바이킹 등의 탈거리가 무궁무진하게 펼쳐진다. 폴라베어 쇼어 Polar Bear Shores에서는 호주에서 유일한 북극곰 새끼인 리아 Lia와 루티크 Lutik를 만날 수 있다. 물속과 물 위를 동시에 살필 수 있게 되어 있는 이곳에서는 북극곰의 환상적인 수영 솜씨와 귀여운(?) 자태를 바로 코앞에서 관람할 수 있다.

2개의 대형 슬라이드를 갖춘 수영장과 피크닉 지역, 레스토랑, 스낵 바 등이 있으며, 대형 리조트 시설까지 갖추고 있어서 가족 단위 휴양객들에게 적합하다.

시 월드에서 출발하는 헬리콥터 투어는 골드 코스트의 아름다운 풍광을 하늘에서 내려다볼 수 있다는 점에서 권할 만하다. 5분~30분의 5개 코스로 나뉘고, 비행시간에 따라 루트와 요금이 달라진다.

📍 Sea World Dr., Main Beach 🚶 서퍼스 파라다이스에서 트랜스링크 버스 704, 705번을 타고 시 월드 하차 🕒 09:30~17:00(안작 데이 13:30~17:00) ❌ 크리스마스 💲 어른 A$115(105), 어린이 A$105(95) *( ) 안은 온라인 요금 📱 5588-2205 🏠 www.seaworld.com.au

03

웻 & 와일드 워터 월드 Wet & Wild Water World

이곳의 주제는 '물'이지만 시 월드보다는 규모가
작고, 동물이 없으며, 탈거리에 더 집중한 분위기.
시 월드처럼 볼거리가 있는 곳이 아니라, 직접 물
속에 몸을 담그고 수영을 하거나 슬라이드를 타
는 등 가족 단위의 물놀이 공원이다. 거대한 파도
가 이는 자이언트 웨이브 풀 Giant Wave Pool, 수
영을 하면서 영화를 볼 수 있는 다이브 인 무비스
Dive in Movies는 남녀노소 모두 즐기는 인기 어트
랙션이며, 86m나 되는 급경사의 미끄럼틀 슈퍼 8
아쿠아 레이서 Super 8 Aqua Racer, 까마득한 높
이에서 순식간에 떨어지는 스카이 코스터 Speed
Coaster, 360°로 꼬여 있는 터널을 통과하는 더 트위스터 The Twister 등은 청소년
들에게 인기 만점의 탈거리다. 열대식물과 백사장을 이용해 해변처럼 꾸민 칼립소 비
치 Calypso Beach, 범선과 동굴, 물을 뿜는 고래 등이 있는 맘모스 폴스 Mammoth
Falls는 어린이를 동반한 가족에게 추천할 만하다. 계절별로 오픈 시간이 달라지므로,
반드시 방문 전에 확인하도록 한다.

📍 Pacific Motorway, Oxenford, Gold Coast 🚶 서퍼스 파라다이스에서 트랜스링크 라이트레
일을 타고 헬렌스베일역 Helensvale Station에 하차, 버스 TX7로 환승 후 웻앤와일드 하차
🕐 12월27일~1월25일 10:00~21:00, 1월26일~4월 10:00~17:00, 5월~8월 10:00~16:00, 9월
~12월26일 10:00~17:00 ❌ 크리스마스, 안작 데이 💲 어른 A$115(105), 어린이 A$105(95)
✱( ) 안은 온라인 요금 📱 5556-1610 🏠 www.wetnwild.com.au

04

파라다이스 컨트리 Paradise Country

무비 월드와 웻앤와일드 사잇길, 프로덕션 드라이브를 따라
가면 넓은 주차장과 더 넓은 파라다이스 컨트리 농장이 나온
다. 호주의 농가를 재현한 테마파크로, 동물원과 체험장이 적
절히 어우러져 가족여행자들에게 인기가 높다. 넓은 농장을
자유롭게 뛰어다니는 캥거루, 왈라비, 딩고를 만날 수 있고,
품에 쏙 들어오는 코알라를 안고 사진촬영(유료)도 할 수 있
다. 뉴질랜드에서는 흔히 볼 수 있지만 호주에서는 보기 드문
양털깎기쇼도 흥미롭고, 오지 스타일 댐퍼빵과 빌리 티 제조
시연과 시식까지 시간대별로 알찬 이벤트가 이어진다. 입장
료에 여러 가지 옵션이 있는데, 사금채취와 광산체험이 포함
된 티켓과 컨트리 스타일 런치 뷔페가 포함된 티켓도 있으니
시간과 비용을 확인 후 선택할 것. 가족 여행 중이라면 파라
다이스 컨트리에서 하룻밤 묵어가는 팜스테이도 추천한다.

📍 Production Dr., Oxenford 🕐 09:30~16:00 💲 입장료 어
른 A$39, 어린이 A$29/입장료+런치뷔페 어른 A$54(49), 어린이
A$44(39) ✱( ) 안은 온라인 요금 📱 13-33-86
🏠 www.paradisecountry.com.au

무비 월드 Movie World

한국 사람들에게 가장 인기 있는 곳은 무비 월드다. 나머지 테마파크는 우리나라에서도 유사품(?)을 즐길 수 있지만, 무비 월드만큼은 국내에서 볼 수 없기 때문. 이런 이유로 우선순위를 정하자면 무비 월드를 0순위로 두는 사람이 많다. 기대에 부응하듯이 원내는 온통 영화 속 같은 풍경이다. 미국의 메이저 영화사 워너브라더스가 '남반구에 재현한 할리우드'라는 구호가 실감 난다. 티켓 카운터를 지나면 개선문처럼 생긴 그랜드 아치 웨이가 나온다. 현실에서 환상의 세계로 들어가는 입구다.

이곳을 지나면 분수대가 나오고 왼쪽으로 배트맨 카가 기다리고 있다. 검은색 망토를 입고 마스크를 쓴 배트맨도 있어서 배트맨 카를 타고 기념사진을 찍을 수도 있다. 756m 높이에서 공중돌기를 하는 롤러코스트 '리셀 웨폰', 모두가 동심으로 돌아가는 어린이 놀이터 '루니툰스 빌리지', 스릴 넘치는 자동차 경주 '스턴트 드라이브 Stunt Drive' 등도 빠뜨리지 말아야 할 최고의 어트랙션.

만화영화 주인공 바니와 트위티가 꾸미는 환상적인 춤과 율동의 세계 '루니툰스 뮤지컬'을 보려면 입구의 쇼 타임 안내판을 참조해야 하고, 배트맨과 등장인물들이 재현하는 '메인 스트리트 퍼레이드'를 보려면 일찌감치 좋은 자리를 차지하고 있어야 한다. 매시간 곳곳에서 벌어지는 이벤트를 찾아보는 데만도 몇 시간은 훌쩍 지나갈 판인데, 〈배트맨〉, 〈슈퍼맨〉 등의 상설 세트장과 FX 특수효과 쇼까지 관람하려면 부지런히 뛰어다녀 줄을 서야 한다. 무비 월드답게 레스토랑과 바도 영화의 무대장치를 그대로 활용하고 있다. 〈배트맨〉의 고담 시티 카페 Gotham City Cafe와 〈카사블랑카〉의 릭스 카페 Rick's Cafe 같은 곳이 대표적이다. 거의 매년 새로운 영화와 어트랙션들이 업데이트된다.

📍 Pacific Motorway, Oxenford, Gold Coast 🚶 서퍼스 파라다이스에서 트랜스링크 라이트레일을 타고 헬렌스베일역 Helensvale Station에 하차, 버스 TX7로 환승 후 무비 월드 하차 🕐 09:30~17:00 ❌ 크리스마스, 안작 데이 💲 어른 A\$115(105), 어린이 A\$105(95) ★( ) 안은 온라인 요금 📞 5573-8485 🏠 www.movieworld.com.au

아웃백 스펙타큘러 Outback Spectacular

극장식 나이트 공연

호주에서 이런 쇼를 보게 될 줄이야. 중국에서나 봄직한 마상 서커스, 혹은 태양의 서커스 풍의 공연을 호주의 퀸즐랜드에서 보는 느낌은 색다르다. 말을 타고 오지를 달리던 개척시대를 재현한 '아웃백 스펙타큘러'는 이름 그대로 스펙타클하면서도 극의 완성도가 뛰어나다. 매일 밤 7시30분 공연에 맞추어 문을 여는데, 본격적인 공연장 입장에 앞서 30분 가량 포토타임과 흥겨운 수다 타임이 펼쳐진다. 입구에서 나눠주는 카우보이 모자를 쓰고, 개척시대의 어느 퍼브에서 친구들과 술잔을 기울이며 설레는 마음으로 공연을 기다리는 듯한 분위기. 공연장 문이 열리면 생각보다 큰 스케일의 실내가 시선을 압도한다.

지정된 자리에 앉아서 공연을 즐기는 동안 코스식 디너가 제공된다. 이때 미리 선택한 스테이크 메뉴와 와인 등을 서빙해주는 스테프들의 프로패셔널한 손놀림에 또 한번 놀라게 된다. 공연을 하는 연기자들과 동일한 카우보이 모자에 가죽부츠를 신고 있어서 공연과 현실이 오버랩되며 극의 몰입도를 높인다.

공연의 스토리는 호주의 오지에서 5년 동안 지독한 가뭄과 재해를 이겨내고 일가를 이룬 Reg와 Marge의 흥미진진한 개척기다. 수십 마리의 말들이 뛰어다니고, 커다란 부시 파이어가 현실감 있게 재현되고, 자동차 스턴트까지 펼쳐지는 등 실내공연이라는 사실이 믿어지지 않을 정도로 박진감 넘치고 쉴 틈 없이 재미있다. 장엄하게 울려 퍼지는 음향효과와 각종 특수장치들까지 더해져 그야말로 화려함의 극치를 보여준다. 공연 보랴 식사하랴 다소 정신없기도 하지만, 공연이 끝나면 마치 꿈을 꾼 것처럼 진한 아쉬움이 남는다. 낮 동안에는 근처 무비 월드나 웻앤와일드에서 신나게 놀고, 저녁 시간에는 아웃백 스펙타큘러의 공연을 보는 것으로 알찬 하루를 마무리하기 좋은 위치. 안타깝게도 공연 중에 촬영은 금지된다.

📍 Pacific Motorway, Oxenford, Gold Coast
🕐 일~금요일 19:30, 토요일 14:30
💲 어른 A$109.99, 어린이 A$79.99
📱 13-33-86
🏠 www.outbackspectacular.com.au

드림 월드 Dream World

'호주의 디즈니랜드'를 표방하는 드림 월드. 시 월드, 무비 월드, 웻앤와일드, 파라다이스 컨트리는 같은 회사에서 운영하는 테마파크이고, 드림 월드만 독자노선을 걷고 있다. 굳이 비교하자면 네 군데 테마파크를 한 군데에 버무려서 축소시켜놓은 느낌. 무비 월드나 시 월드가 이벤트 중심인 데 비해 이벤트보다는 탈거리 위주로 구성된 것도 차이점이다.

공원 안에서는 증기기관차와 스카이링크 체어리프트가 주요 이동수단이다. 주요 볼거리 앞에서 정차하는 증기기관차를 타거나 리프트를 타고 공원 안을 돌아보는 것만으로도 흥미 만점이다. 드림 월드의 위상을 높이고 있는 일등공신은 스릴 만점의 놀이기구들. 시속 85km로 달리는 롤러코스트 '사이클론'과 120m 높이의 타워에서 순식간에 땅으로 떨어지는 '자이언트 드롭', 시속 160km의 절대공포 '타워 오브 테러'는 드림 월드 최고의 인기를 구가한다. 360도 회전하는 '와이프아웃'의 인기도 상승 중. 놀이기구 외에 호주의 골드러시 시대를 재현해놓은 마을과 양털깎기쇼가 열리는 마을, 대형 풀과 워터 슬라이더가 있는 블루 라군 등의 테마 동산도 빼놓을 수 없는 볼거리다.

다양한 동물들이 펼치는 이벤트 중에서는 세 마리의 백호가 펼치는 '타이거 아일랜드 Tiger Island'가 가장 많은 관객을 불러 모으는데, 호주에서 호랑이를 본다는 사실만으로 관심을 끌기에 충분하다. 드림 월드 내에 또 하나의 테마파크 화이트워터 월드 WhiteWater World에서 한낮의 더위를 식히고, 아이맥스 영화관에서 공포영화를 보는 것으로 마무리한다. 입구와 출구 역할을 하는 기념품숍은 꽤 큰 규모의 레고숍으로, 호주를 상징하는 레고 코알라도 눈길을 끈다.

드림 월드와 서퍼스 파라다이스의 스카이 포인트 Sky Point 전망대는 같은 회사로, 3Day 패스를 구입하면 3일 동안 두 곳을 무제한 이용할 수 있다.

📍 Pacific Motorway, Oxenford, Gold Coast 🚶 서퍼스 파라다이스에서 트랜스링크 라이트레일을 타고 헬렌스베일역 Helensvale Station에 하차, 버스 TX7로 환승 후 드림 월드 하차 🕐 10:00~17:00(안작 데이 13:00~17:30) ❌ 크리스마스, 안작 데이 💲 어른 A$115(105), 어린이 A$105(95) *( ) 안은 온라인 요금 📱 5588-1111 🏠 www.dreamworld.com.au

큐럼빈 와일드라이프 생츄어리 Currumbin Wildlife Sanctuary

대부분의 놀이공원과 동물원 등이 골드 코스트 북쪽에 있는 데 반해, 이 곳은 골드 코스트 시내에서 남쪽으로 약 18km 떨어진 큐럼빈에 있다. 27 만㎡ 넓이의 공원에는 캥거루·코알라·악어·에뮤 등의 야생동물과 1,400 마리의 조류가 자유롭게 어우러져 있다. 공원 안에서는 미니어처 레일웨 이를 따라 운행하는 관광열차를 차고 이동한다. 매시간 캥거루·앵무새·에 뮤 등에게 먹이주기 이벤트가 있으므로 미리 나눠주는 타임 테이블을 확 인하도록 하자. 가장 인기 있는 이벤트는 야생조류들이 눈앞에서 자유롭 게 날아다니는 'Free Flight Bird Show'. 조련사의 손짓에 따라 마술을 부 리듯 날아다니는 독수리와 부엉이 등이 감탄을 자아낸다. 이곳에서는 사 라지는 야생동물들을 보호하기 위한 프로그램도 운영하고 있는데, 참가하는 것만으로도 자연의 소중함을 깨닫게 한다. 야행성 동물들을 관찰할 수 있 는 와일드 나이트 투어 Wildnight Tour도 인기있는 프로그램이다.

📍 28 Tomewin St., Currumbin 🕐 08:00~17:00(안작데이 13:00~17:00)
❌ 크리스마스 💲 어른 A\$64.95, 어린이 A\$51.95 📞 5534-1266
🏠 www.currumbinsanctuary.com.au

포인트 데인저 Point Danger(Tweed Head)

북쪽 퀸즐랜드와 남쪽 뉴사우스웨일스 주의 경계가 되는 곳은 트위드 헤드 Tweed Head. 골드 코스트 공항이 있는 쿨랑가타 내의 바닷가 지명이기도 하다. 쿨랑가타 메 인 도로를 따라 동쪽 끝으로 달려가면 포인트 데인저 Point Danger 이정표가 나오고, South와 North 양 방향을 가르키고 있는 하얀색의 기념비가 높 이 솟아있다. 이곳이 유명한 이유는 바다를 향해 살짝 튀어나온 포인트 데인저에서 스내퍼 록스 Snapper Rocks에 이르는 수 려한 풍광 때문. 초록의 잔디밭과 하얗게 부서지는 파도가 처연 한 조화를 이룬다. 언덕 위에 캡틴쿡 기념관과 등대, 산책로 등이 조성되어 있고, 해변으로 내려가면 서핑을 즐기는 사람들을 만날 수 있다. 쿨랑가타 공항에서 자동차로 채 30분도 걸리지 않아서, 양 방향으로 향하는 도중에 잠시 들러가기 좋다.

📍 Marine Parade, Coolangatta 📞 5582-8211 🏠 www.goldcoast. qld.gov.au

01
Pacific Fair

어마어마한 규모

고급 아파트먼트가 즐비한 브로드 비치에 자리잡은 퍼시픽페어 쇼핑센터. 이곳은 퀸즐랜드 전체를 통틀어서 가장 큰 규모의 쇼핑센터로, Myer, K-Mart, Target, Coles 같은 친근한 매장들이 한 건물에 모여 있다. 300여 개의 전문 매장과 여행사·항공사·우체국 등이 입점해 있으며 옥상에는 넓은 주차장이 있는데, 높은 건물에서 내려다보면 마치 거대한 항공모함 같다. 1층에는 명품 브랜드숍들이 자리 잡았고, 대형 슈퍼마켓도 세 군데나 입점해 있다. 2층에는 주로 레스토랑들이 밀집해 있어서 늦은 시간까지 영업하는 곳이 많다.

건물을 나가서 맞은편에는 더 스타 카지노와 또 다른 쇼핑센터 오아시스 Oasis가 있다. 오아시스 쇼핑센터에서 더 스타 카지노까지는 모노레일로 연결되어 있어서 퍼시픽페어와 함께 도보로 둘러보기 좋다.

📍 Hooker Blvd., Broadbeach ⏰ 09:00~19:00, 목요일 09:00~21:00, 일요일 09:00~18:00
📱 5581-5100 🏠 www.pacificfair.com.au

02
Circle on Cavil

카빌 몰의 중심

골드 코스트의 중심은 서퍼스 파라다이스, 서퍼스 파라다이스의 중심은 카빌 몰, 카빌 몰에서 가장 핫한 곳은 바로 이곳, 서클 온 카빌 쇼핑센터라 할 수 있다. 지하에는 대형 슈퍼마켓 울워스가 입점해 있고, 지상에는 고급 레스토랑이 즐비하며, 건물 한 켠에는 만타라 호텔이 자리잡고 있다. 건물과 건물 사이 광장에는 커다란 그물로 만들어진 어린이 놀이터와 대화면 TV 모니터가 설치되어 있어서 누구라도 아이처럼 놀고 싶어지는 공간이다. 주차장 찾기 힘든 카빌 몰 일대에서 비교적 수월하게 주차할 수 있는 지하 주차장도 서클 온 카빌의 장점이다.

📍 3184 Surfers Paradise Blvd, Surfers Paradise ⏰ 09:00~22:00
📱 5570-6006 🏠 www.circleoncavill.com.au

01
The Star Coldcoast Casino
어른들을 위한 시간

브로드 비치에 있는 더 스타 카지노 호텔은 호텔 자체의 명성보다 카지노의 존재 때문에 더 유명한 곳. 콘래드 호텔에서 운영하는 주피터 카지노에서 더 스타로 주인이 바뀌었지만, 퀸즐랜드 최초의 카지노답게 수십 종의 게임과 레스토랑·바 등이 24시간 불야성을 이루는 곳이다. 브리즈번의 트레저리 카지노와 같은 계열로, 하나의 멤버십으로 두 군데 모두 이용할 수 있다. 무료로 만들 수 있는 멤버십 카드를 이용하면 회원가로 저렴하게 레스토랑을 이용할 수 있으며, 브리즈번과 골드 코스트 2군데 카지노를 오가는 셔틀버스도 이용할 수 있다.

📍 1 Casino Dr, Broadbeach 🕐 24시간
📱 5592-8100 🏠 www.star.com.au

02
Fire 4 Hire
아이가 있다면 추천

세계적 휴양지 골드 코스트에서, 태양이 이글대는 골드 코스트에서, 한낮의 더위를 시원하게 날려버릴 색다른 체험. 8세 미만의 어린이가 있는 가족에게 강력 추천할 만하다. 실제 소방헬맷을 착용하고 소방차를 타고, 사이렌을 울리며 골드 코스트 해안도로를 달려 도착한 곳은 바다가 보이는 공원. 넓은 잔디밭을 향해 실제 소방 호스를 휘두르는 특별한 체험이다. 소방 호스에서 콸콸 쏟아져 나온 물줄기가 무지개를 만들면 아이들의 환호성도 함께 터져 나온다. 불을 끄지 않는다는 것만 빼면 모든 것이 실제 상황과 똑같다. 체험에 사용되는 소방차도 실제 소방업무에 투입되던 것이라 한다. 소방관을 꿈꾸던 설립자 리치 Richie의 오랜 꿈이 색다른 사업으로 재탄생한 셈인데, 리치는 운전과 가이드까지 모든 것을 직접하고, 소방차의 기술적인 면까지 자세히 설명해준다. 아이들뿐 아니라 어른들까지도 동심으로 돌아가는 즐거운 시간이다.

📍 36 Cavill Ave., Surfers Paradise 💲 A\$35~(시즌에 따라 투어 운영 여부가 달라지니 홈페이지로 미리 확인할 것) 📱 0488-883-473 🏠 www.fire4hire.com.au

03

Aquaduck Safaris Gold Coast

수륙양용차를 타고 달려!

육지와 바다 모두를 누비는 수륙양용 버스. 매일 8회 카빌 애버뉴의 티켓 오피스에서 출발하는 아쿠아 버스가 에스 플러네이드 해안을 따라 쉐라톤 호텔, 마리나 미라지, 베르 사체 호텔, 시 월드 등을 거쳐서 서퍼스 파라다이스로 다시 돌아오는 데 1시간이 걸린다. 해안도로를 달릴 때는 네 바 퀴 달린 자동차가 되었다가, 강 속으로 풍덩 빠져들고 나면 어느새 크루즈로 변신한다. 매일 오전 10시부터 오후 5시 30분까지 40~45분 간격으로 출발한다. 참고로, 앞서 소개 한 Fire 4 Hire의 출발 장소와 아쿠아덕의 티켓 오피스 위 치가 같다.

📍 36 Cavill Ave., Surfers Paradise ⓢ 어른 A\$50, 어린이 A\$40
📱 5539-0222 🏠 www.aquaduck.com.au

04

Gold Coast Gondolas

유유자적 뱃놀이

마치 아라비안나이트에 나올 것 같은 나룻배의 외형부터 가 눈길을 끈다. 특별한 이벤트를 즐기고 싶은 커플이나 가 족 단위의 승객을 태우고 선장 겸 주방장인 뱃사공이 배를 젓기도 하면서 낭만적인 식사를 준비해준다. 객실에는 가 죽 소파와 테이블이 놓여 있으며 촛대와 와인도 마련되어 있다. 식사의 내용 역시 수준급으로, 시푸드는 물론 이탈리 안 치킨 요리와 베지테리언 푸드 등 메뉴가 다양하다. 식사 는 출발 3시간 전에 예약해야 하며, 기념일을 위한 꽃이나 케이크 등의 개인적인 취향도 충분히 반영된다.

📍 60/70 Seaworld Dr., Main Beach ⓢ 2인 요금 A\$240(1시간), A\$280(1시간 30분) 📱 5574-6883 🏠 www.gcgondolas.com

TIP

골드 코스트를 즐기는 가장 짜릿한 방법, 서핑에 도전해보자!

보드에 몸을 맡긴 채 망망대해에서 밀려오는 파도를 향해 돌진! 솟구치는 물살과 바람, 반동을 이용해서 하늘 높이 파도를 넘고 또 넘는 다! 골드 코스트 해변에서 가장 많이 볼 수 있는 이런 풍경은 구릿빛으로 그을린 청춘들과 어우러져 싱그러움의 극치를 연출한다. 서퍼스 파라다이스, 말 그대로 서핑의 천국 골드 코스트에 왔다면 기꺼이 구릿빛 대열에 동참해보는 게 어떨지. 사람과 바람, 보드 Board가 하 나가 되어 물 위를 날듯이 미끄러지는 서핑은 보드와 신체의 균형감각에 그 매력이 있다. 수영을 즐기기에는 엄두도 낼 수 없는 거친 바 다에서 시속 50~60km로 바람과 물살을 가르다 보면 쌓였던 스트레스도 저절로 날아간다.

하지만 극도의 쾌감 뒤에는 극도의 고통도 따르는 법. 전신운동에 속하는 서핑은 밸런스, 지구력, 허리의 힘은 물론 팔과 다리, 어깨의 힘 을 동시에 필요로 한다. 우선 기초 체력이 바탕이 되어야 하고, 그다음은 바다에 나가기 전에 정확한 교습이 전제되어야 한다.

초보자가 골드 코스트에서 서핑을 배울 수 있는 곳은 카 빌 몰 근처의 서퍼스 파라다이스 비치가 가장 적합하고, 경력자라면 메인 비치에서 쿨랑가타에 이르는 해변 중 자기의 수준에 맞는 곳을 고르면 된다. 장비는 에스플러 네이드의 서핑숍에서 빌릴 수 있으며, 레슨도 신청할 수 있다. 강습료는 1인 A\$40~80 정도, 장비 대여료는 시 간당 A\$20(쇼트 보드 Short Boards)~40(바디 보드 Body Boards).

Get Wet Surf School
📱 1800-438-938 🏠 www.getwetsurf.com

01

Hurricane's Grill & Bar Surfers Paradise

폭립의 지존

뉴사우스웨일스 주와 퀸즐랜드 주에 지점을 두고 있는 그릴 레스토랑. 시드니에서 허리케인의 폭립을 맛보지 못했다면, 골드 코스트에서 노려볼 만하다. 내부로 들어서면 넓은 공간에 자유로운 분위기, 그리고 바다를 향해 탁 트인 뷰까지 시원스럽게 펼쳐진다. 주 메뉴는 소고기, 닭고기, 돼지고기, 양고기 등의 립 스테이크. 고기의 부위와 무게별로 가격이 달라지고, 조리법과 소스에 따라 다양한 메뉴가 준비되어 있다. 함께 즐길 수 있는 샐러드와 햄버거 메뉴도 충실하다. 바다를 바라보며 시원한 맥주와 칵테일을 즐길 수 있는 테라스 좌석이 가장 먼저 자리가 찬다. 약 5분 거리의 서클 온 카빌 매장은 새단장을 위해 임시 휴업 중이다.

📍 Soul Boardwalk, Level 1/4–14 The Esplanade, Surfers Paradise ⏰ 월~금요일 12:00~21:00 📞 5503-5500 🏠 www.hurricanesbarexpress.com. au

02

Hard Rock Cafe

이 도시와 가장 잘 어울리는 록 카페

골드 코스트의 최고 번화가 서퍼스 파라다이스 블러바드와 카빌 애버뉴의 교차로에 자리한 하드락 카페. 어둠이 내리면 하드락 카페의 상징인 기타 모양 간판에 조명이 들어와 더더욱 눈에 띈다. 한국을 비롯한 세계 어느 곳이든 하드락 카페의 콘셉트는 같다. 낮 시간에는 캐주얼한 레스토랑으로, 밤 시간에는 흥겨운 클럽으로 변하는 것. 메뉴 역시 글로벌 스탠다드하니, 익숙한 맛을 찾는다면 실패 없는 곳이다.

📍 Sufers Paradise Blvd. & Cavill Ave., Surfers Paradise ⏰ 월~금요일 12:00~21:30, 토~일요일 12:00~22:30 📞 5539-9377 🏠 www.hardrock.com

03

Zambrero Surfers Paradise

멕시칸 음식에 도전!

잠브레로는 멕시칸 레스토랑으로는 호주에서 가장 성공한 브랜드 중 하나다. 호주 전역에 수십 개의 지점이 있으며 골드 코스트 지역에서도 여러 군데 지점을 만날 수 있는데, 특히 서퍼스 파라다이스 점에서는 건강하면서도 간편한 테이크아웃 음식으로 각광받고 있다. 타코, 나초, 쿼사딜라 등 익숙한 이름의 멕시칸 푸드를 다양한 재료의 조합으로 재해석한 현대식 멕시칸 푸드가 특징이다.

📍 175 Ferry Rd Southport ⏰ 일~목요일 11:00~20:00, 금~토요일 11:00~21:00 📞 5504-7733 🏠 www.zambrero.com.au

퀸즐랜드 주

263

Hog's Australia's Steakhouse

호주식 그릴 스테이크

스테이크가 유명한 이 체인점은 특히 동부해안 도시에 많이 퍼져 있다. 한 접시에 담겨 나오는 그릴 구이 옥수수, 왕새우, 칩스, 채소 샐러드 그리고 스테이크 등 혼자 먹기에 벅찰 정도로 푸짐한 양을 자랑한다. 물론 퀄리티도 나쁘지 않다. 다양한 버거 종류도 있어서 점심식사로도 권할 만하다. 카빌 애버뷰와 마린 코브 두 군데에 있다.

📍 Soul Building, T2/9 Cavill Ave., Surfers Paradise 🕐 11:30~14:30, 17:00~21:30
📱 5527-5554 🏠 www.hogsbreath.com.au

· TIP ·

골드 코스트의 럭셔리 아파트먼트들

골드 코스트에서 특급 호텔과 리조트 아파트 같은 고급 숙소들은 해안을 따라 전망 좋은 곳을 차지하고 있다. 특히 아파트먼트 형태의 숙소들이 눈에 띈다. 우리 식으로 표현하자면 콘도에 해당하는 이들 숙소는 중고가의 요금으로 가족 단위의 여행자들이 묵기에 적당하다. 호텔보다는 저렴하고 백패커스 보다는 고급스러운 시설로 수영장·레스토랑·사우나 등의 부대시설을 자랑한다. 골드 코스트 해변의 절반 가까운 빌딩이 바로 이런 아파트먼트 숙소들. 11월에서 1월 사이의 최고 성수기에는 10% 이상 요금이 올라가며, 반대로 비수기에는 큰 폭으로 할인해주기도 한다. 최근 몇 년간의 공사로 한꺼번에 공급이 쏟아지면서, 호주 전 지역에서 시설 대비 가격이 좋은 숙소가 많은 도시 중 한 곳이 되었다.

가장 호주다운 풍경과 휴식
탕갈루마 리조트
TANGALOOMA RESORT

탕갈루마는 '물고기가 많이 모여드는 곳'이란 의미의 원주민 말이다. 탕갈루마 리조트가 자리한
모튼 아일랜드는 예전부터 원주민들에게 '지상에서 가장 행복하고 건강한 낙원'으로 불리던 곳.
이처럼 생명이 모이는 아름다운 섬에 자리한 탕갈루마 리조트는 이름과 의미만으로도 찾고싶고 머물고 싶은 곳이다.

탕갈루마 리조트로 향하는 페리는 브리즈번 공항에서
차로 10분 거리, 브리즈번 시내에서 15분 거리에 위치한
홀트 스트리트 핀켄바 와프 Pikenba Warf에서 출발한
다. 공항이나 시내에서 선착장까지의 교통편은 리조트에
서 제공하는 버스(유료)를 이용할 수 있다. 브리즈번에서
페리로 75분이면 지상 낙원에 도착한다.

선착장에 도착하면 떠나는 사람과 막 도착한 사람들이
어우러져 잠시 어수선한 분위기가 연출되지만, 그마저도
여행자의 시선으로는 즐거운 흥청거림이다. 가장 먼저 눈
에 들어오는 것은 해안가를 따라 낮게 조성된 리조트 건
물. 눈부신 퀸즐랜드의 햇살과 바다, 그리고 그 사이에 자
연을 거스르지 않는 백색의 리조트가 조성되어 있다.

바다와 사막이 공존하고,
사람과 동물이 함께 살아가는 곳

탕갈루마 리조트를 품고 있는 모튼 아일랜드는 섬의 97%
가 국립공원으로 지정되어 있으며, 세계에서 세 번째로 큰
모래섬이기도 하다. 모래언덕, 화산암, 맹그로브숲, 열대우
림 등 다양한 경관이 파노라마처럼 펼쳐지고, 그 안에 살고
있는 자연생태계 또한 원래의 모습 그대로 보존되고 있다.
즉 리조트가 차지하고 있는 공간과 사람의 발길이 닿는 곳
은 최소한으로 한정되어 있고 우리가 즐길 수 있는 자연도
제한되어 있지만, 그런 점 때문에 여행자들의 마음이 더 설
레는지도 모른다.

도착과 동시에 체크인 절차가 이뤄진다(숙박을 하지 않고
하룻동안 액티비티를 즐기고 돌아가는 Day Trips도 가능
하다). 미리 예약한 객실로 들어서면 탁 트인 바다와 점점이
서 있는 야자수가 환영하듯 반겨준다. 하얀색 건물의 호텔
에는 스탠다드, 디럭스, 패밀리 스위트 등 다양한 형태의 객
실이 있고, 선착장에서 조금 떨어진 비치프론트 빌라와 아
파트먼트, 홀리데이 하우스에서는 완벽하게 조용하고 완전
하게 자유로운 휴식이 주어진다. 어느 방을 선택하든 바다
와 햇살을 즐기기 좋은 발코니는 덤으로 주어진다.

물고기가 많이 모이는 곳, 탕갈루마

에메랄드빛 바다와 야자수가 어우러진 해변에서는 다양한 해양 스포츠가 가능하고, 광활한 모래 언덕에서는 사막을 꿈꾸며 샌드보드를 탈 수 있다. 사막 사파리 투어, ATV쿼커 바이크 투어, 난파선 스노클링, 패들보드, 카약, 헬리콥터 비행, 파라세일링, 바나나 보트 등 수많은 일일 투어와 액티비티를 즐기려면 도대체 며칠이나 이 섬에 머물러야 할까. 휴식을 원하는 여행자라면 섬을 스쳐가는 바람과 노을만 봐도 좋고, 액티비티를 즐기는 여행자라면 원하는 모든 것이 준비되어 있는, 지상낙원이 따로 없다.

그러나 이 모든 것에 앞서는 탕갈루마 리조트의 하이라이트는, 매일 저녁 해 질 무렵 리조트를 찾아오는 야생돌고래 먹이주기 체험! 돌고래를 보기 위해 하나 둘 모여드는 사람들의 시선을 끄는 펠리컨도 이곳의 명물이다. 커다란 주둥이를 앞세우고 뒤뚱뒤뚱 육지로 올라와서 물고기를 채가는 모습 또한 이곳이 아니면 어디서도 보기 힘든 풍경이다.

노을 진 하늘을 배경으로 펠리컨떼의 저녁 식사가 끝나면, 먼바다에서부터 유유히 다가오는 돌고래떼를 만나게 된다. 미리 신청한 인원에 한해서 직접 먹이주기 체험이 가능하고, 신청하지 않은 사람들은 선착장의 스탠드에서 이 모든 풍경을 지켜볼 수 있다. 매일 밤 찾아오는 돌고래들을 보며 혹시 길들인 돌고래가 아닐까 걱정하지만, 돌고래들이 사람에게 길들지 않도록 리조트에서는 1일 섭취량의 10~20%의 먹이만을 제공하고 있단다. 탕갈루마라는 이름에 걸맞게 예로부터 이곳은 돌고래의 먹이가 되는 '물고기가 많이 모이는 곳'이니까. 돌고래는 늘 그랬듯이 탕갈루마에서 저녁식사를 즐기고, 사람들은 돌고래와 함께하는 신기하고 즐거운 추억을 만든다.

돌고래 외에도 1천여 마리의 듀공, 2천여 마리의 붉은 바다거북, 1만여 마리의 초록 바다거북이 이 섬을 서식지로 삼고 있으며, 6월부터 10월 사이에는 2만 마리 이상의 혹등고래떼도 리조트 앞을 지나가며 장관을 연출한다.

탕갈루마 리조트
🕐 07:00, 10:00, 12:00, 17:00 ⑤ 숙박 A$210~650, 데이 트립스 A$95~225 📱 3637-2000 🏠 www.tangalooma.co.kr

태양의 도시와 세계 최대의 모래섬
누사 & 프레이저 아일랜드
NOOSA & FRASER ISLAND

일조량이 많고 연중 온난한 퀸즐랜드에는 태양과 관련된 여러 가지 명칭이 많다. 대표적인 것이 선샤인 스테이트라는 별칭인데, 그중에서도 누사를 선두로 하는 일대를 선샤인 코스트 Sunshine Coast라 부른다. 이름 그대로 유난히 태양 아래 모든 것이 아름다운 곳.

한편, 누사 북동쪽 바다에 떠있는 프레이저 아일랜드는 세계에서 가장 큰 모래섬이다. 1971년 섬의 북쪽 지역이 국립공원으로 지정된 이후 1992년에는 세계문화유산으로 선정되어 에어즈록, 그레이트 배리어 리프와 함께 호주를 대표하는 관광지로 자리매김했다. 모래섬이라는 이름에 걸맞게 끝없이 펼쳐지는 하얀 모래와 부서지는 파도, 가도 가도 끝이 없는 해변, 모래언덕과 수정 같은 호수들, 절벽과 울창한 숲, 거기다가 호주의 진돗개 딩고까지. 이 섬의 맨 처음 이름인 '파라다이스 Pradise'에 깊게 동감하게 된다.

인포메이션 센터

Noosa Information Centre ♀Hastings St., Noosa Heads ⏱09:00~17:00 ☎1800-448-833, 5447-4988 ⌂ www.tourismnoosa.com.au

Fraser Island Visitor Centre ♀Maryborough City Hall, 388 Kent St., Maryborough ☎1800-214-789 ⌂ www.visitfrasercoast.com

누사 가는 방법

브리즈번에서 북쪽으로 140㎞ 떨어진 누사. 자동차로 약 2시간 소요되는 가까운 거리인 만큼 브리즈번이나 골드 코스트에서 출발하는 버스가 빈번하게 누사를 경유한다. 그레이하운드 버스가 하루 7회 상하행선을 운행한다.

도시는 크게 누사 헤즈 Noosa Heads와 누사 빌 Noosa Vill, 테완틴 Tewantin의 3개 지역으로 나뉜다. 규모가 작지는 않지만 대부분의 볼거리는 누사 헤즈 쪽에 몰려 있어서 교통수단이 필요할 정도는 아니다. 누사 헤즈에는 고급 레스토랑과 부티크가 많으며 서핑 장소로도 유명하다. 누사 빌은 조용한 주택가로, 누사강을 따라 리조트와 크루즈 오피스가 몰려 있다.

프레이저 아일랜드 가는 방법

패키지 투어는 당일치기 코스부터 2박 3일까지 다양한데, 주로 1박 2일 상품을 이용한다. 투어 회사에 따라 허비 베이, 누사, 브리즈번, 골드 코스트에서 출발하는 상품들을 선보이고 있으며, 출발지에 따라 요금과 코스가 조금씩 달라진다. 가장 가까운 곳은 허비 베이지만, 머무는 곳 중에서 출발지를 선택하면 된다.

이 투어의 최대 장점은 숙련된 운전사이자 가이드가 포인트마다 지형과 역사에 얽힌 생태적인 이해를 돕는다는 것. 조금 비싼 만큼 가치가 있다. 상품을 선택할 때는 무엇보다 섬에서 어떤 코스로 도는지를 살펴봐야 한다. 회사마다 조금씩 다른 루트를 운영하고 있어서 자칫하면 꼭 봐야 할 명소를 놓치는 경우가 있으니 꼼꼼히 살펴보자.

주요 투어 회사

Sunset Safari ♥ 골드 코스트, 브리즈번, 누사, 레인보우 비치에서 출발 **⑤** 2박 A$409~, 3박 A$549~ **☎** 3287-1644
↑ www.sunsetsafaris.com.au

Fraser Explorer Tours ♥ 허비 베이에서 출발
⑤ 1일 A$198~, 1박2일 A$320~405 **☎** 4194-9222
↑ www.fraserexplorertours.com.au

투어를 이용하든 개별 선박을 이용하든, 모든 여행자는 페리를 이용해서 섬으로 들어간다. 섬으로 들어가는 노선은 두 가지. 첫 번째 허비 베이의 유랭간 보트 하버 Urangan Boat Harbour 또는 리버 헤즈 River Heads에서 출발한 페리는 약 30~40분 뒤 프레이저 아일랜드의 킹피셔 베이 Kingfisher Bay에 도착하게 된다. 두 번째, 섬의 남쪽 누사 방면에서 출발한 차량들은 인스킵 Inskpi에서 바지선 만타 레이 Manta Ray에 차를 싣고 섬의 최남단으로 진입한다. 인스킵에서 바지선을 이용할 경우에는 거의 10분도 못 미쳐서 섬에 도착하므로 차량에서 내릴 필요도 없다.

섬 전체가 모래로 이루어진 만큼 일반 차량은 통행조차 할 수 없고 지프나 투어버스만 운행할 수 있다. 최근 인기가 높아지고 있는 셀프 드라이브 투어의 경우 4~8명이 한꺼번에 움직이는 소규모 패키지가 주를 이룬다. 자유롭게 섬 전체를 돌아다닐 수 있지만, 낯선 곳에서 음식과 연료·숙소·운전 등을 직접 해결해야 한다는 점에서 신중할 필요가 있다.

270

누사
NOOSA

누사 국립공원 Noosa National Park

울창한 숲과 푸른 바다

누사 헤즈의 관광안내소에서 10~15분 정도만 걸어가면 누사 국립공원 입구가 나온다. 파크 로드 Park Rd.를 따라 1km쯤 올라가면 정식 국립공원 입구와 함께 다섯 갈래의 산책로 안내판을 볼 수 있다. 430만㎡ 면적의 이 국립공원은 누사 동남쪽에 넓게 퍼진 울창한 열대림. 워킹 트랙 중 가장 인기 있는 루트는 해안을 따라 2.7km에 걸쳐 있는 코스탈 트랙 Coastal Track과 국립공원 정상을 향해 있는 3.4km의 누사 힐 서키트 트랙 Noosa Hill Circuit Track이다. 코스탈 트랙은 곳곳에 전망대가 설치되어 있을 정도로 경관이 아름다우며, 특히 남태평양을 향해 곶처럼 솟아 있는 헬스 게이트 Hell's Gate에서 바라보는 풍경이 압권이다.

누사 힐 코스는 왕복 30~40분 정도가 걸리며, 정상에 오르면 탁 트인 누사 일대가 한눈에 들어온다. 단, 나뭇잎이 적당히 떨어진 겨울철이나 가지치기를 한 다음에만. 평소에는 울창한 나뭇가지 때문에 시야가 가려져서 아무것도 안 보일 때가 많다. 이밖에 1km 단거리의 팜 그로브 서키트 Palm Grove Circuit, 국립공원 전체를 일주하는 알렉산드리아 베이 트랙 Alexandria Bay Track 등 모두 5개의 코스가 있다.

헤이스팅스 스트리트 Hastings Street

누사 관광안내소에서 누사 우드 Noosa Woods까지 1km 남짓한 헤이스팅스 스트리트
가 누사의 최대 상권이다. 좌우로 부티크와 레스토랑, 노천카페, 대형 쇼핑센터가 늘어
서 있다. 이 중에서도 베이 빌리지 쇼핑센터 Bay Village Shopping Centre 1층에 있는
푸드 코트는 언제나 사람들로 북적이는 곳. 20여 개의 음식 코너가 늘어서 있어서 동서
양을 넘나들며 골라 먹을 수 있는 선택의 폭이 넓다. 이곳을 중심으로 오른쪽에는 국립
공원 입구가, 왼쪽으로는 쇼핑가 그리고 뒤쪽으로는 해변과 바다가 펼쳐진다.

누사강 에버글레이즈 Noosa River Everglades

도시의 이름을 딴 누사강은 이 도시의 대표적인 관광지이자 식수원이다. 도시를 흐르
는 여느 강들과 달리 습지를 품고 있는 누사강에서는 에버글레이즈 투어가 인기다. 이
름 그대로 누사강을 거슬러 습지(Everglades)를 탐험하는 여행이다. 누사 빌에서 출발
한 배는 누사 리버 내셔널 파크와 쿨룰라 내셔널 파크 Cooloola NP. 사이를 거슬러 강
을 따라 올라간다. 누사강의 근원이 되는 쿠다라바 호수 Lake Cootharaba 주변은 3개
의 국립공원이 둘러싸고 있는데, 호수에 뿌
리를 내린 울창한 맹그로브숲과 펠리컨떼가
크루즈의 동반자다. 도중에 키나바 인포메이
션 센터 Kinaba Information Centre에 들러
호수 주변의 자연환경을 볼 수 있는 전시관
을 둘러보고, 해리 헛 Harry's Hut에서 BBQ
점심을 즐긴 뒤에 돌아온다.

에버글레이즈 에코사파리즈
ⓢ 어른 A$139, 어린이 A$99 📱 5485-3348
🏠 www.evergladesecosafaris.com.au

유먼디 마켓 Eumundi Market　　　　　　　　　　동화속 한 장면같은

누사 빌에서 내륙 쪽으로 20분쯤 차를 타고 가면 유먼디라는 작은 마을이 나온다. 유먼디 마켓은 이 마을에서 매주 수요일과 토요일 아침에 열리는 일종의 벼룩시장. 오전 일찍부터 장이 서고 오후 1시가 되면 파장 분위기다. 벼룩시장치고는 명성이 자자해서 멀리 브리즈번에서까지 관광객이 찾아올 정도. 공예품과 예술품·보석·선물용품 등 수준 높은 수제품을 만날 수 있다. 마켓만 볼 생각이면 마켓투어 버스를 이용하는 방법도 있다.

📍 80 Memorial Dr, Eumundi 🕐 수요일 08:00~13:30, 토요일 07:00 ~14:00 📞 5442-7106 🏠 www.eumundimarkets.com.au

레인보우 비치 Rainbow Beach　　　　　　　　　　켜켜이 쌓인 컬러

프레이저 아일랜드의 아래쪽에 위치하는 도시들, 즉 누사, 브리즈번, 골드 코스트 지역에서 출발하는 투어를 이용하면 프레이저 아일랜드로 향하는 도중에 쿨룰라 국립공원 Cooloola National Park을 거쳐가는 경우가 많다. 쿨룰라 국립공원은 레인보우 비치에서 누사강까지 뻗어있는 그레이트 샌디 국립공원의 한 부분으로, 이 지역의 하이라이트가 바로 무지개 빛깔 모래로 유명한 레인보우 비치. 한 면은 바다가, 다른 한 면은 무지개빛 모래가 나지막이 언덕을 이루는 해변길을 달리는 기분! 4륜구동 차량을 멈추고 바다쪽 모래를 파면 조개가 나오고, 언덕쪽 모래를 파면 보석처럼 반짝이는 색색깔의 가루가 부서진다. 간혹 모래 위를 질주하는 4WD 차량들이 있으니 주의할 것!

프레이저 아일랜드
FRASER ISLAND

`06`

센트럴 스테이션 Central Station

섬 여행의 시작

이름대로 섬의 가운데에 있는 이곳은 프레이저 아일랜드 여행의 출발이자 종착점이 되는 곳이다. 주변은 빽빽한 관목숲으로 둘러싸여 있고, 넓은 부지에는 캠핑장과 간이매점·화장실 등의 편의시설이 있다. 크릭 부시워킹은 이곳에서 시작되는데, 코스는 20분부터 2시간까지 다양하다. 오래된 숲이 내뿜는 청량한 산소를 호흡하는 것만으로 온몸이 정화되는 느낌이 든다. 특히 아침 시간대에 이곳을 찾으면 숲이 내뿜는 피톤치드와 키큰 나무 사이로 비치는 햇살이 어우러져 비현실적인 풍경마저 만들어낸다.

`07`

맥켄지 호수와 와비 호수 Lake McKenzie & Lake Wabby

차고 맑고 아름다운 호수들

센트럴 스테이션에서 자동차로 약 5분 거리에 맥켄지 호수와 와비 호수가 나란히 있다. 맥켄지 호수는 프레이저 아일랜드에서 가장 아름다운 풍경을 자랑하는 곳. 믿기지 않을 만큼 맑은 초록 물빛과 하얀 모래가 어우러져 감탄을 자아낸다. 바다처럼 넓고 수온까지 따뜻해서 수영을 즐기기에 그만이다.

와비 호수는 센트럴 스테이션의 동쪽에 있으며 자동차로 몇십 분 더 가야 나온다. 와비 호수의 특징은 주차장에서 호수까지 이어지는 사막. 모래섬 가운데서도 사막을 지나 꼭꼭 숨겨진 호수를 찾아가는 것이다. 발이 푹푹 빠질 정도지만 모래의 느낌만큼은 이보다 더 부드러울 수가 없다. 호수를 둘러싸고 유칼립투스 숲과 산책로가 있다.

75마일 비치 75 Miles Beach

끝도 없이 펼쳐지는 바닷길

시원스레 부서지는 파도를 나란히 하고 끝없이 펼쳐진 단단한 모래 위를 달리는 기분. 프레이저 아일랜드 투어의 하이라이트라 할 수 있는 75마일 비치는 약 120km 걸쳐 장대하게 펼쳐진 섬 동부 해변이다. 호주의 비경으로 손꼽히는 이곳은 마치 태곳적 지구의 모습을 보는 듯하다. 태곳적 모습에 심취한 나머지 나체로 낚싯대를 드리운 강태공들도 심심찮게 보이는데, 이마저도 자연의 일부로 느껴지는 경이로운(?) 곳이다. 숲에서 흘러나온 물줄기가 바다로 흘러가는데, 이 물줄기를 피하려다 전복된 차량들이 모래에 절반쯤 박혀 있어서 경각심을 일깨운다. 자가운전일 경우 너무 속도를 내지 않는 것이 좋다.

엘리 크릭 Eli Creek

발 담그고 놀기 좋은 곳

엘리 크릭은 숲에서 흘러나온 물줄기가 바다로 흘러가는 하구다. 염분이 없고 깊이 또한 적당해서 수영을 즐기기에 좋다. 계단을 따라 10분 정도 올라가면 전망대가 나오는데, 전망대에서 바라보는 바다 풍경이 무척 아름답다. 운이 좋으면 이 일대에서 딩고를 만날 수도 있다. 전망대를 지나 한 바퀴 원을 그리듯 내려오면 출발점으로 다시 돌아오게 된다. 물고기가 헤엄치는 모습까지 훤히 보일 만큼 물이 맑다.

10 난파선 마헤노 Ship Wreck Maheno

점점 사라져감

제1차 세계대전 기간에 뉴질랜드와 호주를 왕성하게 오갔던 병원선 마헤노. 1935년 허비 베이 근처를 지나던 선박 마헤노는 사이클론을 만나 이곳에 좌초되고 말았다. 당시의 참상을 말해주듯 붉은 녹을 뒤집어 쓴 채 세월에 박제되어 있다. 모래 위로 금방이라도 쓰러져 내릴 듯 부식되고 있는 난파선의 모습이 아름다운 바다와 묘한 대조를 이룬다. 개인적으로, 10년 전과 비교해서 확연히 부식되고 마모되어 버린 모습에 시간의 위력을 실감하기도 했다. 다시 십 년 후에는 이 바다에서 마헤노가 사라져 버릴지도.

11 샴페인 풀 Champagne Pools

기가 막힌 천연 풀

언덕 위 전망대에서 샴페인 풀을 내려다보면 누군지 이름 한번 잘 지었다는 생각이 절로 든다. 초록빛 바닷물이 하얀 파도를 일으키며 기포처럼 일어나는 모습이 정말 샴페인 잔에 든 탄산음료 같기 때문. 등 뒤에선 성난 파도가 일렁이는데, 크고 작은 웅덩이 속은 평화롭기 그지없다. 바닥이 보이는 맑은 물에 몸을 담그고 눈앞에서 부서지는 파도를 감상하는 맛이 꽤 좋다. 인디언 헤드에서 걸어서 10분쯤 북쪽에 있다.

📍 Waddy Point Bypass, Fraser Island

12 인디언 헤드 Indian Head

섬에서 가장 높은 곳

조금 떨어져서 보면 정말 인디언 추장의 머리처럼 보인다. 바다를 향해 머리처럼 튀어나온 언덕은 최고의 전망대이기도 하다. 보기에는 그리 높은 것 같지 않지만, 이곳에서 보이는 풍경은 압권이다. 언덕에 올라 바닷물을 들여다보면 돌고래나 상어·바다거북 따위가 헤엄치는 모습도 보인다. 동부 해안의 최북단에 자리 잡고 있으며, 언덕을 올라가는 데는 천천히 걸어서 5~10분쯤 걸린다. 반드시 올라가 볼 것!

퀸즐랜드 주

프레이저 아일랜드의 숙소

패키지 투어에 참가했다면 아래의 두 군데 리조트 중 한 군데에서 숙박하게 될 것이고, 셀프 드라이브 투어에 참가했다면 곳곳에 설치된 캠핑장을 이용할 확률이 높다. 캠핑장의 샤워시설은 유료로 운영되며, 식사는 직접 조리해야 한다. 출발에 앞서 캠핑장과 연료 공급소의 위치를 확인하는 것이 좋다.

Eurong Beach Resort

섬의 동남쪽 해안가에 자리한 대규모 리조트. 배낭여행자를 위한 도미토리 형태의 캐빈부터 모텔·아파트먼트·코티지까지 다양한 형태의 객실을 보유하고 있다. 투어 회사 중에는 이곳 레스토랑에서의 점심식사가 포함된 곳이 많다. 넓은 수영장과 테니스장, 대규모 레스토랑과 바, 회의장, 주유소 등을 갖추고 있어서 전체적으로 휴양지 같은 느낌이다. 리셉션과 안내데스크에서는 4WD 차량을 빌려주기도 하고, 데이 투어나 사파리 투어 등을 주관하기도 한다.

🅢 A$127~419 ☐ 4194-9300 🏠 www.eurong.com.au

Kingfisher Bay Resort & Village

섬의 서쪽에 자리 잡은 최고급 리조트. 낮게 엎드린 건물 외관은 자연환경을 고려한 설계라고 한다. 4WD 차량을 실은 바지선들이 하루 세 차례 킹피셔 베이에 정박하기 때문에, 이곳을 통해 섬에 들어간 개별 여행자들은 리조트에서 여행의 일정을 조정하기도 한다.

뷔페 레스토랑 마헤노 Maheno에서는 주말 밤마다 라이브 공연이 열린다. 최고급 리조트답게 객실 역시 아일랜드 풍의 고급스러움이 풍기고, 가족 여행객들에게 적합한 빌라에는 최신식 주방과 현대식 설비를 갖췄다. 낚시, 부시워킹 등 섬과 관련된 각종 가이드 투어가 있어서 투숙객의 편의를 돕는다.

🅢 A$125~537 ☐ 4120-3333 🏠 www.kingfisherbay.com

최고의 고래 관찰 스폿
허비 베이
HERVEY BAY

허비 베이는 프레이저 아일랜드로 향하는 관문으로, 수많은 사람들이 세계문화유산으로 지정된 거대한 모래섬으로 가기 위해 잠시 들렀다 가곤 한다. 그러나 7월 말부터 10월까지는 잠시 지나가는 곳이 아닌 머물기 위한 곳으로 변신, 도시 전체가 즐거운 비명을 지른다. 현존하는 포유류 중 다섯 번째로 크다는 험프백 고래가 바로 이곳 앞바다를 지나가기 때문이다. 수천 마리의 고래떼가 남극으로 되돌아가기 위해 물살을 가르는 경이로운 장관을 보려고 모여든 사람들과 고래 페스티벌이 어우러져 도시는 온통 축제의 도가니 속으로 빠져든다.

인포메이션 센터

Hervey Bay Visitor Information Centre ♥ 227 Maryborough-Hervey Bay Rd., Urraween
🕘 09:00~17:00 📱 1800-811-728 🏠 www.visitfrasercoast.com

Hervey Bay Tourist Centre ♥ Shop 1 Buccaneer Dr., Urangan
🕘 07:00~17:30 ✖ 크리스마스 📱 1800-358-595 🏠 www.herveybaytouristcentre.com.au

허비 베이 가는 방법

브리즈번에서 출발하는 상행선 그레이하운드 버스가 매일 7회 허비 베이에 정차하며, 하행선 역시 7회 허비 베이를 거쳐 간다. 2~3시간에 한 대꼴로 있어서 교통은 아주 편리하다. 그레이하운드 버스가 정차하는 곳은 피알바 Pialba에 있는 트랜짓센터, 대형 쇼핑센터 'Stockland Hervey Bay Shopping Centre'와 접하고 있어서 사람들의 왕래가 잦은 곳이다. 바로 숙소로 향하지 말고 트랜짓센터에 있는 관광 안내 부스에서 필요한 자료를 모아서 가는 것이 좋다.

처음 도착하면 이 일대가 허비 베이의 번화가인 줄 알지만, 여행자들에게 필요한 숙소와 투어 회사 등이 몰려 있는 곳은 이곳에서 자동차로 10분쯤 떨어져 있는 에스플러네이드 Esplanade와 유랭간 Urangan 지역. 즉 버스터미널에서 혼자 숙소를 찾거나 프레이저 아일랜드행을 꿈꾼다면 대단한 시행착오를 겪을 수 있다는 거다. 가장 좋은 방법은 버스 도착시각에 맞춰 차량을 대기시키고 있는 백패커스들 중 한 군데를 골라잡고 에스플러네이드까지 이동하는 것이다.

허비 베이 시내교통

허비 베이는 생각보다 넓은 곳이다. 조그만 마을쯤으로 생각했다면 큰 오산이다. 길게 뻗어 있는 도로는 버스터미널이 있는 피알바에서 작은 상점들이 모여 있는 스카니스 Scarness와 토르키 Torquay를 지나 요트 클럽이 있는 유랭간까지 6km 이상 이어진다. 사정이 이렇다 보니 여느 도시에서처럼 걸어 다니면서 모든 것을 해결하려다가는 퀸즐랜드의 뜨거운 햇살 아래 일사병 걸리기 딱 좋다. 웬만한 거리를 이동할 때는 숙소의 셔틀 차량을 이용하고, 토르키 지역에서 유랭간의 관광지를 찾아나설 때는 에스플러네이드를 오가는 와이드 베이 트랜짓 버스 Wide Bay Transit Bus를 이용할 수 있다. 버스 정류장이 아니어도 손을 들면 버스가 선다.

Wide Bay Transit Bus 📞 4121-3719 🏠 www.widebaytransit.com.au

허비 베이 마리나 & 유랭간 피어 Hervey Bay Marina & Urangan Pier

부카니어 드라이브가 끝나는 지점, 바다와 맞닿은 곳에 있다. 보트 클럽과 고급 리조트, 관광객용 아파트 등이 밀집해 있으며 근처의 유랭간 부두에서는 프레이저 아일랜드행 페리가 출발한다. 마리나 건물에는 각종 기념품 가게와 레스토랑이 즐비하고, 보트 클럽 뒤쪽에는 허비 베이의 상징인 고래가 하늘을 향해 솟구치고 있는 조형물이 눈길을 끈다. 한편 마리나에서 리프 월드 수족관으로 걷다보면, 다시 1km 정도 떨어진 곳에 바다를 향해 길게 뻗어 있는 유랭간 피어가 나타난다. 나무로 만들어진 이 기다란 피어는 원래의 목적보다는 산책 코스 또는 낚시 포인트로 더 많이 활용되고 있다. 날씨가 맑은 날은 이곳에서 멀리 프레이저 아일랜드까지 볼 수 있다.

리프 월드 수족관 Reef World Aquarium

해변에 자리한 작고 오래된 수족관. 머리 위로 해저 터널이 지나가는 최신식 수족관을 기대했다면 실망도 크다. 하지만 이곳에도 남다른 비장의 카드가 있다. 각종 산호초와 바다거북·열대어·바다표범 등은 물론이고 살아 있는 상어까지 있는 수족관에서 상어와 헤엄을 칠 수 있다는 것. 일명 '상어와 함께 수영을 Shark Swim'이라 불리는 이 프로그램은 수중 장비를 갖춰 입고 숙련된 잠수부와 함께 수족관 안으로 들어가서 상어에게 먹이를 주는 생생한 체험 프로그램이다.

📍 Dayman Park Cnr Kent & Pulgul Sts., Urangan
🕐 09:30~16:00 ❌ 크리스마스 💲 어른 A$22, 어린이 A$12
📱 4128-9828 🏠 www.reefworldherveybay.com

고래 관찰 Whale Watching

동서로 긴 지형의 프레이저 아일랜드와 허비 베이 사이의 바다는 겨울에도 평균 이상 높은 수온을 유지한다. 수심과 파고도 적당해서 매년 겨울마다 험프백 고래들의 단골 놀이터가 되는 곳. 혹등고래라고도 하는 험프백 고래는 주요 서식지인 남극의 기온이 점차 떨어지는 겨울철이 되면 번식을 위해서 따뜻한 북쪽으로 이동한다.

허비 베이 일대에서 번식을 마친 고래들이 아기 고래들과 함께 겨울 한철을 보내고 다시 남극으로 돌아가는 것. 지구상에 존재하는 포유류 가운데 다섯 번째로 크다는 험프백 고래는 약 40톤의 무게에 길이는 최고 15미터! 쉽게 말해 1톤 트럭 40대를 합친 크기와 무게라 보면 된다.

대부분의 투어 회사에서는 1일 4회씩 고래 관찰 투어를 실시하는데, 4시간 정도가 소요된다. 모터 동력선을 이용한다고 해서 투어 회사의 이름 앞에는 주로 MV(Motor Vessel)라는 약자가 붙는다. 동력선을 이용하는 이유는 빠르게 이동한 후 고래 근처에 이르면 동력을 끄고 멈춰야 하기 때문이다. 매년 7월 마지막 날부터 서서히 몰려오기 시작하는 고래의 수는 10월 마지막 주까지 자그마치 3천여 마리에 이른다. 험프백 고래는 대개 일가족이 떼를 이루어 이동하며, 운이 좋으면 고래의 노랫소리도 들을 수 있다.

고래 관찰 투어 대개 4시간짜리 투어이며 내용은 비슷비슷하다. 회사에 따라 프레이저 아일랜드 투어와 합쳐진 패키지 상품을 판매하기도 한다. 요금은 A$90~150.

MV Sea Spray ☎ 1800-066-404, 4125-3586 　　**Whale Planet** ☎ 1800-880-862
MV Islander ☎ 1800-683- 368, 4125-1700 　　**MV Whalesong** ☎ 4125-6233

TIP
허비 베이에서 숙소 잡는 요령

허비 베이의 숙소는 90% 이상이 에스플러네이드에 몰려 있다. 장거리 버스터미널에서 에스플러네이드까지는 자동차로 10분쯤 떨어져 있기 때문에 대부분의 숙소는 버스 시각에 맞춰 픽업 버스를 대기시킨다. 각 픽업 차량에서 나눠주는 팸플릿을 꼼꼼히 살펴보고, 즉석에서 한 군데를 골라잡는 것이 일반적인 방법이다. 에스플러네이드에는 배낭족을 위한 백패커스뿐 아니라 모텔이나 아파트 같은 숙박업소들도 즐비한데, 휴양지답게 절반 이상이 아파트형 숙소라는 것이 특이하다. 3~4명의 일행이 있다면 허비 베이에서는 아파트에 묵어보는 것도 괜찮을 듯. 고래 관찰이 시작되는 7월부터는 서서히 인구가 늘기 시작해 8월쯤에는 상주인구보다 여행 인구가 더 많아지는 것도 이 도시의 특징이다. 그런 만큼 성수기 예약은 필수!!

풍요와 결실의 땅

번다버그 & 록햄턴
BUNDABERG & ROCKHAMPTON

번다버그에서 록햄턴에 이르는 동부 해안지역을 카프리콘 코스트 Capricorn Coast라 부른다. 이 지역이 갖고 있는 가장 큰 매력은 일자리가 많다는 것. 갑자기 웬 일자리냐고 반문할지도 모르지만, 워킹홀리데이나 우프 등의 목적으로 호주를 찾은 사람들에게는 관광 못지않게 일자리의 유무 또한 큰 의미가 있기 때문.

번다버그의 대규모 사탕수수 농장과 록햄턴의 축산 가공산업 그리고 카프리콘 코스트 내륙지역의 과수 농장 등, 이 일대에 전 세계 젊은이들이 몰려드는 이유는 바로 풍부한 농작물과 농작물을 살찌우는 열대의 태양이 있기 때문이다. 아울러 카프리콘 코스트 앞바다에 떠 있는 아름다운 섬들은 노동 뒤의 달콤한 휴식을 제공한다.

인포메이션 센터

Bundaberg Visitor Information Centre ♥ 36 Avenue St., Bundaberg East ⏱ 09:00~17:00
☎ 4153-8888 🏠 www.bundabergregion.org

Rockhampton Flow Visitors Centre ♥ 80 East St, Rockhampton City ☎ 4999-2800
🏠 www.rockhamptonregion.qld.gov.au

카프리콘 코스트 가는 방법

번다버그나 록햄턴을 최종 목적지로 정하지 않는 한, 브리즈번이나 케언즈 등의 대도시에서 단번에 카프리콘 코스트까지 이동하는 사람은 없을 것이다. 인천에서 브리즈번까지는 국제선을 이용하고, 브리즈번에서 다시 카프리콘 코스트까지 이동하는 데만도 8시간 이상은 걸리는 대장정. 번다버그까지는 9시간 35분, 록햄턴까지는 12시간이 걸리니 한번에 이동할 생각은 않는 것이 좋다. 남쪽에서 올라가는 일정이라면 허비 베이 정도가 중간 경유지가 될 수 있고, 북쪽에서 내려가는 일정이라면 에얼리 비치를 거쳐서 가는 게 무난하다. 브리즈번과 케언즈에서 출발한 그레이하운드 버스가 하루 5회 이상 번다버그와 록햄턴을 경유한다.

번다버그 시내교통

장거리 버스가 통과하는 버봉 스트리트 Bourbong St.와 바롤린 스트리트 Barolin St.의 교차로에 있는 안작 기념비를 중심으로 사방 1km 정도가 번다버그 최대의 번화가다. 이 안에 대부분의 숙박시설과 터미널, 기차역, 안내센터가 몰려 있어서 여행자에게는 아주 편리하다. 천천히 걸어서 30분이면 충분히 돌아볼 수 있으므로 시내를 둘러보는 데는 별다른 교통수단이 필요 없다. 이곳을 찾은 목적이 워킹홀리데이를 위한 것이라면 더더욱. 이 정도 범위에서 모든 일자리 정보를 얻을 수 있다. 하지만 순수 관광이 목적이라면 얘기는 조금 달라진다. 여행자들은 대개 번다버그를 출발점으로 그

레이트 배리어 리프의 멋진 산호초와 그림 같은 섬을 찾아 떠나기 때문. 시기가 잘 맞으면 고래 관찰이나 거북의 산란과정 관찰 등도 빠뜨릴 수 없는 관광 코스인데, 이때는 투어 회사의 픽업 버스를 이용하는 것이 가장 좋다. 대부분 숙소까지 차량을 보내주거나 아예 숙소에서 투어를 예약할 수도 있다. 이래저래 대중교통을 이용할 일은 거의 없는 곳.

록햄턴 시내교통

번다버그와 달리 록햄턴에서는 적절히 대중교통을 이용하는 것이 현명하다. 'Beef Capital'로 불리는 이곳은 꽤 넓은 지역에 걸쳐 산업도시다운 면모가 형성되어 있으며, 주요 관광지도 시티 여기저기에 흩어져 있기 때문이다. 피츠로이강을 중심으로 나뉜 도시의 남쪽에는 남회귀선 기념탑, 보타닉 가든, 쇼핑센터, 기차역 등이 있고, 북쪽에는 장거리 버스터미널과 YHA 등이 있다. 관광을 시작하기에 앞서 관광안내소에서 지도를 입수한 다음 피츠로이 스트리트 Fitzroy St.를 따라 천천히 걸어가면 작은 몰 Mall과 시티센터 플라자 쇼핑센터가 나온다. 리버사이드 CBD라 불리는 이 일대가 록햄턴에서 가장 번화한 곳이다. CBD에서 아케이드와 주차장을 통과하면 볼소버 스트리트 Bolsover St.를 따라 길게 늘어선 시내버스 정류장이 보인다. 이곳은 시내 곳곳을 누비는 선버스 Sun Bus가 정차하는 곳으로 보타닉 가든, 남회귀선 기념탑, 동물원 등에 갈 때는 이곳에서 버스를 타면 된다.

번다버그
BUNDABERG

번다버그 럼 양조장 Bundaberg Rum Distillery

사탕수수로 만든 최고의 술

시티센터 동쪽 힐스 스트리트에 있는 번다버그 럼 양조장은 번다버그 일대에서 재배하는 사탕수수 당밀을 주원료로 럼주를 만드는 곳이다. 끝없이 펼쳐지는 사탕수수 농장에서 재배된 원료가 제분·정제·증류를 거쳐 완제품 럼주가 되기까지 모든 과정이 한 곳에서 이루어진다. 번다버그 럼은 호주 뿐 아니라 전세계적으로도 인기리에 판매되는 술인데, 도시의 이름을 건 럼주의 이름에서 이 도시의 자부심이 엿보인다.

양조장 투어에 참여하면 직접 양조과정을 견학하고, 양조장 안의 바에서는 따끈따끈한(?) 번다버그 럼도 시음할 수 있다. 부설 럼 박물관에서는 럼에 관한 각종 자료를 전시한다. 아래 표기된 입장료에 가이드 투어와 뮤지엄 관람이 포함되어 있으며, 박물관 관람만 원할 경우 조금 더 저렴한 입장료를 선택할 수 있다.

📍 Hills St., Bundaberg East ⏰ 월~금요일 10:00~17:00, 토~일요일 10:00~16:00 ❌ 부활절, 안작데이, 크리스마스 💲 투어 A$20~30 📞 4348-3443 🏠 www.bundabergrum.com.au

---

TIP
농장 관련 용어 알아두기

번다버그나 록햄턴을 찾는 이방인은 여행자보다는 워홀러들이 더 많다. 이 도시에 머물며 다음 일자리를 찾아 떠나거나, 혹은 이곳에서부터 호주에서의 워킹홀리데이 일자리를 시작하려는 사람들도 많을 것이다. 이때 가장 기본적으로 알아두어야 할 용어 몇 가지.

· **피킹 Picking** 과일이나 열매, 채소 등을 따는 일을 포괄적으로 모두 피킹이라 부른다.
· **프루닝 Pruning** 가지치기. 주로 겨울철에 과일나무나 포도나무 등의 가지를 잘라내는 일이다.
· **씨닝 Thinning** 나무에 과일이 너무 많이 달리면 과일의 크기가 작아진다. 이럴 경우 과일의 크기를 키우기 위해 과일의 크기가 작을 때 일부를 솎아내어 주는 작업으로, 주로 봄철에 하게 된다.
· **솔팅 Sorting** 과일을 포장하기에 앞서서 상한 과일이나 불량품을 분류하는 일. 주로 남자보다는 여자들에게 주어진다.
· **치핑 Chipping** 우리말로 치면 잡초 제거에 해당한다. 작물 주위에 난 잡초를 제거하는 일로, 거의 모든 농장에서 해야 하는 일이다.
· **아우어리 레이트 Hourly Rates** 말 그대로 시간제 임금. 시급을 뜻한다. 일이 숙달되기 전, 처음 농장일을 시작하는 경우에 농장주가 시급제를 제안하는 경우가 많다.
· **콘트랙트 레이트 Contract Rates** 단어 그대로의 의미는 '계약된 요율에 따른 임금'이 되지만, 현지에서는 능력제 임금을 의미한다. 경험 많고 숙달된 워홀러의 경우에 해당된다.

몽 레포 거북센터 Mon Repos Turtle Centre

번다버그에서 동쪽으로 약 12km 떨어진 몽 레포 비치 Mon Lepos Beach는 퀸즐랜드 지역 최대의 바다거북 산란지다. 거북은 11월 중순에서 2월까지 이 일대 해변에서 알을 낳는데, 해가 지고 2시간 이후부터 자연의 신비로움을 관찰할 수 있다. 1월부터 3월 말까지는 거북의 부화를 관찰할 수 있는 시기. 거북의 암수를 결정하는 것은 산란에서 부화에 이를 때까지의 모래 온도라는데, 모래의 온도가 높은 해에는 암컷이 많고 온도가 낮은 해에는 수컷이 많다는 사실이 신기하기만 하다. 거북 관찰은 몽 레포 비치 안내소에서 입장권을 구입한 뒤 가이드와 함께 30~40명 정도가 함께 이동한다.

저녁 7시 이후부터 입장할 수 있으며, 관찰을 위해서 손전등을 가져가되 거북을 자극하지 않을 만큼의 밝기로 준비한다. 대중교통 수단이 없으므로 렌터카나 투어 차량을 이용하는 것이 좋다. 시즌 중에는 백패커스 등의 숙소에서 신청할 수 있고, 관광안내소에서 직접 신청할 수도 있다.

📍 141 Mon Repos Rd., Mon Repos 🕐 00:00~12:00, 19:00~24:00 💲 A\$29.30
📱 4159-1652 🏠 www.bundabergregion.org/turtles

레이디 머스그레이브 아일랜드 Lady Musgrave Island

번다버그 항구에서 매주 4회 출발하는 크루즈를 타면 아름다운 레이디 머스그레이브 아일랜드에 도착한다. 소요시간은 편도 2시간 30분. 꽤 먼 길을 가야 하지만 섬에 머무를 수 있는 시간은 4시간 남짓밖에 안 된다. 그렇다고 아쉬워할 것은 없다. 총면적 14만㎡의 이 섬은 걸어서 30분이면 일주할 정도로 아담하기 때문. 대신 섬을 둘러싼 대산호초의 크기가 섬의 20배에 달한다는 사실을 기억하자. 투어 요금에는 스노클링과

낚시, 트로피컬 런치 뷔페, 폰툰이라 불리는 해상 구조물에서의 물고기 밥 주기, 해변 가이드 산책, 글라스 보텀을 통한 산호초 관찰 등이 포함되어 있다. 별도의 요금을 내면 스쿠버 다이빙 체험도 할 수 있다.

1770 Reef
📍 1770 Marina 535 Captain Cook Drive
💲 어른 A\$245, 어린이 A\$165
📱 4972-7222 🏠 www.1770reef.com.au

04
보타닉 가든 & 동물원 Botanic Gardens & Zoo

보타닉 가든은 록햄턴 시내 남쪽의 머리 라군 Murry Lagoon에 접해 있는 식물원이다. 1869년에 처음 문을 열었으며, 100년이 넘은 울창한 숲과 산책로, 언덕 등이 싱그럽기만 하다. 스펜서 스트리트 Spencer St.로 난 입구 바로 옆에는 실내 식물원 글라스 하우스 Glass House가 있으며, 200m 정도 더 올라가면 이곳의 명물 꽃시계 Floral Clock가 나온다. 가든의 입구 글라스 하우스 맞은편에 있는 동물원은 비록 식물원의 부속건물이지만 내용만큼은

여느 동물원 못지않다. 이곳에서는 특히 호주의 야생동물들을 많이 볼 수 있는데, 코알라를 비롯해 호주산 악어, 앵무새, 박쥐 등 수십 종의 동물들이 모여 있다.

📍 100 Spencer St., West Rockhampton ⏰ 06:00~18:30 💲 무료 📞 4922-1654

05
남회귀선 기념탑 Tropic of Capricorn Spire

지구본을 놓고 볼 때, 적도 아래 23° 26' 30" 지점을 남회귀선이라 부른다. 그렇다면 남회귀선 기념탑이 있는 이곳은 당연히 23° 26' 30" 지점? 정답은 "No!"다. 원래 이 첨탑이 세워졌던 곳은 록햄턴 근교의 울워시 라군이라는 곳이었으나 조금이라도 더 근접한 곳으로 옮겨진 것. 하지만 여전히 이곳이 정확한 지점은 아니라고 한다. 그렇지만 많은 관광객은 이곳이 남회귀선이려니 하고 오늘도 변함없이 이 첨탑 앞에서 기념사진을 찍는다. 시티센터의 남쪽으로 3km 정도 떨어져 있는 이곳은 결국, 기념사진을 찍는다는 데서 의미를 찾는 곳이다. 첨탑이 있는 곳에 관광안내소도 있으니, 사진 촬영 후 잠시 들러서 자료를 찾아보기에 좋다.

The Spire Tropic of Capricorn Visitor Information Centre
📍 176 Gladstone Rd, Allenstown
⏰ 09:00~17:00 📞 4936-8000
🏠 www.rockhamptonregion.qld.gov.au

예푼 & 그레이트 케펠 아일랜드 Yepoon & Great Keppel Island

록햄턴 북동쪽 56km 지점의 때 묻지 않은 아름다운 섬 그레이트 케펠 아일랜드. 20여 개의 아름다운 해변이 18km에 걸쳐 펼쳐져 있으며 해변마다 하얀 모래와 눈부신 태양이 남국의 정취를 자아낸다. 그레이트 케펠 아일랜드로 가려면 록햄턴에서 동쪽으로 약 40km 떨어진 작은 어촌 마을 예푼을 거쳐야 하는데, 예푼의 페리 터미널에서 섬까지는 13km 거리여서 당일치기 코스로 추천할 만하다.

예푼 중심가에서 자동차로 남쪽 해안선을 따라 10분 정도 가면 로슬린 베이 항구 Rosslyn Bay Harbour가 나오는데, 버스의 리턴 지점이기도 한 이곳에 그레이트 케펠 아일랜드행 페리 터미널 케펠 마리나 Keppel Marina가 있다. 그레이트 케펠 아일랜드까지 1일 3회(시즌에 따라 변동) 운항하며 소요시간은 약 30분. 섬에 도착하면 각 숙소의 픽업 차량이 기다리고 있지만, 예약한 사람만 이용할 수 있으니 미리 준비할 것. 단순히 스노클링이나 수영을 즐길 생각이라면 당일 코스로도 괜찮지만, 현지인들은 이곳을 며칠 푹 쉬어가는 휴양지로 생각한다. 해변을 따라 형성된 훌륭한 리조트 시설과 깨끗한 바다, 여기에 더해서 등반 코스로도 훌륭한 마운트 윈담 Mt. Windham이 섬 여행의 단조로움을 덜어주기 때문.

섬에서는 대부분의 시간을 서남쪽에 있는 피셔맨스 비치 근처에서 보내게 된다. 푸트니 비치와 피셔맨스 비치 사이에 페리 선착장이 있으며, 푸트니 비치 근처에는 유스호스텔과 캠핑장이, 피셔맨스 비치 근처에는 고급 리조트가 자리하고 있다. 섬 전체에 걸쳐 있는 마운트 윈담은 30분 코스부터 하루 종일 걸리는 코스까지 다양한 등반로가 있는데, 생각보다 가파르고 인적이 드물어서 반드시 일행과 동행하는 것이 좋다. 리조트 뒤쪽 등반로를 따라 30분쯤 걸어가면 나오는 롱 비치는 인적이 드물고 모래가 고우며, 몽키 비치 쪽은 스노클링 포인트로 유명하다.

Great Keppel Island 🏠 www.greatbarrierreef.org/islands/great-keppel-island
교통편 Freedom Fast Cats 📍 Pier 1, John Howes Dr., 4703 Rosslyn Bay Harbour 💲 페리 왕복 A$55, 크루즈 왕복(옵션에 따라) A$94~159 📞 4933-6888 🏠 www.freedomfastcats.com

일생에 한번은 요트 세일링!

에얼리 비치
AIRLIE BEACH

울창한 콘웨이 국립공원과 아름다운 섬들이 둘러싸고 있는 이 작은 도시는 74개의 아름다운 섬으로 이루어진 휘트선데이 제도로 가는 관문이자 그레이트 배리어 리프의 중심부라 할 수 있다. 도시라기보다는 하나의 리조트 같은 곳. 해양 스포츠의 천국으로 유명세를 치르는 케언즈에 비해 덜 북적거리며, 저렴한 비용에 원하는 레포츠를 골라잡는 재미 그리고 상대적으로 조용하고 맑은 바다가 매력적이다. 이 도시에서 꼭 해야 할 일은 요트를 타고 보석처럼 흩어져 있는 휘트선데이 제도의 섬들을 찾아가는 것. 그 이상의 할 일은 없다.

인포메이션 센터

The Tourism Whitsunday ● Bruce Hwy., Proserpine ● 10:00~18:00 ▫ 4945-3967
⌂ www.tourismwhitsundays.com.au

에얼리 비치 가는 방법

에얼리 비치로 가는 가장 일반적인 교통수단은 그레이하운드 버스다. 동부 해안을 따라 상·하행 모두 에얼리 비치를 경유하며, 상행선은 1일 5회, 하행선은 1일 6회씩 에얼리 비치에 정차한다. 한 가지 주의할 점은, 버스 정류장에 사무실이나 매표소 같은 시설이 없으므로 반드시 전화로 예약하거나 다른 도시에서 미리 티켓을 예매해둬야 한다는 것.

시내에서 서남쪽으로 25km 떨어진 도시 프로서파인 Proserpine에는 공항이 있지만, 이곳에서 에얼리 비치까지는 다시 버스를 갈아타야 한다. 이때는 프로서파인에서 슈트 하버 Shute Harbour까지 운행되는 휘트선데이 트랜짓 Whitsunday Transit 버스를 이용하면 에얼리 비치까지 갈 수 있는데, 갈아타기가 꽤 번거로운 편이다.

케언즈에서 브리즈번까지, 또는 그 반대 방향으로 이동하는 여행자 중에는 호주 동부 해안의 수려한 경관을 보기 위해 이 구간만큼은 일부러 렌터카를 이용하는 사람이 많다. 이처럼 직접 운전을 할 때는 브루스 하이웨이 Bruce Hwy.를 거쳐야 하는데 맥케이와 보웬의 중간쯤에 자리한 프로서파인에서 1km 떨어진 북쪽에 에얼리 비치가 있다. 'Whitsunday' 또는 'Airlie Beach'라는 이정표를 따라 우회전하면 된다.

Whitsunday Transit ♀ 7 Orchid Rd., Cannonvale, Queensland ☐ 4946-1800 🏠 www.whitsundaytransit.com.au

에얼리 비치 시내교통

30분 정도면 산책하듯 도시 전체를 둘러볼 수 있는 규모로, 교통수단을 이용하지 않아도 별 무리가 없다. 문제는 투어나 각종 해양 레포츠에 참가했을 경우의 이동인데, 크루즈가 출발하는 슈트 하버까지는 휘트선데이 트랜짓 버스를 이용하거나 투어 회사의 셔틀버스를 이용하면 되고, 요트 세일링이 시작되는 아벨 포인트 마리나 Abell Point Marina까지는 바닷가의 보드워크를 따라 걸어서도 이동할 수 있다. 대부분의 투어 회사에서는 숙소에서 항구까지 픽업 차량을 제공하므로 미리 알아보고 신청하도록 하자.

아벨 포인트 마리나 Abell Point Marina

에얼리 비치에서 가장 많은 사람이 모이는 곳. 즐비하게 정박해 있는 요트와 뜨고 내리는 헬리콥터, 크루즈까지 어우러진 이곳은 명실상부 휘트선데이 제도와 그레이트 배리어 리프로 향하는 관문이다. 특급 호텔과 고급 레스토랑까지 더해져서 복합 엔터테인먼트 공간으로 거듭나고 있으며, 주말이면 웨딩 이벤트도 끊이지 않는다. '그림 같다'는 표현이 이보다 잘 어울릴 수 없는 곳이다.

📍 Shingley Drive, Airlie Beach 🕐 08:00~17:00 📞 4946-2400 🏠 www.abellpointmarina.com.au

휘트선데이 토요시장 Whitsunday Saturday Markets

출발·도착하는 버스 시간대를 제외하면 조용하기 짝이 없는 에얼리 비치의 장거리 버스터미널. 그러나 토요일이 되면 이 일대가 묘한 흥분에 휩싸인다. 흥분의 진원지는 근처 에스플러네이드에서 토요일 아침부터 열리는 주말 시장. 바다를 접하고 있으며, 주도로인 슈트 하버 로드와도 가까워서 꽤 거창한 장이 선다. 해변에서는 알록달록 옷을 입은 낙타가 관광객을 실어 나르기도 하고, 한편에서는 맛있는 먹을거리를 만들고 파는 손길이 분주하다. 과일이나 채소 등을 파는 노점상도 있으니, 한 끼 정도는 이곳에서 재료를 구입해 볼 것.

📍 10-20 Airlie Esplanade, Airlie Beach
🕐 토요일 07:00~13:30 📞 0409-273-047

03

해밀턴 아일랜드 Hamilton Island

경비행기로 이동 가능한 섬

휘트선데이 제도의 74개 섬 가운데 하나로, 1300여 명의 주민이 살고 있으며 경비행장도 갖추고 있는 꽤 큰 규모의 섬이다. 섬의 대부분은 울창한 숲으로 뒤덮여 있고, 주요 어트랙션과 호텔, 편의시설들은 섬의 북쪽에 몰려 있다. 특히 해밀턴 섬 인근에서는 세계적으로 유명한 하트 모양 산호초 하트 리프 Heart Reef를 볼 수 있는데, 해밀턴 섬에서 출발하는 헬리콥터를 타고 바다 위를 전망하며 즐긴다. 섬 내의 숙박 시설로는 해밀턴 아일랜드 리조트가 대표적이며, 리조트 내에 마련된 투어 데스크에서 헬리콥터 투어와 크루즈 등 각종 상품을 예약할 수 있다. 에얼리 비치 슈트 하버에서 출발하는 페리를 이용하면 35분 만에 섬에 도착하고, 시드니나 케언즈 등에서 섬까지 바로 날아갈 수 있는 직항 항공편도 있다.

🏠 www.greatbarrierreef.org/islands/hamilton-island
해밀턴 아일랜드 리조트
📱 4946-9999 🏠 www.hamiltonisland.com.au

04

사우스 몰 아일랜드 South Molle Island

환상적인 해안 산책로

노스, 센트럴, 사우스로 구성된 몰 아일랜드 중에서 가장 크고 대중적인 곳은 사우스 몰 아일랜드다. 에얼리 비치에서 약 8km 떨어져 있으며 세 섬 가운데 유일하게 리조트가 있어서 주말이면 짧은 휴식을 즐기러 오는 여행자들이 선호하는 섬이기도 하다. 약 10km에 이르는 국립공원 산책로는 이 섬을 찾는 사람들이 가장 많은 시간을 보내는 곳이며, 골프와 스노클링 등 다양한 스포츠를 즐길 수 있는 것도 큰 장점이다. 아벨 포인트 마리나에서 출발하는 배를 타면 30분 만에 도착하며, 슈트 하버에서도 비슷한 시간이 소요된다.

🏠 www.greatbarrierreef.org/islands/south-molle-island

★ 참고로, 섬 내의 사우스 몰 아일랜드 리조트 South Molle Island Resort 는 태풍 Debbie의 습격으로 문을 닫은 후, 수년째 재개장을 못하고 있는 상태다.

휘트선데이 제도의
섬들을 즐기는
세 가지 방법

에얼리 비치에서는 먹고, 마시고, 쉬는 것이 전부다. 그저 편안하게 휴식을 취하거나 무료 수영장 에얼리 라군에서 한낮의 더위를 식히는 정도. 일정에 여유가 있다면 하루 정도는 라군에서 아벨 포인트 마리나까지 연결된 바닷길을 천천히 산책하다가 이른 저녁부터 슈트 하버 로드의 바에서 라이브 음악을 즐기며 하루를 마무리하는 것도 좋다. 그래도 시간이 남는다면 지금부터 소개하는 세 가지 중 한 가지 이상 도전해 보자!

보웬
Bowen

Hydeaway Bay

헤이만 섬
Hatman Island

데이드림 섬
Daydream Island

에얼리비치
Airlie Beach

해밀턴 섬
Hamilton Island

프로서파인
Proserpine

롱 섬
Long Island

콜린스빌
Collinsville

NO.1 요트 세일링
Yacht Sailing

이 도시에 온 진정한 목적을 달성하기 위해서는 조금 부담스럽더라도 요트 세일링에 참가해볼 것을 권한다. 바다 한가운데서 아침을 맞고 해가 지는 모습을 지켜보며, 하늘 위 갈매기떼와 바다속 산호초에 넋을 잃어보는 경험을 세상 어느 곳에서 다시 하겠는가. 세일링의 천국이라는 닉네임은 그냥 얻어지는 것이 아니다. 슈트 하버 로드의 수많은 여행사들은 요트 상품 판매에 열을 올리고 있으며, 백패커스 리셉션 또한 그들의 대리점 역할을 충실히 대행하고 있다. 비교적 고가의 세일링 상품을 구입하는 투숙객들에게는 세일링 시작 전후의 무료 숙박을 제공하기도 하므로 미리 확인해볼 것.

대부분의 세일링은 아벨 포인트 마리나에서 시작되는데, 2박 3일의 경우는 오전에, 1박 2일의 경우는 오후에 출발한다. 회사마다 다양한 형태의 요트와 경험 많은 승무원을 보유하고 있으며, 일정별로 다양한 상품을 선보여 선택의 폭이 넓다. 일정별로는 1일 투어부터 2박 3일 투어까지 있지만, 휘트선데이 제도의 아름다운 섬들을 제대로 감상하려면 2박 3일짜리 투어가 가장 적합하다. 요트 안에는 침실은 물론 화장실 겸 샤워실·주방 등이 갖춰져 있어서 보는 것만으로도 신기한 경험이 된다. 보통 2~3명의 승무원이 함께 승선하는데, 이들은 항해는 물론이고 요리, 악기 연주 등 못 하는 게 없는 만능 엔터테이너들이다.

내게 맞는 요트 세일링 프로그램은?

일단 요트 세일링 상품을 선택할 때는 휘트선데이 제도 74개 섬 중에서 몇 군데나 들르게 되며, 어떤 노선을 따라 움직이는지 확인할 필요가 있다. 어떤 섬의 어떤 비치에 정박하느냐에 따라 추억의 깊이와 느낌의 강약이 달라지기 때문. 개인적으로는, 환상적인 하얀 모래가 끝없이 펼쳐지는 화이트 해븐 비치 Whitehaven Beach에 정박하는 요트를 선택하라고 권하고 싶다. 화이트 해븐 비치는 휘트선데이 섬의 서쪽에 형성된 약 7km에 이르는 나지막한 실리카 해안으로, 세상에서 가장 아름다운 해변 중 하나로 손꼽힌다.

또 자기가 타게 될 요트가 어떤 구조이며 몇 명이나 승선하는지도 확인한다. 요트의 종류에 따라 10여 명에서 20여 명에 이르기까지 크기와 수용인원이 달라지는데, 번거로운 게 싫다면 소수정원의 요트를 선택하는 것이 좋다. 반대로 각국의 젊은이들과 어울려 모험을 즐기고 싶다면 수용인원이 많은 요트를 선택하는 게 요령. 그러나 대부분의 요트가 일주일에 1~2회 정도 정기적으로 출발하기 때문에 결국 탈 수 있는 요트는 한정되어 있다.

요트 세일링에 필요한 준비물은?

상품을 선택했으면 본격적인 요트 세일링 준비에 착수한다. 세면도구, 비상약, 선크림, 커다란 비치 타월, 수영복, 선글라스, 여분의 옷 등은 기본으로 챙기고, 빠뜨리기 쉬운 동시에 없으면 무척 아쉬워질 품목을 체크한다.

첫째는 자기가 마실 적당량의 알코올. 아주 낭만적인 밤바다에서 별빛 아래 와인이나 캔맥주 정도를 홀짝이는 것도 괜찮은 추억이 된다. 승무원들이 미리 준비해둔 알코올을 판매하기도 하지만, 값도 비싼 데다 조기에 품절되기 일쑤이니 자기 몫은 스스로 챙기는 것이 좋다. 알코올 이외의 모든 음료와 먹을거리는 세일링 가격에 포함되어 있다. 단, 1일 투어의 경우에는 점심식사가 포함되지 않은 것도 있으니 확인할 것.

둘째는 가벼운 읽을거리. 〈리얼 호주〉는 기본이고 여의치 않을 때는 팸플릿이라도 잔뜩 들고 타서 앞으로의 일정을 짜보는 것도 괜찮다. 물론 영어가 유창해서 각국의 친구들과 쉴 새 없이 대화를 나눌 수 있다면 그보다 더 좋은 일은 없겠지만, 그렇지 못한 경우에는 참으로 난감하게 시간을 '때워야' 할 때가 많다. 특히 한낮에는 자유시간이 많이 주어지는데, 대부분 선탠을 하거나 독서를 즐긴다. 모바일폰에 음악을 잔뜩 다운로드해 두거나, 블루투스 스피커를 가져가는 것도 유용하다.

셋째는 수중 카메라. 하루에도 몇 번씩 스노클링을 하게 되는데, 이때 눈앞에 펼쳐지는 그레이트 배리어 리프의 아름다운 풍경을 영원히 간직하고 싶다면 일회용 수중 카메라 하나쯤은 준비하는 것도 좋다.

마지막으로 챙겨야 할 것은 물티슈. 배 안의 작은 화장실 겸 샤워실은 10여 명이 넘는 사람들이 사용하기에는 턱없이 부족하다. 출발할 때 실어온 물탱크의 물로 도착할 때까지 사용해야 하므로 보통 샤워 시간도 1~2분 내로 제한된다. 이때 요긴하게 사용할 수 있는 것이 바로 물티슈다.

요트 세일링 회사들

OZ Sail 📍 Abell Point Marina South Village, Shingley Dr., Airlie Beach 📞 0499-697-245
🏠 www.ozsail.com.au

Whitsundays Sailing Adventures 📍 402 Shute Ha rbour Rd., Airlie Beach 📞 4940-2000
🏠 www.whitsundayssailingadventures.com.au

 ### 경비행기 & 헬기 투어
Airplane & Helicopter Tour

에얼리 비치 일대의 가장 큰 어트랙션, 휘트선데이 제도를 둘러보는 가장 좋은 방법은 경비행기를 이용하는 것이다. 하늘에서 내려다보는 휘트선데이 제도의 아름다운 광경은 지상의 풍경이라고는 믿어지지 않을 정도다. 에얼리 비치에서 6㎞ 떨어져 있는 휘트선데이 공항에서 출발한 경비행기는 해밀턴 아일랜드, 린더만 아일랜드로 바로 날아갈 수 있다. 이 밖에도 헤이만 아일랜드, 롱 아일랜드, 사우스 몰 아일랜드 등으로는 헬리콥터로 이동할 수 있다.

경비행기 & 헬리콥터 회사
Air Whitsunday
☎ 4946-9111 🏠 www.airwhitsunday.com.au
Helireef ☎ 4946-9102 🏠 www.helireef.com.au

에얼리 비치의 교통 안내
· 버스 ☎ 4946-1800
· 택시 ☎ 13-10-08
· 비행기 ☎ 4946-9111

 ### 리프 월드
Reef World

그레이트 배리어 리프의 한가운데 덩그러니 떠있는 인공 섬 리프 월드. 바다 위에 떠 있으니 편의상 섬이라고는 표현하지만, 사실은 우주 정거장처럼 바다 위에 떠있는 커다란 크루즈선이다. 최대 600명의 인원을 한꺼번에 수용할 수 있는 이 배는 인간이 만든 위대한 '인공 월드' 가운데 하나. 앞서 설명한 세일링이나 옐로 서브, 오션 래프팅 등의 장점을 한 군데에서 모두 맛볼 수 있는 종합선물세트 같은 상품이다. 리프 월드까지는 휘트선데이 제도를 오가는 투어 회사들의 데이 투어를 이용하면 된다.

그러면 도대체 이곳에서는 무엇을 하면 좋을까? 기본적으로 수영·스노클링·다이빙 등을 즐길 수 있으며, 해저 전망대에서는 열대어들에게 구경 당하는(?) 경험도 할 수 있다. 고급 레스토랑과 선데크 등의 시설이 훌륭하고, 하룻밤 묵어갈 수 있는 리프 슬립 오버나이트 Reef Sleep Overnight 투어도 있다. 오버나이트에 필요한 객실은 캐빈형으로, 더블룸과 4인용 캐빈 중 선택할 수 있는데 비용이 꽤 차이가 난다.

리프 월드 투어 회사
CruiseWhitsundays 📍 24 The Cove Rd., Port of Airlie, Airlie Beach 🏠 www.cruisewhitsundays.com

산업과 관광의 거점 도시

타운스빌
TOWNSVILLE

예전에는 내륙의 광물을 수출하는 항구로, 오늘날에는 그레이트 배리어 리프의 새로운 다이빙 포인트로 떠오르고 있는 타운스빌. 세계 최대의 광산도시 마운트 아이자까지 400km의 기찻길로 연결되어 있고, 내륙의 크고 작은 도시에서 채굴한 보크사이트와 니켈·구리·아연 등의 광물이 이곳을 통해 수출된다. 한편 광물 수출을 위해 만들어진 철로는 노던 테리토리로 향하는 관광객들의 이동수단으로 점점 그 역할이 확대되고 있다.

노던 테리토리와 퀸즐랜드를 잇는 관문이자 그레이트 배리어 리프의 대표적인 다이빙 포인트 그리고 마그네틱 아일랜드라는 아름다운 관광지로 향하는 거점 도시로 거듭나고 있는 타운스빌을 만나보자.

인포메이션 센터

Townsville Bulletin Square Visitor Information Centre

📍334A Flinders St.   🕐월~금요일 09:00~17:00, 토·일요일 09:00~13:00   📱4721-3660

🏠www.townsvillenorthqueensland.com.au

ACCESS

타운스빌 가는 방법

교통의 요충지답게 타운스빌로 가는 길은 다양하게 열려 있다. 호주 동부 해안의 아름다움을 만끽할 수 있는 버스와 기차 노선이 있으며, 동서로는 기찻길과 도로가 나란히 타운스빌을 향하고 있다.

우선, 비행기의 경우 콴타스와 버진 오스트레일리아, 제트스타가 시드니, 케언즈, 브리즈번, 다윈 등 호주 내 8개 주요 도시에서 타운스빌까지 매일 운항한다. 타운스빌 국제공항은 시티의 북서쪽에 있으며, 공항에서 시티까지는 에어포트 셔틀 Airport Shuttle을 이용하면 된다. 택시를 이용할 경우 소요 시간은 10분 가량이며 요금은 A$15~20 정도.

북쪽으로는 케언즈가, 남쪽으로는 에얼리 비치가 가장 가까운 도시다. 케언즈와 브리즈번을 오가는 그레이하운드 버스가 양방향 모두 타운스빌을 경유하므로 버스 편수도 잦은 편이다. 평일 기준 매일 4차례 이상 상하행선이 운행된다.

TRANSPORT

타운스빌 시내교통

도시 자체는 꽤 넓지만 관광객에게 필요한 볼거리는 몇 시간이면 충분히 돌아볼 수 있는 한정된 공간에 모여 있다. 이 도시를 단순히 마그네틱 아일랜드로 가기 위한 관문 정도로 생각했다면 발품 팔 일은 더욱 적어진다. 마그네틱 아일랜드로 가는 투어 회사마다 숙소에서 페리 터미널까지 무료 픽업 차량을 운행하고 있기 때문. 그래도 이왕 왔으니 한 바퀴 돌아보고 싶다면 캐슬 힐까지 욕심을 내 볼 수도 있다. 이때는 택시를 이용하면 되며, 그 외에는 한두 시간이면 걸어서 충분히 돌아볼 정도다. 시민들이 주로 이용하는 선버스 Sunbus가 도시 곳곳을 누비지만 버스를 타고 갈 만한 볼거리는 거의 없다. 결론은, 걸어서 다니자는 것!

> (talk) **타운스빌의 유래**
>
> 타운스빌이라는 이름은 1864년 처음 이 도시를 개척한 로버트 타운스 Robert Towns의 이름에서 유래합니다. 타운스가 세운 마을이라는 뜻의 타운스빌 Townsville, 그 이름만으로 제독이자 금융가였던 로버트 타운스가 이 도시에 얼마나 큰 공헌을 했는지 짐작할 수 있죠. 그는 스코틀랜드 출신의 타운스빌 초대 시장 존 멜튼 블랙과 함께 이 도시를 개발했으며, 그들의 노력에 힘입어 오늘날 이곳은 브리즈번과 서퍼스 파라다이스에 이은 퀸즐랜드 제3의 도시로 우뚝 서게 되었습니다.

플린더스 스퀘어 Flinders Square

타운스빌 관광은 이곳에서 시작한다. 동쪽으로는 덴함 스트리트 Denham St.에서 서쪽으로 스탠리 스트리트 Stanley St.까지 이어지는 약 500m의 보행자 전용거리. 스퀘어의 양쪽으로 쇼핑센터, 대형 슈퍼마켓, 패스트푸드점, 여행사, 인터넷 카페 등이 늘어서 있으며, 관광안내센터 역시 플린더스 스퀘어에 자리잡고 있다.

설탕통처럼 생긴 건물 맞은편에는 타운스빌의 모든 시내버스가 출발·도착하는 정류장이 있고, 각종 거리공연이 열리는 무대도 마련되어 있다. 스퀘어 안을 돌아다니는 꼬마열차도 재미있다.

········· **TIP** ·········
타운스빌에서의 하루

플린더스 스퀘어에서 부두에 이르는 플린더스 스트리트 Flinders St. 동쪽에 대부분의 볼거리가 몰려 있으며, 마그네틱 아일랜드로 향하는 페리 터미널 역시 이곳에 있다. 낮에는 시내 관광이나 마그네틱 아일랜드 투어에 참가하고, 일출이나 일몰에 맞춰 캐슬 힐에 올라 확 트인 바다와 시내를 내려다보는 것이 좋다. 대부분의 여행자가 타운스빌이라는 도시보다는 이곳에서 출발하는 마그네틱 아일랜드에 더 관심이 있는 만큼, 타운스빌 자체를 둘러보는 데는 반나절이면 충분하다.

트로피컬 퀸즐랜드 박물관 Museum of Tropical Queensland

퀸즐랜드 주의 역사와 동식물·해양에 대한 총체적인 자료를 전시하는 박물관이다. 이곳에서 특히 눈에 띄는 점은 각종 역사적 사실과 자연환경을 모형을 이용해 보여주고 있다는 것. 1791년 8월에 14명의 죄수를 싣고 퀸즐랜드 주 근해에서 좌초된 난파선 판도라의 실제 모형과 당시 유물을 전시한 판도라 갤러리의 모형들이 무척 실감 난다. 이밖에 거대한 공룡의 모형과 양서류 모형, 상어 등 해양 생물의 모형들도 실제 크기로 제작되어 현장감을 더해준다.

📍 70~102 Flinders St.　🕐 09:30~16:00
❌ 굿 프라이데이, 크리스마스
💲 무료　📱 4726-0600
🏠 www.mtq.qm.qld.gov.au

그레이트 배리어 리프 수족관 Great Barrier Reef Aquarium

트로피컬 퀸즐랜드 박물관과 나란히 자리하고 있는 이곳은 수족관, 영화관, 푸드 몰 등을 갖춘 복합 문화 공간이다. 원래 그레이트 배리어 리프 지역의 환경보호청이 있던 정부 청사였지만, 현재 수족관이 건물의 일부를 빌려 사용하고 있는 것. 이곳의 수족관은 250만 리터의 바닷물을 담을 수 있는 세계 최대 규모이며, 300여 종의 산호초와 열대어가 시선을 잡는다.

입구부터 워터 존 Water Zone, 라이트 존 Light Zone, 푸드 존 Food Zone 등의 테마로 전시공간이 나뉘고, 뷰잉 터널이라는 유리 터널을 따라서 그레이트 배리어 리프 바다 속의 환상적인 모습이 펼쳐진다. 매시간 먹이주기나 다이버쇼 등의 이벤트가 있으니 일정표를 확인하도록 한다. 뷰잉 터널을 나오면 마지막으로 아이맥스 영화관에서 스펙터클한 옴니버스 영화를 볼 수 있다. 건물 뒤쪽으로 로즈강이 흐르고, 보트 선착장에 떠 있는 요트와 마그네틱 아일랜드행 페리를 볼 수 있다.

◆ 보수공사 후 2026년 재개장 예정.

📍2-68 Flinders St. 🕐09:30~17:00 ❌크리스마스 📞4750-0800 🏠www.reefHQ.com.au

빌라봉 생추어리 Billabong Sanctuary

뱀·악어·코알라·캥거루·황새 등이 사람들의 품에 안겨 재롱(?)을 부리는 곳이다. 동물과 함께 사진을 찍으면 따로 요금을 내야 하는 일반적인 동물원과 달리, 동물을 안고 자기 카메라로 무료로 사진을 찍을 수 있어서 좋다. 물론 이곳에서도 전문 포토그래퍼가 촬영한 사진은 판매하고 있다.

호주의 자연생태와 야생동물을 그대로 보여 주는 생태공원으로 열대우림, 유칼립투스숲을 재현했다. 캥거루는 방사 사육하며 시간마다 코알라 안아보기, 웜뱃 안아보기, 악어 먹이주기 등의 이벤트가 열린다. 수영장과 피크닉 장소, 카페, 기념품 가게 같은 편의시설도 충실하다. 가족 나들이 코스, 어린이를 위한 자연체험 코스로도 인기 있다. 타운스빌에서 약 17km 떨어져 있으며 자동차를 이용해서 브루스 하이웨이를 따라 남쪽으로 20분쯤 걸린다.

📍Bruce Hwy.(11 Country Rd., Nome) 🕐09:00~17:00
❌크리스마스 💲어른 A$46, 어린이 A$31 📞4778-8344
🏠www.billabongsanctuary.com.au

퀸즐랜드의 보석
마그네틱 아일랜드
MAGNETIC ISLAND

타운스빌 동쪽, 플린더스 스트리트의 페리 터미널에서 8km 가량 떨어져 있는
마그네틱 아일랜드는 아름다운 휴양 섬이다. 시링크 SeaLink 사에서 운영하는 페리로 20분 만에 도착하는
거리에 있으며, 전체 섬의 면적은 52㎢, 해안선 길이는 약 40km에 불과하다.

20여 개의 크고 작은 해변에는 저마다 초록의 바다와 하얀 모래가 있으며, 숲과 오솔길에서는 야생동물들을 만날 수 있어서 지상낙원이 따로 없다. 이 아름다운 해변에서 스노클링, 스카이다이빙, 제트 보트, 카약, 낚시 등을 즐길 수 있으며, 승마나 4WD 투어도 최근 인기를 더해가고 있다. 타운스빌에서 출발한 페리는 마그네틱 아일랜드의 피크닉 베이 Picnic Bay에 도착하는데, 이곳은 리조트, 레스토랑, 우체국, 은행, 버스터미널, 여행사 등의 각종 편의시설이 모여 있는 섬 최대의 번화가이며, 2천여 명의 인구가 대부분 관광업에 종사하고 있다. 마그네틱이라는 섬의 이름은 1770년 토머스 쿡이 이 지역을 탐험할 때 나침반의 바늘이 제멋대로 도는 것을 보고 "섬 근처에 자성이 있는 것 같다"는 말을 했는데, 여기서 유래되어 마그네틱 아일랜드가 되었다고 한다. 섬 내의 교통편으로는 버스와 스쿠터, 자전거 그리고 모크 Moke라 불리는 작은 지프가 있는데, 버스나 모크의 경우 페리 티켓을 구입할 때 패키지로 구매하면 저렴하게 이용할 수 있다. 대부분의 백패커스에서 마그네틱 아일랜드 투어 상품을 판매하기 때문에 숙소에서 바로 신청하면 페리 터미널까지 픽업 차량을 이용할 수 있다.

가는 방법

주로 패키지를 이용해서 가며, 이때는 숙소에서 페리 부두까지 픽업 차량이 나온다. 개인적으로 갈 때는 플린더스 스트리트에 있는 페리 터미널에서 1일 최대 18회까지 운행하는 시링크 페리를 이용하면 된다. 패키지를 이용하더라도 결국 터미널에 모여 시링크 페리를 탄다.

SeaLink Queensland
ⓢ 왕복 어른 A$38, 어린이 A$20.30/편도 어른 A$21.30, 어린이 A$10.70 ☎ 4726-0800 🏠 www.sealinkqld.com.au

캐슬 힐 Castle Hill

타운스빌을 조망하는 가장 좋은 방법

나지막하게 펼쳐진 시가지의 풍경과 굽이치듯 유려한 해안선, 도시를 감싸고 도는 로즈강의 전경. 캐슬 힐은 타운스빌 관광의 하이라이트라 할 수 있다. 해발 276m 높이의 뒷동산 같은 언덕이지만 정상에서 바라보는 풍경만큼은 일품이다. 나무가 없이 붉은 돌산의 형태로 서 있어서 열대 기후의 퀸즐랜드에서는 보기 드문 볼거리를 제공한다. 이름 그대로 성채처럼 도시의 랜드마크로 우뚝 서 있다.

언덕에 오를 때는 보기보다 길이 가파르므로 되도록 편한 신발을 신고, 식수도 준비하는 것이 좋다. 플린더스 몰 서쪽 끝에 있는 스탠리 스트리트를 따라 북쪽으로 15분쯤 걸어가면 정상까지 이르는 산책로가 나 있으며, 택시를 이용하면 플린더스 스퀘어부터 A$10~15 정도 나온다.

Cairns

QUEENSLAND

바다가 주는 모든 즐거움
케언즈
CAIRNS

퀸즐랜드 북부, 이름하여 트로피컬 노스 퀸즐랜드 Tropical North Queensland의 중심 도시 케언즈. 이 도시의 매력은 땅이 아닌 바다에 있다. 스킨스쿠버들에게는 죽기 전에 반드시 보아야 할 대산호초가 기다리고, 저마다의 아름다움을 뽐내는 수십 개의 섬들은 이 도시의 히든카드로 존재한다. 사계절 내내 높은 기온과 맑은 하늘이 상쾌함을 더하고, 야자수 우거진 열대우림과 산호초로 뒤덮인 푸른 바다가 싱그러움을 뿜어내는 곳. 일몰과 일출 때면 하늘 높이 떠 있는 열기구와 바다 위에 점점이 떠 있는 아름다운 요트들이 꽃송이처럼 도시를 둘러싼다. 세계에서 가장 긴 케이블카를 타고 열대숲을 가로지르거나 세계 최대의 산호군락 그레이트 배리어 리프를 탐험하는 일은 케언즈에서 놓칠 수 없는 즐거움 가운데 아주 작은 부분에 불과하다. 이토록 완전한 자연과 레포츠를 마음껏 즐기는 것이 여행자에게 주어진 유일한 의무이자 과제다.

인포메이션 센터 Tourism Tropical North Queensland
📍 Level 1, Ports North Building, Cnr Grafton &, Hartley St, Cairns City 🕐 월~금요일 08:30~17:00
❌ 토, 일요일 📞 4031-7676 🏠 www.tourism.tropicalnorthqueensland.org.au

케언즈 미리보기

어떻게 다니면 좋을까?

도시의 유명도에 비해서 시티센터의 규모는 무척 작다. 서쪽 끝 기차역에서 동쪽 끝 에스플러네이드까지 1km도 안 되는 이곳은 걸어 다니기에 딱 좋은 넓이와 쾌적함을 갖추고 있다. 따라서 시내에서 이동할 때는 걷는 것 보다 더 좋은 방법은 없다. 특히 케언즈에서의 이동은 대부분 레포츠를 위한 것인데, 이때는 투어 회사마다 숙소까지 픽업 차량을 보내주므로 별다른 교통수단이 필요 없다. 단, 트리니티 베이의 팜 코브나 차푸카이 원주민 문화공원 등 시 외곽으로 갈 때는 버스를 이용해야 한다.

어디서 무엇을 볼까?

케언즈에서는 무엇을 보기보다는 열심히 몸을 움직여서 노는(?) 것이 관건이다. 이 도시의 테마는 레포츠이고, 관광객들의 목적도 레포츠이기 때문. 따라서 호주에서 가장 돈이 많이 드는 도시일 수도 있고, 가장 고달픈(?) 여행지가 될 수도 있다.

일단 도착하자마자 어떤 레포츠를 할 것인지 결정하고, 자료를 충분히 검토한 뒤에 부지런히 예약해야 한다. 연중 대부분이 여름인 이곳에서는 성수기, 비수기 가리지 않고 언제나 사람들로 붐비기 때문에 미리미리 준비하는 자만이 원하는 바를 알뜰하게 즐길 수 있다.

CAIRNS

어디서 뭘 먹을까?

케언즈는 먹을거리가 풍부한 도시. 그것도 시티센터 사방 1km 안에 다양한 패스트푸드와 각국의 전통음식, 풍부한 시푸드와 스테이크 전문점 등이 있어 배고플 일은 없다. 특히 에스플러네이드를 비롯한 시티 동쪽의 해변은 먹을거리 천국이라 할 만큼 많은 레스토랑과 바가 몰려 있다. 케언즈 센트럴의 푸드 몰과 시티 플레이스 근처의 쇼핑센터 푸드 몰들도 추천할 만하다. 특히 밤 시간에는 이것저것 생각할 것 없이 케언즈 나이트 마켓으로 달려가 볼 일이다. 먹을거리는 물론이고 볼거리, 살거리도 풍부한데 열대의 밤바람까지 더해져 활기와 열기가 느껴진다.

어디서 자면 좋을까?

케언즈의 숙소는 대부분 에스플러네이드를 따라 자리 잡고 있다. 번화가 자체가 넓지 않은 도시여서 어느 곳에 숙소를 정해도 이동에 큰 불편은 없다. 호주 북쪽, 사계절 여름 스포츠가 가능한 케언즈에서는 대부분 숙소에 야외 수영장을 갖추고 있는 것도 특징이다.

케언즈 가는 방법

케언즈는 호주 사람들 사이에서도 최고의 휴양도시로 주목받는 곳이다. 현지인은 물론
전 세계에서 온 관광객들의 편의를 위해서 가능한 한 모든 교통수단을 이 도시에 연결하고 있다.
비행기를 비롯해 매일 1회씩 출발·도착하는 그레이하운드 버스와 수많은 로컬 장거리 버스 그리고
브리즈번과 케언즈를 연결하는 The Spirit of Queensland까지. 하지만 동부 노선의 종점이자
출발점인 케언즈에서는 뭐니 뭐니 해도 해안도로를 달리는 버스가 가장 인기 있는 교통수단이다.

케언즈로 가는 길

경로	비행기	버스	거리(약)
시드니→케언즈	3시간		2945km
다윈→케언즈	2시간 30분		2930km
브리즈번→케언즈	2시간 20분	29시간	1925km
멜번→케언즈	3시간 20분		3835km

비행기 Airplane

인천에서 케언즈까지 한번에 가는 상설 직항편이 없으므
로 아시아의 어느 도시를 경유하거나 호주의 시드니 또는
브리즈번에서 국내선으로 갈아타야 한다. 전자의 경우 홍
콩·싱가포르·마닐라 등을 경유할 수 있지만, 가장 많이 이
용하는 것은 일본을 경유하는 방법. 케언즈는 일본 관광객
들이 시드니 다음으로 즐겨찾는 도시이기 때문에 일본의
대도시에서 케언즈로 들어가는 항공편이 많다. 한편, 한시
적으로 한국의 겨울(호주의 여름) 시즌에만 진에어의 직항
항공편이 운행되는 해도 있으니, 이 시기를 노리면 케언즈
까지 손쉽게 도착할 수 있다.

케언즈 취항 항공사

Qantas, Virgin Australia, Jetstar, Tigerair, Air NewZealand,
Cathay Pacific, Hong Kong Airlines, Philippine Airlines, Air
Niugini, SilkAir, Rex

공항 ←→ 시내

케언즈 공항은 시티센터에서 약 7km 떨어져 있다. 일행이
있을 때는 택시를 이용해도 별 부담이 없는 거리다. 일반
택시를 이용하면 시내까지 요금이 A$20~25, 우버 택시는
더 저렴하게 이용할 수 있다.
엑셀런트 코치스 Excellencecoaches의 공항 셔틀버스를
이용하면 숙소까지 손쉽게 이동할 수 있고, 숙소가 정해지

지 않았을 때는 CBD의 에스플러네이드에 내리는 것이 가장 빠르다. 일행이 많을수록 1인 요금이 저렴해지는데, 예를 들어 혼자 탈 때는 35달러지만 4명이 모이면 1인당 11달러 정도에 탑승할 수 있다.

케언즈 공항
📍 Airport Ave., Cairns 🏠 www.cairnsairport.com.au

엑셀런트 코치스
💲 공항→시티 에어포트 셔틀 편도 A$35, 왕복 A$45
📱 0411-229-306 🏠 www.excellencecoaches.com

버스 Bus

케언즈는 브리즈번에서 출발한 장거리 버스의 종착역이자 동부 노선 여행길의 북쪽 출발점이다. 케언즈로 향하는 버스 옵션은 크게 두 가지. 그레이하운드와 프리미어 모터 서비스가 있다.

그레이하운드 버스는 매일 오후 퀸즐랜드의 각 도시에서 출발한 버스들이 오후 8시15분에 일제히 피어 포인트 로드 Pier Point Rd.에 있는 버스터미널 Pier Car Park에 도착하고, 프리미어 모터 서비스의 경우 매일 오후 2시에 브리즈번을 출발한 버스가 각 도시를 거쳐 오후 7시30분에 케언즈 센트럴역에 도착한다.

Premier Motor Service 📞 13-34-10 🏠 www.premierms.com.au

기차 Train

북쪽의 쿠란다로 향하는 기차를 제외하고는 철도 역시 케언즈가 종착역이다. 번다 스트리트 Bunda St.에 있는 케언즈 기차역에는 매주 3~4회 남쪽 브리즈번에서 출발한 The Spirit of Queensland 기차가 플랫폼 1에 도착하고, 쿠란다에서 출발하는 시닉 레일웨이 Scenic Railway는 매일 2회 플랫폼 2에 도착한다.

호주에서 기차 여행은 교통수단이라기보다는 하나의 관광상품으로 자리 잡은 지 오래고, 장거리 기차는 젊은층보다는 주로 장년층이 즐겨 이용하는 편. 이는 버스 요금보다 훨씬 비싼 요금 때문인데, 갈수록 고급화를 지향하고 있어서 배낭여행자들에게는 그림의 떡이다. 하지만 기차여행이 주는 안락함과 낭만 그리고 비행기 못지않은 서비스를 누릴 수 있으니 경제적으로 여유가 있다면 한번쯤 도전해 볼 만 하다. 기차역에서 시티센터까지는 걸어서 10분 거리.

Queensland Rail Cairns Travel Centre
📍 Railway Station, 126 Bunda St. 📞 3606-5800
🏠 www.queenslandrailtravel.com.au

케언즈 시내교통

앞서 설명했듯 케언즈 시내에서는 튼튼한 두 발이 가장 좋은 이동 수단이지만,
동선을 조금 더 넓히려 들면 대중교통의 도움을 받아야 한다. 케언즈를 기준으로
브리즈번까지 남쪽으로는 선버스가 도시마다 넓게 커버하고 있다.

선버스 Sun Bus

퀸즐랜드 주 전체에서 흔히 볼 수 있는 시내버스다. 버스 옆면이나 앞면에 선글라스를 낀 태양이 웃고 있는 마스코트가 무
척 친근하게 느껴질 것이다. 버스 자체의 시설은 최신식이라고 말할 수 없지만, 운전사들의 서비스만큼은 높은 점수를 줄
만하다.
메인 정류장은 레이크 스트리트 Lake St.의 시티 플레이스 입구에 있으며, 노선과 타임테이블도 버스 정류장에 표시되어 있
다. 데이터에 자유롭다면 애플리케이션 〈MyTransLink〉를 다운로드 받으면 실시간 버스 시간과 노선을 손쉽게 볼 수 있다.

참고로, 북쪽의 쿠란다나 내륙의 아서턴 고원
지대로 갈 때는 코럴 리프 코치스 Coral Reef
Coaches 버스와 트랜스 노스 Trans North 버스
를 각각 이용한다.

Sun Bus $ Zone(1~9)에 따라 A$2.30~7.00
4057-7411 www.sunbus.com.au

Coral Reef Coaches
4041-9410 www.coralreefcoaches.com

Trans North
4095-8644 www.transnorthbus.com

렌터카 Rent a Car

케언즈 근교는 한적하게 드라이브를 즐기기에 최적화된
코스다. 복잡한 도심을 잠시만 벗어나도 빽빽한 열대숲
과 바다가 지천이며, 도로 컨디션 역시 붐비지 않아서 여
행지에서 운전을 시도해 보기에 적당하다. 허츠, 쓰리프
티, 에이비스 등의 메이저 브랜드는 공항 도착 터미널에
서부터 렌트할 수 있으며, 무인 반납 시스템으로 편의성
을 더하고 있다.

주요 렌터카
허츠 4051-6399
스리프티 4051-8099

케언즈 추천 코스

케언즈에서는 무엇이든 하려 들면 끝도 없는 시간이 필요하고, 아무것도 하지 않으려 들면
하루도 남아돈다. 결국 어떤 투어와 레포츠에 참가하느냐에 따라 시간과 비용에
엄청난 차이가 난다는 이야기. 짧게 잡아도 일주일, 제대로 즐기려면 한 달도 모자란다.

래프팅과 해양 스포츠, 정글 투어에
각각 하루씩, 열기구와 스카이다이빙, 번지점프,
시내와 근교 관광을 적절히 섞어서 하루나 이틀,
그리고 마지막으로 그레이트 배리어 리프의
아름다움을 만끽할 수 있는 크루즈나 섬 방문 등으로
하루만 보내더라도 일주일이 소요된다.
추천 코스에서는 케언즈 시내의 어트랙션을
중심으로 도보 가능한 동선을 소개한다. 이후 레포츠에
소요되는 시간은 각자의 선택에 따라 달라진다.

🕐 예상 소요시간 6~8시간

Start

에스플러네이드 라군
나름 인피니티 풀

도보 1분

시티 플레이스
사람들이 모이는 곳

도보 3분

케언즈 뮤지엄
도시의 역사와 문화

도보 3분

케언즈 아트 갤러리
깊이 있는 애버리진 아트 콜렉션

도보 10분

케언즈 아쿠아리움
케언즈 앞바다를 내 눈앞에

도보 30분, 자전거 10분

케언즈 보타닉 가든
넓고 한적한 공원

Finish

307

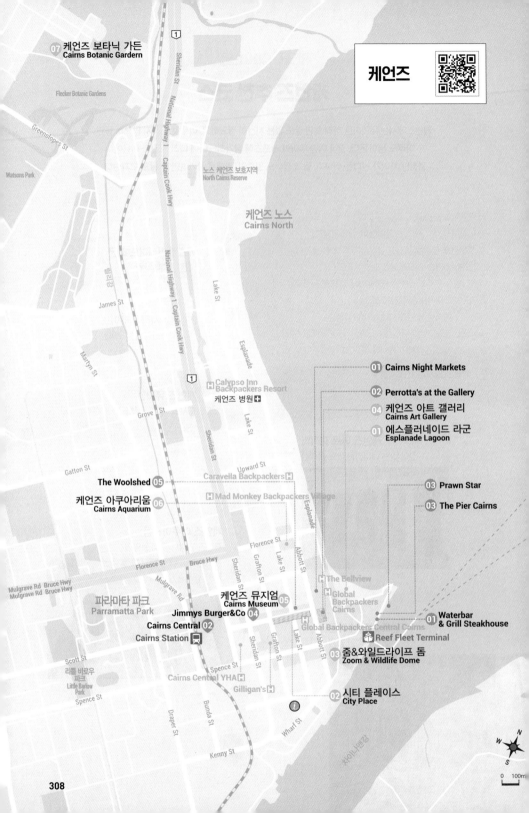

07 케언즈 보타닉 가든
Cairns Botanic Gardern

Flecker Botanic Gardens

Greenslopes St

Watsons Park

노스 케언즈 보호지역
North Cairns Reserve

케언즈 노스
Cairns North

James St

Martyn St

Calypso Inn
Backpackers Resort
케언즈 병원 ✚

Grove St

Gatton St

01 Cairns Night Markets

02 Perrotta's at the Gallery

04 케언즈 아트 갤러리
Cairns Art Gallery

01 에스플러네이드 라군
Esplanade Lagoon

Upward St

The Woolshed 05

케언즈 아쿠아리움 06
Cairns Aquarium

Caravella Backpackers H

H Mad Monkey Backpackers Village

03 Prawn Star

03 The Pier Cairns

Florence St

Bruce Hwy

Mulgrave Rd Bruce Hwy
Mulgrave Rd Bruce Hwy

파라마타 파크
Parramatta Park

케언즈 뮤지엄
Cairns Museum

Jimmys Burger&Co 04

Cairns Central 02

Cairns Station 🚃

05

H The Bellview
H Global
Backpackers
Cairns

Global Backpackers Central Cairns

🚢 Reef Fleet Terminal

01 Waterbar
& Grill Steakhouse

03 줌&와일드라이프 돔
Zoom & Wildlife Dome

Scott St
리틀 비로우
파크
Little Barlow
Park

Spence St

Cairns Central YHA H

Gilligan's H

02 시티 플레이스
City Place

Draper St

Bunda St

Kenny St

Wharf St

N

0   100m

케언즈 시티
CAIRNS CITY

에스플러네이드 라군 Esplanade Lagoon

이토록 멋진 바다 옆 수영장

우리 돈으로 800억에 가까운 예산을 들여 2003년에 처음 오픈한 에스플러네이드 라군. 일종의 야외 수영장인데, 규모가 커서 얼핏 캐러비언 베이의 파도풀을 연상시킨다. 어린이를 위한 나지막한 깊이부터 가운데의 꽤 깊은 곳까지 배려해둔 점과 풀을 둘러싸고 있는 BBQ 시설, 무료 탈의실과 샤워실 등의 수준 높은 시설이 인상적이다. 전하는 말에 따르면, 이곳을 짓는 예산의 일정 부분은 케언즈의 부자들이 낸 기부금으로 충당되었다고 한다. 바다에 접하고는 있지만 갯벌이어서 정작 수영을 할 수 있는 해변이 없는 케언즈에, 바다를 바라보며 수영할 수 있는 야외 수영장

을 만드는 일에 지역 유지들이 기꺼이 나섰던 것. 수영장 바닥에는 고운 모래를 깔아서 마치 바다에서 수영하는 것처럼 만들어두었다. 라군의 개장과 함께 바닷길 에스플러네이드의 전경도 180도 달라졌다. 별다른 구경거리나 특징 없이 그저 해안을 따라 늘어섰던 길이 지금은 야자수와 라군, 각종 조형물이 아름다운 해안선과 어우러져 더없이 낭만적인 길이 되었다. 라군에서 수영하는 것은 물론이고, 근처 시설을 이용하는 것도 모두 무료. 단, BBQ 시설은 동전을 넣어야 불이 들어온다. 2018년 대대적인 보수를 거쳐서 더 말끔한 모습으로 정비되었다.

♀ 52/54 Esplanade, Cairns City ◷ 목~화요일 06:00~21:00, 수요일 12:00~21:00 ⓢ 무료
▯ 4044-3715 ♠ www.cairns.qld.gov.au/esplanade/facilities/lagoon

시티 플레이스 City Place

레이크 스트리트와 쉴드 스트리트 Shields St.가 교차하는 곳에 있는 이곳은 차량 통행이 금지된 보행자 전용 몰이다. 거리의 네 귀퉁이를 막아 바닥에는 푸른색과 붉은색 보도블록을 깔고, 곳곳에 벤치와 둥근 돔형의 공연장까지 있어서 날마다 각종 모임과 공연이 열리는 활기찬 곳이다. 시티 플레이스를 중심으로 네 방향의 거리에는 각종 아케이드와 대형 슈퍼마켓, 버스 정류장 등이 있다.

줌 & 와일드라이프 돔 Zoom & Wildlife Dome

이슬람 신전 같은 돔형 외관에 밤이 되면 더욱 화려해지는 리프 카지노 호텔 Reef Casino Hotel. 야자수로 둘러싸인 정원과 곳곳에서 바다를 조망할 수 있는 오션뷰가 매력적이다. 호텔·레스토랑 등이 함께 있어서 먹고 자고 노는 모든 일이 이 안에서 다

해결된다. 세계 각국에서 돈을 싸들고 모여드는 관광객들로 밤낮없이 북적거리는데, 호텔 외에도 이곳이 유명한 이유는 바로 카지노 안에 재현한 열대우림 때문이다. 유리돔을 활용한 거대한 실내 생태공원으로, 코알라, 악어 등의 동물들도 있고 돔 클라임 Dome Climb과 짚라인 Zipline 등의 액티비티도 가능하다.

◆ 줌 & 와일드라이프 돔은 2024년 현재 보수를 위해 잠정 폐업 중이다.

📍 The Reef Hotel Casino, 35-41 Wharf St., Cairns City

케언즈 아트 갤러리 Cairns Art Gallery

케언즈 지역의 근현대 미술품을 전시하는
갤러리. 1995년 7월에 처음 문을 열었지만,
공공 미술관에 대한 케언즈 시민들의 열망
이 시작된 지 16년 만의 결실이었다. 개관
이후 퀸즐랜드 북부의 독특한 전통과 생활
문화에 관한 내실 있는 프로그램과 다양한
컬렉션으로 호주 전역에서 인정받고 있다.
갤러리숍과 카페도 있어서 한가롭게 전시
와 휴식을 즐기기 좋은 곳이다.

📍 40 Abbott St., Cairns City 🕐 월~금요일
09:00~17:00, 토요일 10:00~17:00, 일요일
10:00~14:00 💲 무료 📱 4046-4800
🏠 www.cairnsartgallery.com.au

케언즈 뮤지엄 Cairns Museum

Cairns History Society에 의해 운영 관리
되는 박물관. 오랜 시간 이 단체는 케언즈
의 역사와 환경에 대한 자료를 수집하고 정
리해왔으며, 아트 스쿨 건물에 박물관을
개관한 이후 현재까지도 다양한 활동을 이
어가고 있다. 지역사회의 학자와 자원봉사
자들로 구성된 이 단체가 수집한 방대한
자료들은 2만4천 장 이상의 사진, 유물, 모
형, 카탈로그 등의 형태로 전시되어 케언즈
의 옛모습을 이해하는 데 큰 도움이 되고
있다. 단지 스쳐가는 여행자들에게 이게
다 무슨 소용일까 싶겠지만, 도시와 역사,
환경에 대한 이들의 오랜 노고에 대해서는
존경심이 드는 곳이다.

📍 Cairns School of Arts building, Cnr Lake
and Shields St.(93-105 Lake St.), Cairns City
🕐 월~토요일 10:00~16:00 ❌ 일요일
💲 어른 A$15, 어린이 A$6 📱 4051-5582
🏠 www.cairnsmuseum.org.au

케언즈 아쿠아리움 Cairns Aquarium

그레이트 배리어 리프 바닷속 여행

세상 어느 바다도 아닌, 퀸즐랜드 북부 해안의 해양생물만을 위해 존재하는 곳. 배리어 리프, 열대림, 걸프 사바나, 케이프 요크 지역에 이르는 생물 서식지와 환경을 완벽하게 재현했다는 평이다. 실제로 바닷속 탐험을 나서도 만날 수 있을까 말까 한 생물들이 눈앞에서 헤엄치고 자라나는 경험은 그 자체로 경이롭다. 케언즈 아쿠아리움에 전시된 생물은 1만 5천여 종에 이르며, 모두 케언즈 인근의 10개 생태계에서 옮겨온 것들이라 한다. 특히 이곳에서만 이뤄지는 특별한 야간 투어 '상어와 함께 잠을 Sleep with the Sharks' 프로그램은 공지와 함께 예약이 마감될 정도로 인기있는 이벤트다. 그레이트 배리어 리프나 퀸즐랜드 북부의 수중 세계가 궁금한 사람들에게는 이래저래 반가운 곳이다.

📍 5 Florence St., Cairns City 🕐 09:00~17:00 💲 어른 A$52, 어린이 A$30
📱 4044-7300 🏠 www.cairnsaquarium.com.au

케언즈 보타닉 가든 Cairns Botanic Gardern

열대 식물의 보물창고

'트로피컬 파라다이스 Tropical Paradise'를 표방하고 있는 드넓은 부지의 보타닉 가든. 호주 전체를 통틀어서도 손꼽히는 열대 식물의 보고다. 애버리진 가든 Aboriginal Plant Use Garden, 대나무 콜렉션 Bamboo Collection, 곤드와나 헤리티지 가든 Gondwana Heritage Garden 등의 주제별 정원과 공원을 가로지르는 넓은 인공 담수호 Freshwater Lake까지 정말 다양한 열대의 자연환경을 재현해 두었다. 다양한 워킹코스와 가이드 투어도 마련되어 있어서 여유를 가지고 둘러보면 좋을 곳이다. 시티센터에서는 조금 떨어져있으나, 자전거를 이용하거나 시내버스를 이용하면 금새 도착할 수 있는 거리다.

📍 78-96 Collins Ave., Edge Hill 🕐 07:30~17:30 ❌ 크리스마스 💲 무료 📱 4032-6650 🏠 www.cairns.qld.gov.au

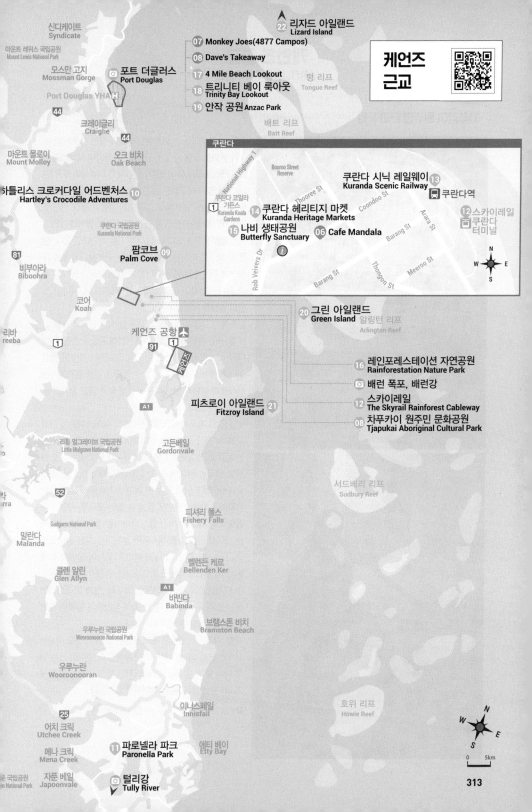

케언즈 근교

신디케이트
Syndicate

마운트 레위스 국립공원
Mount Lewis National Park

모스만 고지
Mossman Gorge

포트 더글러스
Port Douglas

Port Douglas YHA **H**

44

크레이글리
Craiglie

44

마운트 몰로이
Mount Molloy

오크 비치
Oak Beach

81

비부아라
Biboohra

하틀리스 크로커다일 어드벤처스 **10**
Hartley's Crocodile Adventures

쿠란다 국립공원
Kuranda National Park

팜코브 **09**
Palm Cove

코어
Koah

1

리바
reeba

케언즈 공항 ✈
91 **1** K 에 스

피츠로이 아일랜드 **21**
Fitzroy Island

A1

리틀 멀그레이브 국립공원
Little Mulgrave National Park

고든베일
Gordonvale

52

Gadgarra National Park

말란다
Malanda

피셔리 폴스
Fishery Falls

클렌 알린
Glen Allyn

벨렌든 케르
Bellenden Ker

우루누란 국립공원
Wooroonooran National Park

A1

바빈다
Babinda

브램스톤 비치
Bramston Beach

우루누란
Wooroonooran

25

어치 크릭
Utchee Creek

메나 크릭
Mena Creek

파로넬라 파크 **11**
Paronella Park

자푼 벨리
Japoonvale

국립공원
n National Park

털리강
Tully River

이니스페일
Innisfail

에티 베이
Etty Bay

서드베리 리프
Sudbury Reef

호위 리프
Howie Reef

22 리자드 아일랜드
Lizard Island

07 Monkey Joes(4877 Campos)

08 Dave's Takeaway

17 4 Mile Beach Lookout

18 트리니티 베이 룩아웃
Trinity Bay Lookout

19 안작 공원 Anzac Park

텅 리프
Tongue Reef

배트 리프
Batt Reef

쿠란다

National Highway 1

Booroo Street
Reserve

쿠란다 코알라 가든스
Kuranda Koala Gardens **1**

Thooree St.

Coondoo St.

쿠란다 시닉 레일웨이 **13**
Kuranda Scenic Railway

🚉 쿠란다역

쿠란다 헤리티지 마켓 **14**
Kuranda Heritage Markets

Barang St.

Arara St.

12 스카이레일
쿠란다 터미널

나비 생태공원 **15**
Butterfly Sanctuary

Cafe Mandala **06**

Rob Veivers Dr.

Barang St.

Thongon St.

Meeroo St.

N
W · E
S

그린 아일랜드 **20**
Green Island

알링턴 리프
Arlington Reef

레인포레스테이션 자연공원 **16**
Rainforestation Nature Park

📷 배런 폭포, 배런강

스카이레일 **12**
The Skyrail Rainforest Cableway

차푸카이 원주민 문화공원 **08**
Tjapukai Aboriginal Cultural Park

N
W · E
S

0 ___ 5km

08
차푸카이 원주민 문화공원 Tjapukai Aboriginal Cultural Park

수만 년 전부터 노스 퀸즐랜드 일대에 살던 차푸카이 부족의 문화를 엿볼 수 있는 곳이다. 차푸카이 애버리진은 노던 테리토리의 애버리진과 생김새와 피부색이 조금 달라서, 더 많이 서구화된 느낌을 준다. 스미스필드에 위치한 문화공원의 입구부터 그 규모가 심상치 않다. 안으로 들어가면 마술 공간·창작 공간·역사 극장·갤러리 그리고 레스토랑 등의 시설이 꽤 넓은 부지를 차지하고 있다. 전통 양식으로 지어진 건물 뒤편에는 카라보니카 호수를 사이에 두고 원주민 문화마을과 댄스 극장, 스낵 바, 각종 민속 시범장이 야외에 자리하고 있어서 잠시나마 그들의 일상을 체험할 수 있다.

입구에서 그날의 쇼 타임과 내용을 적은 안내 자료를 나눠주는데, 이에 따라 장소를 옮겨가며 관람하면 된다. 부메랑 레스토랑에서는 호수를 바라보면서 가벼운 점심이나 저녁 뷔페 식사를 즐길 수 있으며, 전통 캠프에서는 부메랑과 창던지기는 물론 원시 음식과 응급 처치법 등도 배울 수 있다.

낮 시간의 차푸카이도 좋지만, 정작 하이라이트는 저녁 7시부터 시작되는 나이트 파이어 Night Fire에 있다. 식전 음료와 카나페로 환영의 분위기가 무르익을 즈음 원주민 댄서의 안내에 따라 디지리두 저니 Didgeridoo Journey를 떠난다. 원주민 악기 디지리두에 대해 가장 정확하고 자세한 설명을 들을 수 있는 곳으로, 시연과 구입도 가능하다. 이어서 캠프파이어를 둘러싸고 펼쳐지는 나이트 댄스를 즐기는 동안 분위기는 후끈 달아오르고, 그 느낌 그대로 실내로 옮겨 차푸카이 공연과 함께 뷔페 식사를 즐기는 프로그램이다. 박진감 넘치는 원주민 댄서들과의 사진촬영으로 마무리. 그저 바라보기만 하는 쇼가 아니라, 한 명 한 명이 참여하며 원주민 문화를 깊이 체험할 수 있는 시간이다.

사실, 차푸카이 원주민 문화공원은 코로나 19를 겪으면서 재정난을 이기지 못하고 문을 닫았다. 현재로서는 언제 다시 열 지 알 수 없는 상태지만, 반드시 다시 문을 열기 바라는 마음으로 이 페이지를 남겨둔다.

📍 4 Skyrail Drive, Smithfield 📱 4042-9999

팜 코브 Palm Cove

살고싶은 동네

야자수 그늘 아래 푸른 바다가 펼쳐지는 열대의 낭만을 즐기고 싶다면 말린 코스트 Marlin Coast를 추천한다. 케언즈 북쪽 마찬스 비치 Machans Beach에서 엘리스 비치 Ellis Beach에 이르는 26km 구간의 해안길을 말린 코스트라 부른다. 그중에서도 팜 코브는 트리니티 비치 Trinity Beach와 함께 케언즈 시민들에게 가장 사랑받는 곳. 이름 그대로 야자수가 늘어서 있으며 둥글게 형성된 해안선과 희고 고운 모래가 정겨운 느낌을 준다. 팜 코브 앞바다에 떠있는 작은 섬은 호주의 어느 갑부가 정부에서 사들인 사유지라고 하는데, 가끔씩 이 섬에서 열리는 파티 소리가 팜 코브까지 들린다고. 수려한 경관을 자랑하는 말린 코스트 일대에는 곳곳에 고급 리조트가 자리하고 있다. 패러세일링과 제트스키, 서핑 등의 해양 스포츠를 즐길 수 있는 곳으로도 유명하다.

하틀리스 크로커다일 어드벤처스 Hartley's Crocodile Adventures
악어버거도 있어요

말 그대로 야생동물의 세계다. 일반적인 동물원보다 조금 더 다이내믹하고 활기찬 느낌. 코알라나 캥거루 같은 호주의 야생동물은 기본이고 이름처럼 악어나 뱀 같은 파충류가 주를 이룬다. 트로피컬 주 Tropical Zoo라는 이름의 동물원에서 지금의 이름으로 바뀌면서 주제도 달라져서 박진감 넘치는 악어 세상이 되었다. 매표소에서 나눠주는 지정된 보트 시간을 기다리는 동안 코알라, 뱀, 캥거루 등이 있는 넓은 부지를 한 바퀴 돌고나오는데, 오전과 오후로 나뉘는 쇼 타임을 확인한 뒤 잽싸게 이동하다보면 시간이 금방 간다. 도중에 코알라나 뱀 같은 동물과 사진 찍는 코너도 있는데 일단 찍었다 하면 돈을 내야 하니 미리 확인할 것. 드디어 배를 타고 악어 천지로 들어갈 시간, 특수 제작된 보트를 타고 강을 거슬러가는 동안 배 옆구리에서 악어가 튀어 오르기도 하고, 서로 간에 피 튀기는 혈투를 벌이기도 한다. 가이드의 흥겨운 농담과 악어와의 밀당이 30분 가량 이어지다보면 어느새 출발한 장소로 돌아온다. 강을 따라 넓게 만들어진 카페테리아에서는 악어버거도 판매하니, 악어로 하루를 채우고 싶은 사람은 도전해 볼 것. 케언즈에서 북쪽으로 40㎞, 포트 더글라스에서는 남쪽으로 25㎞. 대중교통으로는 갈 수 없고, 렌터카나 투어 버스를 이용해서 가야한다.

📍 Captain Cook Hwy, Wangetti 🕐 08:30~17:00 ❌ 크리스마스
💲 어른 A$45, 어린이 A$22.50 📞 4055-3576
🏠 www.crocodileadventures.com

파로넬라 파크 Paronella Park
영화 같은 영화 배경지

케언즈에서 남쪽으로 120㎞ 떨어진 메나 크릭 지역에 자리한 독특한 어트랙션. 1913년 스페인 카탈로냐 지방에서 호주로 이주 온 호세 파로넬라 José Paronella라는 남자의 고집스러움과 소설 같은 일대기가 만들어낸 세상없을 유니크한 관광지다. 11년 동안 사탕수수밭을 베어내고 다듬은 땅 위에 아내와 함께 하나 하나 돌을 쌓아 만들어낸 성과 정원은 일본 애니메이션 〈천공의 성 라퓨타〉의 배경으로 널리 알려져 있다. 유난히 일본인 관광객이 많은 것도 그런 이유 때문. 두 차례의 홍수와 화재, 그리고 세 번이나 휩쓴 사이클론에 여러 군데 손상을 입고 한때 철거 위기에도 놓였었지만, 2009년 재건 이후 현재까지 수많은 관광객에게 독특한 영감을 주는 장소로 인기를 얻고 있다. 파로넬라 파크까지 가는 대중교통은 없지만, Northern Experience Eco Tours와 Infinity Fun Travel에서 케언즈 시내와 파로넬라 파크를 왕복하는 데이 투어를 운영한다.

📍 1671 Innisfail Japoon Rd., Mena Creek 🕐 09:00~19:30
❌ 크리스마스 💲 어른 A$55, 어린이 A$31 📞 4065-0000
🏠 www.paronellapark.com.au

쿠란다
KURANDA

케언즈에서 북서쪽으로 34km 떨어져 있는 전원 마을. 울창한 열대우림 가운데에 있어서 우림 사이를 헤치고 지나가는 관광열차와 우림 위를 지나가는 스카이레일 등 교통수단 자체가 하나의 관광상품이 된 곳이다. 동화 속 마을처럼 아기자기한 레인포레스트 마켓, 웅장한 폭포, 열대의 자연을 체험할 수 있는 자연공원 그리고 환상적인 나비 보호구역까지. 볼 것도 많고 즐길 것도 많은 이 매력적인 마을을 보려면 하루를 꼬박 투자해야 하며, 그만큼 하루가 온전히 즐거운 곳이기도 하다.

스카이레일 The Skyrail(Rainforest Cableway)

세계에서 가장 긴 케이블카

1995년에 개통된 스카이레일은 총 길이가 7.5km에 달하는 세계에서 가장 긴 케이블카로 주장하는 곳 중 하나다(기록은 깨지고 있으므로). 빽빽한 열대우림을 껑충 뛰어넘는 높이에서 오로지 한 줄의 케이블에 매달려 까마득한 아래를 내려다보는 기분이란! 바람이라도 부는 날이면 간담이 다 서늘해진다. 눈 아래로 펼쳐지는 숲과 폭포, 강, 밀림, 하늘을 찌를 듯 높이 솟은 나무들을 내려다보노라면 마치 경비행기를 타고 열대우림 위를 나는 듯한 착각에 빠지기도 한다. 세계에서 가장 긴 케이블카라는 것은 공사의 규모도 그만큼 컸다는 것을 의미하지만, 이곳은 철저하게 환경을 보호하는 가운데 완성되었다. 1년이라는 시공 기간 동안 공사에 필요한 모든 자재와 목재 등은 일일이 헬기로 날랐으며, 기둥을 박거나 선로를 연결하는 일도 모두 기중기가 아닌 기술자의 손에 의해 이루어졌다고 한다. 숲을 파괴하지 않고도 이처럼 훌륭한 케이블카가 완성되었다는 사실이 놀랍기만 하다.

케이블카의 노선은 스미스필드역에서 출발한 후 약 10분 간격으로 Red Peak Station - Barron Falls Station을 지나 종착역인 쿠란다역에 도착한다. 전체적으로는 케언즈와 쿠란다 사이에 있는 울창한 산 하나를 케이블카를 타고 넘는 셈이다. 산의 정상에 있는 레드픽역에서는 열대우림 산책로를 거닐 수 있고, 중턱의 배런역에서는 웅장한 배런 폭포의 모습을 감상할 수 있다. 레드픽역과 배런역에서 정차시간을 포함해 편도 약 90분이 소요되며, 맑은 날은 멀리 피츠로이 아일랜드까지 한눈에 들어온다.

📍 6 Skyrail Drive, Smithfield   🕐 운행 09:00~17:00
💲 편도 A$62, 왕복 A$93   📱 4038-5555
🏠 www.skyrail.com.au

 13

쿠란다 시닉 레일웨이 Kuranda Scenic Railway

열대숲을 뚫고 칙칙폭폭

케언즈~쿠란다 간 열차는 1891년 완공 당시만 해도 목재 등을 실어나르는 운송이 주목적이었다. 케언즈 기차역에서 출발한 열차가 울창한 열대우림과 폭포 그리고 15개의 터널을 지나 쿠란다역에 도착하면 기차에 다시 목재며 산림자원들을 싣고 부두가 있는 케언즈로 돌아갔던 것. 100년이 훨씬 지난 지금 이 열차는 세계에서 가장 아름다운 열대우림을 관람하는 관광열차로 바뀌었다. 숲과 계곡 사이에 놓인 75km 길이를 철로를 따라 아슬아슬하게 숲을 헤치고 나아간다. 스카이레일과 마찬가지로 도중에 배런 폭포에 정차해서 10분 정도 웅장한 폭포를 배경으로 사진 촬영할 시간을 준다. 케언즈에서 쿠란다역까지는 약 2시간이 소요된다. 좌석 등급에 따라 옵션과 가격이 달라지고, 편도보다 왕복을 이용하면 비용이 절감되지만 살짝 지루한 감이 있어서 올 때 갈 때 중 한번이면 충분하다.

📍 126-144 Bunda St., Cairns City ⏱ 출발시각 케언즈→쿠란다 08:30, 09:30/쿠란다→케언즈 14:00, 15:30 💲 좌석 등급에 따라 Heritage Class A$55, Royale Class A$73, Gold Class A$99 ☎ 4036-9333
🏠 www.ksr.com.au

(talk) **갈 때는 시닉 레일웨이, 올 때는 스카이레일**

쿠란다로 향하는 방법이자 대표적인 어트랙션이라 할 수 있는 시닉 레일웨이와 스카이레일. 두 가지 중 어느 하나도 포기하기는 아깝지요. 그래서 대부분의 여행자들이 선택하는 방법은 올 때와 갈 때 각각 이용하는 것입니다. 오전에는 신선한 공기를 가르며 숲속을 달려가는 열차에 몸을 싣고, 오후에는 케이블카를 타고 햇살 비치는 숲을 내려다보는 게 좋겠죠. 따라서 갈 때는 케언즈 시내에서 오전 일찍 출발하는 시닉 레일웨이를 타고 갔다가, 돌아올 때는 스카이레일을 타고 스미스필드역까지 올 것을 권합니다. 스미스필드에서 케언즈 시내까지의 교통편은 스카이레일을 예약할 때 미리 포함된 옵션으로 준비해두는 것이 좋습니다. 좀 더 효율적으로 동선을 짜자면, 스미스필드역 바로 옆에 있는 차푸카이 원주민 문화공연을 들르는 방법이 있는데, 친절하게도 이런 니즈를 반영한 패키지 상품이 있답니다. 기본은 두 가지 교통수단을 묶은 것이고, 거기에 차푸카이 문화공원이나 쿠란다 레인포레스테이션 자연공원 등의 관광지를 더하는 식으로. 스카이레일에서 주관하는 투어 상품이며, 스카이레일 홈페이지나 관광안내소에서 예약하면 됩니다.

쿠란다 시닉·스카이레일

쿠란다역 Kuranda Station
Kuranda Terminal

•레인포레스테이션

Barron Falls
Barron Falls Station

Red Peak

Skyrail's Smithfield Terminal
차푸카이

Freshwater station

Cairns Station 케언즈역

---- 쿠란다 시닉 레일웨이
▬▬▬ 스카이레일
▭▭▭ 셀프 드라이브 or 셔틀버스

14

쿠란다 헤리티지 마켓 Kuranda Heritage Markets

인포메이션 센터가 있는 센테너리 공원에서 5분 거리이며, 왼쪽의 헤리티지 마켓과 오른쪽의 오리지널 쿠란다 마켓으로 나뉘어 있다. 예전에는 주말에만 장이 열렸었지만, 지금은 상시적으로 상점들이 문을 열어서 관광지다운 느낌이 강해졌다. 각종 수공예품과 캥거루 가죽으로 만든 옷, 액세서리 등이 눈에 띠고 부메랑이나 애버리진 예술품도 한 자리를 차지하고 있다. 헤리티지 마켓 안에는 전 세계의 각종 조류를 모아놓은 새 공원 버드 월드 Bird World가 있다.

📍 2 Rob Veivers Dr., Kuranda 🕐 09:30~15:30 ☎ 4093-8060
🏠 www.kurandamarkets.com.au

쿠란다 인포메이션 센터 Kuranda Visitor Information Centre
📍 Coondoo St. & Therwine St., Kuranda 🕐 10:00~16:00 ❌ 크리스마스 ☎ 4093-9311 🏠 www.kuranda.org

15

나비 생태공원 Butterfly Sanctuary

입구에 걸린 파란색 나비 율리시스 버터플라이의 사진이 아주 인상적이다. 수백 종이 넘는 열대 나비들이 저마다의 빛깔과 자태를 뽐내며 날아다니는 이곳은 꿈결처럼 환상적인 나비 보호구역으로, 호주에서 가장 큰 규모를 자랑한다. 쿠란다 헤리티지 마켓에서 로브 비버스 드라이브를 따라 3분 정도 걸어가면 입구가 나온다. 가이드 투어에 참가하면 별도의 요금 없이 나비의 이름이나 종류별 습성에 대한 설명을 들을 수 있다.

📍 8 Rob Vievers Dr., Kurandal
🕐 09:30~15:30 ❌ 크리스마스
💲 어른 A$22, 어린이 A$14 ☎ 4093-7575
🏠 www.australianbutterflies.com

16 레인포레스테이션 자연공원 Rainforestation Nature Park

볼거리 많고 놀거리 많은 곳

30만㎡의 넓은 열대숲과 40종류가 넘는 열대과일이 있는 곳. 쿠란다 근처의 작은 마을인 이곳은 금광 개발과 함께 사람들이 모여들면서 과일 농장과 커피 재배 농장으로 쓰이던 곳이다. 1973년 현재의 주인인 우드워드가 농장을 구입하고 이 일대에 식당을 개업하면서부터 서서히 관광지로 탈바꿈하기 시작해, 현재는 원주민 문화센터와 야생동물공원까지 갖춘 종합관광타운이 되었다.

입구에서 가장 먼저 만나게 되는 코알라&야생동물 공원에서는 귀여운 코알라와 캥거루·악어·왈라비·딩고 같은 호주의 야생동물을 만날 수 있고, 매일 10:30, 14:00에 열리는 파마기리 원주민쇼와 하루 6차례의 드림타임 워크는 애버리진을 이해하는 소중한 시간이 된다. 특히 이곳의 캥거루와 왈라비는 너무나 천연덕스럽게 공원 내를 뛰어다니고, 널부러(?)져서 사람들의 손길을 즐긴다. 캥거루 먹이를 구입해서 주다보면 캥거루와의 스킨십은 물론이고 집까지 데려가고 싶은 마음이 굴뚝이 된다.

열대우림을 탐험하는 데 사용되는 수륙양용차 아미덕 Army Duck은 이 공원의 시그니처. 열대의 숲에서는 바퀴 달린 자동차가 되고, 늪이나 습지에서는 보트로 변신해서 다양한 즐거움을 준다. 런치 레스토랑과 스낵 바, 아이스크림 가게, 기념품점 등이 공원 입구에 있어서 관람 전과 후에 들리기 좋다. 쿠란다 시내에서 조금 떨어진 거리의 공원까지 유료 셔틀버스를 운영하는데, 버터플라이 생츄어리 입구에서 버스를 타면 레인포레스테이션 입구에 내려준다.

📍 1030 Kennedy Hwy., Kuranda 🕐 09:00~15:30 ✖ 크리스마스 💲 Big Nature Package 어른 A$59, 어린이 A$37 📱 4085-5008 🏠 www.rainforest.com.au

포트 더글러스
PORT DOUGLAS

케언즈 북쪽 70km 지점, 자동차로 1시간쯤을 달려가면 작은 항구도시 포트 더글러스가 나온다. 항구와 요트들, 최고급 호텔과 리조트가 그림처럼 펼쳐지는 이곳은 빌 클린턴 미국 대통령이 골프를 치고 간 뒤 더 유명해진 퀸즐랜드 북부의 고급 휴양도시다. 바다를 향해 엄지손가락처럼 튀어나온 지형 때문에 바다를 따라 둥글게 시티가 형성되어있으며, 가장 번화한 매크로슨 스트리트 Macrossan St.를 따라 쇼핑센터와 레스토랑·관광안내소 등이 즐비하다. 시내를 둘러보는 데는 1~2시간이면 충분하다.

17

4마일 비치 4 Miles Beach

눈부시게 하얀 모래와 바다

매크로슨 스트리트 Macrossan St.를 따라 동쪽 끝까지 걸어가면 바닷길 에스플러네이드가 나온다. 이곳에서 바라보이는 길게 뻗은 백사장이 바로 4마일 비치의 해변. 포트 더글러스의 대표적인 어트랙션답게 가장 많은 사람들이 찾는다. 해변의 길이가 4마일(약 6.5km)에 이른다고 4마일 비치라 불린다. 쉐라톤 미라지를 포함한 고급 리조트 호텔이 이곳을 따라 형성되어 있으며, 최고급 골프 클럽들도 해안선을 따라 밀집해 있다.

트리니티 베이 룩아웃 Trinity Bay Lookout

조용한 포트 더글러스 시내의 모습과 아름다운 트리니티 베이의 해안선 그리고 4마일 비치의 눈부신 모래가 한눈에 보이는 곳. 안작 파크 입구에서 와프 스트리트 Wharf St.를 따라 동쪽으로 굽어지는 오르막길을 따라 올라가면 포트 더글러스에서 가장 높은 언덕 플래그스태프 힐 Flagstaff Hill과 등대가 나온다. 다시 아일랜드 포인트 로드를 따라 막다른 곳까지 올라가면 트리니티 베이 룩아웃이 나오는데, 룩아웃 한가운데 커다란 나침반이 있어서 동서남북을 파악하기 쉽다. 정상에 서면 언덕을 따라 지어진 고급 주택가와 끝없이 펼쳐지는 해안선의 모습이 한 눈에 펼쳐지면서 등반(?)한 보람이 느껴진다. 도보 뿐 아니라 자동차로도 룩아웃까지 올라갈 수 있다.

📍 48 Island Point Rd, Port Douglas

안작 파크 Anzac Park

포트 더글러스의 가장 끝쪽, 바다를 향해 뾰족하게 튀어나온 부분의 서쪽에 자리 잡은 공원. 큰 규모는 아니지만 초록의 잔디밭에 BBQ 시설과 벤치, 어린이 놀이터 등이 갖춰져 있어 마음이 편안해지는 곳이다. 공원에서 바라보는 바다와 드나드는 배들의 모습도 운치가 있다. 일요일마다 선데이 마켓이 열리는데, 열대과일과 싱싱한 채소가 주를 이루고, 간혹 의류와 수공예용품 등도 눈에 띈다.

그레이트 배리어
리프의 섬들
G.B.R's ISLANDS

호주 동쪽 퀸즐랜드 주를 대표하는 키워드는
대산호초, 그레이트 배리어 리프다.
대략 케언즈에서 허비 베이까지 동북부 해안을
따라 넓게 분포되어 있으며, 무려 2012km에 달하는
길이에 350여 종의 산호초들이 거대한
바닷속 꽃밭을 이루고 있다. 산호초 위의 바다는
한없이 투명한 에메랄드빛으로 빛나고,
점점이 떠있는 6천여 개의 섬들은 보석처럼
이 바다를 빛낸다. 대부분의 산호초들은 바다에
잠겨 있지만, 일부는 나지막하게 군락을
이루어 파도를 막는 자연 방파제와
천연 해양테마파크의 역할을 한다. 트로피컬 제도,
휘트선데이 제도, 서던 리프 제도로 나뉘어져
있으며, 관광지로 개발된 20여 개의 섬들로 가는
출발 도시도 조금씩 다르다. 그 중에서 케언즈는
그레이트 배리어 리프로 가는 관문 도시로,
크루즈를 타고 리프(산호초)가 있는 곳으로 가거나
인공으로 설치된 플랫폼으로 이동해 다양한
해양 스포츠를 즐기는 액티비티가 발달되어 있다.

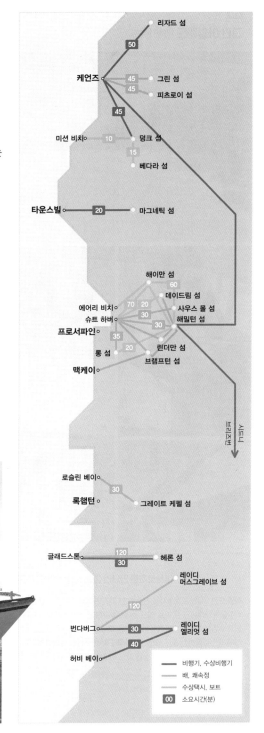

퀸즐랜드 주

리자드 섬
50
케언즈 · 45 · 그린 섬
45 · 피츠로이 섬
45
미션 비치 · 10 · 덩크 섬
15
베다라 섬

타운스빌 · 20 · 마그네틱 섬

해이만 섬
60
데이드림 섬
에어리 비치 · 70 · 20 · 사우스 몰 섬
슈트 하버 · 30 · 해밀턴 섬
프로서파인 · 30
35
롱 섬 · 20 · 린더만 섬
브램프턴 섬
맥케이 ·

브리즈번

로슬린 베이 ·
30
록햄턴 · · 그레이트 케펠 섬

글래드스톤 · 120 · 헤론 섬
30

레이디
머스그레이브 섬
120
번다버그 · 30 · 레이디
엘리엇 섬
40
허비 베이 ·

━━ 비행기, 수상비행기
━━ 배, 쾌속정
━━ 수상택시, 보트
00 소요시간(분)

323

그린 아일랜드 Green Island

케언즈에서 크루즈로 45분 거리에 있는 이곳은 섬 전체가 초록색 숲으로 둘러싸인 아름다운 산호섬이다. 산호초에 둘러싸인 바다와 숲으로 둘러싸인 섬은 이름 그대로 온통 초록의 물결로 조화를 이룬다. 아름다운 해변과 열대우림을 동시에 즐길 수 있는 곳으로, 스노클링과 스쿠버다이빙을 즐기기에 딱 좋은 곳이다.

그린 아일랜드 투어에 특화되어 있는 빅캣 그린 아일랜드 리프 크루즈 Big Cat Green Island Reef Cruises를 이용하면 왕복 크루즈에 스노클 장비 또는 글라스보텀 보트 투어 중 한 가지를 선택할 수 있고, 옵션에 따라 런치 뷔페와 잠수함 등을 추가할 수 있다. 중국인 관광객이 많아지면서 아시안 스탭들의 활약도 두드러져 보이는데, 크루즈에 한국인 스태프도 탑승해서 많은 도움이 된다. 화장실과 레스토랑 등은 섬 내의 유일한 숙박업소인 그린 아일랜드 리조트 Green Island Resort의 편의시설을 이용한다.

크루즈 회사

Big Cat Green Island Reef Cruises
📍 Reef Fleet Terminal, 1 Spence St., Cairns City ⑤ 반나절 또는 종일 A$110 ☎ 4051-0444 🏠 www.greenisland.com.au

Green Island Resort ☎ 4031-3300
🏠 www.greenislandresort.com.au

TIP
대산호초를 만나러 가는 관문, 케언즈 리프 플리트 터미널 Cairns Reef Fleet Terminal

매일 오전 9시와 오후 4시를 전후한 한 시간씩 케언즈에서 가장 많은 사람들이 모이는 곳은 바로 리프 플리트 터미널일 것이다. 가벼운 핏플립과 수영복 차림의 여행자들이 하나둘 모여드는 이곳은 그레이트 배리어 리프로 향하는 모든 크루즈들이 출도착하는 터미널. 어떤 회사의 크루즈를 선택할지 모르겠다 싶을 때도 이곳에 설치된 각 회사의 팜플렛 등을 참고하면 도움이 된다.

📍 LOT 996 Pier Point Rd., Cairns City

21

피츠로이 아일랜드 Fitzroy Island

케언즈에서 29km 떨어져 있으며, 그레이트 배리어 리프에 떠있는 섬들 가운데 가장 접근성이 좋은 곳이다. 그린 아일랜드보다 남쪽에 있으며, 섬까지는 크루즈로 45분 걸린다. 긴 타원형으로 생긴 섬의 북쪽에는 리틀 피츠로이라는 이름의 또 다른 작은 섬이 나란히 있는데, 카약을 타고 이곳까지 건너갈 수 있다. 섬 전체가 아름다운 산호초에 둘러싸여 있어서 파도가 잔잔하고, 바닥까지 들여다보일 정도로 물이 맑다. 이곳의 인기 레포츠는 시카약. 웰컴 베이에서 시작해 왼쪽에 있는 누드 비치까지 갔다가 되돌아 나와서 리틀 피츠로이까지 노를 저어간다. 투어에 참가하면 리틀 피츠로이에서 런치와 스노클링을 즐기고, 나지막한 언덕에 올라 피츠로이 아일랜드와 멀리 그린 아일랜드까지 조망할 수 있다. 크루즈 왕복 교통편만 이용하는 사람들은 스노클 대여점에서 장비를 빌릴 수 있는데, 웰컴 베이의 오른쪽 비치에 열대어가 많아서 스노클링에 적합하다. 크루즈가 도착

하는 웰컴 베이에서 작은 다리를 건너가면 바로 피츠로이 아일랜드 리조트 Fitzroy Island Resort가 나온다. 리조트에 딸린 수영장과 탈의실·레스토랑·바 등은 일반 관광객도 이용할 수 있다. 리조트 뒤편에 있는 섬의 정상까지는 산책로가 나 있다.

크루즈 회사

Raging Thunder Adventures
📍 Shields St. 🕐 06:00~20:00 💲 A$114~
📱 4030-7990 🏠 www.ragingthunder.com.au

Fitzroy Island Resort
📱 4044-6700 🏠 www.fitzroyisland.com

22

리자드 아일랜드 Lizard Island

케언즈에서 수상 비행기로 갈 수 있는 리자드 아일랜드는 다이빙과 낚시 포인트로 유명한 섬이다. 섬에서 보트로 1시간 거리에 있는 코드홀 Cod Hole은 그레이트 배리어 리프에서는 물론이고 세계에서도 최고의 다이빙 포인트로 꼽히는 곳. 섬 주위의 유명 낚시 포인트에서는 거대한 자이언트 포테이토 코드(명태과 생선)를 잡으려는 강태공의 모습을 많이 볼 수 있다. 섬의 이름은 이 섬에 도마뱀의 일종인 리자드 Lizard가 살고 있는 데서 유래되었는데, 실제로 섬 곳곳에서 어렵지 않게 도마뱀을 만난다. 유일한 숙박시설 리자드 아일랜드 리조트가 있어서 다양한 편의시설을 제공한다.

01

Cairns Night Markets

낮보다 밤이 더 아름다운 곳

케언즈 최고의 야시장. 애벗 스트리트와 에스플러네이드를 관통하는 시내 중심의 나지막한 단층 건물 전체가 크고 작은 상점들로 가득 차 있다. 상품의 종류도 다양해서 민속 의상·수영복·보석·수공예품 등 수백 종에 달한다. 마켓 안의 푸드코트에서는 중식, 일식, 말레이식 같은 아시안 푸드와 햄, 치즈, 견과류 같은 식재료까지 정말 다양한 음식들이 여행자들을 유혹한다. 마켓 바로 옆 건물에도 밤늦게까지 문을 여는 푸드코트가 있어서 출출한 배를 채우기에 좋다.

📍 71-75 The Esplanade, Cairns City 🕐 17:00~23:00 📱 4051-7666 🏠 www.nightmarkets.com.au

02

Cairns Central

노스 퀸즐랜드 최대 규모

2개의 슈퍼마켓, 6개의 극장, 180개의 점포, 3개의 레스토랑, 그 밖에 은행, 커피숍, 우체국, 푸드코트 등을 갖춘 복합 쇼핑 공간. 건물 내부는 가운데가 뚫려 있는 2층 구조물로, 현대적이며 고급스러운 인테리어를 자랑한다. 바로 옆에 케언즈 기차역이 함께 있다.

📍 1/21 McLeod St., Cairns City 🕐 월~수요일, 금~토요일 09:00~17:30, 목요일 09:00~21:00, 일요일 10:30~16:00 📱 4041-4111 🏠 www.cairnscentral.com.au

03

The Pier Cairns

호텔과 레스토랑이 있는 쇼핑센터

현대적이면서 고급스러운 쇼핑센터. 바다와 접하고 있어서 전망까지 수려하다. 1층에는 고급 레스토랑과 브랜드 매장, 기념품숍 등이 있고, 바다를 향한 건물 한 면은 샹그릴라 호텔이 자리하고 있다. 오른쪽으로는 크루즈 터미널이, 왼쪽으로는 요트클럽이 자리하고 그 사이 바다는 온전히 여행자들의 것. 의외의 풍경을 간직한 곳이다.

📍 1 Pier Point Rd., Cairns City 📱 4052-7749 🏠 www.thepiercairns.com.au

Water Bar & Grill

인생 폭립

여행자들 사이에서 맛있는 스테이크집으로 소문이 나더니, 급기야 <배틀트립>으로
방송을 탄 후 유난히 한국인 고객이 많아진 곳. 특히 갈비 한 짝을 그대로 옮겨 놓은
듯한 폭립에 있어서는 호주전역에서도 손꼽히는 레스토랑이다.
언제나 그렇듯 방송에 나온 리액션을 기대하고 찾으면 실망할 맛
이요, 큰 기대 없이 찾으면 감탄할 맛이다. 호들갑 떨 정도는 아니
지만, 맛있고 푸짐한 것은 사실이라는 의미. 개인적으로는 폭립
보다 햄버거가 더 맛있었다. 다른 곳보다 조금 늦게 문을 열지만,
자칫 늦게 가면 대기가 길어지는 곳이기도 하다. 레스토랑에서
바라보이는 마리나의 풍경도 아름답다.

📍 1 Pier Point Rd., Cairns City 🕐 11:30~16:00, 17:30~22:00(일요일
은 21:30까지) 📱 4031-1199 🏠 www.waterbarandgrill.com.au

Perrotta's at the Gallery

브렉퍼스트가 맛있는 곳

더운 지방 특유의 느긋함 때문인지, 의외로 아침 먹
을 곳이 마땅찮은 케언즈. 대부분의 레스토랑들이
10시는 넘어야 문을 열기 때문인데, 이 와중에 찾아
낸 분위기 있는 브렉퍼스트 맛집이다. 케언즈 아트 갤
러리 1층에 자리하고 있어서 식사 전후에 미술관 관
람까지 연결하기 좋다. 이른 아침부터 문을 열고, 아
침, 점심, 저녁, 디저트까지 시간대별로 다양한 이탈
리안 메뉴를 선보인다. 1997년 처음 문을 연 이후부
터 고수하고 있는 원칙 중 하나는, 케언즈 인근에서
재배된 신선한 재료들로만 조리한다는 것.

📍 38 Abbott St., Cairns City 🕐 06:30~22:00
📱 4031-5899 🏠 www.perrottasatg.com

퀸즐랜드 주

Prawn Star

바다에 떠있는 선상 레스토랑

샹그릴라 호텔이 있는 The Pier 건물 앞, 마리나에 정박해 있는 작은 어선 전체가 레스토랑이다. 고급 요트들이 정박해 있는 마리나에 요란한 외관의 배 한 척이 보인다면 바로 그 배가 프론스타 레스토랑이다. 이름부터 메뉴까지 온통 새우가 주제다. 바다 위에 떠있는 콘셉트만으로도 감이 오듯이, 새우, 굴, 랍스터 등 싱싱한 해산물을 즉석에서 조리해 주는 재밌고 맛있는 곳이다. 특히 해질녘에는 케언즈의 불타는 선셋을 바라보며 와인잔 기울이는 고급진 체험도 가능하다. 인근의 고급 레스토랑들에 비해 가격 경쟁력도 갖추고 있어서 해산물을 좋아하는 사람들에게 강추할 만하다.

📍 Pier Point Rd., Marlin Marina, E31 Berth, Cairns City 🕐 10:00 ~20:00 📞 0456-421-172 🏠 www.prawnstarcairns.com

Jimmys Burger & Co

최고를 꿈꾸는 버거

케언즈에는 유난히 햄버거 맛집이 많다. 그 중에서도 지미스 버거는 최고가 아니면 안 될 것 같은 목표(?)를 가지고 햄버거 하나만 들입다 파는 끈기의 맛집. 시그니처가 된 지미스 클래식 버거와 파삭한 치킨이 인상적인 크리스피 버거가 메뉴판의 가장 윗줄에 자리잡고 있다. 샌드위치나 베이커류는 전혀 없고, 오로지 여덟 종류 햄버거에 샐러드와 프라이 종류, 그리고 쉐이크 같은 음료수만 판매한다. 일반적인 패스트푸드점의 버거와는 확실히 차별화된 맛이다.

📍 66 Shields St., Cairns City 🕐 일~목요일 11:00~21:30, 금~토요일 11:00~22:00 📞 4041-6651 🏠 www.jimmysburgerco.com

The Woolshed

배낭여행자의 낭만

예전만큼은 아니지만, 이곳을 기억하는 배낭여행자들 사이에서는 거의 성지처럼 느껴지는 곳이다. 시절이 무색하게 최근에는 그 자리에 있어주는 것만으로 고마운 명소(?)가 되었다. 백패커스에서 저녁식사 쿠폰을 받은 사람들이 초저녁부터 줄을 서는 풍경은 여전하다. 1층의 레스토랑과 2층의 바는 분위기가 사뭇 다른데, 1층은 그런대로 얘기 나눌 수 있을 정도지만 2층은 역사와 전통을 자랑하는 나이트클럽답게 쿵쾅거리는 음악 소리가 밤새 이어진다. 무료 식사쿠폰으로는 1층의 레스토랑을 이용할 수 있는데, 추가 요금을 내면 제대로 된 정식 요리도 먹을 수 있다. 클럽 룸과 드레스 코드도 있으니 늦은 밤 클럽을 이용할 때는 미리 준비할 것.

📍 22-24 Shields St., City Place
🕐 클럽 21:00~03:00 📞 4031-6304
🏠 www.thewoolshed.com.au

06

Cafe Mandala

분위기 있는 쿠란다 맛집

토마토와 달걀 등으로 조리한 블랙퍼스트 메뉴와 햄버거, 샌드위치 같은 간단한 런치 메뉴를 주문할 수 있는 카페 겸 레스토랑. 쿤두 스트리트 를 사이에 두고 쿠란다 마켓을 마주보고 있어서 오며가며 눈에 띄는 곳이다. 실외에 놓은 원색적인 소파와 독특한 분위기 때문에 언제나 자유롭고 활기찬 분위기. 트립어드바이저 등을 통해 좋은 평가를 받고 있으며, 나름 쿠란다에서는 커피와 베이커리 맛집으로 통한다.

📍 20 Coondoo St., Kuranda ⏰ 09:00~15:00
📱 491-886-937

07

Monkey Joes(4877 Campos)

포트 더글라스 넘버 원 레스토랑

포트 더글라스 레스토랑 Top10에 여러 번 선정되었으며, 실제로 이곳의 메뉴들은 하나같이 풍미가 뛰어나다. 좋은 원두를 직접 로스팅한 커피와 홈메이드 소스, 그리고 창의적인 조식 메뉴가 눈에 띈다. 아침 일찍 문을 열고, 런치 타임이 끝나면 문을 닫는다. 포트 더글라스의 메인 로드인 매크로슨 스트리트에 자리하고 있어서 언제나 사람들로 넘쳐난다.

📍 41 Macrossan St., Port Douglas ⏰ 06:30~15:30
📱 4099-4280

08

Dave's Takeaway

우리는 이런 테이크어웨이를 원했다

오른쪽으로 가면 4마일 비치가, 왼쪽으로 가면 안작 파크가 있는 매크로슨 스트리트 중간에 자리잡고 있다. 공원이나 해변에서 먹을 피시앤칩스 혹은 햄버거를 원한다면 이집이 가장 좋은 선택이다. 포장을 전문으로 하고 있어서 가게 앞의 간이 테이블 외에는 자리잡고 앉아 먹을 공간이 없다. 그래도 생각보다 넓은 공간에서 다양한 생선을 냉장 진열해두고, 즉석에서 튀겨주는 피시앤칩스의 맛이 엄지 척 올라갈 정도다. 피시앤칩스 외에도 미리 조리되어 있는 서너 종류의 샐러드가 있는데, 특히 콘슬로우 샐러드는 퍽퍽한 칩스도 술술 넘어가게 만드는 기가 막힌 맛이다.

📍 3/35 Macrossan St., Port Douglas
⏰ 08:00~20:00 📱 4099-4474
🏠 www.restaurantwebexpert.com/PortBbq

329

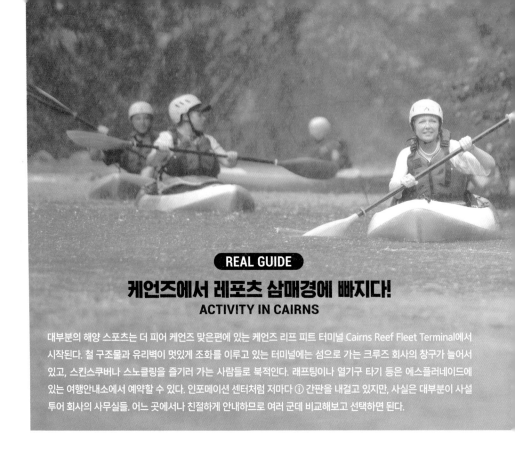

케언즈에서 레포츠 삼매경에 빠지다!
ACTIVITY IN CAIRNS

대부분의 해양 스포츠는 더 피어 케언즈 맞은편에 있는 케언즈 리프 피트 터미널 Cairns Reef Fleet Terminal에서 시작된다. 철 구조물과 유리벽이 멋지게 조화를 이루고 있는 터미널에는 섬으로 가는 크루즈 회사의 창구가 늘어서 있고, 스킨스쿠버나 스노클링을 즐기러 가는 사람들로 북적인다. 래프팅이나 열기구 타기 등은 에스플러네이드에 있는 여행안내소에서 예약할 수 있다. 인포메이션 센터처럼 저마다 ⓘ 간판을 내걸고 있지만, 사실은 대부분이 사설 투어 회사의 사무실들. 어느 곳에서나 친절하게 안내하므로 여러 군데 비교해보고 선택하면 된다.

래프팅 Rafting

애서턴 고원에서 시작된 배런 Barron, 노스 존스톤 North Johnstone, 털리 Tully 3개의 강은 래프팅에 적당한 급류와 수온, 자연 경관 등을 자랑한다. 그중에서도 털리강과 배런강은 가장 많은 사람이 즐겨 찾는 래프팅의 명소다.

새벽부터 출발하는 투어버스에 몸을 싣고 1시간 정도 가면, 털리강 근처에서부터 가이드의 설명이 시작된다. 비디오를 통해 선배들의 신나는 래프팅 장면을 보다 보면 어느새 래프팅 장소에 도착. 숲속에서 옷을 갈아입고, 자기한테 맞는 구명조끼와 헬멧·노 등을 챙긴다. 이때 주의할 점은 카메라나 지갑 등을 가져가면 괜히 짐만 된다는 사실. 어차피 온몸이 물에 젖을테니 카메라 같은 것은 몸에 지닐 수도 없다. 옷을 갈아입을 때나 젖은 몸을 말리는 데 요긴한 비치 타월은 한 장 가져가는 것이 좋다.

6~8명까지 팀을 짜고 고무보트에 오르면 래프팅이 시작된다. 본격적으로 물살을 타기 전에 구령에 맞춰 노 젓는 연습을 하고 팀워크를 맞추는데, 보트마다 한 명씩의 베테랑 강사가 타므로 초보자라도 걱정할 일은 없다.

왕복 4시간 거리의 털리강보다 배런강 래프팅은 비용과 시간면에서 훨씬 경제적이다. 케언즈에서 1시간이 채 안 되는 거리라 이동 거리가 짧고 래프팅 시간도 3시간이면 충분하다. 반나절 투어로 참가할 수 있어서 시간이 넉넉지 않은 사람도 아쉬운 대로 래프팅의 묘미를 맛볼 수 있다. 래프팅이 끝나고 돌아오는 길에 자신의 모습이 촬영된 비디오나 사진을 구입할 수 있다.

Raging Thunder ⓢ 배런강 반나절 래프팅 A$158, 털리강 1일 래프팅 A$225 ☎ 4030-7900 ☗ www.ragingthunder.com.au

스노클링 & 다이빙 Snorkeling & Diving

케언즈는 스쿠버 다이빙의 천국이다. 대산호초 군락 그레이트 배리어 리프로 둘러싸인 바다 속은 알록달록한 빛깔로 화려하고, 바다 한가운데에 높게 형성된 산호초 언덕은 작은 섬처럼 휴식처가 되어주어 해양 스포츠를 즐기기에 더없이 좋다.

케언즈에서 출발하는 크루즈를 타면 주로 케언즈에서 먼 바다에 자리 잡은 미카엘마스 케이 Michaelmas Cay와

우폴루 케이 Upolu Cay에 배를 정박시키고 스노클링과 다이빙을 즐기게 된다. '작은 섬' 또는 '암초'를 뜻하는 이 두 군데 케이는 이름 그대로 바다 위에 솟은 산호초 섬. 크루즈가 정박하고 있는 곳에서 케이까지 헤엄쳐가거나 스노클링을 즐기기에 좋다. 다이빙도 주로 이 두 군데에서 이루어지는데, 이곳까지 가는 동안에 배 위에서 안전교육과 이론 강습을 받는다. 건강상태를 체크하는 간단한 설문지를 작성하고 자신의 몸무게와 수준에 맞는 장비를 선택한 뒤 본격적인 실습에 들어간다.

다이빙의 종류는 크게 맛보기에 해당하는 인트로 다이빙 Introductory Diving과 보증서가 발급되는 서티파이드 다이빙 Certified Diving으로 나뉜다. 인트로 다이빙은 초보자들이 선택하는 코스인 만큼, 물속에 들어가기 전에 숙련된 조교의 친절한 설명과 몇 번의 적응훈련을 거친 뒤에 시작된다. 처음부터 끝까지 강사와 함께 시선을 맞추며 조금씩 물속으로 들어갈수록 눈앞에는 미지의 세계가 펼쳐진다. 스노클링으로 볼 수 없는 깊은 바다 속 세상으로 들어가는 기분은 환상적이라는 말로밖에는 표현이 안 된다.

그러나 이 정도 맛보기로는 도저히 만족할 수 없는 활동파라면 스쿠버 다이빙 자격증 코스에 도전해보는 것도 좋다. 다이브 횟수와 장소에 따라 비용이 달라지는데, 3~4일짜리 다이브 패키지를 이용하는 것이 일반적이다. 회사마다 조금씩 다른 조건을 제시하고 요금이나 할인폭에서도 차이가 나므로, 발품을 팔아 자신에게 맞는 코스를 찾는 게 좋다.

스노클링 & 다이빙 Ⓢ 스노클링 A$99~/ 인트로 다이빙 A$180~ /다이버 자격증 A$150~/다이빙 강습 2일 A$450~, 4일 A$540~

스카이 다이빙 Sky Diving

하늘에서 뛰어내리다! 상상만으로도 가슴이 벅차고 스릴 넘치는 일이 아닐 수 없다. 그러나 8천 피트가 넘는 고공에서 달랑 낙하산 하나 메고 뛰어내리는 일이 어찌 그리 간단할 수 있겠는가. 보통 담력으로는 도전하기 힘든 레포츠이긴 하지만, 하늘을 나는 짜릿한 기분 역시 쉽게 포기할 수 있는 것은 아니다.

일단 도전하기로 마음먹었다면 하늘로 올라가자. 마음을 바꿀 수 있는 기회는 경비행기가 이륙하기 전까지다. 일단 이륙하고 나면 절대로 그냥 돌아오는 경우는 없기 때문. 다행히 혼자 뛰어내리는 것은 아니고, 숙련된 조교와 함께 2인 1조가 되어 뛰어내린다는 사실이 위안이 되려나~. 뛰어내리는 순간의 공포는 말로 설명할 수 없을 정도지만, 낙하산이 펼쳐질 거라는 믿음과 등짝에 꼭 붙어 있는 강사의 존재 덕분에 일단 뛰어내리고 나면 거짓말처럼 기분이 바뀐다. 공중에 몸이 둥실 떠오르면서 바람과 공기를 가르며 하늘을 나는 그 기분! 최저 1만 피트에서 최고 1만 4천 피트까지 가능하고, 낙하 후 1분쯤 지나면 4천 피트 지점에서 낙하산이 펼쳐진다. 결국 낙하에서 낙하산이 펼쳐지는 1분 동안의 스릴을 위해 하늘에 몸을 던지는 것. 낙하산이 펼쳐지고 나서부터는 몸과 마음이 한 마리 새가 된다. 케언즈에서 주로 오전에 두 차례 투어버스가 출발하며, 낙하 장소는 케언즈 북쪽 노던 비치. 소요시간은 약 4시간이다.

Tandem Cairns
🕐 출발시각 08:00, 11:00 💲 1만 4천 피트(약 4267m) A$329
📱 4000-8352 🏠 www.tandemcairns.com.au

번지 점프 Bungy Jump

뉴질랜드인 에이제이 해킷 A.J. Hackett에 의해 최초로 고안된 번지 점프. 그는 번지 점프에 미친 나머지 에펠탑을 비롯해 전 세계의 높다는 곳마다 찾아다니며 뛰어내렸다. AJ Hackett사가 최초로 설립한 해외 지사로도 유명한 케언즈 번지 점프장은 시티에서 자동차로 15분 정도 떨어진 숲속에 세워져 있다. 일반적으로 알려진 번지 점프 외에도 나날이 다양한 점프법이 개발되고 있는데, 최근에는 정글 스윙이라는 새로운 방법이 인기를 끌고 있다. 일단 점프한 뒤 바로 내려오는 것이 아니라 그네를 타듯 공중에서 몇 번 흔들리며 스릴을 더한다. 에스플러네이드에서 투어버스가 출발한다.

Skypark by AJ Hackett ⑤ 번지점프 어른 A$149, 어린이 A$99 ☐ 4057-7188, 1800-622-888 ♠ www.skyparkcairns.com

열기구 타기 Ballooning

케언즈의 새벽을 여는 것은 열기구 타기 투어버스다. 새벽 5시에 출발하는 이 버스는 각 숙소를 돌며 고객을 태운 후 1시간 가까이 열기구를 띄워 올릴 장소로 이동한다. 아무리 열대기후라 하더라도 새벽에는 기온이 꽤 낮고 해가 뜨

기 전에 기구를 띄우려면 1시간 가까이 추위 속에서 일출을 기다려야 하므로, 반드시 따뜻한 옷차림으로 출발하는 것이 좋다.

케언즈 서쪽에 자리 잡은 고원 평야 지대 마리바 Mareeba에 도착하면 알록달록한 무늬의 커다란 열기구가 사람들을 기다리고 있다. 조종사를 포함해 14명 정도가 기구 하나에 타고, 가운데 있는 가스통이 점화되면 기구가 하늘로 떠오른다. 둥실둥실 떠올라서 시야가 저 멀리 평야 지대까지 넓어질 때쯤이면 하늘이 희뿌옇게 밝아온다.

열기구 체험은 30분과 1시간 두 종류가 있는데, 투어를 마치고 내려오면 참가자 모두가 이번에는 힘을 합쳐 기구를 접어야 한다. 어마어마한 크기의 기구를 땅에 늘어놓고 차곡차곡 접어야 하는데, 그게 생각만큼 쉽지가 않다. 피날레는 샴페인과 기념 촬영, 뷔페식 아침식사로 마무리한다. 모든 일정을 마치고 케언즈로 돌아오면 10시~12시 정도. 오후 시간을 알차게 이용하려면 애초에 열기구와 래프팅, 열기구와 피츠로이 아일랜드 등으로 묶은 패키지 투어를 이용하는 것도 좋은 방법이다

Hot Air
🕐 출발시각 05:00 ⑤ A$420~
☐ 4039-9900, 1800-800-829 ♠ www.hotair.com.au

NORTHERN
TERRITORY

QUEENSLAND

WESTERN
AUSTRALIA

SOUTH
AUSTRALIA

NEW SOUTH
WALES

VICTORIA

TASMANIA

PART
04

진짜 호주를 만나는 시간 **중남부**

AUSTRALIA

축제와 이벤트로 가득찬 곳

빅토리아 주
VICTORIA

─── **DATA** ───

면적 23만7,629㎢ **인구** 약 650만 명 **주도** 멜번

시차 한국보다 1시간 빠르다(서머타임 기간에는 2시간 빠르다) **지역번호** 03

이것만은 꼭!
HAVE TO TRY

앵글시 Anglesea에서 포트 캠벨 국립공원 Port Campbell에 이르는
스펙터클한 풍경의 그레이트 오션 로드 드라이브하기.
굽이치는 해안도로를 따라 웅장한 해변 경관과 부서지는 파도, 기암절벽과 모래 해변 등이 끝없이 펼쳐진다.

1860년대 골드러시 시대를 재현해놓은 민속촌, 발라렛 방문하기.
사금 채취와 말굽갈기 재현쇼 등이 펼쳐지고 마차가 달리는 발라렛 거리에서 호주의 과거 속으로 빠져들어 본다.

필립 아일랜드에서 귀여운 펭귄들의 귀가를 지켜보자. 어둠이 내리면 바다로 나갔던
펭귄떼가 종종거리며 필립 아일랜드로 돌아온다. 자연의 경이로움과 신의 섭리를 느끼게 하는 특별한 경험.

남반구에서 가장 높은 전망대, 유레카 스카이덱에 올라 멜번 시내와 포트 필립까지 이어지는 아름다운 전경 감상.
담력 있는 사람이라면 건물 밖으로 돌출된 스카이덱 엣지에서 멋진 인증샷 남기기.

멜번의 야라 강변에 자리한 빅토리안 아트센터에서 매일 밤 펼쳐지는 짙은 문화의 향기에 젖어본다.
공연이 끝나면 사우스 게이트 쇼핑센터에서 즐거운 쇼핑을 하고 밤이 되면 크라운 호텔 카지노에서 여흥을 즐긴다.

다양한 문화가
공존하는 이벤트 시티
멜번
MELBOURNE

호주의 행정수도는 캔버라, 정치와 경제의 수도는 시드니, 그렇다면 멜번은 호주의 문화와 교육의 수도라 할 수 있다. 현대적인 고층빌딩이 즐비한가 하면 고풍스러운 건물들이 도시의 무게중심으로 자리하고 있으며, 한 발짝 옮길 때마다 문화적인 향기가 곳곳에서 배어난다. 새로 지은 건물조차도 옛 건물과의 조화를 고려한 듯 외관부터 남다른 건물들을 바라보노라면 멜번이 왜 문화의 수도인지 금방 이해할 수 있을 듯하다.

무척 변덕스러운 날씨가 흠이긴 하지만, 그것마저도 이곳의 다양성을 말해주는 것 같아 사랑할 수밖에 없어진다. '남반구의 런던'이라는 애칭이 말해주듯 문화와 예술에 관한 한 절대로 물러서지 않을 자부심이 호주 제2의 도시 멜번을 존재하게 한다.

👥 인구 **약 490만 명**　☎ 지역번호 **03**

인포메이션 센터

Melbourne Visitor Hub at Town Hall

📍 Melbourne Town Hall, 90-130 Swanston St., Corner Little Collins & Swanston sts.
🕐 09:00~18:00　❌ 크리스마스　📞 9658-9658
🏠 www.thatsmelbourne.com.au

멜번 미리보기

어떻게 다니면 좋을까?

땅덩어리가 넓은 호주에서는 도시마다 교통 시스템이 각기 다르다. 따라서 새로운 도시에 도착할 때마다 가장 먼저 그 도시의 교통 시스템을 이해하는 것도 호주를 여행하는 요령. 멜번 역시 이 도시만의 독특한 교통체계를 가지고 있는데, 거기다가 다른 도시에서는 찾아보기 힘든 트램까지 가세해서 혼란을 가중시킨다. 하지만 얼핏 복잡해 보이는 이 시스템이 의외로 체계적이며 오히려 쉽기까지 하다. 특히 여행자를 위한 무료 트램까지 있어서 도심에서 편하게 돌아다닐 수 있다.

어디서 무엇을 볼까?

약 300만 명 이상의 인구가 거주하는 시티와 야라강 북쪽은 상업과 주거의 중심지다. 대부분의 쇼핑센터와 관광지가 밀집되어 있는가 하면 멜번 대학과 도서관·박물관 등의 교육·문화 시설이 자리한 곳이기도 하다. 이곳의 관광 포인트는 빅토리아풍의 오래된 건물이 전해주는 문화와 역사를 음미하는 것.

대략적인 도시의 풍경이 눈에 들어오면 슬슬 외곽으로 나가보자. 야라강 남쪽의 사우스 멜번은 '정원도시' 멜번의 면모를 유감없이 보여주는 넓은 녹지대와 사우스 게이트의 활기로 가득 찬 곳. 트램을 타고 세인트 킬다까지 다녀오면 하루가 빠듯할 정도. 시티센터와 북쪽이 유럽풍의 고풍스러운 모습이었다면, 사우스 멜번의 풍경은 사뭇 현대적이며 디자인적인 요소가 강하다. 사우스 게이트의 쇼핑가와 크라운 카지노의 활기, 빅토리안 아트센터의 모던함, 그리고 세인트 킬다 해변의 비경이 어우러져 이 도시에서 영원히 머물고 싶은 마음마저 든다.

MELBOURNE

어디서 뭘 먹을까?

'호주의 맛있는 수도'는 멜번의 또
다른 애칭이다. 다민족 국가의 도
시답게 다양한 인종과 문화가 공존
하는 멜번에서는 보는 즐거움에 먹
는 즐거움이 더 추가된다. 세계 각
국에서 온 이민자들이 도시 곳곳에
만든 자기들만의 독특한 거리에는
각 나라 고유의 문화와 전통이 흘
러넘친다. 그 가운데서도 가장 발달
한 것은 음식문화. 다양하고 맛있는
음식을 통해 호주 속의 세계를 음미
해보자.

뭘 하고 놀까?

멜번은 연중 각종 스포츠 축제가 계
속되는 레저 천국이다. 경마나 자
동차 경기가 있는 시즌에 방문했다
면 우리나라에서는 접하기 힘든 새
로운 스포츠에 빠져보는 것도 좋고,
스키 마니아라면 빅토리아 주의 마
운트 불러에서 스키를 즐겨도 좋다.
스포츠보다는 잔잔한 멜번의 전경
을 즐기고 싶은 사람이라면 야라강
크루즈가 어떨지.

어디서 자면 좋을까?

멜번의 고급 호텔들은 전망 좋은 야
라 강변을 따라 형성되어 있다. 반
면, 저렴한 숙소들은 장거리 버스가
출발·도착하는 엘리자베스 스트리
트를 중심으로 시티까지 폭넓게 자
리하고 있다. 중저가의 호텔을 원한
다면 기차역과 공항버스 도착지점
에서 가까운 스펜서 스트리트로 가
면 된다.

멜번 가는 방법

한국에서 멜번으로 가는 직항편은 몇 년 전부터 잠정 휴항 상태다. 그러나 호주 내에서
멜번으로 이동하기는 비교적 수월한 편이다. 시드니나 애들레이드·브리즈번 등의 대도시에서
매일 비행기가 오가며, 버스나 기차도 빈번한 편. 요금 또한 각종 할인요금제가 발달해
시간대만 잘 선택하면 저렴한 비용으로 멜번에 입성할 수 있다.

멜번으로 가는 길

경로	비행기	버스	거리(약)
시드니 → 멜번	1시간 30분	11시간 30분~13시간	925km
캔버라 → 멜번	1시간 10분	8시간	625km
애들레이드 → 멜번	1시간 20분	11시간 30분	790km
브리즈번 → 멜번	2시간 10분	29시간(도중에 시드니에서 4~9시간 경유)	1910km

비행기 Airplane

호주 전역, 대부분의 주요 도시에서 멜번으로 향하는 비행기가 있다. 특히 태즈마니아에서는 호바트·론체스톤·데본포트·버
니의 4개 도시와 연결되어서, 멜번 국제공항 Melbourne International Airport이 태즈마니아와 호주 본토를 연결하는 관
문 역할도 겸하고 있다. 아울러 다윈·퍼스 등의 장거리 노선도 활성화되어 있다.
인천공항에서 멜번으로 갈 때는 시드니, 브리즈번, 싱가포르, 홍콩, 상하이 등의 호주 내 도시 혹은 아시아 국가를 경유하는
경유편을 이용해야 한다.
한편 멜번 서쪽 약 55km에 또 하나의 공항이 있는데, 공항의 이름은 아발론 에어포트 Avalon Airport다. 저렴한 국내선 항
공기들이 출도착하는 곳으로 멜번 보다는 질롱 Geelong에서 더 가깝다.

공항 → 시내

여기서 말하는 멜번 국제공항은 시티 북서쪽으로 20km 떨어진 곳에 있는 툴라마린 공항 Tullamarine Airport이다. 시티와 공항을 연결하는 스카이 버스 Skybus를 타면 20분 만에 시티 스펜서 스트리트의 사우슨 크로스역 Southern Cross Station에 도착한다.

국내선 청사를 나오면 간이 티켓 판매소가 보이는데, 이곳에서 티켓을 끊고(운전사에게 직접 구입할 수도 있다) 기다리면 20분 간격으로 버스가 도착한다. 이때 타임 테이블을 챙기는 것도 잊지 말 것. 온라인으로 미리 예매하면 조금 더 편리하게 이용할 수 있다. 참고로, 아발론 공항에서 시티로 이동할 때도 에어버스를 이용하면 편리하다.

들어올 때와 마찬가지로 나갈 때도 같은 공항을 이용할 예정이라면 애초에 날짜에 상관없이 사용할 수 있는 왕복 티켓을 끊는 것이 유리하다. 짐이 많거나 일행이 있을 때는 택시가 편리하긴 하지만 공항에서 시내까지의 소요시간은 버스와 별 차이가 없다. 택시 요금은 A$50~65.

스카이 버스 ⏰ 04:00~01:00 💲 A$23.90(편도), A$40(왕복) 📞 1300-759-287 🏠 www.skybus.com.au

버스 Bus

멜번을 찾는 많은 여행자가 가장 일반적으로 이용하는 교통편은 바로 버스다. 비행기나 기차보다 저렴하다는 장점도 있지만, 특히 시드니에서 출발할 경우 캔버라를 경유할 수 있다는 이유 때문이다. 하루에도 몇 차례씩 애들레이드-멜번-시드니를 잇는 그레이하운드의 거미줄 노선도 버스 여행객을 늘리는 데 한몫을 하고 있다.

어디에서 어떤 루트로 왔건, 일단 멜번에 도착하는 모든 장거리 버스는 사우슨 크로스역에 있는 버스터미널 Southern Cross Station Underground Coach & Bus Terminal에 도착한다.

기차 Train

애들레이드와 멜번을 연결하는 오버랜드 Overland가 월요일~금요일까지 매일 한 차례 오간다. 애들레이드에서 오전 7시 45분에 출발한 기차는 오후 6시50분에 멜번 스펜서 스트리트에 있는 Southern Cross Station에 도착한다. 빅토리아 주 전체를 거미줄처럼 엮고 있는 V-Line 기차도 유용한 교통수단이다.

사실 호주처럼 넓은 대륙은 기차에 몸을 싣고 스쳐가는 풍경을 감상하는 재미도 쏠쏠하지만 너무 긴 구간은 비용과 시간의 압박으로 선호도가 높지 않다. 하지만 비교적 구간이 짧은 오버랜드의 경우 시간 여유가 있다면 한번쯤 도전해 볼만한 노선이다.

기차여행을 계획한다면 인터넷이나 비지터센터를 통해 정확한 타임 테이블을 확인하는 것이 필수. 기차역에서 시내까지는 무료 트램을 타고 이동하면 된다.

멜번에 도착하는 기차
· Overland 🏠 www.greatsouthernrail.com.au
· V-Line 🏠 www.ptv.vic.gov.au/journey

멜번 시내교통

퍼블릭 트랜스포트 빅토리아 PTV(Public Transport Victoria)

멜번의 통합 교통시스템 PTV는 퍼블릭 트랜스포트 빅토리아 Public Transport Victoria의 약자다. 버스, 트램, 트레인(V-Line)을 하나의 티켓으로 이용할 수 있으며, 통합 티켓의 이름은 마이키 Myki.

중요하게 기억해야 할 것은 거리에 따라 존을 나누고 그 존에 따라 요금이 달라진다는 것이다. Zone 1, 2로 나누고 하나의 존 안에서만 이동할 수도 있고, 다른 존을 넘나들 수도 있게 되어 있다. 예를 들어 숙소는 Zone 2에 있고 관광은 Zone 1에서 할 예정이라면, Zone 1+2 티켓을 구입해야 한다. 한편 모든 생활권이 Zone 2에 있다면 그 존에 해당되는 티켓을 구입하면 된다. 따라서 1+2, 2의 요금체계가 형성되는 것이다.

그런데 멜번에 처음 온 사람이 도대체 여기가 몇 존인지를 어떻게 아냐고? 그건 걱정이 없다. 트램이나 버스·트레인 모두에 존을 표시하는 노선도가 붙어 있고, 노선도는 정류장이나 기차역 등 눈이 닿는 곳곳에 널려 있다.

마지막으로 기억할 것은 티켓의 유형을 선택해야 한다는 것. 마이키는 매일 사용하는 거주자용 마이키 패스 Myki Pass와 가끔 이용하는 여행자용 마이키 머니 Myki Money 두 종류가 있다. 일주일 미만의 단기 여행자라면 마이키 머니를, 일주일 이상의 장기 여행자라면 마이키 패스를 선택하는 것이 유리하다. 이때도 존은 따라다니기 때문에, 구입할 때 선택한 존 안에서만 쓸 수 있다.

퍼블릭 트랜스포트 빅토리아 PTV
☎ 1800-800-007 🏠 www.ptv.vic.gov.au

Myki Card 마이키 카드

신문 가판대, 세븐일레븐, PTV Hub(Southern Cross Station 내), 그리고 온라인 홈페이지 등에서 마이키 카드(A$6)를 구입할 수 있으며, 일종의 선불카드처럼 마이키 카드에 2시간 2Hour 혹은 데일리 Daily 마이키 머니를 충전하거나, 일주일 7DAY 마이키 패스를 충전하면 된다.

마이키 머니 & 마이키 패스 종류와 요금(A$)

종류	유효기간	Zone 1+2	Zone 2
Myky Money	2시간 (2Hour)	5.30	3.30
	하루 (Daily)	10.60	6.60
Myky Pass	일주일 (7Day)	53	33

트램 Tram

시내 한가운데를 가르며 육중한 트램이 유유히 지나가는 모습. 멜번의 예스러운 건물들을 배경으로 한 관광엽서의 단골 메뉴로 등장하는 장면이다. 한때 이 트램을 없애야 한다는 의견도 나왔다는데, 옛것을 없애기보다는 오히려 도시의 대표적인 이미지로 활용한 대표적인 예다. 실제로 처음 이곳에 도착한 사람들은 트램 때문에 당황한 기억이 있을 것이다. 어느 방향

에서 올지 종잡을 수 없는데다가 트램의 소통 때문에 수시로 보행을 멈춰야 하고…. 그러나 트램을 뺀 멜번은 상상도 할 수 없다. 얼핏 보면 속도가 느린 것 같지만, 정해진 선로 위를 달리기 때문에 의외로 교통체증과 상관없이 제시간에 도착해주는 완전 소중한 교통수단이기 때문이다.

탈 때는 교차로 가운데 설치된 트램 정류장에서 전면에 쓰인 노선과 행선지 표시를 확인하고, 내릴 때는 천장의 끈을 잡아당기거나 버튼을 누르면 다음 정류장에 멈춘다. 운행시간은 월~토요일 05:00~24:00, 일요일 05:00~23:00.

무료 트램 존과 City Circle 35

바둑판처럼 반듯한 멜번 시내의 네 귀퉁이, 스프링 스트리트 Spring St., 플린더스 스트리트 Flinders St., 하버 에스플러네이드 Harbour Esplanade, 라 트로브 스트리트 La Trobe St.를 잇는 '무료 트램 존'. 이 구역 안에서는 오고 가는 모든 트램을 무료로 이용할 수 있다. 즉 무료 트램 존 안에서만 이동할 계획이라면 마이키 카드를 터치하지 않고 자유롭게 타고 내릴 수 있지만, 존을 넘어갈 경우에는 무료 트램 존에서 타더라도 마이키 카드를 터치해야 한다.

한편 무료 트램 존을 따라 순환하는 무료 트램 '시티 서클'은 여행자를 위한 관광 트램인 동시에 현지인들에게도 사랑받는 교통수단이다. 자주색과 황금색의 시티 서클은 10분마다 순환하며, 전체를 한 바퀴 도는 데는 30분이 소요된다. 앞면과 옆면에 시티 서클 City Circle 또는 '35'번이라고 적혀 있어서 어렵지 않게 이용할 수 있다.

▶▶ 무료 트램 존 350p 지도 참고

트레인 Train

멜번에서는 시민들이 주로 이용하는 교외선 전철을 트레인이라 부른다. 시티에서 방사선으로 뻗어나간 트레인 노선은 장거리 기차 V-Line과도 이어진다. 단, 버스나 트램과는 달리 트레인 안에서는 티켓을 구입할 수 없으므로 트레인 역이나 역에 설치된 자동판매기에서 미리 티켓을 구입해야 한다. 또 시티의 주요 역에서는 목적지별 출도착 승강장이 시간별로 달라지므로, 곳곳에 설치된 모니터를 통해 몇 번 승강장인지 확인해야 한다. 내릴 때는 버스 안에 설치된 노란 버튼을 누르면 자동으로 문이 열린다. ▶▶ 트레인 노선도 P.379

····················· TIP ·····················
멜번 시내 주요 역들

멜번에는 유난히 큰 역들이 많다. 여행자에게는 다소 어리둥절할 수 있지만, 역마다 역할과 연계된 어트랙션이 다르다는 것을 이해하면 여행이 한결 수월해진다.

❶ **플린더스 스트리트역** : 멜번 시내의 모든 메트로 트레인을 연결하는 플랫폼과 같은 역. 운행되는 모든 메트로 기차들이 이곳에서 출도착한다. 근처의 어트랙션은 페더레이션 스퀘어, 아트센터, 야라강, 유레카 스카이덱, 사우스 게이트 등
❷ **서든 크로스역** : 서울역과 같이, 메트로 역인 동시에 빅토리아 주의 지방 도시들과 연계하는 장거리 기차들의 종착역이다. 카지노, 도크랜드 등으로 갈 때 이용한다.
❸ **멜번 센트럴역** : 도심의 쇼핑몰들, 주립 도서관, 차이나타운 등을 갈 때 이용한다.
❹ **플래그스태프역** : 퀸 빅토리아 마켓, 플래그스태프 힐에서 가깝다.

멜번 시티사이트싱 버스 Melbourne City Sightseeing Bus

빨간 2층 버스를 타고 멜번 시내를 관광한다. 시간이 부족하거나 이것저것 발품 팔기 여의치 않을 때, 또는 아무래도 낯선 도시의 교통시스템이 어렵다 싶을 때는 사이트싱 투어 버스가 이 모든 문제를 해결해준다. 엄선된 주요 관광지를 빠짐없이 돌면서 운전사 겸 가이드의 친절한 설명까지 들을 수 있다. 하루 중 몇 번이고 원하는 곳에서 내렸다가 탈 수 있으며, 시내에서 약간 떨어진 세인트 킬다 해변까지 노선이 확장되어 있다. 티켓은 온라인 예약 후 e티켓을 소지하거나, 운전기사에게 직접 구입할 수 있다.

◆ 코로나 19로 잠정 중단된 운행이 2024년 상반기 현재까지 재개되지 않고 있다.

멜번 시티사이트싱 버스 ⏰ 09:30~17:00 ☎ 8353-2578
🏠 www.melbournecitysightseeing.com.au

멜번의 PTV 시스템은 사람을 종종 시험에 들게 합니다. 무슨 말이냐고요? 멜번에서 한번이라도 대중교통을 이용해본 사람이라면 이 말에 동감하실 겁니다. '표를 끊어 말아?' 했던 심정을 말이죠. 트램도 그렇지만 특히 교외로 나가는 트레인은 말 그대로 무인 시스템입니다. 시티에서 탈 때는 우리나라 지하철처럼 마이키 카드를 넣어야만 차단기가 올라가니 당연히 표를 사게 되지만, 문제는 그다음부터. 시티 루프만 벗어나면 트레인을 내리는 것도 타는 것도 스스로 알아서 할 일입니다. 교외의 간이역에는 티켓 자동판매기만 있을 뿐 역무원이 없거든요.

하지만 절대로 안 됩니다!! 아무도 안 보는 것 같지만 트레인에는 사복 차림의 역무원이 곳곳에 숨어 있거든요. 신문을 보는 척하다가 갑자기 다가와 신분증을 내밀면서 티켓을 보여 달라고 하거나 의심스러운 사람은 따라 내리기까지 합니다.

최근에는 단속이 더 강화되어서 하루에도 몇 번씩 이런 장면을 보게 됩니다. 운이 좋으면 몇 푼 아낄 수 있을지 모르지만, 걸렸다 하면 무조건 A$150의 벌금을 내야 합니다. 여행자라고 절대 봐주지 않을뿐더러 그야말로 국제적인 망신이니, 절대로, 생각도 마시길.

투어 Tour

멜번 근교의 명소는 대부분 당일치기로 다녀올 수 있다. 멜번 시내에 유난히 투어 버스가 많이 다니는 것도 이런 효율적인 동선 때문. 따라서 호주의 어느 도시보다 데이 투어가 발달해 있으며, 내용이나 일정도 가장 잘 정돈된 느낌이다. 많은 투어 회사들이 앞다퉈 투어 상품을 내놓고 있을 뿐 아니라, 비수기에는 가격경쟁을 벌여 배낭여행자용 특가상품도 종종 눈에 띈다. 비용이나 내용은 대동소이하지만 가능하면 APT나 AAT Kings 같은 메이저 회사를 이용하는 것이 만약의 경우를 생각할 때 좋다.

주요 투어 회사
· **APT(Australian Pacific Touring)**
 📞 1300-655-965 🏠 www.aptouring.com.au
· **AATKings** 📞 9663-3377 🏠 www.aatkings.com
· **Grayline** 📞 1300-858-687 🏠 www.grayline.com.au

멜번의 주요 투어 베스트 5

투어 이름	투어 내용
Great Ocean Road Day Tour 그레이트 오션 로드 데이 투어	멜번의 대표적인 관광지 그레이트 오션 로드를 둘러보는 하루 또는 1박2일 투어.
Grampians National Park 그램피언스 내셔널 파크	그램피언스 국립공원의 비경을 감상한다. 기암절벽과 암각화·야생동물들을 볼 수 있다.
Penguin Parade 펭귄 퍼레이드	아름다운 포트 필립 만에 떠 있는 작은 섬 필립 아일랜드를 돌아보는 투어. 해 질 녘 집으로 돌아오는 펭귄들의 행렬이 압권이다. 펭귄 퍼레이드만 볼 수 있는 투어와 물개·코알라 등의 야생동물도 관찰할 수 있는 투어로 나뉜다. 6시간부터 15시간까지 소요되는 다양한 상품이 있다.
The Gold Trail 더 골드 트레일	골드러시 시대의 금광촌을 재현해놓은 호주의 민속촌 소버린 힐과 금광도시 발라렛을 둘러보는 투어.
Penguin Parade 펭귄 퍼레이드	아름다운 단데농 언덕과 야라 밸리 지역을 100년 된 증기기관차 퍼핑 빌리호를 타고 둘러보는 투어. 가격과 시간에 따라서 와이너리 방문이 포함된 투어와 퍼핑 빌리 탑승만 포함된 투어로 나뉜다.

멜번 추천 코스

호주에서 두 번째로 큰 도시 멜번. 아무리 도시가 바둑판처럼 잘 정돈되어 있다고는 하지만 하루 이틀에
마스터할 만큼 만만한 도시는 아니다. 일단 무료 트램을 타고 30분 동안 시티센터를 한 바퀴 돌면서 도시의 규모와
대략적인 방향을 익힐 필요가 있다. 하늘을 찌를 듯한 고층빌딩과 역사를 자랑하는 고풍스러운 건물들,
잘 정비된 도로와 유럽풍의 분위기가 자연스럽게 느껴질 즈음이면 본격적인 멜번 여행이 시작된다.

DAY 01

멜번에 왔으니 시내를 먼저 둘러보는 건 당연지사!
첫째 날은 멜번 중심부를 발과 눈으로
익히는 일부터 시작한다. 유레카 스카이덱에서
멜번 박물관에 이르는 골든 마일 워크
Golden Mile Walk를 따라 걸으면서 문화와
역사의 숨결을 느껴보자.

🕐 예상 소요시간 10~12시간

Start

도크랜드
멜번 스타가 있는 핫 플레이스

트램 15분

퀸 빅토리아 마켓
멜번의 부엌

도보 10분

구 멜번 감옥
의적 네드 켈리의 데드 마스크가 있는 곳

도보 10분

멜번 박물관과 아이멕스 영화관
박물관도 보고, 아이맥스 영화도 보고

트램 8분, 도보 15분

피츠로이 가든과 쿡의 오두막
유니언잭을 닮은 공원

도보 10분

차이나타운
없는 게 없는 리틀 차이나

도보 8분

호시어 레인
일명 '미사 거리'

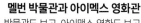

도보 5분

세인트 폴 대성당
열린 성당, 꼭 안으로 들어가 보세요

도보 2분

페더레이션 광장
언제나 이벤트 플레이스

도보 2분

플린더스역
호주야, 유럽이야?

Finish

DAY 02

시티를 벗어나 도시의 남쪽으로 향한다.
아래 예시한 순서대로 둘러봐도 좋고,
역순으로 둘러봐도 무방하다.
즉, 맨 먼저 가장 먼 세인트 킬다 해변에 갔다가
시티의 마지막에 카지노에 들러
밤 시간을 보내는 것도 괜찮은 방법.

🕐 예상 소요시간 10~13시간

Start

멜번 수족관
야라강 위에 떠 있는 수족관

킹스 브리지를 건너서 도보 5분

유레카 스카이덱
88층 전망대에서
내려다보는 멜번

도보 5분

사우스 게이트
야라 강변, 낭만의 거리

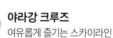

도보 5분

야라강 크루즈
여유롭게 즐기는 스카이라인

도보 10분

아트센터 멜번
멜번의 상징, 흰색 첨탑을 찾아라!

도보 10분

킹스 도메인과 로열 보타닉 가든
정원도시의 자존심

트램 15~20분

세인트 킬다 비치
석양이 아름다운 해변

Finish

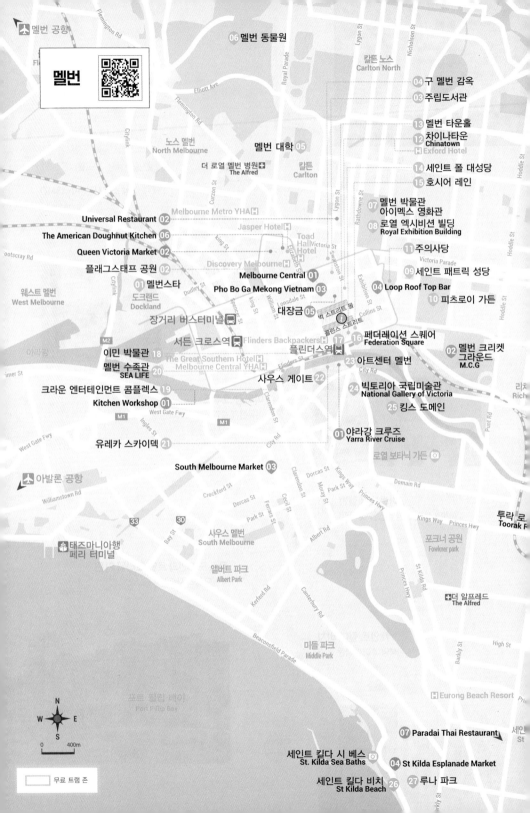

멜번 시티
MELBOURNE CITY

01

도크랜드 Docklands

멜번의 미래

도심에서 아주 살짝 벗어난 도크랜드는 서쪽과 남쪽으로 확장을 거듭하고 있는 멜번의 대표적인 뉴타운이다. 모던한 아파트먼트와 눈길을 끄는 어트랙션들이 속속 들어서고, 해안길 뉴키 New Quay를 따라 이색적인 건물들과 시그니처 레스토랑들이 들어서면서 여행자에게도 놓치기 아까운 핫 플레이스로 떠오르고 있다. 혹자는 이곳에서 멜번의 미래 모습을 볼 수 있다고도 말한다. 아이스스케이팅 링크, 하버타운 쇼핑센터, 멜번 스타만 봐도 한나절은 훌쩍 지나간다. 무료 트램을 타면 도크랜드 입구까지 손쉽게 갈 수 있다.

빅토리아주

멜번 스타 Melbourne Star

런던에 런던 아이가 있다면, 멜번에는 멜번 스타가 있다. 아니, 있었다. 2008년 12월에 처음 오픈했지만 기계적 결함 때문에 4개월 만에 멈춰선 채 보수 공사에 돌입, 2013년 12월 23일 재개장하기까지 정말 많은 우여곡절과 보수를 거쳐야 했다. 지구상에 4번째로 높은 대관람차라고 했지만, 코로나 여파를 견디지 못하고 영구 폐쇄되고 말았다. 현재는 도크랜드의 한 켠을 지키는 거대한 철 구조물 신세가 되었다.

플래그스태프 공원 Flagstaff Park

시내 북서쪽 언덕에 자리하고 있는 공원. 현재는 고층빌딩들에 가려져 버렸지만, 예전에는 이곳에서 멜번항으로 배가 드나드는 모습이 보였다고 한다. 배가 들어오고 나갈 때마다 북서쪽 언덕인 이곳에는 입출항을 알리는 깃발이 휘날렸고, 거기에서 유래된 지명이 바로 플래그스태프 공원. 한때 빅토리아 주의 독립을 알렸던 역사적인 장소로도 유명했으며, 정오의 시보를 알리던 곳이기도 하다. 공원 정상에 서서 항구쪽을 바라보면 길게 뻗은 웨스트 게이트 프리웨이가 보이고,

시내 쪽으로 눈을 돌리면 아름다운 멜번의 전경이 한눈에 들어온다. 무료 트램을 타면 공원 입구에 내릴 수 있다.

📍 309~311 William St., West Melbourne
📞 9658-9658
🏠 www.melbourne.vic.gov.au

주립도서관 State Library of Victoria

우선, 날씨가 좋은 날이면 도서관 앞 잔디밭에 누워 있는 사람들의 수에 놀라게 된다. 그리 넓은 잔디밭도 아니고 도로변에 접하고 있는데도 유난히 이곳에 사람들이 많은 이유는 뭘까? 책을 읽거나 휴식을 취하고 있는 젊은이들의 모습이 웅장한 그리스 양식의 건물과 어우러져 무척 자유로워 보인다. 1856년에 개관한 이곳은 호주에서 가장 오래된 도서관 가운데 하나로, 빅토리아 주에서는 최대 규모로 알려졌다. 도서관 내부의 열람실 지붕을 덮고 있는 팔각형 돔은 설립 당시 화제가 되었을 만큼 독특하다. 자유로운 분위기에서 책을 읽을 수 있는 리딩 룸과 카피 센터, 신문 열람실 등이 있으며, 시민과 여행자 누구라도 편하게 이용할 수 있다.

📍 328 Swanston St. 🕐 월~목요일 10:00~21:00, 금~일요일 10:00~18:00, 공휴일 10:00~18:00 📞 8664-7000 🏠 www.slv.vic.gov.au

04

구 멜번 감옥 Old Melbourne Gaol

내셔널 트러스트 National Trust에 의해 역사
적 보호건물로 지정된 이곳은 19세기 감옥의
소름 끼치는 상황을 잘 보여준다. 포트 필립 지
역에 유럽인들이 정착한 지 6년 후인 1841년경
죄수들이 늘어남에 따라 영구적인 감옥 시설이
필요해졌는데, 이때 시티의 북동쪽 관목 지역이
던 이곳이 부지로 선정됐다.

1864년 완공 당시에는 멜번에서 가장 큰 건물
로, 식민 정부 권위의 상징이기도 했다. 현재는
감옥 부지가 분할되고 많은 건물들이 파괴되었
으며, 1929년까지 실제 사용되었던 감옥 C동만
남아있다. 제2차 세계대전 중에는 군 영창으로
도 쓰였다. 또한 이곳은 1880년 11월 유명한 산적 두목 네드 켈리가 참수형을 당
했던 곳으로도 유명하다. "인생이란 그렇고 그런 것이다"라는 말을 남기고 교수대
의 이슬로 사라진 그가 입었던 갑옷과 참수당한 교수대 그리고 데드 마스크 원형
을 전시하고 있다. 매일 밤 세 종류의 으스스한 야간 투어도 진행하고 있는데, 별
도의 요금과 예약이 필요하다.

📍 377 Russell St. ⏰ 10:00~17:00 ❌ 부활절, 크리스마스
💲 어른 A\$35, 어린이 A\$22 📱 9656-9889 🏠 www.oldmelbournegaol.com.au

05

멜번 대학 University of Melbourne

멜번을 교육도시라고 부르는 가장 큰 이유는 바로 멜번 대학이 있기 때문이다. 시드니
대학과 함께 호주 최고의 명문 자리를 다투고 있으며, 멜번 시민들과 학생들은 멜번
대학이 최고임을 의심치 않는 분위기. 전 호주 총리 줄리아 길라드가 졸업한 대학이기
도 하다. 1852년 호주 전체를 통틀어 두 번째로 설립되었으며, 건물들은 오래된 만큼
고색창연한 아름다움을 지니고 있다. 캠퍼스 내의 학생회관 격인 유니언 하우스에는

저렴한 식당과 카페·영화관 등이
있어서 여행자들도 한번쯤 들러볼
만하다. 스완스톤 스트리트에서 이
스트 코버그 East Coburg 방향으
로 가는 모든 트램이 멜번 대학까
지 간다.

📍 Parkville 📱 9035-5511
🏠 www.unimelb.edu.au

멜번 동물원 Melbourne Zoo

동물을 위한, 동물에 의한

1862년에 개장한, 세계에서 세 번째로 오래된 동물원. 역사가 긴 만큼 나무며 시설들에도 연륜이 쌓여서 실제 밀림처럼 울창하게 우거져 있다. 천 마리 이상의 동물들이 사육되고 있지만 마치 아프리카 밀림에서 야생으로 살아가는 듯한 분위기다. 캥거루를 비롯해 왈라비·에뮤 등의 호주산 동물들과 호주에서는 살지 않는다는 호랑이, 사자, 기린 등이 함께 살고 있다.

동물원 안에는 기념품점·레스토랑·로커 등의 각종 편의시설이 있으며, 우산과 휠체어 대여소까지 있다. 무료 가이드 투어와 동물별로 먹이 주는 시각은 입구의 게시판을 참고할 것.

📍Elliott Ave., Parkville ⏰09:00~17:00 💲어른 A$46, 어린이 A$23(주말과 공휴일은 어린이 무료) 📱1300-966-784 🏠www.zoo.org.au

멜번 박물관과 아이멕스 영화관
Melbourne Museum & IMAX

가장 진화된 박물관

멜번 박물관은 기존의 박물관과는 개념이 좀 다른 곳이다. 2000년 10월에 개관한 이곳은 2억6천만 달러의 거금을 들여 건설한, 남반구에서 가장 큰 박물관. 1만6천 평 넓이의 규모는 물론 내용에서도 세계에서 가장 선진화된 박물관 중 하나로 꼽히고 있다. 마인드 앤 바디 갤러리 Mind & Body Gallery, 사이언스 앤 라이프 갤러리 Science & Life Gallery 등의 전시장 이름만 봐도 이곳이 자연환경·과학·신기술 등에 대한 아이디어의 보고라는 점을 짐작할 수 있다. 또한 3개의 원주민센터와 3개의 호주 갤러리, 열대우림 갤러리, 그리고 어린이를 위한 박물관 빅박스 Big Box 등에서 다양한 계층과 인종에 대한 전시가 이루어지고 있다. 기하학적인 구조의 건물은 지하 1층, 지상 2층으로 구성되어 있으며, 지하 1층을 통해 아이맥스 영화관과도 연결된다.

1998년 문을 연 멜번 아이맥스 영화관은 3D·4D 전문 영화관으로, 박진감 넘치는 입체영화를 볼 수 있는 곳. 매일 6개 이상의 프로그램을 상영하고 있다.

멜번 박물관 📍11 Nicholson St, Carlton ⏰09:00~17:00 ❌부활절, 크리스마스 💲A$15, 어린이 무료 📱9663-5454 🏠www.museumsvictoria.com.au/melbournemuseum

아이맥스 영화관 📍Melbourne Museum Precinct, Rathdowne St., Carlton ⏰10:00부터 상영 시작(크리스마스는 12:00부터) 📱9663-5454 🏠www.imaxmelbourne.com.au

08
로열 엑시비션 빌딩 Royal Exhibition Building

멜번 박물관 맞은편에 자리한 중후한 건축물. 1879년에 지어진 멜번 최초의 국제 전시관으로, '로열'이 붙은 의미있는 전시관이다. 1901년 5월 호주 연방의회의 개막식 장소로 사용된 역사적 건물인 동시에 호주 최초로 유네스코 문화유산에 등재된 건축물이기도 하니 말이다. 건축가 조셉 리드 Joseph Read의 작품으로, 매일 2시에 멜번 뮤지엄 로비에서 출발하는 가이드 투어에 참가하면 건물 곳곳의 아름다운 히스토리를 들을 수 있다. 운이 좋으면 건물 안팎에서 펼쳐지는 화훼 박람회나 주말 시장 등 다양한 이벤트를 만날 수도 있다. 최근에는 멜번의 스카이라인을 볼 수 있는 돔 산책로가 일반인에게 오픈되었는데, 멜번 박물관과 돔 산책로를 포함하는 티켓을 구입하면 비용을 아낄 수 있다.

♀ 9 Nicholson St., Carlton ⑤ 멜번 박물관+돔 산책로 A$29 ☎ 9270-5000
🏠 www.museumsvictoria.com.au/reb

09
세인트 패트릭 성당 St Patricks Cathedral

성 패트릭 성당은 세계에서 가장 의미있는 고딕 양식 건축물 가운데 하나다. 멜번의 초대 가톨릭 주교였던 제임스 굴드는 멜번의 천주교를 부흥하기 위해 이 성당을 지었다고 한다. 윌리엄 윌킨슨 워델 William Wilkinson Wardell에 의해 최초로 설계된 것은 1821년이지만 완성된 때는 1897년 10월이다. 착공에서 완공까지 76년이라는 긴 시간이 걸렸다. 그러나 지금 같은 뾰족탑이 완성된 것은 그로부터 40년이 더 지난 후의 일이다. 낮에 보는 성당의 외관도 아름답지만, 밤이 되어 조명이 켜진 뾰족탑의 모습은 아주 인상적이다.

♀ 1 Cathedral Pl, East Melbourne
☎ 9662-2233
🏠 www.cam.org.au

피츠로이 가든과 쿡의 오두막 Fitzroy Gardens & Captain Cook's Cottage

캡틴쿡을 찾아라

멜번의 여러 공원 중에서도 이곳은 특별하다. 호주인들의 열렬한 영국 사랑을 보여주는 공원의 디자인과 공원 가운데에 놓인 캡틴쿡의 오두막 때문. 건축가 제임스 싱클레어가 설계한 이 공원은 그 시작부터 영국의 국기 유니언잭에서 아이디어를 얻었다. 근처의 고층빌딩에 올라 공원을 내려다보면 유니언잭의 모양이 이렇게 생겼구나 짐작할 수 있다. 멜번시 100주년 기념사업의 하나로 영국의 요크셔 지방에서 옮겨온 캡틴 쿡의 오두막은 호주 대륙을 발견한 쿡 선장의 부모들이 살았던 집. 1934년부터 피츠로이 정원의 터줏대감으로 자리하고 있다. 동화 속에 나오는 집처럼 아담한 오두막 입구에는 쿡 선장의 동상이 세워져 있고, 내부에는 오두막을 옮겨온 과정과 쿡 선장에 관한 자료들이 전시되어 있다. 피츠로이 가든은 무료 입장이지만, 쿡 선장의 오두막은 유료 입장이다.

📍 Wellington Parade, East Melbourne 🕐 09:00~17:00 💲 쿡의 오두막 어른 A$7.20, 어린이 A$3.90 ☎ 9658-9658 🏠 www.fitzroygardens.com

주의사당 Parliament House

아름다운 관공서

캔버라가 정식 수도로서의 역할을 시작하기 전 26년 동안 연방의회 의사당으로 사용되던 건물이다. 그리스풍의 건축양식으로, 정면에 9개의 도리아식 기둥이 건물을 받치고 있다. 캔버라에 수도를 내준 1926년부터는 빅토리아 주의사당으로 사용하고 있다. 회기 중이 아닐 때는 내부 견학이 가능하고, 무료 가이드 투어도 신청할 수 있다. 트레인 팔리아먼트역에서 나오면 바로 건물이 보인다.

📍 Spring St., East Melbourne ☎ 9651-8911 🏠 www.parliament.vic.gov.au

12

차이나타운 Chinatown

호주에서 가장 큰 커뮤니티

멜번의 차이나타운은 호주에 있는 차이나타운 중에서 가장 큰 규모를 자랑한다. 시드니의 차이나타운보다 조금 더 길고 짜임새가 있는데, 타운 내에 중국 박물관 China Museum까지 있어서 그들의 저력을 실감하게 한다. 1950년대 이후 골드러시를 따라 머나먼 이곳까지 흘러온 중국인들이 지금은 당당히 멜번의 번화가 한가운데서 자신들의 목소리를 높이고 있다.

시티 번화가 리틀 벅 스트리트의 동쪽 두 블록을 차지하고 있는 차이나타운을 찾기는 아주 쉽다. 중국을 상징하는 붉은색 기둥과 황금빛 깃발·간판 등등, 잘못 들어왔다가도 금방 차이나타운임을 알 정도다. 한편 차이나타운은 여행자들에게 저렴한 식사와 생필품을 제공한다는 점에서 고마운 존재인데, 멜번 시티에서 가장 싸게 한국 식품을 구입할 수 있는 곳이다.

◉ Little Bourke St.(East) ♠ www.chinatownmelbourne.com.au

13

멜번 타운홀 Town Hall

파이프 오르간이 있는 시청

1867년에 착공되어 1870년에 완공된 타운홀 건물은 빅토리아 양식으로 지어졌다. 주변의 다른 건축물들보다 공사 기간이 상당히 짧았다는 데에서 이 건물에 대한 사람들의 기대와 당시 멜번의 재력을 짐작할 수 있다. 2층은 행정 공간으로 사용되고, 1층에는 콘서트홀, 전시관 등이 자리하고 있다.

멜번의 타운홀에는 남반구에서 가장 크고 로맨틱한 파이프 오르간이 있는 것으로 유명한데, 운이 좋으면 1만 개의 파이프가 빚어내는 환상적인 음률을 들을 수도 있다. 주말에는 이곳에서 결혼식을 올리는 모습이 일상적이다. 타운홀 앞 게시판에 무료 가이드 투어 시간표가 있으니 참고할 것.

◉ 90-130 Swanston St. ☐ 9658-9658 ♠ www.whatson.melbourne.vic.gov.au

세인트 폴 대성당 St Paul's Cathedral

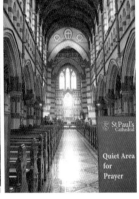

19세기 고딕 양식의 대성당. 멜번에 있는 수많은 성당 중에서도 단연 최고의 규모와 아름다움을 자랑한다. 대리석으로 지은 건물의 외관과 스테인드글라스로 장식된 내부, 타일로 장식된 바닥 등 전체적으로 중후하면서 고풍스러운 느낌이다. 성당 건축가로 유명한 영국인 윌리엄 버터필드 William Butterfield가 설계했으며, 11년 만인 1891년에 완성되었다. 전체적인 건물의 모양도 눈길을 끌지만 특히 중앙 첨탑은 영국 성공회에서 솔즈베리 대성당 다음으로 두 번째로 높다고 하니 한번쯤 올려다 볼 일이다. 오늘도 성당 안에서는 주말 미사와 각종 행사가 치러지고 있으며, 매일 밤 성가대의 합창 소리가 울려 퍼진다.

♀ Cnr. Swanson St. & Flinders St. **🕐** 월~금요일 08:30~18:00, 토요일 09:00~16:00, 일요일 07:30 ~19:30, 공휴일 11:00~15:00 **📞** 9653-4333 **🏠** www.stpaulscathedral.org.au

호시어 레인 Hosier Lane

벌써 옛날 드라마가 되어버렸지만, 〈미안하다 사랑한다〉 방영 직후 이 거리의 인기는 대단했다. 현지인들은 죽어도 모를 '미사 골목'을 찾아 한국인들이 몰려들었으니 말이다. 세인트 폴 대성당 바로 옆 블록, 스완스톤 스트리트와 러셀 스트리트 사이의 작은 골목에서 사람들은 드라마 주인공처럼 사랑이 이뤄지길 바라는걸까. 사방이 그래피티로 가득한 막다른 골목은 언제나 카메라 셔터 소리가 요란하다. TV화면처럼 로맨틱하기보다는 약간의 악취와 쓰레기마저 뒹굴지만, '사진빨' 만큼은 인정할 만하다. 사실 멜번에는 이곳 외에도 수없이 많은 그래피티 골목이 있으며, 레인 Lane(작은 골목)이라 표기된 눈여겨 볼만한 다양한 뒷골목들이 많다. 나만의 미사 골목을 찾아보자.

페더레이션 스퀘어 Federation Square

플린더스역과 세인트 폴 대성당을 마주 보고 있는 이곳은 멜번의 현재를 보여주는 문화 중심지다. 문화와 예술을 사랑하는 사람들로 북적이며, 언제나 누군가에 의해 이벤트가 진행되고 있는 곳이다. 비지터센터와 멜번의 대표적인 방송사 SBS의 사옥 그리고 내셔널 갤러리 NGV(National Gallery of Victoria)가 자리하고 있는데, 3개 건물의 외관만으로도 사람들의 시선을 끌 정도다.

플린더스 스트리트에서 시작된 광장은 야라강과 맞닿아 있어서 시민들의 휴식처로도 이용된다. 시 외곽으로 나가는 수많은 트램과 버스가 광장 앞에 서고, 바로 맞은편에는 기차역이 있어서 시티와 사우스 멜번을 연결하는 통로 구실도 톡톡히 하고 있다.

📍 Cnr. Swanson St. & Flinders St. 📞 9655-1900 🏠 www.fedsquare.com

박토리아 주

17 플린더스역 Flinders Station

유럽 감성 충만한!

관광지라고 말하기는 좀 뭣하지만, 여하튼 빠뜨릴 수 없는 볼거리임에는 틀림없다. 시티센터를 둘러싸고 있는 5개 역 가운데 하나로, 매일 수많은 인파가 오가는 곳. 르네상스 양식의 건축물 외관은 멜번의 이미지를 영국풍으로 결정짓는 일등공신이다. 또한 역사적으로는 1854년 호주 최초의 기차가 증기를 뿜으며 출발한 곳이기도 하다.

이 건물의 크기는 옆에서 봐야 그 규모를 짐작할 수 있는데, 플린더스 스트리트의 절반 가까운 공간을 차지하는 길고 중후한 건축물은 보는 것만으로도 감탄을 자아낸다. 런던의 성 바오로 성당을 본뜬 돔 양식의 지붕과 시계탑도 눈여겨볼 것.

◆ Flinders St.　☐ 9610-7476

18
이민박물관 Immigration Museum

새삼스럽게 호주가 이민자의 나라라는 사실을
확인시켜주는 곳이다. 하이라이트는 200년 전
이민선을 재현해놓은 17m 높이의 선박. 직접 배
위에 올라서면 거센 파도와 비바람을 뚫고 머나
먼 호주까지 이주해왔던 최초 이민자들의 심정이
막연하게나마 전해진다. 수많은 기록과 육성 자
료, 이미지들이 이민의 역사를 말해주고 있다. 박
물관 내부를 둘러본 다음에는 박물관 안에 있는
올드 커스텀 하우스 Old Customs House에서
잠시 휴식을 취해도 좋다.

📍 400 Flinders St. 🕐 10:00~17:00 ✖ 부활절, 크리스마스 💲 어른 A\$15, 어린이(16세
미만) 무료 📱 13- 11- 02 🏠 www.museumsvictoria.com.au/immigrationmuseum

19
크라운 엔터테인먼트 콤플렉스 Crown Entertainment Complex

크라운 카지노가 자리하고 있는 이곳은 말 그대로 유흥
과 오락을 위한 복합건물이다. 거기에 크라운까지 올렸
으니 더 이상 말해 무엇하랴. 크라운 카지노는 라스베이
거스나 마카오의 카지노를 빼고는 세계에서 가장 큰 규
모이며, 당연히 남반구에서는 가장 큰 카지노다. 35개의
레스토랑, 17개의 바, 14개의 극장, 쇼핑몰, 명품 부티크,
호텔, 나이트클럽 등 놀고먹는 데 필요한 것은 빠짐없이
갖추고 있으며, 아울러 야라강의 멋진 전경까지 곁에 두
고 있으니 금상첨화다. 해가 지면 건물 입구 5개의 기둥
에서 90분 동안 불을 뿜어내는 장관을 연출하기도 한다.
이곳의 레스토랑과 바 등은 대부분 24시간 영업을 하는
데, 늦은 시간 출출할 때 찾아도 대낮처럼 활기차다. 카
지노에서는 무료로 멤버십 카드를 신청할 수 있다. 멤버
십 카드가 있으면 카지노의 스낵 바·레스토랑을 회원가
로 이용할 수 있으며, 특히 뷔페식당을 저렴하게 이용할
수 있다. 플린더스역 하차 후 도보 7~8분. 또는 무료 트
램을 타고 플린더스 스트리트와 킹 스트리트 교차로에
서 하차 후 킹스 브리지를 건너면 된다.

📍 8 Whiteman St., Southbank 📱 9292-8888
🏠 www.crownmelbourne.com.au

멜번 수족관 SEA LIFE Melbourne Aquarium

야라 강변, 사우스 게이트의 끝쪽에 크라운 카지노와 마주 보고 있는 멜번 수족관은 강 위에 떠 있는 섬처럼 보인다. 시드니, 타운스빌 등 호주 내의 여러 도시에 수족관이 있지만, 그 가운데 멜번 수족관이 가장 크고 현대적이며, 프로그램 또한 충실해 보인다. 개인적으로는 시드니보다는 멜번 수족관을 추천한다.

지하 2층, 지상 2층의 수족관 여행은 지하 2층의 서브스페이스 Subspace에서 시작된다. 수족관의 하이라이트인 메인 오션아리움 Oceanarium이 있는 이곳에서 사람들은 깊은 바다 속을 걸어가는 듯한 체험을 하게 된다. 머리 위의 유리 터널 위로 집채만 한 상어가 지나가고, 이름 모를 수많은 물고기가 유유히 헤엄쳐 다니는 가운데 두 발로 걸어가는 기분이란! 시간을 잘 맞추면 다이버가 상어에게 먹이 주는 장면도 볼 수 있다. 지상 2층에는 거북·해파리 등 바다 생물들의 생태를 직접 관찰할 수 있는 크고 작은 수족관이 있으며, 티켓 박스가 있는 1층에는 기념품 가게와 카페가 있다. 온라인 홈페이지를 통해 예매하면 정상 가격의 20% 가량 저렴하게 입장할 수 있다.

📍 Cnr. Queenswarf Rd. & King St. 🕐 월~금요일 10:00~17:30, 주말·공휴일 09:30~18:00 ❌ 연중무휴 💲 온라인 예매 시 어른 A$39.60, 어린이 A$28.80 📞 1800-026-576 🏠 www.visitsealife.com

21

유레카 스카이덱 Eureka Skydeck

높은 곳에서 내려다보는 전경은 오래도록 그 도시를 기억하게 한다. 멜번처럼 스카이라 인이 아름다운 도시에서는 더더욱 그렇다. 사우스뱅크에 우뚝 솟은 유레카 스카이덱의 88층 전망대에서 바라보는 멜번의 야경은 마치 비행기가 착륙하기 직전의 모습처럼 보석 같은 불빛들이 보는 이의 시선을 압도한다.

297m, 남반구에서 가장 높은 전망대에서 멜번 시내를 조망했다면 이번에는 스카이덱 엣지를 놓쳐서는 안 된다. 사방이 유리로 된 이곳은 건물 밖으로 돌출된 구조로 말 그대로 유리에 둘러싸인 채 공중에 떠 있는 형상이다. 모험을 즐기는 사람이라면 환호성을 지를 것이고, 겁이 많은 사람이라면 간담이 서늘해지는 경험이 될 것이다. '엣지 있는' 엣지에서의 경험을 위해서는 전망대 입장료 외에 추가 요금이 필요하다. 참고로, 호주 내에서 통용되는 학생증 또는 국제학생증이 있는 사람은 유레카 스카이덱 입장료를 할인받을 수 있고, 온라인 예매를 할 경우에도 10% 가량 저렴하다.

📍 7 Riverside Quay, Southbank 🕐 10:00~22:00(마지막 입장은 21:30, 1월1일과 크리스마스는 17:30분까지) 💲 어른 A$34(28), 어린이 A$23(19) / 입장+엣지 어른 A$48(43), 어린이 A$36(32) *( ) 안은 온라인 요금 📱 9693-8888 🏠 www.melbourneskydeck.com.au

빅토리아주

사우스 게이트 South Gate

야라강 남쪽, 크라운 엔터테인먼트 콤플렉스에서 빅토리안 아트센터에 이르는 긴 거리를 사우스 게이트라 한다. 유유히 흐르는 강물과 고풍스러운 건물들을 바라보며 커피를 마시거나 담소를 나누는 사람들, 테라스가 멋스러운 레스토랑들 그리고 창의적인 버스커들의 모습에서 멜번의 낭만이 그대로 묻어나는 거리가 바로 이곳이다. 한편 사우스 게이트는 즐비한 쇼핑몰이 늘어선 쇼핑가이기도 하고, 주말이면 벼룩시장이 열리는 장터가 되기도 한다. 야라강 크루즈도 이곳에서 출발한다.

📍 South Gate Ave., Southbank 📱 9686-1000 🏠 www.southgatemelbourne.com.au

아트센터 멜번 Arts Centre Melbourne

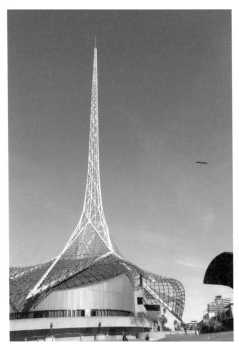

아트센터 멜번 뒤편에는 하얗고 뾰족한 철탑이 세워져 있다. 멜번의 야경에 화룡정점을 찍어준 이 철탑은 발레리나의 스커트에서 영감을 얻었다는데, 야간 조명을 받아 화려하게 빛날 때의 모습은 정말 무대 위에서 홀로 춤추는 발레리나와 닮았다. 멜번은 물론 빅토리아 주의 명예를 걸고 조성된 이곳 아트센터는 퍼포밍 아트 뮤지엄과 콘서트홀, 극장 등의 독립된 건물들로 구성되어 있으며, 1년 내내 다양한 공연과 전시가 열리고 있다. 바로 옆에 있는 빅토리아 국립미술관 National Gallery of Victoria와 함께 멜번을 공연과 문화의 수도로 끌어올린 주인공이다.

📍 100 St Kilda Rd. 📱 1300-182-183
🏠 www.artscentremelbourne.com.au

24 빅토리아 국립미술관 National Gallery of Victoria

세인트 킬다 로드에 아트센터 멜번과 나란히 자리하고 있어서, 마치 양재동 '예술의 전당'을 보는 것 같다. 실제로 이곳은 빅토리아 예술품들을 한 자리에 모아놓은 국립미술관으로, 언제나 견학 온 학생들과 여행자들로 적당한 흥청거림이 있는 곳. 빅토리아 주의 미술은 물론이고, 아시아 미술, 원주민 토착예술, 현대 디자인 및 건축, 사진, 장식예술 등 다양한 지역과 분야의 예술품을 망라한 7만5000여 점의 큐레이션이 돋보인다. 디자인 스토어의 아트상품들도 다른 곳에서 찾아보기 어려운 아이템들이 많아서 꼼꼼히 둘러볼 만하다.

📍 180 St Kilda Rd. 🕙 10:00~17:00 ✖ 크리스마스 💲 무료 📞 8620-2222 🏠 www.ngv.melbourne

25 킹스 도메인과 로열 보타닉 가든 Kings Domain & Royal Botanic Gardens

킹스 도메인은 야라강을 끼고 시티의 남쪽으로 넓게 형성된 공원지대다. 공원 안에는 1만 명 이상을 수용할 수 있는 시드니 마이어 야외음악당 Sydney Myer Music Ball과 알렉산드라 가든 Alexandra Gardern 그리고 초대 총독관저인 라 트로브 저택 La Trobe Cottage 등의 볼거리가 있다. 킹스 도메인의 북쪽에는 퀸 빅토리아 가든이, 남쪽에는 로열 보타닉 가든이 이어진다.

보타닉 가든은 1846년에 문을 열었으며, 38만㎡의 넓은 부지에 영국식 정원 양식에 따라 조성되었다. 연못과 산책로가 이어지고 세계 각국의 식물들이 숲을 이루고 있으며, 이름 모를 새들의 노래가 끊이지 않는다. 특히 이곳에서는 원주민 애버리진의 흔적을 찾아가는 애버리진 헤리티지 워크 Aboriginal Heritage Walk 프로그램도 진행하고 있는데, 생각보다 충실한 프로그램으로 호평을 얻고 있다. 킹스 도메인과 로열 보타닉 가든에 갈 때는 미리 도시락과 충분한 시간을 준비하는 것이 좋다.

로열 보타닉 가든
📍 Birdwood Ave., South Yarra
🕙 07:30~일몰 💲 무료 📞 9252-2300
🏠 www.rbg.vic.gov.au

세인트 킬다 비치 St Kilda Beach

석양이 아름다운

멜번 시티에서 트램으로 20분쯤 가면 도착하는 세인트 킬다 비치. 이곳은 시내에서 가장 가까운 해변이라는 장점 외에도 잘 조성된 편의시설과 아름다운 경치 때문에 많은 사람이 즐겨 찾는 관광명소다.

해변을 따라 조성된 에스플러네이드에서는 조깅을 하거나 자전거를 타는 멜버너를 만날 수 있고, 한가로이 떠다니는 요트와 갈매기떼의 군무도 감상할 수 있다. 특히 해 질 녘의 해변은 붉은빛으로 물든 바다와 정물처럼 걸려 있는 세인트 킬다 부두의 모습이 어우러져 한 폭의 그림처럼 아름답다. 세인트 킬다 피어 St Kilda Pier를 따라 끝까지 걸어가면 조그만 카페 Kiosk가 있는데, 이곳에서 바라보는 멜번의 야경 역시 아름답다. 또 부두 끝 바위틈에서는 요정처럼 작은 페어리 펭귄도 만날 수 있다. 보일 듯 말 듯 바위틈에 숨어있는 펭귄을 찾는 재미가 남다르다.

한편 해변에는 해수 수영장 시 배스 Sea Bath가 주목받는 명소로 떠오르고 있다. 최근에 리노베이션을 거친 이곳은 바닷물을 이용한 25m의 풀과 스파 라운지 등을 갖추었다.

🚶 스완스톤 스트리트에서 16번 트램을 타고 종점인 세인트 킬다 비치 하차, 해변까지 도보 2분

세인트 킬다 시 배스 St. Kilda Sea Baths 📍 10/18 Jacka Blvd., St Kilda 📞 9525-4888 🏠 www.seabaths.com.au

루나 파크 Luna Park

최신식 놀이기구에 익숙한 우리나라 여행자들에게는 조금 시시한 느낌이 들 수도 있는 놀이공원이다. 커다란 입을 벌리고 있는 약간 엽기적인 입구는 인상적이지만, 내부의 시설들은 옛 추억을 되살리는 놀이기구가 주를 이룬다. 하지만 이곳이 1912년에 문을 열었다는 사실을 알고 나면 오히려 대단하게 보일 것이다.

공원 입장료는 저렴하지만, 개별 놀이기구를 타는 비용은 결코 싸지 않다. 비용 대비 난이도와 짜릿함은 직접 확인하시라. 놀이기구는 각각의 매표소에서 티켓을 사거나 자유이용권 같은 패키지 티켓을 구입해야 이용할 수 있다. 트램에서 내리면 바로 왼쪽에 입구가 있으며, 이곳에서 세인트 킬다 시 배스와 비치까지는 걸어서 5분 거리다. 단, 오픈 시간이 요일마다 다르고, 그것마저도 매일 조금씩 다르니 미리 홈페이지를 방문해 확인하는 것이 좋다.

📍 18 Lower Esplanade, St Kilda 💲 입장료 + 놀이기구 1회 이용권 전연령 A$20 / 자유 이용권 13세 이상 A$55, 어린이 A$45 📞 9525-5033 🏠 www.lunapark.com.au

talk 멜번의 코리아타운

미국처럼 이민의 역사가 오래된 나라에서는 대도시마다 코리아타운이 형성되어 있습니다. 그래서 영어 한마디 안 하고도 전혀 불편하지 않게 살 수 있다지요. 그 정도는 아니지만 호주에서도 시드니의 캠시나 스트라스필드 같은 코리아타운을 만날 수 있습니다. 교육과 문화의 도시 멜번에도 한국인의 수가 늘어나면서 코리아타운이 형성되고 있답니다.

멜번의 코리아타운은 크게 카네기 Carnegie, 복스힐 Boxhill 그리고 클라이톤 Clayton을 들 수 있습니다. 이 세 곳에 가면 한국 음식과 한국 미용실, 여행사들이 모여 있어서 여러 가지 편리한 점이 많습니다. 특히 장시간 여행을 다니다 보면 자연발생적으로 자라나는 머리카락과 어쩔 수 없이 생겨나는 향수병 따위가 복병처럼 머리를 드는데, 그럴 때 한글 간판만 봐도 힘이 나는 경우가 있지요. 최근에 대형 쇼핑센터가 들어선 복스 힐까지는 트레인이 운행되고 있으니, 기분 전환이 필요할 때 떠올려 보세요.

01

Yarra River Cruise

멜번을 즐기는 가장 우아한 방법

강이 있는 도시는 축복받은 도시라고 했던가. 멜번의 야라강 또한 도시를 더욱 풍요롭게 만드는 젖줄과 같다. 도시를 굽어 돌며 유유히 흐르는 야라강에서 바라보는 멜번의 전경도 수려하다. 야라강 크루즈는 사우스뱅크에서 강 위쪽으로 거슬러 올라가는 River Gardens(업 코스) 루트와 강 아래 부두 쪽으로 내려가는 Port & Docklands(다운 코스) 루트 그리고 두 가지를 합한 Melbourne Highlights(업&다운 코스)의 3개 루트가 있다. 강 위쪽에는 보타닉 가든과 올림픽 경기장 등의 볼거리가, 강 아래쪽에는 멜번 부두와 웨스트 게이트 브리지 등의 볼거리가 있다. 업 코스와 다운 코스는 각각 1시간씩 소요되고, 업 & 다운 코스는 2시간이 소요된다.

📍 Berth 3~4, Southbank Promenade, Southbank ⏱ 10:30~14:00 💲 Up 코스 A$38, Down 코스 A$38, Up & Down 코스 A$62 📱 8610-2600 🏠 www.melbcruises.com.au

02

M.C.G Melbourne Cricket Ground

한번쯤 미치게 되는 공간

멜번 크리켓 그라운드 Melbourne Cricket Ground의 줄임말 M.C.G는 1956년 멜번 올림픽이 열렸던 역사적인 장소이기도 하다. 우리나라 사람들에게는 조금 낯선 크리켓이라는 경기는 호주를 비롯한 서구 사람들에게 무척 인기 있는 스포츠. 이 경기장의 규모만으로도 가히 그 인기를 짐작할 수 있다. 봄부터 가을까지는 크리켓 경기장으로 사용되고, 가을부터 겨울까지는 풋볼 경기장으로 사용된다. 방문 기간 중 크리켓 경기가 열린다면 꼭 한번 관람해볼 것!

📍 Brunton Ave., Richmond 📱 9657-8888 🏠 www.mcg.org.au

01

Melbourne Central

대형 회중시계를 주목할 것!

멜번에서 가장 유명하고 가장 현대적인 쇼핑센터 가운데 하나. 트레인 역과 연결되어 있어 하루 수천 명이 늦은 시간까지 이곳을 거쳐 가며, 역 출구와 연결된 2층에는 푸드 몰이 있다. 쇼핑센터 내부는 아름답고 현대적이다. 최근 내부공사를 끝내 훨씬 더 정돈된 느낌을 준다. 전 세계 유명 브랜드의 매장들이 입점해 있으며, 커다랗게 뚫린 중정에는 놀이공원처럼 기구가 달려 있다. 밖에서 보면 이 건물은 가운데가 원뿔 모양으로 솟아 있는데, 안에 있는 쿱스 쇼트 타워 Coop's Short Tower를 그대로 보존하기 위해 유리로 지붕을 덮었기 때문이다. 쿱스 쇼트 타워는 쇼트라는 총알을 만들던 공장에서 사용하던 높은 타워였다고 한다. 정각이 되면 인형들이 나와서 연주를 하는 커다란 회중시계도 멜번 센트럴의 명물이다.

📍 La Trobe St. & Swanston St. 🕐 토~수요일 10:00~19:00, 목~금요일 10:00~21:00 📱 9922-1100 🏠 www.melbournecentral.com.au

02

Queen Victoria Market

멜번의 남대문 시장

'멜번의 부엌'으로 불리는 이곳은 우리나라의 남대문시장처럼 없는 것 빼고는 다 있는 멜번의 대표적인 시장이다. 시티센터의 북서쪽에 있는 퀸 빅토리아 마켓은 1878년 3월에 처음 문을 열었다. 공동묘지 자리를 채소와 과일 도매시장으로 재개발 했으며 19세기의 건축양식을 가미해 현재와 같은 모습이 된 것. 지금도 이곳의 건물 자체는 처음 건립되었던 당시의 모습을 그대로 유지하고 있다. 셀 수 없이 많은 점포가 도로 쪽으로 나 있으며, 건물 내부는 넓은 공터로 각각 어물·과일·생필품·의류 등의 매장으로 나뉜다. 푸드코트에서는 각국의 다양한 음식을 맛볼 수 있으며, 푸드코트 앞 광장에서는 악사의 연주와 퍼포먼스가 끊이지 않는다. 폐장을 앞둔 일요일 오후 3시에서 4시 사이에 가면 가장 싸게 물건을 구입할 수 있다. 청과, 액세서리, 화훼 등 품목마다 개장 시간이 다르고, 여름에는 수요일에도 야시장이 열리는 등 오픈 시간이 대단히 유동적이다. 시장의 모든 매장이 문을 여는 시간은 금~일요일 오후 3시까지다. 그 외의 시간은 문을 닫는 곳도 많으니 유의할 것.

📍 513 Elizabeth St. ❌ 월, 수요일 📱 9320-5830
🏠 www.qvm.com.au

South Melbourne Market

누구라도 반해버릴 공간

사우스 멜번 마켓은 1867년 5월에 개장한 역사와 전통을 자랑하는 마을 시장이다. 150년이 넘는 세월 동안 이 시장을 지켜온 상인들과 지역민들의 애정이 건물 곳곳에 묻어있다. 대부분 대를 이어 한 자리에서 같은 품목을 파는 상점들로, 믿을 수 있는 좋은 상품으로 정평이 나있다. 구불구불한 실내를 구경하는 것만으로도 재미있고, 발길 닿는 가게에 들어가 이런저런 수제품들을 쇼핑하는 재미에 한 시간쯤은 금방 흘러가 버린다. 최근에 가장 긴 줄이 늘어서는 가게로는 생굴에 레몬 슬라이스를 얹어내는 오이스터 바. 신선한 굴 위에 다양한 특제소스를 뿌려먹는 맛에 매주 이 시장을 찾는다는 사람들도 많다. 마켓 주차장에 2시간 무료 주차도 가능하다.

📍 Coventry St. & Cecil St., South Melbourne 🕐 수, 토, 일요일 08:00~16:00, 금요일 08:00~17:00 ✕ 월, 화, 목요일 📱 9209-6295 🏠 www.southmelbournemarket.com.au

St. kilda Esplanade Market

해안가 일요 시장

바닷가의 아름다운 풍경과 언덕에 자리한 그림 같은 집들. 멜번의 대표적인 부촌 세인트 킬다는 평소에도 각종 패션 부티크와 앤티크숍이 고객을 유혹하는 패션 거리다. 복고풍의 의상들과 고급 의류 매장 그리고 아름다운 카페들이 자리하고 있는 이곳은 관광객들에게도 무척 흥미롭다. 특히 바닷가 위쪽에 있는 에스플러네이드에서는 일요일마다 산책로를 따라 예술과 공예품 시장이 열린다. 직접 만든 독특한 수공예품을 구입할 수 있으며, 200여 개가 넘는 노점상을 기웃거리는 재미가 쏠쏠하다.

📍 The Esplanade, St Kilda ⏰ 일요일 10:00~16:00(섬머타임 17:00) ☎ 9209-6634 🏠 www.stkildaesplanademarket.com.au

---

········ TIP ········
멜번 쇼핑 스트리트 NO 3

❶ 트렌드세터를 위한, Toorak Road
옷·신발·액세서리는 물론이고 레스토랑과 바까지도 호주의 최신 유행을 선도하는 곳. 패션 리더들의 천국인 이곳에는 수많은 상점과 레스토랑이 빽빽이 늘어서 있다. 그렇지만 고가의 패션용품만 판매하는 곳이라고 지레 겁먹을 필요는 없다. 첨단을 달리는 기발한 아이디어의 패션소품들도 생각보다 저렴한 값에 구입할 수 있다. 멜번의 젊은이들은 싸고 품질 좋은 옷을 구하기 위해 이곳을 즐겨 찾는다.

❷ 실속파 쇼퍼라면, Bourke St. Mall
벅 스트리트 몰은 멜번 시내의 중심에 자리한 쇼핑센터로, 마이어나 데이비드 존스, 엠포리엄 같은 호주 최고의 백화점들이 몰려 있는 지역이기도 하다. 특히 엠포리엄의 경우 가장 최근에 오픈한 곳으로, 멜번 쇼핑의 핫플레이스다. 백화점 건물들 사이의 몰에서는 예술가들과 거리의 악사들이 상설공연을 하고 있다.

❸ 멜번의 파리, Collins Street
콜린스 스트리트는 멜번에서 가장 고급스러운 패션 거리. 호주의 샹젤리제로 통하는 이곳에는 베르사체·루이비통·샤넬·페라가모 같은 세계 명품 매장들이 늘어서 있다. 아울러 이 일대에는 재미있고 기발한 모양의 조각품들이 거리 곳곳에 놓여 있어서 사람들의 시선을 사로잡는다. 공공 예술품을 찾아보는 재미가 명품 구경 못지않게 쏠쏠하다.

01

Kitchen Workshop

카지노 호텔 뷔페 레스토랑

키친 워크숍이라는 레스토랑 이름보다는 크라운 호텔 뷔페 레스토랑으로 더 알려진 곳. 특히 평일 점심시간에는 비교적 저렴한 가격에 뷔페를 즐길 수 있다는 장점 때문에 줄이 길게 늘어서는 곳이다. 저녁시간에도 오픈 전부터 붐비므로 예약을 하는 것이 좋다. 넓고 고급스러운 분위기는 좋은데, 사실 음식의 종류나 맛은 한국의 웬만한 뷔페보다 못한 것 같다. 너무 큰 기대를 하기 보다는 멜번의 호텔 뷔페는 어딘지 체험해보는 차원에서, 혹은 물가 비싼 호주에서 비용 대비 효율적으로 배불리 먹어보고 싶다면 추천할 만하다.

📍 Whiteman St., Southbank ⏰ 월~금요일 11:30~14:30, 17:30~21:30 토요일 12:00~14:30, 16:30~22:30 일요일 12:00~14:30, 16:30~21:30 ☎ 9292-5777 🏠 www.crownmelbourne.com.au

02

Universal Restaurant

라이건 스트리트의 시조

1969년부터 라이건 스트리트에서 자리를 지켜온 이탈리안 레스토랑. 이탈리안 특유의 유쾌하고 낙천적인 분위기가 흘러넘친다. 13종의 파스타와 15종의 피자 등 우리가 알고 있는 이탈리안 요리 그 이상의 메뉴가 준비되어 있다. 저녁시간과 점심시간의 분위기는 사뭇 다른데, 점심때는 주로 피자 또는 파스타로 구성된 런치 스페셜을 즐기는 사람이 많고, 저녁시간에는 와인과 스테이크를 즐기는 사람이 많아진다. 메뉴와 시간대에 따라 조명과 서빙도 달라진다.

📍 139-141 Lygon St., Carlton ⏰ 일~목요일 11:00~23:00, 금~토요일 11:00~23:30 ☎ 9347-4393 🏠 www.universalrestaurant.com.au

03

Pho Bo Ga Mekong Vietnam

맛은 보장, 서비스는…

원조 베트남 쌀국수를 맛볼 수 있는 곳. 앞 뒤에 붙은 이름은 다 생략하고, 사람들은 이곳을 '메콩'이라 부른다. 진짜 베트남 사람이 운영하는 곳이라 맛은 보장할 수 있는데, 장사가 잘 되어선지 서비스는 별로다. 손님이 많을 때는 합석도 해야 하지만 얼큰한 쌀국수 국물 때문에 한번 찾은 사람은 다시 찾게 된다. 양 많고 가격이 저렴한 것도 다시 찾는 이유 중 하나. 고기가 안 들어간 쌀국수는 A$6~8이면 먹을 수 있다.

📍 241 Swanston St. ⏰ 월~목요일 09:00~22:00, 금~토요일 09:00~23:00, 일요일 10:00~22:00 ☎ 9663-3288

04

Loop Roof Top Bar

야경이 멋진

멜번에서 가장 핫한 바 중 한 곳. 시내 한가운데 건물 옥상에서 즐기는 맥주 한 잔은 상상 그 이상이다. 특히 저녁 시간에는 멜번 야경이 내려다보이는 최고의 명당으로 변신한다. 간단한 음료와 주류 이외에 샐러드와 치킨 요리 등 안주를 뛰어넘는 요리들도 눈에 띈다. 건물 옥상을 활용한 자연스러운 인테리어와 맛있는 맥주, 그리고 시원한 바람이 어우러져 낮에도 멋있는 곳이다.

📍 23 Meyers Place 🕐 월~수요일 15:00~23:00, 목요일 15:00~01:00, 금~토요일 12:00~01:00, 일요일 12:00~23:00 📱 9654-0500 🏠 www.looprooftopbar.com.au

05

대장금

현지인들이 좋아하는 한식의 맛

맛에 대해서는 호불호가 갈리지만, 대체로 깔끔한 구성과 실내 분위기에 만족하는 곳. 시티 차이나타운 입구에 있어서 찾아가기도 쉽고, 이동 중에 발길이 닿기에도 딱 적당한 위치다. 갈비탕, 오징어 볶음 등 다양한 한식 메뉴를 선보이는데, 전반적으로 단맛이 강하다. 저녁시간에는 주로 구이 위주의 BBQ 메뉴가 많이 팔린다.

📍 235 Little Bourke St. 🕐 일~목요일 11:30~21:30, 금~토요일 11:30~22:30 📱 9662-9445 🏠 www.daejanggeumkorean.com

06

The American Doughnut Kitchen

도넛만 파는 푸드 트럭

퀸 빅토리아 마켓의 명물 푸드 트럭. 1950년대부터 이 자리를 지켜온 푸드 트럭에서 판매하는 음식은 딱 하나, 도넛이다. 가운데가 뚫린 도넛이 아니라, 동그란 덩어리 속에 빨간 딸기잼이 들어있는 저렴한(?) 비주얼의 도넛이지만 이 한 봉지를 맛보기 위해 언제나 길게 줄이 늘어서 있다. 문을 여는 시간은 정해져 있지만 닫는 시간은 유동적이다. 재료가 떨어지면 그날 장사도 끝이니까. 도넛 가격은 우리 돈으로 천오백 원 남짓, 맛은 상상하는 바로 그 맛. 맛보다는 유명세 때문에 한번쯤 맛볼 만하지만, 너무 달아서 세 개 이상은 무리다.

📍 The Queen Victoria Market, Queen St. 🕐 화, 목요일 06:00~14:00 금, 일요일 06:00~16:00 토요일 05:00~15:00 ❌ 월, 수요일 📱 9417-6415 🏠 www.adk1950.com.au

Paradai Thai

깔끔, 푸짐

멜번의 대표적인 코리아타운 카네기에 위치한 타이 레스토랑. 교민들 사이에서 입소문이 난 맛집으로, 관광객보다는 현지인들이 주로 찾는 곳이다. 태국인이 운영하는 정통 타이 레스토랑이지만, 이집 음식은 우리 입맛에도 감질나게 맛있다. 팟타이, 톰얌쿵 등 여러 메뉴가 고르게 맛있고, 양도 푸짐한 편이다. 카네기역에서 5분 거리.

📍 58 Koornang Rd., Carnegie ⏰ 월~금요일 10:00~22:00 토~일요일 09:30~22:00 📱 9568-2257
🏠 www.paradaithai.com.au

---

talk **멜버너들이 사랑하는 커피**

멜번 사람들의 커피 사랑은 유난합니다. 이탈리아 사람들 못지않은 자부심과 취향을 자랑하지요. 그러다보니 골목마다 개성있는 카페들이 자리잡고 있으며, 리치몬드, 피츠로이, 프라한 같은 곳에는 아예 카페 골목이 형성되기도 했습니다. 저마다의 로스팅과 아로마를 자랑하다 못해 그들만의 커피 메뉴까지 만들어냈답니다. 멜번에서 시작되어 호주 전체로 퍼져나간 커피 메뉴에 대해 알아볼까요.

호주식 커피 메뉴

· **플랫화이트 Flat White**: 우유가 들어간 커피. 카푸치노와 비슷하지만 거품이 없고, 굳이 비교하자면 진한 라떼에 가깝다.

· **숏블랙 Short Black**: 멜버너들이 가장 사랑하는, 에스프레소 잔에 진하게 담긴 에스프레소 샷을 말한다.

· **롱블랙 Long Black**: 숏블랙에 뜨거운 물을 부은 것. 아메리카노와 같다.

· **스키니캡 Skinny Cap**: 플랫화이트에 들어가는 우유가 저지방일 경우 스키니캡이라 부른다.

· **베이비치노 Babycino**: 에스프레소 잔에 우유와 거품을 담아내는 것. 카페인이 없어서 어린이들이 마시기 좋다.

.... TIP ....
멜번의 특색 있는 먹자골목들

멜번에서 배고픈 사람은 호주 어디를 가도 굶을 수밖에 없다. 무슨 얘기냐하면 멜번에서는 절대 배고플 일이 없다는 말이다. 아무리 입맛 까다로운 사람이라도 다 충족시킬 수 있을 만큼 많은 레스토랑과 다양한 요리들, 그리고 무엇보다 값싼 음식들이 멜번에는 그야말로 널렸다. 맨날 패스트푸드만 먹고 여행을 할 수는 없으니 멜번에서는 세계 각국의 요리에 도전해보자.

이탈리아 거리,
라이건 스트리트 Lygons Street

리틀 이탈리아라고 불릴 만큼 거리의 시작부터 끝까지 이탈리안 레스토랑과 바가 늘어선 곳. 종업원이나 주인들도 거의 100% 이탈리안이다. 거리를 지나다 보면 유쾌한 억양의 이탈리아어가 저절로 귀에 들려올 정도다. 화덕에서 구워낸 정통 피자와 파스타를 맛보고 싶다면 이곳으로 가보자.

베트남 거리,
리치몬드 스트리트 Richmond Street

베트남 사람들이 하나둘 모여들어 자기들만의 거리를 만든 곳이다. 당연히 베트남 음식점이 많고, 값싼 채소 가게나 과일 가게들도 많다. 저렴한 가격에 푸짐하게 배를 채울 수 있는 얼큰한 쌀국수는 이 동네의 최정예 멤버(?)다. 멜번에서 과음을 했다면 해장은 리치몬드에서!

아웃백 스타일,
브런스윅 스트리트 Brunswick Street

굳이 규정하자면, 호주식이라고 할 수 있다. 브런스윅 스트리트는 옛날 호주식 호프와 카페가 많은 거리. 아웃백의 느낌이 물씬 풍기는 선술집도 많고, 캥거루나 에뮤 스테이크를 전문으로 하는 호주식 스테이크점도 여러 군데 있다. 공장형 브랜드 할인매장이 많은 근처의 스미스 스트리트 Smith St.에서 쇼핑을 한 후에 이곳에서 캥거루 스테이크를 맛보는 건 어떨까?

차이나타운,
리틀 벅 스트리트 Little Bourke Street

시내 한복판, 노른자를 차지하고 있는 멜번의 차이나타운. 더 이상 설명이 필요 없는 중국 거리다. 값싼 음식점들이 늘어서 있고, 최근에는 타운 안에 쇼핑센터도 하나둘 생겨나서 이곳 푸드 몰에서도 음식을 골라 먹을 수 있다. 단, 조금 지저분한 건 감안해야 한다.

375

멜번의 시계를 멈추게 하는
스포츠, 스포츠, 스포츠

크리켓, 경마, 테니스, 그리고 F1 레이스.
멜번 사람들에게 이 네 가지 스포츠는
의식주만큼이나 큰 관심사인 동시에
생활 그 자체와도 같다.
게임과 내기를 좋아하는 호주 사람들에게
약간의 도박성이 가미된 스포츠들은
국민성과 잘 맞아떨어지기 때문.
경기가 있는 날은 온 도시가 들썩일 정도로
열광하는 멜번 사람들. 멜번의 시계를
멈추게 하는 열정의 현장으로 가보자.

멜번컵, 경마 Horse Racing

호주의 경마 대회는 멜번컵이라는 이름으로 모든 것이 설명된다. 매년 11월 첫째 주에 시작되는 멜번컵은 봄을 알리는 동시에 한 해를 마무리하는 최고의 스포츠 축제. 1861년에 시작된 이래 나날이 인기를 더해가고 있다. 모든 회사와 가게는 문을 닫고 경기에 열중하며, '나라 전체를 멈추게 만드는 경기 The Race That Stops a Nation'라는 별명처럼 전 호주를 한순간 열광의 도가니로 몰아넣고 만다. 단순한 경마 경기 차원을 넘어 호주인을 하나로 뭉치게 하고, 그들의 열정을 끌어내는 축제의 마당이 되는 것이다.
2004년 11월 2일에 열린 멜번컵에서는 Marybe Diva라는 이름의 말이 2003년에 이어 연속으로 우승을 안았다. 이 말의 트레이너가 연일 언론의 스포트라이트 세례를 받으며 인기 스타가 된 것은 자명한 일. 이날 파이널을 보기 위해 모인 인파는 10만 명이 넘었다고 한다.

생활 스포츠, 크리켓 Cricket

크리켓은 영국에서 시작된 영국의 국기(國技)다. 영국인의 생활철학이라 할 만큼 생활 깊숙이 파고든 스포츠인데, 호주나 뉴질랜드 같은 영연방 국가들에서도 널리 행해지고 있다. 13세기경에는 도박의 일종으로 성행하기도 하고 비

신사적인 동작이 많다는 이유로 귀족들의 비난을 받기도 했지만, 현재는 영국·스코틀랜드·호주·뉴질랜드·파키스탄·남아프리카 등이 국제경기를 벌일 만큼 인기 있는 스포츠다. 경기는 11명으로 구성된 두 팀이 우열을 겨룬다. 경기 시작은 동전을 던져서 결정하고, 진 쪽의 선수 11명이 경기장으로 나가고 상대편에서는 2명의 타자가 나오게 된다. 필드 가운데는 2개의 위켓 Wicket이 있는데, 타자들은 그곳에 자리를 잡는다. 투수가 타자에게 공을 던져서 위켓을 맞혀 타자를 아웃시키거나 타자의 다리를 맞힌다. 그리고 필드에 서 있는 사람들은 타자들이 친 공을 손으로 잡거나 공을 주워서 타자들이 서로의 필드로 달리고 있을 때 위켓을 맞히면 된다. 타자가 공을 치면 공이 오기 전까지 서로의 위켓으로 달려가는데, 왕복한 횟수가 점수가 된다. 설명만으로는 약간 어렵지만, 룰 자체는 간단해서 실제 경기를 보면 금방 익숙해진다.

크리켓을 관람할 수 있는 멜번 크리켓 경기장 MCG-Cricket Ground은 1956년 멜번 올림픽 주경기장이었던 곳. 경기장 1층에는 올림픽 박물관과 스포츠 미술관이 함께 있다. 풋볼과 크리켓 시즌에 판매하는 특별 관광 패키지 티켓을 구입하면 미술관·박물관도 관람하고 크리켓 경기도 관전할 수 있다.

굉음 레이스, 포뮬러 원 Formula 1

한때 우리나라 영암에서도 F1 경기가 열리면서 많은 관심을 받았던 포뮬러 원 레이스. 연간 19경기가 치러지는 F1 레이스의 세 번째 경기가 바로 멜번에서 열린다. 경기장인 앨버트 파크는 평소 멜번 시민들의 휴식장소이지만, 매년 4월이 되면 열전의 서키트로 변신한다. 레이스카들이 총 길이 5㎞를 58바퀴 도는 동안, 경기장은 차량의 엔진소리와 관객들의 함성으로 흥분의 도가니가 된다.

호주오픈, 테니스 Tennis

멜번은 호주오픈이 개최되는 테니스의 성지(?)다. 세계 4대 테니스 대회 중 하나인 호주오픈 테니스는 세계 톱클래스 선수들이 수준 높은 경기를 펼치는 각축의 장이기 때문. 호주오픈은 매년 1월, 멜번의 내셔널 테니스센터에서 개최된다. 결승전 등 주목할 만한 시합이 열리는 센터코트의 티켓을 구입하는 것도 좋지만, 하루 종일 시합을 관전할 수 있는 그라운드 패스를 구입해서 전체 경기를 둘러보는 것도 권할 만하다.

티켓 구입은 인터넷으로! 멜번에 펼쳐지는 모든 스포츠 경기는 인터넷 '티켓 마스터' 홈페이지에서 예매할 수 있다.
🏠 www.ticketmaster.com.au

멜번 근교
AROUND MELBOURNE

멜번 근교는 딱 하나의 성격으로 정의하기 어려운 다양한 얼굴을 가지고 있다. 그레이트 오션 로드의 박진감 넘치는 비경이 있는가 하면 단데농 언덕의 아기자기한 아름다움이 숨 쉬고, 또 다른 한편에는 자연의 생태를 생각하게 하는 필립 아일랜드가 있다. 어느 쪽을 선택하든 대자연의 풍요로움에 다시 한 번 감탄하게 될 것이다.

멜번에서 최소 3일 이상은 근교 지역을 위한 일정으로 남겨놓고, 세 군데 이상의 관광지를 반드시 둘러볼 것을 강력 추천한다. 특히 그레이트 오션 로드나 필립 아일랜드 등은 이곳이 아니면 세계 어디서도 볼 수 없는 광경을 지니고 있으니 꼭 가볼 것. 단, 필립 아일랜드는 해가 진 뒤에 진풍경이 연출되므로 미리 출발시각을 체크할 필요가 있다.

멜번 근교

스타웰 Stawell
홀스 갭 Halls Gap
05 그램피언스 국립공원 The Grampians NP
아라레트 Ararat
A8
레이크 골드스미스 Lake Goldsmith
레이크 볼락 Lake Boloc
A300
데일스포드 Daylesford
Leiderderg State Park
01 발라렛 Ballarat
골드 뮤지엄 Gold Museum
소버린 힐 Sovereign Hill
M8
A300
멜번 공항
멜번
단데농 언덕 04 Dandenongs Ranges
올린다 Olinda
브라이트 비치 Brighton Beach
M1
아발론 공항
포트 필립 만 Port Pillip Bay
퍼핑 빌리 벨그레 Puffing Billy Railway
M3
M1
테랑 Terang
A1
코항가미트 레이크 Lake Corangamite
머드듀크 레이크 Lake Murdeduke
질롱 Geelong
B100 페닌슐라 핫스프링스 Peninsular Hot Springs
M11
모닝턴 페닌슐라 Mornington Peninsula
M4
와남불 Warrnambool
B100
Otway Forest Park
토르키 Torquay
앵글시 Anglesea
필립 아일랜 03 Phillip Island
포트 캠벨 Port Campbell
02 그레이트 오션 로드 Great Ocean Road B100
프린스타운 Princetown
론 Lone
노비스 센터 Nobbies Centre
12사도
아폴로 베이 Apollo Bay

배스 해협 Bass Strait

N
W E
S
0 10

B100 그레이트 오션 로드
.... 그레이트 오션 워크

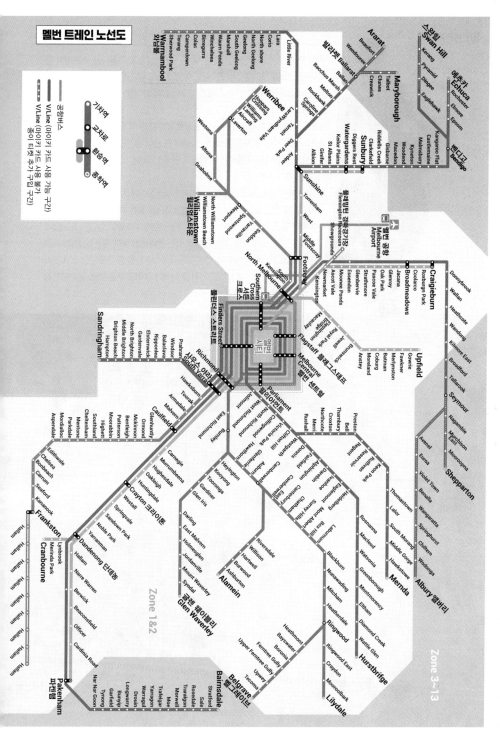

발라렛 Ballarat

빅토리아 주 내륙에 자리한 발라렛은 잘 꾸며진 식물원과 아름다운 빅토리아 양식의 건축물 그리고 민속촌 소버린 힐로 유명한 소도시다. 한때 빅토리아 주에서 금의 삼각지대를 형성했던 스토웰·벤디고와 함께 화려했던 시절에 대한 기억을 고스란히 간직하고 있다.

목초지에 불과했던 발라렛이 금광 도시로 발전할 수 있게 된 것은 이곳에서 사금이 나오기 시작하면서부터다. 1850년대 초 금이 발견된 뒤로 이곳은 그야말로 골드러시를 따라 이동해온 사람들로 인해 인구 4만여 명의 대도시로 급속히 팽창한 것.

1854년에는 금광 채굴권을 두고 정부의 세금징수에 항거해 '유레카 폭동'이 일어나기도 했으나, 지금은 이 모든 것이 과거로 묻힌 채 소버린 힐의 민속촌에서나 찾을 수 있는 일이 되었다. 하지만 한때 부호들이 살았던 도시답게 아직도 거리 곳곳에는 고딕 양식의 멋진 건축물이 눈에 띄는데, 마치 서부 영화 속의 거리처럼 이 모든 것이 여행자의 발걸음을 흥겁게 만든다. 스펜서 스트리트 기차역에서 V라인 기차를 타거나 투어를 이용하면, 발라렛까지 약 1시간 30분 정도가 걸린다.

소버린 힐 Sovereign Hill

1851~1861년의 골드러시 시대를 재현해 놓은 민속촌. 거리에 걸린 간판이며 소품이 모두 실제로 사용되던 것들이며, 당시의 복장을 한 점원들이 보석·의류·초콜릿 등 각종 물건을 판매한다. 넓은 언덕을 끼고 있는 내부는 메인 스트리트를 따라 펼쳐지는 중국인 마을과 채굴장, 광산 그리고 각종 상가와 관공서로 이루어져 있다. 간이 휴게소와 베이커리·커피숍·레스토랑도 있으며, 숙박업소인 소버린 힐 로지에서는 하룻밤 묵어갈 수도 있다.

배우들이 당시의 생활상을 재현하는 거리극이 하루 몇 차례씩 있으며, 말굽갈기, 사탕 만들기, 사금 채취 시범도 이어진다. 사람들은 모두 서부영화의 주인공이라도 된 듯이 사금 채취에 열을 올리는데, 금을 발견하지는 못할지라도 색다른 경험임에 틀림없다.

메인 스트리트의 빅토리아 극장에서는 환상적인 음향과 조명이 어우러진 3D 영화 상영도 하는데, 골드러시 시대를 배경으로 한 스토리에 엔터테인먼트를 가미했다. 입장권을 구입할 때 미리 한국어 지도와 함께 한국어 이어폰을 요청하면 훨씬 재미있게 관람할 수 있다.

📍 Bradshaw St., Golden Point ⏰ 10:00~17:00 ❌ 크리스마스 💲 어른 A$49, 어린이 A$29 📞 5333-1199 🏠 www.sovereignhill.com.au

골드 뮤지엄 Gold Museum

주차장을 사이에 두고 소버린 힐과 마주보고 있는 골드 뮤지엄은 말 그대로 금에 대한 모든 것을 전시하는 곳이다. 진귀한 사금, 금덩어리, 금으로 만든 동전 등의 각종 금제품을 전시한다. 1854년 지배계급에 대항해 싸웠던 광부들의 이야기를 다룬 유레카 전시품도 흥미롭다.

⏰ 09:30~17:30 ❌ 크리스마스 💲 소버린 힐 입장권으로 골드 뮤지엄까지 입장 가능

그레이트 오션 로드 Great Ocean Road

죽기 전에 꼭 봐야 할 명불허전

빼어난 자연경관을 자랑하는 이곳은 토웨이에서 와남불 Warrnambool 에 이르는, 기암절벽을 깎아 만든 해안길이다. 해안선을 따라 이루어진 굴곡과 가파른 절벽, 하얀 백사장과 부서지는 파도 등, 한마디로 자연이 빚어낸 완벽한 예술 작품을 보는 듯하다.

현재의 도로는 1919년 제1차 세계대전이 끝난 후 귀향한 군인들의 일자리 창출 차원에서 착공됐으며, 13년 동안의 공사 끝에 이 위대한 도로가 완성되었다. 멜번 남서쪽 약 265km 지점인 질롱에서 시작해 토르키, 론, 아폴로 베이, 포트 캠벨을 거쳐 런던 브리지에 이르는 약 215km의 대장정 길이다. 도중에 만나는 몇몇 소도시 가운데 아폴로 베이는 멜번부터 달려온 길을 잠시 쉬어가기 좋은 곳으로, 식당과 카페·편의점 등이 있다. 그레이트 오션 로드 인포메이션 센터가 있어서 지도 같은 자료를 챙기기에 적합하다.

아폴로 베이를 지나면서부터 그레이트 오션 로드는 절벽길로 들어선다. 가장 먼저 마주치는 것은 자연이 만든 경이로운 작품 12사도 Twelve Apostles. 거대한 기암괴석들이 마치 기둥을 박아놓은 것처럼 해안선을 따라 늘어선 모습이 절로 감탄을 자아낸다. 이밖에 런던의 이민선 로크 아드호가 난파된 로크 아드 고지 Loch Ard Gorge, 순교자의 만, 섬의 만 등도 놓칠 수 없다. 특히 런던 브리지 London Bridge에 서면 1990년 일어났던 사건과 함께 자연의 섭리를 다시 한 번 생각하게 된다. 지금 이 다리는 2개의 아치 형태로 가운데가 떨어져 있지만, 원래는 육지에서 바다쪽으로 길게 연결된, 런던 브리지 모양의 바위였다고 한다. 그런데 1990년 1월, 계속되는 바닷물의 침식현상으로 다리가 두 동강 나면서 지금처럼 끊어진 다리가 된 것. 로크 아드 고지부터 런던 브리지 일대를 난파 해안이라 부르게 된 것도 수많은 배가 이 아름다운 광경에 압도되어 갈 길을 잃고 바위에 부딪힌 데서 유래한다.

그레이트 오션 로드의 마지막 종착지 와남불은 19세기에 개척된 항구도시이며, 고래잡이로 유명했던 곳이기도 하다. 항구 입구에 있는 플래그 스태프 힐 마리타임 뮤지엄에서는 옛 영화를 엿볼 수 있도록 각종 고래잡이에 대한 자료를 전시하고 있다.

그레이트 오션 로드로 가는 길은 비경을 간직한 만큼 매우 꼬불꼬불하고 위험하다. 따라서 이 지역의 지리를 잘 모른다면 아예 자가운전은 생각하지 않는 것이 좋다. 가장 좋은 방법은 질롱까지 가는 기차와 로컬 버스를 이용하거나, 멜번에서 출발하는 데이 투어를 이용하는 것. 토요일 오전 8시 4분에 스펜서 스트리트의 서든 크로스역에서 출발하는 기차를 타고 와남불까지 갔다가 돌아올 때는 버스를 이용하는, 기차여행과 버스여행을 접목한 상품도 있다. V라인 또는 웨스트 코스트 레일웨이 West Coast Railway 기차를 타고 질롱까지 간 다음 로컬 버스로 갈아탄다. 왕복 약 12시간 소요.

다음 여행지가 애들레이드라면 멜번에서 그레이트 오션 로드를 거쳐 애들레이드까지 가는 버스편도 고려할 만하다.

그레이트 오션 워크 Great Ocean Walk

사실 너무 거대한 자연을 눈앞에 두면, 아름답다거나 멋지다는 느낌보다는 두려움과 유사한 경외감이 앞선다. 대형 화면으로 보는 듯 비현실적인 느낌과 가까이 하기에는 너무 먼 자연 앞에 전의를 상실하기 마련. 그레이트 오션 로드의 장엄함을 온몸으로 느끼는 가장 좋은 방법은 자연 속으로 '걸어' 들어가는 것이다. 아폴로 베이에서 포트 캠벨에 이르는 약 100㎞의 하이킹 코스도 바로 그런 마음들이 모여 만들어진 길이다. 말 그대로 걷기 좋은 워킹 코스로, 이정표를 따라 천천히 걷다보면 그레이트 오션 로드는 물론 빅토리아 주의 아름다운 바다와 산, 바람과 햇살까지 오롯이 내 안으로 들어오는 것 같다. 하루 안에 걸을 수 있는 6개의 단기 코스 Short Walks와 2~8일까지 소요되는 장거리 코스 Day Walk가 있으니, 출발 전 홈페이지에 들어가서 코스와 출도착지 및 준비물 등에 대해 확인해 볼 것.

🏠 www.greatoceanwalk.com.au

12사도에서 8사도로…

일정한 간격을 두고 서 있는 12개의 바위가 마치 사도와 같다 하여 '12인의 사도'라 불렸지만, 현재 이곳에는 8개의 바위만 남아 있습니다.
약 2억 년의 세월을 거쳐 형성된 기암괴석들이 현재와 같은 모습이 된 후 다시 6,000년의 세월이 지났습니다. 그동안 석회석 바위들은 풍화붕괴가 진행되고, 일부가 붕괴된 런던 브리지를 비롯해서 12인의 사도도 최근 8개만 남아있게 된 것이지요.
2005년 7월 3일, 약 70m의 바위가 굉음과 함께 1분 만에 무너져 내린 사건은 현지인은 물론이고 전세계를 큰 충격에 빠뜨렸습니다. 자연현상 앞에 그저 숙연해질 뿐입니다.

필립 아일랜드 Phillip Island

펭귄이 있는 섬

멜번에서 자동차로 2시간 거리에 있는 필립 아일랜드는 야생동물의 생태계가 그대로 보존되어 있는 자연 휴양지다. 코알라가 매달려 있는 나무 사이를 걷거나 습지대 산책하기, 손에 닿을 듯 가까운 거리에서 물개 관찰하기, 그리고 최고의 하이라이트인 펭귄 관찰하기 등이 필립 아일랜드에서 경험할 수 있는 일들이다.

펭귄 퍼레이드 Penguin Parade

저녁나절이면 작고 귀여운 펭귄들이 바다에서 나와 집으로 돌아가는데, 뒤뚱거리며 줄을 지어 이동하는 모습이 여간 귀엽지 않다. 펭귄들이 섬의 남서쪽 서머랜드 비치 Summerland Beach로 돌아오는 시간은 해 질 무렵. 특히 여름철에는 새끼 펭귄까지 함께한 펭귄들의 모습이 그야말로 장관이다. 단, 카메라의 플래시는 야행성인 펭귄들을 실명에 이르게 할 수 있으므로 절대 사용하면 안 된다. 소리를 내거나 펭귄떼를 방해하는 행동을 해서도 안 된다. 필립 아일랜드에 서식하는 펭귄은 세계적으로 희귀한 페어리 펭귄으로, 몸길이 약 30㎝, 체중 1kg으로 펭귄 중 가장 작은 종이다. 이곳에서는 자연 그대로의 경이로움을 조용히 감상하는 사람들의 모습 또한 인상적이다.

필립 아일랜드로 가는 방법은 투어를 이용하는 것이 가장 일반적인데, 성수기에는 여행사를 통해 예약하지 않으면 펭귄을 관찰할 수 없으므로 여러모로 투어를 이용하는 편이 좋다.

투어를 이용하면 필립 아일랜드로 가는 도중에 와룩 농장에 들러 호주의 농장생활을 체험하고, 물개와 코알라 서식지에도 잠시 들를 수 있다. 대부분 오후에 출발해서 저녁 늦게 돌아오는데다가 펭귄 퍼레이드가 펼쳐지는 해변은 기온이 무척 낮으므로 따뜻한 옷을 준비해야 한다.

📍 1019 Ventnor Rd., Summerlands 🕐 10:00~17:00 ❌ 크리스마스 💲 펭귄 퍼레이드 어른 A\$30, 어린이 A\$15 / 필립 아일랜드 4 PARK(펭귄 퍼레이드, 코알라 공원, 처칠 아일랜드, 남극여행) 통합 패스 어른 A\$51, 어린이 A\$25 📞 5951-2800
🏠 www.penguins.org.au

노비스 Nobbies

대중교통 또는 개별 차량으로 이동하는 경우라면, 필립 아일랜드 곳곳의 숨겨진 비경을 만끽하기 위해 최소 1박 2일 일정은 잡는 것이 좋다. 현지인들의 휴양지이기도 한 필립 아일랜드의 끝, 노비스 The Nobbies까지 들어가면 전망대와 함께 바다와 맞닿은 산책로가 펼쳐지는데, 주변에 물개와 바다표범 등이 손에 닿을 듯이 가까이 보이는 장엄한 바다가 펼쳐진다. 특히 이곳은 세계 최대의 바다표범 서식지로도 유명하고, 바위틈마다 고개를 내미는 새끼 펭귄들의 귀여운 모습을 볼 수 있는 곳으로도 입소문이 나왔다. 웅장한 절벽과 철썩이는 파도가 만들어내는 비현실적인 풍경 위로 노을까지 겹치면, 이 또한 오랫동안 잊지 못할 비경이다.

- - - - - - - - - - TIP - - - - - - - - - -
펭귄을 만나기 전에 체크할 것들!
❶ **사진 촬영 금지**: 펭귄의 시력을 보호하기 위해서
❷ **일몰 1시간 전에 집합**: 좋은 자리를 잡으려고, 그리고 퍼레이드가 순식간에 끝날 수 있으므로.
❸ **담요와 두꺼운 외투 준비**: 바닷가의 해 질 녘은 상상 이상으로 춥다. 여름철에도 두꺼운 외투나 이불은 필수.
❹ **성수기와 휴일은 반드시 예약할 것**: 관광객 뿐 아니라 현지인에게도 인기 있는 여행지이므로.

단데농 언덕 Dandenongs Ranges

시티에서 벨그레이브행 교외선 트레인을 타고 동남쪽으로 1시간쯤 달리면 종점인 벨그레이브 Belgrave 역에 닿는다. 이곳은 멜번에서 약 40km 떨어진 구릉지이자 휴양지다. 계절마다 자연이 뿜어내는 아름다운 풍경과 신비를 보기 위해 많은 사람들이 이곳을 찾는다. 또 이 지역으로 가는 길에는 오래된 숲이 많아서 수많은 종류의 조류가 서식하는 곳으로도 유명하다.

올린다 Olinda

단데농 언덕의 정상에 있는 마을 올린다 Olinda는 도로를 따라 크고 작은 앤티크숍과 선물가게들이 모여 있는 요정의 마을 같은 곳. 잠시 이곳에 들러 가게들을 기웃거리는 것만으로도 기분전환이 된다.

퍼핑 빌리 Puffing Billy

벨그레이브역에서 시작되는 단데농 언덕에서 반드시 해봐야 할 일은 어린이 만화영화 〈토마스 기차〉의 모델이자 100년 된 증기기관차 '퍼핑 빌리 Puffing Billy'를 타고 숲길을 달려가는 것. 칙칙폭폭 소리를 내며 달려가는 빨간색 증기기관차에 몸을 싣고 오래된 관목숲 사이를 달리면, 푸른 물결 같은 언덕이 기분까지 상쾌하게 스쳐간다. 이 추억의 기차는 원래 단데농 지역의 농작물을 도시로 실어 나르던 일종의 화물기차였다. 창이 없는 기차에서 고개를 빼고 마음껏 고함지르는 사람들의 모습이 동화 속 풍경 같다. 퍼핑 빌리호가 달리는 구간은 벨그레이브역부터 젬블룩까지 총 13km에 이르는 구간. 도중에 멘지스 크릭과 레이크사이드의 두 군데 역이 있으며, 요금은 구간별로 다르다. 특히 코스의 중간 정도에 위치한 에메랄드역에는 어린이에게 인기 있는 토마스 기관차의 실물 기차가 있으니 빠뜨리지 말 것. 시즌별로 기차 출발 시간이 조금씩 달라질 수 있으니 홈페이지를 통해 시간을 확인하고 가는 것이 좋다.

📍 1 Old Monbulk Rd., Belgrave 💲 벨그레이브↔젬브룩 A$80, 벨그레이브↔레이크사이드 A$62 📞 9757-0700
🏠 www.puffingbilly.com.au

05

그램피언스 국립공원 The Grampians NP 야생화가 반기는 아름다운 트레킹 코스

그램피언스는 빅토리아 주의 서부에 있는 국립공원으로, 계절과 관계없이 아름다운 자태를 보여주는 곳으로 유명하다. 오래된 숲과 야생화, 우뚝 솟은 기암괴석, 구름 덮인 웅장한 산, 아름다운 호수와 폭포 등, 이 모든 것을 그램피언스에서 볼 수 있다. 가벼운 산책부터 며칠 동안의 트레킹 코스까지 50여 개의 워킹루트가 개발되어 있다.

또한 미니버스와 마차·카누 등 다양한 탈거리들도 그램피언스의 아름다움을 마음껏 체험하는 데 도움을 준다. 특히 빼먹지 말아야 할 명소는 3천만 년 전에 형성된 바위 절벽의 웅장함을 관찰할 수 있는 보루카 전망대와 레이더 전망대, 맥킨지 폭포 등이다. 그램피언스의 중심지는 홀스 갭 Halls Gap. 아름다운 산맥을 배경으로 숙박업소와 식당이 늘어서 있으며, 국립공원 관리소도 이곳에 자리하고 있다.

브라이트 비치 Brighton Beach

컬러풀 서핑 하우스

멜번을 소개하는 사진 자료 중 유난히 사람들의 눈길을 끄는 형형색색의 사진이 있다. 그 한 장의 사진에 이끌려 이곳을 찾은 사람들이 얼마나 많을지…. 영국의 사진작가 브라이튼이 이곳의 풍경에 감명받아 찍은 사진이 전 세계적으로 유명해지면서 이 해변의 이름까지 브라이튼 비치가 되었다고 한다.

멜번 동남쪽 약 11km 떨어진 곳에 자리한 브라이튼 비치는 또한 멜번 근교의 부촌으로도 유명하다. 브라이튼 비치의 주인공은 알록달록 해안가를 따라 늘어선 서핑 하우스들. 집 같기도 하고 창고 같기도 한 이곳의 용도는 서핑 도구를 보관하는 창고라고 하는데, 한 채당 가격이 어마어마하게 비싸다는 소문이다. 그래서인지 한 채 한 채 개성 있는 색채의 그림들이 돋보이고, 언제나 새로 칠한 것처럼 반짝반짝 컬러풀하다. 시간대에 따라 하늘과 바다, 서핑 하우스의 컬러들이 각각 다르게 변하는 모습도 놓치지 말아야 할 포인트.

멜번에서 아침 일찍 출발하면 당일로 돌아올 수 있는 거리인데, 존1 구간 내에 있어서 저렴한 교통비로 손쉽게 다녀올 수 있다. Sandringham 행 트레인을 타고 20~30분 정도 가다가 브라이튼 비치역에 내리면 된다. 역에서 내려 5~10분 정도 해변을 따라 걷다 보면 사진 속 풍경이 나타난다.

페닌슐라 핫스프링스 Peninsular Hot Springs

브라이튼 비치에서 남쪽으로 40~50km 가량 해안길을 따라가면, 모닝턴 반도의 끄트머리 즈음 페닌슐라 핫스프링스가 나온다. 화산 지형인 뉴질랜드와 달리 호주에서 온천 찾기는 쉽지 않은데, 악명 높은 날씨로 유명한 멜번에 온천이 있었다. 그것도 호주 유일의 천연 미네랄 온천이. 페닌슐라 핫스프링스의 물은 지하 637m에서 용출되는 미네랄 온천수로, 원천탕의 온도는 50℃에 이른다.

나지막한 산악 지형을 그대로 살려 층계식으로 다양한 형태의 노천탕들이 높이를 달리하며 설계되어 있고, 정상에 위치한 힐탑 탕에서는 모닝턴 반도의 아름다운 풍경을 360도 감상할 수 있는 확 트인 전망이 기다리고 있다. 크고 작은 노천탕의 수도 점점 늘고 있어서, 처음 오픈했을 때보다 규모가 훨씬 커지고 있다. 가족 단위 여행자들이 피크닉을 즐길 수 있는 공간도 마련되어 있고, 피자가 맛있는 베스 하우스 카페, 스파드리밍 센터 등 시설면에서도 훌륭하다. 아직은 여행자보다는 현지인의 수요가 많지만, 입소문을 타고 여행자들도 쉬어가는 어트랙션이 되고 있다.

1시간 이용권부터 2일 패키지까지 프로그램과 요금이 다양하다. 물 관리 차원에서 적정 인원만 입장 가능하니, 전화나 홈페이지를 통해 반드시 예약하고 찾아갈 것.

📍 140 Springs Lane, Fingal, Mornington Peninsula 🕐 07:30~22:00 💲 A$75~
📱 5950-8777 🏠 www.peninsulahotsprings.com

호주의 보물섬

태즈마니아 주
TASMANIA

━━━━ DATA ━━━━

면적 6만8,000㎢ **인구** 약 52만 명 **주도** 호바트

시차 한국보다 1시간 빠르다(서머타임 기간에는 2시간 빠르다) **지역번호** 03

이것만은 꼭!
HAVE TO TRY

호주에서 두 번째로 오래된 유서 깊은 도시 호바트. 이곳에서는 매주 토요일 열리는
살라망카 마켓의 활기를 체험하고, 그림처럼 평화로운 샌디 베이에서 한가로운 오후를 보낸다.

유형지 태즈마니아에서도 가장 혹독한 유형의 역사를 간직한 포트 아서.
호바트에서 자동차로 1시간 30분 거리에 있는 포트 아서 히스토릭 사이트를 방문한다.

세계문화유산으로 지정된 크레이들 마운틴과 호주에서 가장 깊은 세인트 클레어 호수. 이 두 곳을 연결하는
오버랜드 트랙에 도전한다. 시간이 없으면 크레이들 마운틴 호수 주변을 도는 2시간 코스 트레킹만이라도.

비체노와 스완지, 콜스 베이로 이어지는 동부의 아름다운 해안도로를 자동차로 달리기.
푸른 바닷물에 씻겨가는 새하얀 해변을 가진 이곳은 때 묻지 않은 섬 태즈마니아에서도 가장 순수한 곳이다.

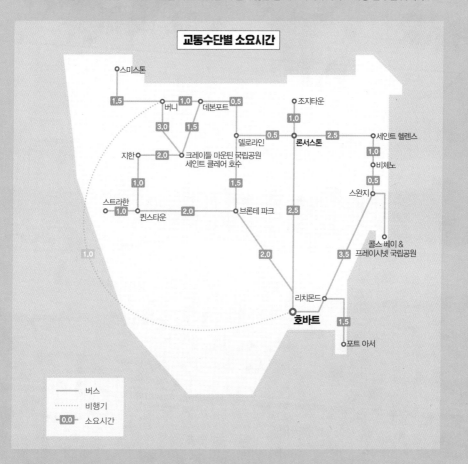

TASMANIA

Hobart

슬프고 아름다운
역사의 향기
호바트
HOBART

호바트는 호주에서 두 번째로 오래된 도시이며, 호주 대륙의 가장 남쪽에 있는 도시다. 앞쪽으로는 드웬트강이 흐르고 뒤쪽으로는 웰링턴산이 병풍처럼 도시를 두르고 있는 항구도시. 하얀 돛을 단 최신형 요트와 100년이 넘은 고기잡이배 그리고 남극 탐험선이 나란히 부두에 정박해 있는 모습은 에메랄드빛으로 빛나는 샌디만과 어우러져 그림처럼 아름답다. 그런 한편으로 유럽 대륙에서 유배당한 죄수 중에서도 사형수나 무기수들이 수감되었던 유형지로서의 역사는 아름다움 뒤에 가려진 그늘처럼 따라다닌다. 사암으로 만든 고풍스러운 건물은 대부분 죄수들의 손으로 지은 것이며, 아름다운 바다 역시 죄수들에게는 건널 수 없는 창살이 되었을 터. 아름다움 뒤에 가려진 슬픈 역사를 보듬어보는 것도 호바트 여행의 또 다른 의미가 될 것이다.

👫 인구 **약 21만 명** ☎ 지역번호 **03**

인포메이션 센터

Tasmanian Travel & Information Centre
📍 Cnr. Davey St. & Elizabeth St. 🕐 09:00~17:00 📱 6230-4222 🏠 www.hobarttravelcentre.com.au

호바트 미리보기

어떻게 다니면 좋을까?

엘리자베스 스트리트를 중심으로 하는 호바트 시내는 그리 넓지 않아서 걸어서도 하루면 충분히 시내를 돌아볼 수 있다. 그러나 샌디 베이를 비롯해서 마운트 웰링턴, 퀸스 도메인 지역까지 도보로 움직이기는 무리다. 이럴 때 가장 유용한 수단은 뭐니 뭐니 해도 버스. 튼튼한 두 다리와 호바트 메트로 버스를 적절히 활용하면 꽤 넓은 지역까지 커버할 수 있다.

한편 호바트만 여행할 계획이라면 대중교통으로도 충분하지만, 태즈마니아 전체를 여행할 계획이라면 렌터카를 이용하는 것도 고려할 만하다. 교통량도 많지 않고 도로망도 단촐한 태즈마니아는 호주에서 렌터카 여행을 즐기기에 가장 좋은 곳이기 때문이다. 여유가 된다면 캠핑카 여행도 추천한다.

어디서 무엇을 볼까?

호바트 여행의 시작은 엘리자베스 몰에서 시작하는 게 좋다. 몰을 중심으로 주정부 관광국과 백화점, 호텔, 안내센터, 백패커스 등이 몰려 있어서 숙박과 쇼핑, 여행정보 등 많은 것을 해결할 수 있다. 또한, 대부분 볼거리가 몰에서 10분 정도 거리의 해안가에 있어서 다른 교통편을 이용하지 않고도 천천히 산책하는 기분으로 시내를 둘러볼 수 있다.

특히 놓치지 말아야 할 볼거리로는 살라망카 플레이스 일대의 마켓과 광장. 오래된 부둣가 창고들이 늘어선 풍경은 어느 현대적인 건축물로도 구현할 수 없는 멋스러움이 가득하다. 호바트에서 하루 이틀 시간을 보냈다면, 이후에는 근교의 도시로 시선을 돌려보자. 휴온빌, 리치몬드 같은 소도시는 당일 여행으로 적당한 거리에 있다.

HOBART

어디서 뭘 먹을까?

호바트 시내에서 10분만 걸어가면 바다를 만날 수 있다. 즉 해산물이 풍부하다는 뜻. 빅토리아 독과 콘스티튜션 독 주변의 레스토랑들은 대부분 시푸드 요리를 선보이고 있으며, 생각보다 저렴한 가격에 시푸드 뷔페를 즐길 수 있는 곳도 많다. 호주 어느 곳보다 맛있는 피시앤칩스 가게들도 당신을 기다리고 있다.

특이한 것은 대부분 대를 이어 운영하거나, 직접 재배하거나, 잡은 재료들을 이용한다는 것. 그래서인지 호바트의 유명 레스토랑들은 기교보다는 정직한 맛이 특징이다. 약간 투박해 보이는 플레이팅 마저 정답다.

어디서 자면 좋을까?

호바트의 숙박 사정은 다른 도시에 비해 괜찮은 편이다. 성수기만 아니면 방을 잡기도 그리 어렵지 않다. 전망은 배터리 포인트나 샌디 베이 쪽이 좋지만 주머니 사정이 여의치 않은 배낭여행자에게는 교통 편리하고 요금 합리적인 시티의 백패커스가 최고. 시설 좋은 B&B나 중급 모텔은 시티 북쪽과 뉴타운 쪽에 몰려 있으므로 예약할 때는 꼭 시티센터에서 얼마나 떨어져 있는지 확인하는 것이 좋다.

호바트 가는 방법

본토에서 호바트로 가는 방법은 비행기로 한번에 가거나, 데본포트까지 배를 타고 간 뒤 다시 육로를
이용해 호바트까지 가는 두 가지다. 태즈마니아 내의 다른 도시에서 호바트로 이동할 때는 버스를 이용하는 것이
가장 일반적이고, 시간이 없다면 태즈마니아 안에서만 운항하는 로컬 에어라인을 이용할 수도 있다.

멜번으로 가는 길

경로	비행기	버스	거리(약)
멜번 → 호바트	1시간 5분		
시드니 → 호바트	1시간 45분		
론서스톤 → 호바트		2시간 30분	200km
데본포트 → 호바트		4시간	280km

비행기 Airplane

호주 대륙에서 태즈마니아와 가장 가까운 거리에 있는 도시는 멜번이다. 대부분의 여행자가 멜번을 태즈마니아 여행의 전
초기지로 삼고 있으며, 비용도 멜번에서 출발하는 항공이나 선박 요금이 가장 저렴하다. 또한, 편의성면에서도 멜번에서 태
즈마니아의 주요 도시로 운항하는 비행기의 운항 편수는 하루 3~4편인데 비해, 시드니에서 호바트와 론서스톤으로 가는
비행기의 운항 편수는 상대적으로 적은 편이다.
호주 본토와 태즈마니아를 연결하는 항공편은 버진 오스트레일리아, 제트스타, 콴타스 링크, 타이거 에어웨이가 있으며,
호바트로 바로 갈 수 있는 취항 도시는 멜번, 시드니, 브리즈번, 퍼스가 있다.

공항 ⟶ 시내

호바트 국제공항은 시티센터에서 동쪽으로 16km쯤 떨어져 있다. 몇 해 전 신청사를 지으면서 시설면에서는 어느 공항에 견주어도 손색이 없지만, 규모면에서는 국제공항이라 하기에 아담하고 소박하다. 공항 곳곳에 태즈마니아의 동물들을 조각한 청동상들이 있는데, 의외의 장소에 실물처럼 놓여있어서 깜짝 놀라는 재미가 있다.

공항 청사를 빠져나오면 섬 특유의 한산함과 낮게 드리운 전망, 그리고 바로 코앞에 보이는 공항 버스 정류장의 동선에서 정감이 느껴진다. 셔틀버스 운전사에게 목적지를 말하거나, 특별한 목적지가 없다면 일단 엘리자베스 스트리트 Elizabeth St.에서 내려 관광안내소를 찾으면 된다. 시내까지 택시 요금은 A$30~40. 공항에서 시티센터까지는 약 20분 정도가 걸린다. 한 가지 팁을 더하자면, 호주 본토에서는 엄두를 내지 못했던 렌터카 여행을 태즈마니아에서 도전해 보라는 것. 교통량도 적고, 렌터카의 조건이나 시스템도 번잡스럽지 않아서 조금 가벼운 마음으로 운전대를 잡아볼 수 있는 곳이다.

공항셔틀 Sky Bus ⓢ A$19.50(편도), A$36(왕복) ▯ 1300-759-287 ♠ www.skybus.com.au

버스 Bus

태즈마니아에는 레드라인 코치 Redline Coach와 타지링크 Tassielink라는 2개의 큰 버스 회사가 있다. 이들 회사의 버스가 태즈마니아 전역을 거미줄처럼 관통하며 여행자의 발이 되어주고 있다.

이 중에서도 타지링크는 태즈마니아 전역에 50군데가 넘는 코치 네트워크를 두고 있으며, 동부와 서부·내륙·계곡과 강에 이르기까지 관광지 곳곳을 하나의 네트워크로 연결하고 있다. 단, 주말에는 제한된 운행시간으로 인해 다소 불편을 겪을 수 있으며, 겨울보다는 여름에 운행횟수가 더 많다는 것을 염두에 두어야 한다. 최근에는 태즈마니아 대도시에서 사용하는 메트로 '그린 카드'를 공통으로 사용하면서, 여행자들이 이동시마다 개별 구매하는 불편을 최소화했다. 그린 카드 하나면 시내 교통과 장거리 교통이 한 번에 해결된다. 호바트 관광안내소에 타지링크 본사가 있다.

타지링크 Tassielink ♀ Cnr Davey & Elizabeth St., Hobart ▯ 1300-300-520 ♠ www.tassielink.com.au
레드라인 코치 Tasmania's Own Redline Coaches ♀ 230 Liverpool St., Hobart ▯ 1300-360-000 ♠ www.tasredline.com.au

TRANSPORT
호바트 시내교통

메트로 태즈마니아 버스 Metro Tasmania Bus

호바트 시내를 누비는 버스의 이름은 메트로 태즈마니아. 일반적으로 '메트로'라 부른다. 우체국 건물 안에 있는 메트로 버스의 메인 오피스에서 노선과 요금, 그린카드 등에 대한 자세한 안내를 받을 수 있으며, 메인 오피스를 나오면 바로 정류장이 있다. 참고로, 현지인들은 '그린카드 Green Card'라는 교통 카드를 사용하지만, 여행자에게는 그리 효율적이지 않다. 단기여행이라면 현금 사용이 유리하고, 태즈마니아 전역을 여행할 계획이라면 장거리 버스 타지링크와도 호환되는 그린 카드를 장만하는 것이 경제적이다.

메트로타스 📞 13-22-01 🏠 www.metrotas.com.au

메트로 버스 구간별 요금(A$)

구간	현금	그린 카드
1 ZONE	3.50	2.80
2 ZONES	4.80	3.84
ALL ZONES	7.20	5.76

렌터카 Rent a Car

호바트를 제외한 태즈마니아 전역에서는 렌터카가 유용하지만, 호바트 시내에서는 렌터카가 별로 필요 없다. 오히려 일방통행 길이 많은 호바트에서 렌터카는 도로 사정에 어두운 여행자에게 애물단지가 될 수도 있다. 단, 메트로 버스의 운행 횟수가 드문 외곽으로 나가거나 포트 아서 지역으로 갈 때는 렌터카가 편리하다. 대부분의 렌터카 회사들이 공항 내에 사무실을 두고 있으며, 시내에서도 멀지 않은 곳에 있어서 픽업이나 리턴 때 편리하게 이용할 수 있다.

레드데커 호바트 버스 Red Decker Hobart

시내의 주요 관광지와 시티를 순회하는 2층 빨간 버스. 시드니, 브리즈번, 케언즈 등에서 운행되는 익스플로러 버스와 같은 회사에서 운영하지만, 특이하게 호바트에서만 '레드데커'라는 이름으로 불린다. 티켓은 24시간용과 48시간용 중 선택할 수 있으며, 타고 내리는 것이 자유로운 호프 온 호프 오프 방식이다. 태즈마니아 트래블센터 앞에서 하루 4차례 출발(여름에는 연장 운행)하고, 19개의 정거장을 한 바퀴 도는 데는 90분이 소요된다. 물론 도중에 어느 곳에서든 내리고 타면 된다. 더블데커 버스만 잘 이용해도 대중교통을 이용할 일은 거의 없을 정도로 호바트를 샅샅이 보는 것이다.

레드데커 버스 정류장

Tasmanian Travel Centre → Sullivan's Cove → Salamanca Place → Princes Park → Battery Point → St. George's Church → St. George's Terrace → Wrest Point → Cascade Brewery → Female Factory → South Hobart Village → Village Cinema → Hobart CBD → Tasmanian Museum & Art Gallery → Maritime Museum → Penitentiary Chapel → Aquatic Centre → Botanical Gardens → Victoria Docks

레드 데커 호바트
ⓢ 24시간 어른 A$40, 어린이 A$25/48시간 어른 A$50, 어린이 A$35 ☐ 1300-300-915 🏠 www.reddecker.com.au

---

talk 💬 **태즈마니아는 보물섬**

태즈마니아는 호주 대륙과는 다른 자연과 문화가 살아 있는 곳입니다. 호주의 8개 주 중에서 가장 작으면서도 가장 독립된 자치주, 그리고 가장 독특하고 풍부한 아름다움을 지닌 곳이죠. 넓게 펼쳐지는 목초지와 구릉, 푸른 바다, 세계 어느 곳에서도 볼 수 없는 태즈마니아만의 생태계와 변화무쌍한 자연. 이곳을 방문한 사람들은 태즈마니아 주의 캐치프레이즈가 왜 '보물섬 Treasure Island'인지를 실감하게 된답니다.

우리나라 여행자들에게는 호주의 다른 곳에 비해 비교적 덜 알려진 곳이지만, 반드시 여행해보라고 권하고 싶습니다. 호주의 어떤 곳과도 다른, 태즈마니아만의 고유한 아름다움과 거친 듯 부드러운 자연의 속삭임에 귀기울여 보세요!

호바트 추천 코스

호바트 시내는 하루 정도에 둘러볼 수 있다. 시내의 볼거리는 모두 걸어서 다닐만한 거리에 있으므로
하루 동안 몰아서 보고, 조금 외곽에 있는 퀸스 도메인이나 샌디 베이 등은 따로 반나절쯤 시간을 내는 것이 좋다.

엘리자베스 스트리트에서
아가일 스트리트를 따라 바닷가 쪽으로
걸어가면 호바트 타운홀과 나란히
붙어 있는 태즈마니아 박물관을 만나게 된다.
이곳에서 태즈마니아를 대략이나마
이해한 다음 콘스티튜션 독을 지나
살라망카 플레이스로 향할 것!

⏰ 예상 소요시간 5~7시간

Start

엘리자베스 몰
호바트 여행의 시작은 이곳에서

도보 10분

태즈마니아 박물관
태즈마니아의 자연을 한눈에 볼 수 있는 곳

도보 10분

콘스티튜션 독
탁 트인 바다와 고풍스런 건물들

도보 10분

살라망카 플레이스
호바트의 낭만

도보 7분

브룩 스트리트 피어
수려한 바다 풍경과 세련된
인테리어의 창고(?)

자동차 5분, 도보 30분

샌디 베이
요트와 석양

Finish

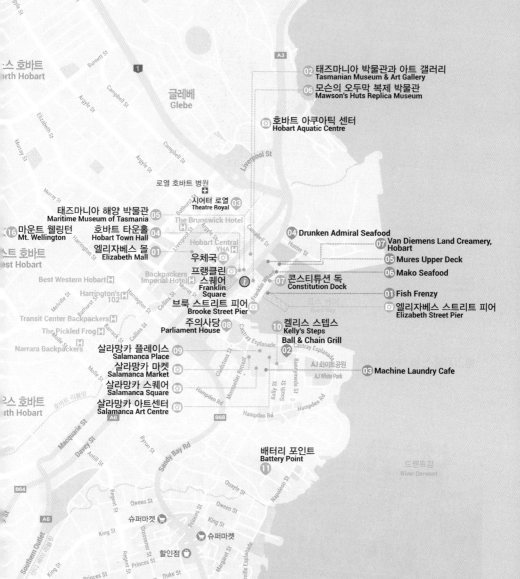

호바트

North Hobart / rth Hobart

리치몬드

River Derwent / 드웬트강

Tasman Hwy (태즈만 브리지)

호바트 국제공항

로열 태즈만 보타니컬 가든
Royal Tasman Botanical Gardens

12 퀸스 도메인
Queen's Domain

Glebe / 굴레베

02 태즈마니아 박물관과 아트 갤러리
Tasmanian Museum & Art Gallery

06 모슨의 오두막 복제 박물관
Mawson's Huts Replica Museum

호바트 아쿠아틱 센터
Hobart Aquatic Centre

Liverpool St

로열 호바트 병원

03 시어터 로열
Theatre Royal

태즈마니아 해양 박물관 05
Maritime Museum of Tasmania

The Brunswick Hotel

16 마운트 웰링턴
Mt. Wellington

호바트 타운홀 04
Hobart Town Hall

Hobart Central YHA

04 Drunken Admiral Seafood

07 Van Diemens Land Creamery, Hobart

West Hobart / est Hobart

엘리자베스 몰 01
Elizabeth Mall

우체국

05 Mures Upper Deck

06 Mako Seafood

Best Western Hobart

프랭클린 스퀘어
Franklin Square

07 콘스티튜션 독
Constitution Dock

01 Fish Frenzy

Harrington's 102

브룩 스트리트 피어
Brooke Street Pier

엘리자베스 스트리트 피어
Elizabeth Street Pier

Backpackers Imperial Hotel

Transit Center Backpackers

주의사당 08
Parliament House

10 켈리스 스텝스
Kelly's Steps

The Pickled Frog

02 Ball & Chain Grill

Narrara Backpackers

살라망카 플레이스 09
Salamanca Place

AJ 화이트공원
AJ White Park

03 Machine Laundry Cafe

살라망카 마켓
Salamanca Market

살라망카 스퀘어
Salamanca Square

uth Hobart / os 호바트

살라망카 아트센터
Salamanca Art Centre

배터리 포인트
Battery Point

11

River Derwent / 드웬트강

슈퍼마켓

슈퍼마켓

할인점

Sandy Bay / 샌디 베이

13 샌디 베이
Sandy Bay

휴온빌
Huonville

태즈마니아 대학, 샌디 베이 캠퍼스
University of Tasmania, Sandy Bay Campus

14 쇼트 타워
Shot Tower

Wrest Point Hotel Casino

N
W E
S

0   200m

호바트 근교

브라이튼
Brighton

리치몬드
Richmond

브리지워터
Bridgewater

뉴 노르포크
New Norfolk

소렐
Sorell

글레노키
Glenorchy

호바트 국제공항

캠브리지
Cambridge

콜린스베일
Collinsvale

호바트

12 퀸스 도메인
Queen's Domain

타이거헤드 베이
Tiger Head Bay

16 마운트 웰링턴
Mt. Wellington

09 살라망카 플레이스
Salamanca Place

액튼 파크
Acton Park

Wellington Park

레스트 포인트 호텔 카지노
Wrest Point Hotel Casino

13 샌디 베이
Sandy Bay

타루나
Taroona

14 쇼트 타워
Shot Tower

킹스턴
Kingston

클리프턴 비치
Clifton Beach

샌드플라이
Sandfly

드웬트강
River Derwent

15 휴온빌
Huoniville

마게이트
Margate

사우스암
South Arm

01

엘리자베스 몰 Elizabeth Mall

호바트 CBD

엘리자베스 스트리트에 있는 광장. 자동차가 다니지 않는 몰의 한가운데 관광안내소 부스가 있으며, 양옆으로 늘어선 백화점과 아케이드들이 명실공히 호바트의 중심가임을 말해주는 듯하다. 입구의 우체국 건물 앞에 대부분의 중·단거리 버스들이 정차한다.

태즈마니아 박물관과 아트 갤러리 Tasmanian Museum & Art Gallery

무너질 것 같은 담벼락 너머 반전 있는 내부

유적지 입구 같은 게이트를 통과하면, '올드 앤 뉴'를 제대로 보여주는 모던한 자태의 박물관 겸 갤러리가 나타난다. 리셉션을 지나면 미술서적을 전시·판매하는 북숍과 어린이를 위한 디스커버리룸이 이어진다. 어린이들이 태즈마니아의 자연을 직접 체험할 수 있도록 동식물의 모형과 화석, 박제, 비디오 자료, 만들기 재료 등을 완벽하게 갖추고 있으며, 체험학습 중인 아이들의 모습이 진지하다.

복도를 따라서 들어가면 멸종된 태즈마니아 호랑이에 대한 자료와 박제가 전시되어 있고, 각종 태즈마니아 동식물에 대한 자료들도 눈길을 끈다. 2층에는 도자기 등의 생활용품과 개척시대의 미술품들이 전시되어 있으며, 애버리진 미술품도 볼 수 있다. 이정표를 따라 전층을 돌고나면, 낯설었던 태즈마니아가 한층 더 친근하고 가깝게 느껴진다.

📍 Dunn Place, Hobart 🕐 10:00~16:00 ❌ 부활절, 안작 데이, 크리스마스 💲 무료 📱 6165-7000 🏠 www.tmag.tas.gov.au

시어터 로열 Theatre Royal

잘 보존된 세월의 위엄

1834년에 설립된 시어터 로열은 호주에서 가장 오래된 극장이다. 건물 자체는 별다른 볼거리가 없으나, 이곳에서 해마다 호주 최고의 댄스·오페라·퍼포먼스 전문가들이 공연을 하는 등 흔히 보기 어려운 문화예술의 향연이 펼쳐진다. 내부에 200년 가까이 된 벽화와 장식이 그대로 보존되어 있고, 탁 트인 천장과 무대를 향해 집중되어 있는 공연장 모습도 인상적이다.

📍 29 Campbell St. 📱 6233-2299
🏠 www.theatreroyal.com.au

태즈마니아 주

호바트 타운홀 Hobart Town Hall

중후한 매력의 건축물

특별한 볼거리가 있는 관광명소라기보다는 한 도시의 과거와 현재를 지켜볼 수 있는 역사의 산실로서 추천하고 싶은 곳이다. 호주에서 두 번째로 오래된 도시인 호바트의 시청사에는 무언가 특별한 것이 있을 듯. 건물 외벽에 새겨진 'Town Hall 1864' 문구만으로도 존재감을 짐작할 수 있다. 그 특별함을 경험하고 싶은 사람은 화요일 14:45, 목요일 10:45의 무료 타운홀 투어를 이용해도 좋다. 맞은편의 우체국 건물과 어우러져서 이 도시의 묵직하고 중후한 스카이라인을 만들어낸다.

♥ 50 Macquarie St., Hobart 📱 6238-2765
🏠 www.hobartcity.com.au

태즈마니아 해양 박물관
Maritime Museum of Tasmania

고래잡이의 추억과 기억

1831년에 세워진 조지아 양식의 건물로, 타운홀과 뮤지엄의 중간 지점인 아가일 스트리트 코너에 있다. 호바트 지역에서 번성했던 고래잡이 어선과 도구들 그리고 고래잡이 역사에 관한 자료들을 전시한다. 건물 밖에 전시된 어망과 돛 등만 봐도 이 박물관의 정체성을 알 수 있을 정도. 이 지역 화가들의 그림이나 사진, 미술사적 자료들도 한 자리에 모아두었다.

♥ 16 Argyle St. 🕐 09:00~17:00 ✖ 크리스마스 💲 어른 A$15, 어린이 무료 📱 6234-1427 🏠 www.maritimetas.org

모슨의 오두막 복제 박물관 Mawson's Huts Replica Museum　　작지만 의미있는 공간

시내에서 부둣가로 향하는 모리슨 스트리트에 작지만 의미있는 박물관이 자리하고 있다. 작은 오두막 두 채가 박물관 건물의 전부이지만, 이런 규모는 남극에 지었던 탐험대의 오두막을 충실하게 '복제'하기 위한 것이다. 1911년 더글러스 모슨 Douglas Mouson이 이끄는 호주 남극원정대가 호바트에서 출발한 지 102주년을 기념해 2013년에 건립한 박물관으로, 남극 대륙 케이프 데이슨에 있는 역사적인 오두막집을

호바트에 재현한 것. 내부의 구조는 물론이고 집기와 가구까지도 그대로 복원하고 옮겨왔다고 한다. 주말이면 건물 앞에서 남극 관련 다양한 이벤트가 펼쳐지는데, 운이 좋으면 남극에서 썰매를 끌고 은퇴한 시베리안 허스키들이 시민들과 어울려 편안한 일상을 보내는 모습을 볼 수 있다.

♥ Morrison St. & Argyle St., Hobat
🕐 10:00~17:00 💲 어른 A$15, 어린이 A$5
📱 6231-1518 🏠 www.mawsons-huts.org.au/replica-museum

콘스티튜션 독 Constitution Dock

부둣가를 따라 늘어선 고풍스러운 건물들과 대형 선박 그리고 바닷가 전망을 자랑하는 시푸드 레스토랑에서 흘러나오는 음악 소리가 항구도시의 낭만을 느끼게 하는 곳. 출퇴근 시간이 되면 콘스티튜션 독에 늘어선 차량과 이들을 위해 다리가 열렸다가 닫히는 개폐식 부두의 전경도 재미있다. 예전에 이곳이 고래잡이의 모항으로 사용되었다는 사실을 떠올리며 걷다 보면 마치 중세로 시간여행을 떠난 듯한 착각마저 든다. 킹스 피어 마리나에는 요트들이 떠있고, 프랭클린 와프를 따라 길게 이어진 길에는 재미있는 조각들이 오가는 이의 시선을 잡는다.

📍 1 Franklin Wharf, Hobart

주의사당 Parliament House

1840년에 세워진 주의사당 건물은 호바트에서 가장 오래된 건물 중 하나다. 가로로 긴 형태의 이 건물은 중후함과 우아함을 동시에 지녔으며, 건물 앞의 넓은 잔디밭과 푸른 바다가 어우러져 한 폭의 그림처럼 아름답다. 점심시간이 되면 아름드리 나무 밑에서 책을 읽거나 삼삼오오 모여 담소를 나누는 호바트 시민들의 모습이 평화롭다. 건물 안으로 들어가면 호바트 의회의 회의 장면을 방청할 수 있는 공간이 마련되어 있으며, 내부 견학도 가능하다.

📍 1 Salamanca Pl, Hobart 📱 6212-2200
🏠 www.parliament.tas.gov.au

살라망카 플레이스 Salamanca Place

주의사당 건물이 있는 팔리아먼트 하우스 가든이 끝나는 지점부터 항구를 따라 길게 형성된 일종의 창고 밀집지역이다. 1835~1836년 사이에 세워진 건물들은 개척시대의 분위기가 진하게 배어 있어 무척 낭만적이다. 고래잡이가 성하던 시대에 세워진 창고들은 현재 갤러리나 부티크, 미술·공예품점, 기념품 가게, 앤티크숍과 퍼브, 레스토랑 등으로 쓰이고 있다.

살라망카 아트센터 Salamanca Art Centre

타이틀은 아트센터지만 사실은 1974년에 만들어진 소규모 쇼핑센터. 살라망카 플레이스에 늘어선 상가 가운데 하나로, 옛 건물을 그대로 이용한 내부가 편안함을 준다. 작은 가게들이 저마다 특색 있는 상품들을 팔고 있는데, 백화점에서 볼 수 없는 독특한 형태와 컬러의 수공예 작품들이 주를 이룬다. 상점 외에 1층에는 커피숍과 피콕 시어터 Peacok Theater라는 이름의 소극장이 있으며, 2층에는 갤러리가 있다.

📍 77 Salamanca Pl., Battery Point 📱 6234-8414
🏠 www.salarts.org.au

살라망카 마켓 Salamanca Market

한 지역을 알기 위해서는 시장에 가보라는 말이 있다. 살라망카 마켓에 가면 호바트를 알 수 있다. 친절하고 호탕한 호바트 사람들과 태즈마니아의 예술, 과일과 채소, 패션, 책, 수공예품, 골동품…, 이 모든 게 한자리에 모여 있는 곳이 바로 살라망카 마켓이다. 노점상을 기웃거리는 것만으로도 재미있고, 가격도 별로 부담스럽지 않다. 유럽의 벼룩시장처럼 중고제품을 사고파는 좌판도 있어서 득템 찬스가 널려 있다. 평상시에도 슈퍼마켓과 카페 등은 문을 열지만, 토요일 오후에 열리는 노천시장을 보지 못하면 호바트의 절반도 보지 못한 것과 같다. 호바트 일정을 잡을 때는 일부러라도 토요일을 꼭 끼워넣을 것을 추천한다.

🕐 토요일 08:30~15:00 📞 6238-2843
🏠 www.salamancamarket.com.au

살라망카 스퀘어 Salamanca Square

앞면의 살라망카 플레이스만 보고 지나치지 말고 건물 이면의 살라망카 스퀘어도 놓치지 말자. '케네디 Kenedy'라는 이름의 골목길로 들어가면 아담한 광장이 나오는데, 분수대를 중심으로 작은 가게들과 레스토랑이 늘어서 있다. 햇살 좋은 날은 분수대에 앉아 아이스크림을 먹으며 거리의 악사가 연주하는 흥겨운 음악에 몸을 맡겨도 좋은 곳이다.

10

켈리스 스텝스 Kelly's Steps

계단 끝에 뭐가 있을까?

살라망카 플레이스를 걷다가 이정표를 보고 계단 끝까지 올라간 사람들은 누구나 한마디씩 하게 마련이다. 이게 뭐야? 라고. 별다른 볼거리를 기대하기보다는, 지금부터 거의 180년 전에 만든 계단을 올라갔다는데서 의의를 찾는 것이 좋다. 앞만 보고 오르지 말고, 가끔 발걸음을 멈추고 뒤를 돌아볼 때 소소한 감동이 밀려온다. 마치 뒷골목으로 난 계단처럼 느껴지지만, 이 계단을 올라서 5분쯤 가면 히스토릭 빌리지센터가 나온다. 배터리 포인트로 가는 지름길이기도 하다.

📍 5 Kelly St., Battery Point

배터리 포인트 Battery Point

아름다운 동네 산책

1804년 호바트에서 최초로 형성된 주거지역이다. 배터리 포인트라는 지명은 영국 정부가 프랑스군을 막기 위해 이곳에 포병부대를 세웠던 데서 유래한다. 지금은 고급 주택들이 들어서 있지만 40여 개의 당시 건물들이 아직도 사용되고 있어서 번창했던 옛 시절의 기억을 되살려 준다. 정해진 길이 있는 것은 아니지만, 도중에 오래된 아름다운 교회 건물을 만나면 잠시 교회당 건물에 들렀다 가도 좋다. 빅토리아 양식과 조지아 양식의 오래된 집들이 아름답게 늘어서 있는 이곳에서 바

라보는 석양은 특히 아름다워서 한번쯤 살아보고 싶은 마음이 들지도 모른다. 일부러 찾아갈 만한 어트랙션은 아니지만, 호바트의 옛 정취를 느끼고 싶다면 배터리 포인트로 향하는 거리의 모습이 좋은 대안이 된다.

퀸스 도메인 Queen's Domain

여유로운 일상

도심 북쪽, '여왕의 영토'라는 뜻을 지닌 이 넓은 언덕은 호바트에서 가장 지대가 높아서 시내를 한눈에 내려다볼 수 있다. 정상으로 오르는 산책길 곳곳에 펼쳐진 잔디 구장과 수영장, BBQ 시설 등도 볼 만하지만, 무엇보다 호바트 시내를 한눈에 내려다볼 수 있는 최적의 장소라는 사실이 매력적이다. 가버먼트 가든을 지나 정상에 오르면 멀리 마운트 웰링턴을 배경으로 서 있는 태즈만 다리와 드웬트강이 그림처럼 펼쳐진다. 이곳은 호바트 시민들의 휴일 산책코스이기도 한데, 하루 동안이라도 자연과 더불어 여유롭게 살아가는 호바트 시민이 되는 경험을 해보자.

호바트 아쿠아틱 센터
Hobart Aquatic Centre

퀸스 도메인 입구에 있는 아쿠아틱 센터. 국제 규격의 풀과 현대식 설비를 갖춘 수영장이다. 단순한 수영장이라고 하기에는 규모나 시설이 무척 뛰어나다. 주로 호바트 시민들이 이용하지만, 스파 풀이 있어서 관광객들이 쌓인 피로를 풀기에도 좋다.

♀ 1 Davies Ave., Queens Domain ⏰ 월~금요일 06:00~21:00, 토~일요일 08:00~18:00
☎ 6222-6999 🏠 www.hobartaquaticcentre.com.au

로열 태즈만 보타니컬 가든
Royal Tasman Botanical Gardens

수백 년을 살아온 고목과 계절마다 피어나는 꽃들. 로열 보타니컬 가든의 6천 종이 넘는 식물들이 만들어내는 초록의 향연은 장엄하기까지 하다. 특히 태즈마니아 지역에 자생하는 식물을 모아둔 온실과 태즈마니아 숲을 재현해놓은 펀 하우스 등이 볼만한데, 장미나 허브에 관심 있는 사람들은 종류별로 전시하고 있는 온실을 찾아가면 된다. 정원을 한 바퀴 둘러본 뒤에는 보타니컬 디스커버리센터에 들러 태즈마니아의 생태계에 대한 자세한 자료를 볼 수 있다. 리셉션이 있는 건물 안에 갤러리와 아트숍, 레스토랑 등이 있다. 레드데커 버스를 이용하면 손쉽게 퀸스 도메인 일대를 둘러볼 수 있고, 메트로 버스를 이용할 때는 시티 인터체인지 City Interchange에서 615, 695번 버스를 타고 보타니컬 가든 입구에서 하차하면 된다.

♀ Lower Domain Rd., Hobart
⏰ 4·9월 08:00~17:30, 10~4월 08:00~18:30, 5~9월 08:00~17:00 💲 무료(보타니컬 디스커버리 센터는 유료) ☎ 6166-0451 🏠 www.rtbg.tas.gov.au

태즈마니아 주

샌디 베이 Sandy Bay

시내에서 샌디 베이 로드를 따라 남쪽으로 내려가면 조용하고 아름다운 바닷가가 나온다. 드웬트강이 태즈만해로 흘러들어 가는 길목에 위치한 샌디 베이에는 출항을 기다리는 배들이 나란히 줄을 서 있다. 푸른 해수면에 햇살이 비치면 마치 보석을 뿌려놓은 것처럼 반짝이는 바다가 정말 아름답다. 잔잔한 물결이 일 때마다 반짝이는 햇빛과 투명한 물살. 하얀 돛을 단 요트들과 유려한 곡선의 해안선, 갈매기떼의 날갯짓마저도 평화로운 이곳에서 책을 읽는 사람들과 산책하는 사람들의 모습은 오랫동안 잊지 못할 만큼 인상적이다.

🚶 메트로 버스 52·53·54·55번을 타고 샌디 베이 하차

레스트 포인트 호텔 카지노 Wrest Point Hotel Casino

카지노가 있는 레스트 포인트 호텔은 샌디 베이의 터줏대감이다. 아름다운 해안가에 오롯이 자리잡은 이곳은 호바트 최고의 전망을 가진 호텔이기도 하다. 호텔 로비층에 자리한 카지노 역시 야경을 만끽하며 밤늦도록 엔터테인먼트를 즐길 수 있는 곳. 밤이 조용한 호바트에서 거의 유일하게 새벽까지 불을 밝히는 곳이다.

📍 410 Sandy Bay Rd., Sandy Bay
📱 6221-1888
🏠 www.wrestpoint.com.au

14

쇼트 타워 Shot Tower

올라가, 말아?

만약 렌터카 여행 중이라면 추천할 만한 곳이다. 샌디 베이에서 남서쪽으로 20분 정도 자동차를 타고 가면 굽이진 해안선을 따라 그림 같은 마을들이 이어지고, 어느새 눈앞에 높다란 굴뚝 하나가 나타난다. 얼핏 보면 굴뚝같지만 엄연히 '타워'라는 명칭을 가진 이곳이 바로 탄환 제조를 위해 세운 쇼트 타워. 1870년에 세워진 이 탑의 꼭대기에서 아래의 물웅덩이를 향해 철 한 방울을 떨어뜨리면, 철이 떨어지면서 생긴 공기저항으로 둥근 모양의 탄환을 얻을 수 있었다고 한다. 탑의 정상에서 바라보는 해안선과 호바트 시티의 모습도 아름답고, 쇼트 타워가 있는 작은 마을 타루나의 모습도 정겹다. 단, 280여 개의 계단을 걸어서 올라가야만 볼 수 있는 풍경이니 오르기 전에 호흡을 한 번 가다듬고 도전해볼 것.

📍 318 Channel Hwy., Taroona 🕐 10:00~17:00 ❌ 크리스마스
💲 무료(입장료를 안 내는 대신 티룸에서 차를 마실 것을 추천)
📱 6227-8885 🏠 shot-tower-tasmania.business.site

15

휴온빌 Huonville 　　　　　　　　　송어낚시와 사과로 유명한

호바트 남쪽 50km 지점에 있는 작은 전원도시. 호바트에서 자동차로 40분 정도 걸리며, 태즈마니아 특산품인 사과 재배지로 유명한 곳이기도 하다. 와이너리도 몇 군데 있으며, 최근에는 휴온 계곡의 송어낚시가 주목받고 있다. 마을 입구의 에스플러네이드 스트리트에 자리한 인포메이션 센터에서 도시와 계곡의 지도 등 더욱 자세한 정보를 얻을 수 있다.

인포메이션 센터
📍 2273 Huon Highway, Huonville 📱 6264-0326 🏠 www.huonvalleyvisitorcentre.com.au

마운트 웰링턴 Mt. Wellington

사이클과 워킹 명소

호바트 시내에서 서쪽으로 약 20km 떨어진 곳에 위치한 마운트 웰링턴은 산 정상에서 바라보는 호바트 일대의 아름다운 풍광으로 유명하다. 해발 1270m의 산 정상까지 워킹트랙이 잘 발달되어서 걸어서 산을 오르는 사람들도 많다. 사이클을 즐기는 사람이라면 현지 투어 회사에서 주최하는 사이클링 투어에 참가해 보는 것도 좋다. 버스를 타고 정상까지 간 다음 자전거를 타고 하산하는 프로그램은 현지인들이 주로 이용하는 코스. 산 정상의 전망대에 서면, 호바트의 전경과 드웬트강, 샌디 베이까지 손에 잡힐 듯 보인다.

talk 이건 내가 세계 최고!

태즈마니아에는 세계 최고 또는 호주 최고를 자랑하는 것이 많습니다. 먼저 세계에서 최고라 할 수 있는 것으로는 가장 키 큰 꽃과 가장 오래된 나무를 꼽을 수 있는데, 태즈마니아의 숲에 서식하는 습지점성 유칼립투스 나무 '유칼립투스 글로불러스 Eucalyptus Globulus'와 휴온 소나무 '라가로스트로보스 프랭클리니 Lagarostrobos Franklinii'가 바로 그것입니다. 동물쪽으로는 태즈마니아가 본거지라 알려진 태즈마니아 호랑이 '타일라시누시 시노세팔루스 Thylacinus cynocephalus'를 꼽을 수 있습니다. 그뿐이 아니죠. 호주에서 가장 깊은 호수라는 '세인트 클레어 호수 Lake St Clair', 가장 오래된 극장인 '시어터 로열 Theatre Royal', 마지막으로 가장 긴 동굴 '엑시트 동굴 Exit Cave state Reserve'. 이 모든 것들이 태즈마니아라는 보물섬에 있답니다.

태즈마니아 호랑이, 타일라시누스 시노세팔루스

Fish Frenzy

인생 피시앤칩스!

호바트 뿐 아니라 호주 전역에서도 넘버 3에는 들어갈 피시앤칩스 레스토랑. 소문만큼 푸짐하고 풍부한 맛을 자랑한다. 고깔 모양 종이에 푸짐한 칩스가 담겨있고, 종류별로 선택할 수 있는 피시는 육즙이 풍부하다. 가벼우면서도 파삭한 튀김옷과 어우러져 세상 없는 피시앤칩스로 거듭났다. 싱싱한 샐러드와 다양한 해산물 요리도 메뉴에 올라있다. 해 질 녘이 되면 엘리자베스 피어의 석양을 보러 나온 사람들로 북적거리지만, 직원들의 친절함은 한결같다.

📍 Sullivans Cove, Elizabeth Street Pier, Hobart 🕐 13:00~21:00 ❌ 크리스마스
📱 6231-2134 🏠 www.fishfrenzy.com.au

태즈마니아주

Ball & Chain Grill

태즈마니아 전통 요리 전문점

사슴이나 왈라비 고기로 만든 소시지, 싱싱한 송어 구이 그리고 훈제 스테이크 등의 태즈마니아 전통요리를 맛볼 수 있는 곳이다. 입구는 좁지만 내부로 들어가면 넓고 아늑한 실내가 나온다. 살라망카 마켓이 열리는 토요일에는 자리가 없을 정도로 현지인들에게 인기 있는 레스토랑이다.

📍 87 Salamangca Place 🕐 일~금요일 12:00~14:30, 17:30~22:00 토요일 17:30~22:00
📱 6223-2655 🏠 www.ballandchain.com.au

03
Machine Laundry Cafe

빨래도 돌리고 커피도 마시고

'Laundry Cafe'라는 캐치프레이즈를 내건 독특한 콘셉트의 카페. 세탁소에 카페를 차린 건지 카페에 세탁소를 차린 건지 알 수 없지만, 여하튼 젊은 여행자들이 좋아할 만한 파격적인 음식과 커피를 선보이고 있다. 동전 세탁기에서 빨래가 돌아가는 동안 식사를 하거나 커피를 마실 수 있다는 점에서 아이디어가 돋보인다. 연중무휴, 이른 저녁까지 문을 열고 드라이클리닝 주문도 받는다.

📍 12 Salamanca Square, Battery Point ⏰ 07:30~17:00 📱 6224-9922

04
Drunken Admiral Seafood

푸짐한 시푸드 플레이트

오후 5시부터 문을 여는 시푸드 전문 레스토랑. 빅토리아 독과 맞닿은 곳에 있어서 부둣가의 정취와 낭만이 그대로 묻어난다. 해적선 내부를 연상시키는 인테리어가 해산물의 맛을 한결 돋워준다. 태즈마니아 앞바다에서 잡은 신선한 시푸드 플레이트가 최고 인기 메뉴.

📍 17/19 Hunter St, Hobart ⏰ 17:00~22:00
📱 6234-1903 🏠 www.drunkenadmiral.net

05
Mures

호바트 대표 맛집

빅토리아 독의 뛰어난 전망과 싱싱한 시푸드 맛을 자랑하는 곳. 선장 출신의 주인이 생선가게 Mures Fish Center와 시푸드 레스토랑을 함께 운영한다. 자신이 직접 잡은 싱싱한 재료로 요리하는 시푸드의 맛은 말 그대로 보증수표며, 뛰어난 플레이팅으로 현지 언론의 격찬을 받는 레스토랑이다. 장사가 잘 되어서 매장 수도 점차 늘어나는데, Lower Deck, Upper Deck 점이 나란히 있으며, 생선가게 Fishmongers도 함께 운영한다.

📍 Victoria Dock, Davey St., Hobart ⏰ 11:00~21:00
📱 6231-1999 🏠 www.mures.com.au

06
Mako Seafood

맛있는 배 한 척

콘스티튜션 독에는 유난히 시푸드 레스토랑과 피시앤칩스집이 많다. 그중에서도 눈에 띄는 배 한 척이 있는데, 꽤 오래전부터 정박해 있는 배의 정체는 바로 마코 시푸드 레스토랑. 바로 옆에 절대 강자 Mures가 있지만 굴하지 않고 자기만의 맛과 메뉴로 자리를 지키고 있다. 내부에 몇 개의 테이블이 있지만 대부분 테이크어웨이용으로 구입하며, 날씨가 좋은 날은 근처 아무 곳이나 자리를 잡으면 근사한 레스토랑이 된다. 주 메뉴는 다양한 종류의 피시와 칩스, 그리고 생굴 요리(?). 나란히 있는 Flippers와 가격이나 메뉴 등에서 대동소이하고, 굳이 차이를 찾자면 튀김옷과 소스에서 미세한 차이가 느껴진다. 둘 다 현지인들이 인정하는 맛집이다.

📍 Constitution Dock, Hobart ⏰ 11:00~21:00 📱 6234-9884

Van Diemens Land Creamery

태즈마니아산 낙농 아이스크림

날씨가 좋은 날은 그야말로 줄을 서는 아이스크림 가게. 태즈마니아산 신선한 우유만을 사용하는 이곳은 태즈마니아 낙농가에서 만든 브랜드이며 태즈마니아에만 본점과 지점을 두고 있는 아이스크림 전문점이다. 40여 종의 아이스크림을 골라먹는 재미가 있으며, 모든 재료는 엄선된 유기농만을 사용한다. Mako Seafood와 Flippers 사이에 있다.

📍 Constitution Dock, Hobart 🕐 12:00~21:30
📱 0448-849-724 🏠 www.vdlcreamery.com.au

---

talk 엘리자베스 스트리트 피어 VS. 브룩 스트리트 피어 Elizabeth Street Pier VS. Brooke Street Pier

호바트는 항구입니다. 어느 도시든 항구에는 늘 화물을 보관하던 창고가 부두를 따라 늘어서있기 마련이지요. 오래된 창고들은 그 자체로 도시의 역사가 되어 많은 이야기를 들려줍니다. 호바트의 부두(피어) 역시 저마다의 개성으로 리모델링되어 하나 둘 핫 플레이스로 거듭나고 있습니다.

그 중에서도 눈에 띄는 두 곳. 엘리자베스 스트리트 피어와 브룩 스트리트 피어는 최근 호바트 여행자들이 살라망카 플레이스만큼이나 반드시 찾아야 할 어트랙션이 되었습니다. 트렌디한 레스토랑과 오래된 맛집이 공존하고, 수려한 바다 풍경과 세련된 인테리어를 겸비하고 있기 때문이지요. 주말이면 부두에서 살라망카 플레이스까지 자연스럽게 이어지는 발걸음들이 늘고, 주말 시장과 다양한 이벤트가 도시를 달뜨게 만듭니다.

바다와 바람과 생기 넘치는 호바트 사람들을 만나고 싶다면, 이 두 곳을 주목하세요!

태즈마니아 주

유형의 역사를 간직한 곳
태즈만 페닌슐라
TASMAN PENINSULA

멀리 호바트까지 갔다면 절대 빠뜨려서는 안 될 곳이 바로 태즈만 페닌슐라 지역이다. 포트 아서 히스토릭 사이트를 포함해 포트아서 라벤더, 태즈마니안 데빌 연주 등 태즈마니아의 역사와 자연을 한 군데에 응축해둔 지역이 바로 태즈만 페닌슐라이기 때문이다. 많은 투어 회사들이 호바트에서 출발하는 데이 투어와 1박2일 투어상품을 선보이고 있어서 쉽게 갈 수 있다.

인포메이션 센터

Port Arthur Visitor Information Center 📍 Port Arthur Historic Site, 6973 Arthur Highway, Port Arthur 🕐 08:30~17:00 📱 6251-2371 🏠 www.portarthur.org.au

태즈만 페닌슐라 가는 방법

태즈마니아 최남단의 태즈만 페닌슐라로 가는 주요 교통수단은 투어 버스와 렌터카다.
8월 한겨울을 제외하고는 버스와 크루즈가 합쳐진 투어도 인기 있는 프로그램이다.

투어 Tour

호바트에서 출발하는 많은 투어 회사들이 태즈만 페닌슐라로 향하는 데이 투어 프로그램을 선보이고 있다. 밤 시간에 진행
되는 고스트 투어에 참가할 생각이 아니라면 하루 동안 진행되는 데이 투어만으로 이 일대를 마스터할 수 있다.
포트 아서의 고스트 투어에 관심이 있는 사람에게는 호바트에서 15:45에 출발하고 다음 날 새벽 06:00에 돌아오는 타지
링크 코치가 추천할 만하다. 이 경우 포트 아서에서의 숙박이 가능한지 여부를 미리 확인할 것.

태즈만 페닌슐라 투어

투어 회사	DATA	내용
Experience Tasmania	♦ 129 Liverpool St., Hobart 📱 6234-3560 🏠 www.experiencetas.com.au	포트 아서 히스토릭 사이트, 리치몬드 등을 포함한 데이 투어. 호바트 시티 투어도 주최한다.
Self's Peninsula Coaches	♦ 30 Waterfall Bay Rd., Eaglehawk Neck 📱 6250-3186 🏠 www.peninsulacoachservice.com	태즈마니아 페닌슐라 지역에 본사를 둔 버스 회사. 운전사 대부분이 지역의 역사와 지리에 밝은 토박이들이다.
Tassielink Coaches	♦ Hobart Bus Terminal, 64 Brisbane St., Hobart 📱 1300-300-520 🏠 www.tassielink.com.au	호바트에서 포트 아서까지 매일 한 차례씩 오가는 734번 노선 버스를 운행한다.

크루즈 Cruise

태즈만 페닌슐라의 대표적인 관광지 포트 아서를 둘러보는 낭만적인 방법은 크루즈를 타는 것이다. 오전 8시에 호바트에서
출발하는 투어 버스를 타고 태즈만 페닌슐라에 도착해서, 크루즈를 타고 히스토릭 사이트를 돌아본 뒤, 오후 4시에 버스를
타고 호바트로 돌아오는 코스가 가장 일반적이다. 포트 아서 제티에서 오전 8시에 출발하는 태즈만 아일랜드 와일더니스

크루즈 Tasman Island Wilderness Cruise
를 가장 많이 선택한다. 태즈만 페닌슐라까지
는 렌터카를 이용해서 가고, 포트 아서 지역
만 크루즈를 이용하는 3시간 크루즈 프로그
램도 있다.

Tasman Island Cruises
♦ 6961 Arthur Highway, Port Arthur
💲 3시간 크루즈 A$175 📱 6250-2200
🏠 www.tasmancruises.com.au

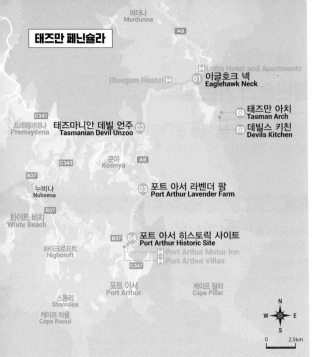

태즈만 페닌슐라

머더나
Murdunna

A9

Lufra Hotel and Apartments
Bluegum Hostel
01 이글호크 넥
Eaglehawk Neck

C341
프레에데나
Premaydena
태즈마니안 데빌 언주 **02**
Tasmanian Devil Unzoo

태즈만 아치
Tasman Arch
데빌스 키친
Devils Kitchen

콩야
Koonya

A9

C343

B37
누비나
Nubeena

포트 아서 라벤더 팜 **03**
Port Arthur Lavender Farm

B37
화이트 비치
White Beach

B37 **04** 포트 아서 히스토릭 사이트
Port Arthur Historic Site

하이크로프트
Highcroft

Port Arthur Motor Inn
Port Arthur Villas

C347

포트 아서
Port Arthur

케이프 필러
Cape Pillar

스톰리
Stormlea

N
W E
S

케이프 라울
Cape Raoul

0   2.5km

01

이글호크 넥 Eaglehawk Neck

누군가에게는 세상 끝이었던 곳

태즈만 페닌슐라가 시작되는 이곳은 지형이 독수리의 목처럼 길고 가늘다고 해서 이글호크 넥이라는 이름을 갖게 되었다. 다른 한편으로는 독특한 지형 때문에 포트 아서에서 탈옥한 죄수들이 이곳을 통과하지 못하고 체포되었던 곳이기도 하다. 포트 아서가 악명 높은 감옥이 될 수 있게 된 주원인도 바로 이글호크 넥의 독특한 지형 때문.

포트 아서로 가려면 반드시 이곳을 지나야 하는데, 기회가 된다면 잠시 차를 세우고 이곳에서 숨져간 수많은 죄수들의 명복을 빌어주자. 근처에 태즈만 아치 Tasman Arch, 데빌스 키친 Devils Kitchen 등의 볼거리가 있다.

태즈마니안 데빌 언주 Tasmanian Devil Unzoo

태즈마니아에만 사는 야생동물 태즈마니안 데빌을 만날 수 있는 곳이다. 원래 이름 이었던 태즈마니안 데빌 '파크'에서 '언 주 Unzoo'로 이름을 바꾸면서 동물원 의 개념마저 바꾸었다. 다소 낯선 단어 인 '언주'는 동물을 우리 안에 가두어 두는 전통적인 동물원에서 탈피, 동물 존엄과 생태환경을 배려한 일종의 '정 신'이자 '약속'이다. 이곳에서는 동물과의 만남, 야생동물 탐험, 태즈마니아 원주민 정원, 그리고 독창적인 예술을 모두 체험할 수 있다. 야생동물 구조센터를 겸하고 있어서 희귀종인 야생 매 와 올빼미 등의 생태를 관찰할 수 있고, 야생조류의 플라이트쇼 도 볼 수 있다. 매일 4차례의 먹이 주는 시각에 맞추어 가면 멸종 위기의 태즈마니안 데빌을 더 가까이서 볼 수 있다. 아서 하이웨 이를 따라 포트 아서 방향으로 오른쪽에 있으며, 입구에 매표소 와 함께 전시장 겸 기념품점이 있다.

📍 Arthur Hwy., Port Arthur 🕐 겨울 09:00~17:00, 여름 09:00~ 18:00 ❌ 크리스마스 💲 어른 A$49, 어린이 A$28 📱 6250-3230
🏠 www.tasmaniandevilunzoo.com.au

포트 아서 라벤더 팜 Port Arthur Lavender Farm

포트 아서 히스토릭 사이트로 향하는 아서 하이웨이에 잠시 쉬어 갈만한 어트랙션이 있다. 12월에서 2월 사이에는 보랏빛 라벤더가 흐드러지게 핀 모습을 볼 수도 있고, 탁 트인 라벤 더 밭을 보며 향기로운 라벤더 티와 커피, 식사를 즐길 수도 있다. 건물 절반을 사용하고 있 는 라벤더숍에서는 향수, 디퓨저, 침구, 말린꽃, 비누, 자수제품 등등 정말 다양한 라벤더 제 품을 구경하고, 구입할 수 있다. 꽃이 피는 1~2월에는 밤늦게까지 문을 열지만, 5~11월까지 의 겨울 시즌에는 문을 닫는 때가 많다. 잠시 쉬어가는 것만으로 제대로 힐링이다.

📍 6555 Arthur Hwy, Port Arthur 🕐 10:00~16:00 ❌ 크리스마스 💲 무료 📱 6250-3058
🏠 www.portarthurlavender.com.au

04

포트 아서 히스토릭 사이트 Port Arthur Historic Site

호주 최남단 태즈마니아 주에서도 거의 끝자락이라 할 수 있는 이곳 태즈만 페닌슐라까지 달려온 이유는 바로 이곳, 포트 아서 히스토릭 사이트를 보기 위해서다. 허물어진 벽돌 건물과 뾰족하게 솟은 교회 건물, 유유히 흐르는 강물과 푸른 잔디. 얼핏 보면 아름답고 평화롭기 그지없는 전원마을이다. 어딘지 모르게 으스스한 기분을 제외한다면. 기분 탓이라 하기에는 너무나 강한 기운에 비장함 마저 감돈다. 이곳이 살아서는 절대 나갈 수 없었던 천혜의 감옥이었다는 사실 때문일까.

포트 아서는 1830~1877년, 영국과 식민지 호주에서 죄를 지은 죄수들이 보내졌던 악명높은 감옥이었다. 매표소를 지나, 지하 갤러리에 들어서면 어두운 조명 탓에 더더욱 긴장하게 된다. 이곳은 포트 아서에서 수형 생활을 했던 죄수들에 대한 기록이 담겨있는 곳으로, 매표소에서 받은 한 장의 카드와 동일한 이름의 캐비넷을 찾아 해당 죄수의 일생과 죄목을 확인할 수 있다. 어린이에게는 어린이 죄수들의 카드를 주는데, 어처구니 없는 죄목으로 영국에서 호주 끝까지 보내져 죽음을 맞게 된 백 여 년 전 죄수들의 스토리에 가슴이 먹먹해지기도 한다.

건물을 나오면 본격적인 사이트 투어에 앞서 가이드 설명을 듣게 된다. 건물들의 대략적인 용도와 히스토리를 듣고 나면 자유롭게 넓은 부지를 둘러볼 수 있다. 히스토릭 사이트 입장료에는 갤러리와 30개가 넘는 건물의 내부 견학, 워킹투어, 크루즈 등이 포함되어 있고, 해가 진 이후에 약 90분에 걸쳐 진행되는 고스트 투어 Ghost Tour는 따로 요금을 지불해야 한다.

입구 게시판에는 고스트 투어에서 찍힌 유령의 사진이 붙어 있어 공포와 호기심을 동시에 불러일으킨다. 건물 바깥에서 왼쪽으로 가면 입장료를 내지 않고도 포트 아서의 내부를 볼 수 있도록 전망대를 마련해두고 있다.

📍 Arthur Hwy, Port Arthur ⏰ 08:00~17:00 ❌ 크리스마스 💲 어른 A\$47, 어린이 A\$22 📱 6251-2300
🏠 www.portarthur.org.au

talk 포트 아서의 비극

매년 수천 명의 관광객들이 호주의 끝 태즈마니아에서도 다시 최남단에 있는 포트 아서를 찾는 이유는 무엇일까요? 아름다운 전설이 어린 고성도 아니고 금 은보화 가득한 보물성도 아닌, '생지옥 Living Hell'이라 악명 높았던 감옥을 말 이죠. 1830년, 태즈마니아의 관리로 취임한 아서 경은 태즈마니아 페닌슐라 지 역을 식민지 최고의 감옥으로 선택했다고 합니다. 그의 표현대로라면 이곳은 이 글호크 넥 안에 둘러싸인 '천연 교도소 Natural Penitentiary'였으니까요. 그 후 1830년에서 1877년 사이에 무려 1만 2,500명의 죄수가 이곳에 유배되었습 니다.

그러나 정작 세계의 이목이 집중되었던 사건은 1996년에 일어났습니다. 총을 든 남자가 포트 아서에 나타나 관광객과 직원들을 무참히 살해한 비극적인 총 살극이 벌어졌던 것입니다. 이 사건으로 35명이 목숨을 잃었고, 수십 명이 다쳤 습니다. 범인은 스스로 목숨을 끊었지만, 전 세계는 이 엽기적인 사건에 경악을 금치 못했죠. 이 사건은 호주 전역에 총기 소지에 대한 경종을 울렸으며, 그 뒤 호주에서 '총기 소지 금지법'이 발표되기에 이르렀다고 합니다.

태즈마니아
환상의 드라이브 코스
BEST 3

동부에는 아름다운 해안선과 쪽빛 바다가,
서부에는 험준한 산맥과 깊은 계곡이….
이 책에 소개한 볼거리 외에도
수많은 비경이 섬 전체에 숨어 있다.
마치 겹겹이 싸여 있는 양파처럼,
다가갈수록 새로운 풍경들이 속내를 드러낸다.

NO. 1 A3번 도로,
태즈만 하이웨이 Tasman Hwy.

동부 해안을 달리는 드라이브 코스. 바닷길을 따라 끝
없이 펼쳐지는 파도와 초목 그리고 굽이굽이 여유로운
태즈마니아의 자연을 감상할 수 있는 길이다. 호바트에
서 스완지, 비체노를 거쳐 론서스톤까지 연결된다.

NO. 2 1번 도로,
미들랜드 하이웨이 Midland Hwy.

호바트에서 론서스톤을 거쳐 데본포트까지 가는 가장
빠른 노선. 1번이라는 도로명에 걸맞게 가장 잘 정비된
대표도로다. 론서스톤을 거치지 않고 곧장 데본포트로
갈 예정이라면 도중에 A5번 도로를 경유하는 것이 더
빠르다. A5번 도로에서는 레이크 하이웨이라는 별칭
그대로 그레이트 호수와 아서스 호수 등의 비경을 감상
할 수 있다.

NO. 3 A10번 도로
웨스트 하이웨이 West Hwy.

크레이들 마운틴과 클레어 호수 등을 경유하면서 남서
부를 아우르는 도로. 황무지와 우거진 초목, 사막 등의
다양한 지형을 감상할 수 있지만 약간 굴곡이 심한 노
선. 호바트에서 북부의 휴양도시 버니까지 연결된다.

도시 전체가 타임캡슐

리치몬드
RICHMOND

호바트 북동쪽 24km 지점에 자리한 리치몬드는 정말 작은 마을이다. 도시를 이루고 있는 50채 남짓한 건물들은 대부분 19세기에 지어진 것들이어서 마을 전체가 타임캡슐이라 해도 과언이 아니다. 이곳 역시 유형의 역사를 간직한 곳으로, 가장 대표적인 어트랙션은 리치몬드 감옥과 죄수들이 지은 리치몬드 다리를 꼽을 수 있다. 목적지 보다는 경유지로의 성격이 강한 곳이지만, 이 도시에서만 맛볼 수 있는 태즈마니아 명물 가리비 파이는 건너뛰지 말 것!

인포메이션 센터

Oak Lodge ♥ 18 Bridge St, Richmond ⏰ 11:30~15:30 📞 6260-4153 🏠 www.coalriverhistory.org

＊마을 커뮤니티에서 운영하는 인포메이션 센터 겸 박물관으로, 정식 관광안내소는 아니다.

리치몬드 다리 Richmond Bridge

도시의 진입로, 코울강 위에 세워진 리치몬드 브리지는 현재까지 사용되는 다리 중에서는 호주에서 가장 오래된 다리다. 1823년에 완공된 사암 다리로, 리치몬드 감옥에 수감되었던 죄수들에 의해 건설되었다. 주차장 입구의 안내판을 읽고 나면 벽돌 하나 하나를 손으로 쌓아올린 흔적에서 아름답기 이전에 안타까움이 배어난다. 크지는 않지만 유려한 곡선과 오묘한 컬러로 유명한 이 다리는 태즈마니아를 소개하는 책자나 엽서에 단골로 등장한다. 평소에는 청동오리떼의 평화로운 놀이터지만, 여름철에는 다리 밑에서 수영대회가 열리는 등 많은 사람들로 북적인다.

♥ Bridge St., Richmond 🏠 www.environment.gov.au

세인트 존스 교회와 묘지 St John's Church and Cemetery

리치몬드 다리를 보고 이 도시를 다 봤다고 생각하지 말 것. 주차장을 지나 세인트 존스 써클의 끝까지 들어가면 나지막한 언덕 위에 아름다운 교회 건물이 나타난다. 1837년에 세워진 이 교회는 호주에서 가장 오래된 가톨릭 교회로 알려져 있다. 교회 안으로 들어가면 정면에 소박하지만 아름다운 스테인드글라스가 여행자를 맞고, 교회 뒤편 양지에는 마을을 지켜오는 오랜 묘지가 조성되어 있다. 마치 그림엽서의 한 장면처럼, 혹은 시간이 멈춰버린 것처럼 오래 마음에 남는 공간이다.

♥ 38 St Johns Cir., Richmond

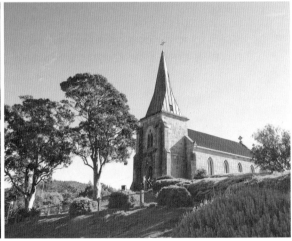

리치몬드 감옥 Richmond Goal

1825~1840년 사이, 장장 15년에 걸쳐 지어진 리치몬드 감옥. 죄수들에게는 수용소이자 작업장이었던 셈인데, 매표소가 있는 메인 동이 가장 먼저 지어졌고 이후 주방, 독방, 여성 수용소 등의 건물들이 추가되었다. 찰스 디킨스의 소설 〈올리버 트위스트 Oliver Twist〉에서 파긴 Fagin이라는 캐릭터의 모델로 널리 알려진 영국인 범죄자 아이작 아이키 솔로몬 Isaac Ikey Solomon이 수용됐던 감옥으로도 유명하다. 이후 1877년부터 1928년까지는 감옥이 폐쇄되고 건물 역시 문을 닫았으나, 1940년대에 유적지로 재단장 후 일반에게 개방되었다.

📍 37 Bathurst St., Richmond
🕐 09:00~17:00 💲 어른 A$12, 어린이 A$6 📱 6260-2127
🏠 www.richmondgaol.com.au

올드 호바트 타운 Old Hobart Town

마을 전체가 타임캡슐인데, 그 중에서도 이곳은 작정하고 민속촌을 조성해 놓은 곳이다. 1820년대 호바트 옛모습을 미니어처로 재현해 두었는데, 이런 이유로 처음 이름은 모델 빌리지 Model Village로 불렸다.
호주와 태즈마니아의 역사와 생활상을 재미있게 볼 수 있어서 학생들의 단체 관람이 끊이지 않는다. 매표소에서 받은 친근한 손그림 지도를 들고 미니어처 세상을 산책하다보면 아기자기한 디테일과 정겨움에 흠뻑 빠지게 된다. 입구가 있는 브리지 스트리트를 따라 앤틱숍과 공방들이 늘어서 있으며, 관광안내소를 겸하는 박물관도 있다.

📍 21a Bridge St., Richmond 🕐 09:00~17:00 ❌ 크리스마스 💲 어른 A$17.50, 어린이 A$5 📱 6260-2502 🏠 www.oldhobarttown.com

01

The Richmond Bakery
죽기 전에 꼭 맛봐야 할 가리비 파이

리치몬드 감옥 맞은편에 자리한 빵집 겸 레스토랑. 넓은 주차장에 차를 대고, 아기자기하게 꾸며둔 정원에 이끌려 하나 둘 안으로 들어간다. 이곳이 유명한 이유는 태즈마니아산 해산물을 넣은 파이, 일명 가리비 파이 scallopspie 때문이다. 뜨끈한 파이 속에 카레로 양념한 가리비 조개가 푸짐하게 들어있어서 한 두 개면 빈속도 든든해질 정도. 물론 맛도 있다. 파삭한 파이 속, 카레가 스며든 촉촉한 가리비 맛에 동공이 저절로 커진다. 동네를 걷다보면 이집 말고도 두세 군데 가리비 파이를 파는 곳이 있는데, 이곳이 태즈마니아 전체를 통틀어 원조격이다. 파이 이외에도 다양한 빵과 간단한 식사류, 커피, 음료도 판매한다.

📍 6/50 Bridge St, Richmond 🕐 07:00~18:00 📱 6260-2628
🏠 www.therichmondbakery.com.au

talk 풍요로운 자연이 스며있는 태즈마니안 와인

최근에는 조금 나아졌지만 여전히 태즈마니아 와인은 한국에서 좀처럼 맛보기 어렵습니다. 그러니 여행 도중에 꼭 맛보도록 하세요. 깨끗한 물과 공기, 가을이 길고 서늘한 기후의 태즈마니아는 양질의 와인 산지로 세계적으로도 높은 평가를 받고 있습니다.
와이너리를 둘러보는 패키지 투어도 발달했는데, 그중에서도 호바트에서 가까운 '드웬트 밸리 Derwent Valley', 리치몬드 근처의 '콜 리버 밸리 Coal River Valley', 호바트 남쪽의 '휴온 밸리 Huon Valley' 정도는 기억해두면 도움이 되는 와인 산지입니다.

Launceston ●
TASMANIA

소박하면서 우아한 디자인 시티
론서스톤
LAUNCESTON

1805년 윌리엄 패터슨 제독에 의해 도시의 기초가 만들어진 이곳은 태즈마니아 동북부의 중심 도시이자 시드니, 호바트에 이어 호주에서 세 번째로 오래된 도시다. 역사를 말해주듯 시내 곳곳에 울창한 숲이 형성되어 있으며 영국풍의 오래된 건물들이 도시의 분위기를 우아하고 여유롭게 만들고 있다. 사과와 배가 영그는 과수원, 넓은 부지의 공원과 도시 깊숙이 흐르는 타마강 등 도시 전체가 마치 디자이너의 손길을 거쳐 탄생된 것처럼 아름답다고 해서 '디자인 시티'라고도 불린다. 상업도시로 번성했던 옛 모습과 풍요로운 대자연의 풍경이 이곳의 매력 포인트다.

인포메이션 센터 Launceston Visitor Information Centre
📍 68-72 Cameron St., Launceston 🕐 월~금요일 09:00~17:00, 토~일요일 (여름) 09:00~15:00, (겨울) 09:00~13:00 📞 1800-651-827 🏠 www.northerntasmania.com.au

론서스톤 미리보기

어떻게 다니면 좋을까?

오래된 전원도시 론서스톤에서는 시간의 더께 위에 곱게 간직된 역사를 더듬어보는 것도 의미 있는 일이다. 흑백 영화 영사기에서 재현되는 풍경처럼 도시의 분위기는 어딘가 아련하고 평화롭기만 하다. 또 규모가 크지 않고 잘 정비되어 있어서 이동에도 별 무리가 없다. 고풍스러운 도시의 모습과 넓고 푸른 공원을 제대로 감상하려면 무조건 걸어다녀 볼 것! 대부분의 볼거리는 타마강과 캐터릭트 계곡을 중심으로 형성되어 있지만, 시티센터에서 도보 10분 거리여서 이동에 편리하다. 걷다가 지칠 때는 무료 버스 타이거를 이용해도 좋다.

어디서 무엇을 볼까?

도시의 중심은 찰스 스트리트 Charles St.와 존 스트리트 John St. 사이의 브리즈번 스트리트 몰. 이곳에 상점, 인포메이션 센터, 항공사 등이 몰려 있다. 또한 몰을 중심으로 시빅 스퀘어와 요크타운 스퀘어, 프린스 스퀘어 등이 둘러싸고 있어서 주말이면 이곳에서 거리 공연을 즐기는 론서스톤 시민들의 여유로운 모습을 볼 수 있다. 일단 몰에서 브리즈번 스트리트를 따라 킹스 파크 쪽으로 쉬엄쉬엄 걷다 보면 타마강을 만나게 되는데, 페니로열 어드벤처스나 캐터릭트 계곡 같은 주요 볼거리는 바로 이곳부터 시작된다.

LAUNCESTON

어디서 뭘 먹을까?

론서스톤에는 특별히 특색 있는 먹을거리나 유행에 민감한 인테리어보다는 한 자리에서 오랫동안 신뢰를 쌓아온 음식점들이 많다. 그래서인지 레스토랑 대부분이 소박하고 친절한 느낌. 시티센터 브리즈번 스트리트 몰을 중심으로 패스트푸드부터 정통 이탈리안 푸드까지 다양한 레스토랑이 몰려 있다.

어디서 자면 좋을까?

도시의 규모는 작지만 카지노와 골프 코스 등 오락시설을 갖춘 호텔부터 빅토리아 양식의 호화 호텔, 팩패커스 호스텔까지 숙소 선택의 폭이 다양하다. 타마 강가에는 홀리데이 파크가 있고, 브리즈번 몰을 중심으로 한 시티센터에 저렴한 숙소들이 밀집되어 있다.

론서스톤 가는 방법

태즈마니아 각지에서 론서스톤으로 들어가는 장거리 버스들은 대부분 콘월 스퀘어 Cornwall Square에 있는 트랜짓센터로 집결한다. 론서스톤에서 다른 도시로 출발할 때도 마찬가지.

호바트에서 설명했듯 태즈마니아에서는 대개 타지링크 또는 레드라인 버스를 이용한다. 그중에서도 호바트·론서스톤·데본포트 세 도시를 연결하는 Devonport-Launceston-Hobart Express 노선은 태즈마니아에서 가장 메인이 되는 노선으로, 두 회사가 매일 한 차례 이상씩 운행하고 있다.

Cornwall Square Transit Centre ♀ 182 Cimitiere St., Launceston ☐ 1300-360-000 ♠ 레드라인 www.tasredline.com.au /타지링크 www.tassielink.com.au

호주 본토에서 론서스톤으로 바로 가는 항공편은 멜번, 브리즈번, 시드니에서 출발하는 제트스타, 버진 오스트레일리아, 콴타스 링크가 있다. 론서스톤 공항은 시티에서 남쪽으로 약 16km 떨어져 있다.

태즈마니아 전역을 렌터카로 여행 중이라면, 주도로인 1번과 북쪽에서 이어지는 A7, A8번 도로를 이용해서 론서스톤에 진입할 수 있다. 규모가 큰 도시답게 섬 전체를 관통하는 1번 도로는 진로를 꺾어서 론서스톤을 경유하게 되어 있다.

시내에는 일방통행 도로가 많지만 차량 통행이 많지 않아서 금방 익숙해진다. 대부분의 렌터카 회사들은 도시의 진입로에 해당하는 조지 스트리트 George St.와 윌리엄 스트리트 William St.에 자리하고 있다.

론서스톤 시내교통

메트로 & 타이거 버스 Metro & Tiger Bus

호바트, 론서스톤, 버니 세 도시에서는 메트로 태즈마니아의 메트로 버스가 동일하게 적용된다. 존에 따라 부과되는 시스템과 요금도 동일해서 1구간 A$3.50부터 거리별로 가산된다. 그러나 론서스톤에서 실제로 유료 버스를 이용할 확률은 높지 않다. 메트로에서 운행하는 무료 버스 타이거가 있기 때문.

무료 버스 타이거 Free Tiger Bus는 City Explorer, River Explorer, Cataract Gorge 세 개의 노선이 운행되고 있다. 즉, 시티의 볼거리와 타마 강변의 볼거리, 마지막으로 캐터릭트 고지까지 타이거 버스 하나면 커버된다는 의미. 주중에는 오전에만 운행하지만 주말에는 오전과 오후 모두 운행하고 있어서 여행자 뿐아니라 시민들도 즐겨 이용한다.

Free Tiger Bus ☐ 13-22-01 ♠ www.metrotas.com.au/timetables/launceston/freetigerbus

메트로 버스 구간별 요금(A$)

구간	현금	그린 카드
1 ZONE	3.50	2.80
2 ZONES	4.80	3.84

투어 Tour

현지 관광안내소에 비치되어 있는 투어 회사의 다양한 상품들을 이용하면 론서스톤 근교의 관광지를 쉽게 둘러볼 수 있다. 특히 론서스톤 근교의 타마리버 와이너리는 가장 많은 사람들이 참가하는 데이 투어 중 하나다.

론서스톤의 주요 투어

투어 이름	소요 시간	투어 내용
Cataract Gorge and Launceston City Sight	3시간	시내 관광과 캐터릭트 계곡 투어를 연결한 반나절 투어
Wineries of the Tamar Valley	7시간 30분	와인 애호가를 위한 투어. 타마강 동쪽의 와이너리를 방문하고 시음하는 투어
Tamar Valley Experience	4시간 30분	타마강을 따라 형성된 와인 농장과 치즈 공장, 스트로베리 팜 등의 방문이 포함되어 있다.

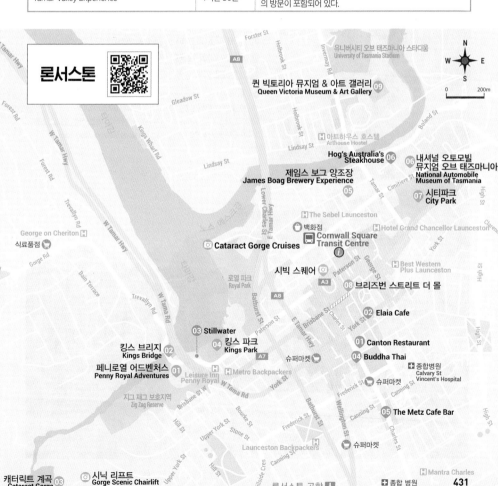

페니로열 어드벤처스 Penny Royal Adventures

킹스 브리지 옆에 있다. 입구 오른쪽에는 밀가루를 나르던 화물 열차 트램16이 서있고, 안으로 들어가면 화약공장 Gun Powder Mill·제분소·풍차·박물관·기념품점·카페 등이 있다. 입구에서 바라보면 마치 예쁜 카페들이 올망졸망 모인 것 같지만, 실제로는 풍차를 이용해서 밀가루를 빻던 개척시대의 마을 모습을 그대로 재현해놓은 일종의 테마파크다. 특히 풍차 전망대에서 바라보는 론서스톤 시내의 모습은 놓치지 말아야 할 볼거리. 타마강과 숲 그리고 붉은 지붕의 집들이 어우러진 도시의 모습이 무척 아름답다. 몇 해 전 '페니로열 월드'에서 페니로열 어드벤처스로 이름이 바뀌면서, 정적인 민속촌에서 동적인 테마파크로 탈바꿈했다. 암벽타기 Rock Climbing, 짚라인 Zip Lines & Cliff Walk, 퀵 점프 Quick Jump & Cliff Walk, 다크 라이드 The Dark Ride 같은 지형과 풍경을 활용한 어트랙션들이 포진되고, 워터 스크린이나 맨발로 걷기 같은 독특한 체험들이 추가되면서 진정한 '어드벤처'로 거듭나고 있다. 다양한 어트랙션을 경험할 수 있는 멀티 어드벤처 패스(파크 패스, 클리프 패스)를 구입할 수도 있고, 개별 어트랙션마다 요금을 내고 이용할 수도 있다. 숙소와 레스토랑, 와인바도 함께 운영한다.

📍 1 Bridge Rd., Launceston ⏰ 월~화요일 10:00~16:00, 수~금요일 10:00~21:00, 토요일 09:30~21:00, 일요일 09:30~17:00 💲 파크 패스 어른 A$59, 어린이 A$39, 클리프 패스 어른 A$59, 어린이 A$39 📞 6332-1000 🏠 www.pennyroyallaunceston.com.au

킹스 브리지 Kings Bridge

페니로열 어드벤처스가 옛 모습을 '재현' 해놓은 곳이라면, 킹스 브리지는 옛날 모습 그대로 '보존'되어 있는 다리다. 예전에는 시의 동쪽인 트레발린 Trevallyn과 웨스트 론서스톤 West Launceston을 잇는 다리였지만, 지금은 그 위로 패터슨 다리가 세워지면서 상징적인 의미로만 남아 있다. 나지막한 반원형 다리 위에서 바라보는 강과 공원의 모습이 한 폭의 그림 같고, 다리 자체에 새겨진 조각도 볼거리를 제공한다. 이곳에 서면 마치 타임머신을 타고 중세의 마을로 온 듯한 착각이 든다.

캐터릭트 계곡 Cataract Gorge Reserve

베이슨 로드를 따라 캐터릭트 계곡으로 들어가는 입구는 나지막한 구릉을 이용해 잔디공원을 조성해놓았다. 입구의 오른쪽으로 난 지그재그 트랙과 캐터릭트 메인 워크에서 조깅하는 사람들의 일상이 여유로워 보인다. 캐터릭트 계곡과 퍼스트 베이슨 First Basin 호수 사이를 오가는 베이슨 체어리프트를 타면, 발아래로 펼쳐지는 계곡의 스펙터클한 모습과 잘 보존된 숲과 호수를 감상할 수 있다. 체어리프트는 말 그대로 케이블에 의자만 달린 리프트인데, 조금 불안하지만 눈앞에 보이는 풍경과 스릴만큼은 백만 불 값어치가 있다. 365일 오전 9시면 리프트 운행을 하며, 편도 또는 왕복을 선택할 수 있다.

시간 여유가 있다면 론서스톤 시민들처럼 킹스 브리지에서 강을 따라 조성된 워킹코스를 따라 걸어보는 것도 좋다. 타마강으로 흘러드는 사우스 에스크 South Esk 강을 따라 약 1km, 30분 남짓 걷다보면 캐터릭트 계곡 전망대에 다다른다.

📍 74-90 Basin Rd., West Launceston 📞 6323-3085
🏠 www.launcestoncataractgorge.com.au

Gorge Scenic Chairlift 📍 Cataract Gorge Reserve, 69 Basin Rd., Launceston 🕐 겨울 09:00~16:40, 봄·가을 09:00~17:00, 여름 09:00~18:00 💲 편도 A$15, 왕복 A$20
📞 6331-5915 🏠 www.gorgescenicchairlift.com.au

태즈마니아 주

킹스 파크와 로열 파크 Kings Park & Royal Park

파란 바다와 하얀 요트, 넓게 펼쳐진 녹색 잔디와 휴일을 즐기는 시민들. 공원의 도시 론서스톤의 면모를 여실히 보여주는 킹스 파크와 로열 파크의 풍경은 여유로움 그 자체다. 두 공원은 북쪽으로 타마강을 접하고 나란히 연결되어 있는 넓은 녹지대다. 킹스 파크는 아름다운 킹스 브리지와 닿아있고, 로열 파크에서는 유람선을 타고 타마강을 돌아보는 타마강 크루즈가 시작되기도 한다. 크루즈선의 규모는 작지만, 50분 동안 배 위에서 바라보는 도시와 공원의 풍경은 퍽 아름답다.

Tamar River Cruise(Cataract Gorge Cruise)
📍 End Of Home Point Parade, Launceston
🕐 09:30~16:30까지 1시간 간격으로 출발
💲 어른 A$40, 어린이 A$20 📞 6334-9900
🏠 www.tamarrivercruises.com.au

제임스 보그 양조장 James Boag Brewery Experience

1881년 설립된 태즈마니아 맥주 James Boag. 호주는 주마다 대표적인 로컬 맥주가 발달되어 있는데, 태즈마니아에서는 론서스톤에 본사를 두고 있는 제임스 보그가 전국구로 유명한 맥주 중 하나다. 하루 세 차례 진행하는 가이드 투어에서 제임스 보그 맥주의 설립에 관한 역사와 제조과정, 그리고 시음에 이르기까지 모든 과정을 듣고 보고 맛볼 수 있다. 보호자와 함께라면 5세 이상 어린이도 투어에 참가할 수 있다.

📍 39 William St., Launceston
🕐 11:00, 13:00, 15:00
💲 어른 A$35, 어린이 A$18
📞 6332-6300 🏠 www.jamesboag.com.au

06

내셔널 오토모빌 뮤지엄 오브 태즈마니아 National Automobile Museum of Tasmania

클래식과 올드 사이

태즈마니아에서 이런 박물관을 만나게 될 줄
이야. 조금 뜬금없지만 현지에서는 꽤 인기 있
는 어트랙션에 속한다. 비행기 격납고처럼 생
긴 기다란 건물을 가득 채우고 있는 것은 당연
히 자동차들. 승용차는 물론이고 모터사이클
까지 바퀴 달린 대부분의 것을 전시한다고 보
는 것이 맞을 것 같다. 다른 곳과의 차이점은
자동차 브랜드마다 연도별로 일목요연하게 정
리된 콜렉션. 클래식카에 관심 있는 사람에게
는 태즈마니아에서 의외의 보물을 만난 느낌
일 것이다. 입장료의 압박이 함정이긴 하다.

📍 86 Cimitiere St., Launceston 🕐 09:00~17:00(겨울 09:00~16:00) ❌ 크리스마스
💲 어른 A$19, 어린이 A$9 📞 6334-8888 🏠 www.namt.com.au

07

시티 파크 City Park

공원이야, 동물원이야?

도시 서쪽의 푸른 녹지대가 킹스 파크와 로열 파크라면, 동
쪽의 주인공은 시티 파크. 이름 그대로 도심 한가운데 자
리한 시티 파크는 '호주 최고의 공원 10' 안에 드는 자부심
넘치는 공원이다. 단순히 넓은 잔디와 나무만 있는 곳이 아
니라, 식물원과 놀이터, 그리고 일본 원숭이 가족이 살고 있
는 작은 동물원까지 꽤 다양한 즐거움이 있기 때문이다. 마
치 누군가가 매일 아침 닦고 가꾼 정원을 보는 것처럼 반짝
반짝 빛나는 공원이다.

📍 45-55 Tamar St., Launceston 💲 무료 📞 6323-3000
🏠 www.launceston.tas.gov.au

태즈마니아 주

08

브리즈번 스트리트 더 몰 Brisbane Street The Mall

동서로는 브리즈번 스트리트, 남북으로는 세인트 존 스트리트 St John St.와 찰스 스트리트 Charles St. 사이의 150m 남짓한 거리가 브리즈번 스트리트 더 몰이다. 보행자 전용 도로로, 론서스톤에서 가장 많은 사람들의 발길이 향하는 번화가다. 몰을 따라 쇼핑센터와 은행, 레스토랑 등이 즐비하고, 두 블록 떨어진 캐머런 스트리트 Cameron St.의 시빅 스퀘어 Civic Square에는 관광안내소와 시청 등의 관공서가 자리하고 있다.

09

퀸 빅토리아 뮤지엄 & 아트 갤러리 Queen Victoria Museum & Art Gallery

1891년 개장 당시에는 '빅토리아 미술관 & 갤러리'라는 이름이었으나, 빅토리아 주립 박물관과 혼동을 피하기 위해 현재의 이름으로 개명했다. 킹스 파크에 있던 건물 역시 2000년 이후 현재의 위치로 옮겨오면서 지금의 모습을 갖추게 되었다. 이처럼 사연 많은 박물관은 사연만큼이나 많은 콘텐츠로 유명하다. 어린이 관람객의 눈길을 사로잡는 올드카와 셀 수 없이 많은 동물들의 표본과 박제, 그리고 지역사회를 대표하는 작가들의 회화작품까지. 특히 건물 내에 태즈마니아의 밤하늘을 실감나는 영상으로 볼 수 있는 천문대 Planetarium도 함께 있어서 방문자들의 만족도가 높은 곳이다. 박물관과 아트 갤러리는 무료 입장이지만, 플라네타리움은 공연 10분 전까지 박물관 카운터에서 입장권을 구입해야 한다.

♥ 2 Invermay Rd., Invermay ⏰ 10:00~16:00 ⑤ 무료(천문대는 유료) 📱 6323-3777
🏠 www.qvmag.tas.gov.au

01

Canton Restaurant

전통에 빛나는 중식집

1961년부터 지금까지 한 자리에서 50년 넘게 운영해온 차이니즈 레스토랑. 론서스톤 최초의 중식 레스토랑이라는 자부심이 대단하다. 메뉴는 정통 중국식 몽골리안 램부터 일반적으로 먹을 수 있는 누들까지 그 수를 헤아리기 어려울 정도. 단, 문 여는 요일과 시간을 알고 가지 않으면 허탕치기 딱 좋다. 특히 런치의 경우 요일도 한정되어 맞추기 쉽지 않고, 매일 여는 디너는 가격면에서 조금 부담된다.

📍 201~203 Charles St., Launceston ⏰ 런치 화~금요일 12:00~14:00, 디너 월~일요일 17:00~21:00 📞 6331-9448 🏠 www.cantonrestaurant.com.au

02

Elaia Cafe

분위기도 맛도 블링블링

캔톤 레스토랑에서 시티센터의 남쪽으로 약 200m 내려온 곳에 자리 잡은 카페. 컬러풀한 인테리어와 밝고 화사한 분위기가 특징이다. 간단한 아침식사부터 꽤 분위기 있는 저녁식사까지 가능하다. 야외 테이블이 놓여 있으며, 친절한 서비스도 인상적이다.

📍 240 Charles St., Launceston ⏰ 월~토요일 07:30~20:00, 일요일 08:00~14:00 📞 6331-3307 🏠 www.elaia.com.au

03

Stillwater

방앗간의 변신

패터슨 스트리트의 맨 끝, 페니로열 어드벤처 바로 맞은편에 있다. 1830년대의 방앗간을 개조한 빅토리아풍의 3층 건물이 지나가는 사람들의 시선을 끌만큼 아주 멋스럽다. 분위기나 음식맛에 비해 가격이 그리 비싼 편이 아니어서 더욱 마음에 든다. 이곳에서 타마강을 바라보며 한 번쯤 분위기를 잡고 싶다면 예약은 필수.

📍 Ritchies Mill, 2 Bridge Rd. ⏰ 화~토요일 08:30~23:30, 일~월요일 08:30~16:00 📞 6331-4153 🏠 www.stillwater.net.au

04

Buddha Thai

기대 이상의 맛

프린스 스퀘어 입구에 자리하고 있는 작은 타이 레스토랑. 출입구 위 어닝에 그려놓은 부처 문양과 곳곳의 소품들로 메뉴에 대한 정체성을 확실히 보여준다. 주문할 수 있는 음식의 종류는 단출하지만 주문한 음식은 고르게 다 맛있다. 태국에서 온 오너셰프가 제대로 음식맛을 내는데, 특히 볶음밥과 볶음면은 소스맛이 제대로 스며있어서 눈이 번쩍 뜨일 정도. 이른 시간에 문을 여는 덕분에 이곳에서 간단한 커피와 베이커리로 아침 시간을 즐기는 사람들도 많다.

📍 168 Charles St., Launceston ⏰ 런치 11:00~, 디너 17:00~ 📞 6334-1122 🏠 www.buddathailaunceston.com

태즈마니아주

The Metz Cafe Bar

선데이 피자 명소

레스토랑 협회에서 선정하는 'Best Bar'에도 뽑힌 모던한 느낌의 카페 겸 바. 낮에는 다양한 종류의 커피와 티를 즐길 수 있고, 밤늦게까지 술을 마실 수 있어서 젊은 여행자들에게 인기가 높다. 장작에 구운 정통 이탈리안 피자가 최고 인기 메뉴. 특히 일요일에는 아침 8시 30분부터 10시까지 선데이 블랙퍼스트 메뉴를 선보이고 있어서 론서스톤 시민들에게 사랑받는 선데이 명소다.

📍 119 St John St., Launceston 🕐 11:00~22:00
📱 6331-7277 🏠 www.themetzllaunceston.com.au

Hog's Australia's Steakhouse

건물 전체가 레스토랑

호주와 뉴질랜드 전역에 70여 개의 프랜차이즈를 두고 있는 호그 브리스 Hogs Breath 레스토랑의 론서스톤 지점. 내셔널 오토모빌 뮤지엄 맞은편에 자리한 붉은 벽돌 건물 전체를 레스토랑으로 사용한다. 분명 예전에는 공장으로 사용되었을 것 같은 건물 외관에 반전있는 내부 인테리어가 기다리고 있다. 패스트푸드점과 패밀리 레스토랑을 합쳐놓은 것 같은 캐주얼한 분위기에 가성비 높은 가격과 딜리버리 서비스까지 제공한다. 주 메뉴는 부위와 무게별로 가격이 측정되어 있는 스테이크지만 버거, 파스타, 시푸드까지 다양한 메뉴가 고르게 인기있다.

📍 14 Willis St., Launceston 🕐 일~목요일 11:30~21:00, 금~토요일 11:30~21:30 📱 6331-4288 🏠 www.hogsbreath.com.au

---

TIP

포도가 익는 마을, 타마 밸리

론서스톤 근교의 타마 밸리는 호주의 대표적인 와인 산지다. 이곳에는 와이너리가 여러 군데 있는데, 그 중에서도 론서스톤에서 약 15분 거리에 있는 스트라슬린 와인 센터 Strathlynn Wine & Function Centre가 유명하다. 이곳 주변은 온통 포도밭! 센터 안에서는 와인 테이스팅도 할 수 있고, 레스토랑과 기념품점도 있다. 최근에는 와이너리를 배경으로 한 웨딩 이벤트와 촬영 장소로 각광받고 있다. 포도가 영그는 시즌에 이 일대를 지난다면 한번 들러보자.

스트라슬린 와인 센터 Strathlynn Wine & Function Centre
📍 95 Rosevears Dr, Rosevears 🕐 10:00~07:00
📱 6394-4074 🏠 www.strathlynn.com.au

낭만과 평화의 항구도시
데본포트
DEVONPORT

떠나가는 사람과 도착하는 사람이 교차하는 곳. 내일이면 태즈마니아를 떠날 사람들이 멀리 항구에 정박한 유람선의 불빛을 바라보며 밤늦도록 술잔을 기울이고, 이른 아침 막 도착한 배에서 내린 사람들은 저마다의 꿈을 안고 총총히 떠나간다. 그러나 이 작은 도시는 아랑곳하지 않는다. 언제나 그 자리를 지키며 오가는 사람들을 말없이 바라볼 뿐.

메르시강과 돈강에 둘러싸인 시내는 약간 언덕이어서 높은 곳으로 갈수록 전망이 좋아진다. 언덕을 따라 올라가면 동화 속 마을처럼 평화로워 보이는 주택가 너머로 멀리 배스 해협까지 탁 트인 풍경이 그지없이 아름답다.

인포메이션 센터 The Devonport Visitor Centre

📍 145 Rooke St., Devonport 🕐 월~금요일 07:30~16:45, 토~일요일 07:30~14:00 📱 6424-4466
🏠 www.devonport.tas.gov.au

ACCESS

데본포트 가는 방법

호주 본토에서 데본포트로 가는 방법은 비행기와 페리가 있으며, 태즈마니아 안에서는 버스가 일반적이다. 비행기는 콴타스 링크가 매일 약 4회씩 데본포트와 호주 본토 멜번을 연결한다. 버스는 매일 한 차례 이상씩 호바트·론서스톤·데본포트 세 도시를 연결하는 타지링크 또는 레드라인 버스를 이용하면 된다. 특히 타지링크에서는 페리가 도착하는 시각에 맞춰 데본포트에서 호바트·론서스톤 등의 도시로 이동하는 타지링크 스피리트 셔틀도 운행한다.

페리 Ferry

〈사랑의 유람선〉이라는 영화를 본 적이 있는지. 멜번과 태즈마니아를 오가는 페리 '스피리트 오브 태즈마니아 Spirit of Tasmania'는 이 영화의 배경이 되었던 유람선을 연상시킨다.

600대가 넘는 차량과 1,300명 이상의 승객을 태울 수 있는 스피리트 오브 태즈마니아는 커다란 호텔을 주차장까지 한꺼번에 싣고 바다를 건너간다. 웬만한 건물 2~3개를 합쳐놓은 크기에 레스토랑·수영장·연회장·쇼핑센터·침실 등 없는 것이 없는 환상적인 유람선이다. 배 안에서 식사와 잠은 물론 쇼핑과 각종 엔터테인먼트까지 즐길 수 있어서 긴 시간의 여행이 오히려 아쉽게 느껴질 정도.

요금은 성수기와 비수기에 따라 Shoulder, Peak, Off Peak의 세 단계로 나뉜다. 피크와 오프 피크에는 각각 최고와 최저 요금이 적용되고, 숄더 시즌에는 두 요금의 중간 정도가 적용된다. 또한, 비수기를 제외한 때에는 크루즈 시트 Cruise Seat, 말 그대로 의자에 앉아 밤을 지새우는 티켓도 판매한다. 이 시기를 잘 활용하면 초호화 페리에 승선하는 추억을 간직할 수 있다. 멜번에서 데본포트까지 9시간30분~10시간이 소요된다.

스피리트 오브 태즈마니아 페리 터미널 ◉ Esplanade, East Devonport ▯ 1800-634-906 ♠ www.spiritoftasmania.com.au

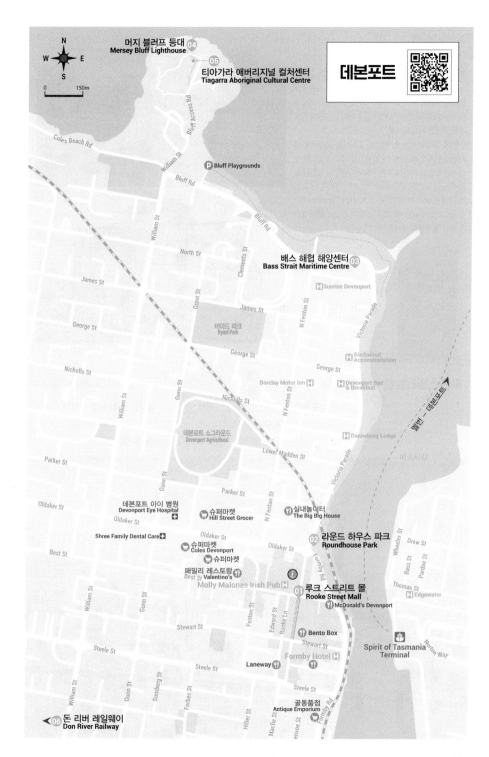

머지 블러프 등대 **04**
Mersey Bluff Lighthouse

05
티아가라 애버리지널 컬처센터
Tiagarra Aboriginal Cultural Centre

데본포트

Coles Beach Rd

Bluff Access Rd

William St

Bluff Rd

P Bluff Playgrounds

Bluff Rd

North St

Clements St

배스 해협 해양센터 **03**
Bass Strait Maritime Centre

William St

H Sunrise Devonport

James St

Gunn St

James St

N Fenton St

Victoria Parade

George St

비아드 파크
Byard Park

George St

H Birchwood
Accommodation

Nicholls St

William St

Gunn St

Nicholls St

George St

N Fenton St

Barclay Motor Inn **H**

H Devonport Bed
& Breakfast

데본포트 쇼그라운드
Devonport Agricultural

Lower Madden St

H Dannebrog Lodge

Victoria Parade

메르시강

Parker St

Gunn St

Parker St

N Fenton St

실내놀이터
The Big Big House

Oldaker St

데본포트 아이 병원
Devonport Eye Hospital

슈퍼마켓
Hill Street Grocer

Oldaker St

Wheeler St

Drew St

라운드 하우스 파크 **02**
Roundhouse Park

Bass St

Pardoe St

Shree Family Dental Care +

Oldaker St

슈퍼마켓
Coles Devonport

Oldaker St

Formby Rd

Thomas St

H Edgewater

Best St

슈퍼마켓

패밀리 레스토랑
Valentino's

Best St

William St

Gunn St

Molly Malones Irish Pub **H**

01
루크 스트리트 몰
Rooke Street Mall

McDonald's Devonport

Fenton St

Edward St

Rooke Ln

Stewart St

H Bento Box

Stewart St

Steele St

Formby Hotel **H**

Spirit of Tasmania
Terminal

Norton Way

Steele St

Laneway **H**

Steele St

Sumberg St

Forbes St

Steele St

골동품점
Antique Emporium

06 돈 리버 레일웨이
Don River Railway

William St

Gunn St

Hiller St

MacFie St

Formby Rd

······· TIP ·······
폼비 로드 vs 루크 스트리트

데본포트의 중심가는 강 건너 페리 터미널을 마주 보는 폼비 로드와 극장과 상가가 모여 있는 루크 스트리트 몰로 함축된다. 폼비 로드에서 해양센터가 있는 빅토리아 퍼레이드까지 천천히 해안 길을 따라 걸으면서 데본포트 관광을 시작해보자.

눈앞에 정박해 있는 집채만 한 스피리트 오브 태즈마니아의 위용과 메르시강의 물줄기가 배스 해협으로 흘러가는 모습을 감상하며 항구도시의 낭만을 즐기다 보면 어느새 블러프 로드 Bluff Rd.에 다다르게 된다. 블러프 로드 끝까지 걸어가면 '티아가라 Tiagarra'라고 알려진 태즈마니안 애버리지널 컬처 센터와 머지 블러프 등대의 장엄한 모습을 만나게 된다.

01

루크 스트리트 몰 Rooke Street Mall

소박하지만 이곳이 중심입니다

데본포트에서 가장 번화한 곳. 쇼핑몰, 관공서, 은행, 레스토랑 등의 상업적 시설들이 밀집되어 있으며, 대형 슈퍼마켓과 버스 정류장도 인근에 있어서 이래저래 도시의 중심이라 할 수 있다. 주말에는 다양한 공연과 이벤트도 펼쳐진다.

02 라운드 하우스 파크 Roundhouse Park

강가에 자리한 작은 공원, 혹은 쉼터. 양옆으로 다시 강을 따라 워킹트랙이 이어진다. 그지없이 한가로운 도시에서 멀리 배스 해협을 통과해 드나드는 페리의 모습을 보는 것은 작은 셀렘과 같다. 라운드 하우스 파크와 워킹트랙은 바로 그런 풍경을 바라보며 데본포트 사람들의 일상을 엿볼 수 있는 곳이다.

📍 2/6 Victoria Parade, Devonport

03 배스 해협 해양센터 Bass Strait Maritime Centre

자부심 넘치는 어트랙션

해상 운송의 거점도시로 활약했던 항구도시 데본포트의 과거와 현재를 알 수 있는 곳. 호주 본토와 태즈마니아 사이의 배스 해협에 얽힌 이야기와 사건들이 다양한 시뮬레이션을 통해 흥미진진하게 소개되고 있다. 특히 태즈마니아의 특산물을 운반하던 운송선부터 현재의 최신형 크루즈까지 다양한 기능과 형태의 배를 전시하고 있어서 시각적 만족이 높다.

📍 6 Gloucester Ave., Devonport 🕐 10:00~15:00 ❌ 부활절, 크리스마스 💲 어른 A$10, 어린이 A$5 📱 6424-7100 🏠 www.bassstraitmaritimecentre.com.au

04 머지 블러프 등대 Mersey Bluff Lighthouse

망망대해를 밝혀주는 빛

1889년에 세워진 이 등대는 식민지 시대부터 지금까지 대단히 중요한 역할을 하고 있다. 빅토리아 주와 태즈마니아 주를 오가는 페리의 시작이자 마지막 등대로 바닷길을 열어주고, 주변의 크고 작은 배들에게도 100년이 넘는 세월 동안 변함없이 밝은 빛을 선사하기 때문. 규모는 일반적인 등대보다 아담하지만 등대에서 나오는 빛은 해상 27km에 이른다. 등대가 있는 머지 블러프 전망대로 향하는 길에 티아가라 컬쳐센터와 애버리진 집성촌 등 의미있는 어트랙션들이 있다.

📍 39 Bluff Access Rd, Devonport

티아가라 애버리지널 컬처센터
Tiagarra Aboriginal Cultural Centre

애버리진 영토

해양센터를 지나 등대로 올라가는 도중에 있으며, 시티센터에서는 2km 정도 떨어져 있다. 사라져 가고 있는 태즈마니안 애버리진의 문화와 예술을 접할 수 있는 아주 드문 유적지. 애버리진 언어로 '보존'이라는 뜻의 '티아가라'에는 바위에 새겨진 도마뱀이나 각종 식물의 그림 등을 애버리진 문화를 이해하는 중요한 단서로 보존하고 있다. 2015년부터 지금까지 지역사회와의 갈등, 자금문제까지 겹치면서 개인적인 내부 관람은 잠정적으로 폐쇄된 상태지만, 외관과 홈페이지는 그대로 보존되고 있다. 미리 예약한 단체투어만 관람이 가능하다.

♀ 1 Bluff Access Rd., Devonport ▯ 6424-8250
🏠 www.tiagarra.weebly.com

돈 리버 레일웨이 Don River Railway

기차 타고 숲길 따라 칙칙폭폭

데본포트 서쪽 약 4km 지점에 있는 작은 도시 돈 Don에는 석탄과 물자를 실어 나르던 돈 리버 레일웨이 Don River Railway가 있다. 1973년 설립되어 1976년 11월에 증기기관차 운행을 시작했지만, 지금은 칙칙폭폭 뿜어대던 숨을 멈추고 관광열차로 탈바꿈했다. 소규모 비영리법인으로 운영되는 탓에 이른 오후에 문을 닫지만, 돈 강둑을 따라 30분 동안 운행되는 열차의 인기는 식지 않았다.

♀ Forth Rd, Don ⏱ 월~수요일 09:00~14:00, 목~일요일 09:00~16:00 ❌ 부활절, 안작데이, 크리스마스 Ⓢ 어른 A$17, 어린이 A$12 ▯ 6424-6335 🏠 www.donriverrailway.com.au

TIP
데본포트의 상징, 폼비 호텔 Formby Hotel

머무르기보다는 떠나기 위한 전초기지, 데본포트. 그래서인지 대부분의 여행자는 하룻밤 묵어갈 곳을 선택할 때 무엇보다 먼저 교통을 생각하게 된다. 내일이면 내가 타고 갈 스피리트 오브 태즈마니아의 불빛이 눈앞에 보이는 곳, 또는 타지링크 버스정류장이 지척인 곳, 그래서 선택하는 곳은 바로 폼비 로드와 베스트 로드 등 페리 터미널을 마주하고 있는 중심가의 숙소들이다.

밤이 되면 출발을 앞둔 스피리트 오브 태즈마니아호의 불빛이 아름답게 빛나는 선착장 바로 앞에 자리 잡은 호텔. 폼비로드에 자리한 폼비 호텔은 이 모든 조건들을 충족하는 곳으로, 오래전부터 상징적인 의미를 지니며 데본포트의 명소가 되었다.

호주에서의 '호텔'이라는 뜻에 충실한 퍼브 겸 숙박업소로, 1층은 게임룸과 레스토랑·바를 운영하고, 2층은 숙소로 이용한다. 2층 숙소의 입구부터 열쇠를 사용하게 되어 있어서 투숙객이 아니면 출입할 수 없다.

Formby Hotel
♀ 82 Fomby Rd. Ⓢ 도미토리 A$35, 싱글룸 A$55, 호텔룸 A$105~150 ▯ 6424-1601

숨 막히는 비경이 펼쳐지는 곳
태즈마니아 동부와 서부
EAST & WEST OF TASMANIA

태즈마니아 동부는 아름다운 해안선을 따라 끝없이 펼쳐지는 목초지와 이국적인 바다를 감상할 수 있는 코스다. 와인글라스 베이에서 바라보는 스완지의 잔잔한 바다와 거친 듯 부드러운 비체노의 파도를 놓친다면 태즈마니아를 제대로 봤다고 할 수 없을 것이다.

태즈마니아의 동쪽 해안이 끝없이 펼쳐지는 바닷길이라면, 절반 이상이 국립공원인 서쪽은 바다보다는 내륙으로 치우친 여행길. 호주에서 가장 깊은 클레어 호수와 비경을 간직한 크레이들 마운틴, 웅장한 형상의 황무지, 세계에서 가장 큰 활엽수 등, 이 모든 것이 여행자를 유혹하는 곳이 바로 태즈마니아 서부 지역이다.

인포메이션 센터

Swansea Visitor Information Centre
📍 Franklin St. & Noyes St., Swansea 📱 6256-5072 🏠 www.eastcoasttasmania.com

Bicheno Visitor Information Centre
📍 41B Foster St., Bicheno 📱 6375-1500 🏠 www.eastcoasttasmania.com

ACCESS

태즈마니아 동서부 가는 방법

섬이라고는 하지만, 태즈마니아는 결코 만만하게 볼 여행지가 아니다. 북쪽 끝의 데본포트에서 남쪽 끝자락의 호바트까지 자동차로 4시간이면 갈 수 있지만, 이건 길이 좋은 하이웨이를 이용했을 때의 얘기고, 대부분의 도로는 꼬불꼬불 자연 그대로의 상태여서 무척 멀게 느껴지는 것이 사실이다. 또한, 실제 면적도 6만 7,800k㎡로, 섬이라기보다는 하나의 작은 왕국처럼 느껴진다.

이 자연의 왕국을 모두 돌아보는 데는 최소 3일에서 최대 10일까지의 시간이 필요하다. 렌터카를 이용해 거점 도시 세 군데를 중심으로 돌거나 동해안이나 서쪽 내륙 한 코스만 목표로 삼는다면 3일이면 일주할 수 있고, 투어에 합류한다면 최소 6~7일이 필요하다.

일행이 없이 혼자 움직인다면 태즈마니아 전역을 거미줄처럼 누비는 타지링크 또는 레드라인 버스를 이용하는 것이 가장 좋다.

타지링크 Tassielink ◉ Cnr Davey & Elizabeth St., Hobart ☐ 1300-300-520 🏠 www.tassielink.com.au

레드라인 코치 Tasmania's Own Redline Coaches ◉ 230 Liverpool St., Hobart ☐ 1300-360-000 🏠 www.tasredline.com.au

렌터카 Rent a Car

교통량이 적고 인적도 드문 태즈마니아는 낯선 곳에서의 운전을 시작하기에 최적의 장소다. 운전석이 반대라는 점 때문에 호주에서 운전을 꺼렸다면, 이곳에서 도전해보는 것은 어떨지. 대부분의 회사가 픽업 장소와 리턴 장소를 고객들이 자유롭게 선택할 수 있게 하므로, 어느 곳에서 빌리든 여행을 마치는 곳에서 반납하면 된다. 또한, 공항이 함께 있는 도시의 경우는 시티와 공항 두 군데 대리점을 운영하고 있으니 처음부터 반납 장소를 잘 생각해서 계약하도록 한다.

투어 Tour

태즈마니아를 구석구석 돌아보는 데는 투어만큼 좋은 게 없다. 개별 여행으로는 접근하기 어려운 곳이나 교통과 숙박이 여의치 않은 곳까지 투어 버스의 코스에 포함되어 있기 때문이다.
영어가 완벽하지 않은 동양인들은 투어 도중 자칫 소외감을 느낄 수 있는데, 눈치와 적극성만 있다면 극복하지 못할 것도 없다. 오히려 3~7일 동안 다양한 국가에서 온 젊은이들과 어울릴 수 있는 절호의 기회이기도 하다.

태즈마니아의 주요 투어 회사

투어 회사	투어 내용	DATA
Adventure Tour	호바트에서 데본포트까지 동쪽으로 도는 투어와 서쪽으로 도는 투어 그리고 두 가지를 합한 투어 등 6일과 9일의 프로그램이 있으며 숙식과 가이드, 차량 등이 제공된다. 비용은 다른 업체보다 조금 비싸지만, 가장 내실 있는 프로그램을 운영한다.	ⓢ A$895~ ☐ 1300-654-604 🏠 www.adventuretours.com.au
Under Downunder	배낭여행자를 위한 패키지를 선보이고 있는 회사. 1일부터 9일까지 기간별, 도시별 다양한 프로그램이 있다.	ⓢ A$120~1,080 ☐ 1800-444-442 🏠 www.underdownunder.com.au

동부

콜스 베이 & 프레이시넷 국립공원
Coles Bay & Freycinet National Park

태즈마니아 베스트 스폿

여행자들이 동부의 작은 마을 스완지와 비체노까지 가는 이유는 콜스 베이 Coles Bay와 와인글라스 베이가 있는 프레이시넷 국립공원 Freycinet National Park를 가기 위한 것이다. 프레이시넷 국립공원은 서쪽으로 그레이트 오이스트 만 Great Oyster Bay을, 동쪽으로는 와인글라스 만 Wineglass Bay을 끼고 있는 반도 지형. 반도의 가운데 있는 국립공원 입구까지는 지도에서 보이는 것보다 꽤 먼 거리를 돌아가야 하지만, 반도의 끝까지 달려가는 동안의 풍경은 오래 가슴에 남는 여운을 준다. 크루즈를 타고 콜스만과 와인글라스만을 둘러보는 투어도 인기있다.

와인글라스 베이 전망대 Wineglass Bay Lookout까지는 국립공원 입구에 있는 비지터센터에서 국립공원 입장료 NP Fee를 낸 다음 왕복 2시간 30분~3시간 가량 걸어야 하므로, 시간과 동선을 고려해 숙박 여부를 결정해야 한다. 와인글라스 베이 외에도 짧게는 1시간에서 길게는 6시간에 이르는 오버나잇 트랙까지 다양한 코스가 있으니 시간과 체력에 맞는 코스를 선택하면 된다. 단, 어떤 코스를 걷든 편한 신발과 겉옷, 그리고 비지터센터에서 나눠주는 지도는 필수다.

아름다운 워킹트랙에서는 수없이 많은 왈라비와 캥거루를 만나고, 계절 따라 지천으로 피어나는 꽃들이 여행자를 반긴다. 수려하게 굽어진 와인글라스 베이 룩아웃에 서면, 이보다 더할 수 없는 작명센스에 감탄하게 된다다.

Freycinet National Park Visitor Center ♥ Coles Bay Rd., Coles Bay ⑤ (24시간 기준 NP Fee) 차량 A$44.75, 사람 A$22.35 ☐ 6256-7000 ♠ www.parks.tas.gov.au

데이 워킹 코스

거리	코스
Short (왕복 2시간 미만)	Cape Tourville / Sleepy Bay Little Gravelly Beach Wineglass Bay Lookout Scenic Lookout, Friendly Beaches
Medium (왕복 2~4시간)	Wineglass Bay Mt Amos
Long (왕복 4~8시간)	Wineglass Bay/Hazards Beach Circuit Hazards Beach

Wineglass Bay Cruises ♥ Jetty Rd, Coles Bay ⏲ 08:30~17:00 ☐ 6257-0355 ♠ www.wineglassbaycruises.com

태즈마니아 주

02

비체노 Bicheno

격정의 파도

동부 해안 도시 중에서 가장 아름답고 다이내믹한 바다를 가진 곳이다. 마을 북쪽 바다의 거친 파도와 하얀 포말이 감탄을 자아내고, 남쪽의 바다는 잔잔한 쪽빛으로 빛난다. 1800년대 초에는 고래잡이가 성행했으며, 고래가 지나가는 길을 잘 보이게 하려고 높은 언덕에 지은 집들이 오늘날까지 남아 있다. 지금도 이 도시의 최대 수입원은 어업이지만, 이에 못지않게 관광산업 또한 떠오르는 재원이 되었다. 동부 최대의 휴양도시로, 낚시와 서핑, 고래 관찰 등으로 유명하며 바닷가 바위틈으로 솟아오르는 블로홀 Bicheno Blowhole은 빠뜨리지 말아야 할 볼거리다.

03

스완지 Swansea

햇살에 반짝이는 예쁜 바다

호바트에서 북동쪽으로 약 140km 떨어진 동해안의 작은 마을. 동해안을 따라 이동하는 대부분의 사람들은 비체노에서 1시간 남짓 떨어진 이곳을 그냥 지나치고 만다. 사실 특별한 볼거리는 없지만, 작고 아담한 도시 사람들의 조용한 일상을 지켜보는 것만으로도 행복해지는 곳이다.

1820년대에 형성된 마을에는 1850년대의 건물들이 그대로 사용되고 있으며 마을 서쪽으로 500m 떨어진 스완지 바크 밀 박물관 Swansea Bark Mill Museum에는 오래된 농기구와 제분기 등이 전시되어 있다.

스완지의 바다는 비체노와 느낌이 사뭇 다르다. 비체노의 바다가 거칠고 탁 트인 성악가의 목소리라면 스완지의 바다는 끊임없이 속삭이는 연인의 목소리를 닮았다고 할까.

콜스 베이로 향하는 도중에 쉬어 가도 좋고 하룻밤 묵어 가도 좋은 곳이다.

04 **크레이들 마운틴 & 세인트 클레어 호수** Cradle Mountain & Lake St. Clair

높은 산과 깊은 호수

론서스턴 서쪽, 자동차로 3시간 거리의 크레이들 & 세인트 클레어 국립공원은 강·호수·폭포가 많은 태즈마니아의 대표적인 내륙지대다. 섬에서 가장 높은 마운트 오사 Mt. Ossa(1,617m)를 비롯해서 트레킹 코스로 유명한 마운트 크레이들 Mt. Cradle이 하늘 향해 솟아 있으며, 산과 산 사이에는 도브 호수, 세인트 클레어 호수 등이 거울처럼 맑게 빛나고 있다. 특히 세인트 클레어 호수는 호주에서 가장 깊은 호수로 알려졌으며, 깊이를 알 수 없는 짙푸른 호수의 빛깔은 보는 이의 마음마저 빨아들일 듯하다. 크레이들 마운틴과 세인트 클레어 호수 사이에는 오버랜드 트랙 Overland Track이라는 유명한 트레킹 코스가 있다. 오버랜드 트랙을 완주하려면 4~5일이 소요되지만, 크레이들 마운틴 주차장부터 호수를 따라서 도는 2시간짜리 트랙만으로도 산의 아름다움에 감탄이 절로 나온다. 시간과 체력이 받쳐준다면 반드시 도전할 것을 추천한다.

Cradle Mountain-Lake St Clair NP Information Centre

Cradle Mountain 📍 4057 Cradle Mountain Rd., Cradle Mountain TAS 7306 📞 6492-1110 🏠 www.parks.tas.gov.au

Lake St Clair 📍 Lake St Clair National Park, Derwent Bridge TAS 7140 📞 6289-1172

사우스 오스트레일리아 주
SOUTH AUSTRALIA

━━━ D A T A ━━━

면적 98만4,377㎢ **인구** 약 170만 명 **주도** 애들레이드
시차 한국보다 30분 빠르다(서머타임 기간에는 1시간 30분 빠르다) **지역번호** 08

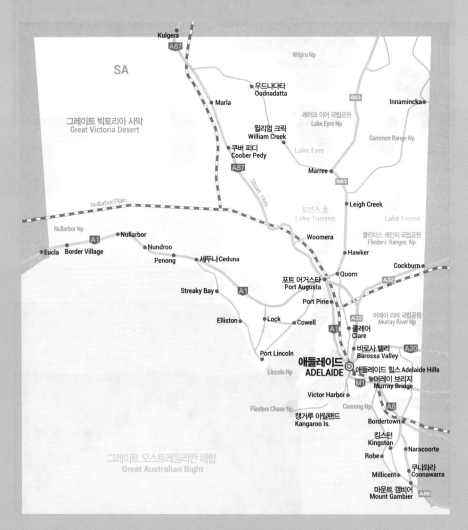

이것만은 꼭!
HAVE TO TRY

애들레이드 시내 한가운데 있는 센트럴 마켓에서 남호주 최고의 음식 맛보기
근처의 차이나타운에서는 다양한 아시안 푸드를 맛볼 수 있다.

애들레이드에서 출발하는 트램을 타고 해변도시 글레넬그에 다녀오기
남호주의 아름다움을 만끽하는 데 트램만 한 수단은 없다.

호주 최대의 와인 산지 바로사 밸리 와이너리 방문과 와인 시음하기
남호주의 음식과 와인은 놓치지 말아야 할 여행의 하이라이트.

캥거루 아일랜드에서 원형 그대로의 자연 체험. 이곳은 호주 대륙을 축소해놓은 듯
캥거루·왈라비·바다표범·코알라 등 호주를 대표하는 모든 동물이 서식하는 곳.
내셔널지오그래픽의 현장이 눈앞에 펼쳐진다.

05

달 표면처럼 독특한 지형의 쿠버 피디,
영화 〈매드 맥스 3〉의 배경이기도 했던 이곳에서 세계 유일의 지하 호텔에서 하룻밤 묵어가기.

SOUTH AUSTRALIA

● Adelaide

축복받은 땅, 여유로운 삶

애들레이드
ADELAIDE

남호주의 수도 애들레이드는 온화한 기후와 부드러운 바람 덕분에 와인의 산지로 잘 알려진 곳. 세인트 빈센트만의 따사로운 햇살과 비옥한 땅, 풍성하게 영그는 포도알, 여유로운 사람들의 삶. 상상만 해도 기분이 좋아지는 곳이다. 지리적으로 호주 한가운데에 있어 노던 테리토리나 동부와 서부로 가는 관문 역할을 하는 이곳은 호주의 어느 지점에서 여행을 시작하더라도 한번쯤 찍고 넘어가야 한다.

바둑판처럼 반듯하게 정비된 현대적인 이미지의 도심과 근교에 자리 잡은 와인 산지, 캥거루 아일랜드로 대표되는 대규모 자연 서식지, 최대의 오팔 광산 등 결코 간과할 수 없는 매력적인 관광지가 널려 있다. 축복받은 땅에서 누리는 평화로운 시간, 놓치기 아깝다.

👨‍👩‍👦 인구 **약 129만 명**　☎ 지역번호 **08**

인포메이션 센터

Adelaide Visitor Information Centre

📍 9 James Place, Off Rundle Mall, Adelaide
🕐 월~금요일 09:00~17:00, 토·일요일 10:00~16:00, 공휴일 11:00~15:00　✖ 부활절, 크리스마스
📱 1300-588-140　🏠 www.southaustralia.com

애들레이드 미리보기

어떻게 다니면 좋을까?

애들레이드 시내, 특히 토렌스강 남쪽 지역의 번화가는 자로 잰 듯 반듯하게 정비된 도로가 무척 인상적이다. 기억해야 할 가장 중요한 도로인 킹윌리엄 스트리트 King William St.만 따라가도 길을 잃을 일은 절대 없을 정도다. 주요 볼거리는 모두 빅토리아 광장에서 노스 테라스 사이에 밀집되어 있고, 토렌스강 건너 노스 애들레이드의 볼거리들도 모두 걸어서 다닐 만한 거리에 있어서 특별한 교통수단이 필요 없어 보인다.

그래도 잠깐씩 휴식이 필요할 때는 무료 시티 버스를 이용해보자. 각각 시계 방향과 시계 반대 방향으로 도는 2종류 노선이 있다.

어디서 무엇을 볼까?

남호주의 수도라고는 하지만 시드니나 멜번 같은 대도시에 비하면 상대적으로 소박한 느낌이다. 볼거리 역시 애들레이드만의 독특함보다는 문화적인 색채가 강하면서 내용에 충실하다. 킹윌리엄 스트리트를 따라 현대적인 건물들이 마천루를 형성하고 있지만 조금만 벗어나면 나지막한 주택가가 나온다. 이처럼 조용하면서 활기찬 분위기가 바로 애들레이드의 매력이다.

한편, 애들레이드의 근교 관광지는 크게 바다와 내륙으로 나뉜다. 도시 서쪽의 글레넬그와 캥거루 아일랜드가 바다를 테마로 한 관광지라면, 동쪽의 바로사 밸리는 내륙의 구릉으로 형성된 와인 산지. 캥거루 아일랜드 외에는 대부분 1시간 거리에 있으며, 하루 동안 한 군데의 관광지는 충분히 둘러볼 수 있다.

ADELAIDE

어디서 무엇을 살까?

애들레이드에서의 쇼핑은 대부분 런들 몰에 있는 백화점에서 하게 된다. 그러나 백화점은 윈도쇼핑용으로 삼는 게 어떨지. 뭔가 특별한 것을 원한다면 센트럴 마켓이나 이스트 엔드 마켓 같은 재래시장에 가보는 게 더 좋을 듯하다. 이곳에서는 채소·청과물을 비롯해 직접 만든 수공예품과 독특한 액세서리 같은 것을 구입할 수 있다.

어디서 뭘 먹을까?

센트럴 마켓을 중심으로 한 구거 스트리트 일대는 애들레이드의 먹을거리 천국이다. 마켓을 끼고 발달한 차이나타운에서는 중식뿐 아니라 말레이시아·태국·필리핀 등 다양한 국적의 음식이 후각을 자극하고 있으며, 각종 음식 재료도 저렴하게 구입할 수 있다.
푸드몰이나 패스트푸드점을 찾는다면 런들 몰로 가면 된다. 런들 몰 서쪽 힌들리 스트리트 Hindley St.는 노스 테라스와 함께 밤이 되면 애들레이드의 주당들이 모여드는 곳. 바와 카바레 등의 성인업소들이 몰려 있으며, 맛있는 이탈리아 음식점도 눈에 띈다.

어디서 자면 좋을까?

애들레이드의 고급 호텔들은 토렌스강을 굽어볼 수 있는 노스 테라스 지역에 자리 잡고 있으며, 저렴한 숙소들은 교통이 편리한 런들 몰과 빅토리아 스퀘어 사이에 밀집되어 있다. 장거리 버스터미널을 중심으로 대부분 10분 거리 안팎. 새벽에 도착하거나 지리에 어두운 여행자들을 위해 많은 숙소가 픽업 서비스도 하고 있으므로 거리에는 그리 연연하지 않아도 된다. 단, 크리스마스부터 1월 말까지의 성수기에는 에어즈록, 다윈으로 향하는 여행자들 때문에 빈방이 없거나 가격이 올라갈 수도 있으니 예약하는 것이 좋다.

애들레이드 가는 방법

지리적 요충지에 있는 애들레이드로 가는 방법은 다양하다. 호주의 대도시 어디서든 애들레이드로 향하는
교통편이 있기 때문이다. 거미줄처럼 연결된 국내선 비행기나 버스는 물론이고 호주에서는 비교적
덜 발달한 기차 노선까지, 동서와 남북을 연결하는 주요 경유지로서의 애들레이드는 그 지위가 특별하다.

애들레이드로 가는 길

경로	비행기	버스	기차	거리
시드니→애들레이드	2시간	22~23시간	25시간30분	1545km
멜번→애들레이드	1시간 20분	10시간	12시간	790km
앨리스 스프링스→애들레이드	2시간 5분	20시간	20시간	1600km
퍼스→애들레이드	3시간 25분		38시간	2980km

비행기 Airplane

인천에서 애들레이드까지 한번에 갈 방법은 없다. 브리즈번이나 시드니를 경유하거나, 홍콩·싱가포르 등 동남아의 도시를
경유하는 수밖에 없다. 그러나 잘 발달된 호주 국내선 노선을 이용하면 그리 불편하지는 않다. 호주 어느 도시에서 출발하
든 애들레이드까지는 최장 비행시간이 4시간을 넘지 않는다.

공항 ── 시내

애들레이드 국제공항 Adelaid International Airport은 시티센터에서 서쪽으로 약 8km 떨어져 있다. 모던하고 쾌적한 시설
로 2006, 2009, 2011년에는 세계에서 두 번째로 우수한 국제공항에 선정되기도 했다.
애들레이드 공항과 시내를 연결하는 셔틀버스의 이름은 제트라인 JetLine. 시내교통을 총괄하는 애들레이드 메트로에서
운영하며 메트로의 일반 버스 노선과 구분짓기 위해 공항 노선 앞에는 'J'가 표기되어 있다. J1, J2 노선이 공항과 시티센터를
연결하는 노선이며 J1X와 같이 'X'가 붙은 버스는 익스프레스 노선이다. 티켓은 공항 내 셔틀버스 부스 혹은 버스기사에게
직접 구입할 수 있다.

늦은 시간이나 짐이 많을 때는 택시를
이용하는 수밖에 없는데, 다행히 시내까
지 거리가 멀지 않아서 2명 이상일 경우
택시가 더 경제적이다. 요금은 시내까지
A$20 내외. 우버 택시를 이용하면 조금
더 저렴하다.

애들레이드 공항
📍 1 James Schofield Dr., Adelaide Airpor
📱 8308-9211 🏠 www.adelaideairport.
com.au

버스 Bus

절대다수의 여행자가 이용하는 그레이하운드 버스와 시드니~멜번~애들레이드를 연결하는 동서 노선의 강자 파이어플라이 익스프레스 버스 Firefly Express Bus가 대표적인 교통수단이다. 두 회사의 버스를 포함한 대부분의 장거리 버스들은 프랭클린 스트리트의 센트럴 버스스테이션 Central Bus Station에 출도착하고, 버스스테이션에서 중심가인 킹윌리엄 스트리트 King William St.까지는 걸어서 5분 거리다. 대부분의 숙소와 볼거리도 걸어서 이동할 수 있는 거리에 몰려 있다.

Adelaide Central Bus Station
📍 85 Franklin St., Adelaide 📞 8221-5080

Firefly Express Bus
📍 1300-730-740 🏠 www.fireflyexpress.com.au

기차 Train

애들레이드는 호주 대륙을 동서와 남북으로 관통하는 철도 노선의 거점 도시이다. 시드니에서 퍼스까지 연결되는 대륙 횡단 열차 인디언 퍼시픽 Indian Pacific과 앨리스 스프링스를 지나 다윈까지 연결되는 대륙 종단 열차 더 간 The Ghan 그리고 멜번에서 애들레이드를 연결하는 오버랜드 Overland까지 모두 애들레이드를 관통하고 있기 때문. 멜번에서는 일주일에 4회, 시드니와 퍼스, 앨리스 스프링스에서는 각각 2회, 다윈에서는 일주일에 1회씩 애들레이드행 기차가 출발한다.

애들레이드에는 2개의 기차역이 있는데, 남호주 내에서 운행되는 교외선 열차들은 주로 노스 테라스의 애들레이드역을 이용하고, 인디언 퍼시픽이나 더 간, 오버랜드 등의 주 외 장거리 열차들은 케스윅역 Keswick Railway Station에 도착하게 된다. 애들레이드역이 지하철역이라면 케스윅역은 서울역과 같은 역할을 한다.

케스윅역에서 시내까지는 공항부터 케스윅역을 거쳐 시티까지 운행하는 스카이링크 버스를 이용하면 된다. 시내에서 역까지는 3km 떨어져 있으며, 20분 정도 소요된다.

주요 기차 노선
Overland 애들레이드 ↔ 멜번 / **Indian Pacific** 시드니 ↔ 퍼스(애들레이드 경유) / **The Ghan** 애들레이드 – 앨리스 스프링스 – 다윈
🏠 www.greatsouthernrail.com.au

애들레이드 시내교통

솔직히 애들레이드의 교통 시스템은 조금 복잡하다. 하지만 걱정할 일은 아니다.
애들레이드에 살 것이 아니라 단순히 여행만 할 목적이라면 단 두 가지,
공짜 버스 노선과 여행자용 패스만 알아도 웬만한 관광지는 무리없이 다닐 수 있다.

애들레이드 메트로 Adelaide Metro

애들레이드의 버스와 열차 그리고 트램은 모두 애들레이드 메트로에서 운영한다. 티켓 하나로 3가지 교통수단을 모두 이용할 수 있으며, 18개의 노선으로 이루어진 고 존 Go Zone에 따라 지역이 나누어진다.

요금은 메트로 카드와 종이 티켓(Single Trip)을 모두 사용하는데, 종이 티켓보다 메트로 카드를 이용하면 훨씬 경제적이지만 여행자가 이용하기에는 여러모로 번거롭다. 다행히 최근에는 여행자를 위한 비지터 메트로 카드 Visitor Metro Card가 나와서 메트로 카드를 사용하기 어려운 여행자도 간편하게 할인 혜택을 받을 수 있게 되었다. **비지터 메트로 카드는 3일 동안 무제한으로 애들레이드의 교통수단, 즉 버스, 트레인, 트램을 이용할 수 있는 패스다.** 애들레이드 기차역 메트로 정보센터에서 구입할 수 있고, 사용 방법은 메트로 카드와 마찬가지로 승하차 시 밸리데이터 Validator에 터치하면 된다. 애플리케이션 〈Metromate〉를 다운받으면 좀더 손쉽게 실시간 교통수단을 이용할 수 있다.

Adelaide Metro InfoCentre
📍 2/10 Currie St., Adelaide ⏰ 08:00~18:00(토요일 09:00~17:00) 📱 1300-311-108 🏠 www.adelaidemetro.com.au

메트로 티켓 요금(A$)

티켓 종류	요금
Single Trip	6.20(4.20)
Visitor Metro Card(3일 동안 유효)	27.20

★ ( )안은 09:01~15:00에만 사용할 수 있는
　 인터 피크 Inter Peak 티켓 요금

무료 시티 서비스 Free City Service

이 도시에서 여행자가 기억해야 할 번호가 있다. 바로 98A, 98C, 99A, 99C이다. 이들 번호가 적힌 버스는 일명 Free City Connector Bus라 불리는 무료 버스이기 때문이다.

98번 버스는 시티와 노스 애들레이드 지역을 시계방향(Clockwise)과 시계 반대 방향(Anti Clockwise)으로 순환하고, 99번 버스는 시티 지역에서만 시계 방향과 반대 방향으로 순환하는 노선이다. 두 노선을 적절히 잘 활용하면 애들레이드 전

체를 돌아보는 데 손색이 없다. 한편, 무료 시티 서비스는 버스뿐 아니라 트램에도 있다. 시티 트램의 경우 South Terrace tram 역과 The Entertainment Centre 역 사이를 오가는 구식 트램은 무료. 근교 글레넬그에서도 The Brighton Road 역과 Moseley Square 역 사이 트램은 무료다.

◆ 464P 지도의 무료 버스 노선 참고

투어 Tour

애들레이드 시내는 굳이 투어를 이용하지 않아도 걸어 다니면서 충분히 볼 수 있다. 문제는 근교로 갈 때. 애들레이드 근교는 조용하면서도 자연스러운 아름다움이 특징이다. 지형을 고려해서 형성된 수만 헥타르의 와이너리와 자연 그대로 보존되어 있는 캥거루 아일랜드, 굽이굽이 절경을 자랑하는 플린더스 레인지 등 어느 것 하나 놓치기 아깝다. 그중에서도 캥거루 아일랜드는 반드시 시간을 내서 찾아가 볼 것을 강력히 추천한다.

주요 투어 회사

Groovy Grape Getaways ☐ 1800-059-490 🏠 www.groovygrape.com.au
Oz Experience ☐ 1300-300-028 🏠 www.ozexperience.com
Adventure Tours ☐ 1300-654-604 🏠 www.adventuretours.com.au

애들레이드의 주요 투어

투어 종류	투어 내용	소요시간
City Tour 시티 투어	동물원, 보타닉 가든, 센트럴 마켓 같은 시티센터의 관광지부터 하이츠 초콜릿 공장, 크리켓 경기장 등의 외곽까지 도는 반나절 투어.	3시간
Kangaroo Island Tour 캥거루 아일랜드 투어	호주에서 세 번째로 큰 섬인 캥거루 아일랜드의 자연과 동식물을 둘러보는 투어. 페리나 경비행기를 타고 갈 수 있으며, 데이 투어에서 2박3일까지 상품이 다양하다.	10시간~2박3일
Barossa Valley Wine Tour 바로사 밸리 와인 투어	호주 최고의 와인 산지 바로사 밸리를 방문, 와인 제조과정을 체험하고 시음을 겸하는 투어.	8시간
Flinders Ranges 플린더스 레인지	산세가 험준하고 야생화가 만발한 플린더스 레인지는 호주의 아웃백을 체험할 수 있는 곳이다. 등줄기처럼 이어지는 플린더스 산맥과 끝없이 펼쳐지는 황야의 풍경이 압권이다.	2박3일

애들레이드 추천 코스

시티센터만 둘러본다면 1~2일이면 충분하다.
그러나 근처의 글레넬그 비치나 바로사 밸리, 캥거루 아일랜드까지 보려면 최소 4일은 필요하다.
시간이 촉박한 사람은 무료 버스를 이용해서 하루 만에 애들레이드 시내를 둘러볼 수도 있지만,
가능하면 천천히 걸어 다니면서 시내 관광에 꼬박 하루는 투자하는 것이 좋다.

DAY 01

네모반듯 질서정연한 애들레이드 시티센터에서는
누구라도 하루면 동서남북을 파악하게 된다.
노스와 사우스로 나뉜 도심을 오가며 지칠 때는
벨트처럼 연결되어 있는 런들 몰에서 쉬어갈 수 있고,
수려한 강과 푸른 공원에서 망중한을 즐겨도 좋다.
쉬엄쉬엄 걸어도 하루면 시내는 마스터한다.

🕐 예상 소요시간 10~12시간

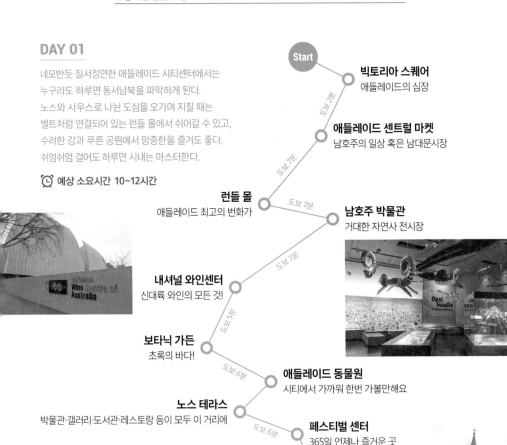

Start

빅토리아 스퀘어
애들레이드의 심장

도보 2분

애들레이드 센트럴 마켓
남호주의 일상 혹은 남대문시장

도보 7분

런들 몰
애들레이드 최고의 번화가

도보 7분

남호주 박물관
거대한 자연사 전시장

도보 7분

내셔널 와인센터
신대륙 와인의 모든 것!

도보 5분

보타닉 가든
초록의 바다!

도보 6분

애들레이드 동물원
시티에서 가까워 한번 가볼만해요

노스 테라스
박물관·갤러리·도서관·레스토랑 등이 모두 이 거리에

도보 6분

페스티벌 센터
365일 언제나 즐거운 곳

도보 10분

세인트 피터스 성당
뾰족탑이 인상적이네요

라이트 전망대
애들레이드가 한눈에 쏙!

도보 10분

Finish

애들레이드에서는 반드시 가야할 근교 관광지들이 있다.
가깝게는 글레넬그나 한도르프부터 조금 멀리는
바로사 밸리와 캥거루 아일랜드까지, 어느 것 하나 빠뜨리기
아쉬운 곳들이다. 아래에 예시된 동선과 일정을 고려하여
두 군데 이상은 근교 여행지에 시간과 비용을 투자하자.

🕐 예상 소요시간 1~3일

한도르프
독일인 마을

글레넬그
트램 타고 가는 바다

트램 30분(약 11km)

자동차 30분(약 26km)

애들레이드

자동차 2시간+페리 45분(약 113km)

자동차 1시간(약 60km)

바로사 밸리
호주 와인의 지존

캥거루 아일랜드
생태계의 보물 창고

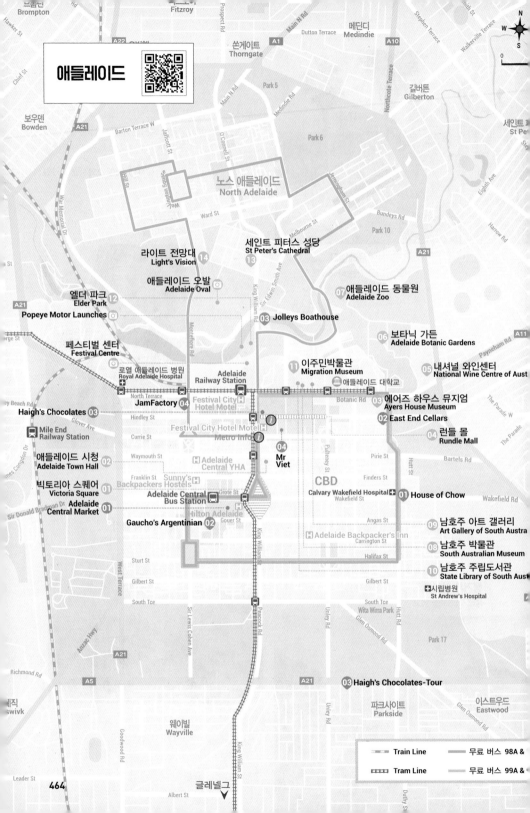

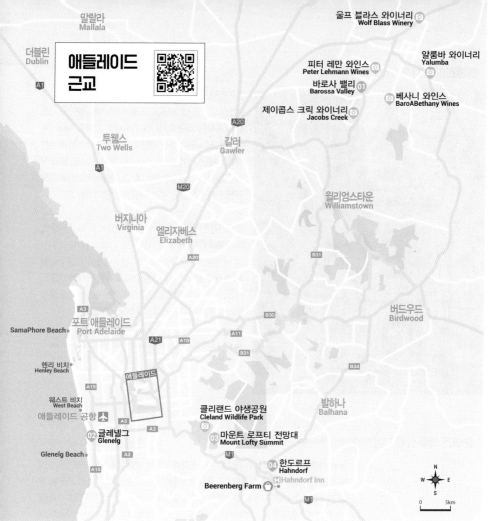

01

빅토리아 스퀘어 Victoria Square

여왕을 찾아라!

애들레이드의 시티센터는 이스트·웨스트·사
우스·노스 테라스로 둘러싸여 있다. 빅토리아
스퀘어는 시티센터 중에서도 가장 중심에 있
는 광장. 밤이 되면 야간 조명으로 더욱 화려
해지는 분수대와 빅토리아 여왕의 동상 그리
고 글레넬그행 트램이 빅토리아 광장을 지키
는 터줏대감이다. 광장 근처에 센트럴 마켓과
센트럴 버스스테이션이 있어서 항상 오가는
사람들로 붐비는 곳이기도 하다. 무료 버스와
트램이 출발하는 장소여서 여러모로 애들레
이드 여행을 시작하기 좋은 곳이다.

애들레이드 시청 Adelaide Town Hall

호주의 대도시 시청 건물들은 관공서의 의미 이외에 많은 상징과 기능을 지닌다. 그 중에서도 애들레이드 시청사는 중후한 외관이 지니는 건축사적 의미도 뛰어나지만, 온전히 '시민을 위한 시민에 의한' 공간으로서 특별한 의미를 지닌다. 미술전시, 케이터링 행사, 콘서트, 웨딩 이벤트 등이 수시로 펼쳐지는데, 그 중에서도 애들레이드 시청의 명물 오르간 콘서트는 가장 인기있는 프로그램이다.

오르간과 함께 기억해야 할 곳은 시청사 발코니. 비틀즈, 다이애나 황태자비와 찰스왕세자, 그리고 달라이라마까지 세계적인 인사들이 바로 이 발코니에서 시민들을 향해 손을 흔들었던 장소다. 누구나 자유롭게 시청 안을 드나들 수 있으며, 월요일 오전 10시에는 애들레이드 토박이가 설명하는 무료 가이드 투어도 진행한다.

♀ 128 King William St., Adelaide ⏰ 월~금요일 09:00~17:00 ☎ 8203-7590 🏠 www.adelaidetownhall.com.au

에어즈 하우스 뮤지엄 Ayers House Museum

노스 테라스 동쪽 끝에 있는 에어즈 히스토릭 하우스는 남호주의 총독이었던 헨리 에어즈의 관저였던 건물이다. 19세기 중반의 생활상을 보여주는 여러 가지 가구와 용품·자료들을 전시한다. 애초에 이 건물은 9개의 방을 가진 조그만 오두막으로 지어졌는데, 에어즈 총독이 새로 부임해오면서부터 조금씩 개조되어 지금과 같은 모습이 되었다. 널찍한 잔디 정원을 지나 내부로 들어가면 사람이 사는 집처럼 잘 보존된 실내

가 인상적이다. 짙은 갈색 앤티크 가구들과 화려한 샹들리에, 섬세하게 조각된 높은 천장과 고급스러운 집기들, 무엇 하나 예사롭지 않은 이곳은 내셔널 트러스트가 지정하는 사적지의 하나이기도 하다. 건물 오른쪽에는 테라스 레스토랑과 기념품점이 있다.

◈ 2024년 2월 현재 이곳은 잠정 폐쇄 중이며, 재개관을 위한 국민청원이 진행 중이다.

♀ 288 North Terrace, Adelaide
☎ 8223-1234
🏠 www.ayershousemuseum.org.au

04

런들 몰 Rundle Mall

이 도시의 센터

애들레이드 지도를 놓고 보면, 노스 애들레이드와 시티센터를 잇는 허리 부분에 해당되는 곳이 런들 몰이다. 애들레이드의 명동이라 불리는 런들 몰은 다음 블록의 노스 테라스와 함께 애들레이드의 중심 상권을 형성하면서 쇼핑의 메카가 되었다. 데이비드 존스, 마이어 등의 대형 백화점과 아케이드가 늘어서 있고, 카페와 각종 기념품점·관광안내소까지 가세하고 있어서 볼 것도 많고 살 것도 많다. 그중에서도 현대적인 시설의 마이어 백화점과 고전미를 간직한 애들레이드 아케이드 Adelade Arcade는 가장 많은 사람들의 발길이 오가는 곳이다.

차량이 다니지 않는 광장의 가운데에 있는 4마리의 청동 돼지는 각각 트러플스 Truffles(서 있는 돼지)·올리버 Oliver(쓰레기통을 뒤지고 있는 돼지)·호라티오 Horatio(앉아 있는 돼지)·오거스타 Augusta(걸어가고 있는 돼지)라는 이름을 갖고 있을 정도로 애들레이드 시민들의 마스코트가 된 지 오래. 돼지와 함께 한 인증샷은 놓치지 말아야 할 여행자의 미덕이다.

📱 8203-7200 🏠 www.rundlemall.com

내셔널 와인센터 National Wine Centre of Australia

최근 전 세계적으로 주목받고 있는 호주 와인의 진원지는 바로 남호주 지역. 국립 와인센터가 애들레이드에 있는 것은 어찌 보면 당연한 일이다. 명성이 자자한 와인 산지에 왔으면 어깨너머라도 와인을 음미해보는 것 또한 당연한 일이다. 노스 테라스를 따라 보타닉 가든 방향으로 걸어가면 노아의 방주를 연상케하는 와인센터 건물이 나온다. 안으로 들어서면 생각보다 크고 넓은 내부 공간에 한번 놀라고, 잘 갖춰진 전시 공간과 시스템에 감탄하게 된다. 천창을 통해 쏟아지는 햇살과 건물을 받치고 있는 트러스트 구조물도 멋있다.

다양한 와인과 와인 액세서리를 판매하는 와인숍에서는 와인 판매뿐 아니라 와인 시음회나 와인에 관한 세미나도 열린다. 전시장에 들어서면 그야말로 와인에 대한 모든 것이 한자리에 모여 있다. 와인에 관심 많은 사람은 호주 와인 디스커버리 가이드 투어에 참가해도 좋다. 건물 뒤편으로는 넓은 포도밭이 펼쳐진다.

📍 Hackney Rd. & Botanic Rd., Adelaide ⏰ 월~일요일 09:00~18:00, 공휴일 11:00~17:00 💲입장료 무료, 가이드 투어 A$25
📱 8303-3355 🏠 www.nationalwinecentre.com.au

06

보타닉 가든 Adelaide Botanic Gardens

호주에서 가장 아름다운 정원 가운데 하나로 손꼽히는 애들레이드 보타닉 가든. 1855년 에 설립된 이후 20만㎡가 넘는 대규모의 녹지대는 도시의 오아시스 역할을 하고 있다. 남 반구에서 가장 큰 온실이라 불리는 바이센테니얼 온실 Bicentennial Conservatory과 선 인장만 모아둔 온실 등이 볼 만한데, 아열대와 지중해 식물, 열대우림 식물 그리고 희귀식 물 등이 자연 상태로 보존되고 있다. 이 밖에도 오래된 건물들과 연못, 곳곳에 놓인 벤치 가 운치를 자아낸다. 북쪽으로는 동물원, 남쪽으로는 와인센터를 접하고 있어서 튼튼한 운동화와 한나절쯤 여유있는 시간은 필수로 챙겨야 한다.

📍 North Terrace, Adelaide 🕐 월~금요일 07:15~19:00, 토~일요일 09:00~19:00 💲 무료
📱 8222-9311 🏠 www.botanicgardens.sa.gov.au

07

애들레이드 동물원 Adelaide Zoo

보타닉 가든이 끝나는 곳에서부터 토렌스강을 끼고 형성되어 있는 애들레이드 동물원. 도시 외곽에 떨어 져 있는 다른 도시의 동물원과 달리 시티 한가운데 자 리하고 있다.

1883년에 처음 개장한 애들레이드 동물원의 주인은 1978년에 설립된 로열 주로지컬 소사이어티 오브 사 우스 오스트레일리아 Royal Zoological Society of South Australia라는 회사다. 이 회사는 지구상의 모 든 자연과 환경을 지키고 보존할 목적으로 설립되었다 고 하는데, 그 첫 번째 프로젝트가 바로 이 동물원을 설립하고 동물들을 보살피는 것이었다. 이처럼 설립취 지를 알고 보면 더 특별해 보이는 1,500여 종의 포유 류와 조류·파충류를 비롯해 캥거루와 왈라비 등이 동 물원 곳곳을 자유롭게 누빈다. 멀리 중국에서 온 판다 와 아시아 호랑이도 저마다의 습성대로 생활하고 있 다. 다른 도시에서 동물원에 들르지 못했다면 애들레 이드에서 한번 시도해볼 것.

📍 Frome Rd., Adelaide 🕐 09:30~17:00
💲 어른 A$42.50, 어린이 A$22.50 📱 8267-3255
🏠 www.adelaidezoo.com.au

남호주 박물관 South Australian Museum

입구에 들어서자마자 천장에 걸려 있는 고래뼈와 거북이뼈 등이 시선을 사로잡는다. 오른쪽으로는 애버리지널 컬처 갤러리가, 왼쪽으로는 뮤지엄숍이 있으며, 붉은 카펫과 스테인드글라스를 따라 2층으로 올라가면 기획 전시장이 나온다. 전시실 안에는 실물 크기의 동물 박제가 가득해서 마치 시간이 멈춘 동물원에 온 것 같다. 동물 박제도 흥미롭지만, 이 박물관에서 특별히 눈여겨봐야 할 것은 애버리진의 생활과 문화·전통에 관한 내용을 전시해둔 애버리지널 컬처 갤러리다. 애버리진은 호주를 이해하는 가장 중요한 코드 중의 하나이기 때문. 남호주 박물관은 애버리진에 대한 가장 많은 자료를 전시하고 있는 박물관으로 자부심이 높다.

📍 North Terrace, Adelaide 🕙 10:00(안작데이 12:00)~17:00 ❌ 부활절, 크리스마스
💲 무료 📱 8207-7500 🏠 www.samuseum.sa.gov.au

남호주 아트 갤러리 Art Gallery of South Australia

박물관과 나란히 서 있는 아트 갤러리. 그리스 신전처럼 6개의 기둥이 대리석 건물의 입구를 받치고 있는 건물 외관부터 무척 인상적이다. 내부 역시 높은 천장에 귀족적인 느낌이 강하다. 앞에서 보기에는 규모가 그리 커 보이지 않지만, 관내에 들어서면 생각보다 넓은 실내와 알찬 전시 내용에 놀라게 된다. 여러 개의 전시실로 나뉘어 있으며, 전시실마다 애버리진 아트를 비롯해 유럽·아시아를 아우르는 전 세계의 명화들이 전시되어 있다.

📍 North Terrace, Adelaide ⏰ 10:00~17:00(매달 첫 번째 금요일은 21:00) ❌ 크리스마스
💲 무료 📱 8207-7000 🏠 www.artgallery.sa.gov.au

사우스 오스트레일리아 주

471

남호주 주립도서관 State Library of South Australia

애들레이드 주립도서관은 아트 갤러리, 박물관과 함께 노스 테라스의 3인방으로 자리하고 있다. 근처에 애들레이드 대학이 있어서 마치 대학 도서관 같은 느낌도 들지만, 호주 최대 규모를 자랑하는 주립도서관이다. 이곳에서는 각종 이벤트와 전시가 열리기도 하는데, 희귀한 종류의 컬렉션이 있는 곳으로도 유명하다. 도서관 1층의 안내센터에서 컴퓨터 사용 신청을 하면 누구라도 인터넷과 문서작업 등을 할 수 있어서 유학생과 워홀러들에게 인기있다. 건물 앞에 에드워드 7세의 동상이 있어서 찾기 쉽다.

📍 North Terrace & Kintore Ave., Adelaide 🕐 월~수요일 10:00~20:00, 목·금요일 10:00~18:00, 토·일요일·공휴일 10:00~17:00 💲 무료 📱 8207-7250
🏠 www.slsa.sa.gov.au

이주민 박물관 Migration Museum

노스 테라스에서 주립도서관을 지나 오른쪽으로 난 킨토르 애버뉴를 따라 5분 정도 걸어가면 이주민 박물관을 만날 수 있다. 그리 큰 규모는 아니지만, 애들레이드 지역에 처음 정착했던 이주민들의 생활을 소상히 기록하고 있어서 알찬 느낌이다. 특히 유럽뿐 아니라 소수의 아시아 이민자들의 이주 과정에 대해서도 자세히 전시해 당시의 실상을 이해하는 데 도움이 된다. 입구 오른쪽에는 서적과 기념품을 판매하는 숍이 있으며, 넓은 정원에는 꽤 근사한 야외 카페가 있어서 쉬어가기 좋다.

📍 82 Kintore Ave., Adelaide 🕐 10:00~17:00 ❌ 크리스마스 💲 무료 📱 8207-7580
🏠 www.migrationmuseum.com.au

12 엘더 파크와 페스티벌 센터 Elder Park & Festival Centre

하늘 푸른 날에는 이곳으로!

토렌스강을 끼고 넓은 녹지대가 형성되어 있는 엘더 파크는 애들레이드 시민들에게 사랑받는 휴식처. 강가에 피크닉 나온 가족들과 사람을 따르는 청둥오리떼가 어우러진 풍경이 무척 평화로워 보인다. 이곳에서는 토렌스강을 거슬러 동물원까지 운행하는 팝아이 유람선 Popeye River Cruise과 패들보트가 출발하기도 하는데, 주말에만 운행하므로 정확한 시간은 홈페이지를 통해 확인하는 것이 좋다.

엘더 파크를 뒤뜰 삼아 나란히 자리하고 있는 페스티벌 센터는 이름 그대로 언제나 축제 같은 즐거움이 있는 곳이다. 1977년 문을 연 이후 2년에 한 번씩 열리는 애들레이드 비엔날레가 개최되는 곳이며, 각종 예술제와 문화행사도 끊이지 않는다. 토렌스강을 바라보고 있는 스페이스 시어터 Space Theater에서는 하늘에서 펼쳐지는 에어 퍼포먼스가 열리기도 하고, 야외 조각공원에서는 버스커들의 즉흥 퍼포먼스가 펼치기도 한다. 3개의 극장과 갤러리·콘서트홀 등이 있으며, 세 군데 레스토랑이 있어서 오감이 즐겁다. 강 건너 맞은편에 웅장한 모습으로 자리하고 있는 Adelaide Oval은 호주인들에게 인기있는 풋볼 경기장으로, 경기장 투어에 참가하는 사람들도 많다.

Festival Centre 📍King William St., Adelaide 🕐연중무휴
📱8216-8600 🏠www.adelaidefestivalcentre.com.au

Popeye River Cruise 🕐토~일요일 10:00~16:00 💲편도 어른 A\$20, 어린이 A\$13 📱8232-7994 🏠www.thepopeye.com.au

세인트 피터스 성당 St Peter's Cathedral

여행자도 넉넉하게 품어주는 곳

킹윌리엄 로드를 따라 토렌스강을 건너면 눈앞에 그림엽서처럼 아름다운 성당이 나타난다. 2개의 뾰족한 첨탑이 하늘 향해 손을 모은 듯 서있고, 붉은 벽돌의 장엄한 외관이 보는 이의 마음까지 경건하게 한다. 내부 공간은 모든 방문자에게 열려있고, 일요일 오전 8시, 10시30분, 오후 6시에는 여행자와 현지인이 어우러져 예배하는 모습도 인상적이다. 성당 건물은 1869년에 착공되어 1904년에 완공되기까지 40년 가까이 공을 들여 완성되었다고 한다. 입구 앞 잔디밭에는 애들레이드의 설계자 존 허치슨 John Hutchison을 기념하기 위해 그의 딸과 아내가 기증한 초록색 벤치가 놓여 있다.

📍 27 King William Rd., North Adelaide ⏰ 월요일 09:30~13:00, 화~토요일 09:30~16:00, 일요일 12:00~15:00 💲 무료 📱 8267-4551 🏠 www.stpeters-cathedral.org.au

라이트 전망대 Light's Vision   시원한 바람이 부는 곳

지형이 비교적 평평한 애들레이드에는 높은 언덕이 없어서 도시 전체를 조망하기가 어렵다. 그나마 시티센터에서 15분 정도 걸어가면 만나게 되는 라이트 전망대가 있어서 다행이라면 다행이다. 세인트 피터스 성당을 지나 서쪽 언덕길을 따라가면 몬테피오레 로드 Montefiore Rd.와 교차되는 지점에 나지막한 정상이 나온다. 애들레이드를 남호주의 주도로 정한 윌리엄 라이트 William Light 대령의 동상이 나오면 정상에 다 온 것. 날씨가 맑을 때는 도시의 전경이 한눈에 들어오지만, 최근에 생겨난 고층빌딩들 때문에 아무래도 시야가 그리 시원하지는 않다.

📍 Unit 2/76 Pennington Terrace, North Adelaide

`01`

바로사 밸리 Barossa Valley

남호주를 '와인 수도'라는 애칭으로 불리게 한 일등공신인 바로사 밸리. 이곳에 정착했던 초기 이주민들이 독일의 와인 산지인 라인강 지형과 닮았다는 이유로 포도밭을 일구기 시작한 데서 이 지역의 역사가 시작되었다. 150년이 지난 지금은 이 일대가 호주 최대의 와인 산지로 바뀌어 매년 수많은 관광객을 끌어들이고 있다. 애들레이드 북동쪽 약 60km에 위치하며 자동차로 1시간 정도면 도착할 수 있는 거리다. 대표적인 도시로는 린독 Lyndoch·타눈다 Tanunda·누리우파 Nuriootpa·앵가스톤 Angaston을 꼽을 수 있으며, 이 일대에 50개가 넘는 크고 작은 양조장이 있다. 방문자들은 이들 양조장에서 와인 생산 과정을 직접 견학할 수 있으며 와인 시음과 구입도 가능하다. 애들레이드에서 출발하는 버스 투어에 참가하는 것이 여러모로 효율적인데, 투어에 참가하면 대표적인 4개 도시 중 세 군데 이상을 방문하고 도중에 '속삭임의 벽'과 펜글러스 힐 같은 이 일대 관광 명소도 들른다. 최근에는 드넓은 바로사 밸리를 전동 세그웨이 Segway나 자전거로 둘러보는 투어가 등장하면서 기동력을 원하는 젊은 여행자 사이에서 인기가 많다.

바로사 밸리 인포메이션 센터 ♀66~6 8 Murray St., Tanunda ⊙월~금요일 09:00~17:00, 토요일 09:00~16:00, 일요일·공휴일 10:00~16:00 ✖부활절, 크리스마스 ▯1300-852-982
🏠 www.barossa.com

바로사 밸리의 대표 와이너리

얄룸바 Yalumba

1849년부터 이어져 온 전통 있는 와이너리로, 가족 경영 와이너리로는 호주에서 가장 역사가 오래되었다. 와이너리 앞에는 100년이 넘은 쉬라즈밭이 펼쳐지고, 테이스팅룸 벽에는 역대 오너의 초상화가 장식되어 있다.

📍 Eden Valley Rd., Angaston 📱 8561-3200 🏠 www.yalumba.com

울프 블라스 와인 Wolf Blass Wines

수출 물량이 많아 한국에서도 쉽게 만날 수 있는 호주 와인. 2004년에 개장한 건물은 잔디 깔린 정원을 감싸듯이 원형으로 지어져 있으며, 정원 중심에 트레이드 마크인 매 동상이 서 있다.

📍 Light Pass Rd., Stockwell 📱 8568-7311
🏠 www.wolfblass.com.au

베사니 와인스 Bethany Wines

포도밭이 끝도 없이 펼쳐지는 그림같은 풍경을 원한다면 베사니 와인스가 제격이다. 1844년에 바로사 밸리로 이주해온 슈라펠 일가가 1852년부터 와인 제조를 시작했으며, 150년이 지난 현재는 와인과 함께 주변경관이 아름다운 와이너리로 인기가 높다.

📍 Bethany Rd., Tanunda 📱 8563-2086 🏠 www.bethany.com.au

피터 레만 와인스 Peter Lehman Wines

창업주 피터 레만의 이름을 딴 와이너리. 목사의 아들로 태어나 17세부터 와인 제조를 시작한 그는 이 일대에서 와인 메이커로 이름을 날렸다. 축적된 노하우와 신뢰를 바탕으로 지금의 피터 레만 와인스를 창립한 후 여러 차례 수상 경력을 자랑하고 있다. 특히 리슬링 품종에서는 두 차례 월드 베스트 와인으로 선정되는 등 섬세한 제조 기술이 세계적으로 인정받고 있다.

📍 Off Pera Rd., Tanunda 📱 8563-2100
🏠 www.peterlehmanwines.com

제이콥스 크릭 Jacobs Creek

멜롯, 리슬링, 샤도네이 등 다양한 품종을 생산해내는 대규모 와이너리. 호주 전역은 물론 한국내에서도 친근하게 만날 수 있는, 보편적인 입맛을 충족시키는 와인이다. 독일 바이에른 출신의 이민자 요한 그램이 고향의 와인 맛을 잊지 못해 30헥타르의 포도밭을 일구기 시작한 것이 와이너리의 시작이다. 1840년에 포도밭을 일구면서 사용했던 오두막이 현재의 방문자센터 옆에 보존되어 있으며, 2008년에는 '세계에서 가장 우수한 와이너리 100'에 1위로 선정되며 품질의 우수성을 인정받았다.

📍 2129 Barossa Valley Way, Rowland Flat 📱 8521-3000
🏠 www.jacobscreek.com

02

글레넬그 Glenelg

세인트 빈센트 만에 접하고 있는 작은 항구도시 글레넬그는 애들레이드에서 가장 가까운 바닷가다. 화려한 볼거리는 없지만 자잘한 구경거리들이 있어서 관광객들이 찾기에도 무난하다. 둘러봐야 할 곳으로는 글레넬그 비치 Glenelg Beach와 버팔로호 HMS Buffalo, 매직 마운틴 Magic Mountain 등이 있다. 글레넬그 비치는 넓은 모래사장과 적당한 파도가 어우러져서 해수욕은 물론 서핑과 요트 등을 즐길 수 있는 곳이다. 버팔로호는 1836년에 남호주의 초대 총독 힌드마

시가 이주민들과 함께 타고 온 범선으로, 글레넬그 비치 북쪽에 당시의 모습 그대로 재현되어 있으며, 내부는 박물관과 레스토랑으로 이용되고 있다. 매직 마운틴은 워터 슬라이드와 미니 골프, 스카이 사이클, 범퍼 보트 등의 놀이기구가 있는 작은 놀이공원. 애들레이드 빅토리아 스퀘어에서 글레넬그행 트램을 타고 종점까지 가면 글레넬그 비치가 나온다. 애들레이드 시내에서 글레넬그 비치까지 약 30분 정도 소요된다.

03

마운트 로프티 전망대 Mt. Lofty Summit Lookout

로프티 레인지 Lofty Ranges 또는 애들레이드 힐스로도 알려진 이곳은 애들레이드 동쪽 경계에 있다. 주요 볼거리로는 마운트 로프티 전망대 Mount Lofty Summit와 클리랜드

야생공원 Cleland Wildlife Park, 한도르프 Hahndorf 등이 있다. 로프티 전망대는 애들레이드 시의 아름다운 모습을 감상할 수 있는 언덕에 세워져 있으며, 클리랜드 야생공원은 개방형 목장을 야생공원으로 활용하고 있는 곳. 독일인 마을 한도르프는 바로사 밸리를 일군 독일 이주민들과 마찬가지로 독일 사람들이 모여서 형성한 유럽풍의 마을이다. 시티에서 864번 메트로 버스를 타면 클리랜드 야생공원까지 갈 수 있고, 이곳에서 다시 823번 버스로 환승하면 로프티 전망대까지 갈 수 있다. 그러나 운행 편수가 많지 않아 일대를 다 둘러보려면 투어를 이용하는 편이 낫다. 애들레이드에서 하루 코스 관광지로 인기가 높다.

📍 Mount Lofty Summit Rd., Crafers ⏰ 09:00~17:00 ❌ 크리스마스 ☎ 8370-1054 🏠 www.parks.sa.gov.au

한도르프 Hahndorf

애들레이드 북동부에 독일인들이 일군 바로사 밸리 와이너리가 있다면, 애들레이드 남동쪽에는 호주 속 독일 마을 한도르프가 있다. 호주 최초의 독일인 마을로 정식 인정된 곳으로, 마을 전체가 독일의 소도시를 연상시키는 각종 상징들과 기념품, 음식들로 채워져 있다. 1939년, 독일에서 이주해 온 52가구가 이곳에 터를 잡고 마을을 건설했는데, 당시에 타고 왔던 배 제브리호의 선장 한의 이름을 따서 마을 이름도 한도르프(한의 마을)라 한다. 최근에는 SNS를 통해 이곳의 모습을 보여주는 사진들이 퍼져나가며, 마을 전체가 포토 스폿이 되고 있다. 메인 도로를 따라 3km 남짓되는 길 하나가 전부지만, 이 길을 따라 구석구석 볼거리 천지다. 빈티지숍과 꽃집, 기념품점과 카페 등 시간이 허락한다면 하루 종일 쑤시고 다녀도 지루할 새가 없다. 특히 150년이 넘은 레스토랑 Hahndorf Inn에서 맛보는 독일 정통 수제 맥주와 소시지는 절대 빼놓지 말아야 할 버킷 리스트!!

한도르프 인 Hahndorf Inn

독일인 마을 한도르프에 자리한 정통 독일식 호프 레스토랑.
150년이 넘는 세월 동안 5대째 가족이 운영하는 곳으로, 1층은
레스토랑 2층은 숙소로 운영한다. 맥주 제조에 필요한 모든 재료
는 독일의 바이에른에서 공수받고, 음식 재료들은 모두 애들레
이드 힐에서 재배된 신선한 농산품을 사용한다. 시끌벅적한 실내
에 들어서면 마치 옥토버 페스트에 온 것처럼 이국적이고 흥겹다.
독일식 소시지와 다섯 종류의 바바리안 수제맥주를 시음할 수
있는 Tasting Paddle은 여행자들에게 가장 인기 있는 메뉴다.

📍 35 Main St., Hahndorf 🕐 10:30~21:00 📱 8388-7063
🏠 www.hahndorfinn.com.au

비렌버그 팜 Beerenberg Farm

한도르프 독일인 마을 입
구에 자리한 잼 팩토리. 단
순한 잼 공장이라 하기에
는 규모나 명성이 간단치
않다. 비렌버그 잼은 호주
에서 가장 유명한 잼 브랜
드 중 하나이고, 항공기의 기내식과 호텔 뷔페식에서도 주로 사용
되는 브랜드인만큼 여느 관광지 못지않은 인기 스폿이다. 1839년에
독일에서 호주로 이주한 피치 일가가 7대에 걸쳐 운영하고 있는 곳
으로, 매장에서 일하는 사람들도 모두 가족이라고. 딸기잼, 포도잼
등의 고전적인 아이템도 맛있지만, 레몬, 복숭아, 망고 등으로 만든
마말레이드도 일단 한번 시식해 보면 지갑이 열리고 만다. 피클과
소스도 꼭 시식해 볼 것.

📍 2106 Mount Barker Rd., Hahndorf 🕐 09:00~17:00 ❌ 크리스마스
📱 8388-7272 🏠 www.beerenberg.com.au

(talk) 자연주의 화장품 줄리크의 고향, 애들레이드 힐스

자연 성분이 풍부하게 배합된 스킨케어 화장품으로
한국에서도 잘 알려진 호주 화장품 브랜드 줄리크.
바로 이 화장품의 재료인 허브는 애들레이드 힐스
Adelaide Hills에 있는 농장에서 재배된답니다.
순수 스킨케어 제품에는 원료인 식물 재배가 필수불
가결 조건이지요. 줄리크의 창립자는 독일인 클라인
박사와 원예가 율리케 부인인데요, 도시화가 진행되
던 독일에서는 한계를 느낀 부부가 오염이 적고 깨끗
한 공기, 신선한 물, 풍부한 토양을 찾아 세계 각지를
돌아본 결과 이곳 애들레이드 힐스가 최고의 장소로
선정되었답니다. 결국 부부는 1983년 애들레이드 힐
로 이주, 허브 농원을 개척한 결과 세계인이 사랑하
는 줄리크라는 브랜드를 만들어내게 되었습니다. 줄
리크는 식물의 힘을 최대한 살린 자연주의 화장품으
로 세계 각국에서 사랑받고 있습니다.

01 Adelaide Central Market

애들레이드의 부엌

구거 스트리트 Gouger St.와 그로트 스트리트 Grote St. 사이에 있는 센트럴 마켓은 빅토리아 광장과 함께 애들레이드에서 가장 많은 사람이 모이는 장소 가운데 하나다. 마켓이 문을 여는 날이면 아침 일찍부터 물건을 가지고 나온 상인들과 싱싱한 상품을 사려는 시민들, 그리고 관광객까지 합세해 흥을 돋운다. 애들레이드에서 가장 큰 시장이자 최고 품질의 제품을 가장 싸게 살 수 있는 이곳은 치즈·생선·채소·과일가게는 물론이고 각국의 음식을 맛볼 수 있는 푸드 몰과 대형 슈퍼마켓까지 입점해 대형 상권을 형성하고 있다. 한국 음식을 먹고 싶거나 직접 요리를 하고 싶을 때는 이곳으로 가면 된다. 차이나타운과 접하고 있어서 볼거리, 먹을거리가 더 풍성하다.

📍 44-60 Gouger St., Adelaide 🕐 화요일 07:00~17:30, 수~목요일 09:00~17:30, 금요일 07:00~21:00, 토요일 07:00~15:00 ❌ 일, 월요일 📱 8203-7494 🏠 www.adelaidecentralmarket.com.au

02 East End Cellars

남호주 와인 다 모여라!

센트럴 마켓이 대형 쇼핑센터처럼 일정한 건물 안에 형성된 시장이라면, 이스트 엔드 셀러스는 노천시장 같은 느낌이다. 거리를 따라 자유롭게 상권이 형성되어 있기 때문에 복잡하지 않아서 좋다. 이름에서 짐작하듯, 이곳은 와인 전문 시장이다. 다양한 호주 와인을 저렴하게 구입할 수 있고, 특히 근교 바로사 밸리의 와인은 이곳만큼 저렴하게 구입할 곳이 없을 정도다.

📍 25 Vardon Ave., Adelaide 🕐 월~수요일 09:00 ~21:00, 목요일 09:00~22:00, 금요일 09:00~밤늦게, 토요일 10:00~밤늦게, 일요일 12:00~19:00
📱 8232-5300 🏠 www.eastendcellars.com.au

Haigh's Chocolates

킹윌리엄 스트리트를 따라 노스 테라스로 가다 보면, 런들 몰 입구 쪽에 커다란 글씨로 하이츠 초콜릿이라고 쓰인 간판이 나온다. 워낙 눈에 띄는 위치여서 오가며 들르기도 하지만, 그보다 더 많은 사람

들은 하이츠 초콜릿의 명성을 미리 알고 오는 눈치다. 호주의 애들레이드에 본사를 두고 있는 하이츠 초콜릿은 세계적으로 유명한 초콜릿 브랜드. A\$5 정도면 조그만 포장에 든 초콜릿을 맛볼 수 있고, 선물용 포장도 다양하다. 이곳에서 투어를 신청하면 근처의 공장과 비지터센터를 견학할 수도 있다. 동화 속 초콜릿 공장 같은 본사 건물에 들어서면 더 많은 초콜릿 시식이 가능하다. 내부와 연결된 통창을 통해 초콜릿이 만들어지는 과정과 세심한 몰딩 과정을 지켜볼 수 있어서 흥미롭다. 애들레이드 근교로 향하는 데이 투어에 초콜릿 공장 투어가 포함된 경우가 많으니, 투어 신청 전에 눈여겨 볼 것.

📍 Beehive Corner, 2 Rundle Mall 📱 8231-2844

Haigh's Chocolates 투어 📍 154 Greenhill Rd., Parkside 🕐 월~토요일 08:30~17:30 ❌ 일요일 📱 8372-7070 🏠 www.haighschocolates.com.au

---

JamFactory

뭔가 특별한 선물을 찾고 있다면 반드시 들러야 할 곳이다. 굳이 우리말로 표현하자면 '디자인 공방 겸 전시장' 정도가 될 이곳에는 유리, 세라믹, 스틸 등 다양한 소재로 만든 디자인 제품이 가득하다. 작은 액세서리에서 보석, 장식품, 가구에 이르기까지 수를 헤아리기 어려울 만큼 많은 제품이 전시, 판매되고 있다. 유리 공방에서는 유리를 입으로 부는 글라스 블로잉을 무료로 체험해 볼 수 있으며, 상황에 따라 실습도 가능하다.

📍 19 Morphett St., Adelaide. 🕐 10:00~17:00 📱 8414-7225 🏠 www.jamfactory.com.au

01
House of Chow

식지않는 중식의 인기

애들레이드의 아시안 음식점 중에서 가장 유명한 곳. 주 메뉴는 태국과 말레이시아 음식인데, 약간 느끼하면서 달콤 매콤한 맛의 프라이드 누들과 블랙빈 볶음이 일품이다. 실내 분위기는 분명 아시안 레스토랑인데, 자리를 차지하고 있는 고객 대부분은 호주 현지인이다. 일요일 런치타임에는 영업하지 않는다.

📍 82 Hutt St., Adelaide 🕐 월~토요일 12:00~15:00, 17:30~22:00, 일요일 17:00~22:00 📱 8223-6181 🏠 www.houseofchow.com.au

02
Gaucho's Argentinian

아르헨티나에서 온 숯불구이

애들레이드에서 맛보는 아르헨티나의 맛. 대부분의 메뉴를 아르헨티나의 전통방식에 따라 요리한다. 우리나라의 숯불구이처럼 갖가지 고기를 구워낸 차콜 그릴 요리도 맛있고, 아르헨티나 스타일의 독특한 소스도 우리 입맛에 잘 맞는다. 큼직하고 두꺼운 스테이크는 혼자 먹기 어려울 정도로 양이 많지만, 꼭 한번 먹어볼 만하다.

📍 91 Gouger St., Adelaide 🕐 월~금요일 11:30~15:00, 17:30~22:30, 토~일요일 17:30~22:30 📱 8231-2299 🏠 www.gauchos.com.au

03
Jolleys Boathouse

커피만 마셔도 좋은 곳

토렌스 강변에 있어서 전망이 좋은 레스토랑. 음식 맛 또한 좋아서, 올해의 레스토랑으로 여러 번 뽑히는 등 화려한 경력을 자랑한다. 저녁시간에는 정장 스타일이 어울리는 고급 레스토랑이 되지만, 런치타임 정도라면 가벼운 캐주얼 의상도 괜찮다. 햇살 좋은 날 노천 파라솔 아래서 강을 바라보며 커피 한 잔 마셔도 좋을 곳이다.

📍 1 Jolleys Lane, Adelaide 🕐 월~금요일 12:00~14:00, 18:00~20:30, 토요일 18:00~22:30, 일요일 12:00~14:00 📱 8223-2891 🏠 www.jolleysboathouse.com

04
Mr. Viet

런들 몰의 여러 골목 가운데 제임스 플레이스 James Pl.는 꼭 기억해야 할 골목이다. 우선 초입에 자리한 관광안내소 때문에 발길이 잦은 곳이고, 무엇보다 좁은 길을 따라 값싸고 맛있는 음식점이 많은 골목이기 때문이다. 특히 이 집, Mr. Viet는 점심시간을 지난 후에도 한참 동안 테이블이 차 있는 맛집이다. 쌀국수의 육수도 진하고, 분짜에 들어간 고기에도 숯불향이 제대로 배어있다. 좁은 테이블에 합석도 불가하지만, 착한 가격과 맛 때문에 크게 불만을 갖는 사람은 없다.

📍 8/20 James Pl., Adelaide 🕐 월~목요일 10:00~17:00, 금요일 10:00~21:00 토요일, 10:00~17:00 ❌ 일요일 📱 8212-3626
🏠 www.rundlemall.com/business-directory/mr-viet

······· **TIP** ·······
레드 센터와 톱 엔드로 가는 전초기지

대부분의 여행자는 애들레이드에서 다음 여행을 준비한다. 몸은 애들레이드에 있지만 마음은 벌써 에어즈 록이나 앨리스 스프링스를 향해 달려가고 있는 것. 이를 반영하듯 많은 여행사와 숙소, 트래블센터 등에는 레드 센터로 향하는 자료와 투어 상품들을 산처럼 쌓아놓고 있다.

이곳에서부터 숱하게 듣게 될 '레드 센터 Red Centre'라는 명칭은 말 그대로 '붉은 중심'인 앨리스 스프링스 일대를 일컫는 말이다. 호주의 중심을 향해 갈수록 기후는 메마르고, 식물도 땅도 동물까지도 앙상해지는데, 이 일대의 땅이 붉은색을 지닌다고 해서 붙은 별칭이다.

내친김에, 레드 센터를 지나면 만나게 되는 '톱 엔드 Top End'에 대한 설명까지 덧붙여보자. 호주를 하나의 대륙으로 전제할 때, 다윈과 카카두 국립공원 일대는 마지막에 다다르는 곳으로, 고생 끝에 찾아간 톱 엔드에는 분명 세상의 정상이라 할 만한 무언가가 있다. 레드 센터와 톱 엔드를 꿈꾸는 사람들에게 애들레이드는 그저 스쳐가는 곳 이상의 의미를 찾기는 어려운 듯하다. 그러다 보니 정작 애들레이드 근교의 아름다운 자연과 독특한 문화를 외면하기 쉬운데, 갈 길이 멀다고 애들레이드를 대충 봐서는 곤란하다.

애들레이드를 지나 레드 센터로 향할수록 문명과는 멀어지고 고된 여행길이 되므로 이곳에서의 준비가 다음 여행의 성패를 가늠한다고 해도 과언이 아니다. 애들레이드를 벗어나면 당분간 물기 머금은 초록을 보는 것도 이별이고, 며칠 동안 패스트푸드도 안녕이다. 부디 이 도시의 느낌 그대로 조용하면서도 편안하게 휴식을 취하되, 싱그러운 남호주의 자연 또한 만끽하기를!!

SOUTH
AUSTRALIA

Kangaroo Island

호주 생태계의 보물창고
캥거루 아일랜드
KANGAROO ISLAND

애들레이드 남서쪽 113km 지점에 떠 있는 이 섬은 태즈마니아, 멜빌에 이어 호주에서 세 번째로 큰 섬이다. 지형이 캥거루를 닮았다는 이유로 캥거루 아일랜드라 불리는데, 실제로 아주 많은 캥거루가 서식하는 곳이기도 하다. 따라서 이곳에서 가장 흔하게 만나는 것은 사람이 아니라 캥거루를 비롯한 왈라비·코알라·에뮤·포섬·바다사자 등등의 야생동물.
붉은 흙이 그대로 드러나는 비포장도로가 많지만, 불편하기보다는 자연을 더 가까이 느낄 수 있어서 오히려 경이로운 곳이다. 17개의 국립공원과 10분마다 펼쳐지는 아름다운 해변 그리고 호주의 야생동물을 만나고 싶다면 이 섬에 꼭 가야 한다.

인포메이션 센터 Kangaroo Island Gateway Visitor Information Centre
📍 Howard Drive, Penneshaw 📱 1800-811-080 🏠 www.tourkangarooisland.com.au

캥거루 아일랜드 가는 방법

바다에 떠 있는 섬이니 당연히 배를 타거나 비행기를 타는 수밖에 없다.
일반적인 교통수단은 페리이고, 경제적으로 여유가 있거나 시간을 아끼려는 사람들은 비행기를 이용하기도 한다.
각자 자신의 필요와 조건에 알맞은 방법을 선택하면 된다.

페리 Ferry

애들레이드에서 2시간 가까이 버스를 타고 가면 플루리우 반도의 끝, '케이프 저비스 Cape Jervis'라는 곳이 나온다. 대부분의 사람은 바로 이곳에서 출발하는 페리를 타고 캥거루 아일랜드로 향하는데, 페리 회사에서 운행하는 버스가 애들레이드 시내에서 출발하므로 이를 이용하면 쉽게 캥거루 아일랜드에 갈 수 있다. 케이프 저비스에서 출발한 배가 45분 뒤 캥거루 아일랜드 동쪽 끝의 펜쇼우 Penneshaw에 닿으면 여기서부터 본격적인 섬 여행이 시작된다.

캥거루 아일랜드를 오가는 배는 시 링크 Sea Link에서 운영하는 시 라이언 Sea Lion 2000과 스피리트 오브 캥거루 아일랜드 Spirit of Kangaroo Island 두 종류다. 사람은 물론 자동차까지 싣고 갈 수 있는 대형 선박으로, 매일 6회씩 케이프 저비스와 펜쇼우를 왕복한다. 시 링크 Sea Link는 페리와 함께 캥거루 아일랜드 내의 코치 버스까지 운영하는 독점 회사로, 페리 터미널부터 캥거루 아일랜드를 떠날 때까지 관광객의 발이 되어준다.

Sea Link ◎ 75 King William St., Adelaide ⑤ 페리 편도 A$49(왕복 A$98), 애들레이드~케이프 저비스 코치 버스 A$29(왕복 A$58)
▯ 8202-8688 ⊕ www.sealink.com.au

비행기 Airplane

캥거루 아일랜드로 가는 비행기는 렉스 REX(Regional Express Airlines) 항공과 콴타스 링크 QantasLink. 애들레이드 공항에서 캥거루 아일랜드 공항(킹스코트 공항)까지는 약 30분이 걸린다. 공항에서 13km 떨어진 킹스코트 시내까지는 에어포트 셔틀 서비스 Airport Shuttle Service를 이용한다.

캥거루 아일랜드 시내교통

시 링크 코치 버스 Sea Link Coach Bus

시 링크 코치 버스는 캥거루 아일랜드의 유일한 대중교통이라 할 수 있는데, 이것도 섬 전역을 누비는 것이 아니라 주요 타운인 킹스코트 Kingscote, 아메리칸 리버 American River, 펜쇼우 세 군데만 연결해줄 뿐이다. 그나마 오전·오후 각각 두 차례씩만. 따라서 바다 건너 섬까지 가서 제대로 구경하려면 숙련된 가이드가 안내하는 투어 버스에 몸을 맡기는 것이 최선의 방법이다. 물론 자가운전도 가능하지만, 앞서 설명했듯이 비포장길이 많고 자연 그대로 방치된 지역이 많아서 이곳 지리에 어두운 여행자가 운전하기에는 조금 무리가 따른다.

시 링크 코치 버스 노선

운행 노선	소요시간
애들레이드 → 케이프 저비스	2시간
펜쇼우 → 킹스코트	1시간
펜쇼우 → 아메리칸 리버	30분

★ 운행시간과 횟수는 시기별로 변동되므로 인터넷이나 비지터센터를 통해 미리 확인할 것!

투어 Tour

투어를 이용하기로 마음먹었다면 애들레이드에서 신청하는 것이 좋다. 대부분의 투어 패키지는 애들레이드에서 출발하며, 페리나 비행기 등의 교통편과 섬 내의 코치 버스, 입장료, 점심 등이 포함되어 있으므로 굳이 캥거루 아일랜드에 도착해 투어를 이용할 필요는 없다.

애들레이드 비지터센터에는 캥거루 아일랜드 투어와 관련된 안내책자가 많다. 각 회사의 팸플릿을 잘 살펴본 뒤 자기의 일정에 맞는 것을 선택하면 된다. 새벽에 출발해서 밤늦게 애들레이드에 도착하는 데이 투어부터 1박 2일·2박 3일까지 프로그램이 다양한데, 이 섬의 아름다움을 제대로 감상하려면 최소 1박 2일은 둘러보는 것이 좋다.

주요 투어 회사

· **SeaLink Tours** ☐ 13-13-01
· **Kangaroo Island Odysseys** ☐ 8553-1311
· **APT** ☐ 1800-675-222
· **KI Wilderness Tours** ☐ 8559-5033

TIP
캥거루 아일랜드 동서남북

캥거루 아일랜드 최대의 타운이자 공항이 자리하고 있는 킹스코트 Kingscote, 펭귄 서식지와 시 링크 페리 부두가 있는 펜쇼우 Penneshaw, 그리고 낚시와 조류 관찰지로 유명한 아메리칸 리버 American River는 모두 섬의 북동쪽에 있으며 여기에 호텔·레스토랑·관공서·리조트 등이 모여 있다. 그러나 이곳의 진짜 볼거리는 섬 깊숙이 들어갈수록 화수분처럼 솟아 나온다. 최고 하이라이트라 할 수 있는 리마커블 록스와 어드미럴 아치가 있는 곳은 캥거루 뒷다리에 해당하는 남서쪽으로, 제대로 보려면 섬을 한 바퀴 돌아야 한다.

캥거루 아일랜드

0   10km

03 스톡스 베이
Stockes Bay

위상거   에뮤 베이
Wisanger   Emu Bay

킹스코트
Kingscote

케이프 저비스 페리 터미널 B23
Cape Jervis Ferry Dock

Aurora Ozone Hotel H

Kangaroo Island YHA H

케이프 보르다
Cape Borda

킹스코트 공항
Kingscote Airport

펜쇼우 펭귄센터 01
Penneshaw Penguin Centre

**캥거루 아일랜드
와일드라이프 파크 04**
Kangaroo Island
Wildlife Park

네핀 베이
Nepean Bay

**펜쇼우
페리 터미널**
Penneshaw
Ferry Dock

버치모어
Birchmore B23

아메리칸 리버
American River

02 프로스펙트 힐
Prospect Hill

플린더스 체이스 국립공원
Flinders Chase NP

리틀 사하라
Little Sahara

05 랩터 도메인
Raptor Domain Birds of Prey

08

09 핸슨 베이 야생보호구역
Hanson Bay Wildlife Sanctuary

06

비본 베이
Vivonne Bay

07 실 베이 컨저베이션 파크
Seal Bay Conservation Park

10 리마커블 록스
Remarkable Rocks

케이프 두 쿠에딕 등대
Cape Du Couedic Lighthouse

그레이트 오스트레일리안 해협
Great Australian Bight

11 어드미럴스 아치
Admirals Arch

01

펜쇼우 펭귄센터 Penneshaw Penguin Centre

귀여운 꼬마 신사들

펜쇼우 페리 터미널에서 오른쪽 언덕길을 따라 올라가면 펭귄센터의 이정표가 보인다. 낮에는 문을 열지 않으며, 어둠이 내리기 시작하면 비로소 이곳에서 펭귄 투어가 시작된다. 정확한 투어 시간은 월별로 다르므로, 홈페이지를 통해 미리 가이드 투어 시간을 확인하는 것이 좋다. 이 일대에서는 크기가 작고 귀여운 펭귄들이 무리를 지어 다니는데, 밤이 되면 새끼를 이끌고 뒤뚱거리며 이동하는 펭귄의 모습을 볼 수 있다. 투어에 참가하면 펭귄을 더 가까이서 관찰할 수 있지만, 운이 좋으면 투어에 참가하지 않고도 근처 산책로에서 펭귄 무리를 만날 수 있다. 단, 사람들이 무심코 터뜨리는 카메라 플래시에 귀여운 펭귄이 실명할 수도 있으니 주의할 것!

📍 Middle Terrace, Penneshaw   💲 어른 A$28, 어린이 A$17
📱 8553-1103   🏠 www.penneshawpenguincentre.com

사우스 오스트레일리아 주

프로스펙트 힐 Prospect Hill 캥거루가 보인다!

섬의 주도로인 호그 베이 로드 Hog Bay Rd.를 따라 아메리칸 리버를 지나자마자 도착하는 프로스펙트 힐은 캥거루 아일랜드의 머리 부분과 몸통 부분을 연결하는 목 중앙쯤에 자리한 전망대다. 이곳에 서면 이 섬의 이름이 왜 캥거루 아일랜드인지 눈으로 직접 확인할 수 있다. 탁 트인 바다와 함께 한눈에 들어오는 섬 전체의 모습은 숨이 막힐 정도로 아름답다. 날씨가 좋은 날에는 바다 건너 애들레이드 힐의 마운트 로프티까지 보인다. 정상까지는 512개의 나무계단을 올라가야 하며, 도중에 포섬 같은 야생동물들의 발자국을 발견할 수 있다.

스톡스 베이 Stockes Bay 아름다운 야생 정원

하얀 모래와 부서지는 파도, 무수한 새의 발자국. 섬 북쪽의 스톡스 베이는 자연 그대로의 모습으로 사람들 마음에 평화로움을 안겨준다. 커다란 바위 사이를 지나 도달하게 되는 바다에는 수많은 새의 날갯짓과 세월을 말해주는 퇴적암만이 쓸쓸히 바다를 지키고 있다. 스톡스 베이로 가는 도중에 있는 부시 가든은 150여 종의 자생식물과 꽃이 만발한 식물원이다.

04
캥거루 아일랜드 와일드라이프 파크 Kangaroo Island Wildlife Park

다정한 동물원

캥거루 아일랜드의 어트랙션 대부분이 그렇듯이, 이곳 역시 가족이 운영하는 작은 동물원 (?) 같은 곳이다. 이 섬에서 자생하는 모든 동물을 파크 안에 모아 사람들이 좀더 가까이 다 가갈 수 있도록 만들어 둔 곳. 캥거루와 왈라비는 더 이상 새롭지도 않은 이 섬의 주민이고, 딩고, 웜뱃, 펭귄, 펠리칸에서 양, 돼지, 닭까지 다양한 동물들이 이 파크의 주인이다. 특히 이곳의 캥거루들은 활동성이 좋아서 서로 싸우기도 하고, 먹이를 주는 사람의 손을 끌어당 기기도 하는 등 재미있는 행동으로 여행자들과 교감한다.

♥ 4068 Playford Hwy., Duncan, Kangaroo Island ⑤ 어른 A$33, 어린이 A$20
📱 8559-6050 🏠 www.kangarooislandwildlifepark.com

사우스 오스트레일리아 주

05

랩터 도메인 Raptor Domain Birds of Prey

야생조류의 영토

'Birds of Prey'는 독수리, 매, 올빼미 등의 맹금류를 의미한다. 랩터 도메인은 이름 그대로 육식을 주로 하는 하늘의 포식자들을 만날 수 있는 곳. 숙련된 조교의 손끝에서 처음에는 비교적 작고 귀여운 조류들이 나오는가 싶더니, 갈수록 부리가 뾰족하고 발톱이 날카로운 맹금류가 눈앞에서 재주(?)를 부린다. 어린아이 키 만큼이나 큰 독수리가 살아있는 들쥐를 낚아채는 모습은 살아있는 내셔널지오그래픽의 현장이다. 매일 정해진 쇼타임이 있으니, 개별 방문 시에는 미리 홈페이지를 통해 시간을 확인하는 것이 좋다.

📍 58 Seal Bay Rd., Seal Bay 🕐 11:00~16:00
💲 어른 A$30, 어린이 A$18 📱 8559-5108
🏠 www.kangarooislandbirdsofprey.com.au

06

리틀 사하라 Little Sahara   호주의 사하라 사막

섬의 남쪽, 비본 베이 Vivonne Bay에 있는 리틀 사하라는 이름 그대로 사하라 사막을 옮겨놓은 듯한 모래언덕이 장관을 이루고 있다. 끝이 보이지 않을 만큼 새하얀 모래언덕이 사막처럼 펼쳐지지만, 사막 입구까지는 관목 숲이 우거져 있다. 바다와 숲, 사막이 어우러진 이곳은 자연의 신비를 다시금 느끼게 해준다. 단, 맑은 날에도 바람이 많이 불기 때문에 주의해야 한다.

📍 3733 S Coast Rd., Vivonne Bay

실 베이 컨저베이션 파크 Seal Bay Conservation Park

바로 눈앞에서 수천수만 마리의 바다표범을 볼 수 있는 세계 최대의 바다표범 서식지. 거대한 바다표범 우리에 들어와 있는 듯한 기분이다. 자연을 보호하기 위해 가이드 투어만 허용하기 때문에 바닷가까지 진입하려면 실 베이 컨저베이션 파크 Seal Bay Conservation Park에서 가이드와 함께 출발해야 한다. 나무 바닥으로 연결된 보드워크 Board Walk를 따라가면 전망대 Lookout가 나오는데, 보드워크까지는 개별 여행이 가능하고 전망대가 있는 해변 쪽으로 가려면 익스피리언스 투어를 신청해야 한다.

깊고 푸른 바다를 유유히 헤엄치다가 해변에서 휴식을 취하고, 이리저리 몰려다니거나 외따로 떨어져 있는 모습 등, 그야말로 눈앞에서 만나는 '동물의 왕국'이다. 이곳 바다표범을 보지 않고는 캥거루 아일랜드를 봤다고 할 수 없다.

📍 Seal Bay Rd., Seal Bay 🕐 09:00~17:00 💲 실 베이 익스피리언스(보드워크&룩아웃 포함) A\$41, 보드워크 셀프 가이드 투어 A\$18.50 📱 8553-4463 🏠 www.sealbay.sa.gov.au

08 플린더스 체이스 국립공원 Flinders Chase NP

원시 그대로의 자연

섬의 남서쪽 326㎢를 차지하는, 남호주에서 가장 큰 국립공원이다. 펜쇼우에서 동쪽으로 140km 떨어져 있으며 곧바로 차를 달려도 1시간 40분이 걸린다. 국립공원 입구이자 비지터센터가 있는 록키 리버에는 리조트와 캠핑장·카페·레스토랑 등의 편의시설이 모여 있다.

비지터센터 안에는 국립공원의 생태와 환경에 관한 자료들이 전시되고 있으며, 캥거루나 포섬·오리너구리·에뮤 등의 동물들이 천연덕스럽게 돌아다니기도 한다.

플린더스 체이스 국립공원 비지터센터
📍 S Coast Rd., Flinders Chase 🕐 09:00~17:00 ❌ 크리스마스
📱 8553-4450 🏠 www.environment.sa.gov.au

09 핸슨 베이 야생 보호구역 Hanson Bay Wildlife Sanctuary 코알라와 함께하는 코알라워크

캥거루 아일랜드 서쪽 끝에 위치한 핸슨 베이의 넓은 부지에 캐빈과 카페, 그리고 야생동물 보호구역까지 운영하는 곳이다. 현지인들 사이에서는 2박 이상 묵어가며 여유롭게 섬을 즐기는 명소로 알려져 있지만, 투어로 방문하는 일반 여행자들에게는 있는 그대로의 코알라를 만나볼 수 있는 곳으로 기억된다. 수령이 오래된 키 큰 유칼립투스 가로수길을 따라가며 나뭇가지에 매달려 있는 코알라 가족을 찾는 재미는 이곳이 아니면 할 수 없는 체험이기 때문이다. 대부분의 동물원이나 보호구역에서는 한두 그루의 나무에 매달려 잠든 코알라를 볼 수 있지만, 이곳에서는 운이 좋으면 나뭇가지 사이를 날아다니는 코알라도 볼 수도 있다. 안내센터를 겸하는 카페에서는 맛있는 가정식 메뉴들도 선보이고 있어서, 코알라워킹 후 잠시 쉬어가기 좋다.

📍 S Coast Rd., Karatta 💲 코알라워크 어른 A$35, 어린이 A$17.50 📱 8559-7344
🏠 www.hansonbay.com.au

492

리마커블 록스 Remarkable Rocks

플린더스 체이스 국립공원의 남쪽 끝에는 자연과 시간이 빚어낸 위대한 예술품 리마커블 록스가 청록색 바다를 배경으로 솟아 있다. 마그마가 식으면서 형성된 바위의 원형이 세월이 흐르면서 마치 비늘처럼 벗겨지기도 하고 수정의 결정체처럼 반짝이기도 하면서 오늘에 이른 것이다. 오렌지색과 짙은 갈색의 거대한 바위는 자연의 손길만으로 기묘한 모양의 조각품이 되었다. 실 베이와 함께 캥거루 아일랜드 최고의 볼거리다.

사우스 오스트레일리아 주

어드미럴스 아치 Admirals Arch

비현실적인 풍경 속으로

리마커블 록스의 서쪽으로 10분쯤 자동차를 몰고
가면 아치형 바위 어드미럴스 아치 입구가 나온다. 고
드름처럼 석순이 자라 있고, 그 밑에서는 바다표범과
물개들이 휴식을 취하고 있다. 이곳에 서식하는 바다
표범은 뉴질랜드 퍼 실 New Zealand Fur Seal이라
는 종류. 어드미럴스 아치가 있는 해안가까지 가는 길
도 아름답고, 하얀 포말과 파도가 일렁이는 그레이트
오스트레일리아 만의 바다도 그림처럼 아름답다. 맑
은 날과 흐린 날의 풍경 또한 각각 장관을 이루는데,
특히 바람 부는 날에는 옷깃을 여미고 미끄러지지 않
도록 주의해야 한다.

케이프 두 쿠에딕 등대
Cape Du Couedic Lighthouse

어드미럴스 아치로 향하는 초입에 작은 등대 하나가 외로이 바다를 지키고 있다. 1906년에 완성된 이 등대는 등장만으로 주목받았던 기록이 남아 있다. 당시는 호주 전역에서 목조 등대가 주를 이루던 시절이라, 석조 등대의 존재만으로 빛났던 모양이다. 등대 근처에 있는 작은 오두막은 등대지기의 가족이 사는 곳으로, 개별 여행자들의 숙소로도 사용된다.

📍 Lighthouse Heritage Walk, Flinders Chase

캥거루 아일랜드의 숙소

대부분의 숙소는 킹스코트와
펜쇼우에 몰려 있지만, 섬 전역에 걸쳐
팜스테이나 B&B 같은 다양한 형태의
숙소가 있어 그리 불편하지는 않다.
특히 캥거루 아일랜드에서는 농장에서
묵는 팜스테이가 발달해 있으니,
호주의 시골 농가에서 하룻밤 묵어가는 것도
좋은 경험이 될 듯. 여기서는 킹스코트와
펜쇼우에 위치한 가장 대중적인
숙소 두 군데를 소개한다.

Kangaroo Island YHA

페리 터미널에서 도보 5분 거리에 있다. 바다가 보이는 숙소에는
가끔 펭귄이 나타나기도 하고, 사람과 친숙한 각종 야생동물이 찾
아오기도 한다. 6인용 도미토리 4개를 제외하고는 모두 트윈 또는
더블룸으로 이뤄져 있어서 성수기에는 방 잡기가 쉽지 않다. 특히
이곳은 페리와 숙박을 묶은 1박 2일 패키지 투어로 찾는 사람들이
많아서 예약상태를 미리 확인하는 것이 좋다.

📍 Middle Terrace, Penneshaw 💲 도미토리 A$30~45, 더블 A$80~
120 📱 8553- 1344 🏠 www.yha.com.au

Aurora Ozone Hotel

킹스코트에 자리한 4성급 호텔. 캥거루 아일랜드에서 거의 유일한
호텔에 속한다. 커머셜 스트리트를 사이에 두고 신관과 구관으로
나뉘며, 신관에는 객실만 있고 구관에 레스토랑과 리셉션 등이 모
여 있다. 눈을 뜨면 침실에서 바다가 보이고, 해안 산책로와 어린이
놀이터 등의 아기자기한 마을 풍경도 보인다.

📍 The Foreshore, 67 Chapman Terrace, Kingscote 📱 8553-2011
🏠 www.ozonehotelki.com.au

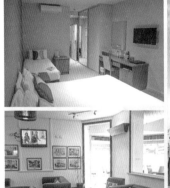

아웃백의 진수
쿠버 피디
COOBER PEDY

'오팔 캐피털 오브 월드 Opal Capital of World'. 작지만 오팔에서만큼은 전 세계의 수도임을 자처하는 쿠버 피디. 오팔이 발견된 1889년 이후 지금까지 계속되는 오팔 채굴은 이곳의 독특한 이미지와 함께 최고의 관광자원이 되어 매년 15만 명 이상의 관광객을 불러들이고 있다.
영화 <매드 맥스 Mad Max>의 배경이 되기도 했던 이 도시는 촬영 후 버리고 간 영화세트장 또는 화성의 어느 지점 같은 느낌마저 든다. 하지만 이게 전부가 아니다. 구석구석 숨어 있는 세계 유일의 지하주택과 오팔 광산, 애버리진과 사막의 예술 그리고 독특한 그들만의 라이프스타일. 쿠버 피디는 뜨겁고 거칠고 황량한 매력으로 사람들을 유혹한다.

인포메이션 센터 Coober Pedy Tourist Information Centre
📍 LOT 773 Hutchison St., Coober Pedy 🕐 월~금요일 09:00~17:00, 토~일요일, 공휴일 09:00~13:00
📱 8672-4617 🏠 www.cooberpedy.com

쿠버 피디 미리보기

어떻게 다니면 좋을까?

쿠버 피디는 조그마한 도시다. 주도로인 허치슨 스트리트 Hutchison St.의 끝에서 끝까지 걸어서 20분이 넘지 않을 정도. 따라서 튼튼한 두 다리 말고는 특별한 교통수단이 필요 없다. 웬만한 볼거리는 모두 허치슨 스트리트를 따라 있거나 한두 블록 뒤에 있어서 시내를 샅샅이 뒤지고 다녀도 하루면 충분하다. 재미있는 것은, 도시의 규모가 워낙 작고 밀집되어 있다 보니 따로 번지수가 필요 없다는 것. 대부분의 관광지나 숙박업소·레스토랑 주소에 번지수가 없어도 찾는 데 불편함이 없을 정도니 정말 손바닥만 하다는 표현이 딱 어울리는 곳이다.

어디서 무엇을 볼까?

주요 볼거리는 이 도시의 환경과 관련된 것들이다. 땅속에 건설한 주택이나 호텔·교회 같은 것들은 이곳이 아니면 볼 수 없으며, 트레이드마크인 오팔 광산 역시 빠뜨릴 수 없는 볼거리다. 도시를 한눈에 조망하려면 쿠버 피디의 랜드마크인 빅 윈치 Big Wintch에 올라가 볼 것. 이 밖에도 영화에 관심이 많은 사람은 〈매드 맥스 III〉의 촬영지인 브레이크어웨이 리저브 Breakaway Reserve를 찾아가 보는 것도 괜찮다.

어디서 뭘 먹을까?

먹을거리에 관한 한 쿠버 피디에서는 선택의 여지가 별로 없다. 그 흔한 패스트푸드점도 없고, 푸드 몰 같은 것은 더더욱 찾아보기 힘들다. 오히려 가까운 슈퍼마켓에서 재료를 구입해 직접 해먹는 편이 나을 수도 있다. 다행히 타운 안에 IGA와 Miners Store라는 대형 슈퍼마켓이 2개나 있고, 그 외에도 주유소나 숍을 겸하는 작은 식품점들도 눈에 띈다.

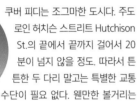

어디서 자면 좋을까?

쿠버 피디의 주택은 그 자체만으로도 볼거리가 될 만큼 유명하다. 지하 호텔에서 잠을 자보려고 일부러 이 도시에 오는 사람들이 있을 정도이니 이곳에서는 일부러라도 덕아웃 숙소에서 잠을 자볼 일이다.

ACCESS

쿠버 피디 가는 방법

애들레이드 북쪽 846km, 앨리스 스프링스 남쪽 685km 지점에 있는 쿠버 피디는 두 도시를 오가는 교통편을 이용하면 도중에 하루 정도 쉬어가기 좋은 위치다.

가장 대표적인 교통수단은 매일 한 차례씩 애들레이드와 앨리스 스프링스에서 출발하는 그레이하운드 버스. 상하행선 모두 하루 한 차례씩 운행된다. 애들레이드에서 18:00에 출발한 버스는 다음날 05:15에 쿠버 피디에 도착하고, 앨리스 스프링스에서 10:30에 출발한 버스는 18:30에 쿠버 피디에 도착한다. 비행기는 렉스

REX(Regional Express Airlines)가 애들레이드와 쿠버 피디 사이를 오가는 것 외에 다른 노선은 없다.

호주 대륙 종단 열차 더 간 The Ghan을 이용해서도 이곳에 갈 수 있는데, 쿠버 피디 서쪽으로 약 40km 떨어진 Manguri 역에 내려야 한다. 내리는 승객이 없을 때는 그냥 지나가는 노선이므로 예매할 때 반드시 목적지를 표시해두어야 한다.

쿠버 피디

사우스 오스트레일리아 주

499

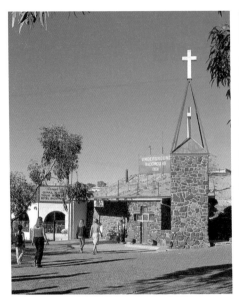

지하 교회들 Underground Churches

기상천외 지하세계

대부분의 주거 건물들이 지하에 있다 보니, 낮에 예배를 봐야 하는 교회 건물 역시 지하 벙커로 이루어져 있다. 쿠버 피디에는 모두 5개의 지하 교회가 있는데, 그중에서 가장 유명한 것은 세인트 피터 & 폴 가톨릭 성당 St. Peter & Paul Catholic Church. 쿠버 피디에서 최초로 생긴 지하 교회이니 아마 세계에서도 최초가 아닐까 싶다. 허치슨 스트리트 교차로를 지나 바로 오른쪽에 있어서 찾기 쉽다.

입구에서 보면 지하 교회 같지 않지만 안으로 들어가면 동굴처럼 둥근 돔형의 벽에 창이 없는 독특한 구조다. 지상 창의 스테인드글라스를 통해 들어오는 햇살이 무척 소중하고 아름답다. 내부는 관광객에게 개방하며, 예배가 있을 때는 직접 참가해도 된다.

빅 윈치 룩아웃 Big Wintch Lookout

이 도시의 랜드마크

마을이 한 눈에 내려다보이는 언덕 위에 8m 높이의 윈치를 설치해두었다. 대도시에서라면 눈에도 안 띌 조형물이지만 이곳에서는 보기 드문 대형 인공조형물로 귀한 대접을 받는다. 1970년대에 오팔 수도 쿠버 피디를 기념하기 위해 세운 윈치라고 하는데, 현재의 윈치는 1986년에 큰 화재를 겪은 후 재건한 것이라고. 윈치 자체보다는 윈치가 있는 언덕에서 쿠버 피디의 전망을 보는 데서 의의를 찾자.

우무나 오팔 광산과 박물관 Umoona Opal Mine & Museum

마을 중심에 자리하고 있으며, 쿠버 피디의 거의 모든 것을 담고 있는 곳이다. 실제 오팔 광산을 그대로 보존하고 있어서 채굴 현장을 생생하게 체험할 수 있다. 파노라믹 극장에서는 쿠버 피디의 과거와 현재를 담은 18분짜리 기록영화를 상영하고, 쇼룸 Show Room에서는 광물 오팔이 보석으로 다듬어지는 과정을 시연하기도 한다. 하루 4회 가이드 투어가 있으며, 레스토랑과 선물가게, 오팔 전시장 등이 있다. 만약 투어로 이곳을 찾게 된다면, 우무나 광산에서 제공하는 숙소에서 하룻밤 묵어갈 확률이 높다. 언더그라운드 벙크는 생각보다 넓고 쾌적해서 여행자들 사이에서 인기 있는 체험인데, 개별적으로도 전화나 홈페이지를 통해 예약이 가능하다.

📍 14 Hutchison St., Coober Pedy ⏰ 08:00~18:00(가이드 투어 10:00, 14:00, 16:00)
💲 어른 A$14, 어린이 A$7.4 📱 8672-5288 🏠 www.umoonaopalmine.com.au

사우스 오스트레일리아 주

(talk) **10월의 탄생석, 오팔**

오팔을 가만히 들여다보면 마치 무지개를 보는 것 같습니다. 분수대에서 물이 뿜어져 나오듯 일곱 빛깔의 아름다운 컬러가 제각각의 빛을 내뿜고 있거든요. 이처럼 다양한 컬러를 간직한 보석은 그리 흔하지 않습니다. 그래서 단 한 번이라도 오팔을 본 사람은 아주 쉽게 다른 보석과 구별할 수 있답니다.
오팔이라는 이름은 그리스어의 오팔리오스 Opallios에서 왔다고 하며, '귀한 돌'이라는 뜻입니다. 보는 각도에 따라 여러 가지 색으로 변하기도 하고 여러 가지 각도의 파장을 만들어내기도 하는데, 이런 현상을 전문가들은 '색의 유희'라고 말합니다. 유희가 다양할수록 좋은 보석이라는 말이겠죠?
오팔은 크게 블랙 오팔, 파이트 오팔, 파이어 오팔, 워터 오팔의 4가지로 구분되는데, 그 기준은 바탕색에 있습니다. 호주산 블랙 오팔, 그중에서도 쿠버 피디의 블랙 오팔이 최상급으로 알려져 있습니다. 오팔을 구입할 때는 적어도 색이 3가지 이상 들어 있고 색이 골고루 퍼져 있는지를 살펴야 합니다. 특히 적색이 많을수록 품질이 좋은 오팔이니 꼭 기억해두세요. 마지막으로, 얇게 연마된 것보다는 두껍게 연마된 것이 더 값비싼 제품입니다.

04

브레이크어웨이스 & 도그 펜스 The Breakaways & Dog Fence

실제로 가보면 허무할 수 있음

원주민 언어로는 칸쿠 Kanku, 영어로는 브레이크어웨이스. 스튜어트 산맥 Stuart Range에서 떨어져 나와 낮은 언덕이 된 지형적 특징 때문에 'The Breakaways'라는 이름이 붙었다. 화석화된 조개껍질, 회색의 부드러운 점토, 울퉁불퉁한 지표면 등 아주 오래전에는 이곳이 바다였다는 합리적인 의심이 지형 곳곳에서 발견되고 있다. 태양의 기울기에 따라 땅의 색이 시시각각 바뀌며 바람의 방향에 따라 시각이 왜곡되는, 딱 SF 영화적인 공간이다. 사방에서 영화 주인공들이 튀어나올 것 같은 이곳에서 실제로 〈매드 맥스 III〉를 포함한 다수의 영화가 촬영되었다.

한편 브레이크웨이스에서 쿠퍼 피디까지 크게 둘러싸고 있는 울타리는 세계에서 가장 긴 울타리, 도그 펜스. 만리장성보다 더 긴 이 울타리는 호주의 동부 해안 서퍼스 파라다이스에서 시작되어 장장 5,300km가 이어진 채 쿠버 피디 북동쪽 15km 지점까지 연결되어 있다. 퀸즐랜드, 뉴사우스웨일스, 남호주까지 3개 주를 관통하는 도그 펜스의 목적은 이름 그대로 '개'를 막기 위한 것. 우리나라의 진돗개에 버금가는 호주산 야생개 딩고가 양들을 공격하는 것을 막기 위한 것이라고 한다. 좀 황당하지만, 이 황당함의 실체를 직접 목격하는 것도 이런 황무지에서는 색다른 즐거움이다. 브레이크어웨이로 가기 위해서는 입구의 안내센터 Visitors Information Centre에서 허가증을 받아야 하며, 차량 한 대당 A$10의 요금이 부과된다.

John's Pizza Bar

이 동네 완소 푸드 몰

오팔 케이브 호텔 맞은편
에는 3~4개의 가게들이
모여 있는 작은 상가 건물
이 있고, 그중에서 가장
큰 면적을 차지하는 곳이
바로 이 피자집이다. 별다
른 패스트푸드가 없는 쿠버 피디에서 그나마 가장 패스트
푸드점에 가까운 곳. 미리 구워서 조각으로 판매하는 피자
도 있지만 그보다는 시간이 걸리더라도 온전한 한 판을 시
켜 먹도록 하자.
전체적으로 간이 조금 짠 편이지만 그런대로 투박하면서
맛깔스럽다. 나름대로 쿠버 피디에서는 유명한 집이어서 저
녁 시간에는 빈자리가 없을 정도다.

📍 1/24 Hutchison St., Coober Pedy 🕐 10:00~22:00
📱 8672-5561 🏠 www.johnspizzabar.com.au

Passion Bakery and Cafe

사막에서 뭘 더 바라!

거의 사막같은 쿠버 피디에서 알록달록 앙증맞은 케이크
와 방금 구운 빵을 맛볼 수 있다는 것만으로도 반가운 곳.

오전 일찍 문을 여는 편이
어서 커피와 빵으로 간단
한 식사를 즐기려는 사람
들로 아침부터 붐비는 편
이다. 빵의 디테일은 살짝
촌스럽지만 드링크와 커
피 메뉴도 충실하고, 건강
을 생각하는 사람들을 위
한 글루텐 프리 제품도 판
매한다.

📍 11/10 Wright Rd., Coober Pedy 🕐 월~금요일 08:00~17:00,
토~일요일 09:00~15:00 ❌ 크리스마스 📱 7633-2300
🏠 www.passionbakeryandcafe.com.au

---

 talk **언더그라운드 하우스, 덕아웃 Dugouts을 아시나요?**

쿠버 피디는 1년 중 8개월이 여름이고, 그 기간의 평균기온이 35℃를 넘는 준사막
Semi Desert 지역입니다. 비는 연중 통틀어서 175mm밖에 내리지 않고요. 그러니 이
곳은 나무나 꽃이 자랄 수 없는 황무지일 수밖에 없지요. 사막이나 황무지의 날씨를
한번 상상해보세요. 낮 동안은 쨍쨍 내리쬐는 햇볕 때문에 제대로 활동할 수도 없고,
밤이 되면 급격히 떨어지는 기온 때문에 오들오들 추위에 떨어야 합니다. 한마디로
사람이 살 곳이 못 되죠. 그런데 이곳 쿠버 피디 사람들은 참으로 현명한 방법으로
집을 짓고 삽니다. 낮에는 뜨거운 햇볕을 막아주고, 밤이 되면 낮 동안의 기온을 고
스란히 간직하고 있는 지하동굴집, 덕아웃이 바로 그것입니다. 실제로 덕아웃의 실
내 평균기온은 23~25℃를 유지하고 있습니다. 이런 형태의 집은 제1차 세계대전에
서 돌아온 어느 프랑스인이 고안했는데, 그 뒤 이 지역의 폐광산들이 집으로 개조
되기 시작했습니다. 현재는 이 지역 인구의 50% 이상이 이 지하 집에서 살고 있지요.
쿠버 피디 주민들의 꿈은 널찍하고 멋진 덕아웃을 갖는 것이라고 합니다.

덕아웃을 체험할 수 있는 쿠버 피디 숙소

The Desert Cave Hote
최고의 시설을 자랑하는 고급 호텔로, 쿠버 피디를 대표하는 동굴 호텔이기도 하다.
대부분의 객실이 지하에 있으며, 지상에는 전망 레스토랑이 자리하고 있다.

📍 1 Hutchison St., Coober Pedy 💲 싱글·더블 A$240~ 📱 8672-5688
🏠 www.desertcave.com.au

Radeka's Downunder
시티의 중간쯤에 있는 숙소로 모텔과 백패커스를 함께 운영한다. 4~6인용 도미토리
와 20인용 도미토리가 있다. 주방과 세탁실이 있으며 레스토랑과 바도 운영한다. 미
리 예약하면 공항이나 버스터미널에서 픽업해준다.

📍 1 Oliver St., Coober Pedy 💲 도미토리 A$35~40, 더블·트윈 A$85~110
📱 8672-5223 🏠 www.radekadownunder.com.au

진짜 호주를 만나는 시간

북서부

순수와 영혼의 영토
노던 테리토리 주
NORTHERN TERRITORY

---------------------- **DATA** ----------------------

면적 142만㎢ **인구** 약 21만 명 **주도** 다윈 **시차** 한국보다 30분 빠르다 **지역번호** 08

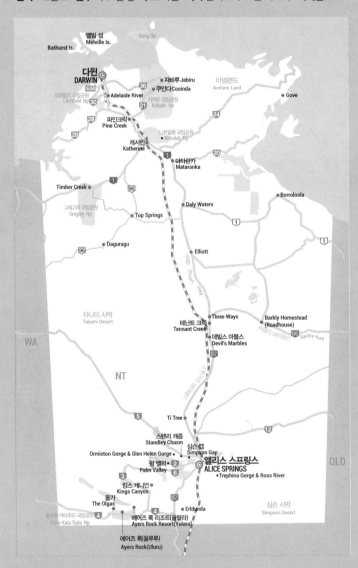

이것만은 꼭!
HAVE TO TRY

호주 최북단에 자리한 어마어마한 넓이의 카카두 국립공원 탐험.
이른 아침, 옐로워터 크루즈를 타고 야생동물 관찰하기.

원주민의 영혼과 예술이 깃들어 있는 성지 카타추타 마운트 올가 국립공원 방문.
트레킹 코스를 돌며 곳곳에 새겨진 애버리진 문화의 흔적을 찾아본다.

거대한 단층이 무지개떡처럼 켜켜이 쌓여 있는 킹스 캐니언,
단애 절벽과 계곡 사이를 튼튼한 두 다리로 걸어서 잃어버린 도시와 에덴의 정원 찾아가기.

카누를 타고 캐서린 고지를 거슬러 가면 시공을 초월한 또 다른 세상을 만난다.
영롱한 에메랄드빛의 마타란카 온천에서 릴랙스!

리치필드 국립공원의 터마이트 앞에서 개미가 쌓아올린 거대한 조형물 감상하기.
왕기 폭포와 플로렌스 폭포에서 형형색색 물고기와 함께 수영하기.

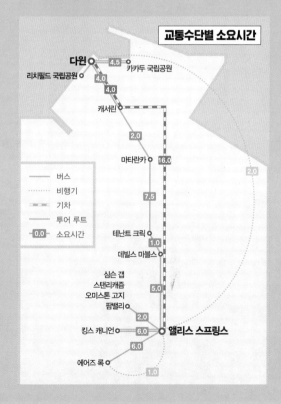

507

NORTHERN
TERRITORY

Darwin

순도 100%
자연의 오아시스
다윈
DARWIN

호주의 어느 도시에서도 보지 못했던 에메랄드빛 바다는 이곳을 찾은 여행자의 가슴을 설레게 한다. 초록빛 바다에서 불어오는 훈훈한 바람과 구름 한 점 없이 맑은 하늘, 높지만 쾌적한 기온, 마치 남태평양의 어느 휴양지에 온 것처럼 모든 것이 아름답기만 하다. 호주의 최북단 도시 다윈은 우리나라 사람들에게는 조금 낯선 지명이지만, 그런 만큼 이곳을 찾은 여행자에게는 의외의 기쁨과 즐거움을 안겨준다. 동양적인 정취와 애버리진의 드림타임이 숨 쉬고, 다양한 인종과 문화가 어우러져 있는 곳. 전쟁의 화염과 거대한 폭풍으로 도시 전체가 파괴되었던 시련의 시간을 이겨내고, 새살이 돋아나듯 건설된 오늘의 다윈은 호주에서 가장 젊고 강하며 현대적인 면모를 자랑한다.

인구 **약 12만 명**　☎ 지역번호 **08**

인포메이션 센터

Tourism Top End
📍 6 Bennett St., Darwin City Centre, Darwin
🕐 월~금요일 08:30~17:00, 토~일요일 09:00~15:00, 공휴일 10:00~15:00 ❌ 굿 프라이데이, 크리스마스 📱 8980-6000
🏠 www.tourismtopend.com.au

다윈 미리보기

어떻게 다니면 좋을까?

시티센터는 2~3시간이면 충분히 돌아볼 만큼 아담하다. 하지만 대부분 볼거리가 해안을 끼고 여기저기 폭넓게 흩어져 있어서, 걷기에는 멀고 뭔가를 타기에는 아까운 곳이 바로 다윈이다. 걷는 일에는 특별히 자신 있다고 자부하는 사람에게도 연평균 30℃가 넘는 기온 속에서 볼거리를 찾아다니는 일은 만만치가 않다. 이럴 때 이용할 수 있는 것이 바로 다윈 퍼블릭 버스와 자전거다.

어디서 무엇을 볼까?

시티 자체는 손바닥만 한데, 볼거리는 대부분 시티센터에서 벗어난 곳에 흩어져 있다. 도시를 남북으로 나눌 때 부두가 있는 남쪽에는 인도 퍼시픽 수족관, 진주 전시장 등 주로 바다와 관련된 볼거리들이 모여 있고, 노던 테리토리 박물관과 보타닉 가든, 쿨렌 베이 같은 대표적인 볼거리는 시티 북쪽에 모여 있다.

한편 세계문화유산으로 지정된 카카두 국립공원과 캐서린 협곡은 다윈에 도착한 사람들이 드넓은 대지와 독특한 기후, 그 속에서 살아 숨 쉬는 진짜 자연을 보기 위해서 서둘러 떠나는 목적지다. 그러나 자칫 자연만 보고 사람을 못 보는 실수를 저지르지는 말자. 시련을 극복하고 멋진 도시를 건설한 다윈 사람들과 이 땅의 원래 주인 애버리진. 자연과 사람이라는 두 가지 테마를 모두 기억해야 할 곳이 바로 다윈이다.

DARWIN

어디서 뭘 먹을까?

다윈은 다민족이 모여 사는 인종의 전시장 같은 도시. 특히 스스로 이 도시의 주인이라 자부할 만큼 터줏대감으로 자리를 굳히고 있는 인도네시아·말레이시아 등의 아시안들이 만들어내는 아시아 본토의 맛은 다윈의 맛으로 자리 잡은 지 오래다. 재래시장마다 아시안 푸드가 점령하고 있으며, 여기에 합세한 그리스·이탈리아·인도 등의 풍부한 미각도 입맛을 즐겁게 하고 있다. 저렴하고 다양한 맛을 즐기고 싶다면 미첼 스트리트의 반얀 정션 마켓과 스미스 스트리트 몰의 푸드코트 그리고 주말에 열리는 벼룩시장을 놓치지 말 것.

한편 열대의 태양이 빚어낸 값싸고 달콤한 과일은 오지 여행에 지친 여행자를 달래주는 보너스와 같다. 싱싱한 과일의 비타민 C로 활력을 되찾자.

어디서 자면 좋을까?

다윈의 고급 호텔이나 리조트는 바다가 보이는 에스플러네이드를 따라 길게 모여 있고, 저렴한 숙소들은 한 블록 아래쪽인 미첼 스트리트를 따라 촘촘히 자리하고 있다. 고급 호텔들은 마치 남태평양의 리조트처럼 바다와 야자수가 어우러져 쾌적함을 자랑하지만, 문제는 배낭여행자를 위한 숙소들이다. 다윈의 백패커스에 대한 전체적인 느낌은 약간 낡고 어수선하다는 것. 앨리스 스프링스나 다른 도시들보다 시설이 낙후되어 있고, 잘못 선택하면 긴 여행에 지친 몸을 쉬기는커녕 스트레스만 더 쌓이기 쉽다. 여행 도중에 만난 선배들의 조언을 귀담아듣거나, 미리 몇 군데 답사하고 나서 결정하는 것이 좋다.

다윈 가는 방법

다윈은 아시아와 호주를 연결하는 관문이다. 우리나라에서 직접 가는 직항편은 없고,
인도네시아나 말레이시아 같은 다양한 아시아 국가의 도시를 통해 드나들 수 있다.
호주 국내에서 다윈으로 갈 때는 버스·비행기는 물론 최근에 개통된 기차까지 이용할 수 있어서 큰 불편이 없다.
단, 어떤 교통수단을 선택하든 도착할 때까지의 지루한 시간은 어쩔 수 없다.

다윈으로 가는 길

경로	비행기	버스	기차
시드니 → 다윈	4시간 15분		
브리즈번 → 다윈	3시간 35분		
퍼스 → 다윈	3시간 55분		
앨리스 스프링스 → 다윈	2시간	20시간 30분	1박2일
애들레이드 → 다윈	3시간 40분	47시간 20분	2박3일
케언즈 → 다윈	2시간 25분		

비행기 Airplane

한국에서 다윈으로 가려면 동남아시아의 도시를 경유하는 방법과 시드니나 브리즈번 같은 호주 내 도시를 경유하는 방법 두 가지가 있다. 전자의 경우, 인천공항에서 가루다 인도네시아를 타고 발리까지 간다. 발리에서 콴타스 항공을 이용해 다윈으로 들어가거나 말레이시아 항공을 이용해 쿠알라룸푸르를 경유해서 다윈까지 가는 방법이 일반적이다. 가루다인도네시아나 말레이시아 항공이 매주 2회 이상 다윈과 자국의 도시를 연결한다.

호주 국내 도시를 경유하는 경우, 한국과 다윈을 연결할 수 있는 시드니나 브리즈번 정도를 게이트웨이로 삼을 수 있다. 제트스타와 콴타스 링크에서는 이 두 도시를 포함한 멜번, 애들레이드, 케언즈 등의 대도시에서 다윈으로 가는 직항편을 매일 운항한다. 노던 테리토리 지역 내의 캐서린이나 테난트 크릭, 앨리스 스프링스 같은 곳에서는 에어 노스 Air North를 이용하면 편하다.

다윈으로 가는 국내선 비행기

도시	항공사
시드니-다윈	제트스타, 콴타스 링크, 버진 오스트레일리아
브리즈번-다윈	제트스타, 콴타스 링크, 버진 오스트레일리아, 타이거 에어
케언즈-다윈	제트스타, 콴타스 링크
멜번-다윈	제트스타, 콴타스 링크, 버진 오스트레일리아
애들레이드-다윈	제트스타, 콴타스 링크
퍼스-다윈	콴타스 링크, 버진 오스트레일리아

공항 ⟶ 시내

도심에서 약 13㎞ 떨어진 곳에 있는 다윈 국제공항 Darwin International Airport은 호주의 도시 중에서 아시아와 가장 가깝다는 지리적인 이점 때문에 게이트웨이로서의 역할이 점점 커지고 있다. 이에 걸맞게 수많은 국제선 항공기와 다양해진 국내선 항공기가 드나들고 있는 명실상부한 '국제공항'이다. 도착 홀에는 렌터카 회사 사무실, 토머스쿡 환전소, 관광안내소 등이 있다.

공항에서 시티까지는 국제선 도착 게이트 앞에서 에어포트 셔틀 서비스 Darwin Airport Shuttle Service나 택시를 이용해 이동할 수 있으며, 15분 정도 소요된다. 시내 중심부까지 거리가 멀지 않아서 2명 이상일 때는 택시를 이용하는 것이 더 경제적이다. 요금은 A\$30~35.

Darwin International Airport(DIA)
📍 1 Henry Wrigley Dr., Darwin International Airport
📱 8920-1811 🏠 www.darwinairport.com.au

다윈의 태양은 무지막지하다?

다윈은 호주의 오지 중에서도 오지에 속하는 깡촌. 자기네 말로도 톱 엔드라 하지 않던가요. 그런 만큼 멀고 먼 다윈까지 찾아온 사람들에게는 호주의 한 귀퉁이를 정복(?)했다는 남다른 자부심마저 생깁니다. 하지만 그런 자부심이 지나친 나머지 이 도시를 만만하게 봤다가는 일사병 또는 피부암에 걸리기 딱 좋죠. 내리쬐는 햇살과 후끈 달아오른 지열을 고려할 때, 적어도 다윈에서는 무엇을 볼까에 앞서서 어떤 전략으로 볼 것인가가 더 큰 문제입니다. 지금까지의 여행 스타일이 일단 나서고 걷고 보자였다면, 다윈에서는 조금 더 전략적일 필요가 있습니다. 먼저, 숙소를 나서기 전에 목적지와 동선을 정하고 움직이는 것은 기본입니다. 무작정 움직였다가는 눈도 못 뜰 만큼 강렬한 열대의 햇살에 쫓겨 일정의 절반도 못 볼 테니까요. 자외선 차단제와 선글라스는 기본 중의 기본. 챙이 넓은 모자와 생수통도 반드시 챙겨야 할 필수품목입니다. 간간이 버스나 자전거 등의 탈것을 이용하는 것도 이 도시에서는 아주 중요한 전략입니다!

버스 Bus

다윈으로 가는 그레이하운드 버스 노선은 크게 세 가지로 나눌 수 있다. 우선 브룸에서 출발하는 서호주 루트와 퀸즐랜드에서 타운스빌과 테넌트 크릭을 거치는 동호주 루트 그리고 앨리스 스프링스에서 올라오는 센트럴 루트. 적어도 버스 노선만큼은 호주 전역에서 다윈까지 거미줄처럼 연결되어 있다 해도 과언이 아니다. 문제는, 노선은 잘 연결되어 있지만 워낙 거리가 멀다는 것. 가장 가까운 도시인 앨리스 스프링스에서도 장장 20시간이 넘는 시간을 달려야 하니, 가히 인간의 한계에 도전하는 노선인 셈이다. 이렇게 먼 거리를 달려온 장거리 버스들이 엔진을 멈추는 곳은 해리챈 애버뉴의 다윈 버스 인터체인지다.

Darwin Bus Interchange
📍 1 Harry Chan Ave, Darwin City 📱 8924-7666

기차 Train

애들레이드에서 출발하는 대륙 횡단열차 더 간 The Ghan 이 앨리스 스프링스와 캐서린에서 정차한 뒤, 다윈을 향해 달린다. 2박3일의 장거리 여행이지만 호화열차 더 간의 안락함은 그 시간조차 결코 길게 느껴지지 않게 해준다. 단, 2000달러가 넘는 요금 탓에 시간과 비용이 넉넉한 여행자만 선택할 수 있는 럭셔리 옵션이다. 시드니·퍼스·멜번 등지에서 다윈으로 이동할 때는 인디언 퍼시픽 Indian Pacific 이나 오버랜드 Overland를 타고, 애들레이드에서 더 간으로 바꿔 타게 된다.

Darwin Train Station 📍 Salloo St., East Arm, Northern Territory 📱 1800-703-357 🏠 www.journeybeyondrail.com.au/journeys/the-ghan

The Ghan 출도착 스케줄

애들레이드		앨리스 스프링스		다윈
일 12:15	→	월 13:45 도착 18:15 출발	→	화 17:30
수 12:10	→	목 14:25 도착 18:15 출발	→	금 19:50
금 13:00	←	목 09:10 도착 12:45 출발	←	수 10:00

다윈 시내교통

다윈 퍼블릭 버스 Darwin Public Bus

다윈 퍼블릭 버스는 다윈와 앨리스 스프링스에서 공통적으로 운행되는 대중교통 수단이다. 요금은 교통카드 Tap and Ride Card와 페이퍼 티켓 Paper ticket 중 하나로 지불할 수 있는데, 여행자라면 싱글, 1일, 7일로 나뉘는 페이퍼 티켓을 사용하는 것이 편리하다. 싱글 티켓은 1회권에 해당되고, 1일권과 7일권은 한 번 구입하면 1일 또는 7일 동안 무제한으로 사용할 수 있다. 시티에서 가장 많은 노선의 버스를 탈 수 있는 곳은 해리찬 애버뉴 Harry Chan Ave.에 있는 센트럴 버스 스테이션이며, 이곳에서 버스 노선도와 타임 테이블을 구할 수 있다.

버스 티켓 종류 및 요금

티켓 종류	내용	요금(A$)	티켓 타입
Single	구입 후 3시간 이내 무제한 사용	3	Paper Ticket
Daily	하루 동안 무제한 사용	7	Paper Ticket
Flexi Trip	10회 이용	20	Tap and Ride card
Weekly	구입한 날로부터 7일 동안 무제한 사용	20	Tap and Ride card

Darwin Public Bus ☎ 8924-7666 🏠 www.nt.gov.au/driving/public-transport-cycling

투어 Tour

다윈에서는 반드시 봐야 할 곳이 정해져 있다. 다른 도시에서는 투어가 선택 사항이지만, 이곳에서는 카카두나 캐서린, 리치필드 국립공원 등의 근교 투어가 필수사항인 셈. 다윈에 온 목적이 '자연'이라는 테마에 있다면, 기꺼이 투어 회사에 몸을 맡기는 게 현명하다. 이 지역은 유난히 한국 관광객이 적은 곳이어서 투어 기간 내내 모국어에 목마를 수도 있지만, 국제적인 안목을 키우고 경험의 폭을 넓힌다는 데에 의의를 두고 모국어를 향한 그리움(?)을 달래보자.

다윈의 주요 투어

투어 이름	투어 내용
City Tour	시티의 주요 볼거리를 돌아보는 투어. 반나절 투어가 주를 이루며, 크로커다일 팜까지 포함하는 데이 투어도 인기 있다.
Darwin Harbour Cruise	항구도시 다윈의 면모를 바다 위에서 즐길 수 있는 투어. 주로 선셋 투어가 많으며, 디너가 포함된 경우가 대부분이다.
Kakadu NP. Tour	지구상에서 세 번째로 큰 국립공원인 카카두. 이곳을 둘러보는 데이 투어부터 3일까지, 캠핑에서 유람 비행까지 다양한 프로그램이 있다.
Katherine Gorge Tour	캐서린 협곡은 카카두 국립공원과 함께 톱 엔드 관광의 하이라이트. 다윈에서 당일치기로 다녀올 수 있는 투어가 많다.
Lichfield NP. Tour	플로렌스 폭포, 왕기 폭포 등의 비경과 개미탑으로 유명한 리치필드 국립공원을 둘러본다. 한겨울을 제외하고는 폭포에서의 물놀이가 포함된다.
Tiwi Island Tour	투어에 참가해야만 갈 수 있는 곳. 왕복 항공료가 포함되어 당일 투어치고는 꽤 비싸다.

렌터카 Rent a Car

볼거리가 대부분 도시 근교에 있어서 렌터카를 이용하는 게 가장 편리하다. 렌터카 회사는 공항에서 시내로 향하는 도중, 스튜어트 하이웨이 Stuart Hwy. 쪽에 많이 모여 있다. 이 지역에서는 렌터카의 킬로미터 거리 제한을 두고 있는 곳이 많으므로 계약에 앞서 조건을 확인하는 것이 좋다. 또 일부 렌터카 회사에서는 전화로 예약하면 호텔까지 픽업해주기도 한다.

주요 렌터카 회사 **Hertz** ☎ 1300-132-105 **Budget** ☎ 132-727 **Thrifty** ☎ 1800-891-125
캠핑카 렌트 **Britz** ☎ 8981-2081 **Maui** ☎ 1300-363-800

REAL COURSE
다윈 추천 코스

다윈 시내를 둘러보는 데는 하루면 충분하다. 얼마나 꼼꼼히 살펴보느냐에 따라
더 많은 시간이 필요할 수도 있지만, 나머지 시간은 근교의 볼거리를 위해 시간을 아껴두는 것이 좋다.

전체적으로는 시티 관광에 하루나 이틀,
카카두 국립공원과 캐서린, 리치필드 국립공원 등을
둘러보는 데 3일 정도를 할애하는 것이 적당하다.
기억해야 할 거리 이름은 스미스 스트리트.
쇼핑센터·여행사·숙소·관광안내소 등이
모두 이 길을 따라 형성되어 있으므로 첫날 여행은
스미스 스트리트 몰에서 시작해본다.

🕐 예상 소요시간 8~10시간

Start

스미스 스트리트 몰
다윈 최고의 번화가, 이벤트가 있어 즐거운 곳

도보 10분

2차대전 기름저장 터널
현대사 유적지?

도보 15분

크로코사우러스 코브
악어 먹이 주는 시간

도보 15분

아쿠아신
이번에는 물고기밥?

자동차 10분

쿨렌 베이 마리나
하얀 요트와 초록빛 바다

자동차 10분

보타닉 가든
거대한 열대식물 표본실

도보 30분

노던 테리토리 뮤지엄 & 아트 갤러리
알찬 보물창고

자동차 10분

파니 베이 교도소 박물관
교도소도 박물관이 될 수 있다는 사실!

Finish

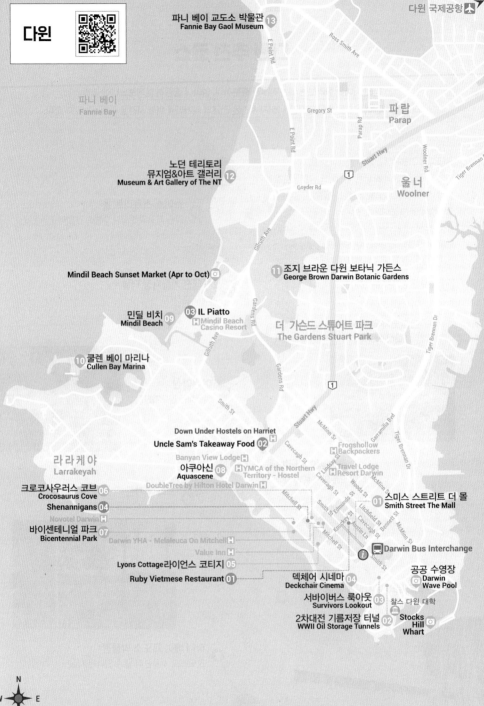

다윈 국제공항 ✈

파니 베이 교도소 박물관 ⑬
Fannie Bay Gaol Museum

다윈

파니 베이
Fannie Bay

Gregory St

파랍
Parap

울 너
Woolner

노던 테리토리
뮤지엄&아트 갤러리 ⑫
Museum & Art Gallery of The NT

조지 브라운 다윈 보타닉 가든스 ⑪
George Brown Darwin Botanic Gardens

Mindil Beach Sunset Market (Apr to Oct) ⊚

더 가슨드 스튜어트 파크
The Gardens Stuart Park

민딜 비치 ⑨   ③ IL Piatto
Mindil Beach   ⒽMindil Beach
                    Casino Resort

쿨렌 베이 마리나 ⑩
Cullen Bay Marina

라 라 케 야
Larrakeyah

Down Under Hostels on Harriet Ⓗ
Uncle Sam's Takeaway Food ⑫

Banyan View Lodge Ⓗ   Frogshollow
아쿠아신 ⑧   Backpackers
Aquascene   ⒽYMCA of the Northern   Travel Lodge
DoubleTree by Hilton Hotel Darwin Ⓗ Territory - Hostel Resort Darwin

크로코사우러스 코브 ⑥
Crocosaurus Cove   스미스 스트리트 더 몰 ⑪
Shenannigans ④   Smith Street The Mall
Novotel Darwin Ⓗ
바이센테니얼 파크 ⑦
Bicentennial Park
      Darwin YHA - Melaleuca On Mitchell Ⓗ
                    Value Inn Ⓗ
Lyons Cottage라이언스 코티지 ⑤
                                          🚌 Darwin Bus Interchange
Ruby Vietmese Restaurant ⑪

                    덱체어 시네마 ④   공공 수영장
                    Deckchair Cinema   📷 Darwin
                                          Wave Pool
                    서바이버스 룩아웃 ③   찰스 다윈 대학
                    Survivors Lookout
                    2차대전 기름저장 터널 ② ⑫ Stocks
                    WWII Oil Storage Tunnels   Hill
                                              Whart

N
W ✦ E
S

0   300m

다윈 시티
DARWIN CITY

01

스미스 스트리트 더 몰 Smith Street The Mall

톱 엔드 모던 시티

몇 날 며칠 새우잠을 자며 도착한 톱 엔드. 이 도시에 오는 동안의 고생을 보상받으려는 듯 전 세계의 젊은이들이 밤새 술과 노래에 빠져드는 곳이다. 500m 남짓 되는 몰은 언제나 사람들로 북적이며, 몰의 양옆으로 늘어선 쇼핑센터와 퍼브, 레스토랑에서는 흥거움이 넘쳐 난다. 바닥에서 물이 나오는 분수대와 몰의 북쪽 끝에 있는 이벤트 스테이지 등이 인상적이다. 관광안내소와 오래된 퍼브, 극장 등도 놓치지 말자.

02

2차대전 기름저장 터널 WWII Oil Storage Tunnels

다윈의 현대사 유적지(?)

인도 퍼시픽 수족관에서 왼쪽의 키치너 드라이브 Kichener Dr.를 따라가면 마치 수로 공사장의 시멘트 파이프처럼 생긴 기름저장 터널의 입구가 나온다. 이곳은 제2차 세계대전 때 해안가 바위를 뚫어서 만든 비밀 유류저장 창

고인데, 5개의 터널 중 5번 터널만 일반에게 공개하고 있다. 땅굴처럼 깜깜한 내부로 고개를 숙인 채 들어가면, 전쟁 당시 다윈의 생활상을 기록한 사진 자료와 각종 소품이 전시되어 있다. 다윈 버스가 정차하는 곳이므로 이를 이용하거나, 걸어서 갈 때는 서바이버스 룩아웃에서 휴스 애버뉴 Hughes Ave.로 난 샛길을 이용하면 조금 빠르다.

📍 Darwin Waterfront, Kichener Dr., Darwin City 🕐 5~9월 09:00~16:00, 10~4월 09:00~13:00 💲 어른 A\$9.50, 어린이 A\$6.50 ☎ 8985-6322
🏠 www.ww2tunnelsdarwin.com.au

호주 테리토리노던

서바이버스 룩아웃 Survivors Lookout

스미스 스트리트가 끝나는 곳에서 에스플러네이드 Esplanade 쪽으로 300m쯤 올라가면 정자처럼 생긴 넓은 전망대가 나온다. 이곳에서 바라보는 바다와 다윈 항구의 모습이 무척 아름답다. 점점이 떠 있는 배와 끝없이 푸른 인도양의 물결, 날씨가 좋을 때는 바닷물에 반사된 햇살이 물고기 비늘처럼 반짝여 아주 멋지다. 벤치가 있어서 쉬어가기도 좋다. 룩아웃 입구에 세워진 2차대전 폭격비도 눈여겨 볼 것.

덱체어 시네마 Deckchair Cinema

남십자성 아래, 야자수 정원에서 밤을 보낼 수 있는 최고의 기회. 건기에 다윈을 찾았다면 노천극장 덱체어 시네마를 꼭 찾을 것. 다윈 필름 소사이어티에서 주관하는 이 노천극장에서는 클래식에서 최신작까지, 할리우드 영화에서 홍콩 영화까지, 또 우리나라에서는 쉽게 접하기 힘든 호주 영화까지 감상할 수 있다. 정확한 상영시각과 프로그램은 각 숙소와 인포메이션 센터 등에 비치되어 있다. 극장 한쪽에는 와인과 간단한 스낵류, 아이스크림 등을 판매하는 곳도 있다.

📍 Jervois Rd., Darwin City
🕐 4~11월 18:00부터
💲 어른 A$18, 어린이 A$10
📱 8941-4377
🏠 www.deckchaircinema.com

라이언스 코티지 Lyons Cottage

1925년 호주와 영국을 연결하는 전신 케이블 회사의 직원 숙소로 지어진 건물이다. 브리티시 오스트레일리아 텔레그래프 British Australia Telegraph의 약자를 따서 'BAT House'라고도 부른다. 에스플러네이드에 위치한 이 건물은 부두를 내려다보는 전망 좋은 곳에, 1920년대에 유행한 방갈로 스타일로 지어졌다. 제2차 세계대전 중에는 폭격을 맞아 일부 파손되기도 했지만, 도시 전체가 폐허로 변한 데 비하면 이 건물이 지금까지 남아 있는 것만도 용한 일이다. 그 뒤에 존 라이언이라는 법률가가 가족과 함께 이 건물에 살았다고 해서 라이언스 코티지라는 이름이 붙었으며, 그가 죽은 뒤에는 호텔·관공서 등으로 쓰이다가 현재는 지역 박물관 및 미술관으로 사용된다. 사실 건물 자체는 별다른 볼거리가 없지만, 다윈에 정착한 초기 영국인들의 건축양식을 보여준다는 점에서 역사적인 의미가 있다. 전쟁과 태풍이 할퀴고 간 다윈에서 초기 이주민 정착 시기의 건물을 찾아보기란 쉬운 일이 아니기 때문이다. 주중에는 카페도 오픈한다.

◆ 2024년 2월 현재 보수 공사로 휴관 중.

📍 74 Esplanade, Darwin City   💲 무료   📱 8931-6650   🏠 www.magnt.net.au/lyonscottage

---

크로코사우러스 코브 Crocosaurus Cove

악어의 모든 것(?)을 볼 수 있는 곳. 염수 악어와 담수 악어를 망라한다. 살아있는 악어의 재롱과 죽은 악어의 가죽제품을 동시에 볼 수 있다. 이곳에 있는 1만5천여 마리의 악어는 모두 다윈 일대에서 생포한 것이니, 과연 노던 테리토리가 오지 중의 오지라는 게 실감나는 대목이다.

매일 세 차례씩 악어 먹이주기 시범이 있는데, 숙련된 조련사의 손끝에서 고깃덩이를 얻기 위해 이리저리 재롱 피우는 악어의 모습이 귀엽다고 하기는 그렇고, 아무튼 흔치 않은 볼거리임은 틀림없다. 공원 안에 있는 기념품 가게에서는 이곳에서 유명을 달리한(!) 악어의 가죽으로 만든 제품들을 판매하고 있다. 다윈 시내 미첼 스트리트 Mitchell St.와 필 스트리트 Peel St.의 코너에 위치하고 있다.

📍 58 Mitchell St., Darwin City   🕘 09:00~18:00
❌ 크리스마스   💲 어른 A$38, 어린이 A$23
📱 8981-7522   🏠 www.crocosauruscove.com

07 바이센테니얼 파크 Bicentennial Park

바다와 도시, 공원

고층빌딩이나 멋진 건축물보다는 잔잔한 파도나 잘 가꾸어진 나무 한 그루가 한 도시의 이미지를 결정지을 때가 있다. 다윈을 기억하게 하는 이미지 가운데 하나도 바로 이 바이센테니얼 파크가 아닐까 싶다. 바다를 따라 길게 펼쳐진 이 공원은 잔디와 오래된 숲, 야자수 그늘, 인도양의 파도가 어우러져 오래도록 기억 속의 한 장면으로 남는다. 공원 곳곳에 놓여 있는 벤치와 동화 속 정원에나 나옴직한 장미넝쿨, 자전거 도로와 전망대…. 공원 아래로는 라메루 비치 Lameroo Beach가 펼쳐지고, 반대편으로는 시티센터가 이어진다.

📍 Esplanade, Darwin City 📞 8930-0300 🏠 www.darwin.nt.gov.au

아쿠아신 Aquascene

양식장 아닙니다!

매일 만조 때면 물고기와 사람의 만남이 이루어지는 곳. 마치 약속이나 한 것처럼 수천 마리의 물고기가 이곳으로 몰려와 사람들이 주는 빵 부스러기를 받아먹는다. 40여 년 전 바닷가를 거닐던 주민이 우연히 음식찌꺼기를 던진 데서 시작된 이 의식은 오늘날 다윈을 찾는 대다수의 관광객이 즐겨하는 놀이(?)가 되었다. 만조시각에 맞춰 문을 여는 아쿠아신에 들어서면 곳곳에 식빵이 든 커다란 바구니가 놓여 있는데, 이 식빵을 물가에 가져가면 집채만 한 물고기들이 쟁탈전을 벌이듯 먹이를 향해 돌진해온다. 어떤 놈들은 아예 물 위로 튀어 오르기도 하고, 먹이 주는 손가락에 주둥이가 닿기도 한다. 짧은 반바지와 슬리퍼 등은 기본이고, 수영복을 입고 물속에 들어가는 사람도 보인다. 물고기가 가장 많이 몰리는 시기는 12월에서 8월 사이. 단, 기억해야 할 것은 만조 때만 문을 연다는 사실. 입구에 그날그날의 만조시각과 오픈 시간이 적혀 있고, 관광안내 책자의 뒷면이나 숙소의 게시판에도 만조시각이 표시되어 있다. 반드시 시간을 확인하고 가도록 한다.

📍 28 Doctors Gully Rd., Larrakeyah ⑤ 어른 A$15, 어린이 A$10 📱 8981-7837
🏠 www.aquascene.com.au

노던 테리토리주

521

민딜 비치 Mindil Beach

삼면이 바다인 다윈에서는 아름다운 비치와 베이가 유난히 많다. 그 중에서도 쿨렌 베이 Cullen Bay와 파니 베이 Fannie Bay 사이에 자리한 민딜 비치는 석양이 아름다운 곳으로 정평이 난 곳. 해가 질쯤 하나 둘 모여든 사람들이 선선한 바닷바람 맞으며 여유로운 저녁시간을 보낸다. 특히 건기에만 열리는 민딜 비치 선셋 마켓은 여행자와 시민 모두가 즐거운 나들이 장소다.

민딜 비치 선셋 마켓 Mindil Beach Sunset Market

다윈에서 가장 유명한 벼룩시장. 건기의 목요일과 일요일에만 열리는 재래시장이다. 민딜 비치가 아름다운 석양에 물들 때쯤 사람들은 하나둘 가져온 물건들을 진열하고 음식을 만드느라 분주해진다. 1km 정도 늘어선 노점상들과 갖가지 먹을거리로 거리는 흥청거리고, 해가 지면 본격적인 나이트 마켓이 시작된다. 포장마차에서 선보이는 음식들은 의외로 다양하다. 인도·말레이시아·중국·태국·그리스·포르투갈 등의 다양한 나라의 음식을 돌아가며 맛볼 수 있다. 액자, 액세서리, 장식품, 장난감, 애버리진 예술품 코너도 오가는 사람들을 유혹한다. 해가 지면 햇불을 밝히고 퍼포먼스를 벌이기도 하며, 영화를 상영하기도 한다. 이곳에서는 민딜 머니 Mindil Money라는 화폐도 발행하는데, 시즌 내내 사용할 수 있는 민딜 머니를 구입하면 상품 구입 뿐 아니라 다양한 이벤트에도 응모할 수 있어서 조금 더 흥미롭게 시장을 즐길 수 있다.

📍 Maria Liveris Dr., The Gardens ⏰ 4~10월 목,일요일 16:00~21:00 📞 8981-3454 🏠 www.mindil.com.au

10

쿨렌 베이 마리나 Cullen Bay Marina

다윈 선셋 크루즈가 시작되는 항구. 시티에 접한 다윈항이 약간 산업적인 분위기를 풍기는 데 반해, 쿨렌 베이의 풍경은 다분히 서정적이다. 마리나를 중심으로 형성된 리조트형 숙소들과 시푸드 레스토랑, 지중해풍의 바들이 인상적이며, 무엇보다 푸른 하늘과 조화를 이루는 하얀 요트의 행렬이 더없이 평화로운 분위기를 자아낸다.

크루즈 계획이 없더라도 자전거나 렌터카가 있다면 반드시 둘러볼 만하다. 조금 시간이 걸리기는 하지만 걸어서 가보는 것도 좋다. 마리나를 마주 보고 오른쪽으로는 하얀 모래와 야자수에 둘러싸인 해변이 나오는데, 수영이나 피크닉을 하기에 적당하다.

📍 68 Marina Blvd, Larrakeyah 📞 8942-0400 🏠 www.cullenbaymarina.com.au

11

조지 브라운 다윈 보타닉 가든스 George Brown Darwin Botanic Gardens

시티 북쪽으로 2km 지점에 있는 42만㎡에 이르는 넓은 녹지대. 시티센터를 합친 것만큼이나 넓은 부지에 수백 종의 열대식물과 습지식물, 팜 트리 등이 자라고 있다. 맹그로브 보드워크를 따라 빽빽한 열대우림을 걷다 보면 도시의 공해에 찌든 몸과 마음이 정화되는 느낌이다. 1870년에 문을 연 보타닉 가든은 원래 채소를 재배하던 자리였으나 지금은 호주 최대의 열대식물 표본실 역할을 담당하고 있다. 전쟁과 태풍에 의해 한때 과반수의 식물이 뿌리까지 뽑혔지만, 오늘날의 푸르른 모습에서는 그런 아픈 과거를 찾아보기 힘들다.

시티센터에서 가까우며, 골프장과 박물관·카지노·비치 등이 근처에 있어서 쉽게 찾을 수 있다. 샌드위치와 음료수를 준비해 가는 것도 잊지 말자.

📍 Gilruth Ave. & Gardens Rd., The Gardens ⏰ 07:00~19:00
📞 8999-4418

노던 테리토리 뮤지엄 & 아트 갤러리 Museum & Art Gallery of The NT

자연사와 예술의 보물창고

노던 테리토리의 자연과 역사·생태·예술 등 전반적인 문화 콘텐츠를 전시하는 박물관. 낮게 엎드린 단층 건물은 밖에서 보기에는 그리 커 보이지 않지만, 안으로 들어갈수록 끝도 없이 펼쳐지는 전시장과 알찬 내용에 감탄을 금할 수 없다. 노던 테리토리의 환경과 생태를 보여주는 자연 생태관에서는 780kg의 악어, 스위트 하트의 박제가 볼 만하고, 그 밖에도 다양한 야생동물들이 박제로 전시되어 있다. 또한 도시를 통째로 삼킨 사이클론 트레이시와 관련된 전시는 이곳에서만 볼 수 있는 특이한 전시다. 생생한 현장음과 비디오, 사진 자료, 시뮬레이션 등을 통해 당시의 상황을 직접 경험할 수 있게 했다. 부속 건물에는 다윈항을 드나들었던 각종 선박과 이민선, 난민 보트 등이 실물 그대로 보존되어 있고, 전쟁의 흔적인 대포와 총기들도 전시되어 있다. 박물관과 같은 건물을 사용하는 갤러리는 애버리진 예술품과 호주 현대미술의 현주소를 한 자리에서 볼 수 있도록 기획한 공간으로, 특히 애버리진 예술 분야에서는 호주의 어떤 도시보다 충실한 작품성을 자랑한다. 약간 언덕에 자리한 건물 뒤편으로는 파니 베이의 해변이 한눈에 내려다보이고, 박물관 앞 잔디밭에서는 일요시장이 열리기도 한다. 다윈에서 빠뜨리지 말고 봐야 할 명소 가운데 하나.

📍 19 Conacher St., Darwin City 🕐 10:00~17:00 ❌ 크리스마스, 박싱 데이, 굿 프라이데이
💲 무료 📱 8999-8264 🏠 www.magnt.net.au

파니 베이 교도소 박물관 Fannie Bay Gaol Museum

1883년에 문을 연 파니 베이 교도소는 처벌 집행기관으로 악명 높았던 곳. 1952년에 있었던 노던 테리토리의 마지막 사형 집행 장소로도 유명하다. 1979년에 새 교도소가 생기면서 교도소 박물관으로 개과천선(?)하게 되었다. 호주에서는 멜번이나 호바트 등 도시마다 교도소 박물관이 있는데, 유형의 역사를 보여주는 일종의 유적지다. 당시의 교도소 생활을 보여주는 독방과 교수대·고문실·고문기구 등을 그대로 전시하고 있으며, 이곳을 거쳐 간 유명인사(?)들에 대한 기록도 남아 있다.

📍 80 E Point Rd, Fannie Bay ⏰ 수, 토요일 10:00~15:00 ❌ 굿 프라이데이, 크리스마스
💲 무료 📞 8999-8264 🏠 www.magnt.net.au

talk 〈종의 기원〉과 다윈

이 도시를 처음 발견한 영국인은 1839년 비글호를 타고 다윈 부두에 처음 도착했던 총사령관 존 로트 스토크 John Lort Stokes였습니다. 그는 남아메리카를 함께 항해했던 절친한 친구이자 〈종의 기원〉의 저자인 생물학자 찰스 다윈 Charles Darwin의 이름을 따서 이 부두를 포트 다윈이라고 이름 붙였어요. 그 뒤로도 30년 가까이 이 땅은 그저 작은 정착촌 정도에 지나지 않았답니다.

인구나 시설, 모든면에서 도시라고 부르기에는 너무나 열악한 상황이었으나, 사우스 오스트레일리아의 지배하에 있던 톱 엔드 지역이 다윈을 중심으로 독립을 시도했습니다. 1869년에는 흩어져 있던 이주민들이 이 땅에 도시를 건설하기에 이르렀지요. 1870년에는 포트 오거스트와 다윈을 잇는 통신선이 연결되고, 곧이어 남쪽으로 약 20㎞ 떨어진 파인 크리에서 발견된 금광으로 이 도시는 급격한 변화의 물결에 휩쓸리게 되었습니다. 골드러시를 타고 수많은 중국인과 유럽인이 호주의 북단 다윈으로 몰려들게 된 거죠. 이러한 일련의 변화에 힘입어 마침내 그들의 열망대로 노던 테리토리는 독립하게 되었으며, 1911년 이 도시의 이름도 공식적으로 인정받게 되었답니다.

다윈 근교
AROUND DARWIN

다윈이라는 오아시스에서 한 시간만 벗어나면 다시 오지가 나타난다. 뜨거운 태양과 누렇게 타버린 풀숲, 흙먼지 풀풀 날리는 풍경이 끝없이 펼쳐지는 가운데 신기루처럼 숨어 있는 볼거리를 찾아 떠나는 길. 마치 사막에서 보물찾기하듯 힘들지만 보람찬 하루를 약속하는 곳이 바로 다윈 근교 지역이다. 카카두 국립공원을 제외한 대부분의 관광지는 하루 만에 다녀올 수 있지만, 현지 사정에 밝은 투어 회사의 노하우를 빌리는 것이 가장 일반적이다. 렌터카로 둘러볼 때는 계절에 따라 현지 상황이 변하므로 출발 전에 반드시 날씨를 비롯한 여러 상황을 체크해야 한다.

14

테리토리 와일드라이프 파크 Territory Wildlife Park

다윈에서 자동차로 45분 거리에 있는 이곳은 공원 안을
돌아다니는 데만도 네 시간은 할애해야 할 만큼 넓은 자
연공원. 400만㎡에 달하는 광대한 부지에 조류·포유류·
파충류·어류 등 각종 노던 테리토리의 야생동물들을 말
그대로 야생의 상태에서 사육하며, 그 안의 환경 역시 거
의 아프리카 밀림에 온 것처럼 야생 그대로다. 다윈 보타
닉 가든의 10배가 넘는다고 하니, 그 규모는 미루어 짐작
할 수 있을 것이다.
26개의 주요 테마로 이루어진 볼거리를 다 둘러보는 데
는 무료 셔틀 트레인과 잘 정비된 워킹 트랙을 적절히 이
용하는 것이 좋다.

📍 Cox Peninsula Rd., Berry Springs Darwin 🕒 09:00~
17:00 ❌ 크리스마스 💲 어른 A$37, 어린이 A$18.50
📞 8988-7200 🏠 www.territorywildlifepark.com.au

15

마리 리버 국립공원 Mary River National Park

아넘 하이웨이 Arnhem Highway를 따라 동쪽으로 150㎞를 달려가면 카카두 국립
공원에 못 미쳐서 마리 리버 국립공원이 나온다. 카카두 국립공원에서 시작해 태평양
으로 흘러들어 가는 마리강의 물줄기를 막아서 만든 저수지와 그 일대의 수자원 보
호구역이 국립공원인 셈이다. 호주의 대표적인 패션 브랜드 '빌라봉 Billabong'의 원조
인 연못 빌라봉이 있는 곳으로도 유명하다. 자작나무숲으로 둘러싸인 보호구역은 야

생조류 관찰지역으로 널리 알려졌
다. 애들레이드 리버와 마찬가지
로 크로커다일 크루즈를 즐길 수
있는데, 유명세를 치르는 애들레
이드 리버보다는 조금 한가한 편
이다. 일반 차량도 진입할 수 있지
만, 제대로 살펴보려면 아무래도
4WD 차량이 좋다.

📍 Point Stuart Rd., Point Stuart
📞 8978-8986 🏠 nt.gov.au

리치필드 국립공원 Litchfield National Park

다윈 남서쪽 140km 지점의 리치필드 국립공원은 다윈 시민들이 가장 즐겨찾는 야외 나들이 장소. 자동차로는 2시간 남짓 거리에 있는 원시 그대로의 자연보호구역이다. 자가운전일 때는 다윈에서 스튜어트 하이웨이 Stuart Highway를 따라 남쪽으로 내려가다가 바첼러 드라이브 Batchelor Drive에서 우회전하면 리치필드 국립공원 이정표가 나온다. 이곳의 주요 볼거리는 마치 비석처럼 서 있는 수없이 많은 마그네틱 터마이트 마운스 Magnetic Termite Mounds(개미탑)와 웅장한 폭포수 그리고 울창한 열대우림 등이다. 개미탑을 본 다음 플로렌스 폭포와 왕기 폭포에서 물놀이로 한나절을 보낸 뒤, 마지막으로 '로스트 시티 Lost City'라는 이름의 사암 기암괴석군과 '샌디 크릭 Sandy Creek'을 거쳐서 돌아온다. 단, 로스트 시티와 샌디 크릭은 4WD로만 갈 수 있는 비포장길. 다른 구역도 우기에는 국립공원의 상황을 미리 체크해야 한다.

📍 Litchfield Park Rd., Litchfield Park 📱 8976-0282 🏠 www.parksandwildlife.nt.gov.au

마그네틱 터마이트 마운스 Magnetic Termite Mounds

터마이트 마운스는 흰개미가 쌓아올린 일종의 '개미탑'이다. 자그마한 흙무더기부터 사람 키를 훨씬 넘는 그야말로 탑 같은 기둥까지, 그 크기와 수가 셀 수도 없을 만큼 많은 군락을 이루고 있다.

얼핏 서호주 사막의 피너클스와 비슷해 보이지만, 피너클스가 바람과 세월의 합작품인 데 비해 터마이트는 순수하게 개미가 쌓아올린 건축물(?)로, 구성 원리 자체가 다르다. 가까이 가면 개미들이 드나드는 구멍도 보이고, 구멍을 자르면 그 속에 수많은 개미가 들어있는 것을 볼 수 있다. 같은 호주 안의 사막지대라도 서쪽과 북쪽의 환경이 이토록 다르고, 환경에 적응해 살아가는 생물의 모습도 이처럼 다르다는 사실이 새삼 놀라울 뿐이다.

국립공원 입구에서 가장 먼저 만나게 되는 볼거리이며, 보드워크를 따라 걷다가 전망대에서 터마이트 군락을 바라볼 수 있다. 공원의 동쪽 17km 정도를 차지하고 있는 마그네틱 터마이트 마운스의 끝없는 무더기를 지켜보노라면, 우리가 마치 어느 행성에 불시착한 외계인 같은 느낌마저 든다.

왕기 폭포 Wangi Falls

자연이 준 천연 수영장. 적당한 깊이와 넉넉한 넓이, 바닥이 들여다보일 만큼 깨끗한 물, 휴식을 위한 적재적소의 바위와 나무 그늘. 왕기 폭포는 수영하기에 딱 좋은 곳이다. 톱 엔드의 찌는 듯한 더위를 날려 보낼 폭포수는 보기만 해도 가슴이 다 후련해진다. 주차장에서 오른쪽 샛길로 들어가면 폭포 전체를 조망할 수 있는 전망대가 나오며, 근처에 피크닉을 위한 벤치와 화장실·간이매점 등이 있다.

플로렌스 폭포 Florence Falls

왕기 폭포가 남성적인 물줄기와 폭을 자랑한다면, 플로렌스 폭포는 선녀가 목욕하고 간 것처럼 비밀스럽고 여성적인 매력을 풍긴다. 깊이로 보자면 플로렌스 쪽이 훨씬 더 깊고 은밀한데, 그만큼 폭포의 아래쪽까지는 긴 나무계단을 내려가야 한다. 폭포 바닥에서 보면 사방이 절벽으로 둘러싸여 고즈넉한 맛이 있다. 수경을 끼고 물속을 들여다보면 마치 횟집 수족관에 들어와 있는 것처럼 수많은 어종이 자신을 둘러싸고 있는 것을 발견하게 된다. 하지만 낚아 올리거나 잡는 행위는 절대 금지!

노던 테리토리주

01

Ruby Vietnamese Restaurant

진짜 베트남 음식

제대로 된 베트남 음식을 먹고 싶다면 추천할 만한 곳. 시드니보다 동남아시아 도시와 더 가까운 다윈에서는 아시아 음식점 또한 지천이다. 그중에서도 이곳은 꽤 오랫동안 자리를 지키는 베트남 음식점으로 꼽힌다. 다윈의 번화가 더 몰과도 한 블록 너머라 언제나 붐비는 식당이지만 저녁 9시면 어김없이 문을 닫는다. 대신 모든 메뉴는 포장이 가능하다.

♀ 48-50 Smith St, Darwin City ⏰ 10:30~14:30, 17:30~21:00
📱 8941-0933 🏠 www.localhours.info

02

Uncle Sam's Takeaway Food

24시간 영업

밤늦은 시간에 배가 출출하다면 이곳을 찾아가면 된다. 24시간 영업을 최대 미덕으로 삼고 있는 이곳은 간단한 아시안 푸드를 비롯해 파스타·햄버거·카레·샌드위치·샐러드 등 다양한 메뉴를 판매하고 있다. 대부분 테이크어웨이용이지만 테이블도 비치되어 있어서 먹고 가도 된다.

♀ 5/109 Smith St., Darwin City ⏰ 24시간 📱 8981-3797

03

IL Piatto

카지노 레스토랑

민딜 비치 카지노 리조트 내에 있는 이탈리안 레스토랑. 호텔은 무조건 비싸다는 고정관념을 버리고 부담 없이 들를 수 있는 곳이다. 음식의 퀄리티나 서비스, 인테리어에 비해서 무척 합리적인 가격의 피자, 파스타를 맛볼 수 있다. 리조트 건물 앞 아라푸라 해 Arafura Sea의 반짝이는 햇살을 바라보며 런치를 즐겨도 좋고, 같은 건물 내의 카지노에서 밤 시간을 보내다가 출출할 때 찾는 디너 장소로도 적당하다.

♀ Mindil Beach Casino & Resort, Gilruth Ave., The Gardens
⏰ 12:00~14:00, 18:00~22:00 📱 8943-8940
🏠 www.mindilbeachcasinoresort.com.au/restaurants/il-piatto

04

Shenannigans

다윈 최고의 나이트스폿

번화가인 미첼 스트리트를 환히 밝히는 불빛이 있다면 이곳 쉬나니강스다. 테라스 테이블에 앉아 열대의 밤을 식혀

줄 시원한 바람과 생맥주 한 잔 기울이기 좋은 아이리시 펍. 20년이 넘는 세월 동안 한 자리를 지켜온 터줏대감답게 음식과 서비스, 음악까지 모든 것이 프로페셔널하다. 내부에 들어서면 각종 스포츠 테이블과 라이브 음악이 흥을 더하고, 요일마다 펼쳐지는 이벤트가 있어서 날마다 찾는 사람들도 많다.

♀ 1/69 Mitchell St., Darwin City ⏰ 10:00~02:00
📱 8989-2100 🏠 www.shenannigans.com.au

신성한 애버리진 영토

카카두 국립공원
KAKADU NATIONAL PARK

세계문화유산으로 지정된 이곳은 세계에서 세 번째로 넓은 국립공원으로, 자연의 경이와 신비로움이 절로 탄성을 자아내는 곳이다. 곳곳에는 역사가 기록되기 이전부터 자연과 인간이 교감해온 발자취가 새겨져 있다. 3만8천 년 된 암각화는 정신과 예술의 무한함을 증명하는 듯하고, 문명과 동떨어진 애버리진의 신앙은 현대인의 신념과 기계문명이 얼마나 덧없는 것인가를 일깨워준다. 지금도 이 땅은 호주 원주민 애버리진의 소유다. 영토를 잃고 점점 멸종(?)되어가는 그들이 영원히 지켜야 할 정신의 고향인 것이다.

인포메이션 센터 Bowali Visitor Centre

📍 Kakadu Hwy., Jabiru   🕐 08:00~17:00   ❌ 크리스마스   📱 8938-1120   🏠 www.kakadu.com.au

카카두 국립공원 미리보기

어떻게 다니면 좋을까?

카카두 국립공원은 다윈에서 파인 크릭 Pine Creek에 이르는 지역의 오른쪽을 차지하고 있다. 따라서 국립공원으로 가는 길도 다윈에서 아넴 하이웨이를 따라가는 북쪽 노선과 파인 크릭에서 카카두 하이웨이 Kakadu Highway를 따라가는 남쪽 노선 두 가지로 나뉜다. 그러나 국립공원 내의 곳곳이 비포장도로이고 도로가 폐쇄되는 경우가 많으며 자연 그대로인 지형까지 고려한다면, 아무래도 렌터카 운전은 다시 생각해보는 것이 좋다. 특별히 모험을 즐겨서 4WD 차량과 일행까지 준비했다면, 언제 어느 지역을 돌아볼지 꼼꼼히 계획을 세우고 숙소에 대한 대책도 미리미리 세워두자. 이곳은 단순히 아담한 공원 수준의 국립공원이 아니라 2만㎢에 달하는 광대한 영토라는 사실! 우리나라로 치면 웬만한 도(道) 하나를 돌아보는 것과 맞먹는다.

어디서 무엇을 볼까?

카카두에서 눈여겨봐야 할 것은 몇 만 년을 지켜온 자연과 언젠가부터 그곳에 살아온 인류의 흔적이다. 아득한 역사 이전의 시간으로 거슬러 올라가는 카카두의 자연은 시간만이 변하게 할 수 있을 뿐, 인간의 손길이 미치지 않은 채 문명을 거부하고 있다. 울창한 숲과 곳곳에 자리 잡은 늪지, 장대한 폭포와 바위, 철 따라 피고 지는 꽃들 그리고 먼 시선으로 사람을 바라보는 동물들. 카카두에서 만나는 이 모든 것이 꼭 봐야 할 것들이고, 반드시 만나야 할 것들이다.

어디서 자면 좋을까?

국립공원 안에 군데군데 무료 캠핑장과 숙소가 있지만, 캠핑장은 캠핑장비가 있어야 하고 로지나 호텔 같은 곳은 비용이 만만치 않다. 특히 성수기인 건기에는 요금이 우기보다 50% 이상 오르고, 예약하지 않으면 방을 잡기 어렵다. 하지만 캠핑장마다 널찍한 공동 주방과 샤워실·화장실이 마련되어 있고, 나머지 숙소의 시설도 나름대로 운치가 있어서 지내는 데 불편할 정도는 아니다. 책에 소개된 요금은 성수기 기준이며, 비수기에는 절반 가까이 할인된다.

카카두 국립공원 가는 방법

렌터카 Rent a Car

포장도로 위를 달리며 주요 볼거리를 보는 정도라면 일반 자동차로도 가능하다. 다만, 우기에는 강물이 불어나 도로가 침수되는 경우도 있다. 우기에 이곳을 여행할 계획이라면 반드시 렌터카 회사에서 최신 정보를 입수하도록 한다.

주요 렌터카 회사 **Hertz** ☐ 1300-132-105 **AVIS** ☐ 8981-9922 **Budget** ☐ 13-27-27 **Cheap Rent-A-Car** ☐ 8981-8400

버스 Bus

지역은 넓고, 넓은 지역에 비해 이용하는 사람의 수는 적다 보니 당연히 대중교통이 발달했을 리 없다. 그나마 다행스러운 것은 그레이하운드 버스가 다윈에서 카카두 국립공원까지 운행한다는 것. 매일 아침 8시 30분에 다윈에서 출발한 그레이하운드 버스는 오로라 카카두 리조트 Aurora Kakadu Resort를 거쳐 12시 15분에 자비루 쇼핑센터에 도착한다. 다윈에서 자비루까지는 오전 내 달려서 3시간 45분이 소요된다.

투어 Tour

카카두 국립공원까지는 대중교통 수단이 적은 대신 투어 프로그램이 발달해 있다. 다윈에서 출발하는 1박 2일 코스가 가장 보편적인 투어. 이틀 동안 자비루, 노우랜지, 옐로 워터 크루즈, 짐짐 & 트윈 폭포 등의 주요 볼거리를 섭렵한다. 요금에는 숙식과 교통편, 옐로 워터 크루즈가 포함되어 있다. 3일 이상의 투어는 대개 캐서린 협곡까지 묶어서 운영하며, 카카두 국립공원까지 경비행기로 이동하는 투어도 있다. 노우랜지와 옐로 워터 등으로 한정되어 있지만, 당일치기로 카카두를 둘러보는 데이 투어도 있다.

카카두 국립공원의 주요 투어

투어 회사	투어 종류
AAT Kings ☐ 1800-334-009 🏠 www.aatkings.com	· 1Day Kakadu National Park Explorer 카카두 국립공원 투어 1일 · 2Days Kakadu & Arnhem Land 카카두 & 아넴 랜드 2일 · 3Days Kakadu & Katherine Gorge 카카두 & 캐서린 고지 3일
Aussie Adventure Holidays ☐ 1300-654-604 🏠 www.adventuretours.com.au	· 4Days Kakadu, Katherine & Litchfield Adventure 카카두, 캐서린, 리치필드 어드벤처 4일

.... TIP ....
카카두 국립공원 Pass와 Permit

Pass 국립공원을 여행할 수 있는 일종의 입장료로, 5~10월 건기는 A$40, 11~5월 우기는 A$250이며, 7일 동안 유효하다. 홈페이지를 통해 구입하거나 보왈리 비지터센터에서 구입.

Permit 국립공원 내에서 야영, 부시워킹 또는 촬영할 수 있는 허가증으로, 미리 별도의 폼을 작성해서 신청해야 한다.
🏠 www.parksaustralia.gov.au/kakadu/plan/passes

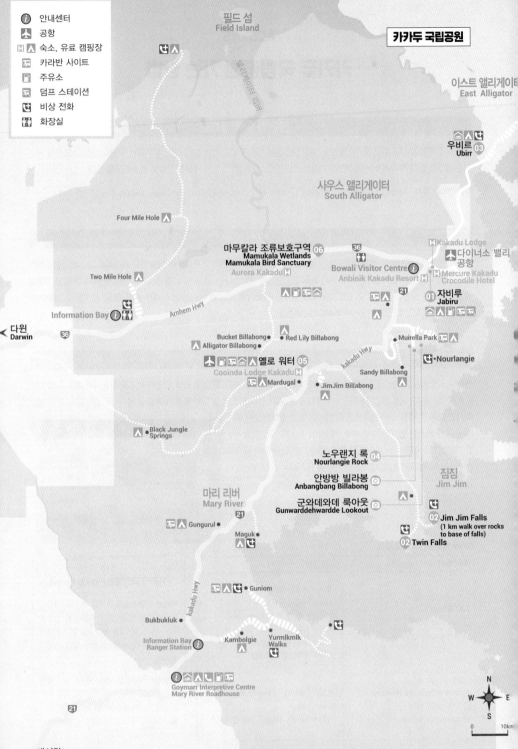

카카두 국립공원

안내센터 범례
- 안내센터
- 공항
- 숙소, 유료 캠핑장
- 카라반 사이트
- 주유소
- 덤프 스테이션
- 비상 전화
- 화장실

필드 섬
Field Island

이스트 앨리게이터
East Alligator

우비르 03
Ubirr

사우스 앨리게이터
South Alligator

Four Mile Hole

마무칼라 조류보호구역 06
Mamukala Wetlands
Mamukala Bird Sanctuary
Aurora Kakadu

36
Bowali Visitor Centre
Anbinik Kakadu Resort

Kakadu Lodge

다이너소 밸리 공항

Mercure Kakadu
Crocodile Hotel

Two Mile Hole

자비루 01
Jabiru

다윈
Darwin

36

Information Bay

Arnhem Hwy

Bucket Billabong
Alligator Billabong
Red Lily Billabong

Muirella Park

Nourlangie

옐로 워터 05
Cooinda Lodge Kakadu

Kakadu Hwy

Sandy Billabong

Mardugal

JimJim Billabong

Black Jungle
Springs

노우랜지 록 04
Nourlangie Rock

마리 리버
Mary River

안방방 빌라봉
Anbangbang Billabong

짐짐
Jim Jim

군와데와데 룩아웃
Gunwarddehwardde Lookout

Jim Jim Falls 02
(1 km walk over rocks
to base of falls)

Gungurul

21

Maguk

Twin Falls 02

Guniom

Bukbukluk

Kakadu Hwy

Information Bay
Ranger Station

Kambolgie

Yurmlkmlk
Walks

Goymarr Interpretive Centre
Mary River Roadhouse

21

캐서린
Katherin

N
W E
S

0   10km

01

자비루 Jabiru

자비루는 카카두 국립공원 최대의 타운센터. 수영
장과 호텔·주유소·슈퍼마켓·우체국·은행·병원·도서
관·레스토랑 등의 편의시설과 골프 코스가 있다. 타운
센터에서 서쪽으로 5km 떨어진 곳에 보왈리 비지터센
터가 있고, 동쪽으로 4.5km 떨어진 지점에는 자비루
공항으로 불리는 다이너소 밸리 공
항이 있다.

보왈리 비지터센터는 카카두 국
립공원 관광의 전초기지로, 목조
로 된 커다란 건물도 인상적이지
만 카카두에 관한 방대한 자료의

전시 내용에 다시 한 번 놀라게 된다. 여기부터 자비루까지는 2km
의 산책로가 조성되어 있어 쉽게 오갈 수 있으며, 카페와 선물가게·
영상자료실 등이 있다.

02

짐짐 폭포와 트윈 폭포 Jim Jim Falls & Twin Falls

보왈리 비지터센터에서 43km 남쪽에 있는 이 지역은 건기에만 진입할 수 있고, 게다가
4WD 차량만 통과할 수 있는 깊은 계곡이다. 카카두 하이웨이에서 비포장길을 따라
다시 2시간쯤 가야만 도착할 수 있다. 우거진 나뭇가지를 헤치고 숲 사이 좁은 길을 따
라가야 하는데다, 그나마 비라도 한번 내리면 길마저 없어져 버린다. 4WD 차량의 속
도도 엄격하게 제한하고 있어서 60km 이상 속도를 낼 수 없다.
이게 다가 아니다. 주차장에 차를 두고 짐짐 폭포 이정표를 따
라 길 아닌 길을 30분쯤 더 가야만 폭포를 만날 수 있다.

돌무더기 골짜기와 어마어마하게 큰 바위 사이를 곡예하듯
타넘고 나서야 비로소 다다르는 곳. 눈을 의심할 만큼 아름다
운 초록 연못과 하얀 모래사장이 펼쳐진다. 150m 높이의 폭
포에서 떨어진 물이 연못을 만들고 사람들은 그곳에서 수영
과 일광욕을 즐긴다. 깊은 산 속이라고는 믿어지지 않을 만큼
알갱이가 작은 하얀 모래가 인상적이다.

짐짐 폭포에서 다시 도로를 따라 10km를 더 남하하면 트윈
폭포가 나온다. 폭포 입구에서 폭포까지는 카누나 에어 매트
리스를 타고 1km 정도 거슬러 올라가야 한다. 문제는 이 근처
에 출몰하고 있는 악어떼. 강 하구에 악어를 막는 철책이 쳐져
있지만 스스로 조심하는 것이 최선이다. 산 넘어 물 건너, 악어
까지 피해서 다다른 곳, 트윈 폭포의 장관은 그간의 고생을 보
상하고도 남는다. 카카두 최고의 절경이라 불리는 폭포수는
바위에 부딪쳐 하얀 물안개를 만들고, 푸른 하늘과 어우러진
야자수는 때 묻지 않은 자연의 표본이다.

노던 테리토리 주

우비르 Ubirr

전설의 아넴 랜드로 향하는 입구

우비르를 포함하고 있는 이스트 엘리게이터 지역은 애버리진만 출입할 수 있는 전설의 지역 아넴 랜드 Arnhem Land와 접하고 있다. 옛날 원주민들이 아넴 랜드에서부터 식량을 찾아 드나들던 길목에 있는 이곳은 지리적인 이유로 애버리진 아트 사이트가 가장 많이 남아 있다. 종족 간 의사소통수단으로 사용된 바위그림이 현재까지 남아 그들의 흔적을 말해준다. 따라서 이 지역의 볼거리는 거대한 바위틈에 새겨진 암각화들과 멀리 보이는 아넴 랜드의 조망이다. 주차장부터 1km 정도 이어지는 트랙은 사람들의 시계를 수만 년 전으로 돌려놓는다. 그토록 오랜 풍화에도 불구하고 선명하게 남아 있는 암각화의 선과 색채가 감탄을 자아낸다.

우비르 워킹 트랙에서는 매일 한두 차례 국립공원에서 주최하는 우비르 록 아트 토크 Ubirr Rock Art Talks라는 가이드 투어가 진행된다. 아트 토크가 끝나는 지점부터는 가벼운 등반이 시작되는데, 정상에서 신비의 땅 아넴 랜드를 보기 위해서다.

250m쯤 이어지는 비탈길을 올라가면 어느 순간 시야가 확 트이면서 까마득히 펼쳐지는 아넴 랜드를 만나게 된다. 온통 초록물이 든 늪지대 같기도 하고 끝없이 펼쳐진 녹지대 같기도 한 이곳이 바로 애버리진의 영토 아넴 랜드. 우비르 록 정상에서 바라보이는 아넴 랜드에 가려면 노던 랜드 카운실에서 발급하는 허가증이 있어야 한다.

🕐 4~11월 08:30~일몰, 12~3월 14:00~일몰 ※이 지역에서는 알코올을 마시면 안 된다.

Ubirr Rock Art Talks 🚶출발장소 Ubirr Walking Track 🕐월~금요일 08:40~10:40, 화, 목요일 16:20~18:10 🏠 www.parksaustralia.gov.au/kakadu/do/ranger-guided-activities/ubirr-rock-art-talks

노우랜지 록 Nourlangie Rock

우비르와 함께 카카두 국립공원에서 가장 많은 아트 사이트가 발견된 곳. 보왈리 비지터센터에서 30km 정도 남쪽으로 떨어져 있으며, 그 유명한 번개 인간을 만날 수 있는 곳이다. '라이트 맨 Light Man, 일명 번개 인간'은 번개를 맞아 뼈대만 남은 곤충처럼 생긴 암각화의 주인공으로, 이 일대의 바위에서 흔히 보이는 형상이다. 1.5km의 트랙을 따라 번개 인간과 뱀·악어·사람·물고기 등 수많은 그림을 발견하게 된다. 거대한 야외 갤러리 안방방 갤러리 Anbangbang Gallery를 따라 걷다 보면 어느 순간 눈앞의 암각화들이 마치 동화 속 주인공처럼 말을 걸어오는 듯한 느낌도 든다.

장장 1.5km에 달하는 동화책(?)을 다 읽고 나면 노우랜지 주차장에서 왼쪽 첫 번째 길로 들어서 보자. 피크닉 테이블과 산책길이 펼쳐지는 이곳은 안방방 빌라봉 Anbangbang Billabong. 카카두에서 가장 아름다운 연못으로 정평이 난 안방방 빌라봉을 돌아보는 1시간 코스의 산책길이 펼쳐진다. 이번에는 왼쪽 두 번째 길. 600m 정도의 나지막한 경사를 올라가면 노우랜지 지역과 안방방 빌라봉이 한눈에 펼쳐지는 바위산 위의 전망대 군와데와데 룩아웃 Gunwarddehwardde Lookout이 나온다.

노던 테리토리 주

옐로 워터 Yellow Water

눈앞에 펼쳐진 내셔널지오그래픽의 현장

옐로 워터는 카카두 국립공원의 자연생태를 가장 가까이서 관찰할 수 있는 곳. 카카두 국립공원의 심장부에 해당하는 지리적 위치와 사우스 엘리게이터강의 진원지가 되는 지형적 이점 때문에 수많은 생명이 살아 숨 쉬는 곳, 생생한 내셔널지오그래픽의 현장이다.

옐로 워터의 자연 생태계를 가장 잘 볼 수 있는 방법은 크루즈. 함석으로 만든 작은 배를 타고 천천히 흘러가면서 강기슭에 펼쳐진 자연 경관을 감상하는 것이다. 강물 위로 이름 모를 수초들과 연꽃이 흐드러지게 피어 있으며, 강바닥에 뿌리내리고 있는 수상식물의 줄기는 마치 영화 〈인디아나 존스〉의 한 장면처럼 드라마틱하다.

강기슭에 죽은 듯이 엎드려 있는 악어와 떼지어 날아다니는 물새들, 먼발치에서 사람들을 바라보는 버펄로와 야생마 무리 등 〈동물의 왕국〉에 나옴 직한 아프리카 초원의 한 장면이 눈앞에 펼쳐진다. 옐로 워터의 최대 장관은 일출과 일몰. 강물 위로 붉은 해가 쓰러지듯 겹치면 세상의 빛이 모두 이곳에 모인 듯한 찰나의 아름다움에 그만 마음을 빼앗기고 만다.

크루즈는 1시간 동안 강을 거슬러 올라갔다가 다시 1시간 동안 돌아오는 코스로, 먹이를 찾아 날아다니는 새떼를 볼 수 있는 이른 아침의 크루즈나 석양을 볼 수 있는 마지막 크루즈가 가장 좋다. 우기에는 크루즈 시간이 1시간 30분 정도로 줄어든다. 크루즈는 하루 전에 예약해야 하며, 자비루의 비지터센터나 쿠인다의 각 숙소에서 예약하면 된다.

옐로 워터 크루즈 ◆ 쿠인다 가구주 로지 앞 출발 ◷ 2시간 크루즈 06:45, 09:00, 16:30 / 1시간 30분 크루즈 11:30, 13:15, 14:45 ⑤ 2시간 A$95~108, 1시간 30분 A$86 ☎ 8979-0111, 8979-0145
⌂ www.kakadutourism.com/tours-activities/yellow-water-cruises

마무칼라 조류보호구역 Mamukala Bird Sanctuary

사우스 엘리게이터 지역의 최고 볼거리는 바로 마무칼라 조류보호구역. 널찍하게 퍼진 마무칼라 습지대 위로 날아가는 수천, 수만 마리의 새들이 장관을 이루는 곳으로, 9~10월의 늦은 건기에 절정을 이룬다. 이 지역에 서식하는 새는 마그피 구스 Magpie Goose라는 오리의 일종으로, 날아가는 모습이 마치 〈닐스의 모험〉에 나오는 오리떼를 연상시킨다. 보왈리 비지터센터에서 서쪽으로 약 31km 떨어져 있으며, 아넴 하이웨이에서 다시 마무칼라 이정표를 따라가면 전망대 Observation Building가 나온다. 건기에는 매주 월요일 10:00~11:00에 마무칼라 워크 가이드 투어가 있다.

· TIP ·
심오한 영혼의 대화, 애버리진 아트

호주의 원주민 애버리진. 우리나라에는 잘 알려지지 않았지만, 그들에게도 훌륭한 예술세계가 있다. 우리가 만날 수 있는 애버리진 아트는 크게 두 가지. 카카두 국립공원이나 캐서린 등의 암벽에서 볼 수 있는 록 아트와 원색의 점묘법으로 그린 회화들이다. 록 아트의 대표적인 기법은 마치 엑스레이를 찍은 것처럼 사물의 속이 훤히 보이게 그린 투시법이며, 회화의 대표적인 기법은 수많은 점으로 사물을 표현하는 점묘법이라 할 수 있다.

록 아트의 역사는 무려 6만 년 전으로 거슬러 올라가 아넴 랜드라 불리는 애버리진 영토에 폭넓게 분포되어 있다. 그토록 오랜 세월 동안 그림의 흔적이 남아 있는 것도 놀랍지만, 그들이 표현하고자 하는 자연과 인간·동물·영혼 등에 대한 이야기가 더 큰 감동으로 다가온다. 록 아트의 주제는 '드림타임 Dream Time'이라 불리는 '애버리진 신화'가 주를 이루며, 수렵활동과 관련된 다양한 기호들이 등장한다.

서구에서는 이미 회화적 가치를 인정받고 있는 애버리진 회화에는 보는 이의 마음을 움직이는 원초적인 에너지가 살아 숨 쉰다. 현대 문명에 찌들지 않은 애버리진의 영혼처럼 말이다. 붉은색과 노란색 등 호주의 대지를 닮은 컬러가 수많은 점과 형상을 통해 캔버스를 가득 메우고 있다.

애버리진 아티스트

앨버트 나마치라 Albert Namatjira(1902~1959)는 대표적인 애버리진 아티스트로 손꼽힌다. 그의 작품은 애버리진 특유의 영혼과 서양회화의 표현법이 어우러진 최고의 애버리진 예술작품으로 평가받고 있다.

애버리진 아트에 나타나는 기호와 의미

 Running Water
흐르는 물

 Kangaroo
캥거루

 Animal Tracks
동물 이동경로

 Digging Stick
땅 파는 막대기

 Campsite, Waterhole, Well
거주 지역, 물웅덩이, 행복

 Ants, Eggs, Rain
개미들, 달걀, 비

 Four Women Sitting
4명의 여자가 앉아 있는 모습

 Travelling Sign(Circle is a resting place)
이동의 흔적, 가운데 원은 휴식장소를 의미

노던 테리토리 BIG 3 어트랙션

캐서린
KATHERINE

다윈에서 317㎞ 떨어진 작은 도시를 해마다 25만 명의 관광객이 찾는 이유는, 이곳이 갖는 교통상의 이점과 장엄한 캐서린 협곡의 명성이 여행자들의 구미를 당기기 때문이다.
톱 엔드와 레드 센터를 잇는 연결고리이자 서호주와 퀸즐랜드를 관통하는 동서남북 십자로에 자리 잡은 캐서린. 거기다가 캐서린 협곡이라는 뛰어난 볼거리는 여행자라면 외면하기 힘든 매력임에 틀림없다. 쩍 갈라진 수백 미터의 협곡 사이로 캐서린강이 흐르고, 그 양쪽 옆으로는 무성한 열대우림과 애버리진의 신화가 천년의 세월을 넘어 다가온다. 캐서린 협곡은 카카두 국립공원, 킹스 캐니언과 함께 노던 테리토리의 'Big 3'로 불린다.

인포메이션 센터
Katherine Visitor Information Centre
📍 Cnr Lindsay St. & Stuart Highway(next to ABC Radio), Katherine ⏰ (10~3월) 월~금요일 08:30~17:00, 토~일요일, 공휴일 10:00~14:00, (4~9월) 08:30~17:00 📱 8972-2650 🏠 www.visit katherine.com.au

캐서린 가는 방법

동서남북 사방으로 뚫린 도로와 최근에 개통된 철로 그리고 막힌 데 없이 열린 하늘길까지, 캐서린으로 가는 길은 다양하다. 교통의 요충지라는 명성에 걸맞게, 톱 엔드의 오지에 자리한 도시치고는 꽤 선택받은 곳이다.

비행기와 기차 Airplane & Train

비행기는 노던 테리토리의 하늘을 누비는 에어 노스 Air North가 다윈과 앨리스 스프링스에서 캐서린까지 주 3회 이상(다윈-캐서린), 혹은 매일(앨리스 스프링스-캐서린) 운항한다. 기차는 매주 1회 다윈~앨리스 스프링스를 연결하는 고속열차 더 간 The Ghan이 정차한다.

Air North ☐ 1800-627-474 🏠 www.airnorth.com.au

버스 Bus

브룸에서 출발하는 서호주 루트와 앨리스 스프링스에서 올라오는 센트럴 루트의 그레이하운드 버스가 모두 캐서린에서 한 차례씩 쉬어간다. 장거리 버스는 관광안내소 맞은편에 있는 BP Travel North 앞에서 출·도착한다.
한편 곧게 뻗은 스튜어트 하이웨이에 접한 캐서린은 렌터카로 진입하기에 편리한 도시이기도 하다. 앨리스 스프링스에서는 20시간, 다윈에서는 약 4시간 소요된다.

캐서린 장거리 버스 터미널(BP Travel North) 📍 6 Katherine Terrace, Katherine ☐ 8971-9999 🏠 www.travelnorth.com.au

투어 Tour

대중교통편이 다양한데도 대부분의 여행자들이 선택하는 교통수단은 투어 버스다. 사실 캐서린을 찾는 진짜 이유는 캐서린이 아니라 캐서린 협곡에 있으므로 알아서 움직여주는 투어 버스에 몸을 맡기는 것이 시간과 비용을 절약할 수 있는 가장 좋은 방법이다.
다윈에서 출발하는 당일치기에서 2박3일까지 다양한 투어 상품 가운데 자신에게 알맞은 것을 선택하면 되는데, 캐서린 협곡의 아름다움을 제대로 감상하려면 최소한 하루 이상은 묵는 것이 좋다.

캐서린의 주요 투어

투어 회사	투어 종류
AAT Kings ☐ 1800-334-009 🏠 www.aatkings.com	• 1 Day Katherine Gorge Cruise & Edith Falls 캐서린 협곡 크루즈 & 에디스 폭포 1일
Travel North 📍 6 Katherine Terrace, Katherine ☐ 1300-654-604 🏠 www.adventuretours.com.au	• Katherine Outback Experience 캐서린 아웃백 익스피리언스 • Katherine Hot Springs 캐서린 온천 여행

캐서린 시내교통

손바닥만 하다는 표현이 딱 어울릴 정도로 작고 한산한 캐서린. 스튜어트 하이웨이에 접한 이 도시의 메인 스트리트는 캐서린 테라스 Katherine Terrace다. 우체국, 관광안내소, 은행, 여행사, 트랜짓센터 등이 모두 이 일대에 모여 있으며, 캐서린 협곡으로 가는 셔틀버스가 출발하는 곳도 바로 여기. 캐서린 테라스 다음 블록부터의 거리 이름은 퍼스트, 세컨드, 서드 스트리트로, 길을 잃으려야 잃을 수 없도록 만들어놓았다.

트랜스퍼 버스 Transfer Bus

캐서린 시내의 볼거리는 걸어서 둘러볼 수 있지만 30km 떨어진 캐서린 협곡까지는 관광안내소에서 매일 4회, 2시간 간격으로 운행하는 셔틀버스를 이용해야 한다.

트랜스퍼 버스는 캐서린 시내의 주요 숙소를 돌아다니며 승객을 픽업한 뒤 마지막으로 트랜짓센터에서 출발하게 된다. 예약은 출발하기 1시간 전에 전화 또는 각 숙소에서 하면 된다.

Transfer Bus 📱 1800-089-103 🏠 www.travelnorth.com.au
★ **운행구간** 캐서린 트랜짓센터~캐서린 협곡 비지터센터

캐서린 협곡 Katherin Gorge

이 도시 최고의 어트랙션

캐서린 고지는 2947㎢에 달하는 니트밀룩 국립공원 Nitmiluk NP.의 주요 관광지 가운데 하나로, 지진이 난 것처럼 두 쪽으로 갈라진 협곡과 협곡 사이를 흐르는 캐서린강의 풍광이 장관이다. 굽이치듯 휘감고 있는 13개의 협곡으로 이루어져 있으며 높이 90m에 이르는 협곡 아래로 캐서린강이 흐르고 있다. 강의 전체 길이는 27km. 많은 사람들이 카누를 타고 강을 따라 깎아지른 단애의 절경을 감상한다. 카누를 저어가다가 마음에 드는 기슭에 배를 대고 짧은 부시워킹을 경험해볼 수도 있다. 암벽등반을 하듯 절벽을 따라 올라갔다가 수영복을 입은 채 강물에 풍덩 몸을 던져도 좋고, 거슬러 올 때는 유람선에 몸을 실어도 좋다. 카누로 갈 수 있는 곳은 선착장에서 상류 5km 지점까지. 그곳에서 뱃머리를 돌려 돌아온다.

카누 선착장은 비지터센터에서 도보로 약 10분 떨어진 곳에 있으며, 선착장 옆 컨테이너 매표소에서 카누를 빌리거나 보트 투어를 신청하면 된다. 선착장 근처에는 수직 절벽에 그려진 애버리진의 바위그림 애버리지널 아트 사이트가 있다. 까마득하게 치솟은 단애절벽에 암호처럼 새겨진 애버리진 벽화들을 바라보노라면, 인생은 짧지만 예술은 길다는 명언이 절로 떠오른다. 비지터센터와 선착장 사이의 산책길에는 나무에 매달린 수많은 박쥐가 또 한 번 사람들의 감탄을 자아낸다. 검은 봉지처럼 날개로 몸을 감싼 채 대롱대롱 거꾸로 매달린 박쥐의 모습이 징그럽기도 하고 신기하기도 하고. 어쨌든 너무 가까이 갔다가는 순식간에 내뿜는 분비물(?)에 봉변을 당할 수도 있다.

4월에서 9월까지의 건기가 캐서린 협곡을 여행하기에 가장 좋은 시기이며, 우기에는 강물이 범람하거나 도로가 침수될 수도 있다. 비지터센터는 국립공원의 입구, 캐서린 강변에 있어서 전망이 좋으며, 보트와 카누 선착장도 10분 거리에 있다. 부시워킹이 시작되는 곳이기도 하며, 캠핑·낚시·워킹·카누잉·비행 등에 대한 정보를 얻고 예약도 할 수 있다. 캐서린 협곡의 자연과 생태에 관한 여러 가지 자료를 전시하며, 센터 안에 화장실과 기념품점, 레스토랑, 피크닉 장소 등이 있다.

노던 테리토리 주

캐서린 협곡 크루즈 Katherine Gorge Cruise

독특한 모양으로 개조한 유람선을 타고 2~8시간 동안 협곡 사이를 유람하는 투어. 처음에는 신기하다가 시간이 갈수록 지루해지는 것이 단점이다. 2시간 정도가 적당하다.

시닉 플라이트 Scenic Flights

헬리콥터를 타고 공중에서 캐서린 협곡의 장엄함을 감상하는 투어. 국립공원 전체의 모습과 갈라진 협곡이 한눈에 펼쳐지는 광경은 결코 잊을 수 없는 감동을 준다. 6개의 협곡을 둘러보는 짧은 비행부터 13개의 캐서린 협곡 전체를 둘러보는 비행까지 선택의 폭이 넓다.

부시워킹 Bush Walking

부시워킹은 애버리진 가이드와 함께 숲길을 걷고, 자그마한 계곡에서 수영하고, 돌 하나 풀 한 포기마다 새겨진 세월을 더듬어 보는 투어. 때로는 평지도 나오고 절벽도 나오지만, 협곡의 장엄한 모습을 오래오래 가슴에 새기는 방법으로 부시워킹만 한 것도 없다. 돈이 드는 가이드 투어가 아니라도 자기 체력에 맞는 셀프 워킹 코스를 선택할 수 있다. 왕복 2시간 코스부터 2~3일이 걸리는 트레킹 코스까지 모두 7개의 워킹 트랙이 있다. 자세한 내용은 비지터센터의 안내 자료를 참고한다. 충분한 양의 식수와 비상약, 자외선 차단제 그리고 지도를 꼭 챙길 것.

카누잉 Canoeing

캐서린 협곡을 감상하는 수단으로 가장 많은 사람이 선택하는 카누잉. 협곡에 둘러싸인 캐서린강을 천천히 노 저어 흘러가는 기분은 마치 신선이 된 것처럼 멋지다. 반나절 코스와 하루 코스, 그리고 야영을 한 다음 다시 카누를 타고 거슬러가는 오버나이트 코스까지 종류가 다양하다. 카누를 타기 전에 구명조끼와 귀중품을 보관할 플라스틱 박스를 나눠준다. 카누는 2인용과 1인용 중에서 선택할 수 있다.

---

talk
노던 테리토리의 복병, 파리떼

노던 테리토리 여행이 만만찮은 고행의 길이라는 사실은 여러 번 강조한 터. 이글거리는 태양과 황무지의 붉은 모래, 바람, 극심한 일교차, 그리고 파리떼. 자연사한 짐승의 사체가 많아서인지 이 일대에서는 유난히 파리떼가 극성입니다. 단순히 귀찮은 정도가 아니라 거의 살인적인 수준이죠. 오죽했으면 '플라잉 네트 Flyig Net'라고, 얼굴에 뒤집어쓰는 파리망까지 등장했겠습니까.

쿠버 피디를 지나면서부터 점점 기세를 떨치기 시작하는 파리떼는 캐서린 일대에 이르면 거의 가미가제 수준으로 떼를 지어 무차별 습격, 시야를 가려서 당혹스럽게 하지요. 특히 검은색이나 짙은 컬러의 옷에는 더 새까맣게 앉고, 체온이 높은 사람을 더 좋아한답니다. 우리가 알고 있는 오지 잉글리시의 실체가 노던 테리토리의 파리떼 때문인데요. 파리 때문에 입을 크게 벌리지 못하고 오물오물 거리던 영어가 현재의 독특한 발음으로 남은 것이라고 하니, 이 정도면 단순한 파리떼는 분명 아니지요.

모양은 좀 그렇지만, 플라잉 네트를 뒤집어쓰면 적어도 입안으로 파리가 들어가는 건 막을 수 있습니다. 앨리스 스프링스나 캐서린·다윈 같은 대도시의 기념품점에서 쉽게 살 수 있고, 가격은 하나에 A$10 정도. 호주 오지를 정복한 기념으로 플라잉 네트 하나 구입해 볼까요?

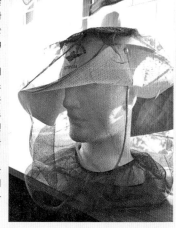

마타란카 Mataranka

캐서린 남쪽 110㎞ 떨어진 곳에 있는 마타란카는 온천으로 유명한 곳. 캐서린에서 자동차로
1시간 남짓 걸리지만 뜨끈뜨끈한 온천물에 몸을 담그는 상상만으로도 한달음에 달려가고 싶
어지는 곳이다. 스튜어트 하이웨이에 접하고 있는 소도시 마타란타에서 다시 동쪽으로 8㎞
를 더 가야 온천이 나온다. 엘제이 국립공원 Elsey NP.에 속하는 마타란카 온천은 매일 30만
리터 이상의 온수가 솟아나는 천연 수영장이다. 우리나라의 온천장처럼 김이 무럭무럭 날 정
도는 아니지만 언제나 일정 수온을 유지하고 있어서 수영하기에 적당하다.
열대숲으로 둘러싸인 이곳은 속이 들여다보일 만큼 맑은 물과 손에 잡힐 듯 수없이 오가는
물고기(온수인데도 물고기가 있다)와 발가락을 간질이는 부드러운 모래 그리고 야자수 그늘
이 빚어내는 환상의 노천수영장이다. 국립공원 입구에 있는 마타란카 홈스테드 Mataranka
Homestead에서 10분쯤 숲길을 따라 걸어가면 마치 선녀탕처럼 숲 속에 감춰진 마타란카
온천이 나온다. 다윈에서 출발하는 투어 버스들은 대부분 캐서린과 마타란카를 묶어서 운행
하므로 이를 이용하면 손쉽게 갈 수 있다. 그레이하운드 버스로도 갈 수 있는데, 매일 2회씩,
다윈과 앨리스 스프링스 양 방향에서 온 버스가 마타란카에 정차한다.

talk **'Never Never'의 고향, 마타란카**

호주의 유명 여류작가 제니 건 Jeannie Gunn이 쓴 자전적 소설
〈We Of The Never Never〉는 그녀의 고향 마타란카를 배경으로
하고 있습니다. 소설의 제목에 사용된 'Never Never'는 이 지역 사
람들이 스스로 말하는 "We never never leave"에서 따온 말이고
요. 우리말로 해석하면 "우리는 절대 떠나지 않는다"가 되겠는데, 결
코 떠날 수 없을 만큼 자신들의 고향을 사랑한다는 뜻이겠지요.
소설 속에 나오는 광활하고 먼 지역의 중심은 바로 제니 건 자신이
유년기를 보냈던 마타란카와 엘제이역 부근을 묘사하고 있습니다.
수정같이 맑은 샘물에서 수영하며 이름 모를 새들과 대화하고, 끝없
이 이어지는 야자나무숲을 홀로 거닐면서 사색에 잠긴 어린 소녀의
모습이 떠오르나요? 그 소녀가 자라서 기억하는 고향의 모습은 멀
지만 아름다운 곳, 결코 떠날 수 없을 만큼 사랑스러운 곳일 수밖에 없었을 거예요. 마타란카에 가면 왜 그들이 결코 고향을 떠날 수 없다
고 말하는지, 저절로 고개가 끄덕여집니다.

NORTHERN
TERRITORY

Alice Springs

아웃백의 현관
앨리스 스프링스
ALICE SPRINGS

앨리스 스프링스는 호주의 중심에 자리 잡은 도시다. 거대한 땅덩어리의 동서남북을 잇는 십자로인
동시에 내륙 깊숙이 자리한 황무지이기도 하다. '레드 센터'라는 타이틀처럼 붉은 흙으로 뒤덮인 이
곳은 호주의 중심축 역할을 하는 곳. 이 땅의 주인이었던 애버리진은 이곳을 신성한 곳으로 생각했
으며, 아직도 많은 애버리진이 자신들의 정신적 고향으로 앨리스 스프링스를 꼽는다.

사람들은 좀 더 호주의 중심에 다가서기 위해서 이곳을 찾는다. 그러나 정작 사람들이 사막의 오아
시스에 베이스캠프를 차리고 도달하고 싶어하는 곳은 에어즈 록과 올가, 킹스 캐니언 같은 성지가
아닐까. 그래서 앨리스 스프링스를 아웃백(오지)의 현관이라 일컫는지도 모른다.

인포메이션 센터 Alice Springs Visitor Information Centre

📍 Parsons St. & Todd Mall, Alice Springs ⏰ 월~금요일 08:00~18:00, 토·일요일 09:30~16:00 ❌ 굿 프라이
데이, 크리스마스, 1월1일 📱 8952-5800 🏠 www.discovercentralaustralia.com

앨리스 스프링스 미리보기

어떻게 다니면 좋을까?

도시의 규모가 워낙 작기 때문에 별다른 교통수단이 필요 없다. 사막 가운데 건설된 '도시'라고는 하지만, 동서와 남북으로 4~5블록만 벗어나도 거친 흙먼지가 폴폴 날릴 정도다. 시티센터는 좁고 여행자들은 모두 그 좁은 곳에 모여 있다 보니 몇 시간만 걸어 다녀도 아까 본 얼굴과 또 마주치는 경우가 다반사다.

도심에는 별 볼거리가 없어서 3시간만 돌아다녀도 손바닥처럼 훤해진다. 봐야할 어트랙션들은 시티센터에서 짧게는 30분, 길게는 1시간 거리까지 넓게 퍼져 있으므로 버스, 렌터카, 자전거, 그리고 투어 등의 교통수단을 적절히 이용해야 한다.

어디서 무엇을 볼까?

앨리스 스프링스에서 눈여겨봐야 할 코드는 '원주민'과 '프런티어 정신'이다. 호주가 원주민 애버리진의 땅이라고는 하지만, 앨리스 스프링스로 오기 전까지는 실제로 애버리진을 본 적조차 없는 사람도 많을 것이다. 하지만 앨리스 스프링스 거리 곳곳에서는 애버리진의 문화와 예술을 만날 수 있다.

또 다른 코드인 프런티어 정신. 멀고 메마른 황무지에 문명이라는 깃발이 휘날릴 수 있었던 것은 반세기에 걸친 개척자들의 노력이 있었기 때문이다. 여전히 오지로 남아 있는 레드 센터에서 그들의 흔적을 찾아가는 여행은 남다른 의미가 있다. 로열 플라잉 닥터 서비스나 무선통신학교, 카멜 농장 등은 그 흔적을 간직하고 있는 앨리스 스프링스만의 문화유산이다.

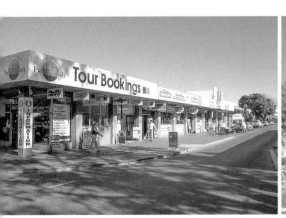

ALICE SPRINGS

어디서 뭘 먹을까?

앨리스 스프링스에서는 입이 즐겁다. 이곳까지 오면서 짧게는 하루, 길게는 일주일 동안 제대로 된 음식 구경도 못해봤을 배낭여행자들에게는 천국과도 같다. 멀리 갈 것도 없이 토드 몰 주변만 돌아다녀도 세계 각국의 음식점들이 즐비하다. 캥거루나 악어 고기 같은 정통 오지식 음식도 맛볼 수 있다. 일단 패스트푸드로 입맛을 찾고 싶다면 스튜어드 하이웨이와 파슨스 스트리트 Parsons St.의 코너에 자리한 맥도날드 패밀리 레스토랑을 찾아가면 되고, 커피 한잔의 여유를 즐기고 싶다면 토드 몰의 노천카페 중에서 골라잡으면 된다.

어디서 자면 좋을까?

1년 중 대부분이 여름인 앨리스 스프링스에서는 에어컨과 수영장 여부가 숙소를 결정하는 데 아주 중요한 포인트. 여기까지 오느라 쌓인 피로도 풀고 또 다음 여행을 준비하기 위해서는 일단 시원하고 쾌적해야 한다. 다행히 이곳 숙소들은 비교적 깨끗한 시설과 서비스를 자랑하므로 숙소 선택에 크게 실패할 일은 없지만, 숙소의 수가 많지 않은 편이므로 성수기에는 서둘러야 한다.

앨리스 스프링스 가는 방법

하늘을 날아가지 않는 한, 앨리스 스프링스로 가는 길은 멀고도 고단한 인내의 연속이다.
단순히 시간이 오래 걸리는 정도야 호주 땅을 여행하면서 웬만큼 익숙해졌겠지만, 문제는 여기가 말 그대로
황무지이다 보니 가도 가도 보이는 풍경이라고는 풀풀 날리는 붉은 흙먼지와 말라비틀어진 나무 둥치들
그리고 도로에 뒹굴고 있는 야생동물의 사체 정도가 전부라는 거다. 푸른 초목과 바다와 강 등이 펼쳐지는
여행과는 질적으로 다르다는 의미. 나름대로 여행에 자신 있다고 자부하는 사람마저도 좀이 쑤실 정도로
지루한 노선임에 틀림없다. 다행히 최근에는 이 긴 여행의 고통을 줄여줄 다양한 교통수단과
한층 쾌적한 서비스가 등장하고 있으니 이를 위안 삼아 기필코 레드 센터를 정복해보자.

앨리스 스프링스로 가는 길

경로	비행기	버스	기차
시드니 → 앨리스 스프링스	3시간 20분		
멜번 → 앨리스 스프링스	2시간 55분		
브리즈번 → 앨리스 스프링스	3시간 10분		
퍼스 → 앨리스 스프링스	2시간 40분		
다윈 → 앨리스 스프링스	2시간	20시간 30분	1박2일
애들레이드 → 앨리스 스프링스	2시간 10분	20시간 30분	1박2일

비행기 Airplane

거미줄처럼 연결된 호주 국내선 노선 가운데 비용 대비 만족도가 가장 높은 노선이 바로 앨리스 스프링스로 가는 항공편이
아닐까. 호주의 아웃백을 경험하고 싶은데 시간이 모자라거나 체력이 달리는 경우, 비행기는 바로 이럴 때 써먹으라고 있는
거다. 꼭 그런 이유가 아니더라도 노던 테리토리의 독특한 장관을 하늘에서 내려다볼 기회를 놓치기 아깝다는 사람에게도
비행기 여행을 강력 추천한다.
콴타스 링크가 시드니에서 앨리스 스프링스까지의 직항로를 개통하면서 한국에서 앨리스 스프링스로 가기가 더욱 편리해
졌다. 호주 여행의 시작을 레드 센터에서 시작하는 등, 여행 루트에까지 변화를 주고 있는 것. 한편 다윈과 에어즈 록에서
앨리스 스프링스까지의 노선은 콴타스 링크와 버진 오스트레일리아가 주로 운항하고, 제트스타는 앨리스 스프링스로 취
항하지 않는다. 에어 노스는 다윈에서 캐서린, 테난트 크릭을 거쳐가는 경유편을 운항하고 있다.

앨리스 스프링스 공항
📍 Santa Teresa Rd., Alice Springs 📞 8951-1211 🏠 www.alicespringsairport.com.au

공항 ⟶ 시내

앨리스 스프링스 공항은 시티센터에서 남쪽으로 14㎞ 떨어진 곳에
있다. 공항에서 시티까지는 앨리스 원더러 Alice Wanderer에서 운
행하는 에어포트 셔틀 Alice Springs Airport Shuttle이나 택시를 이
용해 이동할 수 있으며, 15분 정도 소요된다. 택시를 이용할 경우 시
티까지 요금은 A$40~45 정도.

공항에서 출발한 셔틀버스는 앨리스 스프링스 기차역과 시내 주요 숙소를 순환하는데, 버스를 타기 전에 미리 숙소를 말하면 원하는 곳에 내릴 수 있다. 숙소를 정하지 않았을 때는 그레고리 테라스의 비지터센터 앞에 내리면 된다. 요금은 혼자 보다 일행이 있을 때 유리한 구조인데, 세 명 이상이라면 꽤 많은 인당 요금이 인하된다.

에어포트 셔틀 Alice Silver Passenger Services
⑤ 1인 편도 A$19 / 3인 편도 A$48 📱 0477-245-941 🏠 www.alicesilver.com.au

버스 Bus

대표적인 버스는 역시 그레이하운드. 북쪽의 다윈, 남쪽의 애들레이드, 동쪽의 타운스 빌 어느 쪽에서 출발하든 그레이하운드의 손바닥 위에 놓여 있다. 다른 도시와 다른 점이 있다면, 이 구간의 패스는 단순히 이동만 할 수 있는 패스와 투어까지 결합된 패스로 나뉜다는 것. 특히 에어즈 록까지 이동할 계획이라면 투어가 포함된 패스를 예매하는 편이 여러모로 편리하다. 단순히 이동만 할 경우 시간도 오래 걸리지만 지루함이 이루 말할 수 없을 정도이니, 이왕이면 천천히 중간 도시들을 경유하거나 투어에 합류하면서 이동하는 것이 현명하다.

투어 Tour

다윈과 애들레이드의 비지터센터에는 앨리스 스프링스로 향하는 수많은 투어 버스에 관한 자료들이 쌓여 있다. 그중에서 비용과 기간이 자신에게 맞는 상품을 골라 합류하는 것도 노던 테리토리에서는 아주 중요한 여행의 지혜다.

투어를 추천하는 이유는 몇 가지가 있다. 첫째, 노던 테리토리의 열악한 숙박시설 때문이다. 애들레이드에서 다윈을 잇는 남북 노선 가운데 앨리스 스프링스나 쿠버 피디 정도 외에는 도시를 찾아볼 수 없어, 초행자가 매일 밤 숙박시설을 찾기가 힘들다. 둘째, 숙박이 어려우니 당연히 먹는 문제도 쉽지 않다. 몇 시간을 가봐야 패스트푸드점은 물론이고 매점 하나 찾기가 그야말로 모래사장에서 바늘 찾기다.

따라서 투어를 이용하면 목적지까지 가되 민생고도 쉽게 해결되고 가이드의 안내까지 받을 수 있어서 일석이조다. 실제로 노던 테리토리 구간만큼은 많은 여행자가 투어 회사의 노하우에 의존하고 있다.

기차 Train

끝없이 펼쳐지는 황무지에서 맞이하는 일출과 일몰, 비록 문명의 이기인 기차에 몸을 맡기고 있지만 차창 밖으로 펼쳐지는 자연의 위대함은 경이로움을 넘어서서 두려움마저 갖게 한다.

이처럼 호주에서의 기차여행은 스스로의 생각을 정리하고 자연을 돌아볼 수 있는 좋은 계기를 마련해준다. 편수가 많지 않고 비용도 만만치 않지만, 기차여행에서만 느낄 수 있는 특별한 낭만 또한 쉽게 외면하기 어려운 유혹이다. 호주 전체를 통틀어서 가장 추천하고 싶은 기차여행 구간인 만큼, 기차여행을 계획하고 있다면 '더 간 The Ghan'에 도전해보자.

앨리스 스프링스역에는 주 2회 애들레이드에서 출발하는 상행선과 주 1회 다윈에서 출발하는 하행선이 정차한다. 기차역은 스튜어트 하이웨이에서 서쪽 방향으로 약간 비켜서 있는데, 기차가 들어오는 월·목요일이 되면 조용하던 역사가 갑자기 시장처럼 북적이게 된다. 역 근처에는 별다른 편의시설이 없고, 내부에 간이매점과 카페·안내소·매표소 등이 있다. 기차가 정차하는 요일에는 시간에 맞춰 셔틀버스 Ghan Transfer가 기차역을 우회해서 운행하므로 이를 이용하면 쉽게 시내로 들어갈 수 있다. 셔틀버스를 놓쳤을 때는 15분 정도 걷거나 택시를 이용하면 된다.

기차역 Alice Springs Train Station
📍 George Crescent, Ciccone   📱 8953-0488, 13-22-32

The Ghan 출도착 스케줄

애들레이드		앨리스 스프링스		다윈
일 12:15	→	월 13:45 도착 18:15 출발	→	화 17:30
수 12:10	→	목 14:25 도착 18:15 출발	→	금 19:50
금 13:00	←	목 09:10 도착 12:45 출발	←	수 10:00

TRANSPORT
앨리스 스프링스 시내교통

앨리스 스프링스 퍼블릭 버스 Alice Springs Public Bus(ASBus)

노던 테리토리 주에서 운행하는 대중교통 수단의 이름은 '퍼블릭 버스 Public Bus'. 다윈과 앨리스 스프링스, 팔머스톤에서 공통된 시스템으로 운영된다. 앨리스 스프링스에서는 애칭처럼 '애즈버스 ASBus'로 불리기도 한다.

요금은 교통카드 Tap and Ride Card와 페이퍼 티켓 Paper ticket 중 하나로 지불할 수 있는데, 여행자라면 싱글, 1일, 7일로 나뉘는 페이퍼 티켓을 사용하는 것이 편리하다. 싱글 티켓은 1회권에 해당되고, 1일권과 7일권은 한 번 구입하면 1일 또는 7일 동안 무제한으로 사용할 수 있다.

노선은 동서남북으로 나뉘어 번호와 컬러만으로도 구분할 수 있도록 되어 있다. 동쪽은 파란색의 200번대, 서쪽은 빨간색 400번대, 남쪽은 주황색 300번대, 북쪽은 초록색 100번대이며, 시티센터를 도는 500번 버스는 보라색이다.

Alice Springs Public Bus
🕐 월~금요일 07:00~18:00, 토요일 08:00~15:00   ❌ 일요일   📱 8924-7666   🏠 www.nt.gov.au/publictransport

버스 티켓 종류 및 요금

티켓 종류	내용	요금(A$)	티켓 타입
Single	구입 후 3시간 이내 무제한 사용	3	Paper Ticket
Daily	하루 동안 무제한 사용	7	Paper Ticket
Flexi Trip	10회 이용	20	Tap and Ride card
Weekly	구입한 날로부터 7일 동안 무제한 사용	20	Tap and Ride card

앨리스 실버 Alice Silver

애즈버스가 시민을 위한 것이라면, 앨리스 실버는 철저히 관광객을 위한 투어 버스라고 할 수 있다. 공항과 시내를 연결하는 Airport Transfer, 기차역과 시내를 연결하는 Ghan Transfer를 운영하는 한편, 다양한 종류의 근교 투어도 선보이고 있다. 에어즈 록과 앨리스 스프링스를 오가는 원데이 투어가 대표적이며, 데저트 파크나 맥도넬 레인지 같은 비교적 먼 거리까지 이 회사의 반나절 투어 또는 데이 투어를 이용해서 다녀올 수 있다.

Alice Silver Passenger Services ☐ 0477-245-941 🏠 www.alicesilver.com.au

렌터카 Rent a Car

사실 앨리스 스프링스를 둘러보는 데는 자동차만 한 것이 없다. 뙤약볕 아래 버스를 기다리는 일이나 자전거로 이동하는 일 자체가 다른 도시에서처럼 낭만적이지 않기 때문이다. 특히 근교의 볼거리들은 생각보다 띄엄띄엄 떨어져 있어서 몇 군데 돌고 나면 진이 빠지기 일쑤다. 24시간 단위로 빌리는 렌터카를 잘만 이용하면 시내 관광은 물론 꽤 먼 거리의 볼거리까지 빼먹지 않고 볼 수 있다. 오전에는 걸어서 시내 주변을 보고, 오후부터 자동차를 빌려서 첫날 오후와 다음날 오전까지 꼼꼼히 돌아다닌다면 하루 렌트로 이틀의 효과를 볼 수 있다.

렌터카 비용도 생각보다 비싸지 않고, 일행이 있으면 투어 버스를 타는 것보다 오히려 경제적일 수 있다. 물론 우리나라와 운전석이 반대이기 때문에 처음에는 어색하겠지만, 도로에 차량이 별로 많지 않아서 한 번 시도해 볼 만하다. 대부분의 렌터카 회사는 토드 몰과 하틀리 스트리트에 사무실을 두고 있다.

주요 렌트카 **Hertz Northern Territory** 📍 8 Kidman St., Alice Springs ☐ 8953-6257 🏠 www.hertz.com.au

자전거 Bicycle

걸어 다니기는 멀고, 그렇다고 투어 버스를 타기에는 일행이 없고, 국제운전면허증도 없어서 렌터카도 이용할 수 없다면? 이럴 때 자전거는 어떨까. 지도 한 장만 있으면 혼자서 어딘든 힘닿는 데까지 페달만 밟으면 갈 수 있으니 이것만큼 속 편한 방법도 없을 듯. 사막의 태양 아래 안전모자까지 쓰고 씩씩거리며 페달을 밟으려면 한여름은 아무래도 무리겠지만, 비교적 선선한 겨울철이라면 시도해봄 직하다.

토드강을 따라 잘 닦여진 자전거 도로도 있고, 교통량도 많지 않아서 안전 문제는 걱정이 없다. 한편, 투어 상품 중에 갈 때는 버스를 이용하고 돌아올 때는 자전거를 타고 오는 투어도 있다.

자전거 대여소 **Outback Cycling Alice Springs**
📍 6/63 Todd St., Alice Springs ☐ 8952-1541 🏠 www.outbackcycling.com

---

talk ▎ 앨리스 스프링스에서는 밤길 조심하세요!

비교적 안전하다고 알려진 호주. 하지만 앨리스 스프링스에서는 너무 방심해서는 안 된답니다. 도착하자마자 느꼈겠지만 이곳은 호주에서도 애버리진이 가장 많이 살고 있는 곳인데, 가끔 그들이 여행자를 위협하기도 하거든요. 특히 밤이 되면 몰려다니면서 술 마시고 노래 부르는 애버리진도 많답니다. 물론 보통의 애버리진은 무척 순수하지만, 일부가 그렇다는 말이죠.

여하튼 번화가에서 한 블록만 벗어나도 인적이 드문 앨리스 스프링스에서는 여러모로 스스로 조심하는 게 좋습니다.

553

투어 Tour

비포장 도로와 야생동물, 가도 가도 마을 하나 나오지 않는 사막. 거친 아웃백에서는 숙련된 가이드의 손길이 그 어느 곳보다 절실하다. 앨리스 스프링스에서는 이 지역 전문가로 구성된 투어 회사들이 앞 다퉈 투어 가이드를 자처하고 있다. 대부분

10명 안팎의 소규모로 운영되고 있으며 프로그램도 알차다. 아웃백에서 야영과 취사, 설거지는 기본. 조금 고생스럽지만 세계 각국의 혈기 넘치는 여행자들과 만날 기회를 잡을 수 있다는 게 노던 테리토리 투어의 매력이다.

앨리스 스프링스의 주요 투어

투어 종류	내용 및 주최 회사
아웃백 투어 Outback Tour	에어즈 록, 올가, 킹스 캐니언 등을 찾아가는 본격 아웃백 투어. 1박 2일에서 6박 7일까지 다양한 프로그램이 있다. 숙소와 교통편·가이드까지 포함되어 있으며 10명 안팎의 정원으로 움직인다. AAT Kings와 APT, 어드벤처 투어 등의 대형 회사가 믿을 만하며, 그 외에도 많은 로컬 회사들이 상품을 내걸고 있다.
애버리지널 컬처 투어 Aboriginal Culture Tour	애버리진의 생활과 문화·예술에 관심이 있는 사람에게 추천할 만하다. 드림타임 & 부시터커 투어 The Dreamtime & Bushtucker Tour는 실제 애버리진 거주 지역을 방문해 그들의 전통음식인 부시터커를 맛보고, 디지리두 등의 전통악기 연주, 창던지기 시범 등의 다양한 원주민 문화체험이 주가 된다.
웨스트 맥도넬 국립공원 투어 West MacDonnell NP. Tour	앨리스 스프링스를 둘러싸고 있는 맥도넬 산맥 중 서쪽의 웨스트 맥도넬 국립공원을 둘러보는 투어. 심슨 계곡과 스탠리 캐즘, 오미스톤 협곡 등의 관광지를 반나절 또는 하루 동안 돌아본다. Alice Wanderer에서 주력하는 상품이다.

TIP

기차야, 트럭이야? 로드 트레인 Road Train

스튜어트 하이웨이를 달리다 보면 하루 온종일을 가도 차는 물론 개미새끼 한 마리 보기 힘들 때도 있다. 그러다가 깜빡 졸기도 하고, 아예 핸들에서 손을 놔버리기도 하고…. 방심했다가는 어느새 흙먼지를 일으키며 달려오는 로드 트레인을 만나 화들짝 놀라게 된다.

황야의 무법자가 따로 없어 보이는 무지막지하게 큰 트럭. 이름 그대로 기차인지 트럭인지 구분하기 힘들 만큼 길고 높고 거대한 트럭이 한번 지나가면 그 일대는 마치 폭풍이 지나간 것처럼 뿌연 먼지에 휩싸이게 된다. 최대 길이 53.5m, 최대 폭 2.5m에 달하는 이것은 심하게는 3개나 되는 트레일러를 달고 다닌다. 그 속에 짐까지 가득 싣고 말이다. 1934년 영국에서 처음 만들어진 이 괴물은 특히 노던 테리토리 지역에서 많이 볼 수 있다. 기차도 없고 차

량도 많지 않은 이 지역에 물자를 실어 나르는 막중한 임무를 띤 해결사 같은 존재다. 그러니 나타나면 모두 모두 벌벌 떨 수밖에.

도로에서 로드 트레인을 만나면 일단 피하고 볼 일이다. 절대로 대적하거나 덤비거나 추월하려는 생각은 하지 말길. 최대한 안전거리를 두고, 로드 트레인이 추월하려 하면 얼른 길을 비켜주고, 멀찍이서 잘 가라고 손 흔들어주는 일. 그게 바로 우리 같은 여행자들이 지켜야 할 예의이다.

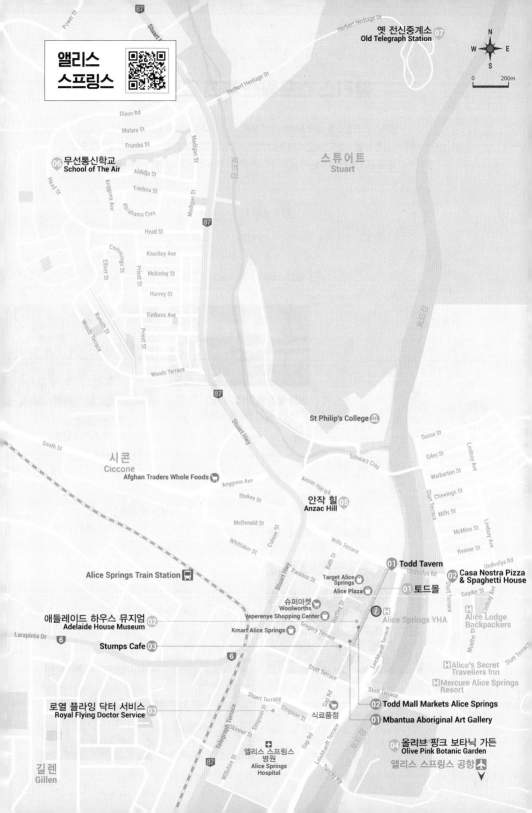

앨리스
스프링스

Power St
Stuart Hwy

옛 전신중계소 **07**
Old Telegraph Station

Herbert Heritage Dr

Dixon Rd

Mulara St

Erumba St

무선통신학교 **06**
School of The Air

Aldidja St

Anguna Ave

Timbira St

Abrahams Cres

Head St

Madigan St

Knuckey Ave

Mckinlay St

Harvey St

Tietkens Ave

Woods Terrace

스튜어트
Stuart

St Philip's College

Smith St

시콘
Ciccone

Afghan Traders Whole Foods

Angguna Ave

Stokes St

McDonald St

Whittaker St

Colson St

Anzac Hill Rd

안작 힐 **05**
Anzac Hill

Gosse St

Giles St

Lindsay Ave

Warburton St

Chewings St

Schwarz Cres

Mills St

McMinn St

Lindsay Ave

Renner St

Wills Terrace

Bath St

Hartley St

Parsons St

01 Todd Tavern

Undoolya Rd

Casa Nostra Pizza **02**
& Spaghetti House

Goyder St

Stuart Terrace

Alice Springs Train Station

Larapinta Dr **6**

애들레이드 하우스 뮤지엄 **02**
Adelaide House Museum

Stumps Cafe **03**

6

Target Alice
Springs

Alice Plaza

01 토드몰

슈퍼마켓
Woolworths
Yeperenye Shopping Center

Kmart Alice Springs

Gregory Terrace

Leichhardt Terrace

Alice Springs YHA

H Alice Lodge
Backpackers

Mueller St

Stott Cres

로열 플라잉 닥터 서비스 **03**
Royal Flying Doctor Service

Telegraph Terrace

Wiltshire Terrace

Stuart Hwy

Stuart Terrace

Skinner St

Simpson St

Gap Rd

Stott Terrace

H Alice's Secret
Travellers Inn

H Mercure Alice Springs
Resort

식료품점

02 Todd Mall Markets Alice Springs

01 Mbantua Aboriginal Art Gallery

04 올리브 핑크 보타닉 가든
Olive Pink Botanic Garden

앨리스 스프링스 공항

길렌
Gillen

엘리스 스프링스
병원
**Alice Springs
Hospital**

Gap Rd

Leichhardt Terrace

Tuncks Rd

87

6

0   200m

N
W E
S

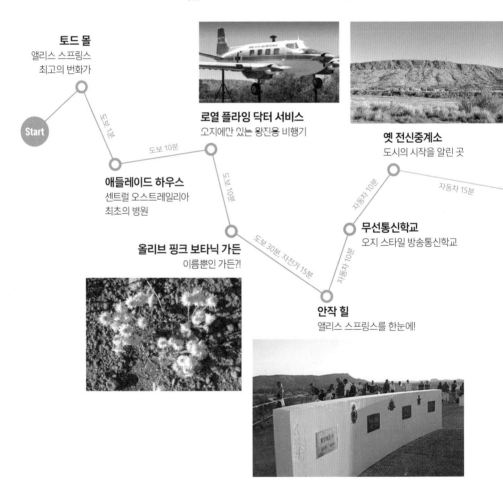

앨리스 스프링스 추천 코스

앨리스 스프링스를 살짝 둘러보려면 하루, 아니 반나절이면 충분하다.
시티센터는 아무리 꼼꼼히 둘러봐도 3시간이면 뒤집어쓰고도 남기 때문이다. 그러나 먼 길을 달려왔으니
잠시 숨도 돌릴 겸 최소한 이틀은 이 도시에 머무르면서 다음 여행을 계획하는 것이 좋다.

DAY 01

첫째 날은 토드 몰을 중심으로 천천히 걸어 다니면서 도시의 분위기를 익히자.
도시가 눈에 들어올 즈음 안작 힐 또는 옛 전신중계소 언덕에 올라 황무지의 일몰을 바라보는 것으로 하루를 마무리!

🕐 예상 소요시간 5~6시간

토드 몰
앨리스 스프링스
최고의 번화가

Start

도보 1분

도보 10분

로열 플라잉 닥터 서비스
오지에만 있는 왕진용 비행기

애들레이드 하우스
센트럴 오스트레일리아
최초의 병원

도보 10분

옛 전신중계소
도시의 시작을 알린 곳

자동차 15분

자동차 10분

무선통신학교
오지 스타일 방송통신학교

올리브 핑크 보타닉 가든
이름뿐인 가든?!

도보 30분, 자전거 15분

자동차 10분

안작 힐
앨리스 스프링스를 한눈에!

DAY 02

둘째 날 부터는 시내 외곽으로 나가보자. 자전거를 이용해도 좋고 자동차나 투어 버스를 이용해도 좋다.
단, 걸어갈 욕심을 부렸다가는 일사병에 걸릴 수도 있으니 어떤 교통수단이든 반드시 이용할 것!

⏰ 예상 소요시간 1~2일

데저트 파크
사막의 생태를 재현한
테마파크

스탠리 캐즘
깊은 골짜기

자동차 10분

자동차 15~20분

자동차 15분

자동차 1시간 20분

Finish

아라루엔 문화센터군
갤러리, 뮤지엄, 아트센터가
있는 문화특구

오미스톤 고지
오지를 걷는 즐거움

심슨 갭
발 까만 왈라비가 사는 곳

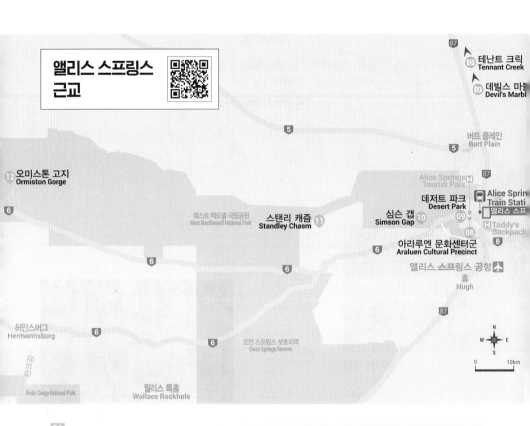

테난트 크릭
Tennant Creek

데빌스 마블
Devil's Marbl

버트 플레인
Burt Plain

오미스톤 고지
Ormiston Gorge

Alice Springs
Tourist Park

데저트 파크
Desert Park

Alice Sprin
Train Stati
앨리스 스프

웨스트 맥도넬 국립공원
West MacDonnell National Park

스탠리 캐즘
Standley Chasm

심슨 갭
Simson Gap

Toddy's
Backpack

아라루엔 문화센터군
Araluen Cultural Precinct

앨리스 스프링스 공항
휴
Hugh

허만스버그
Hermannsburg

Finke Gorge National Park

오언 스프링스 보호지역
Owen Springs Reserve

윌리스 록홀
Wallace Rockhole

0   10km

01

토드 몰 Todd Mall   하루에도 몇 번씩 크로스!

앨리스 스프링스 최고의 번화가이며 여행자의 천국. 사막 가운데 우뚝 솟은 앨리스 스프링스, 그중에서도 가장 핵심은 바로 동서와 남북으로 1km가 채 안 되는 이 거리에 모여 있다. 노천카페와 원색을 내뿜는 원주민 예술품들, 레스토랑과 기념품점·슈퍼마켓·쇼핑센터·여행사 등 여행자에게 필요한 모든 것이 있으며, 이 도시의 경제활동 대부분이 이루어지는 곳이기도 하다.

앨리스 스프링스는 호주에서도 가장 저렴한 비용으로 최고급 애버리진 예술품을 구입할 수 있는 도시다. 토드 몰에 늘어서 있는 몇몇 갤러리에서는 애버리진 예술가들을 직접 지원하면서 작품을 전시, 판매하고 있으므로 의미 있는 선물을 구입할 생각이라면 이곳들을 잘 살펴보자.

02
애들레이드 하우스 뮤지엄 Adelaide House Museum

병원에서 박물관으로

1926년 존 플린 목사가 설립한 앨리스 스프링스 최초의 병원. 개원 이래 15년 가까이 센트럴 오스트레일리아 지역의 유일한 진료소였다. 지금은 박물관으로 개조해 당시의 집기와 자료들을 일반인에게 공개하고 있다. 기온이 너무 높은 11월에서 3월까지의 여름에는 문을 열지 않는다.

♥ 48 Todd St., Alice Springs ⏰ 월~금요일 10:00~16:00, 토요일 10:00~12:00(11~3월까지는 휴무) ❌ 일요일 ⑤ 무료 ☎ 8952-1856 ⌂ www.aumuseums.com

03
로열 플라잉 닥터 서비스
Royal Flying Doctor Service

오지의 삶을 짐작하다

로열 플라잉 닥터 서비스는 개척자들의 프런티어 정신이 녹아 있는 곳이다. 플라잉 닥터 서비스는 경비행기를 이용해서 왕진 서비스를 다녔던 일종의 의료시설. 오지와 문명 세계를 잇는 연결고리가 된 이들의 노력이 없었다면 수많은 사람이 척박한 환경을 이기지 못하고 떠나갔을 것이다.

1939년에 문을 연 이곳은 애들레이드 하우스와 마찬가지로 존 플립 목사에 의해 설립되었으며 지금도 오지의 환자들을 진료하는 비영리단체로서의 역할을 하고 있다. 내부에는 로열 플라잉 닥터 서비스의 로고가 찍힌 각종 기념품을 판매하는 코너와 카페, 진료 모습을 담은 비디오 자료실 등이 있다. 실제로 사용되었던 경비행기들도 내부를 볼 수 있게 진열되어 있다.

♥ 8-10 Stuart Terrace, Alice Springs ⏰ 월~토요일 09:00~17:00, 일요일·공휴일 13:00~17:00 ❌ 굿 프라이데이, 크리스마스, 박싱 데이, 1월1일 ⑤ 어른 A$21, 어린이 A$14 ☎ 8958-8412 ⌂ www.rfdsalicesprings.com.au

04
올리브 핑크 보타닉 가든
Olive Pink Botanic Garden

이름은 낭만적…

시티의 남동쪽, 토드강 건너편에 자리한 이곳은 사막의 정원답게 조금 황량한 분위기가 감돈다. 호주 전역의 다른 보타닉 가든들이 보여준 그 아름다운 이미지는 어디로 가고, 메마른 토드강과 함께 이곳이 사막이라는 사실을 다시금 일깨워준다. 센트럴 오스트레일리아의 생태를 보여주는 자생식물들이 그나마 이곳이 보타닉 가든임을 말해주며, 비지터센터와 카페·기념품점 등이 관광지임을 웅변하는 듯하다. 시티 스코트 테라스에서 20분쯤 걸어가 토드강을 건너자마자 입구가 나온다.

♥ Tuncks Rd., Alice Springs ⏰ 08:00~18:00 ❌ 굿 프라이데이, 크리스마스 ⑤ 무료 ☎ 8952-2154 ⌂ www.opbg.com.au

05

안작 힐 Anzac Hill

사막에서 지는 해를 보다

도시의 북쪽에 자리한 나지막한 언덕. 실제로는 그리 높지 않지만, 고층건물이 없는 앨리스 스프링스 시내를 내려다보기에는 충분하다. 토드 스트리트 몰이 끝나는 곳에서 윌스 테라스를 따라 왼쪽으로 5분쯤 걸어가면 라이온스 워크 Lions Walk라는 이정표가 보이는데, 이 길을 따라 10~15분쯤 언덕을 올라가면 정상의 전망대에 도착한다.

눈앞에 펼쳐지는 도시의 전경과 도시를 병풍처럼 둘러싼 맥도넬 산맥의 모습이 무척 아름답다. 특히 일몰과 일출 때 펼쳐지는 풍경은 붉은 땅과 붉은 하늘이 어우러져 잊을 수 없을 정도. 전망대가 있는 정상에는 전쟁기념탑과 함께 호주·뉴질랜드 연합군인 안작군이 참전했던 전쟁에 대한 자료가 새겨져 있다.

06

무선통신학교 School of The Air

세계에서 가장 큰 학교

이 학교의 모토는 '세계에서 가장 큰 교실 The World's Largest Classroom'이다. 무선을 이용해 1,300만km 떨어진 곳까지 원격수업이 가능한 이 학교는 이곳이 호주의 오지라는 사실을 실감하게 한다. 학생이 없는 학교에서 관광객들이 볼 수 있는 것은 홀로 수업하는 선생님과 학생들의 흔적뿐. 무선통신학교의 비지터센터에서는 스튜디오 안에서 생방송으로 수업하는 모습을 직접 볼 수 있고, 무선통신교육에 필요한 각종 기자재를 체험할 수 있다. 수업은 4~13세의 오지 학생들을 대상으로 매일 HF라디오 주파수를 통해 제공된다. 아이들의 작품으로 장식한 알록달록한 벽면이 눈길을 끈다.

📍80 Head St., Alice Springs 🕐월~토요일 08:30~16:30, 일요일·공휴일 13:30~16:30 ❌크리스마스~1월1일, 굿 프라이데이 📱8951-6800 🏠www.assoa.nt.edu.au

옛 전신중계소 Old Telegraph Station

전신중계소를 짓기 위해서 이 도시를 찾은 기술진이 도시의 이름을 지었으며, 그들에 의해 이 땅이 세상에 알려지게 됐으니 앨리스 스프링스에서는 꽤 역사적인 장소다. 1870년에 시작된 포트 오거스타와 다윈을 연결하는 총 길이 3,200㎞의 통신선 연결공사는 많은 어려움을 겪은 끝에 예정보다 2년 늦게 공사를 마칠 수 있었다. 50만 달러라는, 당시로서는 엄청난 공사비와 3만6천 개의 원목 그리고 수많은 노동력을 필요로 하는 대공사였다. 현재의 기준으로는 보잘 것없어 보일지 모르지만, 당시의 기술 수준과 황무지라는 열악한 환경을 생각하면 눈앞에 보이는 건물이 달라 보일 것이다. 그렇게 지어진 옛 모습의 전신중계소와 작업자들의 가족이 머물렀던 초기 정착민촌인 Telegraph Station Historical Reserve가 그대로 보존되어 있다.

📍 Herbert Heritage Dr., Stuart ⏰ 08:00~17:00 💲 어른 A$16.10, 어린이 A$6.75 📞 8952-3993
🏠 www.alicespringstelegraphstation.com.au

talk **황무지에 건설된 오아시스**

이 도시는 스스로의 목적보다는 수단으로서의 역할이 강한 곳입니다. 애초에 도시가 건설된 이유부터가 다윈과 애들레이드를 연결하는 통신망을 설치하기 위한 것이었기 때문이죠. 통신기지국을 세우기 위해 기술진이 처음 이 땅에 도착한 것은 1871년. 그들은 말라붙은 토드강 근처에 통신기지국을 세우고 돌아갔습니다. 지도에도 없던 강은 기술감독이었던 찰스 토드의 이름을 따 토드강이라 명명했으며, 이 도시는 그의 아내 앨리스의 이름을 따 앨리스 스프링스라 불렸습니다.

하지만 그 뒤로도 이 땅은 15년 가까이 잊힌 이름이 되고 말았어요. 현재의 스튜어트 테라스 지역을 중심으로 도시의 모습이 갖춰지고 개발되기 시작한 것은 1888년 철도공사가 본 궤도에 오르고 나서의 일. 그때까지 이 작은 도시는 '스튜어트'라 불렸습니다. 도시를 회생시킨 공로는 애들레이드와 앨리스 스프링스를 연결하는 대륙 종단 열차 간 간에 있습니다. 아프간 낙타 몰이꾼들의 이름을 딴 간 간이 개통되면서 공식적으로 앨리스 스프링스라는 지명을 인정받고 도시 개척의 첫 삽을 뜨게 됐기 때문이죠.

제2차 세계대전 중에 물자 수송을 위해서 애들레이드에서 다윈까지 스튜어트 하이웨이가 뚫리고 난 뒤로는 거점 도시인 앨리스 스프링스의 중요성이 더더욱 높아졌습니다. 애버리진의 전설과 황무지의 붉은 바람 속에 묻혀 있던 앨리스 스프링스는 이렇게 사람들 앞에 모습을 드러냈습니다. 매년 세계 각국에서 모여든 수많은 관광객이 거쳐 가고 현대적인 면모를 갖춘 오늘의 앨리스 스프링스가 있기까지는 황무지의 태양 아래 전선을 잇고, 철로를 만들고, 도로를 이은 개척자들의 땀방울이 숨어 있는 것입니다.

노던 테리토리 주

앨리스 스프링스 근교
AROUND ALICE SPRINGS

08

아라루엔 문화센터군 Araluen Cultural Precinct

앨리스 스프링스 예술의 전당

앨리스 스프링스는 물론 센트럴 오스트레일리아의 문화·예술 수준을 가늠할 수 있는 복합문화공간이다. 라라핀타 드라이브에 자리잡은 넓은 부지에 2개의 박물관, 2개의 아트 갤러리, 리서치 센터, 조각공원, 아트숍 그리고 카페까지 있다.

각 건물과 건물 사이를 이동하는 동안에도 수많은 조각 작품과 구조물들이 보는 이의 시선을 끄는데, 이때 바닥에 새겨진 애버리진 예술작품들도 눈여겨볼 것. 특히 아라루엔 센터 & 갤러리 Araluen Centre & Gallery에서는 각종 비주얼 아트와 퍼포먼스, 애버리진 민속공연 등이 열려서 정말 볼 만하다. 규모가 아주 크므로 입구의 안내소에서 지도를 챙겨 이동하도록 한다.

♥ 61 Larapinta Dr., Araluen ○ 월~금요일 10:00~16:00, 토·일요일 11:00~16:00 ❌ 굿 프라이데이, 크리스마스 ⑤ 어른 A$8, 어린이 A$6 ☐ 8951-1121 ♠ www.araluenartscentre.nt.gov.au

09
데저트 파크 Desert Park

이게 진짜 사막이지!

세계 어느 곳에서도 볼 수 없는 사막 공원. 맥도넬 산맥 기슭에 자리한 데저트 파크는 앨리스 스프링스의 환경과 기후를 그대로 활용한 새로운 형태의 자연공원이다. 사막을 경험해보지 못한 우리나라 여행자에게는 사막의 생태를 체험할 좋은 기회를 준다. 매표소부터 1.6km 거리의 워킹 트랙을 따라가면서 데저트 리버스 Desert Rivers, 샌드 컨트리 Sand Country, 우드랜드 Woodland의 3가지 테마 환경을 만날 수 있다. 120여 종의 동물과 350여 종의 식물이 숨 쉬고 있으며 각종 조류가 사람들 곁을 날아다닌다.

매일 10:00와 15:30에는 야외극장 내추럴 시어터 Natural Theater에서 조류 먹이주기 시범이 있으며, 실내 전시장인 녹터널 하우스 Nocturnal House에서는 야행성 동물들의 생태를 관찰할 수 있다.

📍 871 Larapinta Dr., Alice Springs
🕐 07:30~18:00 ❌ 크리스마스
💲 어른 A$39.50, 어린이 A$20
📱 8951-8788 🏠 www.alicesprings desertpark.com.au

노던 테리토리 주

심슨 갭 Simson Gap

여기서부터는 진짜 오지

앨리스 스프링스 서쪽 18km 지점에 있는 심슨 갭은 웨스트 맥도넬 국립공원 West Macdonnell NP.의 입구에 해당한다. 깎아지른 듯한 협곡 사이로 레드 센터의 독특한 자연이 살아 숨 쉬는 곳. 입구의 주차장에는 계곡의 지도와 생태를 설명하는 안내판이 있다. 자전거 도로와 트레킹 코스가 잘 정비되어 있으며, 도중에 이 지역에 사는 발이 까만 왈라비도 만날 수 있다. 앨리스 스프링스에서 라라핀타 드라이브 Larapinta Dr.를 따라서 자동차로 30분쯤 가면 이정표가 나온다.

오미스톤 고지 Ormiston Gorge

레드 센터를 걷다

웨스트 맥도넬 국립공원의 서쪽 끝, 스탠리 캐즘에서도 다시 80km 가까이 더 차를 달려야 도착하는 곳 오미스톤 고지다. 한국 여행자들에게는 비교적 덜 알려진 여행지지만 호주 사람들과 웨스턴 여행자들 사이에서는 앨리스 스프링스에서 반드시 가봐야 할 근교 여행지로 오래전부터 알려져 있다. 붉은 협곡 사이에 자리잡은 오미스톤 연못 Ormiston Pound은 이곳에서 봐야할 최고의 어트랙션으로, 7km 길이의 연못 둘레길을 따라 트레킹을 즐긴다. 이외에도 라라핀타 트레일 Larapinta Trail을 따라 서너 시간에서 3~4일에 이르는 다양한 코스가 열려있다.

🏠 www.macdonnellranges.com

스탠리 캐즘 Standley Chasm

깊게 갈라진 틈 사이를 걷다

심슨 갭에서 나와서 다시 라라핀타 드라이브를 따라 15분쯤 더 자동차를 타고 가면, '깊게 갈라진 틈'이라는 뜻의 캐즘 Chasm이 나타난다. 이름 그대로 이곳은 깊게 갈라진 바위틈으로 비치는 햇빛이 아주 멋진 곳이다. 만화의 한 장면처럼 거대한 바위가 두 쪽으로 갈라져 있고, 그 틈에 난 낭떠러지 사이를 지날 수 있다. 우기에는 갈라진 틈 사이로 계곡 물이 흐르지만 대개는 바짝 마른 채 바윗돌만 구르고 있다. 태양이 정상에 오는 정오에는 절벽 사이가 붉은빛으로 물들면서 장관을 연출한다. 워킹 코스가 시작되는 넓은 주차장 입구에는 안내센터와 매표소, 기념품점과 카페까지 겸하는 통나무 건물이 있는데, 이곳에서 입장 티켓을 구입한 후 입장한다. 워킹코스는 왕복 30~40분 정도 가볍게 산책하듯 걸어 나오는 코스고, 장비가 있다면 이곳의 캠핑장을 이용해 보는 것도 색다른 경험이 된다.

🕐 08:00~18:00(마지막 입장 17:00)
💲 어른 A$12, 어린이 A$7 📞 8956-7440
🏠 www.standleychasm.com.au

01
Mbantua Aboriginal Art Gallery

애버리진 색채 가득

이 가게는 앨리스 스프링스라는 도시를 단적으로 표현하고 있는 듯하다. 가게 한편에는 아웃백 스타일의 티셔츠와 각종 기념품을 판매하는 코너가 있고, 다른 한편에는 애버리지널 드림타임 갤러리 Aboriginal Dreamtime Gallery라는 작은 화랑이 있다. 호주의 오지 앨리스 스프링스와 애버리진의 고향 앨리스 스프링스를 한곳에 모아둔 것처럼. 이곳은 단순히 상품을 판매하는 숍의 수준을 넘어서, 애버리진 예술가들의 작품 활동을 지원하고 그들의 작품을 전시, 판매하는 스폰서 같은 역할을 겸하고 있다. 적어도 이곳에서는 가짜 예술품을 구입하는 일도, 수준 이하의 작품을 감상하는 일도 없다는 말. 같은 토드 몰 내의 팬 아케이드에 있는 부시 스토어 Bush Store도 함께 운영한다.

📍 64 Todd Mall ⏰ 월~화요일, 목~금요일 09:00~17:00, 토요일 09:00~15:00 ❌ 일, 수요일 📞 8952-5571 🏠 www.mbantua.com.au

02
Todd Mall Market

이 동네 최고의 주말시장

장이 서는 매달 1·3주 일요일이면 가뜩이나 시끄러운 토드 몰이 아침부터 북적댄다. 원주민들이 만든 각종 장신구와 전통악기인 디지리두, 짐승의 뿔을 잘라 만든 액세서리 등 볼거리도 풍성하고 살 것도 많다. 보통은 격주 일요일에 장이 열리지만, 날씨가 좋은 6월~9월까지는 한달에 세 번씩, 거의 매주 일요일에 열리기도 한다. 홈페이지에 매달 장이 서는 날이 고지되어 있다.

📍 Todd Mall, Alice Springs ⏰ 첫째, 셋째 일요일 09:00~13:00 📞 0458-555-506 🏠 www.toddmallmarkets.com.au

talk 호주의 원주민 애버리진 Aborigin

오랜 세월 호주 대륙의 주인이었던 애버리진. 현재 애버리진의 인구는 약 23만 명으로, 전체 호주 인구의 1.4%에 해당하는 수가 남아 있습니다. 그나마도 순수 혈통은 점점 사라지고 있습니다. 호주 정부는 애버리진에 대해 각종 혜택을 주는 동시에 제한을 가하고 있습니다. 그들에게 일하지 않아도 먹고 살 수 있을 만큼의 연금 혜택을 주면서 거주지 제한을 두어 일정 지역에서만 살 수 있도록 하는 것이죠. 호주 전역을 여행해도 애버리진을 만나보기가 어려운 것은 바로 그런 이유 때문입니다. 술에 취해 공원이나 거리에 몰려 있는 애버리진을 보면 측은한 마음이 듭니다. 한편으로는 그들의 주권과 나라를 빼앗은 백인들이 야속하기도 하구요. 그러나 섣부른 판단도, 어설픈 동정도 그들에게 도움이 안 되는 것만은 분명합니다. 그리고 앨리스 스프링스에서 만나는 애버리진에게 카메라를 들이대는 일도 삼가야 할 행동입니다. 간혹 알코올과 마약에 찌들어 있는 애버리진을 만나면 괜한 낭패를 볼 수 있거든요. 대부분의 애버리진은 사진 찍히는 대가로 관광객에게 돈을 요구합니다.

노던 테리토리 주

테난트 크릭과 데빌스 마블스
Tennant Creek & Devil's Marbles

앨리스 스프링스에서 다윈으로, 또는
다윈에서 앨리스 스프링스로 이동하시나요?
호주의 심장 레드 센터와 톱 엔드를
정복하고자 하는 여행자라면
스튜어트 하이웨이 한가운데 있는
작은 도시 테난트 크릭도 방문할 만합니다.
별다른 대중교통편이 없어서
그냥 지나치기 쉽지만, 알고 보면 이곳은
호주의 마지막 골드러시가 휩쓸고 간
역사적인 도시랍니다.
테난트 크릭에서 남쪽으로 조금 내려오면
아주 흥미롭고 신비한 명소가 있는데,
이름하여 데빌스 마블스.
앨리스 스프링스와 다윈을 연결하는
5박 6일 투어 프로그램에는
대부분 포함되어 있지만, 개인적으로 가려면
렌터카를 이용하는 것이 가장 좋습니다.

데빌스 마블스 Devil's Marbles

1,800만㎡에 이르는 넓은 황무지에 동글동글 거대한 바위들이 소꿉놀이하듯이 포개져 있는 모습. 경단을 굴려놓은 것도 같고, 바위로 구슬을 만든 것도 같고, 어떤 바위는 금방이라도 굴러떨어질 것 같은데 용케도 균형을 잡고 있다. 이름처럼, 마치 악마가 가지고 놀다가 던져둔 장난감 같다. 주변에 아무런 피사체가 없는 황무지여서 멀리서 바라볼 때는 그리 커 보이지 않지만, 가까이 다가갈수록 거대한 바위의 크기에 다시 한 번 놀라게 된다.

지금은 모두 동글동글한 모양이지만 수만 년 전에는 이 지역의 돌덩이들이 모두 뾰족했다고 한다. 커다랗고 모난 바위의 갈라진 틈과 측면을 중심으로 침식작용이 일어났고, 다시 세월이 흐르면서 그 표면이 얇게 포를 뜨듯 벗겨져 나감에 따라 오늘날과 같은 달걀 모양으로 다듬어졌다. 풍화와 침식이라는 자연현상이 빚어낸 걸작이다. 이런 신기한 풍경이 있는데도 이곳으로 가는 대중교통수단은 안타깝게도 투어 버스가 전부. 그러니 스스로 운전을 해서 가거나 투어 버스를 타고 가는 수밖에 없다.

앨리스 스프링스부터 쭉 뻗은 스튜어트 하이웨이를 따라 393km 북쪽으로 올라가다가 오른쪽에 데빌스 마블스라는 이정표가 나오면 우회전한다. 일단 주차장에 차를 세우고 아주 작은 간이화장실을 지나 나지막한 관목 길을 따라 걸어가는데, 5분쯤 후에 갑자기 눈앞에 아주 신기한 풍경이 펼쳐진다. 신기한 모습에 넋을 잃고 엉뚱한 길로 나갔다 가는 길을 잃기 십상이니, 반드시 표시된 트랙만 따라 다닐 것. 전체를 돌아보고 나오는 데는 약 15분 정도가 소요된다.

테난트 크릭 Tennant Creek

앨리스 스프링스와 캐서린 사이의 유일한 도시 테난트 크릭. 앨리스 스프링스 북쪽 505km, 아침부터 차를 몰아서 데빌스 마블스에 들른 후 다시 한나절을 달리다 쉬고 싶어질 즈음 나타나는 도시. 때문에 많은 자가 운전자들이 테난트 크릭에서 하룻밤을 쉬어가기도 한다.

대중교통은 그레이하운드 버스가 매일 2회 오가지만 밤과 새벽시간대에 출발·도착하기 때문에 별로 도움이 안 된다.

배터리 힐 마이닝 센터 Battery Hill Mining Centre

오후 늦게 테난트 크릭에 도착했다면 먼저 배터리 힐 마이닝 센터에 들를 것을 권한다. 이곳은 호주의 마지막 골드러

시 타운이자 석영과 철광석 산지로 유명한 테난트 크릭의 역사적인 현장이다. 마이닝 센터 바로 옆에는 비지터 인포메이션 센터가 있고, 마이닝 센터의 후문을 통과하면 실제 광산의 모습을 재현한 작은 마을이 나온다. 광석을 캐는 데 사용했던 각종 기계도 전시되어 있다.

테난트 크릭의 하이라이트는 바로 이 마이닝 센터에서 주관하는 언더그라운드 투어다. 전구가 달린 안전모와 안전조끼를 입고 캄캄한 지하광산으로 내려가는 이 가이드 투어에서 광부 출신 가이드가 광산 내부를 자세히 설명해준다. 30분 정도 걸리는 이 투어는 솔직히 좀 지루하기도 하지만, 이곳이 아니면 체험해보기 힘든 유익한 면도 있다.

배터리 힐 마이닝 센터는 테난트 크릭 인포메이션 센터를 겸하고 있다.

텔레그래프 스테이션 Telegraph Station

시간이 남으면 타운센터의 북쪽에 있는 텔레그래프 스테이션도 방문할 만하다. 오지에 통신선을 연결한다는 일 자체가 역사적 사건이었던 노던 테리토리에서는 텔레그래프 스테이션이 아주 중요한 의미를 지니니까.

테난트 크릭 인포메이션 센터(배터리 힐 마이닝 센터)
📍 160 Peko Rd., Tennant Creek 🕐 09:00~17:00
📱 8962-1281 🏠 www.barklytourism.com.au

01

Todd Tavern

오래된 랜드마크

레스토랑, 퍼브와 바, 숙소, 리큐어숍까지 하나의 건물에 함께 운영하는 곳. 앨리스 스프링스에서 가장 유명한 음식점 가운데 하나이며 명성만큼 푸짐하고 맛있는 요리가 나온다. 매일 밤 특별 메뉴가 나오고 라이브 음악과 재즈 콘서트 등이 열려서 발 디딜 틈도 없이 붐빈다. 최근에 내부 공사를 마쳐서 더욱 넓고 쾌적해졌다. 각종 스포츠 테이블도 마련되어 있어서 남녀노소 모두를 고르게 만족시킨다. 2층은 숙소로 운영한다.

📍 1 Todd St., Alice Springs 🕐 월~토요일 14:00~21:00, 일요일 12:00~21:00 📞 8952-1255 🏠 www.toddtavern.com.au

02

Casa Nostra Pizza & Spaghetti House

이른 저녁식사로 추천

토드 몰 북쪽 끝에서 토드강을 건너가야 하므로 밤늦게 가기는 조금 위험하다. 점심때는 영업을 하지 않으므로, 이곳 음식을 먹으려면 조금 일찍 서둘러서 저녁식사를 마치든가 테이크어웨이를 하는 편이 낫다. 메뉴는 스테이크와 샐러드 등 일반적인 양식. 고르게 좋은 평을 얻고 있다.

📍 1 Undoolya Rd., Alice Springs 🕐 17:00~21:00
❌ 일요일 📞 8952-6749 🏠 www.restaurantwebexpert.com/CasaNostraPizza

03

Stumps Cafe

이 구역의 핫 플레이스

그레고리 테라스의 터줏대감, 디플로맷 모텔 1층에 자리하고 있다. 아침 일찍 문을 열고 오후 2시면 문을 닫는 브런치 카페. 12시 전에만 주문할 수 있는 브렉퍼스트 메뉴를 맛보려는 사람들로 활기가 넘치는 곳이다. 넓은 통창을 따라 테라스가 펼쳐지고, 좌석 간격도 넓어서 여유로운 시간을 보내기에 좋다. 다양한 종류의 샌드위치와 파니니, 에그 베네딕트 등이 인기 메뉴이며, 아보카도와 연어로 맛을 낸 가벼운 식사 메뉴도 있다. 스텀프 카페가 문을 닫고 나면, 나란히 자리한 선술집 Uncles Tavern이 12시부터 새벽까지 영업을 이어간다. 이래저래 이 일대는 늘 현지인과 관광객으로 북적인다.

📍 20 Gregory Terrace 🕐 06:00~14:00
📞 8952-8977 🏠 www.diplomatmotel.com.au/stumps-cafe

NORTHERN
TERRITORY

● Uluru-Kata Tjuta National Park

호주의 배꼽, 지구의 중심
울루루(에어즈 록)-카타추타 국립공원
ULURU-KATA TJUTA NATIONAL PARK

호주의 배꼽으로 불리는 에어즈 록(울루루)은 마운트 올가와 함께 울루루 카타추타 국립공원을 대표하는 거대한 바윗덩어리다. 평평한 대지 한가운데 우뚝 솟은 바윗덩어리 에어즈 록은 그야말로 지구라는 생명체의 배꼽이 아닐까 라는 생각이 절로 든다. 높이 348m, 둘레 9.4km, 길이 3.6km의 거대한 집채가 산이 아니라 하나의 바위라는 사실도 놀랍지만, 지질학자들이 추측하기를 6km 정도의 바윗덩어리가 땅속에 더 묻혀 있다고 하니 자연의 경이 앞에 그저 할 말을 잃을 뿐이다.
4만 년 전부터 이 땅의 주인이었던 애버리진은 6만 년 전부터 지금의 모습으로 서 있는 에어즈 록을 신의 영역으로 여겨왔다. 신성불가침이자 경외의 대상인 이 두 지역이 서양식 이름으로 불리며 세계적인 여행지로 바뀐 모습을 바라보는 그들의 심정은 어떨까.

인포메이션 센터 Yulara Visitor Centre
📍 127 Yulara Dr, Yulara 🕐 08:00~19:00 📞 8957-7324 🏠 www.ayersrockresort.com.au

울루루(에어즈 록)-카타추타 국립공원 미리보기

어떻게 다니면 좋을까?

에어즈 록 여행의 시작은 에어즈 록 리조트(율랄라 Yulara)에서 시작된다. 울루루-카타추타 국립공원 입구에서 약 5km 떨어진 지점에 에어즈 록 리조트가 전진 배치되어 있는데, 대부분의 편의시설과 여행사·관광안내소·숙박업소가 이 리조트에 있으며, 장거리 버스와 투어 버스가 출발·도착하는 여행의 거점이다. 리조트 내에서는 무료 셔틀버스가 15분 간격으로 운행되어 불편함이 없다.

문제는 에어즈 록과 올가까지는 에어즈 록 리조트에서 각각 20km, 53km나 떨어져 있다는 사실. 안타깝게도 리조트 안에는 자전거를 대여해주는 곳도 없고, 설사 있다 하더라도 사막 한가운데를 열심히 자전거 페달 밟아가며 이동하기는 무리다. 그러니 결국 노하우를 장착한 투어 버스나 렌터카를 이용하는 수밖에 없다.

어디서 무엇을 볼까?

볼거리는 정해져 있다. 에어즈 록과 올가를 보고, 듣고, 걷고, 느끼는 것. 그런데 이곳까지 가려면 직접 자동차를 운전하는 경우를 제외하고는 투어에 참가하는 수밖에 없다. 에어즈 록 리조트와 앨리스 스프링스에 있는 다양한 투어 회사의 프로그램 중 자기에게 맞는 것을 골라 그들의 노하우에 몸을 맡기면 된다.

단, 이곳은 단순한 여행지가 아니라 애버리진에게는 신성불가침의 성지라는 사실을 염두에 두고, 그들의 정신과 문화를 이해하는 데 코드를 맞추어 보는 것도 의미가 있다.

ULURU-KATA TJUTA NATIONAL PARK

어디서 뭘 먹을까?

국립공원 안에서는 에어즈 록 리조트의 레스토랑 말고는 민생고를 해결할 곳이 없다. 그나마 지리적 이유 때문에 가격이 만만치 않아서 개별 여행자에게는 매 끼니를 해결하는 것도 쉬운 일이 아니다. 리조트 안의 슈퍼마켓에서 재료를 구입해 직접 해먹는 방법, 그리고 몇 안 되는 패스트푸드점을 이용하는 것, 이 두 가지가 그나마 가장 경제적이다. 주요 레스토랑은 호텔이나 리조트 시설에 포함된 것들로, 파이어니어 호텔 & 로지 Pioneer Hotel & Lodge의 파이어니어 키친 Pioneer Kitchen이 가장 유명하다. 스낵류를 A$6~8 정도에 판매하고, 셀프 쿡 BBQ 시설이 있어서 자신이 가져간 재료나 즉석에서 구입한 육류를 조리해 먹을 수 있다. 같은 호텔 안에 있는 바우 하우스 Bough House에서는 정통 아웃백 스타일의 뷔페 디너를 선보이는데, 비용은 생각보다 저렴하다. 패스트푸드를 원한다면 리조트 쇼핑 스퀘어 안에 있는 테이크 어웨이 숍을 이용하면 된다.

어디서 자면 좋을까?

역시 에어즈 록 리조트가 답이다. 국립공원 안에 다른 숙소는 전혀 없으므로 에어즈 록을 보러오는 모든 여행자가 이곳에서 잠자고, 먹고, 여행을 준비하는 셈이다. 리조트 내 숙소의 종류는 별 5개짜리 최고급 호텔부터 캠프 그라운드까지 총 7~8개의 숙소가 있다.

울루루 카타추타 국립공원 가는 방법

대륙보다 큰 섬, 호주의 한가운데 자리한 울루루 카타추타 국립공원으로
가는 길은 멀고 험하다. 육로로 가기에는 어느 도시에서 출발하든 인내를 요하는 시간이기에,
많은 여행자들이 이곳만큼은 비행기를 선택하는지도 모른다.

비행기 Airplane

버진 오스트레일리아(시드니-에어즈 록), 제트스타(멜번-에어즈 록), 콴타스 링크(케언즈, 앨리스 스프링스-에어즈 록)가
매일 한 차례 이상씩 에어즈 록 공항에 도착한다. 공항은 에어즈 록 리조트에서 북쪽으로 6km 떨어져 있으며, 정식 이름은
코넬란 에어포트 Connellan Airport다. 이곳에서 숙소가 있는 에어즈 록 리조트까지는 공항에서 리조트의 모든 숙소까지
15분 간격으로 순환 운행하는 무료 셔틀버스나 택시를 이용하면 된다.

버스 Bus

그레이하운드 버스가 앨리스 스프링스에서 에어즈 록 리조트까지 매일 운행한다. 애들레이드에서 출발했다면 앨리스 스프
링스까지 갈 필요 없이 얼둔다 Erldunda에서 한 번만 갈아타면 에어즈 록 리조트까지 갈 수 있다. 모든 장거리 버스는 에어
즈 록 리조트의 관광안내소 앞에서 정차한다.

투어 Tour

에어즈 록으로 가는 가장 일반적인 방법은 앨리스 스프링스에서 출발하는 2박3일짜리 투어에 합류하는
것이다. 표면적으로는 버스 패스보다 비싸 보이지만, 다른 지역보다 비싼 에어즈 록 리조트의 숙박비
나 그 밖의 물가를 고려할 때 어떤 면에서는 오히려 경제적일 수 있기 때문이다. 또 한편으로는 소
규모 팀으로 구성되는 투어에 참가함으로써 가족적인 분위기 속에서 호주 아웃백의 거친 자연
을 몸소 체험할 수 있고, 캠핑 사파리나 4WD 투어 같은 특별한 추억을 간직할 수 있다는 것도
큰 장점. 투어에는 숙박과 식사·가이드·차량 요금 등 모든 것이 포함되어 있으며, 숙소의 종류에
따라 요금이 달라진다. 버스 등을 타고 단독으로 에어즈 록에 도착했을 경우에도 리조트 내
의 다양한 투어 프로그램을 선택할 수 있다. 주요 볼거리인 선셋과 선라이즈, 밸리 워크, 에
어즈 록 등반 등 선택의 폭이 넓다. 하루는 에어즈 록 선셋과 워킹 투어에 참가하고 다음 날에
는 올가 투어에 참가하는 등 데이 투어를 효율적으로 활용하는 것도 여행의 요령이다.

주요 투어 회사   **AAT Kings**   🛎 2일 A$450~, 3일 A$785~   📱 8952-1700   🏠 www.aatkings.com

울루루 카타추타 국립공원 추천 코스

에어즈 록과 올가가 있는 울루루 카타추타 국립공원을 제대로 보려면 3일 정도는 여유를 갖고 둘러보는 것이 좋다. **첫째 날은 에어즈 록 베이스를 중심으로 워킹과 등반, 둘째 날은 에어즈 록 일출을 본 뒤에 올가로 이동해서 왈파 계곡까지 워킹, 그리고 마지막 날은 살아 있는 애버리진의 문화와 생활을 체험해보는 시간으로 활용한다.** 시간이 촉박한 사람들은 하루 동안 에어즈 록과 올가를 둘러보고 떠나기도 하는데, 그런 방법으로는 이 장엄한 자연의 걸작을 제대로 감상했다 할 수 없다. 에어즈 록은 태양의 각도에 따라 바위의 색깔이 시시각각 변하면서 장관을 연출하는데, 일출에서 일몰까지의 변화를 지켜보려면 최소 1박 2일은 이곳에 머물러야 한다.

울루루 카타추타 국립공원

에어즈 록 리조트에서 8km 떨어진 지점에 둥근 아치형의 국립공원 입구가 나온다. 입장권은 에어즈 록 리조트 내의 비지터센터나 국립공원 입구에서 바로 구입할 수 있다. 티켓과 함께 개인당 1권씩 나눠주는 안내책자에는 워킹 트랙 지도와 주의사항 등의 내용이 실려 있다.

ⓢ 국립공원 입장료 A$38(17세 이하는 무료, 유효기간 3일)
☎ 8956-3138 ⌂ www.parksaustralia.gov.au

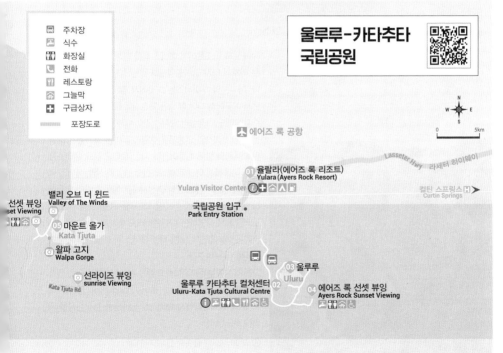

01

율랄라(에어즈 록 리조트) Yulara(Ayers Rock Resort) 에어즈 록 여행의 베이스캠프

에어즈 록에서 20km, 올가에서는 53km 떨어진 곳에 자리한 에어즈 록 리조트는 1983년에 문을 연 대규모 리조트 단지다. 대규모라고는 하지만 전체적인 건물의 높이나 분위기는 나지막하고 조용하기 그지없다. 여행사·레스토랑·숙소·은행·슈퍼마켓·기념품점·극장·학교 등 생활에 필요한 모든 편의시설이 집중되어 있어서 작은 인공도시를 보는 듯하다

📍 170 Yulara Dr, Yulara 📱 8296-8010 🏠 www.ayersrockresort.com.au

02

울루루 카타추타 컬처센터 Uluru-Kata Tjuta Cultural Centre 애버리진 영토로 들어가는 통과의례

에어즈 록 리조트에서 에어즈 록을 향해 가다 보면, 약 1km 못 미쳐서 나지막하게 엎드려 있는 컬처센터를 만나게 된다. 대부분의 투어버스는 이곳에서 정차하는데, 무엇보다 먼저 이곳에서 해야 할 일은 화장실에 들르는 것. 에어즈 록 주차장에도 화장실이 있지만 간이식이어서 그리 쾌적하지 못하다. 생리적인 민생고를 해결하고 나면 그다음은 고차원적인 문화 탐구에 들어간다. 사진, 오디오 자료, 일러스트 등을 이용해서 아난구 애버리진의 생활과 신앙, 에어즈 록의 생태 등을 일목요연하게 전시해둔 통로를 따라 이동하다 보면 에어즈 록에 한 걸음 다가서는 것을 느낄 수 있다. 소극장에서 상영하는 다큐멘터리도 놓치지 말 것. 다큐멘터리는 애버리진이 오랜 세월 에어즈 록과 교감하며 살아온 생활을 보여준다.

그들의 생활을 좀 더 접하고 싶은 사람은 컬처센터의 인포메이션 데스크에서 아난구 투어 Anangu Tour를 예약해도 좋고, 컬처센터에서 애버리진의 예술품 제작현장을 지켜볼 수도 있다.

🕐 07:00~18:00 💲 무료 📱 8956-1128

03

에어즈 록 베이스 투어 Ayers Rock Base Tour

에어즈 록을 중심에 두고 그 둘레를 도는 베이스 투어는 여러 개의 워킹 트랙으로 나뉘어 있다. 컬처센터에서 시작되는 리루 워크, 양쪽 주차장에서 시작되는 무티출루 워크와 말라 워크 그리고 리루 워크가 끝나는 지점부터 연결되는 울루루 베이스 워크 등 짧게는 45분, 길게는 4시간까지 소요되는 다양한 투어가 준비되어 있다. 어느 쪽 길을 선택하든 장엄한 바윗덩어리의 위용과 이를 둘러싼 관목숲과 야생화, 야생동물들이 어우러져 감탄을 자아낸다. 모든 루트가 가벼운 워킹 코스이며, 대부분 원목 바닥으로 포장되어 있어서 어린이들도 함께하기에 부담스럽지 않다.

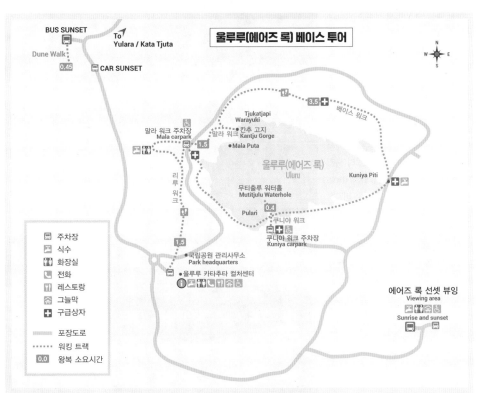

말라 워크 Mala Walk

에어즈 록 베이스의 서쪽 주차장에서 시작되는 왕복 2km의 루트. 10~4월에는 오전 8시에, 5~9월에는 오전 10시에 출발한다. 1시간 30분~2시간 소요. 대부분의 투어 버스가 이곳에 주차하기 때문에 가장 많은 사람들이 이용하는 워킹코스다. 주차장에서 시계방향으로 돌아 40분쯤 걸어가면 깎아지른 듯한 절벽이 가로막고 있는 칸추 고지 Kantju Gorge에 다다르고, 이 막다른 곳에서 다시 되돌아오는 코스다. 주차장의 말라 워크 표지판 앞에서 출발하는 무료 가이드 투어는 예약 없이 누구나 참가할 수 있다. 루트 곳곳에서 애버리진 전설에 얽힌 이야기나 그들이 신성시하는 법률 '말라 추커파 Mala Tjukurpa'에 대한 설명을 들을 수 있으며, 록아트(바위 예술)와 아난구 원주민들의 생활에 대한 이야기까지 들을 수 있어서 무척 유익하다. 물론 영어로 설명하지만, 그들의 손끝이 가리키는 곳만 눈여겨뵈도 무척 많은 공부(?)가 된다.

쿠니야 워크 Kuniya Walk

말라 워크가 서쪽 주차장에서 시작되는 반면, 쿠니야 워크는 동쪽 주차장에서 시작된다. 주차장부터 무티출루라 불리는 작은 물웅덩이 Mutitjulu Waterhole까지 왕복 1km 거리를 둘러보는 비교적 짧은 구간. 왕복 40분 정도가 소요된다. 작은 웅덩이처럼 보이는 무티출루 연못은 아난구 애버리진이 자신들의 조상으로 여기는 와남피 Wanampi라는 물뱀이 사는 곳으로도 유명하다. 이 지역은 수천 년 전부터 아난구 애버리진이 살아온 곳으로, 최근까지 그들이 주거용으로 사용했던 바위집 등을 볼 수 있다.

리루 워크 Liru Walk

컬처센터에서 에어즈 록 베이스까지의 왕복 4km 구간을 돌아오는 루트. 총 소요시간은 1시간 30분이며, 에어즈 록에 직접 다가가지는 않지만 적당한 거리에서 바라보는 에어즈 록과 야생화가 어우러진 광경이 멋지다.

울루루 베이스 워크 Uluru Base Walk

9.4km에 이르는 에어즈 록 둘레를 완전히 한 바퀴 도는 일주 코스. 컬처센터에서 워킹을 시작했다면 리루 워크의 길이까지 모두 10km에 달하는 거리. 왕복 3~4시간이 소요될 정도지만, 에어즈 록 구석구석에 숨은 아름다움을 체험할 수 있는 최상의 코스다. 개별 여행을 하거나 시간 여유가 있을 때, 또는 날씨가 선선한 겨울철에는 도전해볼 만한 코스다.

에어즈 록 선셋 뷰잉 Ayers Rock Sunset Viewing

해 질 녘이 되면 수많은 차량들이 에어즈 록에서 5km 떨어진 선셋 뷰잉 포인트로 모여든다. 시간의 흐름에 따라 시시각각 달라지는 에어즈 록의 모습 중에서도 손꼽히는 백미는 해 질 녘의 단 몇 분 동안. 그 장관을 보기 위해 사람들은 일찍부터 거대한 바윗덩어리 둘레로 몰려들어 기꺼이 붙박이가 되는 것이다.

마지막 기운을 뿜어내며 타들어 가는 태양 빛에 반사된 에어즈 록은 쇳덩어리처럼 점점 붉게 달아올랐다가 끝내 푸르스름한 어둠 속으로 사라지고 만다. 그 시간 동안 세상의 모든 생명들은 가만히 숨죽인 채 자연의 성스러운 의식을 지켜볼 뿐. 마침내 태양이 스스로 빛을 거두고 나면 사람들은 환호성을 울리며 샴페인을 터뜨린다.

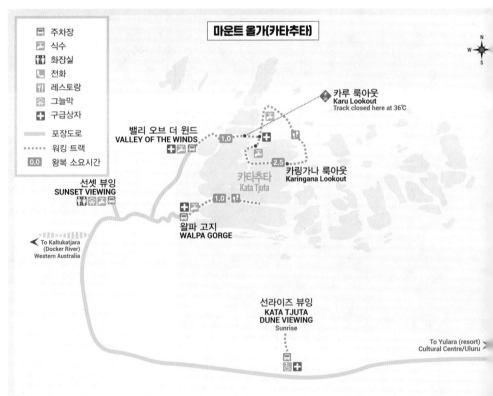

마운트 올가(카타추타) _{Mt. Olgas}

울루루 카타추타 국립공원의 또 다른 주인공 마운트 올가. 원래 이름 카타추타는 애버리진 말로 '많은 머리 Many Heads'라는 뜻을 지니고 있다. 이름 그대로 여러 개의 머리를 맞대고 있는 듯한 모양새다. 에어즈 록이 남성적인 느낌이라면, 마운트 올가는 부드러운 여성적 이미지를 지닌다. 실제로 애버리진들은 마운트 올가를 '어머니의 산'이라 부르고, 올가의 많은 머리를 자식들이라 여긴다.

에어즈 록에서 서쪽으로 32㎞ 떨어진 올가는 36개의 돔형 봉우리가 총면적 35㎢, 둘레 22 ㎞에 걸쳐 군락을 이루고 있다. 가장 높은 봉우리의 높이는 546m로 에어즈 록보다 200m 더 높지만, 둥글둥글 모여 있는 모습이 에어즈 록보다 훨씬 부드럽고 정겹게 다가온다. 이렇게 높은 바위들이 머리를 맞대고 있는 사이사이에는 깊은 계곡이 들어앉아 있으며, 계곡마다 야생식물과 동물들이 또 다른 자연을 이루고 있다. 올가에도 몇 개의 워킹 코스가 있는데, 그중에서 왈파 고지 워크와 밸리 오브 더 윈드가 가장 대중적이다.

왈파 고지 워크 _{Walpa Gorge Walk}

북쪽 주차장부터 올가의 깊은 골짜기까지 들어갔다가 돌아 나오는 왕복 2.6km의 코스. 밸리 오브 더 윈드보다는 훨씬 쉽고 시간도 짧아서 부담 없이 돌아볼 수 있다. 왈파 고지는 골짜기마다 계곡과 물이 있어서 사막의 동식물들에게는 피난처와도 같은 곳. 붉은 암석으로 둘러싸인 완만한 등성이인가 싶으면 부채꼴 모양으로 펼쳐진 들판이 나오고, 어느새 수줍은 올가의 깊은 골짜기까지 도달하게 된다. 갔던 길을 되돌아 나와야 한다는 점 때문에 약간 지루한 느낌도 들지만, 1시간 정도면 왕복할 수 있다.

주 오스트레일리아

밸리 오브 더 윈드 Valley of the Wind

올가의 2개 주차장 가운데 북쪽 주차
장에서 시작되며, 총 길이는 7.4km. 루
트 도중에 있는 두 개의 룩아웃에서
바라보는 올가의 풍경은 에어즈 록과
는 또 다른 감동을 준다. 깊은 계곡과
말라붙은 강바닥, 이름 모를 들풀과
자갈돌 그리고 태양과 바람이 만들어
내는 자연의 향기. '바람의 계곡'이라
는 이름이 잘 어울리는, 올가만의 매력
이 굽이굽이 숨어 있다.
기온이 36℃가 넘는 날에는 오전 11시
부터 카루 룩아웃 Karu Lookout 이
후의 코스를 폐쇄하기도 한다. 카루
Karu와 카링가나 Karingana 2개의
룩아웃을 모두 돌아서 출발지점까지
돌아오는 데는 2시간 30분~3시간 정
도가 걸린다.

······· TIP ·······
컬틴 스프링스 Curtin Springs

혹시 에어즈 록 리조트 내의 숙소가 예약이 꽉 찼거나, 좀 더 색
다른 숙소를 찾는다면 컬틴 스프링스를 노크해보자. 이곳은 울
루루 카타추타 국립공원으로 가는 라세터 하이웨이 Lasseter
Highway에 자리 잡고 있으며, 에어즈 록 리조트까지는 자동차
로 1시간 남짓 떨어져 있다.
하이웨이 한가운데 아웃백의 풍차가 돌아가고, 우리나라 고속
도로 휴게소처럼 주유소랑 간이매점 그리고 낙타 우리와 숙소
가 있는 곳이다. 이곳에서는 순진한 눈망울의 낙타를 타 볼 수
도 있고, 시원한 맥주 한 잔을 기울일 수도 있다. 무엇보다 돋보
이는 장점은 캠핑 그라운드를 무료로 이용할 수 있다는 것과 더
블 또는 트윈으로 구성된 객실 요금도 에어즈 록 리조트보다
훨씬 저렴하다는 것!!

📍 Lasseter Hwy., Petermann 💲 캠핑장 사이트 A$50~, 버
젯룸 A$115~, 패밀리룸 A$225~ 📱 8956-2906 🏠 www.
curtinsprings.com

오를 것인가, 말 것인가 그것이 문제로다!
에어즈 록 등반
Climbing Ayers Rock

멀리서 바라볼 때는 그저 하나의 거대한 바윗덩어리로 보이던 에어즈 록. 하지만 가까이 다가가서 보면 마치 생선 비늘처럼 겹겹이 벗겨진 표면에 풀 한 포기 자라지 않는 암벽 덩어리, 거기다가 생각보다 더 거대한 높이에 다시 한 번 놀라게 된다.

STEP 01 오르기 전

뭐니 뭐니 해도 가장 놀라운 것은 에펠탑보다 더 높고 바람까지 부는 에어즈 록 등반에 아무런 안전장치도 없다는 사실이다. 정상에 오르는 루트는 오직 하나. 오르는 사람과 내려오는 사람 모두가 단 하나의 쇠줄을 잡고 엉금엉금 기다시피 이동한다. 그나마 처음 100m 정도는 꽤 경사진 단면을 쇠줄도 없이 알아서 올라가야 한다.

STEP 02 등반

사실 올라가고 안 올라가고는 개개인의 마음이지만, 출발지점에 세워져 있는 푯말은 한순간 사람의 마음을 머뭇거리게 한다. 자신들의 성지에 오르려는 사람들을 향해 "제발 올라가지 마세요!"라고 호소하는 애버리진의 글귀가 씌어 있기 때문. 실제로 최근에는 이 글귀 때문에 스스로 등반을 포기하는 개념 여행자들도 늘고 있다. 일단 오르기로 마음을 정했다면, 정상까지는 1시간 정도가 걸린다. 정상에 오르기 전에 No.2 정상에 해당하는 고지가 나오고, 거기에서 다시 10분쯤 더 올라가면 대망의 정상이 나온다. 올라갈수록 바람이 많이 불고, 정상에는 강풍이 몰아칠 때도 있다.

STEP 03 정상에서

정상에 오르는 동안의 고생을 충분히 보상해주고도 남을 만큼 장엄한 풍경이 기다리고 있다. 사방을 둘러봐도 어디 한 곳 막힌 데 없는 들판. 세상은 모두 나지막하게 엎드려 에어즈 록을 향해 경배하는 것만 같다. 맞은편의 올가를 바라보면 가슴 벅찬 감동이 밀려온다.

PS

2019년 9월을 기점으로 에어즈 록 등반은 영원히 금지되었다. 애버리진의 오랜 염원대로 더 이상 훼손되지 않고 오롯이 보존될 수 있게 된 것. 에어즈 록 등반기 역시 다시는 아무도 올라갈 수 없는 성지에 대한 추억이 되었지만, 반성과 함께 반가운 마음에 기록으로 남긴다.

호주의 그랜드 캐니언

킹스 캐니언
KINGS CANYON

와타르카 국립공원 Watarrka NP이 품고 있는 킹스 캐니언은 센트럴 오스트레일리아에서 가장 빼어난 자연경관의 하나로, 장엄한 스케일의 기암괴석과 사암 절벽, 골짜기마다 흐르는 계곡물, 한 발짝 내디딜 때마다 펼쳐지는 비경에 호흡을 가다듬게 되는 곳이다. 광활한 신의 영역인 이곳은 거대한 바위산이 누군가의 날카로운 칼날에 의해 두 쪽으로 갈라진 것 같은 절벽 지대. 절벽의 층층에는 인간의 능력 밖에 존재하는 영겁의 세월이 차곡차곡 포개져 있다.

골짜기를 따라 올라가면서 흘린 땀방울은 어느새 불어오는 바람과 허허로운 바위산의 모습에 날아가고, 협곡의 정상에서 바라보는 골짜기는 커다랗게 입을 벌린 채 모든 것을 빨아들일 듯한 깊이와 까마득함으로 사람의 넋을 빼앗는다. 호주의 대자연을 몸소 체험하고 싶다면 반드시 찾아가 봐야 할 곳이다.

인포메이션 센터

Watarrka National Park ♈ Luritja Rd., Petermann ☎ 8956-7460 ⌂ www.nt.gov.au/leisure/parks-reserves/find-a-park-to-visit/watarrka-national-park

킹스 캐니언 가는 방법

킹스 캐니언 여행에서 한 가지 아쉬움이 있다면 쉽게 접근할 수 있는 대중교통이 없다는 것.
투어나 렌터카가 아니면 갈 수 없어서 많은 사람이 앨리스 스프링스나 에어즈 록만 방문한 채
지척에 두고 돌아서는 곳이다. 가장 가까운 거점 도시는 450km 떨어진 앨리스 스프링스.
이곳에서 곧장 킹스 캐니언으로 가거나 에어즈 록과 올가 투어를 마치고 연결해서 가는 게 가장 일반적이다.

렌터카 Rent a Car

앨리스 스프링스부터 자동차를 렌트해서 이동할 수도 있다. 이때 지도상으로는 웨스트 맥도넬 국립공원을 두루 거쳐 킹스
캐니언까지 가면 좋을 것 같지만, 도중에 메리니 루프 Mereenie Loop라는 꽤 긴 거리의 비포장 구간이 이어져서 4WD 차
량이 아니면 접근할 수 없다.
가장 좋은 방법은 조금 돌아가지만 스튜어트 하이웨이를 따라 남쪽으로 내려온 다음 잘 포장된 라세터 하이웨이 Lasseter
Highway를 따라가는 길. 도로를 따라 계속 가면 에어즈 록이 나오고, 우회전하면 킹스 캐니언이 나온다.

투어 Tour

AAT Kings에서 레드 센터 하프 데이 투어 Red Centre Half Day Tour라는 이름으로 앨리스 스프링스~에어즈 록 리조트~
킹스 캐니언 리조트~앨리스 스프링스의 구간마다 매일 1회씩 교통편만 제공하는 투어도 있으니 이 회사의 팸플릿을 참고해
보자. 단, 이를 잘못 이용하면 투어에 참가하는 것보다 비용이 더 들어서 배보다 배꼽이 더 커질 수도 있다는 점에 주의할 것.

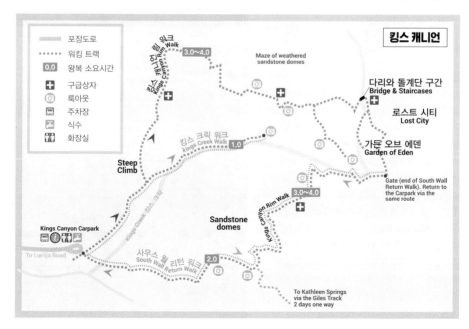

킹스 캐니언 림 워크 Kings Canyon Rim Walk

스케일이 다른 장엄함

킹스 캐니언 전체를 한 바퀴 돌아 나오는 순환 코스로, 총 길이는 6km나 된다. 초반부의 돌계단이 가장 힘들고 나머지는 완만하게 이어지는 트레킹 코스인데, 킹스 캐니언의 장엄함을 제대로 맛볼 수 있는 코스여서 대부분의 여행자들이 선택한다. 파란색 화살표를 따라, 반드시 시계 방향으로 돌아야 한다.

 🚶 6km ⏳ 3~4시간 **난이도** 4등급(보통~약간 힘듦)

TIP
킹스 캐니언 워크 Kings Canyon Walk

킹스 캐니언의 전체적인 형태는 벌리고 있는 악어의 입처럼 두 동강 난 협곡 사이로 킹스 크릭이라는 강물이 흐르는 모양새. 트레킹 코스는 모두 5개가 있지만, 두 동강 난 협곡의 한쪽에서 깊은 목구멍까지 다다른 뒤 다른 쪽으로 이동해서 돌아오는 **킹스 캐니언 림 워크 Kings Canyon Rim Walk** 와 입 언저리쯤에서 다른 쪽으로 건너갔다가 다시 되돌아오는 **킹스 크릭 워크 Kings Creek Walk**가 가장 많은 여행자들이 선택하는 트레킹 코스다.

가든 오브 에덴 Garden of Eden

곧이어 나타나는 뷰포인트는 두 동강 난 협곡을 보여주는 최대 하이라이트 지점. 두부 자르듯 매끈하게 잘라진 절벽 저편을 보고 있노라면 저절로 간담이 서늘해진다. 이곳에서는 남녀노소 할 것 없이 바닥에 납작 엎드려서 절벽 아래를 바라보는 진풍경이 벌어지기도 한다. 절벽과 바위틈을 빠져나와 원목으로 만든 계단길을 따라 협곡 아래로 내려오면 팜트리와 양치류 식물이 즐비하게 늘어선 숲 속에 작은 연못이 나오는데, 이름하여 '에덴 동산' 가든 오브 에덴 Garden of Eden이다. 우기에는 절벽 아래로 물이 떨어져 폭포를 이루기도 하지만 보통 때는 잔잔한 연못과 오리떼만이 관광객을 반긴다. 해가 비치면 초록빛으로 변했다가 절벽 사이로 그늘이 지면 먹물처럼 검게 변하는 이곳에서 옷을 벗어 던지고 물에 뛰어드는 사람들을 보노라면, 왜 에덴동산이라는 이름이 붙었는지 어렴풋이나마 이해가 된다.

로스트 시티 Lost City

끝없이 이어질 것 같은 돌계단을 밟고 산등성이에 올라서면 돌무더기를 쌓아놓은 듯한 풍경의 '잃어버린 도시' 로스트 시티 Lost City를 만나게 된다. 누가 지은 이름인지는 모르지만, 마치 폐허처럼 무심히 흩어져 있는 돌덩이들이 정말 잃어버린 고대 도시의 허허로운 풍경처럼 느껴지기도 한다.

사우스 월 리턴 워크 South Wall Return Walk

킹스 캐니언 맛보기 코스

킹스 캐니언 림 워크와 반대로 향하는 코스. 주차장에서부터 시계 반대방향으로 초록색 화살표를 따라가다가, 반환 게이트 앞에서 파란색 화살표를 따라 돌아 나온다. 킹스 캐니언의 남쪽 벽면을 따라 가파른 오르막을 올라야하지만, 난이도는 그리 높지 않다. 오전 11시 이전에 출발해야만 돌아 나올 수 있다.

🚶 4.8km ⏳ 2시간 **난이도** 3등급(보통)

킹스 크릭 워크 Kings Creek Walk

인디아나존스처럼 협곡 탐험

킹스 캐니언의 협곡 바닥으로 내려가 계곡을 건너서 맞은편 뷰포인트까지 갔다가 돌아오는 코스. 오르내리는 구간은 꽤 많지만 왕복 2.6km로 길이가 짧고, 1시간 정도면 돌아볼 수 있어서 시간이 촉박한 사람들에게 추천할 만한 코스다. 잃어버린 도시나 에덴동산과 같은 볼거리는 없지만, 계곡을 따라 걷는 운치가 있으므로 오르지 않는 것보다는 낫다. 주황색 마크를 따라가면 된다.

🚶 2.6km ⏳ 1시간 **난이도** 2등급(쉬움)

오지 스타일 설거지

투어 버스에 합류해서 노던 테리토리를 여행할 때 누구도 피해갈 수 없는 의무는 바로 설거지입니다. 투어 참가자들은 그날그날의 땔감을 직접 구해야 하는가 하면 식사는 물론 설거지까지 손수 해결해야 하는데, 문제는 모든 물자가 부족한 오지에서, 식수조차 넉넉지 않은 오지에서 설거지물을 낭비하는 일은 거의 '죄악'에 가깝다는 데 있습니다.

그래서 나온 것이 '오지 스타일 설거지법'. 일단 접시 위의 음식물을 풀잎이나 종이 등으로 닦아낸 다음 거품 세제를 푼 물속에 한 번 헹굽니다. 그러고는 그냥 마른행주로 닦으면 끝!! 그 마른행주는 투어버스의 앞쪽에 널어서 다음 식사 때까지 자연적으로 말려서 다시 쓰게 되죠. 이런 식으로 설거지하면 단 3컵의 물로도 4~5명의 그릇은 거뜬히 닦을 수 있습니다. 비위생적이라구요? 그래도 식기가 더러워서 탈이 난 여행자는 아직 없다고 하니 오지에서는 오지 스타일로 그냥 따라할 밖에요.

캐슬린 스프링스 Kathleen Springs

누구나 즐길 수 있는 이지 워킹

어린이나 노인, 장애인을 동반했을 경우 추천하는 난이도 1등급 코스다. 전구간 휠체어 패스가 깔려있어서 수월하게 이동할 수 있으며, 코스 도중에 애버리진 전설과 미술에 대한 이미지들이 전시되어 있어서 재미있게 즐길 수 있다. 그러나 신체 건강한 젊은 여행자라면, 이 코스 이외의 코스들에 도전해 볼 것을 권한다.

🚶 2.4km ⏳ 1시간30분 **난이도** 1등급(아주 쉬움)

길스 트랙 Giles Track

체력이 좋은 서양 여행자들이 도전하는 루트. 22km에 이르는 킹스 캐니언 전 구간을 7시간 혹은 이틀에 걸쳐 돌아보는 코스로, 국립공원 관리소에서 캠핑 허가서까지 발급받아야 가능하다. 길 자체의 난이도는 보통이지만 하루 안에 주파하기에는 무리가 따르기 때문에 캠핑 장비 등을 등에 지고 걸어야 한다는 점에서 쉬운 코스는 아니다. 킹스 캐니언에서는 어떤 코스건 반드시 정해진 루트로만 이동해야 하며, 출발 전에 반드시 그날 날씨와 기온을 체크해야 한다. 한여름에는 몹시 더우므로 가능하면 오전 중에 출발하고, 식수와 걷기 편한 신발을 준비하는 것도 잊지 말자.

🚶 22km ⏳ 7시간 **난이도** 3등급(보통)

TIP
킹스 캐니언의 숙소

이런 빼어난 관광지에 숙소 선택의 폭이 이렇게 좁다는 사실이 믿기지 않지만, 그게 현실이니 받아들일 수밖에 없다. 킹스 캐니언에서 7km 정도 떨어진 곳에 있는 킹스 캐니언 리조트가 이 일대의 유일무이한 숙소이며, 그다음 가까운 숙소는 자그마치 35km나 떨어진 킹스 크릭 스테이션. 공급이 모자라니 요금도 당연히 부르는 게 값이다. 캠핑 장비를 준비하든가 아니면 하루 정도 호사(?)를 누려 보든가, 이도 저도 아니면 아예 숙박하지 않고 서둘러 지나가는 게 가장 좋은 방법이다.

Kings Canyon Resort

캠핑장, 백패커스식 도미토리룸, 모텔룸 등 다양한 객실을 갖추고 있다. 요금이 비싸지만 그나마 와타르카 국립공원의 유일한 숙소여서 성수기에는 예약하지 않으면 방 잡기가 하늘의 별 따기보다 힘들다. 캠핑장과 객실, 그 밖의 시설은 나무랄 데 없이 훌륭하다. 수영장·바·카페·레스토랑·슈퍼마켓이 있으며, 주유소까지 함께 운영한다. 식사는 슈퍼마켓에서 재료를 구입해서 직접 요리해 먹을 수도 있고, A$15~20 정도면 리조트 레스토랑에서 아웃백 스타일의 BBQ를 맛볼 수 있다.

📍 Luritja Rd., Watarrka NP. 💲 도미토리 A$35~, 더블·트윈 A$120, 모텔 A$190~ 📞 1300-134-044
🏠 www.discoveryholidayparks.com.au/kings-canyon

Kings Creek Station

킹스 캐니언에서 35km나 떨어져 있지만 다양한 프로그램 덕분에 나름대로 인기가 있다. 낙타 사파리, 4륜 모터바이크 사파리, 헬리콥터 플라이트 등의 투어를 함께 운영한다. 테이크어웨이 메뉴와 맥주 등을 파는 레스토랑까지 있는 대규모 고속도로 휴게소 같은 곳으로, 숙박비나 그 밖의 모든 것이 킹스 캐니언 리조트보다는 저렴하다.

📍 Ernest Giles Rd. 💲 캠핑장 어른 A$25~, 캐빈 어른 A$77.5, 어린이 A$48.5 📞 8956-7474 🏠 www.kingscreekstation.com.au

호주의 절반
웨스턴 오스트레일리아 주
WESTERN AUSTRALIA

면적 264만㎢ **인구** 약 259만 명 **주도** 퍼스 **시차** 한국보다 1시간 늦다 **지역번호** 08

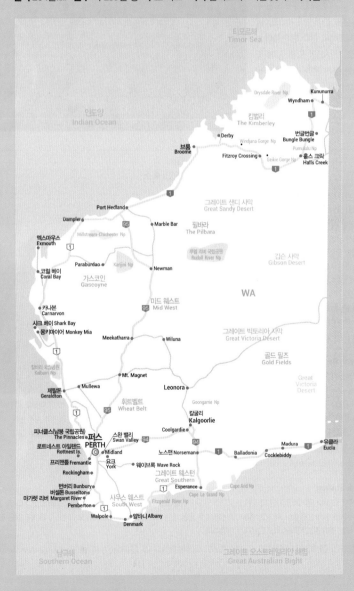

티모르해
Timor Sea

인도양
Indian Ocean

Drysdale River Np

쿠누누라
Kununurra

윈덤
Wyndham

킴벌리
The Kimberley

번글번글
Bungle Bungle

데비
Derby

Windjana Gorge Np

Purnululu Np

브룸
Broome

피츠로이 크로싱
Fitzroy Crossing

Geikie Gorge Np

홀스 크릭
Halls Creek

포트 헤들랜드
Port Hedland

그레이트 샌디 사막
Great Sandy Desert

댐피어
Dampier

마블 바
Marble Bar

필바라
The Pilbara

엑스머우스
Exmouth

Millstream-Chichester Np

러덜 리버 국립공원
Rudall River Np

깁슨 사막
Gibson Desert

파라버두
Paraburdoo

Karijini Np

뉴먼
Newman

코럴 베이
Coral Bay

가스코인
Gascoyne

미드 웨스트
Mid West

WA

카나본
Carnarvon

샤크 베이 Shark Bay

몽키마이아 Monkey Mia

Meekatharra

윌루나
Wiluna

그레이트 빅토리아 사막
Great Victoria Desert

골드 필즈
Gold Fields

칼바리 국립공원
Kalbarri Np

Mt. Magnet

레오노라
Leonora

Great Victoria Desert

제랄튼
Geraldton

멀레와
Mullewa

휘트벨트
Wheat Belt

칼굴리
Kalgoorlie

Goongarrie Np

피너클스(남봉 국립공원)
The Pinnacles

쿨가디
Coolgardie

스완 밸리
Swan Valley

퍼스
PERTH

마두라
Madura

유클라
Eucla

로트네스트 아일랜드
Rottnest Is.

Midland

노스맨
Norseman

발라도니아
Balladonia

콕클비디
Cocklebiddy

프리맨틀 Fremantle

요크
York

웨이브록 Wave Rock

Rockingham

그레이트 웨스턴
Great Southern

번버리 Bunbury

버셀튼 Busselton

마가렛 리버 Margaret River

사우스 웨스트
South West

에스퍼랜스
Esperance

Cape Le Grand Np

Pemberton

Fitzgerald River Np

Cape Arid Np

월폴
Walpole

올바니 Albany

덴마크
Denmark

남극해
Southern Ocean

그레이트 오스트레일리안 해협
Great Australian Bight

이것만은 꼭!
HAVE TO TRY

멀리서부터 집채처럼 몰려오던 파도가 정상에서 딱 멈춘 것 같은 웨이브록.
이 거대한 파도는 270억 년 전부터 스톱모션인 채로 풍화와 침식을 거듭하고 있다.
웨이브록에 올라 파도타기 인증샷 남기기!

붉은 사막 한가운데 비석처럼 하늘을 받치고 있는 피너클스.
지구의 또 다른 모습을 보고 싶다면 모래먼지 뚫고 피너클스로 가야 한다.

퍼스 근교의 고풍스러운 도시 프리맨틀과 로트네스트 아일랜드 방문.
프리맨틀의 카푸치노 거리와 로트네스트 섬의 쿼커는 이 동네에서 반드시 만나야 할 장소와 동물이다.

퍼스 시내에 있는 킹스 파크에 오르면 가슴이 확 트이는 느낌이다.
눈 아래로 펼쳐지는 현대적인 퍼스의 전경과 도시를 가로지르는 스완강의 전경 감상하기.

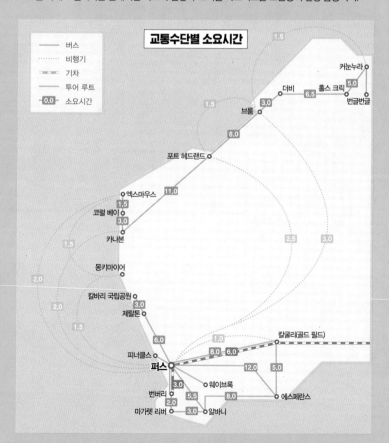

WESTERN
AUSTRALIA

● Perth

문명의 상징이 된
모던 오아시스

퍼스
PERTH

사막 한가운데 건설된 거대하고 현대적인 도시. '세계에서 가장 고립된 도시 Most Isolated Capital City in the World'라 불리는 퍼스의 첫인상은 무척 강렬하다. 하늘을 찌를 듯한 고층빌딩과 초록의 공원, 유유히 흐르는 스완강. 이들이 만들어내는 경쾌한 도시 분위기는 마치 문명의 상징처럼 방문자의 가슴을 설레게 한다. 호주 영토의 절반에 가까운 서호주의 주도로써 지니는 지위 또한 남다르다.

인도양에서 불어오는 연중 온화한 바람은 해양성 기후를 만들어내고 퍼스를 일 년 내내 여행하기 좋은 곳으로 만든다. 호주 안에서 만나는 또 다른 여행지의 느낌, 퍼스는 알려진 것보다 알려져야 할 것들이 많은, 설레는 캔디박스 같은 곳이다.

👥 인구 **약 199만 명**   ☎ 지역번호 **08**

인포메이션 센터

The Western Australian Visitor Centre
📍 55 William St., Perth 🕐 월~금요일 09:00~17:00, 토~일요일 09:30~16:30 📱 9483-1111
🏠 www.wavisitorcentre.com.au

퍼스 미리보기

어떻게 다니면 좋을까?

퍼스의 대중교통은 트랜스퍼스 Transperth라는 통합 시스템에 의해 운영된다. 버스와 기차, 페리까지 하나의 기관에서 관리하는 이 시스템은 여행자들에게는 아주 편리하다.

또한, 퍼스 시티센터를 중심으로 FTZ(Free Transit Zone)라 불리는 무료 교통 구간이 있는데, 이 구역 안에서는 모든 교통수단을 무료로 이용할 수 있다. 교통비 아낀다고 괜한 발품 팔지 말고 FTZ를 효율적으로 활용하시길!

어디서 무엇을 볼까?

퍼스 시티는 동서로 놓여 있는 철로를 중심으로 노스브리지 지역과 다운타운 지역으로 나뉜다. 다운타운 지역이 현대적이고 도회적이라면, 노스브리지는 아시아의 어느 뒷골목에 온 느낌이 들 만큼 동양적이다. 아시아 이민자들이 모여 사는 노스브리지와 유럽 이민자들이 모여 사는 다운타운의 모습은 마치 두 얼굴의 퍼스를 보는 듯 극명한 대조를 이룬다.

대부분 볼거리는 스완강과 접한 다운타운에 모여 있고, 관광객을 위한 무료 버스 노선도 다운타운에 집중되어 있다. 그러나 조금만 발품을 팔면 노스브리지의 에스닉한 진면목을 볼 수 있다. 인간적인 퍼스를 만나고 싶다면 노스브리지에 주목할 것!

PERTH

어디서 뭘 먹을까?

퍼스는 국제적인 도시. 많은 아시아 이민자들과 유학생 그리고 호주의 대부호들이 이룩한 도시답게 먹을거리에서는 가장 국제화한 도시라 해도 과언이 아니다. 호주의 동부해안 쪽 도시보다 인도네시아·말레이시아 등의 아시아 국가와 더 가깝다는 지리적인 요인도 이곳에 아시아 요리를 발달시킨 이유가 되었을 것이다. 머레이 스트리트 몰과 헤이 스트리트 몰만 뒤져도 여행 기간 내내 다 맛보지 못할 만큼 많은 맛집들이 있다. 좀더 개성 있는 맛집을 찾는다면 노스브리지쪽으로 건너가 본다. 이 일대는 한 집 건너 한집이 맛집이다.

어디서 자면 좋을까?

퍼스의 숙박업소는 지역별로 크게 3종류로 나뉜다. 첫째는 노스브리지 쪽에 밀집된 저렴한 백패커스, 둘째는 시티센터 쪽에 자리 잡은 중급 모텔, 셋째는 스완강을 중심으로 훌륭한 전망을 자랑하는 고급 호텔. 특이한 것은 대부분의 숙소가 야외 수영장을 갖추고 있다는 점인데, 이는 퍼스의 연중 온화하고 화창한 날씨 때문이다.

최근에는 하이 스트리트를 따라 새롭게 론칭한 글로벌 체인 호텔들의 등장도 주목할 만하다. 호주의 대도시치고는 가격 대비 시설과 서비스가 좋은 것도 퍼스 숙소들의 특징이다.

ACCESS
퍼스 가는 방법

퍼스는 호주의 서쪽 끝에 있는 도시. 가장 가깝다는 대도시 애들레이드에서조차 기차로 3박4일이 걸리는 거리인 만큼 교통수단을 선택할 때 신중을 기해야 한다. 도중에 거점 도시를 경유하면서 이동할 예정이라면 육로도 상관없지만, 짧은 시간에 퍼스를 포함한 서호주에 접근하는 데는 비행기가 최선이다.

퍼스로 가는 길

경로	비행기	기차	거리
애들레이드 → 퍼스	3시간 25분	2박3일	2980km
멜번 → 퍼스	4시간 15분		3770km
시드니 → 퍼스	5시간	3박4일	4450km
브리즈번 → 퍼스	5시간 35분		5185km
다윈 → 퍼스	4시간		4340km

비행기 Airplane

퍼스는 호주의 어느 도시보다 비행기 이용율이 높은 도시다. 콴타스 링크, 버진 오스트레일리아, 제트스타는 물론이고, 타이거 에어와 렉스까지 모든 국내선 항공사들이 퍼스 공항에 취항하고 있다. 국제선의 경우도 싱가포르, 홍콩, 방콕, 광저우 등을 경유하는 다양한 항공편이 있어서, 퍼스를 호주 여행의 관문으로 삼는 여행자들도 늘고 있는 추세.

퍼스 시내에서 동쪽으로 약 12km 떨어진 곳에 자리잡은 퍼스 국제공항은 매우 현대적인 외관과 시스템을 자랑한다. T1~T4까지 4개의 터미널 가운데 T2와 T4는 국내선, T3는 국제선 전용으로 사용되고, T1은 국제선과 국내선이 혼용되고 있다. T1, T2가 하나의 구역이고, T3, T4가 또 하나의 구역으로 나뉘어져 있으며, 두 구역 사이에는 무료 셔틀버스가 운행된다.

공항 ⟶ 시내

퍼스에서의 모든 교통은 트랜스퍼스 Transperth로 통한다. 공항 버스 역시 트랜스퍼스의 시내버스 36, 40, 296번 등 여러 노선이 공항에서 시티까지 운행되고 있으며, 최근에 개통된 근교 열차 패스트랙(598p 지도 참조) 에어포트 라인을 이용하면 더 편하게 시내까지 갈 수 있다.

버스와 기차 모두 시내까지 30~40분 정도 소요되고, 요금도 동일하게 A\$5.10.

에어포트 셔틀버스의 경우, 공항 내에 여러 회사에서 운영하는 부스가 마련되어 있으니 그 중 선택할 수 있다. 공항에서 시내 호텔까지 1인 요금은 회사별로 대동소이하지만, 인원과 거리에 따라 유동적이다. 택시를 이용하면 퍼스 시내까지 30분 정도 가 걸리고, 요금은 A\$40~50, 일반 택시보다 우버 택시가 조금 더 저렴하다.

Perth Airport ☐ 9478-8888 ♠ www.perthairport.com.au

퍼스 에어포트 셔틀
☐ 0415-782-117 ♠ www.perthairportshuttle.com.au

버스 Bus

안타깝게도 그레이하운드 버스는 대부분의 서호주 노선을 철수하고, 현재 다윈에서 브룸으로 향하는 북서부 노선만 운행한다. 즉 퍼스까지 가는 그레이하운드 버스는 없다는 의미. 서호주 내에서는 트랜스 웨스트 오스트레일리아 TransWA나 사우스 웨스트 코치라인스 South West Coachlines를 이용할 수 있는데, 주정부에서 운영하는 TransWA는 서호주 전역

주요 도시에서 코치 버스를 운행하고, 사설 버스 회사 South West Coachlines는 마가렛 리버나 번버리 같은 서호주 남부 도시에서 퍼스까지 버스를 운행한다. 대부분의 장거리 버스들은 야간 스퀘어 Yagan Square에 있는 버스포트 Busport 또는 엘리자베스 키에 있는 버스 스테이션에 도착한다.

주요 장거리 버스

TransWA ☐ 1300-662-205 ♠ www.transwa.wa.gov.au
South West Coachlines
☐ 9753-7700 ♠ www.southwestcoachlines.com.au

기차 Train

인디언 퍼시픽 Indian Pacific 열차가 광활한 호주 대륙을 동서로 횡단하며 시드니에서 애들레이드를 거쳐 퍼스까지 운행한다. 시드니에서 매주 수요일 15:00에 출발하는 열차가 브로큰 힐~애들레이드~칼굴리를 거쳐 퍼스에 도착하는 것은 토요일 15:00. 시드니부터 퍼스까지 한 번에 기차로 이동하는 사람도 없겠지만, 만약 있다고 가정하면 3박4일의 긴 여정이다. 장거리 열차가 도착하는 이스트 퍼스역 East Perth Station은 시티에서 꽤 떨어진 곳에 있으므로, 시티로 나오려면 트랜스퍼스 열차로 갈아타고 세 구간 떨어진 퍼스 시티역에서 내리면 된다.

퍼스 시내교통

트랜스퍼스 Transperth

트랜스퍼스의 시스템은 퍼스 시티센터를 중심으로 거리에 따라 9개의 존으로 나누어 각기 다른 요금을 적용하고 있다. 시내에서 가까운 곳이 Zone 1이 되며, 가장 먼 광역권은 Zone 9이다. 같은 존 안에서는 버스·기차·페리 등 모든 교통수단이 통합 시스템으로 운영되어 같은 요금이 적용되고 있다. 예를 들어 프리맨틀에 갈 경우, 버스를 타든 기차를 타든 페리를 타든 요금은 존 2에 해당되는 A$5.10이다. 1~4존까지는 2시간, 4~9존까지는 3시간 내에 무료 환승이 가능하다.

하루 동안 여러 군데를 돌아보거나 먼 거리를 이동할 때는 데이라이더 DayRider 티켓을 구입하는 것이 경제적이다. 이 티켓은 구간에 상관없이 하루 동안 모든 대중교통을 무제한 이용할 수 있다. 대신 평일 오전 9시 이전에는 사용할 수 없고, 주말과 공휴일에도 사용할 수 없다. 주말이나 공휴일에는 7명까지 하루종일 무제한 이용할 수 있는 패밀리라이더 FamilyRider가 유용하다. 평일에도 피크 시간을 제외하면 이용할 수 있지만 시간제약이 많으므로 구입에 앞서 미리 확인할 것.

한편 일종의 교통카드인 스마트라이더 SmartRider를 구입하면 현금으로 지불할 때보다 10~20% 저렴하게 트랜스퍼스를 이용할 수 있지만, 카드 구입비 A$10을 내야하고 거주자 등록도 필요해서 여행자가 이용할 일은 별로 없다. 스마트라이더는 트랜스퍼스 인포센터나 일반 매표소에서 구입할 수 있다.

트랜스퍼스
🕐 06:00~23:30(주말·공휴일에는 운행횟수가 줄어든다) 📱 13-62-13 🏠 www.transperth.wa.gov.au

버스 티켓 종류 및 요금(A$)

요금 타입	현금	SmartRider (10% 할인)	SmartRider (20% 할인)
FTZ(Free Transit Zone)	대중교통 무료		
2 Sections(3.2km 내에서 단일 교통수단 이용시)	2.30	2.07	1.84
1 Zone	3.40	3.06	2.72
2 Zone	5.10	4.59	4.08
DayRider	10.30	10.30	10.30
FamilyRider	10.30		

무료 버스, 캣 CAT
Central Area Transit

퍼스는 여행자의 천국이라 할 수 있다. 시내 중심가의 무료 교통 존 FTZ(Free Transit Zone) 안에서는 무료 버스를 타고 하루에 몇 번이고 승하차를 반복하며 노선 가운데 포함된 관광지들을 쉽게 둘러볼 수 있기 때문이다.

퍼스의 공짜 버스는 캣 CAT. 이름처럼 버스의 외관에도 날렵한 검은 고양이가 그려져 있어서 한눈에 알아볼 수 있다. 노선표와 타임테이블은 마운트 베이 로드 Mounts Bay Rd.에 있는 시티 버스포트 City Busport, 헤이 스트리트 몰에 있는 플라자 아케이드 Plaza Arcade 그리고 웰링턴 스트리트의 버스 스테이션과 퍼스 트레인 스테이션 Perth Train Station에서 구할 수 있다.

노선은 모두 4종류. 동서로 달리는 옐로우와 레드캣, 남북을 커버하는 블루캣, 시티 서쪽까지 확장된 그린캣이 있다. 주의할 점은 캣 버스는 한쪽 방향으로만 운행을 한다는 것. 정류장 번호를 잘 보고, 가려고 하는 방향과 번호의 순서가 맞는지 확인해야 한다.

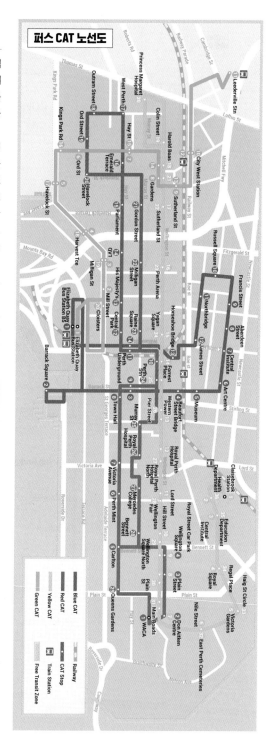

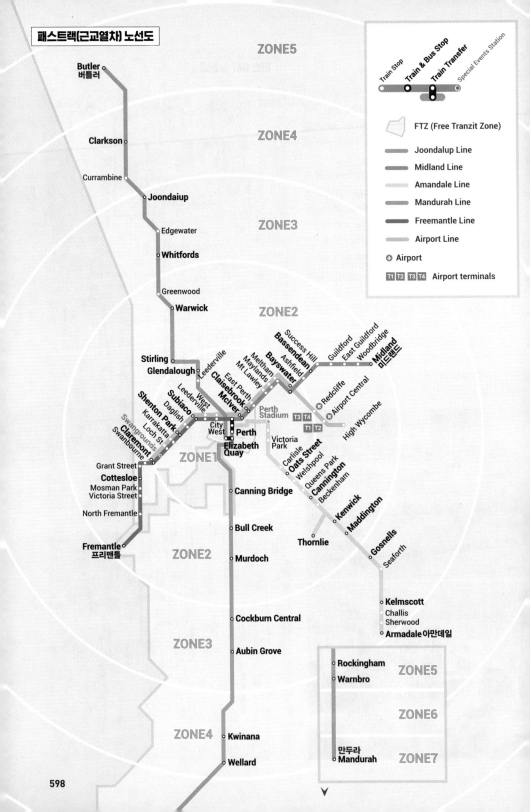

패스트랙(근교열차) 노선도

ZONE5

Butler
버틀러

ZONE4

Clarkson

Currambine

Joondaiup

ZONE3

Edgewater

Whitfords

Greenwood

Warwick

ZONE2

Stirling

Glendalough

Leederville

Bassendean

Bayswater

Midland
미드랜드

Success Hill
Ashfield

Guildford
East Guildford
Woodbridge

Meltham
Maylands
Mt Lawley
East Perth

Claisebrook

Shenton Park

Subiaco

Daglish

Leederville

West Leederville

McIver

Perth Stadium

Redcliffe

Airport Central

High Wycombe

T3 T4

T1 T2

Karrakatta

Loch St

City West

Perth

Elizabeth Quay

Victoria Park

Claremont

Swanbourne

Swangrounds

Grant Street

Cottesloe

Mosman Park

Victoria Street

North Fremantle

Carlisle

Oats Street

Welshpool

Queens Park

Cannington

Beckenham

Kenwick

Maddington

Gosnells

Seaforth

ZONE1

Canning Bridge

Bull Creek

Thornlie

Murdoch

Fremantle
프리맨틀

ZONE2

Cockburn Central

Aubin Grove

Kelmscott

Challis

Sherwood

Armadale 아만데일

ZONE3

ZONE4

Kwinana

Wellard

Rockingham

Warnbro

ZONE5

ZONE6

만두라
Mandurah

ZONE7

범례

Train Stop

Train & Bus Stop

Train Transfer

Special Events Station

FTZ (Free Tranzit Zone)

Joondalup Line

Midland Line

Amandale Line

Mandurah Line

Freemantle Line

Airport Line

✈ Airport

T1 T2 T3 T4 Airport terminals

패스트랙(근교 열차) Fastrak(Suburban Train)

퍼스 시내와 외곽을 동서남북으로 연결하는 패스트랙 Fastrak은 트랜스퍼스에서 운영하는 로컬 트레인의 이름으로, 버스·페리와 마찬가지로 존에 따라 요금이 적용된다. 모든 노선은 웰링턴 스트리트에 있는 퍼스역에서 출발하며, 동쪽으로는 미드랜드 Midland, 서쪽으로는 프리맨틀 Fremantle, 남쪽으로는 만두라 Mandurah와 아마데일 Armadale, 북쪽은 버틀러 Butler까지 연결하는 5개 노선이 있다. 05:20~24:00, 20분 간격으로 운행된다(주말에는 운행 편수가 줄어든다). 시티 웨스트 City West에서 클라이스브룩 Claisebrook까지는 무료로 타고 내릴 수 있는 FTZ 구간이다.

티켓은 승강장에 설치된 자동판매기에서 구입할 수 있으며, 티켓 확인절차 없이도 기차를 탈 수 있다. 대신 기차를 타고 가는 중간 중간에 수시로 검표원이 올라와 티켓을 검사하므로 괜히 몇 푼 아끼려다 벌금 내지 말고 애초부터 지킬 것은 지키자. 데이 라이더 티켓은 승강장에 설치된 밸리데이팅 머신에 넣었다가 빼면 된다.

페리 Ferry

페리 노선은 2종류. ❶ 시티-사우스 퍼스 노선은 트랜스퍼스에 의해 운영되므로 2 Sections(3.2km 내에서 단일 교통수단 이용시) 요금을 스마트라이더나 현금으로 지불하면 된다. 배럭 스트리트 제티 Barrack St. Jetty에서 출발한 페리는 강 건너 사우스 퍼스의 퍼스 동물원까지 8분 만에 도착한다. ❷ 퍼스 시내-프리맨틀과 로트네스트 섬 노선은 시링크 로트네스트 아일랜드 Sealink Rottnest Island와 로트네스트 익스프레스 Rottnest Express에 의해 운영된다. 두 회사의 페리 요금은 동일하고, 평일 보다 주말 요금이 조금 더 비싸다.

시링크 로트네스트 아일랜드 Sealink Rottnest Island ☐ 1300-786-552 🏠 www.sealinkrottnest.com.au
로트네스트 익스프레스 Rottnest Express ☐ 1300-476-688 🏠 www.rottnestexpress.com.au

자전거 Bicycle

아름다운 스완강과 넓게 펼쳐진 킹스 파크, 높고 푸른 하늘. 걸어서 다니기에는 지치고, 그렇다고 버스를 타고 지나치기에는 아까운 풍경들. 이 모든 퍼스의 아름다움을 제대로 느끼기 위한 이동수단으로는 어쩌면 자전거가 가장 좋을지도 모른다. 특히 퍼스처럼 자전거를 위한 도로와 이정표, 안내시설 등이 잘 갖춰진 곳에서는 이방인들도 한번쯤 시도해볼 만한 일이다. 자전거를 타다가 힘이 들면 자전거를 들고 다른 교통수단을 이용해도 된다. 시내 헤이 스트리트에 자전거 대여소가 있고, 이곳에서는 헬멧과 자물쇠, 물통 같은 부속품들도 무료로 대여한다.

자전거 대여소 Cycle Centre With HIRE
📍 23/326 Hay St., Perth ⏰ 월~금요일 09:00~17:30, 토요일 09:00~16:00, 일요일 13:00~16:00 ✕ 공휴일 💲 A$25~ ☐ 9325-1176
🏠 www.theebikespecialist.com.au/hire-perth

투어 Tour

퍼스 주변에는 당일치기로 다녀올 수 있는 근교의 볼거리들이 많지만, 대중교통으로 가기에는 조금 무리다. 퍼스 시내만 벗어나면 황무지가 펼쳐지고, 주유소조차 드문드문 떨어져 있기 때문. 서호주의 멋진 풍경을 감상하는 가장 편한 방법은 투어 회사의 프로그램을 적절히 이용하는 것이다. 투어를 신청할 때는 배낭여행자 할인이 있는지를 꼭 확인하자. 대부분의 회사가 배낭여행자 할인요금을 적용하고 있다. 특히 비수기에는 오전과 오후의 요금이 다를 만큼 가격 할인폭도 다양하므로, 예약에 앞서 반드시 조건을 확인하는 것이 좋다.

퍼스에서 출발하는 주요 투어

투어 이름	투어 내용
4WD Pinnacles, Koalas & Sandboarding Adventure	4WD 차량을 타고 피너클스로 가는 투어. 이밖에 몽키마이어까지 돌아보는 3일, 5일 투어도 있다.
Margaret River, Wineyards, Eagles & Cave	바다·숲·와이너리 등 볼거리 가득한 퍼스 남동부를 돌아보는 투어. 와인으로 유명한 마가렛 리버 주변의 와이너리, 거대한 종유석을 볼 수 있는 매머드 동굴을 구경하고, 주변의 숲을 산책한 다음 아름다운 해안을 둘러보는 등 서호주의 자연을 만끽할 수 있다.
Perth Famous Wine Cruise	스완강을 크루즈하면서 스완 밸리에 있는 와이너리를 찾아간다. 와인 즐기기가 메인으로, 배 안에서는 치즈와 함께 와인을 즐길 수 있고 와이너리에서도 시음할 수 있다. 강변 레스토랑에서의 런치도 포함된다.
Wave Rock & Aboriginal Culture	피너클스와 함께 서호주의 비경으로 꼽히는 웨이브록으로 가는 1일 투어. 도중에 요크와 애버리진 마을도 들른다. 또 웨이브록 근처의 뮬 케이브에서는 귀중한 에버리진 벽화도 볼 수 있다.
Wildflower Discovery	서호주는 야생화로 잘 알려진 곳. 8~11월에는 우리나라에서는 볼 수 없는 진귀한 야생화가 활짝 피어난다. 이 시즌에만 주최하는 투어로, 야생화에 대해 자세히 설명해주고 소책자도 나눠준다.
Captain Cook Cruises	차를 마시면서 스완 강변의 명소를 돌아보는 시닉 크루즈, 점심식사가 포함된 프리맨틀 크루즈, 퍼스의 야경을 감상하면서 뷔페 디너를 즐기는 디너 크루즈 등을 주최한다.

.... TIP ....
서호주 투어의 절대강자, 오스트랠리언 피내클 투어스

서호주 지역의 투어 회사 가운데는 절대강자가 존재한다. 비교가 어려울 정도로 절대적인 점유율과 호평을 받고 있는 오스트랠리언 피내클 투어스가 바로 그 주인공이다. 원래는 아담스 투어였는데, 최근 들어 상호명을 바꾸었다. 시내 곳곳에서 트랜스퍼스만큼이나 많이 눈에 띄는 버스가 있는데, 파란색과 하얀색이 어우러진 투어 버스들이다. 버스를 운전하는 기사들은 모두 파란색 모자를 쓴 노신사들. 최소 20년 이상 경력을 지닌 베테랑 기사이자 가이드들이다. 그들의 노련한 운전 실력과 서호주의 지질과 문화에 대한 박식함은 투어 내내 감탄을 자아낸다. 일에 대한 열정과 고객에 대한 매너는 이들의 행동에 깊이 배어있는 듯하다. 개인적으로 호주 전역의 투어 회사들 가운데 가장 인상 깊었으며, 투어가 끝날 때마다 감사와 감동이 교차했던 기억이 남는다. 퍼스에서는 오스트랠리언 피내클 투어스의 세력이 워낙 커서 다른 선택의 여지가 별로 없는 것도 사실이지만, 한번 경험해보고 나면 왜 그런지 이유를 알게 될 것이다.

오스트랠리언 피내클 투어스 Australian pinnacle tours
📍 Shop 1, Barrack Street Jetty, Perth 📱 1300-551-687
🏠 www.australianpinnacletours.com.au

퍼스 추천 코스

퍼스 시내는 이틀에 나누어 둘러보는 것이 효율적이다.
아주 체력이 좋은 경우가 아니라면 걸어 다니기에는 조금 넓은 퍼스 시티. 여행자의 발이 되어주는
캣 버스를 잘 활용하면 체력과 시간을 절약할 수 있다. 퍼스 시내 관광에 2~3일 정도가 소요되고,
근교의 피너클스나 웨이브록 같은 관광지를 둘러보는 데 다시 2~3일 정도가 필요하다.

DAY 01

레드캣을 타고 다운타운의 동서쪽을 둘러보자.
이 지역에는 볼거리가 모여 있고, 무엇보다
넓은 부지의 킹스 파크가 포함되어 있어
꽤 많은 시간이 걸린다. 엘리자베스 키에서 출발해
시티 중심가를 도보로 둘러본 다음, 레드캣을 타고
킹스 파크까지 갔다가 수비아코에 들러
저녁 식사를 즐기는 일정이 가장 무난하다.

🕐 예상 소요시간 7~8시간

Start

엘리자베스 키
스완 강변의 낭만

도보 5분

벨 타워
세상에서 가장 큰 악기

도보 10분, 블루캣 5분

헤이 스트리트
퍼스의 압구정동

도보 1분

런던 코트
여기가 영국일까, 호주일까?

도보 2분

머레이 스트리트 몰
관광안내소가 있는 광장

도보 10분, 옐로우캣 5분

세인트 마리 성당
아름다운 외관과 스테인드글라스에 주목

도보 5분

퍼스 민트
서호주 조폐공사

레드캣 15분

킹스 파크
퍼스를 한눈에!!

도보 25분, 패스트랙 10분

수비아코
낭만과 트렌드 사이

Finish

Start

DAY 02

노스브리지에 모여 있는 컬처센터와
스완 강변에서 시간을 보내자. 동물에 관심이 있는
사람은 배럭 스트리트 제티에서 페리를 타고
사우스 퍼스로 건너가 보는 것도 좋다.
동물원에서 충분히 시간을 보낸 후,
돌아올 때는 스완강으로 지는 노을과
유유히 노니는 흑조를 감상한다.

⏰ 예상 소요시간 8~10시간

야간 스퀘어
재생 프로젝트의 성공적 케이스

도보 7분

서호주 미술관
서호주는 물론 유럽과 아시아의 수준 높은 미술품이 한 곳에

도보 1분

서호주 박물관
육·해·공의 동식물을 전시하는 작은 지구

도보 1분

퍼스 현대미술관
푸른 방에서 펼쳐지는 퍼포먼스를 놓치지 말 것.

블루캣 15분

스완강
흑조의 호수?

페리 10분

퍼스 동물원
페리도 타고, 동물도 보고

Finish

퍼스

웨스트 리더빌
West Leederville

Vincent St

Newcastle St

Oxford St

Loftus St

Newcastle St

Planet Inn Backpackers

Southport St

Cambridge Sr

Cambridge Sr

Mitchell Fwy

Salvado Rd

Railway Parade

Salvado Rd

수비아코역
Subiaco Station

61

City West Station

Railway St

Roberts Rd

Roberts Rd

65

Wellington St

65

워터타운 아울렛
Water Town Outlet

02

Subiaco Hotel Restaurant 11

Hay St

Hay St

Murray St

2

수비아코
Subiaco

15

Barker Rd

Barker Rd

Hay St

Rokeby Rd

Axon St

Townshend Rd

Thomas St

웨스트 퍼스
West Perth

Havelock St

Murray St

Hay St

Bagot Rd

Bagot Rd

Ramen Keisuke Tonkotsu King 01

엘리자베스 서점
Elizabeth's Book Shop

01

Hamers Rd

Hamers Rd

Kings Park Rd

Rendezvous Hotel
Perth Central

Riverview Hotel

64

64

61

May Dr

Mounts Bay Rd

5

Thomas

킹스 파크 & 보타닉 가든
King's Park & Botanic Garden

14

May Dr

Forrest Dr

2

메이 드라이브 파크랜드
May Drive Parkland

Sir Charles Gairdner Hospital

Mitchell Fwy

Mounts Bay Rd

Mill Point Rd

Lovekin Dr

Forrest Dr

5

Mill Point

Mounts Bay Rd

N
W E
S

스완강

Mitchell Fwy

0   200m

The University of Western Australia

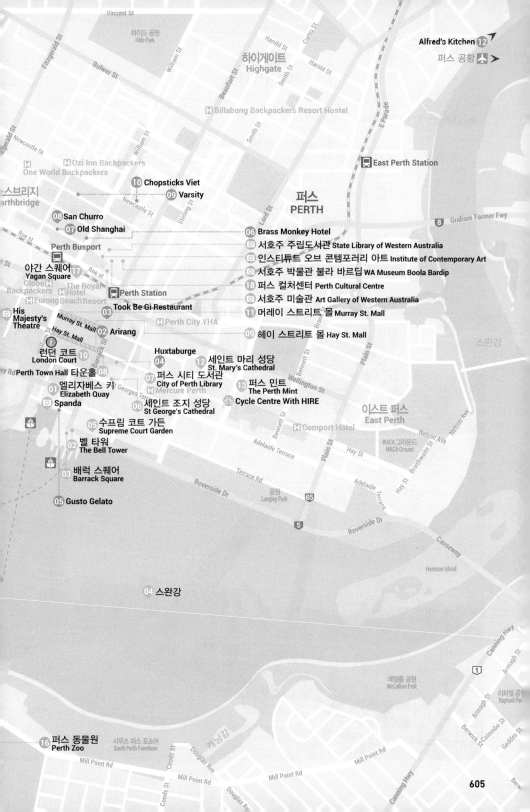

Vincent St

하이드 공원
Hide Park

하이게이트
Highgate

Harold St

Alfred's Kitchen 12
퍼스 공항 ✈

Bulwer St

Billabong Backpackers Resort Hostel

East Perth Station

퍼스
PERTH

Graham Farmer Fwy   8

스브리지
rthbridge

Ozi Inn Backpackers
One World Backpackers

10 Chopsticks Viet
09 Varsity

08 San Churro
07 Old Shanghai

Perth Busport

06 Brass Monkey Hotel
서호주 주립도서관 State Library of Western Australia
인스티튜트 오브 콘템퍼러리 아트 Institute of Contemporary Art
서호주 박물관 불라 바르딥 WA Museum Boola Bardip
18 퍼스 컬처센터 Perth Cultural Centre
서호주 미술관 Art Gallery of Western Australia

야간 스퀘어
Yagan Square

The Royal
Globe H Hotel
Backpackers
Eurong Beach Resort

Perth Station

03 Took Be Gi Restaurant

11 머레이 스트리트 몰 Murray St. Mall

His
Majesty's
Theatre

Murray St. Mall

Hay St. Mall

Perth City YHA

09 헤이 스트리트 몰 Hay St. Mall

02 Arirang

런던 코트
London Court

Huxtaburge
04

12 세인트 마리 성당
St. Mary's Cathedral

Perth Town Hall 타운홀 08

01 엘리자베스 카
Elizabeth Quay

Spanda

07 퍼스 시티 도서관
City of Perth Library
Mercure Perth

06 세인트 조지 성당
St George's Cathedral

13 퍼스 민트
The Perth Mint

Cycle Centre With HIRE

이스트 퍼스
East Perth

05 수프림 코트 가든
Supreme Court Garden

Comport Hotel

WACA 그라운드
WACA Ground

02 벨 타워
The Bell Tower

Adelaide Terrace

03 배럭 스퀘어
Barrack Square

Terrace Rd

Adelaide Terrace

05 Gusto Gelato

Roverside Dr

공원
Langley Park   65

Roverside Dr

Causeway

5

Heirsson Island

04 스완강

매캘룸 공원
McCallum Park

1

16 퍼스 동물원
Perth Zoo

시우스 퍼스 포쇼어
South Perth Foreshore

캐닝강

Mill Point Rd

Mill Point Rd

605

다운타운
DOWNTOWN

엘리자베스 키 Elizabeth Quay

모던과 내추럴 사이

시티센터 남쪽에 자리한 엘리자베스 키는 최근 가장 핫하게 떠오르는 퍼스의 명소다. 넓은 잔디 광장과 아름다운 조형물들, 현대적인 퍼스 시내의 스카이라인과 반짝이는 스완강, 점점이 떠있는 크루즈선과 유려한 곡선의 엘리자베스 브리지까지 어우러져 한 폭의 그림이 되는 곳이다. 에스플러네이드를 따라 배럭 스트리트 방향으로 산책하듯 걷다보면 보행자 전용 다리 엘리자베스 키 브리지까지 도달하게 된다. 도중에 놀이터도 있어서 시민들과 여행자 모두 여유로운 시간을 보낼 수 있다.

📍 The Esplanade, Perth 📞 6557-0700 🏠 www.elizabethquay.com.au

스판다 Spanda

탁 트인 잔디밭에서 뒹굴뒹굴 구르고 싶은 마음을 꾹 참고 발걸음을 옮기면, 부둣가에 자리한 커다란 조형물이 눈에 들어온다. 여러 겹의 커다란 원형이 마치 우주의 파동을 옮겨놓은 듯한 조형미를 자랑한다. 이 조형물의 이름은 스판다, 산스크리트어로 '진동'을 의미한다. 세계적인 조각가 크리스티앙 드 비에트리 Christian de Vietri의 작품으로, 여러 겹의 원들은 강, 하늘, 땅을 상징하며, 개방감과 포용성을 동시에 표현하고 있다.

talk ### 호주 사람들에게도 외국 같은, 퍼스의 역사

서호주 인구의 80%는 퍼스를 중심으로 밀집되어 있습니다. 따라서 그 중심에 있는 퍼스는 웬만한 국가의 수도만큼이나 잘 정비되고 강한 행정력을 가졌다고 할 수 있지요. 이런 퍼스도 하루아침에 세워진 것은 아닙니다. 1829년 영국 이주민들이 스완강 하구에 정착하면서부터 도시의 기초가 만들어졌고, 그 뒤 1850년대 죄수들에 의해 건물이 하나둘 건설되면서 인구가 늘어나기 시작했습니다.

현대적인 도시로서의 면모가 형성된 것은 1970년대의 금광 채굴산업이 시작된 다음부터죠. 철광석·다이아몬드·금 등의 지하자원이 황무지 퍼스를 국제적인 도시로 만들었고, 서호주를 호주 최고의 부자 주로 만들었습니다. 현재 호주의 3만3천 명 백만장자 가운데 절반 이상이 퍼스에 살고 있으며, 이들의 재력 뒤에는 풍부한 지하자원이 자리하고 있습니다.

한편 서호주는 호주에서는 유일하게 인도양을 마주하고 있는 지역으로, 거리상으로는 호주 내의 다른 도시들보다 인도네시아·말레이시아 같은 아시아 국가들과 더 가깝게 닿아 있습니다. 시드니까지 비행기로 5시간, 기차나 버스로는 3박4일의 거리지만, 인도네시아의 발리까지는 3시간밖에 걸리지 않습니다. 퍼스에 유난히 아시아 사람이 많은 것도 이런 이유 때문이죠. 호주인들 사이에서도 퍼스는 '외국을 가는 것'처럼 느껴진다고 말할 정도랍니다.

벨 타워 The Bell Tower

세상에서 가장 큰 악기

'세상에서 가장 큰 악기'라 불리는 벨 타워. 마치 종을 엎어놓은 듯한 모양의 이곳은 영국의 필드 처치 Fields Church에 있는 고대의 종 모양을 본떠 만들어졌다. 기록에 따르면 그 종은 1588년 영국을 공격하려다 함락당한 스페인 함대의 파멸을 기념하기 위해 처음으로 울렸고, 1771년 제임스 쿡 선장의 귀환을 기념해 두 번째로 울렸다고 한다. 또한 대영제국 왕조의 대관식마다 울리는 성스럽고도 고귀한 종이라고 한다.

퍼스의 벨 타워는 일주일에 세 번씩(월, 목, 일요일) 각각 12:00~13:00에 울리는 Bell Tower Ringing Time이 있다. 엘리베이터를 타고 전망대까지 올라갈 수 있으며, 전망대에서 바라보는 퍼스 시티의 스카이라인이 무척 아름답다. 벨 타워 주변에 고층빌딩들이 늘어나면서 다소 시야를 가리게 되었지만 말이다. 타워 안에는 종에 대한 역사적인 기록들이 전시되어 있다.

📍 Barrack Square, Riverside Dr., Perth
🕐 10:00~16:00 ❌ 굿 프라이데이, 크리스마스
💲 General Entry 어른 A$15, 어린이 A$10 / The Bell Tower Experience A$22, 어린이 A$14
📱 6210-0444 🏠 www.thebelltower.com.au

TIP
서호주의 주요 축제 및 행사

1월	2월	3월
호주의 날 불꽃축제 Lottery West Australia Day Skyworks	**로트네스트 섬 수영대회** Bankwest Rottnest Channel Swim	**퍼스 예술 축제** UWA Perth International Arts Festival
호주 건국일 행사로 킹스 파크와 스완 강변에서 펼쳐진다. 특히 밤시간에 퍼스의 밤하늘을 수놓는 불꽃축제가 장관을 이룬다.	퍼스에서 손쉽게 갈 수 있는 로트네스트 섬에서 펼쳐지는 수영대회. 세계에서 가장 긴 코스의 야외 수영대회로 유명하다.	남반구에서 가장 오랜 역사를 자랑하는 예술축제로, 회를 거듭할수록 장르와 참여 예술가의 수도 늘고 있다.

4월	9월	10월
프리맨틀 거리 예술축제 Fremantle Street Arts Festival	**킹스 파크 보타닉 가든 야생화 축제** Kings Park & Botanic Gardens Wildflower Festival	**스완 밸리 봄 축제** Spring in the Valley
고풍스러운 항구 도시 프리맨틀에서 펼쳐지는 거리 축제. 도시 곳곳에서 다양한 예술 행사가 펼쳐진다.	킹스 파크에서 펼쳐지는 형형색색의 야생화 축제로, 서호주에서 자생하는 모든 야생화를 한 자리에서 만끽할 수 있다.	유명 와인 산지 스완 밸리에서 펼쳐지는 맛과 멋의 향연. 다양한 요리와 와인, 맥주와 음악이 넘쳐난다.

03
배럭 스퀘어 Barrack Square

부두의 낭만

벨 타워가 있는 광장의 이름은 배럭 스퀘어다. '배럭 Barrack'이라는 이름이 말해주듯이 한때 해군부대가 있었던 자리로, 현재는 각종 페리와 크루즈 배들이 드나드는 부둣가 광장이다. 프리맨틀과 로트네스트로 향하는 페리가 출발하는 곳이며, 스완강 크루즈가 출발하는 터미널이기도 하다.

그러나 일반적인 페리 터미널과는 달리, 넓은 광장과 푸른 바다, 잔디밭과 조형물들이 어우러져 낭만적이고 쾌적한 부두의 면모를 보여준다. 엘리자베스 키에서부터 배럭 스퀘어까지의 산책로는 퍼스의 여유로움을 보여주는 대표적인 장소로 오랫동안 기억에 남는다.

04
스완강 Swan River

도시를 휘감는 곡선

강의 이름처럼 유난히 백조와 흑조가 많다. 강의 상류인 스완 밸리에서 발원해 프리맨틀을 거쳐 인도양으로 흘러 들어간다. 넓고 웅장하게 시내를 감싸도는 스완강의 물줄기와 흑조의 우아한 자태가 잘 어우러진 느낌. 강을 따라 야자수 산책길과 드라이브 코스가 잘 정비되어 있어서 보행자나 드라이버 모두에게 기분전환이 될 만하다. 퍼스와 프리맨틀을 오가는 시닉 크루즈, 스완 밸리의 와이너리를 둘러보는 와인 크루즈, 시푸드 디너 크루즈 등 크루즈를 타고 여유로운 한때를 즐겨보는 것도 좋다.

호주의 바다를 지배하는
캡틴쿡 크루즈
Captain Cook Cruise

제임스 쿡 선장이 호주에 첫 발을 디딘 1770년으로부터 250여 년이 지난 지금. 호주의 바다는 새로운 캡틴이 지배하고 있다. 동부 시드니에서 서부 퍼스까지, 북부의 다윈에서 남부 애들레이드에 이르기까지 대도시와 섬을 연결하는 막중한 역할은 모두 캡틴쿡 크루즈가 담당하기 때문.

몇 해 전만해도 도시마다 군소 크루즈 회사들이 역할을 나누고 있었으나, 최근 몇 년 사이 캡틴쿡 크루즈의 기세는 무섭게 이 회사들을 합병하면서 세를 넓혀가고 있다.

낯선 곳에서 순간순간 선택의 기로에 서는 여행자 입장에서는, 잘 정비된 크루즈선과 현대화된 시스템, 숙련된 서비스에 다양한 프로그램까지 갖춘 캡틴쿡의 존재가 반가울 수밖에 없다.

그중에서도 와이너리 투어와 엔터테인먼트가 결합된 스완강 크루즈는 이 회사의 역량을 유감없이 보여주는 프로그램으로, 퍼스에서 반드시 경험해 볼 만하다.

스완강 크루즈 Swan River Scenic Cruise
Captain Cook Cruise ⑤ A$55 📞 9325-3341
🏠 www.captaincookcruises.com.au/cruises

수프림 코트 가든 Supreme Court Garden

대법원 앞마당이 공원

이름 그대로 '연방대법원'이 있는 넓은 정원이다. 건물의 용도는 대법원이지만 건물을 둘러싼 넓은 녹지대는 시민들의 것이다. 건물 앞에는 드넓은 잔디밭이, 건물 뒤로는 아기자기한 산책로가 이어지는 스털링 가든 Stirling Gardens이 있다. 배럭 스트리트를 따라 벨 타워와 시청 사이에 자리하고 있어서, 오며가며 한번쯤 들러도 좋을 곳이다.

📍 Riverside Dr., Perth 📱 9421-5333 🏠 www.perth.wa.gov.au

세인트 조지 성당 St. George's Cathedral

고딕 양식의 정직과 정교

1888년에 완공된, 손으로 만든 벽돌 Handmade Brick로 건축한 몇 안 되는 성당 중 하나다. 프리맨틀산 석회암과 빅토리아 주의 오리건 소나무, 이태리산 대리석 등이 혼합된 고딕양식의 성당은 오늘날의 시선으로 봐도 여전히 아름답다. 매주 일요일 오전 10시와 오후 5시에는 성가대의 아름다운 합창과 종소리를 들을 수 있는데, 누구나 예배에 참가할 수 있으니 주저 말고 내부로 들어가보자.

📍 38 St Georges Terrace, Perth
🕐 07:00~17:30 📱 9325-5766
🏠 www.perthcathedral.org

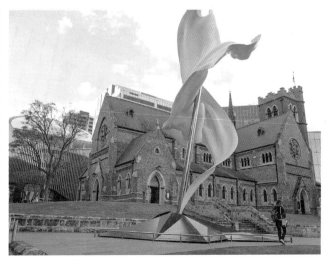

웨스틴 오스트레일리아 주

퍼스 시티 도서관 City of Perth Library

도서관의 재발견

원통형의 모던함이 돋보이는 퍼스 시티 도서관. 원목 재질의 7층 건물은 건축사적으로 매우 의미있는 작업으로 알려져 있다. 특히 전층을 관통하는 천장의 벽화는 이곳을 오랫동안 기억하게 하는 가장 강력한 장치다. 2016년에 문을 연 비교적 최근의 건축물로, 퍼스 시민은 물론이고 여행자와 방문객들에게도 도서, 잡지, 신문 등을 대여하고 다양한 DVD를 제공하고 있다. 로비층의 카페테리아에서 책 향기 맡으며 색다른 휴식을 취할 수 있다.

📍 573 Hay St., Perth 🕐 월~금요일 08:00~18:00, 토요일 10:00~16:00, 일요일 12:00~16:00 ❌ 공휴일 📱 9461-3500 🏠 www.visitperth.com.au

퍼스 타운홀 Perth Town Hall

퍼스의 시작부터 지금까지

특별한 볼거리는 아니지만, 1880년대의 건물을 바라보며 퍼스의 역사를 생각해보는 것도 의미 있을 듯. 타운홀 건물은 개척시대의 죄수 노동자들에 의해 영국 제임스 왕조시대의 양식을 본떠 지어졌다. 최근에는 대대적인 보수공사를 거쳐서 예스런 분위기가 조금 사라졌지만, 한 도시의 시작부터 오늘날까지의 역사를 고스란히 간직하고

있는 곳이다. 특히 타운홀의 상징인 시계탑은 한때 퍼스의 랜드마크로 불리며 100년이 넘는 세월 동안 도시의 시간을 지켜주고 있다. 메인홀에서 엘리베이터를 이용하면 시계탑까지 올라갈 수 있다. 배럭 스트리트와 헤이 스트리트의 모퉁이에 자리 잡고 있으며, 바로 앞의 정류장에서 블루캣을 탈 수 있다.

📍 Hay St. & Barrack St., Perth 📱 9461-3555 🏠 www.perth.wa.gov.au

헤이 스트리트 몰 Hay Street Mall

헤이 스트리트 몰은 퍼스의 명동이라 일컬어지는 유행의 중심거리다. 머레이 스트리트와 한 블록을 사이에 두고 여러 종류의 아케이드로 연결되어 있다. 쇼핑을 좋아하는 사람이라 면 이 두 스트리트 몰을 둘러보는 데만도 꼬박 한두 시간은 걸린다. 대형 쇼핑센터의 아케이 드뿐 아니라 사이사이의 좁은 골목에 자리 잡고 있는 갤러리와 기념품점·액세서리점 등도 놓치기 아까운 구경거리다. 특히 몰에서 서쪽으로 킹 스트리트와의 교차지점은 명품숍이 즐비한 퍼스의 명품 거리. 웨딩촬영을 비롯한 각종 화보 촬영지로도 각광받는 곳이다. 화려 한 외관의 히스 마제스티스 극장 His Majesty's Theater도 눈여겨 볼 것.

런던 코트 London Court

헤이 스트리트와 세인트 조지 테라스를 연결하는 3개의 아케이드 가운데 하나. 사실 이 곳은 100m가 채 안 되는 짧은 골목길로, 낮에는 양쪽의 건물들 때문에 항상 그늘이 져 있을 만큼의 좁은 통로다. 그런데도 런던 코트가 유명한 이유는 이름 그대로 런던의 한 골목을 옮겨놓은 듯한 이국적인 풍경 때문이다. 1937년에 지어진 건물로, 튜터 시대의 잉글랜드와 비슷한 분위기를 내기 위해 디자인되었다고 한다.

런던 코트에서 특히 사람들의 발길을 잡는 것은 헤이 스트리트 몰 쪽으로 난 입구의 푸른색 시계와 그 위에 장식된 네 명의 기사. 아이러니하게도 이 시계는 프랑스 노르망디 지방의 루앙 Rouen 이라는 작은 도시의 시계 Great Clock을 모방한 것이며, 이런 이유로 이곳의 느낌은 런던 보다는 프랑스의 소도시에 가깝다는 평가도 받는다. 아직도 굳건히 작동되는 이 시계는 한 시간에 4차례씩 울리는데, 이때 시계 위의 기사들도 토너먼트를 펼치듯 돌아가는 모양이 시선을 끈다.

세인트 조지 테라스 St Georges Terrace 쪽으로 난 입구에는 또 다른 시계가 있는데, 이번에는 제대로 런던풍이다. 런던 의사당의 빅벤을 모방한 복제품으로, 시계 위의 창문에서는 세인트 조지가 용과 싸우고 있다. 놓치지 말아야 할 것은 이 좁은 골목 곳곳에 있는 앤티크 가게들. 영국에서 건너온 진품 앤티크도 어렵지 않게 볼 수 있다. 건물 내에서 실제로 사용되고 있는 연식을 짐작하기 어려운 앤티크 엘리베이터에도 탑승해 볼 것!

📍 647 Hay St, Perth 📞 9261-6666 🏠 www.londoncourt.com.au

11 머레이 스트리트 몰 Murray St. Mall

대부분 여행자에게 머레이 스트리트 몰은 퍼스 여행을 시작하는 곳이다. 보행자 전용 거리를 일컫는 보통의 '몰'과 달리, 머레이 스트리트 몰은 그야말로 광장과 같은 느낌을 준다. 스트리트 한가운데 자리한 '포레스트 플레이스 Forrest Place'에서는 거리의 음악가와 평범한 시민들 그리고 여행자들이 함께 어우러져 언제나 활기 있는 곳. 바닥 분수에서 올라오는 물줄기 만큼이나 다이나믹하고 이벤트 가득하다. 관광안내소 앞의 우체국 건물은 마치 그리스의 신전을 옮겨놓은 듯 아름답고 웅장한 규모를 자랑하며, 마주 보고 있는 마이어 백화점은 퍼스의 현대적인 면모를 보여준다. 독특한 형태의 관광안내 부스에서 퍼스 여행에 필요한 정보를 챙겨보자.

웨스턴 오스트레일리아 주

615

세인트 마리 성당 St. Mary's Cathedral

아름다운 외관과 경건한 실내

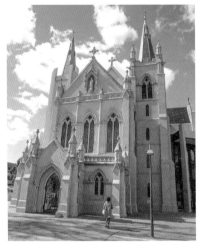

웨스트 오스트레일리아 주에서 가장 큰 교회 건물이자 퍼스 시민들의 자랑인 세인트 마리 성당. 1865년에 성당 건물이 완공되었으나, 현재와 같은 두 개의 현관과 첨탑은 1905년 추가되었다. 이후에도 몇 차례의 디자인 변경을 통해 현재와 같은 아름다운 외관을 완성하게 되었다. 베이지색의 벽돌과 대리석으로 마감된 성당은 보는 것만으로도 경건함이 느껴지는데, 채광이 좋은 실내에서는 절대 평화마저 느껴진다. 누구라도 편하게 들어가 미사에 참여할 수 있다.

📍 Victoria Square, Perth 📱 9223-1350
🏠 www.stmaryscathedralperth.com.au

퍼스 민트 The Perth Mint

돈 내고 보는 돈 구경

1899년에 세워진 퍼스 민트는 지금도 호주의 기념주화나 동전·금화 등을 찍어내고 있는 조폐국이다. 벽돌로 지어진 고풍스런 외관은 관공서라기보다는 박물관 같은 느낌을 주는데, 실제로 건물 내부에는 화폐의 변천사를 보여주는 박물관이 마련되어 있다. 09:30~15:30까지 1시간 간격으로 시작되는 가이드 투어에서는 금을 주조하기 위해 순도 99.9%의 금물을 붓는 장면도 볼 수 있으며, 입구의 기념품점에서는 당일 날짜가 찍힌 따끈따끈한 금화를 구입할 수도 있다.

📍 310 Hay St., East Perth 🕐 9:00~17:00 ❌ 1월 1일, 굿 프라이데이, 안작 데이, 크리스마스
💲 가이드 투어 어른 A$24, 어린이 A$14 📱 1300-366-520 🏠 www.perthmint.com.au

킹스 파크 & 보타닉 가든
King's Park & Botanic Garden

베스트 어트랙션!

호주의 어느 도시를 가더라도 쉽게 볼 수 있는 것이 넓고 푸른 공원이다. 그러나 퍼스의 킹스 파크는 이름 그대로 아무도 따를 자 없는 '왕' 같은 공원이라고 할 수 있다. 킹스 파크에서 퍼스 시내를 내려다보는 순간, 이 표현의 의미를 알게 된다.

공원 곳곳의 전망대에 서면 현대적인 도시의 스카이라인과 유유히 흐르는 스완강이 파노라마처럼 펼쳐진다. 자연과 인공이 완벽한 조화를 이루는, 킹스 파크에서 바라보는 퍼스는 호주의 어느 도시보다 아름답다. 특히 시야를 가리는 어떤 방해물도 없이 탁 트여 강 건너 사우스 퍼스와 멀리 캐닝강까지도 한눈에 들어오는 전망을 자랑한다.

400만㎡에 이르는 넓은 공원에서 최고의 전망 포인트는 전쟁기념탑 부근. 제2차 세계대전의 격전지와 전사자의 이름을 적어둔 참전 용사 기념비에는 한국전쟁에 대한 기록도 적혀 있다. 봄이면 공원 어디를 가더라도 흐드러지게 피어나는 야생화가 장관을 이루고, 9월에 펼쳐지는 야생화 축제 Wildflower Festival에서는 공원 전체가 꽃밭이 된다. 시티에서 무료 버스 그린 캣 Green CAT을 타고 킹스 파크 입구에서 하차 후, 가로수가 우거진 프레이저 애버뉴 Fraser Ave.를 따라 걷다보면 어느새 공원 안에 들어와 있다.

📍 Fraser Ave., Perth 📱 9480-3600
🏠 www.bgpa.wa.gov.au

수비아코 Subiaco

퍼스의 신사동(?)

퍼스역에서 프리맨틀행 기차를 타고 세 번째, 수비아코역에서 내리면 시티센터와는 사뭇 다른 활기를 느낄 수 있다. 현지인들이 부르는 '수비 Subi'라는 애칭에서 알 수 있듯이 이 구역은 퍼스 트랜드세터들이 아껴둔 아지트와 같은 곳. 다소 조용한 주중에 비해 주말이면 훨씬 많은 인파와 이벤트가 넘쳐난다. 기차역을 둘러싼 상가에는 다양한 맛집들이 즐비하고, Rokeby Rd.를 따라 100년이 넘은 수비아코 호텔과 리갈 시어터 The Regal Theatre 등의 운치있는 건물들이 자리잡고 있다. 퍼스 사람들의 주말 일상을 엿보고 싶다면 시티 서쪽의 수비아코로 가 볼 것!

🏠 www.subiaco.wa.gov.au

퍼스 동물원 Perth Zoo

사우스 퍼스의 대표 어트랙션

스완강 너머 사우스 퍼스에 있는 대규모 동물원. 약 280종에 이르는 2천 마리 이상의 동물을 볼 수 있다. 자연 그대로를 재현한 넓은 숲에서는 호주의 야생동물을 만날 수 있고, 아시안 포레스트트레인에서는 호랑이나 사슴처럼 익숙한 동물을 만날 수도 있다. 아프리카 사바나를 재현한 곳에서는 여기가 동물원이라는 사실조차 잊게 된다. 입구에서 동물에게 먹이 주는 시간 Feeding Time을 확인하고 동선을 잡는 것이 좋다. 동

물원이 있는 사우스 퍼스까지는 버스, 페리, 트레인, 자전거 등의 다양한 교통수단을 이용할 수 있는데, 이참에 페리를 이용해서 스완강을 건너가 보는 것도 운치 있다. 버스로는 시티에서 30번, 31번 노선 버스를 이용하면 동물원 입구까지 갈 수 있다.

📍 20 Labouchere Rd., South Perth 🕐 09:00~17:00 💲 어른 A$36.30, 어린이 A$8.15
📱 9474-0444 🏠 www.perthzoo.wa.gov.au

노스브리지
NORTHBRIDGE

17

야간 스퀘어 Yagan Square

만남의 광장

도시 재생 프로젝트의 일환으로 완성된 야간 스퀘어는
이 프로젝트의 가장 성공적인 결과물로 평가받는다.
시티센터와 노스브리지를 잇는 지점에 자리하고 있어
서 많은 사람들이 만남의 장소로 활용한다.

거대한 원통 조형물에 다양한 영상이 투영되는 디지털
타워 Digital Tower에서는 비디오, 영화, 게임 등의 양
방향 콘텐츠를 통해 퍼스와 서호주의 이야기를 들려준
다. 이밖에 건물의 안팎을 연결하는 캐노피, 작지만 아
이디어가 돋보이는 야생화 정원과 아무나 뛰어놀 수 있
는 분수대, 시민이 스스로 참여하는 디지털 캔버스 등
실험적인 시도가 곳곳에 보인다. 건물과 광장을 만드
는 건 퍼스 시티지만, 이곳을 온전히 만끽하며 누리는
것은 시민과 여행자들이다. 그런 의미에서 정말 성공한
프로젝트라는 점에 동감! 건물 내부에 다양한 레스토
랑과 숍들도 자리잡고 있다.

📍 Wellington St, Perth   📞 6557-0700   🏠 www.mra.
wa.gov.au/projects-and-places/yagan-square

퍼스 컬처센터 Perth Cultural Centre

도시의 북쪽에 해당하는 노스브리지의 입구에는 일종의 문화 공동구역이 형성되어 있다. 로 Roe, 프란시스 Francis, 보포트 Beaufort, 윌리엄 스트리트 William St.로 둘러싸인 이곳은 주립도서관과 박물관, 미술관, 아트 갤러리 등이 몰려 있는 지성의 요람. 한가운데에 광장과 분수대가 있어서 잠시 쉬어가기도 좋고, 무엇보다 한군데 모여 있어서 발품이 절약된다는 점이 마음에 드는 곳이다. 시티센터에서 기차역을 가로지르는 고가를 따라가면 바로 노스브리지의 입구에 해당하는 퍼스 컬처센터가 나온다. 블루캣을 이용하면 손쉽게 갈 수 있다.

📍 Francis St. & William St., Northbridge 💲무료 📱9427-3365
🏠 www.perthculturalcentre.com.au

서호주 주립도서관
State Library of Western Australia

여행자에게 도서관이 필요한 이유는 단 하나. 무료로 인터넷 검색을 할 수 있기 때문이다. 찾기 어렵거나 시티에서 멀리 떨어져 있다면 그리 권할 만하지 않지만, 이곳은 여행자가 반드시 거쳐야 할 컬처센터 안에 있어서 한번쯤 찾아볼 만하다. 도서관 내 디스커버리 라운지에서는 편한 소파에 앉아 채팅하거나 여행 중 찍은 사진을 올리는 등의 SNS 작업을 할 수 있다.

📍 Perth Cultural Centre, 25 Francis St., Perth
📱9427-3111 🏠 www.slwa.wa.gov.au

서호주 미술관 Art Gallery of Western Australia

호주는 물론 유럽과 아시아의 예술품들을 한 자리에 전시해 놓은
호주 최대 규모의 미술관. 세잔·고흐 같은 거장들의 작품을 직접 눈
으로 볼 수 있는 흔치 않은 공간이다. 특히 애버리진 예술품을 모아
놓은 전시관은 호주의 어느 곳보다 충실한 작품들을 보
유하고 있어서 놓치기 아깝다. 퍼스역에서 구름
다리를 통해 바로 연결되며, 미술관 앞 광장
에서 펼쳐지는 거리 예술가들의 퍼포먼스
도 색다른 구경거리다.

📍 Perth Cultural Centre, Roe St., Perth
🕐 수~월요일 10:00~17:00 ❌ 화요일, 굿 프라
이데이, 크리스마스 💲 무료 📱 9492-6600
🏠 www.artgallery.wa.gov.au

서호주 박물관 불라 바르딥 WA Museum Boola Bardip

서호주의 환경과 역사, 생태를 보여주는 곳. 입구의 전면을 차지한 현
대적인 유리 건축물 좌우로 고풍스런 벽돌 건물이 신구의 조화를 이
루고 있다. 바다 속 환경을 보여주는 마린 갤러리 Marine Gallery, 조
류의 생태를 보여주는 버드 갤러리 Bird Gallery, 포유동물의 생태를
보여주는 매멀 갤러리 Mammal Gallery 등, 서호주의 자연과 환경, 동
식물을 전시해놓은 상설 갤러리가 있다. 마린 갤러리에는 세계에서 가
장 큰 푸른 고래의 뼈도 전시하는데, 길이가 25m에 달한다. 12만 년
전의 공룡에 관한 자료와 황금시대의 역사를 정리해놓은 올드 골 Old
Goal도 볼 만하다. 디스커버리 센터에서는 동식물과 문화를 직접 만
지고 체험할 수 있으니 어린이와 함께한 가족은 반드시 방문해볼 것.

📍 Perth Cultural Centre, James St., Northbridge 💲 어른 A$15, 15세 미
만 무료 📱 1300-134-081 🏠 www.museum.wa.gov.au

인스티튜트 오브 콘템포러리 아트
Institute of Contemporary Art

서호주 미술관이 유럽과 아시아·호주의 전통미
술에서 근대미술까지를 전시하고 있다면, 그 맞
은편에 있는 이곳은 호주 현대미술 작가의 작품
을 중심으로 전시와 교육을 담당하는 일종의 연
구기관이다. 호주의 생존 아티스트와 현대미술의
현주소를 보여주는 전시공간이라 할 수 있으며,
매달 바뀌는 전시 내용은 다소 실험적인 작품과
기획전이 주를 이룬다. 현지 관광 안내책자에는
약자로 PICA라고 쓰인 곳이 많다.

📍 Perth Cultural Centre, 51 James St., Perth
🕐 화~일요일 10:00~17:00 ❌ 월요일 💲 무료
🏠 www.pica.org.au

웨스턴 오스트레일리아 주

01

Elizabeth's Book Shop

나만의 아지트

이곳은 서점이다. 파리의 '셰익스피어 서점' 처럼 글로
벌하게 많은 사람들에게 사랑받는 오래된 중고 서점
이다. 퍼스에 두 군데, 프리맨틀에 한 군데 창고 겸 서
점을 두고 있지만 헤이 스트리트에 자리한 이곳이 본
점에 해당된다. 1973년 처음 문을 열었을 때부터 중고
서점으로 시작해서 현재 호주에서 가장 큰 규모의 중
고 서점이 되었다. 오너이자 중고 서적 딜러였던 엘리
자베스는 은퇴 후에도 여전히 서점에서 독자들을 만
나고 있다. 다양한 분야의 방대한 서적들이 찾기 쉽게
잘 정리되어 있고, 서점 안쪽에는 편안히 책을 읽을 수
있는 공간도 마련되어 있다. 구경하는 것만으로도 즐
거운 보물섬 같은 곳이다.

📍 856 Hay St., Perth 🕐 월~수요일 08:30~18:00, 목~금
요일 08:30~19:00, 토요일 09:00~20:00 📱 9481-8848
🏠 www.elizabethsbookshop.com.au

02

Water Town Outlet

언제나 북적북적

우리 눈에는 평범한 아울렛 매장같아 보이지만, 퍼스에서는 꽤 유명한 아울렛 매장이다.
도심에서 가까운 곳에 100여 개의 매장들이 밀집되어 있으며, 무엇보다 호주인들이 좋
아하는 브랜드가 많고, 할인율도 높다는 점에서. 부담없이 둘러보고 저렴한 가격에 브랜
드 제품을 구입할 수 있는 곳이다. 옐로우캣을 타고 웰링턴 스트리트에 내리면 손쉽게 찾
아갈 수 있다.

📍 840 Wellington St., West Perth 🕐 월~목요일 09:00~17:30, 금요일 09:00~21:00, 토요일
09:00~17:00, 일요일 11:00~ 17:00 📱 9321-2282 🏠 www.watertownbrandoutlet.com.au

01
Ramen Keisuke Tonkotsu King

유행을 선도하는 헤이 스트리트와 밀리간 스트리트가 만나는 곳에 자리한 라멘 맛집. 퍼스에서 가장 유명한 맛집 가운데 하나로, 매일 오전 오픈 시간에 맞춰 줄이 길게 늘어선다. 진한 국물에 툭툭 끊어지는 라멘 특유의 면발, 테이블에 놓인 삶은 달걀과 시치미 등은 원하는 만큼 넣을 수 있는 것도 마음에 든다. 최고 인기 메뉴는 간장 베이스의 소유 라멘과 된장 베이스의 돈코츠 라멘인데, 개인적으로는 소유 라멘이 한 수 위인 것 같다. 라멘집이 자리하고 있는 '멜번 호텔'은 스타일리시한 부티크 호텔로, 입점한 다섯 군데 레스토랑들이 모두 호평을 얻고 있다.

📍 33 Milligan St., Perth 🕐 11:30~15:00, 17:30~21:00
📱 9320-3333 🏠 www.melbournehotel.com.au

02
Arirang

퍼스에는 유난히 선전하고 있는 한국 음식점들이 많다. 그 중에서도 아리랑은 현지인과 한국 여행자 모두에게 가장 인기 있는 곳으로, 1999년 오픈 이후 한 자리를 지키고 있는 퍼스의 대표적인 한국 식당이다. 주 메뉴는 한국식 숯불구이 BBQ지만 호주식으로 변형되어 다양한 구성을 자랑한다. 비빔밥이나 덮밥으로 구성된 런치 메뉴는 부담없는 가격에 한국 음식을 맛볼 수 있어서 현지인들에게도 인기가 높다. 서비스와 음식맛도 인테리어만큼이나 깔끔한 편.

📍 91-93 Barrack St., Perth 🕐 월~목요일 11:30~15:00, 17:00~21:30, 금요일 11:30~15:00, 17:00~22:00, 토~일요일 11:30~21:30 📱 9225-4855 🏠 www.arirang.com.au

03
Took Be Gi Restaurant

한식의 신흥강자

퍼스에는 '뚝배기'라는 이름의 한국 식당이 두 군데 있다. 각각 뚝배기1, 뚝배기2로 불리는데 두 군데 모두 비교적 좋은 평을 얻고 있다. 최근 뚝배기1은 '우정'으로 이름이 바뀌었고, 현재는 배럭 스트리트의 뚝배기만 남아있다. 단품 메뉴를 주문해도 기본반찬이 나오고 리필도 가능해서, 가성비가 좋다.

📍 127 Barrack St., Perth 🕐 11:30~21:00 ❌ 화요일
📱 0415-884-557

Huxtaburger

멜버너가 사랑하는 햄버거, 퍼스에서도!

멜번에서 가장 유명세를 떨치고 있는 헉스타버거의 퍼스 지점이다. 빅토리아 주에서 강한 햄버거 프렌차이즈지만 서호주에서의 인기도 못지 않다. 특히 매장이 있는 Hibernian Place는 웨스턴 호텔과 머큐어 호텔로 둘러싸인 고급진 위치로, 광장 같은 호텔 앞마당에서 햄버거로 피크닉 기분을 낼 수도 있다. 햄버거집 치고는 아침 일찍부터 밤늦은 시간까지 문을 여는데, 특히 금요일과 토요일은 근처의 퍼브에서 나오는 고객들의 2차(?) 메뉴로 인기있다. 음주 후 단백질 보충용 수제버거!

📍 480 Hay St., Perth 🕐 월~목요일 10:30~21:00, 금요일 07:30~22:30, 토요일 11:00~22:30, 일요일 11:00~21:00 📱 9225-4868
🏠 www.huxtaburger.com.au

Gusto Gelato

아이스크림과 강바람

스완 강변, 엘리자베스 키에 자리하고 있어서 탁 트인 전망이 자랑이다. 주 메뉴는 아이스크림이지만 커피나 주스 같은 드링크도 주문할 수 있다. 그러나 아주 추운 날씨가 아니라면 꼭 아이스크림을 맛볼 것을 권한다. 수제 유기농 아이스크림의 다양하고 진한 맛도 일품이지만, 강렬한 햇살 아래 강바람 맞으며, 녹을까 베어 무는 아이스크림의 맛은 오랫동안 기억에 각인되기 때문이다.

📍 5 Geoffrey Bolton Ave., Perth 🕐 11:00~22:00
📱 9325-6684 🏠 www.gustogelato.com.au

Brass Monkey Hotel

노장은 살아있다

브라스 몽키는 서호주를 설명하는 여러 책자에서 가장 많이 소개되고 있는, 포토제닉한 외관의 건축물 중 하나이다. '노스브리지가 가장 사랑하는 곳'이라고 현지 책자에서 소개할 만큼 퍼스 사람들의 애정이 녹아있는 곳. 과거 호텔이었던 건물을 레스토랑 겸 바로 개조하면서 브라스 몽키의 건재함을 알렸다. 낮보다 밤이 더 화려한 곳이니, 퍼스의 나이트 라이프를 엿보고 싶다면 추천할 만하다.

📍 William St & James St., Northbridge 🕐 일~화요일 10:00~24:00, 수~목요일 10:00~01:00, 금~토요일 10:00~02:00
📱 9227-9596 🏠 www.thebrassmonkey.com.au

Old Shanghai

친근한 음식, 골라먹는 재미

노스브리지의 차이나타운 안에 있다. 아시아의 뒷골목 노점 같은 느낌의 푸드 몰. 투박하고 북적대는 느낌이 오히려 친근하게 다가온다. 한식 덮밥, 태국식 쌀국수, 중국식 볶음국수 등 각종 아시아 음식을 골라 먹을 수 있다. 메뉴판에 음식 사진이 있어서 메뉴를 선택하는 데 별 어려움은 없다. 주류를 파는 곳도 있어서 저렴한 식사와 함께 한잔 즐기기에 좋다. 주말에는 늦게까지 문을 연다.

📍 123 James St., North Bridge ⏰ 10:00~22:00 📞 9227-8633
🏠 www.oldshanghai.com.au

San Churro

스위트, 스위트

추러스와 타파스, 초콜릿과 케이크, 아이스크림과 스무디까지 단맛의 향연에 흠뻑 빠지고 싶을 때 찾으면 딱 좋은 디저트 레스토랑이다. 호주 전역에 지점을 두고 있는데, 퍼스에서는 특히 노스브리지와 수비아코 지점이 인기 있다. 올드 상하이 맞은편에 있어서 매운 아시아 음식을 먹은 후 디저트로 즐기기 좋은 위치.

📍 132 James St., Northbridge 📞 9328-3363
🏠 www.sanchurro.com

Varsity

과식하게 만드는 햄버거

다시 생각해도 침이 고이는 햄버거 맛집. TV 프로그램 〈꽃보다 청춘〉에 나오면서 한국 여행자들 사이에서 입소문이 난 수제 버거집이다. 노스브리지의 퍼스 컬처센터에서부터 꽤 많이 걸어야하지만, 시간과 노력이 아깝지 않은 맛. 건물 안 보다는 야외 테이블이 더 운치있고, 햄버거 이외의 메뉴들도 고르게 맛있다. 정말 다양한 햄버거가 있는데, 이곳에서는 돈 아끼지 말고 조금 두꺼운 패티를 선택하도록 하자.

📍 94 Aberdeen St., Northbridge ⏰ 일~목요일 11:00~22:00, 금~토요일 11:00~밤늦게 📞 6149-6622 🏠 www.varsity.com.au

웨스턴 오스트레일리아 주

Chopsticks Viet

진한 국물과 소스

노스브리지의 업무지구에 해당되는 뉴캐슬 스트리트에 자리잡은 베트남 음식점. 퍼스의 베트남 음식점 가운데서는 가장 호평을 받고 있는 곳이다. 감각적인 인테리어와 메뉴판만 봐도 곧 나올 음식의 퀄리티를 짐작할 수 있을 정도. 정말 통통한 오징어 다리에 감동하고, 쌀국수 면을 덮어버린 양지 살코기에 다시 한번 감동한다. 요리의 담음새와 스타일링까지 신경 쓴 흔적이 보인다. 맛과 퀄리티에 비해 다소 저렴한 가격에 많은 사람들이 열광한다.

📍 168 Newcastle St., Perth ⏰ 월~토요일 11:00~22:00, 일요일 11:00~21:00 📱 9328-3625 🏠 chopsticksviet.com

---

Subiaco Hotel Restaurant

우리도 그들처럼

100년이 넘은 역사를 자랑하는 수비아코의 아이콘. 이름은 호텔이지만 이곳을 찾는 사람들은 숙박 시설보다는 레스토랑을 이용하기 위해 들린다. 낮 시간에 가볍게 즐기기 좋은 칵테일 메뉴와 2명이 함께 즐길 수 있는 수비 플레이트는 이 레스토랑의 시그니처 메뉴로, 이 구역에서 꼭 맛봐야 할 작은 사치다.

📍 465 Hay St., Subiaco ⏰ 07:00~11:30, 12:00~21:30 📱 9381-3069 🏠 www.subiacohotel.com.au

Alfred's Kitchen

햄버거의 지존

1946년 작은 푸드 트럭에서 시작한 햄버거 가게가 오늘날 서호주 최고의 햄버거 맛집이 되었다. 완벽한 육즙의 햄버거를 제공하기 위해, 뒤뜰의 화덕에서 패티를 구워내는 정성을 마다 않는다. 다양한 종류의 패티와 신선한 채소의 조합이 더없이 건강한 맛을 낸다. 퍼스 시내에서 조금 떨어진 길포드 Guildford 지역에 위치하고 있어서 대중교통으로는 접근이 쉽지 않지만, 발품을 팔아 찾아가도 후회하지 않을 맛이다.

📍 James St & Meadow St., Guildford ⏰ 월~목요일 17:00~24:00, 금요일 17:00~02:00, 토요일 12:00~02:00, 일요일 12:00~24:00 📱 9377-1378 🏠 alfredskitchen.com.au

퍼스 근교
AROUND PERTH

퍼스 주변에는 당일치기로 다녀올 수 있는 근교의 볼거리들이 많다. 사막과 바다, 희귀한 동식물과 신기한 자연현상 등이 어우러진 서호주를 탐험하기에는 투어 회사의 프로그램을 적절히 이용하는 것이 가장 편리하고 효율적이다. 기상 상황이 자주 바뀌고 장시간 운전해야 하므로 운전에 자신이 없다면 자동차 여행은 되도록 삼가는 게 좋다.

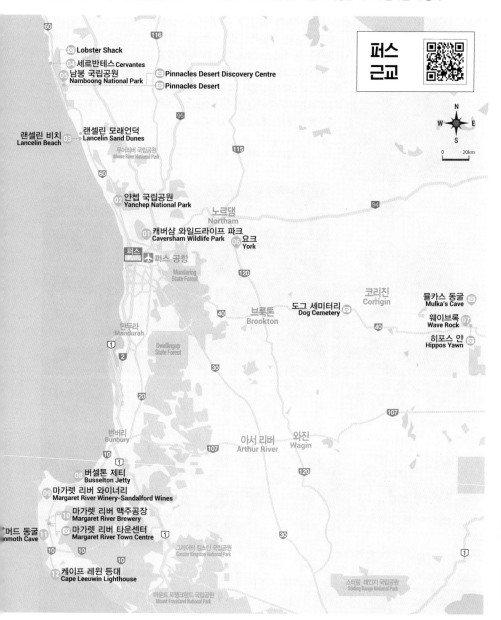

퍼스 근교

Lobster Shack
세르반테스 Cervantes
05 남붕 국립공원
Namboong National Park
Pinnacles Desert Discovery Centre
Pinnacles Desert

랜셀린 비치
Lancelin Beach
03 랜셀린 모래언덕
Lancelin Sand Dunes
무어리버 국립공원
Moore River National Park

02 얀첩 국립공원
Yanchep National Park
노르댐
Northam

01 캐버샴 와일드라이프 파크
Caversham Wildlife Park
06 요크
York

퍼스
퍼스 공항
Mundaring
State Forest

만두라
Mandurah
브룩톤
Brookton
도그 세미터리
Dog Cemetery
코리진
Corrigin
물카스 동굴
Mulka's Cave
웨이브록
Wave Rock
히포스 얀
Hippos Yawn

Dwellingup
State Forest

번버리
Bunbury
아서 리버
Arthur River
와진
Wagin

08 버셀톤 제티
Busselton Jetty
09 마가렛 리버 와이너리
Margaret River Winery-Sandalford Wines
10 마가렛 리버 맥주공장
Margaret River Brewery
마가렛 리버 타운센터
Margaret River Town Centre
머드 동굴
nmoth Cave
그레이터 킹스턴 국립공원
Greater Kingston National Park

12 케이프 레윈 등대
Cape Leeuwin Lighthouse
스털링 레인지 국립공원
Stirling Range National Park

마운트 프랭크랜드 국립공원
Mount Frankland National Park

웨스턴 오스트레일리아 주

627

01

캐버샴 와일드라이프 파크 Caversham Wildlife Park

웜뱃을 만날 수 있는 곳

사실 호주에는 수많은 와일드라이프 파크가 있고 캥거루와 코알라 정도는 어느 도시에서건 만나볼 수 있지만, 이곳에서 만나는 동물들은 좀 더 특별하다. 유치원 아이들처럼 한꺼번에 몰려드는 왕성한 캥거루떼와 이리저리 실컷 안고 만져볼 수 있는 코알라, 그리고 무엇보다 우리 안에서조차 보기 힘들었던 웜뱃을 안고 사진까지 찍을 수 있어서 좋다. 1988년에 오픈 당시만 해도 작은 동물과 새가 있는 농장이었으나, 현재는 2천 마리 이상의 동물, 조류, 파충류들이 함께 살아가는 야생공원이 되었다. 설립자 데이비드와 팻 David & Pat의 노력으로 규모는 커졌고, 동물들도 더 행복해진 것 같다. 매표소에서부터 방문자들을 안내하는 가이드를 비롯한 대부분의 스텝들이 일가족이다.

📍 Unit B/99 Lord St., Whiteman 🕐 09:00~16:30 ❌ 크리스마스 💲 어른 A$34, 어린이 A$15 📞 9248-1984 🏠 www.cavershamwildlife.com.au

`02`

얀쳅 국립공원 Yanchep National Park

전 세계 야생화 중 75%가 핀다는 서호주. 봄이 되면 얀쳅 국립공원은 야생화 천지가 된다. 아름다운 인도양의 바다와 울창한 숲, 시설 좋은 골프장들이 있어서 호주에서 가장 사랑받는 주말 여행지이기도 하다. 퍼스에서 북쪽으로 51km, 자동차로 1시간 거리여서 가벼운 마음으로 나서기에 적당하다. 얀쳅 선시티를 중심으로 마리나와 쇼핑센터·캠프장·호텔 등이 형성되어 있어서 문명과 자연을 동시에 접할 수 있는 인기 휴양지로 떠오르고 있다. 국립공원 안에는 크리스털 종유동을 포함한 여러 개의 신비한 동굴이 있으며, 동굴 벽에 그려진 애버리진 예술을 감상할 수도 있다. 퍼스에서 60번 해안도로를 타

고 1시간쯤 가면 국립공원 입구가 나타난다. 인도양에서 불어오는 미풍을 맞으며 자가운전을 해도 좋고, 투어를 이용해도 좋다. 주중에는 퍼스의 웰링턴 스트리트에서 얀쳅 국립공원행 버스가 1일 1회 운행되므로 이를 이용해도 된다.

📍 Yanchep Beach Rd. & Indian Ocean Dr., Yanchep 📞 9303-7759 🏠 www.parks.dpaw. wa.gov.au/park/yanchep

`03`

랜셀린 비치와 모래언덕 Lancelin Beach & Sand Dunes

퍼스 북쪽, 자동차로 약 1시간 30분 거리에 있는 랜셀린은 모래와 서핑, 그리고 선셋이 주제인 도시다. 그중에서도 서핑과 선셋은 랜셀린 비치가, 모래는 랜셀린 샌드 듄스가 담당한다. 퍼스 시민들의 주말 여행지로도 인기가 높으며, 해변에서는 매년 트라이애슬런 경기와 버스커스 페스티벌이 펼쳐지기도 한다. 이곳의 모래는 하얗고 찰지기로 유명하다. 4륜구동 차량을 타고 모래 언덕을 누비거나 샌드 보드를 타고 모래 아래로 미끄러져 내리는 꿀잼이 있다. 퍼스에서 출발하는 투어에 조인하면 차량과 보드 등이 포함되어 있고, 개별 여행일 때는 랜셀린 관광안내소에서 투어를 예약할 수 있다.

📍 Beacon Rd., Lancelin 🏠 www.lancelin.com.au

세르반테스 Cervantes

국립공원 입구 도시

퍼스 북쪽으로 뻗어 있는 1번 도로 브랜드 하이웨이 Brand Hwy.를 따라 3시간 30분쯤 달리면 남붕 국립공원 입구 도시 세르반테스 Cervantes에 도착한다. 국립공원 진입에 앞서 자동차와 사람이 잠시 쉬어가는 곳이다. 우기에는 승용차보다는 4WD 차량으로 이동하는 것이 좋다. 세르반테스에서 피너클스 사막까지는 13km 떨어져 있으며, 약 20분 걸린다. 아침부터 출발한 여행자들은 대부분 세르반테스에서 점심 식사를 하거나 차 한 잔의 휴식을 취하는데, 특히 이 도시의 명물 랍스터는 입소문이 난 런치 메뉴다.

〈The Lobster Shack〉라는 이름의 랍스터 농장에서 바로 잡아 요리한 랍스터 요리를 선보인다. 호주 전역은 물론이고 전세계로 수출되는 랍스터 가공 공장에서 바닷가재에 대한 모든 것을 듣고 보고 맛볼 수 있다.

The Lobster Shack
📍 37 Catalonia St., Cervantes 📞 9652-7010
🏠 www.lobstershack.com.au

남붕 국립공원 Namboong National Park

피너클스를 찾아서

퍼스에서 북쪽으로 245km 떨어진 남붕 국립공원. 남붕이라는 이름보다는 국립공원 안에 솟아 있는 돌기둥 피너클스 Pinnacles로 더 많이 알려진 곳이다. 그러나 이 넓은 국립공원에서 볼 것이 피너클스 하나일 리는 없다. 8월에서 10월 사이에는 지천으로 피어나는 야생화들로 국립공원 전체가 꽃 천지로 변하고, 캥거루 포인트 Kangaroo Point와 행오버 베이 Hangover Bay의 해안도 아름답기로 유명하다.

피너클스 디스커버리 센터
Pinnacles Desert Discovery Centre

국립공원 입구를 통과한 후 대부분의 차량들이 주차하게 되는 디스커버리 센터. 가이드는 이곳에서 휴식을 취하지만 여행자들은 이곳에서부터 분주해진다. 관광안내소를 겸하는 건물 안에 들어서면 피너클스 사막의 생성과정과 현존하는 생물종 등을 보여주는 최첨단 전시 부스와 기념품점, 화장실 등이 나타난다. 디스커버리 센터 뒤편의 뷰 룩아웃 View Lookout까지 갔다오는 데저트 뷰 트레일 Desert View Trail은 왕복 45분이면 돌아나올 수 있어서 가벼운 산책을 즐기기에 좋다. 또한 남붕 국립공원의 주인공인 피너클스까지도 이곳에서 도보로 10분이면 닿는다.

🕐 09:30~16:30 📞 9652-7913 🌐 parks.dpaw.wa.gov.au

피너클스 사막 Pinnacles Desert

달 표면 혹은 화성에 불시착한 느낌이 이럴까. 피너클스는 사전적인 의미 그대로 '작은 뾰족탑들'의 집합체다. 이 피너클스가 붉은 사막 한가운데, 그것도 수십만 개가 솟아 있다. 아무리 훌륭한 조각가도 흉내 내지 못할 자연의 경이로움에 할 말을 잃고 만다. 돌무더기 정도의 작은 기둥부터 어른 키를 훌쩍 넘어서는 기암괴석까지, '황야의 비석'이라는 표현에 걸맞게 허허로운 황야 가운데를 수만 년 지켜온 불가사의한 광경이 펼쳐진다. 이 피너클은 땅속의 석회암이 오랜 세월 지표면에서 스며든 물에 녹아 형성되었다고 한다. 기반암이 녹으면서 석회암층의 파인 부분이 석영 모래로 메워졌다가, 시간이 흐르면서 모래는 바람에 날아가고 뾰족하게 남은 부분만 지표면에 드러나게 된 것. 서호주가 왜 지질학자들의 놀이터인지 알 것 같다.

06

요크 York

영화 세트장 같은 소도시

퍼스 동쪽으로 약 80km 지점, 웨이브록으로 향하는 길에 잠시 들렀다 가는 작은 도시다. 큰 기대 없이 차에서 내렸다가 의외의 정답고 아기자기한 느낌에 반하게 된다. 마치 영화 속 한 장면처럼 빛바랜 건물들이 즐비하지만 나름대로 운치있는 앤티크 도시.

규모는 무척 작아서 관광안내소가 있는 아본 테라스 Avon Terrace를 따라 카페, 레스토랑, 박물관, 슈퍼마켓, 관공서 등이 모여있다. 15분 정도만 걸어도 마을의 절반은 본 것이다. 볼거리 역시 아본 강변의 파이오니어 아본 파크 Pioneer Avon Park와 작은 규모의 요크 자동차 박물관 York Motor Museum 정도가 전부다.

York Visitor Centre
📍 81 Avon Terrace, York 📞 9641-1301
🏠 www.visit.york.wa.gov.au

07

웨이브록 Wave Rock

270억 년의 풍화 침식

퍼스에서 동쪽으로 350km 떨어진 곳에 자리 잡은 파도바위 웨이브록. 15m 높이의 파도가 몰려온다고 상상해보라. 저 멀리서부터 몰려오던 거대한 파도가 최고 정점에서 딱 멈춘다면. 웨이브록은 바로 그런 상상을 현실로 옮겨놓은 듯하다. 마치 마법의 지팡이를 맞고 딱 멈춰버린 것처럼 집채만 한 바위가 파도처럼 웨이브를 그리며 멈춰 서 있다. 길이가 110m에 이르는 이 거대한 파도바위는 270억 년 전부터 풍화와 침식을 거듭하고 있다. 가까이에서 보면 흙의 성질과 색깔에 따라 층층이 무지개떡을 세로로 쌓아놓은 것처럼 퇴적된 모습이 세월의 흔적으로 남아 있다. 퍼스에서 그레이트 이스턴 하이웨이 Great Eastern Hwy.를 타고 달리다가 하이든 Hyden이라는 이정표에서 우회전한다. 웨이브록은 바로 이 하이든이라는 작은 마을에서 4km 떨어진 곳에 있다. 하이웨이가 끝나는 지점부터는 길이 고르지 못한데다가 하이든에 가까워질수록 비포장도로의 연속. 꼬박 5~6시간은 걸리는 거리다. 따라서 현지 사정에 밝거나 운전에 특별히 자신이 있지 않다면 투어를 이용하는 것이 좋다.

📍 Wave Rock Rd., Hyden 📞 9880-5022
🏠 www.waverock.com.au

······ **TIP** ······

도그 세미터리 Dog Cemetery

서호주의 넓고 황량한 도로를 달리다보면 의외로 곳곳에서 '개 공동묘지'를 만나게 된다. 사람 구경하기 어려운 서호주의 사막에서는 애완견에 대한 애틋함도 남다를 듯. 차에서 내려 잠시 우리와는 다른 문화를 들여다보는 시간을 가져보자.

히포스 얀 Hippos Yawn

일명 '하품 하마' 바위. 정말 신기하게도 하마가 입을 벌리고 하품하는 모양새다. 아주 오래 전에는 몸체에 해당하는 화강암 바위가 있었다는 기록도 있는데, 현재는 입을 쩍 벌린 하마 머리 부분만 남아있다. 약 800m 정도 떨어져 있는 웨이브록을 보기 전에 에피타이저처럼 사진 한 장 찍고 넘어가는 곳이다.

📍 115 Wave Rock Rd., Hyden 📱 9880-5182
🏠 www.waverock.com.au

물카스 동굴 Mulka's Cave

'Mulka'라는 이름은 동굴과 관련된 원주민 전설에서 따온 것이다. 전설의 주인공인 물카의 어떤 사연이 새겨져 있는지 궁금증을 자아내는 이름이다. 가이드의 안내에 따라 나지막한 바위 틈으로 들어가면 바위 표면에 수없이 남아 있는 핸드프린팅을 볼 수 있다. 오래 전 원주민들 사이에서 이 지역에 대한 소유권을 표시한 것으로 여겨지며, 현재도 원주민 유산법에 따라 원주민에 의해 관리되고 있다. 동굴을 둘러싸고 거대한 관목 숲길이 펼쳐진다.

08

버셀톤 제티 Busselton Jetty

끝없는 바다 마중

최근 SNS를 통해 한국 여행자들 사이에서도 입소문을 타고 있는 서호주 최고의 포토제닉 스폿. 제티의 입구에 자리잡은 4개의 하늘색 건물은 시시각각 변하는 바다와 하늘이 어우러지며 포토제닉에 일조한다. 지오그래프 베이 Geographe Bay를 가로지르는 버셀톤 제티는 남반구에서 가장 긴 목제 방파제로 알려져 있다. 1865년에 만들어진 버셀톤 부두는 많은 여객선들이 오가는 선착장으로서의 역할과 더불어 이 작은 도시를 관광도시로 거듭나게 한 일등공신이었다. 이후 100년 동안 확장을 거듭하면서 오늘날과 같이 1.8km가 넘는 방파제가 되었지만, 1970년대 이후 항만이 폐쇄되면서 관광지로만 남게 되었다. 제티 입구의 작은 박물관 Interpretive Center에서 이와 같은 설명과 시청각 자료들을 만나볼 수 있다.

방파제의 끝까지 가려면 해저 전망대 투어 Underwater Observatory tour 티켓을 구입하거나 박물관 입구에서 출발하는 꼬마 열차 제티 트레인 Jetty Train을 타야 한다. 시간 여유가 있을 때는 하루 동안 제티를 오가며 산책, 낚시, 수영 등을 즐겨도 좋고, 그렇지 않은 경우에는 왕복 45분이 소요되는 꼬마 열차를 타고 동심으로 돌아가 보는 것도 좋다. 방파제 끝에는 바다 속으로 들어가는 계단과 해저 전망대 Underwater Observatory도 있다.

♀ 3L Queen St., Busselton   Ⓢ Underwater Observatory tour A$38, Jetty Train A$16
▯ 9754-0900 ♠ www.busseltonjetty.com.au

09 마가렛 리버 와이너리 Margaret River Winery

마가렛 리버로 향하는 최종 목적지는 와이너리다. 마가렛 리버 일대는 기후가 온화하고 일조량이 높아서 와인 재배에 적합하다. 서호주 와인의 대부분이 이곳 마가렛 리버와 스완 리버 일대에서 생산되고 있는 것도 이런 이유 때문. 투어 프로그램에는 이 일대 와이너리 한 군데 이상이 포함되어 있고, 개별 여행일 경우에는 마가렛 리버에서도 윌랍럽 Wilyabrup 일대에 와이너리들이 집중되어 있으니 원하는 와이너리에 노크하면 된다. 대부분의 와이너리에서는 레스토랑을 겸하고 있어서 가볍게 와이너리 산책과 테이스팅, 런치 등을 즐길 수 있다.

와이너리 투어를 마치고 남쪽으로 약 20km 정도 더 내려가면 마가렛 리버 타운센터가 나온다. 렌터카를 이용해서 여행 중이라면 타운센터에서 숙박, 쇼핑, 먹거리 등 많은 것을 해결할 수 있다.

Sandalford Wines ♀ 777 Metricup Rd, Wilyabrup
🕐 10:00~17:00 📞 9755-6213 🏠 www.sandalford.com

Margaret River Visitor Centret ♀ 100 Bussell Hwy., Margaret River 📞 9780-5911 🏠 www.margaretriver.com

10 마가렛 리버 맥주공장 Margaret River Brewery

와인 못지않은 맥주
물 좋은 곳에는 좋은 술이 있다했던가. 마가렛 리버의 좋은 술은 와인만 일컫는 것이 아니다.

마가렛 리버의 '마을 양조장'을 표방하고 있는 맥주 공장 겸 레스토랑에서 그 말이 팩트임을 확인하게 된다. 탁트인 목초지 위에 만들어진 양조장 건물은 목가적인 동시에 세련된 디자인을 자랑한다. 온 동네 사람들이 다 뛰어다녀도 남을 정도의 잔디 정원과 커다란 놀이터가 있고, 맥주가 만들어지는 과정을 지켜볼 수 있는 쇼룸도 마련되어 있다. 음식도 더할 나위 없이 신선하고 맛있다. 마가렛 리버쪽으로 여행 중이라면, 특히 수제 맥주에 관심이 있는 사람이라면, 타운센터 입구에 있는 이 양조장 레스토랑을 꼭 기억할 일이다.

♀ 35 Bussell Hwy., Margaret River
🕐 월~목요일 11:00~19:00, 금~일요일 11:00~21:00
📞 9757-2614 🏠 brewhousemargaretriver.com.au

매머드 동굴 Mammoth Cave

마가렛 리버 일대에는 4개(Ngilgi Cave, Mammoth Cave, Lake Cave, Jewel Cave)의 종유 동굴이 있는데, 매머드 동굴은 그 가운데 가장 접근성이 좋은 곳으로 알려져 있다. 매표소에서 나눠주는 오디오 장비를 통해 좀더 자세한 설명을 들을 수 있지만, 5개국 언어 중 한국어 지원은 안 되고 있다. 약 10분 가량 숲길을 따라 들어가면 동굴 입구가 나오는데, 좁은 입구를 통과하면 생각보다 넓은 동굴 내부에 다시 한번 압도된다. 이 동굴에서 발굴된 생물 화석들은 대부분 4만6천 년 전 멸종된 거대 동물 메가파우나 Australian Megafauna로 밝혀졌으며, 5만 년 전 공룡의 화석 또한 발견되었다.

📍 Caves Rd, Boranup
🕘 09:00~17:00　💲 어른 A$24, 어린이 A$12
📱 9757-7411　🏠 www.margaretriverattractions.com

케이프 리윈 등대 Cape Leeuwin Lighthouse

호주 최서단, 최고 높이

남극해와 인도양이 만나는 호주의 서쪽 끝 등대. 호주 본토에서 가장 높은 등대로도 알려져 있다. 등대의 높이는 지상 39m, 해발 56m에 달하며, 등대의 빛은 48km까지 비춘다. 등대에서 100m쯤 떨어진 곳에 있는 매표소 겸 카페에서 입장료를 지불하면 등대의 꼭대기까지 올라가 볼 수 있다. 등대를 둘러싼 해안가 바위에는 거친 파도가 끊임없이 부서지며 장관을 연출하고, 등대 꼭대기에 오르면 세상이 다 발아래 놓인 것 같은 풍경이 눈앞에 펼쳐진다.

📍 Leeuwin Rd., Augusta　🕘 08:45~17:00　💲 어른 A$21, 어린이 A$10　📱 9757-7411　🏠 www.margaretriverattractions.com

활기 넘치는 항구도시

프리맨틀
FREMANTLE

인도양의 에메랄드빛 바다와 콜로니얼풍의 건축물들이 어우러져 빚어내는 이 도시의 활기는 마치 오래된 영화 속의 한 장면 같다. 기차역과 맞닿은 항구에선 배를 기다리는 여행자들의 설렘이 묻어나고, 카푸치노 거리의 커피향은 한껏 나른한 도시를 떠돌며 여행자의 후각을 자극한다.
1829년, 이민선의 닻이 내려지면서 시작된 이 도시의 이름은 최초의 이민선 선장 카를로스 프리맨틀의 이름에서 유래되었다. 현지인들 사이에서는 '프레오 Freo'라는 애칭으로 더 친숙하며, 퍼스 시민들의 주말 나들이 장소이자 로트네스트 아일랜드로 가는 중간 여행지의 역할을 톡톡히 하고 있다.

인포메이션 센터 Fremantle Visitor Centre
📍 Town Hall, Kings Square, Fremantle 🕐 월~금요일 09:00~17:00, 토요일 09:00~16:00 일, 공휴일 10:00~16:00 ❌ 굿 프라이데이, 크리스마스 📱 9431-7878 🏠 www.visitfremantle.com.au

CITY PREVIEW
프리맨틀 미리보기

어떻게 다니면 좋을까?

프리맨틀은 작은 도시다. 볼거리는 역을 중심으로 부채꼴 모양으로 모여 있으며, 걸어서도 반나절이면 충분히 시내를 돌아볼 수 있을 정도의 규모다.

현대적인 퍼스와는 대조적으로 타임머신을 타고 100년 전으로 돌아간 것 같은 프리맨틀 시내. 이곳은 걸어 다니는 것만으로도 충분히 낭만적이지만, 부두 쪽에서 시내 쪽 관광지로 이동할 때는 무료 순환 버스 프리맨틀 캣을 타보는 것도 좋다. 버스를 타고 한 바퀴 도는 것만으로 도시의 동서남북을 파악할 수 있을 것이다.

어디서 무엇을 볼까?

스완강 하구, 인도양에 접한 도시 프리맨틀. 프리맨틀은 도시의 규모가 작은 데 비해서 볼거리는 풍부한 편이다. 다양한 볼거리를 꼼꼼하게 살피면서 느긋하게 즐기려면 하루하고도 반나절 정도의 시간이 필요하고, 간단히 살펴보는 것으로 만족하려면 반나절이면 OK.

프리맨틀 기차역과 부둣가를 따라 '바다'와 관련된 어트랙션들이 밀집되어 있으며, 타운홀이 있는 킹스 스퀘어 근처에는 볼거리, 먹을거리, 놀거리 등 소도시 여행이 주는 '소소한 즐거움'이 밀집되어 있다.

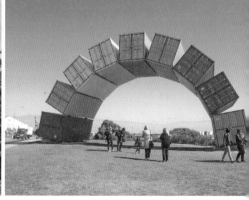

FREMANTLE

어디서 뭘 먹을까?

프리맨틀에는 호주 최고의 피시앤칩스도 있고, 서호주 최고의 맥주 양조장도 있다. 이 모든 것들이 블루캣 17번 정류장 피싱 보트 하버에 내리면 해안길을 따라 올망졸망 모여있다. 후식으로는 킹스 스퀘어 근처 카푸치노 거리에서 진한 플랫화이트를 마시고, 주말에는 프리맨틀 마켓에서 군것질거리를 찾아보는 것도 좋다.

어디서 자면 좋을까?

대부분 숙소가 기차역을 중심으로 도보 10분 거리에 모여 있으며, 요금은 퍼스 시내보다 저렴한 편. 퍼스에서 기차로 겨우 20분 거리밖에 안 되는데다가 퍼스보다 상대적으로 싼 숙박 요금에, 일주일 단위로 숙박하면 더 저렴해지므로 아예 이곳을 서호주 여행의 베이스캠프로 삼는 여행자도 적지 않다. 이 도시에서는 오래된 것이 자랑인 만큼 대부분의 저렴한 숙소들이 옛 건물들을 개조하거나 그대로 사용하고 있는 점도 이채롭다.

ACCESS

프리맨틀 가는 방법

퍼스에서 프리맨틀로 가는 가장 좋은 방법은 퍼스 시티역에서 전차를 타고
종착역인 프리맨틀역까지 가는 것이고, 다른 하나는 배럭 스트리트 제티에서 크루즈를 타고 가는 것이다.
트랜스퍼스(103·104·105·106·111번) 버스나 투어 버스를 이용해서 갈 수도 있지만,
여행자에게는 이 두 가지 방법이 가장 손쉽고 경제적이다.

기차 Train

퍼스역에서 프리맨틀행 기차를 타고 20분쯤 가면 종착역 프리맨틀에 도착한다. 트
랜스퍼스 존2에 해당되므로, 요금은 A$5.10(편도). 도중에 펼쳐지는 전원 풍경을
바라보는 것만으로도 색다른 기분을 느낄 수 있다.

타임 테이블은 역내의 인포메이션 센터에서 구할 수 있으며, 도중의 모든 역에 정차

하는 기차와 프리맨틀까지
곧장 가는 기차, 군데군데
정차하는 기차 3종류가 운
행된다. 어떤 경우든 종착
역까지 가면 된다.

크루즈 Cruise

캡틴쿡 크루즈에서 퍼스-프리맨틀을 오가는 두 종류의 크루즈를 운행한다. 기차에 비해 요금은 비싸고 시간도 더 걸리지
만, 스완강을 유람하는 관광과 교통을 한꺼번에 해결할 수 있어서 인기 있는 방법.

❶ 프리맨틀 익스플로러 Fremantle Explorer는 왕복 교통편과 프리맨틀에서의 자유시간이 포함되어 있으며 마지막 배
에서는 석양과 함께 무료 와인도 즐길 수 있다. ❷ 갈 때는 크루즈로 올 때는 기차를 이용하려면 원 웨이 크루즈 One Way
Cruise를 이용하면 된다. 단, 이때는 이스트 프리맨틀
의 페리 와프 Ferry Wharf에 도착하는데, 시내까지
는 걸어서 20분 이상 걸리므로 시간 여유를 갖고 산
책하듯 둘러보는 것이 좋다. 와프 맞은편 나지막한
언덕 위에 놓인 레인보우 시 컨테이너 Rainbow Sea
Container는 나름 인증샷 명소이니 놓치지 말 것.

퍼스-프리맨틀 크루즈(캡틴쿡 크루즈)

Fremantle Explorer ⏱(퍼스~프리맨틀) 09:55~12:45,
09:05~15:45, 11:15~15:45 ⑤ A$60
One Way Cruise ⏱ 09:55, 11:15, 14:15 출발(소요시간 1시
간15분) ⑤ A$45 🏠 www.captaincookcruises.com.au

프리맨틀 시내교통

프리맨틀 트램 Fremantle Tram

짙은 포도주색의 트램은 역사적인 항구도시 프리맨틀에 아주 잘 어울리는 교통수단이다. 투어가 시작되는 곳은 킹스 스퀘어의 타운홀 앞. 트램 운전사에게 직접 요금을 내거나 타운홀 1층에 있는 인포메이션 센터 또는 홈페이지에서 예약할 수 있다. 온라인 예약 시 요금이 10% 할인된다.

★ COVID-19로 인해 잠정 운행 중단.

프리맨틀 트램 투어
📱 9473-0331 🏠 www.fremantletrams.com

프리맨틀 캣 Fremantle CAT

퍼스 기차역을 나서자마자 보이는 버스정류장에는 마치 전세버스처럼 여행객을 기다리고 있는 빨간색과 파란색 캣 버스가 있다. 퍼스 캣과 마찬가지로, 프리맨틀 캣 역시 무료로 이용할 수 있다. 기차역을 중심으로 남쪽으로는 블루캣이, 북쪽으로는 레드캣이 담당한다. 블루캣은 10분 간격, 레드캣은 15분 간격으로 운행되며, 금요일(19:40까지 운행)을 제외하고는 대부분 오후 6시 정도에 운행이 마감되므로 참고할 것.

🕐 월~금요일 7:30~18:30, 주말·공휴일 10:00~18:30 ❌ 굿 프라이데이, 크리스마스, 박싱 데이 📱 13-62-13

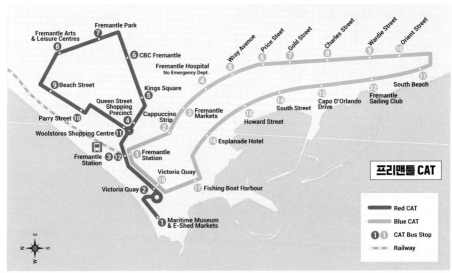

프리맨틀

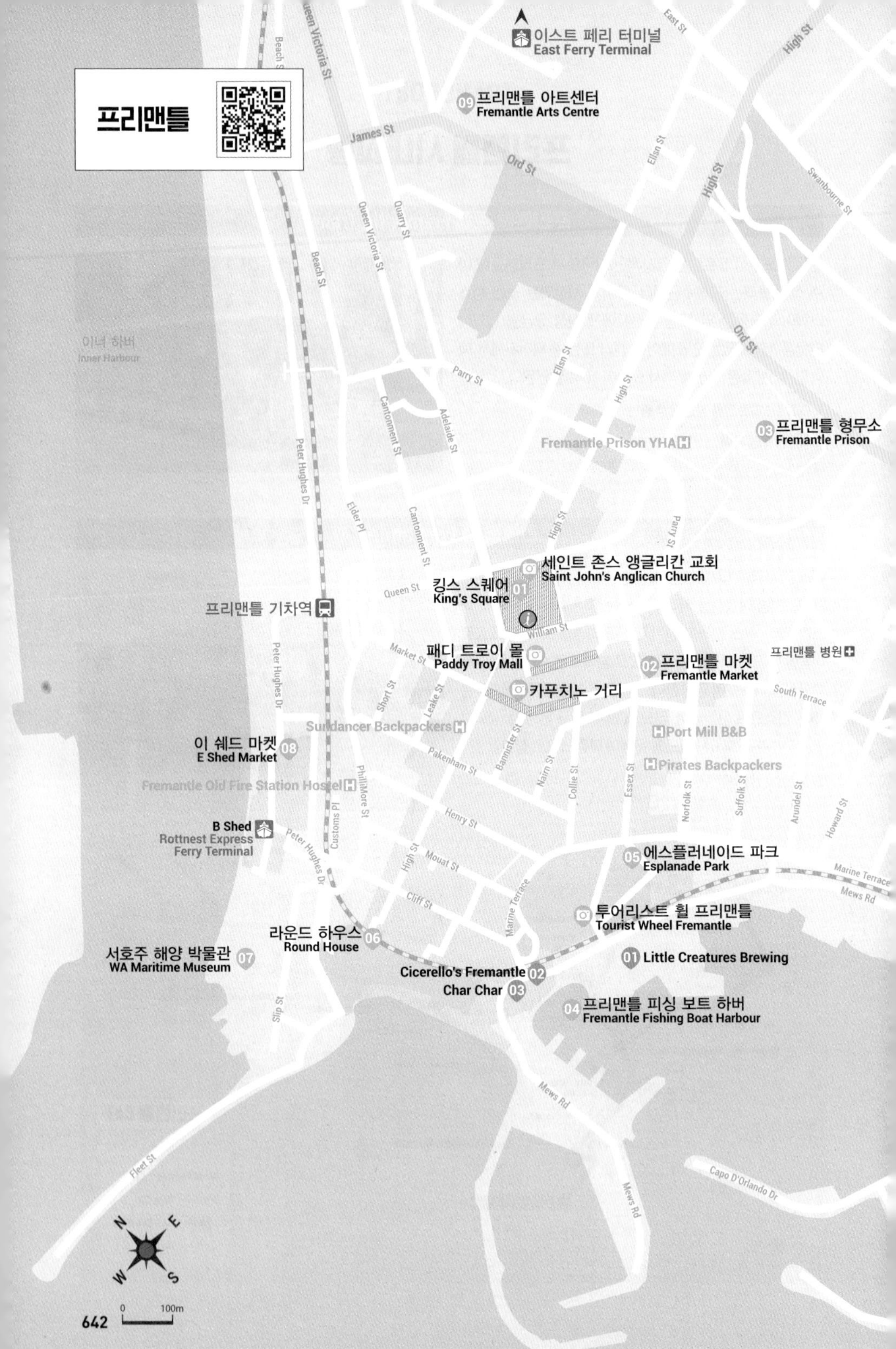

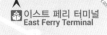
이스트 페리 터미널
East Ferry Terminal

09 프리맨틀 아트센터
Fremantle Arts Centre

이너 하버
Inner Harbour

Fremantle Prison YHA H

03 프리맨틀 형무소
Fremantle Prison

킹스 스퀘어
King's Square **01**
세인트 존스 앵글리칸 교회
Saint John's Anglican Church

프리맨틀 기차역 🚇

패디 트로이 몰
Paddy Troy Mall

02 프리맨틀 마켓
Fremantle Market

프리맨틀 병원 ✚

카푸치노 거리

이 쉐드 마켓
E Shed Market **08**

Sundancer Backpackers H

H Port Mill B&B

Fremantle Old Fire Station Hostel H

H Pirates Backpackers

05 에스플러네이드 파크
Esplanade Park

B Shed
Rottnest Express
Ferry Terminal

투어리스트 휠 프리맨틀
Tourist Wheel Fremantle

01 Little Creatures Brewing

서호주 해양 박물관
WA Maritime Museum **07**

라운드 하우스
Round House **06**

Cicerello's Fremantle
Char Char **02**
03

04 프리맨틀 피싱 보트 하버
Fremantle Fishing Boat Harbour

0   100m

킹스 스퀘어 King's Square

킹스 스퀘어는 프리맨틀에서 가장 번화한 광장. 소규모 아케이드와 기념품점·여행사·카페 등이 몰려 있고, 하이 스트리트 몰과 프리맨틀 마켓도 근처에 있다.

정사각형 모양의 광장 한가운데에는 1887년 7월에 문을 연 타운홀이 자리하고 있는데, 중세 시대의 성당처럼 화려한 시계탑은 프리맨틀의 상징이 되고 있다. 건물 1층에 인포메이션 센터가 있어서 늘 여행자들로 붐빈다. 운이 좋으면 타운홀에서 열리는 콘서트나 결혼식 장면을 볼 수도 있다. 타운홀과 마주보고 있는 세인트 존스 앵글리칸 교회 Saint John's Anglican Church와 한 블록 아래의 패디 트로이 몰 Paddy Troy Mall도 기웃거려 볼 만하다.

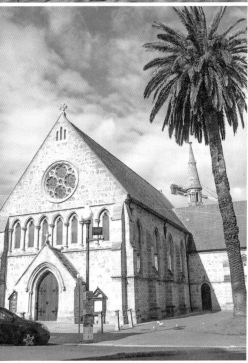

웨스턴 오스트레일리아 주

프리맨틀 마켓 Fremantle Market

금·토·일요일에만 열리는 주말시장. 어느 도시든 그 도시의 진면목을 보려면 시장에 가보라는 말이 있다. 프리맨틀을 대표하는 전통 시장 프리맨틀 마켓은 바로 그런 속담에 걸맞은 곳이다.
우리나라의 장날처럼 마켓이 오픈하는 날에는 도시 전체가 흥겨워진다. 노래하며 분위기를 돋우는 악사가 있고, 세계 각국의 먹을거리에서 풍기는 음식 냄새가 사람들의 발걸음을 끈다. 도자기, 앤티크 가구, 책, 옷, 보석, 액세서리와 채소·과일·허브·스파이스 등을 파는 가게가 빽빽이 늘어서서 관광객을 맞는다. 1897년 부터 지금까지 120년이 넘는 세월 동안 매주 그래온 것처럼.

📍 South Terrace & Henderson St., Fremantle 🕐 금요일 08:00~20:00, 토~일요일 08:00~18:00
🏠 www.fremantlemarkets.com.au

(talk) **카푸치노 좋아하세요?**

킹스 스퀘어에서 하이 스트리트 High St.를 따라가다가 마켓 스트리트에서 기차역 반대방향으로 조금만 걸어보세요. 어디선가 향긋한 커피향이 풍겨오지 않나요? 큰길을 사이에 두고 양쪽으로 늘어선 카페와 파라솔과 그 아래 담소를 나누는 사람들…. 여기가 바로 '카푸치노 거리'입니다. 지도상으로는 사우스 테라스 South Terrace라고 표시된 곳이지요. 고풍스러운 프리맨틀의 건물들 사이로 노천카페가 형성되어 있는 모습이 마치 로마의 뒷골목에 온 것 같습니다.
이곳이 카푸치노 거리라 불리게 된 이유는 여기에 카페가 아주 많아서라고 하는데, 그만큼 카푸치노 커피도 많이 팔린다는 뜻이겠죠? 정말 이곳에서는 카푸치노 커피를 마시는 사람들이 유난히 많이 눈에 띕니다. 거의 '사발' 수준의 커다란 잔에 거품이 고봉으로 올라 있는 카푸치노 커피는 누구라도 한잔쯤 마시고 싶어지지요. 커피 좋아하는 호주 사람들이 아침부터 죽치고 앉아 카푸치노를 마시기도 합니다. 특히 저녁시간이나 주말에는 자리가 없을 정도니 일찌감치 자리잡고 프리맨틀의 카푸치노 향에 취해보면 어떨까요?

03

프리맨틀 형무소 Fremantle Prison

너무 잘 보존되어 오싹한

호주를 다니다 보면 유난히 감옥 박물관이 많이 보인다. 죄수들이 건설한 나라이니만큼 짧은 역사를 말할 때 조상인 죄수들과 감옥에 대해 할 말이 많은 것은 당연한 일일지도 모른다. 프리맨틀 형무소는 1991년까지만 해도 실제로 사용됐다는데, 몇몇 방에서 죄수들이 그린 벽화나 문구들을 보면 마음이 짠해지기도 한다. 견고해 보이는 석회암 건물은 1831년 당시 수감 중이던 죄수들에 의해 건설되었다.

서호주에서 가장 오래된 감옥이자 호주 전체를 통틀어 가장 원형 그대로 보존하고 있는 감옥으로도 알려져 있다. 너무 잘 보존되어 오싹할 정도. 실제로 Tunnel Tour의 경우 임산부나 어린이는 참가할 수 없고, 성인이라도 선언서에 사인을 한 후 예약이 가능하다.

감옥 체험을 더욱 실감나게 하려면 나이트 투어인 토치 라이트 투어 Torchlight Tour를 이용해보자. 횃불만 들고 깜깜한 감옥 안을 돌아다니다 보면 한 많은 죄수의 영혼과 맞닥뜨릴지도! 나이트 투어의 경우 운영하지 않는 시기도 많으니 미리 확인할 것.

📍 1 The Terrace, Fremantle 🕐 09:00~17:00 ❌ 굿 프라이데이, 크리스마스 💲 Torchlight Tour A$28, Tunnel Tour A$65 ☎ 9336-9200 🏠 www.fremantleprison.com.au

04

프리맨틀 피싱 보트 하버 Fremantle Fishing Boat Harbour

길 끝까지 가볼 것!

코발트빛 바다위에 점점이 정박한 하얀색 요트의 행렬이 눈부시다. 먹고, 놀고, 머물 수 있는 모든 시설과 준비가 되어 있는 곳, 휴양도시 프리맨틀의 면모를 단적으로 보여주는 곳이기도 하다. 'I♡FREO' 조형물 앞에서 인증샷 남기고, 시세렐로 레스토랑에서 피시앤칩스를 맛본 다음, 바다를 향해 난 뮤즈 로드 Mews Rd.를 따라 걸어가면 요트클럽이 나온다.

📍 Mews Rd., Fremantle 🏠 www.fremantlefishingboatharbour.com

에스플러네이드 파크 Esplanade Park

싱그러운 나무와 행복한 사람들

시내 남쪽 에스플러네이드와 접하고 있는 넓은 녹지대. 키 큰 나무와 잘 가꿔진 잔디밭, 뛰어놀고 싶어지는 어린이 놀이터까지, 공원을 구성하는 다양한 오브제들이 조화롭다. 길 하나를 사이에 두고 손에 잡힐 듯 가까이 있는 바다 덕분에 바람마저 청량하다.

그늘을 만들어주는 나무를 제외하면 모든 것이 나지막한 공원에 우뚝 솟은 대관람차. 멀리서 볼 때는 멈춰선 것처럼 보이지만, 가까이서 보면 쉬지 않고 돌아간다. 규모로 보면 그리 크다고 할 수 없지만, 휠을 타고 지상 40m 정상에서 바라보는 풍경만큼은 어떤 놀이시설 부럽지 않다. 하나의 곤돌라에 6명까지 탈 수 있고, 한 바퀴를 완전히 도는 데 7~8분 정도가 걸린다.

📍 Marine Terrace, Fremantle 📱 9432-9999

투어리스트 휠 프리맨틀 Tourist Wheel Fremantle 📍 LOT 2044 Marine Terrace, Fremantle
🕐 10:00~21:00 💲 어른 A$12, 어린이 A$10 📞 1300-130-407 🏠 www.touristwheelfremantle.com

06
라운드 하우스 Round House

전망 좋은 감옥

1830~1831년에 지어진 서호주에서 가장 오랜 역사를 자랑하는 공공건물. 이름처럼 둥근 이 원통형의 석조건물은, 중정을 둘러싼 방마다 죄수들을 수감했던 형무소 건물이다. 모형으로 만든 죄수와 당시의 용품들로 재현한 감옥은 조금 어설픈 듯하지만, 나름대로 보는 사람의 마음을 숙연하게 만든다.

해양박물관과 난파선 갤러리 사이의 언덕에 세워져 있어서 바다와 시내 양쪽을 굽어보는 전망이 훌륭하다. 건물 가운데로 들어서면 가이드의 자세한 설명을 들을 수 있고, 입구의 아담한 카페는 꼭 쉬어 가고 싶을 만큼 정다운 느낌이다. 라운드 하우스까지 가는 해안길도 멋있고, 계단을 올라가 국기 게양대 앞에서 바라보는 바다 전망도 근사하다.

📍 15 Captains Ln., Fremantle 🕐 10:30~15:30 💲 무료
📱 9336-6897 🏠 www.fremantleroundhouse.com.au

서호주 해양 박물관 WA Maritime Museum

알찬 콘텐츠와 다양한 체험 프로그램

프리맨틀을 둘러싼 여러 가지 해양 환경, 즉 인도양과 스완강 그리고 해군 함대와 이민선 등에 대한 자료들을 각각의 갤러리에 전시한다. 1층에는 스완강과 인도양에 대한 전시실과 비디오 자료실이 있다. 2층으로 올라가면 탁 트인 전망대와 함께 프리맨틀과 해군에 대한 자료들이 전시되어 있다. 건물 오른쪽에 자리한 잠수함 오벤스 Submarine Ovens에서는 실제 잠수함의 내부를 구경할 수 있는데, 이 잠수함은 제2차 세계대전 중에 실제로 사용되었다고 한다. 가이드 투어를 통해 자세한 설명을 들을 수 있다.

잠수함에서 나와 클리프 스트리트 Cliff St.를 따라 걷다 보면 난파선 갤러리가 나온다. 대부분의 사람들이 스쳐 지나가는 곳이지만 내용만큼은 의외로 알차다. 밖에는 난파선의 닻을 전시하고, 안에는 17세기 초의 선박기술을 알려주는 각종 자료를 전시한다.

최고의 볼거리는 1629년에 프리맨틀 근해에서 난파된 네덜란드 선박 바타비아호 Batavia에서 나온 희귀한 물건들과 선체를 복원한 전시관이다.

📍 Victoria Quay, Peter Hughes Dr., Fremantle
🕐 09:30~17:00 ❌ 굿 프라이데이, 크리스마스, 박싱 데이,
1월1일 💲 어른 A$15, 어린이 무료 📞 1300-134-081
🏠 www.museum.wa.gov.au

이 쉐드 마켓 E Shed Market

금요일부터 주말까지만 열리는 일종의 주말 시장. 주말에 프리맨틀에 도착했다면 꼭 가볼 만하다. 부둣가에 길게 늘어선 가건물에는 저마다 A, B, C… 등의 알파벳이 쓰여있다. 'Shed'라는 단어는 '부둣가의 창고'를 의미하는데, B 쉐드 앞은 로트네스트 섬으로 가는 페리가 출발하고, E 쉐드는 오팔을 비롯한 보석류와 수공예품 그리고 각종 기념품점이 늘어선 마켓으로 변모했다. 이밖에도 쉐드마다 보세창고, 작업실 등 개성있는 공간들로 거듭나고 있다. 이 쉐드 마켓의 분위기 있는 테라스 카페와 함께 푸드 몰도 여행자들에게 인기 있는데, 저녁 8시까지 문을 연다. 주말 같은 활기는 없지만 평일에도 몇몇 카페나 레스토랑은 문을 여니까 바다를 바라보며 차 한 잔 마실 여유는 충분하다.

📍 Peter Hughes Dr., Fremantle ⏰ 금~일요일, 공휴일 09:00~ 17:00(푸드 코트는 20:00)
🏠 www.eshedmarkets.net.au

프리맨틀 아트센터 Fremantle Arts Centre

정원만 봐도 반해버릴

미술관에 별 관심이 없는 사람이라도 프리맨틀에서만큼은 꼭 한번 들러보길 강력히 추천한다. 외관부터 예사롭지 않은 건물은 1860년대에 죄수들을 위한 정신병원이었다. 담장 안으로 들어서면 마치 비밀의 정원에 들어선 것처럼 고즈넉하다.

한때 역사박물관으로도 사용되었는데, 죄수이자 정신병자들이 밖으로 나가지 못하게 설계된 방도 역사적 산물로 재현해놓았다. 프리맨틀의 역사이자 유형지 호주의 역사를 온몸으로 대변하고 있는 셈. 하지만 이곳 분위기는 절대로 살벌하거나 이상스럽지 않다. 오히려 중세의 성에라도 들어온 듯한 느낌이며, 잘 가꾸어진 정원과 야외무대 등이 오후 한나절을 쉬어가고 싶을 만큼 정다운 곳이다.

아트센터의 정원에서 매년 '퍼스 인터내셔널 아트 페스티벌'과 '프리맨틀 아트 페스티벌'이 열리는데, 특히 여름철의 야외 음악 공연과 전시는 놓쳐서는 안 될 볼거리다. 모던한 작품들이 주로 전시되며, 사진과 설치미술 작품들에서 실험성이 엿보인다. 아트숍과 카페도 함께 운영한다.

📍 1 Finnerty St., Fremantle ⏰ 10:00~17:00 💲 무료
📞 9432-9555 🏠 www.fac.org.au

01
Little Creatures Brewing

서호주 대표 맥주

얼핏 보기에는 커다란 공장 내지 농장처럼 보이지만, 내부로 들어서면 세련된 퍼브 레스토랑이다. 애초에 악어 농장이었던 건물 세 채를 맥주 양조장을 겸한 레스토랑으로 개조한 것인데, 철제 프레임과 건물 안팎의 양조용 드럼통 타워마저도 무심한 듯 멋스럽다. 직접 만든 맥주를 공장에서 바로 마시는 격이니 신선함은 말할 필요도 없고, 곁들이는 안주 겸 요리들도 모두 맛있다. 햇살 좋은 날에는 건물 앞의 작은 정원이나 건물 뒤의 테라스 좌석이 먼저 찬다. 1층의 자리가 다 찼을 때는 2층으로 올라가거나 스탠드로 즐겨도 좋다. 이곳에서 제조되는 다양한 수제맥주를 모두 맛보고 싶다면, 10개의 작은 잔에 10종류의 맥주가 나오는 테이스팅 메뉴를 추천한다. 무료로 자전거도 빌려준다는 사실은 기억해두면 돈이 되는 팁!!

📍40 Mews Rd., Fremantle ⏰ 월~금요일 10:00~밤늦게, 토요일 09:00~밤늦게, 일요일 09:00~23:00, 공휴일 11:00~22:00 📱6215-1000
🏠 www.littlecreatures.com.au

Cicerello's Fremantle

프리맨틀에서 반드시 가봐야 할 맛집 넘버 원

'I♡FREO' 조형물 바로 앞에 자리하고 있으며, 이로써 자연스레 프리맨틀의 상징이 된 곳이다. 우리로 치면 어부가 운영하는 횟집처럼, 오너가 프리맨틀 앞바다에서 직접 잡은 물고기로 피시앤칩스를 만들어낸 지 100년이 넘은 곳이다. 'Home of FishnChips'라 자부하며 대를 이어가는 곳. 내부에는 마치 아쿠아리움처럼 과하게 큰 실내수족관이 설치되어 있어서 시선을 끈다. 대표메뉴 피시앤칩스의 맛은 소문이 과하지 않은 특별함이 있다. 선택할 수 있는 생선의 종류도 많고 양도 푸짐해서 자꾸 손이 간다.

📍 44 Mews Rd., Fremantle 🕐 9335-1911 🏠 www.cicerellos.com.au

03

Char Char

숯불향 스테이크

시셀레로가 피시앤칩스 맛집이라면, 바로 옆집 차차는 스테이크로 둘째가라면 서러울 맛집이다. 참숯화덕에서 구워내는 프라임 비프의 맛은 명불허전. 양고기, 오리, 캥거루까지 다양한 고기를 화덕에 구워내지만 우리 입맛에는 소고기가 제일 맛있다. 이왕 만들어둔 화덕에서는 피자도 구워내는데, 이 역시 엄지척 올라가는 맛이다.

📍 44B Mews Rd., Fremantle
🕐 월~목요일 11:30~15:00, 17:30~밤늦게, 금~일요일 11:30~밤늦게 📞 9335-7666
🏠 www.charcharrb.com.au

웨스턴 오스트레일리아주

WESTERN
AUSTRALIA

Rottnest Island

쿼카가 반겨주는 자전거 천국
로트네스트 아일랜드
ROTTNEST ISLAND

퍼스에서 페리로 1시간, 프리맨틀에서 30분이면 닿는 이 섬은 일종의 홀리데이 아일랜드다. 현지인들은 로트네스트라는 이름보다는 '로토 Rotto'라는 애칭으로 더 많이 부르며, 보석같은 섬의 아름다운 해변과 동식물을 보호하기 위해 애쓴다. 특히 '쿼카'라는 이름의 귀여운(?) 아이는 로트네스트 섬에만 사는 유대류로, 이 섬의 주인이자 자전거 탄 여행자들의 친구로 보호받고 있다.

거주민도 없고, 제한된 교통편만 제공되는 이 섬에서는 자전거가 최고의 이동수단이다. 짙푸른 바다를 배경으로, 천천히 자전거 페달을 밟으면 누구라도 그림엽서 속의 주인공이 된다.

인포메이션 센터 Rottnest Is. Visitor & Information Centre
⚲ 1 Henderson Ave., Rottnest Island ⏲ 월~목요일 07:30~17:30, 금요일 07:30~19:00, 토~일요일 07:30~18:00 ☐ 9372-9730 ⌂ www.rottnestisland.com

로트네스트 아일랜드 미리보기

어떻게 다니면 좋을까?

로트네스트 아일랜드 최고의 교통 수단은 자전거다. 환경보호 차원에서 일반 승용차의 진입을 금지하고 있는 이 섬에서 이동할 때는 걷거나, 자전거를 타거나, 코치 버스를 타는 세 가지 방법밖에 없기 때문이다. 자전거 대여점은 섬 곳곳에 있으며, 가격은 어느 곳이나 똑같다. 섬 전체를 일주할 수 있는 자전거 도로가 잘 정비되어 있고 곳곳에 비경이 숨어 있는 덕분에 다른 곳에서는 느끼지 못하는 자전거 여행의 묘미를 만끽할 수 있다.

어디서 무엇을 볼까?

특별히 어디를 보기보다는, 어떻게 쉬어갈지가 이 섬의 주제다. 자전거 타고 섬 돌아보기, 낮은 언덕에 올라 인도양의 푸르른 바다 굽어보기, 낚시나 서핑, 맑은 바다에 뛰어들어 스쿠버 다이빙하기 또는 수영이나 스노클링 등등. 이도 저도 아니면 그저 아름다운 해변에 누워 마음껏 게으름을 피우다가 돌아와도 좋은 곳이다. 부두에 도착하면 먼저 ①에 들러 지도를 받은 뒤, 길 건너 바다 쪽 톰슨 베이의 말리브 다이브숍에 설치된 자동 로커에 짐을 넣고 홀가분한 몸과 마음으로 섬을 둘러보자.

어디서 뭘 먹을까?

동서 11km, 남북 4.5km, 자전거로 2시간이면 일주할 수 있는 로트네스트 아일랜드. 이 섬의 최대 번화가는 역시 배가 드나드는 부두 톰슨 베이다. 대부분 편의시설과 함께 레스토랑과 리조트가 모여 있다. 톰슨 베이에 있는 몇몇 레스토랑을 제외한 나머지는 모두 리조트 내에 속해 있는 레스토랑들이다. 따라서 섬 일주를 시작하기 전에 미리 배를 든든히 채워두거나, 아니면 가벼운 샌드위치라도 준비해서 떠나는 것이 좋다.

어디서 자면 좋을까?

이 섬에서 낭만적인 밤을 보낼 수도 있겠지만, 결정하기에 앞서 잘 생각해야 한다. 무엇보다도 숙소가 다양하지 못하며, 그나마 성수기에는 평소의 25% 이상 가격이 치솟는다. 게다가 대부분 리조트 중심의 숙소들이어서 주머니 가벼운 배낭여행자들에게는 그림의 떡일 경우가 많다. 결과적으로, 이 섬에서의 숙박은 그리 추천할 만하지 않다. 일찍 왔다가 오후 늦게 떠나는 당일치기 일정이 가장 좋다.

로트네스트 아일랜드 가는 방법

섬이니까 당연히 바다를 건너가야 한다. 가장 일반적인 방법은 배를 타고 건너는 것이고,
조금 고급스러운 방법은 헬리콥터로 건너는 것. 어떤 수단을 이용하건 편도는 불가능하고 왕복 티켓을 끊어야 한다.

경비행기 Flights

에어 택시라는 이름의 경비행기를 이용하면 하루 동안 섬을 관광하고 다시 돌아올 수 있어서 시간이 촉박하거나 경제적으로 여유가 있는 사람들이 주로 이용하는 수단. 하늘에서 내려다보는 에메랄드빛 인도양과 한눈에 들어오는 로트네스트 아일랜드는 그 자체로 잊을 수 없는 풍경이 된다. 전화나 홈페이지를 통해 예약하면 퍼스 시내나 프리맨틀에서 공항까지 픽업해준다. 단, 로트네스트 아일랜드의 공항을 이용하는 데는 별도의 공항이용료 Admission이 추가되므로, 예약 전 항공 요금에 포함 여부를 확인하도록 한다.

에어 택시 **Air Taxi**
⑤ 퍼스-로트네스트 왕복 A$136~ ☎ 0421-389-831
🏠 www.rottnestairtaxi.com.au

TIP

로트네스트 아일랜드로 가는 가장 저렴한 방법

앞서 설명한 것처럼 로트네스트 아일랜드로 가는 페리는 퍼스와 프리맨틀 중 한 군데에서 출발하게 된다. 그렇다면 둘 중 어디를 선택하는 것이 더 경제적일까? 출발과 도착은 똑같이 퍼스라고 가정하고, 로트네스트 익스프레스 페리를 기준으로 비용부터 한 번 따져보자.

퍼스에서 로트네스트 아일랜드로 바로 갈 경우에는 당일 왕복 A$119가 든다. 한편 프리맨틀에서 출발할 경우에는 A$79가 드는데, 여기에다 퍼스~프리맨틀 구간의 기차비가 왕복 A$10.20. 둘을 합하면 약 A$89. 퍼스에서 갈 때보다 프리맨틀에서 갈 때가 최대 A$30이나 절약된다! 게다가 프리맨틀이라는 멋진 도시까지 둘러볼 수 있으니 이거야말로 일석이조라 할 수 있다.

시간면에서 봐도 그렇다. 로트네스트 아일랜드까지 퍼스에서 바로 가면 1시간 30분~2시간이 소요되고 프리맨틀에서 갈 때는 30분이 소요되니까, 퍼스에서 프리맨틀까지 가는 데 소요되는 30분을 더하더라도 30분 이상의 여유가 생긴다. 이 30분 동안 티켓을 구매하고, 가까운 프리맨틀 부두나 라운드 하우스를 돌아보면 된다. 참고로, 배편도 프리맨틀에서 출발하는 편수가 거의 2배 이상 많다.

페리 Ferry

로트네스트 섬으로 가는 페리는 모두 3개 회사에서 운행한다. 어느 회사를 선택하건 비용이나 서비스·소요시간 등은 대동소이하다.

퍼스에서 로트네스트 아일랜드까지는 1시간 30분~2시간, 프리맨틀에서는 30분 정도 걸리는데, 출발 시간이 가장 잘 맞는 회사를 선택하면 된다. 한 가지 알아둘 점은, 당일에 돌아오는 왕복 요금이 다른 날 돌아오는 요금보다 저렴하며, 시간대에 따라 요금 차이가 있다는 것. 표를 구입할 때 돌아오는 배의 시각을 미리 지정해야 하므로, 표를 구입하기에 앞서서 숙박을 할 것인지 당일로 돌아올 것인지 신중하게 결정하는 것이 비용을 아끼는 길이다.

로트네스트 아일랜드행 페리

페리 회사	출발지	요금(섬 입장료 A$20.00 포함)
SeaLink Rottnest Island ☎ 9325-9352 🏠 www.sealinkrottnest.com.au	프리맨틀 B Shed	당일 왕복 A$79
	퍼스 Barrack Street Jetty	당일 왕복 A$119
Rottnest Express ☎ 1300-467-688 🏠 www.rottnestexpress.com.au	프리맨틀 B Shed 또는 Northport	당일 왕복 A$78
	퍼스 Barrack Street Jetty	당일 왕복 A$119
Rottnest Fast Ferries ☎ 9246-1039 🏠 www.rottnestfastferries.com.au	퍼스 북부 Hillary's Ferry Terminal	당일 왕복 A$89

로트네스트 아일랜드 시내교통

자전거를 잘 탈 수 있다면 로트네스트 섬에서 다른 교통수단은 필요 없다. 전체 면적 19㎢의 섬은 걸어 다니기에는 무리지만, 자전거로는 천천히 달려도 하루 동안 넉넉히 둘러볼 수 있는 크기다. 자전거는 톰슨 베이의 인포메이션 센터 혹은 사설 자전거점에서 대여할 수 있고, 페리 티켓을 예약할 때 자전거를 옵션으로 추가할 수도 있다. 최근에는 스쿠터와 세그웨이 등의 전동 장비들도 대여할 수 있어서 선택의 폭이 넓어졌다.

자전거 대여 Rottnest Island Pedal & Flipper
📍 Bedford Ave.(Hotel Rottnest 뒤편), Rottnest Island 💲 1일 A$30
📱 9292-5105 🏠 www.experience.rottnestisland.com

아일랜드 익스플로러 버스 Island Explorer Bus

아쉽게도 자전거를 탈 줄 모른다면 순환버스를 타고 섬을 돌아볼 수 있는데, 하루 동안 원하는 곳에서 타고 내릴 수 있다. 08:30~15:00까지, 30분마다 톰슨 베이에 있는 메인 버스 정류장에서 출발해 주요 비치와 관광지·숙소 등 총 19개의 정류장에 정차한다. 티켓은 톰슨 베이의 인포메이션 센터에서 구입하며, 버스를 탈 때마다 운전사에게 보여주면 된다. 요금은 1인당 A$30.

세틀먼트 셔틀버스 Settlement Shuttle Bus

조금 더 저렴한 방법도 있다. 섬 내의 지오디 Geordie, 롱리치 Longreach, 킹스타운 Kingstown의 숙소에 묵을 예정이라면, 세틀먼트 셔틀버스 Settlement Shuttle Bus를 이용할 수 있다. 섬 전체를 커버하는 노선은 아니므로 미리 노선 및 시간표를 확보하도록 한다. 저녁 8시까지 운행하며, 1인당 A$30이면 하루 종일 이용할 수 있다.

로트네스트 아일랜드

- 자전거길
- 기찻길
- 워킹 트랙
- 0.0 소요시간
- 🚌 아일랜드 익스플로러 버스 정류장

핑키 비치 Pinky Beach
바트허스트 등대 Bathurst Lighthouse
Simmo's Icecream
Dôme Café
블라밍 전망대 Vlamingh Lookout
올리버 힐 건 & 터널 Oliver Hill Gun & Tunnel
케이프 블라밍 전망대 Cape Vlamingh Viewing
Kingstown Barracks

Parakeet Bay, Fays Bay, The Basin, Geordie Bay, 빈센트 호 Lake Vincent, Karma Rottnest, Thomson Bay, Stark Bay, Rocky Bay, Narrow Neck, Eagle Bay, Fish Hook Bay, Strickland Bay, Mary Cove, Salmon Bay, Bickley Bay, Bickley Point, Henrietta Rocks, Porpoise Bay, Little Salmon Bay, Parker Point, Radar Reef

5.9 9.7 7.6 9.4 10.0

0 500m

블라밍 전망대 Vlamingh Lookout

탁 트인 바다와 하늘

로트네스트 아일랜드에서 가장 경치가 좋은 곳으로, 에메 랄드빛 바다가 파노라마처럼 펼쳐지는 곳이다. 버스 투어 를 하게 되면 대부분 이곳에 내려서 야생 쿼카에게 먹이를 주기도 한다. 블라밍 전망대는 섬의 동쪽 내륙에 있지만, 섬의 서쪽 끝에 위치한 케이프 블라밍 Cape Vlamingh Viewing Platform 역시 아름다운 인도양 바다를 전망하 기에 좋은 곳이다.

📍 Vlamingh Memorial Heritage Trail, Rottnest Island
📱 9432-9300

올리버 힐 건 & 터널 Oliver Hill Gun & Tunnel

섬의 역사를 기억하는 곳

올리버 힐 Oliver Hill은 톰슨 베이까지 연결되는 기차가 하루 세 차례 출발하는 기차역. 지금은 평화로운 휴양지 이지만, 제2차 세계대전 중에는 군사적 요충지로 사용되 었던 섬의 역사를 보여주는 곳이다. 이곳으로 가다 보면 도중에 수심이 깊지 않은 붉은색의 소금 연못이 나오는데, 연못 주변에 사는 야생동물들이 사람을 따르는 모습을 볼 수 있다. 올리버 힐 기차 티켓은 온라인을 통해 미리 예매 하거나 관광안내소에서 구입할 수 있다.

올리버 힐 건 & 터널 Oliver Hill Gun & Tunnel
📍 Defence Rd., Rottnest Island ⏰ 투어 10:00~14:00(매 정 시 출발) 💲 어른 A\$15, 어린이 A\$7 📱 9372-9730 🏠 www. rottnestisland.com/see-and-do/Island-tours/oliver-hill

---

 talk 쿼카와 셀카를

로트네스트 아일랜드에서는 많은 동물을 볼 수 있습니다. 먼저, 톰슨 베이 에 도착하면 사람 무서운 줄 모르고 따라오는 공작새를 볼 수 있고요, 곧 이어서 섬 전체에 분포해 살고 있는 작고 귀여운 쿼카를 만나게 됩니다. 얼 굴은 쥐처럼 생기고, 몸집은 새끼 캥거루만 하고, 하는 짓은 다람쥐 같은 이 동물의 이름이 바로 쿼카랍니다. 처음 이 섬을 발견한 네덜란드인들은 쿼 카를 덩치가 큰 쥐(Rat)의 일종으로 생각해 이 섬의 이름을 '쥐의 집 Rat's Nest'이라는 뜻의 로트네스트라 부르게 됐다고 합니다. 하지만 사실 쿼카 는 쥐가 아니라 캥거루와 같은 유대류에 속하는 동물이랍니다.

이 섬에 쿼카가 유난히 많은 이유는 쿼카의 먹이가 되는 나무 열매가 섬 전 체에 널리 퍼져 있기 때문입니다. 알갱이 초콜릿처럼 생긴 까만 열매를 쿼 카가 좋아하거든요. 쿼카를 만나면 이 열매를 줘보세요. 금방 사람과 친해 져서 앞다리를 싹싹 문지르며 좋아할걸요. 그 다음 쿼카가 방심한 틈을 타 서 셀카 한 장 찰칵! 세상 어디서도 볼 수 없는 인증샷이 된답니다.

03
핑키 비치와 바트허스트 등대
Pinky Beach & Bathust Lighthouse

초록빛 바닷물에 두 손을 담그면

페리 부두에서 도보 30분 거리의 핑키 비치와 바트허스트 등대는 걸어서도 섬의 아름다움을 실컷 감상할 수 있는 곳. 특히 핑키 비치는 수심이 얕고 파도가 적으며 바다 속이 훤히 들여다보일 만큼 맑고 깨끗해서 해수욕을 즐기기에 적합하다. 초록빛 바다에 몸을 담그고 스노클링에 심취한 사람들과 갯바위 낚시를 즐기는 사람들의 모습이 더할 나위 없이 여유로워 보인다.

01

Dôme Café

섬에서 가장 먼저 만나는 건물

톰슨 베이에서 가장 화려한(?) 건물. 해변을 향한 노천 파라솔에 앉으면 초록빛 바다와 갈매기떼가 어우러진 한 폭의 그림 같은 정경이 펼쳐진다. 하지만 외관만 보고 비싸지나 않을까 지레 겁먹지는 말 것. 샌드위치나 머핀 같은 간단한 메뉴도 많고, 커피 한 잔으로 멋진 분위기를 낼 수도 있다. 호주 전역에 65개의 지점을 두고 있는 돔 카페가 로트네스트에 문을 연 것만으로 이 작은 섬에서는 이슈가 되기도 했다.

📍 Colebatch Ave., Rottnest Island ⏰ 07:00~17:00 📱 9292-5286 🏠 www.domecoffees.com

02

Simmo's Icecream

존재만으로 반가운

아이스크림의 종류도 많고 어떤 맛을 선택해도 한결같이 맛있다. 종류가 많아 선택할 때마다 심한 선택장애에 놓이지만 그마저도 즐겁다. 매장은 작지만 드나드는 사람들이 많아서, 페리가 도착하는 시간대에는 약간의 대기도 필요하다. 기다리는 동안 뭘 먹을지 결정하면 된다. 이 작은 섬에서 신선한 재료로 만든 수제 아이스크림은 그 존재만으로 반갑다.

📍 Central Mall Thomson Bay, Rottnest Island ⏰ 일~목요일 12:00~16:30, 금~토요일 11:00~16:30 📱 9755-3745 🏠 www.simmos.com.au

TIP

로트네스트 아일랜드의 숙소

Kingstown Barracks

1936년에 지어져 제2차 세계대전 당시 군대의 막사로 사용되었던 곳. 개조했다고는 하지만 여전히 군대 막사 그 자체다. 넓은 운동장도 군대 연병장으로 쓰던 곳이고, 나지막하게 늘어선 건물의 형태와 2층 침대가 놓여 있는 실내 역시 어쩔 수 없이 군대 내무반을 연상시킨다. 톰슨 베이에서 1.5km 떨어져 있으며, 걸어서는 약 30분 소요된다. 킹스타운까지 운행되는 세틀먼트 셔틀버스를 이용하면 쉽게 갈 수 있는데, 시각표는 정류장이나 숙박정보 안내센터에서 구할 수 있다. 오후 5시가 되면 리셉션이 문을 닫는다.

📍 Kingstown Rd., Rottnest Island 💲 도미토리 A$39~ 📱 9432-9111 🏠 www.rottnestisland.com

Karma Rottnest

로트네스트 아일랜드에서 최고의 시설을 자랑하는 곳. 객실의 종류가 다양해서 예산에 맞춰서 고를 수 있다. 방마다 샤워실·화장실이 완비되어 있으며 레스토랑·바·수영장도 있다.

📍 Kitson St., Rottnest Island
💲 스탠더드 A$170~, 딜럭스 A$190~, 패밀리 아파트 A$400~
📱 9292-5161
🏠 www.karmagroup.com

서호주 북부의 최강 어트랙션 NO.3
샤크 베이, 브룸, 번글번글

서호주에서도 북부 지역은 한국 여행자들에게 여전히 미지의 지역이 많다. '지질학자들의 놀이터'라 불리는
이 일대는 지구과학의 살아있는 교과서로, 세상 어디서도 볼 수 있는 비경과 자연현상을 자랑하는 곳들이 많다.
사람의 발길이 닿기 어려운 오지여서 간직될 수 있었던 자연의 아이러니 속으로 뚜벅뚜벅 걸어가보자.

NO.1 돌고래와 춤을, 샤크 베이 Shark Bay

퍼스에서 북쪽으로 약 830km에 위치한 샤크 베이에는 총 길이 약 150km의 샤크 베이 로드가 이어지며 북쪽에서부터 몽키마이어, 데남, 난가, 하멜린 풀의 크고 작은 도시가 위치한다. 이 일대는 독특한 지형과 기후, 해양생물 자원으로 인해 유네스코 세계자연유산에 등재된 곳이다. 야생 돌고래를 볼 수 있는 '몽키마이어', 새하얀 조개껍질이 융단처럼 깔려있는 '쉘 비치' 등은 놓치지 말아야 할 어트랙션이며, 35억 년 전부터 서식해온 살아있는 화석 '스트로마트라이트'는 이 일대에서 반드시 봐야 할 태고의 생명체다.

인포메이션 센터 Shark Bay World Heritage Discovery & Visitor Centre
📍 55 Knight Terrace, Denham ☎ 9948-1590 🏠 www.sharkbayvisit.com

몽키마이어 Monkey Mia

샤크 베이 공항에서 자동차로 20분 거리에 있는 몽키마이어는 '야생 돌고래 먹이주기'로 유명해진 곳이다. 돌고래 생태계 연구를 위해 약 50년 전부터 시작된 먹이주기 행사가 지금은 이로 인해 관광산업을 발달시키는 결과를 낳게 되었다. 돌고래를 보는 데 특별한 장비나 비용이 들지는 않지만, 국립공원 입장료는 내야 한다.

쉘 비치 Shell Beach

샤크 베이 해양공원에 위치한 쉘 비치는 이름 그대로 새하얀 조개껍데기로 덮여있다. 이는 풍토, 기온, 지형의 영향으로 수심이 얕아지면서 해수의 염분 농도가 높아져서 조개가 생식할 수 없어졌기 때문에 생긴 것이라 한다. 조개껍데기 무덤(?)의 깊이가 무려 10m에 달하는 곳도 있다. 100km 이상 이어지는 비치를 바라보고 있노라면 다시 한번 자연의 경이로움을 느끼게 된다.

 시간마저 멈춘 태양의 도시,
브룸 Broom

서호주의 북쪽 끝에 위치한 브룸은 킴벌리 지구 서쪽의 현관 역할을 하고 있으며, 과거에는 애버리진 거주지역이었으며, 한때 진주 생산지로도 번성했다. 현재는 순백의 케이블 비치와 '달로 가는 계단'으로 유명해지면서 남국 느낌 물씬한 리조트 도시로 변모해가고 있다. 도시의 중심은 차이나타운이라 불리는 지역이며, 남북으로 뻗어있는 카나본 스트리트에는 레스토랑, 카페, 숙박시설, 쇼핑센터 등이 즐비하게 자리잡고 있다.

인포메이션 센터 **Broome Visitor Centre** 📍1 Hamersley St., Broome 📱9195-2200 🏠 www.visitbroome.com.au

케이블 비치 Cable Beach

호주의 무수히 많은 해변 가운데서 최근 가장 주목받고 있는 곳이자 브룸 최고의 관광명소. 20km나 이어지는 활 모양의 모래사장은 순백으로 장관을 이룬다. 특히 해 질 무렵이면 인도양으로 지는 석양을 보러 많은 사람들이 찾는데, 그중에서도 낙타를 타고 석양 속으로 걸어가는 카멜 라이더의 행렬은 전 세계 여행자들을 설레게 하는 베스트샷으로 유명하다.

낙타 투어 회사 **Broome Camel Safaris**
📱0419-916-101 🏠 www.broomecamelsafaris.com.au

TIP

한번 보면 평생 잊히지 않는다는, '달로 가는 계단'

브룸 동쪽 해안에서 달로 가는 계단 Staircase to Moon으로 불리는 신비로운 자연현상을 볼 수 있다. 보름달 밤 간조 때 바다에서 떠오르는 달빛이 갯벌의 해면에 반사되어 마치 달로 안내하는 빛의 계단처럼 보인다고 해서 붙여진 이름. 베스트 포인트는 브룸 중심부에서 가까운 로벅 베이 Roebuck Bay와 타운 비치 Town Beach. 달로 가는 계단은 기상 조건에 크게 좌우되는데, 비가 내리지 않아도 구름이 많으면 잘 보이지 않는다. 매월 보름을 전후한 3일 동안 볼 수 있으며 날씨까지 따라줘야 하므로, 여행 중에 이 현상을 본다면 거의 천운이 따른 것이라 할 수 있다.

NO. 3 기암괴석이 빚어낸 예술 작품, 번글번글 Bungle Bungle

번글번글은 비하이브(벌집)라 불리는 갈색과 오렌지색의 사암층이 오랜 세월 동안 여러 층으로 겹쳐서 생긴 기암군이다. 사람의 발길이 닿은 지 30여 년밖에 되지 않아서 때묻지 않은 순수 자연을 만날 수 있다. 기암군은 지금으로부터 3억5000만 년 전, 산에서 흘러내린 모래가 강 하류에 쌓이면서 사암이 되었고, 그 사암이 지반의 이동과 풍우로 침식되어 현재의 기괴한 모양이 된 것이라고 한다. 원주민 말로는 모래 바위를 뜻하는 '푸눌룰루 Punululu'라 불린다.

번글번글이 속해 있는 킴벌리 고원은 호주에서도 마지막 남은 미개척지로 통할 만큼 넓고 먼 여행지. 킴벌리 고원의 크기는 남한의 5배에 달하지만 인구는 고작 3만 명으로, 세계에서 가장 인구밀도가 낮은 곳으로도 유명하다.

번글번글까지 가는 대중교통 수단이 없으므로 카나나라에서 출발하는 투어를 이용해야 하고, 퍼스에서 카나나라까지는 비행기로 이동할 수 있다. 그나마 4~11월 사이 건기에만 출입이 허용된다.

투어 회사 Kimberley Wild
☎ 1300-738-870 🏠 www.kimberleywild.com.au

QUICK VIEW 한눈에 보는 호주 여행 준비

호주 여행 준비 Ready, Set, Go!

AUSTRALIA

한눈에 보는 호주 여행 준비

D-90 **여행정보 수집**
정보가 잘 집약되어 있는 가이드북을 통해 호주라는 나라의 전체적인 지형과 문화, 관광지 등에 대한 정보를 숙지한다. 관심 있는 테마가 있다면 해당 사이트 등에 들어가서 정보의 깊이를 더한다.

D-80 **여행 일정 및 예산 짜기**
남한 보다 77배나 큰 호주에서는 여행 일정과 루트에 따라 비용과 시간이 천차만별로 달라진다. 예산에 맞는 효율적인 일정을 짜야하며, 2주 미만의 일정이라면 전체를 둘러보기 보다는 한쪽만 선택해서 알차게 둘러보는 것이 좋다.

D-70 **여권과 비자 체크하기**
항공권 구매에 앞서 여권의 유효기간을 체크하고 워킹홀리데이의 경우 미리 비자를 받아둔다. 여권 기간이 3개월 미만일 경우에는 재발급을 한 후 항공권을 발권하도록 한다.

D-60 **항공권 구입하기**
대양주의 항공권은 대략 출발 2개월 전쯤이 가장 저렴하다. 이후 한번 상승 곡선을 타기 시작하면 걷잡을 수 없이 올라가므로, 시기를 놓치지 않게 미리 준비하는 것이 좋다. 항공권 예약 사이트나 애플리케이션에 마음에 둔 날짜를 정해두고, 알람 신청을 해두면 가격 추이를 확인하기에 용이하다.

D-30 **숙박, 교통, 투어 예약하기**
숙박과 교통은 현지에서 부딪히는 가장 큰 이슈다. 성수기라면 숙소를 미리 예약하는 것이, 비수기라면 조금 여유를 가지고 현지에서 정하는 것도 좋다. 또한 교통편이 애매한 지역에서는 투어를 활용하는 것도 좋은 방법이다. 어떤 투어가 있는 지 알아보고, 예약이 필요할 경우 미리 준비한다.

D-20 **각종 증명서 만들기**
숙소와 관광지 할인을 위한 YHA 카드, 국제학생증, 워킹홀리데이 비자 등 필요한 증명서들을 만든다.

D-7 **환전 & 면세 쇼핑, 로밍 & 여행자 보험 가입**
환율의 추이를 지켜보다가 적당한 시기에 환전을 한다. 최소한 당일 가장 비싼 공항에서 환전하는 것은 피하도록 한다. 아울러 면세 쇼핑과 로밍, 여행자 보험 등을 여유있게 준비한다.

D-3 **짐 꾸리기, 최종 점검**
현지 날씨를 체크한 후 가져갈 의복 등을 챙긴다. 상비약과 손톱깎이 같은 소소한 일상용품도 빠뜨리지 않고 체크한다. 여권과 신용카드, 항공권 등은 미리 사진을 찍어 두거나 사본을 만들어 둔다.

D-Day **호주로 출발!**
생각보다 공항에서 해야 할 일이 많다. 최소 2시간 전에 도착해야 하지만, 넉넉하게 3시간 전에는 도착해서 로밍과 면세품 찾기 등의 소소한 일정들을 소화하도록 한다.

STEP 01

여행정보 수집
Travel Information

〈리얼 호주〉 파트 01과 파트 02를 꼼꼼히 읽으며 호주와 가까워지는 것만으로도 여행의 첫 발을 뗀 것이다. 낯선 친구와 친해지려면 그 친구의 이름부터 좋아하는 것, 주변 등을 알아가는 것처럼 하나씩 호주에 대해서 알아가는 것이 중요하다. 조금 더 알고 싶은 마음이 들었을 때, 아래에 소개하는 사이트와 애플리케이션에 들어가서 나만의 정보를 채워가도록 하자. 언제나 여행은, 아는 만큼 보이는 것이니까.

호주 관광청
www.australia.com
지도는 물론 교통·숙소·관광지·레스토랑·액티비티 등에 관한 모든 정보를 제공한다. 특히 한국어로 번역된 한글 사이트에서는 영어를 잘 모르더라도 손쉽게 정보를 얻을 수 있도록 정리되어 있으니, 여행 전에 한번쯤 꼭 방문해 볼 것.

호주 대사관
www.southkorea.embassy.gov.au
출입국 정보, 유학, 교육, 무역 등에 관한 정보를 소개한다. 워킹홀리데이와 관련한 정보도 얻을 수 있다.

콴타스 항공
www.quantas.com.au
호주와 뉴질랜드에 폭넓게 취항하는 호주 국적기. 국제선은 물론 호주 국내선 노선과 요금도 온라인으로 검색·예약할 수 있다. 대양주에서는 가장 많은 노선을 보유하고 있으며, 국내선에서는 조금 비싼 대신 서비스가 좋다.

제트스타
www.jetstar.com
호주와 뉴질랜드 전역을 종횡무진 오가는 중저가 항공. 국내선 이용 횟수가 많다면, 회원가입을 통해서 회원가를 이용하는 것이 유리하다. 한글 애플리케이션이 있어서 예약 및 발권이 편리하다.

버진 오스트레일리아
www.virginblue.com.au
제트스타와 쌍벽을 이루는 국내선 항공으로, 애플리케이션이나 홈페이지를 통해 손쉽게 예약할 수 있다.

렉스
www.rex.com.au
메이저 항공에서 취항하지 않는 소도시 중심의 노선이 많은 국내 항공사. 태즈마니아나 퀸즐랜드 내륙 등 노선이 한정되어 있지만, 가격 면에서 버진 오스트레일리아나 제트스타와 맞먹는다.

타이거 에어
www.t.tigerair.com.au
모든 노선에서 최저가를 표방하는 국내선 항공사. 항공료가 싼 대신 여러 가지 불편함과 부실한 서비스는 감안해야 한다. 특히 수화물 관련 컴플레인이 많으니 참고할 것.

오지 익스피리언스
www.ozexperience.com
백패커스 버스 패스를 취급하는 오지 익스피리언스의 공식 홈페이지

그레이하운드 버스
www.greyhound.com.au

호주 전역을 누비는 장거리 버스. 인터넷을 통한 예약과 발
매가 가능하다.

호주 철도 정보
www.journeybeyondrail.com.au

호주 전역의 철도 노선과 시각표·요금 등이 자세히 나와 있
는 저니 비욘드의 공식 사이트. 더 간, 인디언 퍼시픽, 오버
랜드, 그레이트 서던에 대한 정보도 이 사이트 하나를 통
해 연동된다.

호주 YHA 연맹
www.yha.com.au

호주 YHA 협회의 공식 사이트. 전국 각 지역의 회원 호스
텔을 검색하고 예약할 수 있다.

호주 날씨 정보 서비스
www.weatherzone.com.au

대륙보다 넓은 섬 나라 호주는 지역별로 다양한 기후대가
분포되어 있다. 특히 해안지역과 산악지대의 날씨는 변화
무쌍한 편이어서 일기예보를 챙기는 것이 여행의 변수를
줄일 수 있는 방법이다. 현지의 날씨를 확인하는 가장 좋은

방법은 '웨더존'을 확인하는 것. 홈페이지에 각 지역별 날씨
가 게시되고, 작은 지역까지 대단히 자세하게 예보되고 있
으며, 정확도도 높다.

호주 와인 사이트
www.wineaustralia.com

최근에는 한국에서도 호주 와인을 손쉽게 접할 수 있다.
다양하면서도 합리적인 가격과 높은 퀄리티 때문에 꾸준
히 소비량이 늘고 있는 것. 호주 와인에 대해 조금 더 알고
싶다면 주목할 만한 사이트. 지역별 와인에 대한 정보와
빈티지, 퀄리티, 수상 내역 등에 대한 내용이 잘 정리되어
있다.

뉴질랜드 투어
www.nztour.co.nz

뉴질랜드에 본사를, 호주에 지사를 둔 대양주 전문 여행사.
워홀을 마치고 귀국 전에 뉴질랜드를 여행하려는 사람이
나 호주 교민들이 주로 활용하는 사이트. 한국 여행사로
는 유일하게 뉴질랜드 정부가 인정한 퀄 마크 보유 업체로,
항공, 숙박, 교통, 어트랙션, 한국인 패키지 투어까지 다양
한 서비스를 취급한다. 호주 대도시의 숙박이나 투어 예약
도 가능하다.

································· **TIP** ·················
각 주별 홈페이지
··

• 캔버라 관광청 www.canberratourism.com.au
• 시드니 관광청 www.sydneyaustralia.com
• 뉴사우스웨일스 관광청 www.visitnsw.com.au
• 노던 테리토리 관광청 www.ntholidays.com
• 퀸즐랜드 관광청 www.queensland-holidays.com.au
• 사우스 오스트레일리아 관광청 www.southaustralia.com
• 태즈마니아 관광청 www.discovertasmania.com
• 빅토리아 관광청 www.visitmelbourne.com
• 웨스턴 오스트레일리아 관광청 www.westernaustralia.net

STEP 02

여행 예산 짜기
Travel Budget

여행 경비의 하루 평균 예산액은 숙박비와 교통비, 식비, 관광지 입장료를 기준으로 산출한다. 개인의 여행 취향과 목적, 기간과 코스에 따라 예산이 달라지지만, 특히 호주에서는 교통편과 투어의 선택에 따라 크게 좌우되는 것이 특징이다.

기본적으로 출국 전 소요되는 비용은 호주까지의 왕복 항공 요금 80~160만 원과 각종 증명서 발급 비용 3~5만 원, 가이드북 구입비 2만~2만5000원, 배낭 및 각종 여행용품 구입비 10~15만 원, 여권 발급비 약 5만 원, 보험료 2~20만 원, 버스 패스 구입 등등. 개인의 준비 상황 여부에 따라 총 150~200만 원 정도가 필요하다.

여행 중 필요한 예비비는 총액의 10% 정도를 생각하면 되지만, 투어나 액티비티 소요액을 미리 계산하여 넉넉하게 준비해야 한다. 항목별 내역을 구체적으로 살펴보자.

항공 요금

비수기에는 80만 원대까지 요금이 내려가지만, 보통은 유류할증료 포함 100~160만 원 정도를 예상하면 된다. 최고 성수기인 12~1월에는 직항의 경우 180만 원 정도까지 치솟는다.

항공 요금은 여행기간에 따라서도 달라진다. 3개월 안에 돌아올 예정이라면 좀 더 저렴한 항공권을 구입할 수 있고, 워킹홀리데이 비자나 학생 비자를 가지고 있을 때도 일반 요금보다 저렴한 할인 혜택을 받을 수 있다. 흔히 경유편이 저렴하다고 생각하지만, 최근에는 인터넷의 보급으로 출발 직전에 판매하는 마감 임박 할인요금이나 각종 이벤트성 항공권 등이 활성화되어 직항편과 경유편이 가격면에서 큰 차이가 없게 되었다. 오히려 시기와 조건에 따라 항공 요금이 달라진다.

식비

호텔에 묵는 경우가 아니라면 숙소에 딸린 주방에서 식사를 해결할 수 있다. 모텔이나 백패커스, 홀리데이파크 등 대부분의 숙박시설에 딸려있는 주방에는 조리기구와 함께 간단한 조미료까지 갖춘 곳이 많다. 숙소 근처의 대형 슈퍼마켓에서 재료를 구입해 조리하면 하루 평균 3~4만 원 정도면 충분하다.

입장료와 각종 액티비티 비용

역사도 짧은 나라에 웬 박물관이 이렇게 많나 싶을 정도로 호주에는 도시마다 특색 있는 박물관과 미술관이 있다. 생각보다 내용이 충실한 박물관들의 입장료는 거의 무료다. 몇몇은 A$5 이하의 기부금으로 입장료를 대신하기도 한다. 하지만 문화 외의 놀이를 목적으로 하는 테마파크 등은 입장료가 매우 비싸다. 특히 골드 코스트 같은 휴양지에서는 한 군데 들를 때마다 3만 원이 넘는 입장료를 지불해야 한다.

또 레포츠와 투어의 천국 호주에서는 다른 어떤 비용보다 놀거리 비용이 큰 몫을 차지하는데, 당일 투어는 대개 5~8만 원, 2박3일이면 20~30만 원은 각오해야 한다.

하지만 호주까지 가서 돈 때문에 경험해야 할 것을 못한다는 것도 불행한 일. 조금 무리가 되더라도 액티비티 하나당 A$100 정도는 감안하고, 다른 곳에서 절약하는 것이 좋다. 따라서 15일쯤 케언즈에서 시드니까지 동부 해안을 여행할 예정이라면 입장료와 각종 액티비티 비용으로 100만 원 정도는 예상해야 한다.

현지 교통비

막상 현지에 도착하면 만만치 않은 교통비에 놀라게
된다. 대중교통 요금이 우리나라보다 월등히 비싸기
때문. 국토가 넓어서 도시간의 장거리 교통비도 비싸
고, 시내버스나 택시 등의 시내 교통비도 적지 않게
들어간다. 여행기간이 짧을 때는 구간별 일반 버스
패스를 이용하는 것이 좋고, 여행기간이 길거나 도시
간 이동 거리가 멀다면 그레이하운드 등의 할인 패
스를 구입해서 한꺼번에 교통비를 해결하는 것이 좋
다. 비행기를 적절히 활용하는 것도, 숙박과 시간에
드는 기회비용을 생각하면 오히려 현지 교통비를 아
끼는 비결이 된다.

잡비

잡비는 말 그대로 잡다한 지출이다. 유심 구입이나
우편, 기념품 구입비, 인터넷 사용료 등등이 여기에
해당할 것이다. 대개 한 달 여행에 40~50만 원 정도
를 예상하면 되는데, 의외로 잡비 지출이 적지 않다
는 점을 염두에 두어야 한다.

숙박비

배낭여행자를 위한 백패커스에서 묵을 경우 하루 3
만원 안팎의 비용을 예상하면 된다. 여러 명이 공동
으로 사용하는 도미토리룸의 요금은 1일 A$35~45
정도. 가족이나 커플이라면 백패커스의 더블룸이나
모텔 등을 이용하는 것이 좋은데, 이때 비용은 1일
A$80~150 정도.

돈은 어떻게 갖고 다닐까?

여행 경비는 현금과 기타 수단의 비율을 2:8 정도로 가져가는 것이 좋
다. 현금을 많이 가지고 다니면 심리적으로도 불안하고, 또 고액의 현
금을 사용하는 것은 현지에서 범죄의 타깃이 될 수 있기 때문이다.

신용카드 또는 체크카드

신용카드는 여행자의 신분을 나타내는 중요한 증명서다. 특히 렌터카
를 이용하거나 호텔에 투숙할 때 신용카드를 요구하는 곳이 많다. 신
용카드가 없을 경우에는 상당한 금액의 보증금을 내야 하거나 거래
자체가 안 되는 곳도 종종 있다. 호주에서는 저렴한 숙소나 작은 기념
품점에서도 신용카드를 받을 정도로 카드 사용이 일반화되어 있다.

현지 은행 계좌 만들기

단기 여행자는 여행자수표가 안전하고, 1년 이상 예정의 워킹홀리데
이나 장기 여행자는 아예 현지 은행의 계좌를 만드는 것이 편리하다.
계좌에 현금이 있으면 직불카드 Effos Card로 현금인출기에서 필요
한 현금을 빼서 쓸 수 있고, 또 슈퍼마켓이나 숙소에서도 카드를
이용해서 원하는 만큼의 현금으로 바꿀 수 있다.
계좌를 만들려면 여권과 현지 주소가 필요하고, 카드를 발급받은 후
에는 핀 넘버 Pin Number라 부르는 비밀번호를 입력하면 된다. 신청
후 4~7일 뒤 기재한 주소로 카드가 발송되는데, 그 다음부터는 현금
을 자유롭게 인출할 수 있다. 호주의 은행은 통장을 따로 발급하지 않
고, 한 달에 한 번씩 발송되는 입출금 내역서 Bank Statement 또는
인터넷뱅킹을 통해 내역을 확인할 수 있다.

여행자 카드

최근에는 여행자수표를 소지하는 여행자를 찾아보기 어려워졌다. 대
신 '트래블 로그'나 '트래블 월렛' 같은 여행자 카드가 일반화되고 있
는 추세. 트래블 로그는 하나은행에서, 트래블 월렛은 핀테크라는 회
사에서 운영한다. 즉, 트래블 로그는 하나은행 계좌와 연결된 경우 사
용 가능하지만, 트래블 월렛의 경우 시중 은행 대부분과 연계할 수 있
어서 조금 더 편리하다.
애플리케이션을 다운받아 회원 가입 후 신청하면 며칠 후 실물카드가
배송되는데, 현지에서 이 카드를 체크카드처럼 사용하면 된다. 동시
에 애플리케이션을 통해서는 필요한 만큼 그때그때 충전해서 사용할
수 있고, 사용 내역까지 바로바로 업데이트 된다. 전세계 거의 모든
화폐로 충전할 수 있어서, 현지 화폐 즉, 호주에서는 호주 달러를 사용
하게 된다. 따라서 환율에 따른 수수료나 별도의 카드 수수료가 없다
는 것이 최대 장점이다. 사용하고 남은 달러는 시세가 좋은 시점에 역
환전도 가능하다.

항공권 구입하기
Air Ticket

여행 예산의 가장 많은 부분을 차지하는 것은 바로 항공권. 그래서 가장 오랜 시간 공을 들여야 하고, 항공권 구입만으로 여행 준비 절반은 끝낸 느낌이 든다. 항공권 가격을 결정하는 요소로는 여행 시기, 체류기간, 항공권 구입 시점 등이 있다. 아래를 참고해 합리적인 소비를 하도록 하자.

성수기·비수기 구분

항공권은 성수기와 비수기에 따라 요금이 달라진다. 대체로 최성수기·성수기·비수기·준비수기의 4단계로 나뉘는데, 이 시기만 잘 조절해도 많은 예산을 절약할 수 있다.
호주 여행의 성수기는 현지의 여름과 한국의 겨울방학이 맞물리는 12~2월, 크리스마스, 설·추석 연휴 등이다. 또 호주의 중고등학교 방학기간 역시, 현지의 유학생들이 한국을 오가기 때문에 저렴한 좌석을 구하기 어렵다. 반면 한국에서 비수기로 취급하는 3~5월, 9~11월은 호주 동북부 지역을 여행하기 좋은 시기로, 저렴한 항공권으로 현지의 성수기를 만끽할 수 있다.

체류기간 결정

항공 요금을 좌우하는 또 하나의 요인은 체류기간, 즉 항공권의 유효기간이다. 호주의 경우 관광비자로 여행할 수 있는 기간이 3개월이므로, 배낭여행자라면 그 이상의 항공권을 구입할 수도 없다. 그러나 워킹홀리데이나 유학이 목적이라면 최대 1년까지 유효한 항공권을 구입해야 하는데, 그럴 경우 3개월 티켓보다 요금이 훨씬 비싸진다. 배낭여행도 여행기간이 짧다면 1개월 단기 티켓을 구입하는 것이 더 저렴하다. 본인의 체류 일정에 맞는 항공권을 구입하되, 유효기간이 짧을수록 요금이 내려간다는 사실을 기억하자!

조기 예약 할인을 노려라

일정이 결정되었으면 항공권 구입을 서두른다. 대부분의 여행사에서는 미리 확보한 좌석을 안정적으로 판매하기 위해 조기 예약 할인제를 도입하고 있다. 예약 시점에 따라 5~20%가 할인되므로 꽤 큰 비용이 절감된다. 경우에 따라 예약과 함께 발권을 조건으로 내걸기도 하지만, 대개는 예약 후 정식 발권까지 시간적 여유가 있으니 예약부터 서두르자. 인터넷 검색을 통해 출발 시점의 항공 요금을 확인한 뒤 몇몇 여행사에 전화해 조기 예약 할인 여부를 확인한다. 이때 예약 취소에 따른 수수료가 있는지 여부도 확인할 것!

할인 항공권과 공동 구매

성수기인 겨울방학을 앞두고 여행사와 여행 커뮤니티 사이의 공동 구매가 활발해진다. 이때는 단체 구매를 원칙으로 하기 때문에 개별 구매보다 저렴한 가격에 항공권을 구입할 수 있으며, 모객이 많이 될수록 요금이 더 많이 저렴해진다. 따라서 평소 관심 있는 커뮤니티에 회원가입을 하고, 공동 구매 등의 움직임을 주시해야 한다.

목적지 결정

한국에서 호주로 가는 직항 노선은 모두 4개. 대한항공은 2개 도시에 취항하고 나머지 아시아나와 제트스타, 티웨이는 각각 1개 도시에 취항한다. 2022년 겨울, 제트스타와 티웨이가 시드니 직항로를 열면서 호주로 가는 길이 조금 더 저렴해졌다.

여행의 목적지나 루트는 어느 도시로 입국하느냐에 따라 크게 달라진다. 직항을 이용할 계획이라면 시드니나 브리즈번이 여행의 시작 또는 마지막 도시가 될 것이다.

한편 경유편을 이용할 계획이라면 목적지의 선택은 조금 더 넓어진다. 싱가포르 항공, 콴타스 항공, 말레이시아 항공, 타이항공 등을 이용하면 싱가포르, 방콕, 쿠알라룸푸르 등을 경유해서 퍼스나 멜번, 케언즈 등의 대도시로 입국할 수 있기 때문이다.

직항에 비해서 시간은 오래 걸리지만 경험을 중요시하는 여행자에게 경유편은 오히려 좋은 기회가 될 수 있다. 흔히 스톱오버 Stopover라 부르는 경유지에서의 체류 시간을 활용하면 호주 외에 다른 도시 또는 국가 한 군데를 더 여행하게 된다.

호주 직항 항공사와 취항 도시

항공사	취항 도시	운항 횟수
대한항공	시드니, 브리즈번	매일 운항
아시아나항공	시드니	매일 운항
제트스타	시드니, 브리즈번	주 4회, 3회
콴타스항공	시드니	주 4회
티웨이항공	시드니	주 3회

TIP
항공권 구매 사이트 또는 앱

· **네이버 항공**: 처음 시작했을 때보다 점점 진화되어, 최근에는 꽤 넓은 범위의 항공사를 검색하고, 최저가 요금을 찾아내고 있다. 또한 연결되는 구매처가 국내 여행사 중심이어서 안심할 수 있다. 1차 검색으로 활용할 만하다.

· **스카이스캐너**: 조금 더 깊숙이 검색하고 싶다면 스카이스캐너를 활용한다. 일단 검색한 노선에 대해서 가격 변동이 있을 때 알려주는 기능도 있어서, 항공권 상승 추이를 체크하다가 적절한 시기를 선택할 수 있다. 단, 연결되는 판매처가 해외 판매처인 경우가 많고, 별도의 발권 수수료가 붙는 경우도 많으니 발권에 앞서 꼼꼼하게 살펴야 한다.

· **옥션 항공권**: 검색되는 항공권의 가격은 타 사이트와 대동소이하지만, 옥션 회원에게 제공되는 할인 쿠폰을 활용하면 적게는 5%에서 많게는 15%까지 할인된다.

· **그 외 여행사 사이트**: 하나투어, 모두투어, 노랑풍선, 인터파크 등의 여행사 앱을 통해서도 최저가 항공권을 찾을 수 있다.

호주 취항 항공사와 경유지(경유 1회만 적용)

항공사	취항 도시	경유지	비고(스톱오버)
싱가포르항공	시드니·브리즈번·멜번·애들레이드·퍼스·케언즈·다윈·캔버라	싱가포르	1회 체류 가능
캐세이퍼시픽	시드니·브리즈번·멜번·애들레이드·퍼스	홍콩	1회 체류 가능
타이항공	시드니·브리즈번·멜번·퍼스	방콕	1회 체류 가능
JAL	시드니·브리즈번	도쿄, 오사카	1회 체류 가능
말레이시아항공	시드니·브리즈번·멜번·애들레이드·퍼스	쿠알라룸푸르	1회 체류 가능
콴타스항공	브리즈번·케언즈·멜번·퍼스	도쿄	아시아나 항공과 코드셰어

STEP 04

숙소 예약하기
Travel Accommodations

호텔예약 애플리케이션의 등장으로 예전에 비해 숙소 예약이 수월해졌다. 가격 정보가 실시간으로 공유되고, 위치 역시 앱으로 접근이 가능해지면서 가이드북의 숙소 정보가 유명무실해졌다고 해도 과언이 아니다. 고급 호텔과 중급 이상의 모텔 정보는 현지에서 숙박 앱을 활용해서 그날그날 가격과 조건을 비교해서 예약하는 것이 가장 좋은 방법이다.

혼자라면 배낭여행자 숙소,
일행이 있다면 다양한 모텔이나 중저가 호텔

혼자 하는 배낭여행이라면 도미토리가 있는 배낭여행자 숙소를 예약하는 것이 경제적이다. 그러나 둘만 되어도 이야기는 달라진다. 도미토리 침대 하나당 A$30~40 정도이니 두 사람이면 A$60~80은 훌쩍 넘어간다. 이때는 화장실과 샤워실이 딸린 모텔룸이나 중저가 호텔을 찾는 것이 훨씬 나은 선택이다.

뚜벅이 여행자라면 시내 중심,
렌터카 여행자라면 외곽까지 폭넓게

모든 숙박비에는 입지에 대한 비용이 포함되어 있다. 교통과 관광에 유리한 시내 중심에 있으면, 시설이 조금 낙후되더라도 비싸고 예약도 힘들기 마련이다. 만약 렌터카 여행

중이라면 굳이 시내 중심의 숙소를 예약할 필요가 없다. 특히 시드니나 브리즈번 같은 대도시에서는 시내 호텔이라도 주차비를 따로 내야 하므로, 굳이 비싼 비용을 치를 이유가 없다. 조금만 벗어나도 훨씬 시설 좋고 저렴한 숙소를 구할 수 있다.

호텔 예약 애플리케이션을 실시간 접속할 것

호텔스닷컴, 아고다, 익스피디아, 호텔 패스, 부킹닷컴 등의 여러 호텔 예약 앱 가운데 본인의 취향에 맞는 사이트를 정해, 단골이 되는 것이 중요하다. 대부분의 사이트들은 박수가 쌓이면 마일리지나 등급 등을 정해 보상해 주고 있으므로 이곳저곳 기웃거리는 것보다는 한 군데에서 마일리지를 쌓는 것이 좋다.

애플리케이션에서 주요하게 봐야 할 것은 사진

현실적으로 호텔을 결정하는 데에 가장 중요한 것은 요금이다. 그러나 무턱대고 저렴한 곳이 좋을 리는 없고, 가격 대비 시설이나 입지가 좋은 가성비 높은 호텔을 찾는 것이 중요하다. 애플리케이션에 제시된 사진들을 눈여겨보면 최소한 청결도는 확인할 수 있다. 건물의 노후 정도, 벽의 마감재, 침구의 컬러나 상태 등을 잘 체크하면, 결과적으로 실패율을 낮출 수 있다.

현지에서는 인포메이션 센터를 잘 활용할 것

1주일 이상 장기 여행의 경우, 모든 숙박을 미리 예약할 필요는 없다. 오히려 현지의 인포메이션 센터나 실시간 앱을 활용하면 그날그날 나오는 특가 요금으로 예약할 수 있기 때문이다. 또한 숙소를 찾아가느라 동선이 꼬이는 일도 줄일 수 있다. 현재 위치에서 가장 가까운 곳을 현지에서 정하는 것도 여행의 요령이다.

배낭여행자를 위한 호주 BEST 5 YHA

YHA(Youth Hostels Association)는 전 세계 84개국에서 운영하는 글로벌 여행자용 숙소다. 협회로부터 승인을 받은 숙소에만 YHA라는 명칭을 붙일 수 있기 때문에 시설과 서비스, 안전 등 모든 면에서 가장 믿을 만한 숙소이기도 하다. 나홀로 여행자를 위한 도미토리부터 커플 여행자를 위한 더블, 트윈룸까지 옵션이 다양하고, 수영장과 조식 등 호텔 못지않은 시설과 서비스를 갖춘 곳들도 많다. 특히 호주에서는 대도시마다 대표 YHA가 있는데, 그중에서도 베스트 5 YHA를 소개한다.

🏠 www.yha.com.au

1 Sydney Central YHA

센트럴 스테이션 맞은편에 있는 대규모 유스호스텔. 시드니에 있는 세 군데 YHA 가운데 가장 큰 규모와 현대적인 시설을 자랑한다. 1998년에 지어진 건물의 넓은 로비는 쾌적한 시설과 많은 정보를 담고 있다. 12시부터 시작되는 체크인 직전에는 진작부터 배낭을 멘 여행자들로 북적댄다. 그만큼 성수기에는 방 잡기가 어렵다는 사실! 평일 요금은 도미토리 A$50~이지만, 성수기와 주말에는 요금이 A$70까지 치솟는다. 방마다 개인 사물함이 따로 있고, 저렴한 숙소에서는 보기 드문 타월과 비누까지 비치되어 있어서 배낭여행들 사이에서는 거의 호텔로 불린다. 화장실이 있는 방과 없는 방이 있으므로 미리 필요에 맞는 방을 요구하는 것이 좋다. 층마다 휴게실이 있고, 9층에는 수영장과 BBQ 시설까지 있다. 단, 수영장에 대한 지나친 기대는 금물.

📍 11 Rawson Place 📞 9281-9111

2 Brisbane City YHA Hostel

규모 면에서는 손꼽힐 정도로 크다. 건물 앞에서는 그리 커 보이지 않지만, 내부가 연결된 뒤쪽 건물까지 합하면 객실 수가 많은 편이다. 건물 입구에는 리셉션과 작은 레스토랑, 책이나 신문 등을 읽을 수 있는 독서실 등이 있고, 옥상으로 올라가면 멋진 휴게시설과 수영장이 나온다. 주방과 TV 라운지 등 대부분의 시설이 규모에 비해서 약간 협소한 느낌이지만, 거듭되는 보수와 관리를 통해 개선되고 있다. 성수기에는 객실 구하기가 쉽지 않다.

📍 392 Upper Roma St., Brisbane City 📞 3236-1004

3 Cairns Central YHA

위치는 에스플러네이드 쪽 숙소들에 못 미치지만 나머지 면에서는 손색없다는 평가. 중심에서 조금 벗어난 듯하지만 바

로 앞에 쇼핑센터와 극장, 기차역 등이 있어서 오히려 조용하면서도 편리한 것이 장점이다. ㄷ자 형태의 2층 건물을 객실로 사용하고 있으며, 야외 수영장과 스파 풀이 있다. 원하면 남녀로 나뉜 객실을 사용할 수 있다.

📍 20-26 Mcleod St., Cairns City 📞 4051-0772

4 Melbourne Central YHA

3인용과 6인용 남성용 도미토리, 4인용 여성용 도미토리를 운영하고 있어서 동성끼리 여행 다닐 때 묵기 편한 곳이다. 주소에서 짐작할 수 있듯이, 플린더스 역 근처에 자리 잡고 있어서 교통은 물론 여행하기에 여러모로 편리하다. 옥상에 올라가면 시내가 한눈에 보이는 휴식공간이 있다. 오래된 건물이지만 내부는 무척 정갈하고 넓어서 성수기에는 빠른 예약이 필요하다.

📍 562 Flinders St. 📞 9621-2523

5 Adelaide Central YHA

애들레이드는 물론 호주 전체를 통틀어 몇 손가락 안에 들 만큼 훌륭한 숙소로, 규모나 시설, 서비스 등 모든 면에서 추천할 만하다. 한 층의 절반을 차지하고 있는 넓은 주방은 마치 고급 레스토랑처럼 꾸며져 있고, 공동 샤워장과 세면실 역시 넓고 쾌적하다. 객실에는 개인용 옷장이 있어서 짐을 보관하기 좋으며, 근교로 투어를 떠날 때는 무료로 짐을 맡길 수도 있다. 24시간 내내 보안 시스템이 작동되고 있으며, 24시간 언제든지 체크인할 수 있다. 층마다 TV룸과 리빙룸, 스포츠바 등이 설치되어 있다. 바로 옆에 트래블센터가 있어서 다음 여행을 계획하거나 예약하기도 좋다.

📍 135 Waymouth St. 📞 8414-3010

STEP 05

각종 증명서 만들기
Travel Certifications

여권·국제학생증·국제운전면허증 등은 낯선 땅에서 나를 증명하고 보호해주는 신분증이자 부적과 같다. 낯선 곳에서 일어날 수 있는 수많은 불의의 사고에 조금이라도 대비하고, 아울러 다양한 혜택을 받을 수 있게 도와주기 때문이다. 내 이름 석 자 적힌 증명서를 꼼꼼히 준비하는 일은 장마철에 우산 준비하는 것만큼이나 중요하다. 하루쯤 시간을 내어 필요한 증명서를 만들자.

대한민국 여권

여권 Passport은 해외에서 자신을 증명해주는 국제 주민등록증과 같다. 따라서 국가 간의 이동에서 여권이 없으면 출입국조차 허용되지 않는 필수 자격증이다. 여권 발급은 자신이 속해 있는 지역의 구청 여권과를 방문하여 직접 발급 받는 방법과 여행사를 통해 발급받는 방법이 있다. 만약 주소지 이외의 도시에 거주하고 있다면 가까운 도청에서 발급받을 수 있다. 보통 발급되는 여권은 10년 동안 유효한 복수여권이지만, 병역 미필자의 경우는 유효기간 1년의 단수여권을 발급받는다.

여권 신청 시 필요 서류

여권 발급 신청서(신청처에 구비), 신분증(주민등록증 또는 운전면허증), 여권용 사진 1장, 여권 발급 수수료(일반 복수여권 10년 58면 53,000원, 26면 알뜰여권 50,000원)

TIP
알뜰여권

여권의 내지가 몇 페이지인지 아세요? 총 58페이지입니다. 그런데 웬만큼 해외여행이나 출장을 다니는 사람이 아니고서는 그 페이지를 다 채우기란 쉽지 않습니다. 특히 무비자 협정국의 수가 120여 개에 달하는 지금에는 비자를 붙일 난이 필요 없어지면서 더 많은 페이지가 낭비되고 있지요. 그래서 2014년부터 정부는 알뜰여권이라는 것을 발급하고 있습니다. 58페이지의 면수를 26페이지로 줄이고, 수수료도 3000원 할인한 알뜰한 여권입니다. 수수료는 큰 차이가 없지만, 산림자원을 조금이나마 보존할 수 있고, 제작비도 절감해서 국민의 세금이 절약되는 효과가 있다고 합니다.

여권 발급처

서울 25개 구청과 광역시청, 지방 도청 여권과

🏠 www.passport.go.kr

호주 관광비자

호주는 ETAS(Electric Travel Authority System: 전산 처리 입국심사제)를 도입, 특별한 절차 없이 팩스로 처리된 관광 비자 확인서를 발급해주고 있다. 팬데믹 이전에는 여행사나 항공사에서 항공권을 구입할 경우 비자까지 함께 발급해주었지만, 지금은 본인이 직접 Australian ETA 앱을 통해 발급을 해야 한다.

관광이나 우프, 3개월 이하의 어학연수 때 필요한 관광 비자는 1년의 유효기간 동안 입국 횟수에 제한이 없는 복수 비자이며, 1회 체류기간은 최장 3개월에 한한다. 호주에 체류하는 동안 유효기간 3개월이 되기 2~3주일 전에 연장 신청을 할 수 있으며, 절차는 약간 까다롭지만 누구나 연장이 가능하다. 단, 통장 잔액증명서를 통해 충분한 자금을 소유하고 있다는 사실만 증명할 수 있다면. 연장기간은 통장 잔액증명서의 잔액에 따라서 결정되며, 통장에 돈이 많으면 많을수록 연장일수가 길어진다. 재발급 신청은 호주 내 대도시에 주재하고 있는 이민성에서 할 수 있다.

워킹홀리데이 비자

호주는 워킹홀리데이의 문이 가장 넓은 나라다. 최근에는 자격 요건만 충족되면 인원에 제한 없이 비자를 발급하고 있어서 그 수가 더욱 늘어나고 있는 추세. 일반 학생 비자는 노동시간이 일주일에 20시간으로 한정되어 있지만 워킹홀리데이 비자는 노동시간에 제한이 없어 현지에서 일하면서 부족한 여행경비를 충당할 수 있다는 것이 최대 장점. 아울러 최대 4개월의 어학연수도 법적으로 보장되고 있어서 1년 중 3개월은 어학연수를, 나머지 기간은 취업을 통해 번 돈으로 여행할 수 있다.

비자는 호주 이민성 사이트에 들어가 직접 신청하면 된다. 워킹홀리데이 비자를 신청하려면 여권과 같은 신분증과 호주에서 체류할 비용(일반적으로 A$5,000)이 있음을 증명하는 재정 증빙 자료가 필요하다. 특정 건강 및 자질 요건을 충족해야 하며 신원 조회 증명서를 제출하라는 요청을 받을 수도 있다. 신청을 완료하면, 빠르게는 하루 만에 승인이 나는 경우도 있지만 보통은 2주 정도 이내에 답변을 받을 수 있다.

외교통상부 워킹홀리데이 인포센터 🏠 whic.mofa.go.kr
호주 이민성 사이트 🏠 www.homeaffairs.gov.au

호주 워킹홀리데이 비자 간단 요약!

- **나이 제한**: 만 18~30세
- **서류 접수**: 2년 이상 유효기간이 남은 여권
- **출국**: 비자 발급 후 12개월 이내 출국
- **비자발급 비용**: A$635
- **체류기간**: 12개월(호주 현지에서 노동력이 필요한 농업, 임업, 수산업, 공장 등에서 3개월을 일한 경우, 세컨비자로 1년 연장 가능함)
- **근로시간**: 시간제한은 없으나 한 고용주 밑에서 6개월 이상 근무 불가
- **하는 일**: 다양한 아르바이트(영어 능통자나 전문기술자 유리)
- **어학연수**: 최대 4개월 가능
- **출국 시 비용**: 항공료, 여행자보험, 초기 정착금(어학연수 및 홈스테이 비용)
- **모집 시기**: 수시
- **모집 인원**: 제한 없음

여행자보험

여행자보험은 여행 중에 발생할 수 있는 도난·분실·질병·상해 등에 대해서 금전적으로 보상받을 수 있는 보험이다. 따라서 보상 한도액과 기간별로 보험료가 달라지고, 여행이 끝나는 순간 효력이 소멸되는 1회성 보험이다. 보험료는 가입과 함께 일시불로 내야 하고 여행 중 사고가 없었더라도 돌려받을 수 없다. 휴대품 분실·손상의 경우에는 분실 증명서나 수리 영수증 등의 증빙 서류를 잘 챙겨야 귀국 후

보상받을 수 있다. 상해나 질병의 경우에는 의사의 진단서나 치료비 내역 등이 필요하다. 국내 여행사나 유스호스텔 연맹 등에서도 여행자보험 업무를 대행하고 있다.

YHA 카드

YHA 카드는 전 세계 75개국 3000여 개의 유스호스텔을 사용할 수 있는 회원증으로, 호주 내에서 사용할 수 있는 대표적인 할인 카드라고 할 수 있다. 호주의 YHA 숙소는 협회와 관광청에서 정기적으로 관리하기 때문에, 일반 호스텔보다 시설이나 서비스 면에서 우수하다. 그러나 카드가 없는 비회원은 회원가보다 10%를 더 지불하는 경우가 많다. 따라서 주로 YHA를 이용

할 생각이라면 미리 회원카드를 만들어서 나가는 편이 좋다. 숙박 뿐 아니라 호주와 뉴질랜드 2500개의 카페, 레스토랑에서 25%의 할인을 받을 수 있고, 어트랙션 입장료도 할인되는 곳이 많아서 여러모로 쓸모가 있다.

- **비용**: 20,000원(1년), 30,000원(2년)
- **유효기간**: 1년~평생

한국 유스호스텔 연맹 📍 서울시 송파구 송이로30길 13
📞 02-725-3031 🏠 www.youthhostel.or.kr
YHA Australia National Office 🏠 www.yha.org.au

국제운전면허증

중고차를 구입하든 렌터카를 이용하든 꼭 필요한 것이 국제운전면허증이다. 특히 장거리 대중교통수단을 이용하기 불편한 외진 곳에서는 렌터카나 오토바이를 이용할 기회가 생길 수도 있으니, 계획에 없더라도 미리 준비해두는 것이 좋다.

국제운전면허증은 간단한 신청 절차만으로 면허증 소지자 누구나 발급받을 수 있다. 집 근처 운전면허 시험장에 가면 국제운전면허증 창구가 따로 개설되어 있으며, 오후 2시 이전에 신청하면 3시간 안에, 오후 2시 이후에 신청하면 다음날 오전 11시 30분까지 발급된다.

유효기간은 발행일부터 1년. 최근에는 전국 경찰서 민원실에서도 발급해 주는데 모든 경찰서에서 가능한 것은 아니니 전화로 확인해 보는 것이 좋다.

신청에 필요한 서류

국제운전면허 신청서(운전면허시험장 양식), 여권, 운전면허증, 주민등록증, 수수료(8,500원), 증명사진 1장

STEP 06

출·입국하기
Departure & Arrival

드디어 출발이다. 국제선은 출발 3시간 전에 공항에 미리 도착해야 하지만, 공항에서의 시간은 이상하게도 빨리 흐르기 마련이다. 인천 공항에 사람이 몰리는 성수기에는 더 넉넉히 시간을 잡고 출발하는 것도 좋다.

호주에 도착해서는 특히 검역에 신경써야 한다. 이웃 나라 뉴질랜드와 함께 지구에서 가장 청정한 국가인 만큼 검역에 있어서도 지구 최강으로 까다롭다. 특별히 신고할 물품이 없다면 긴장하지 않아도 되지만, 혹시라도 해당되는 것이 있는지 꼼꼼하게 체크해 보자.

한국 출국

❶ 탑승권 수령과 탑승 수속

보통 출발 2시간 전부터 탑승 수속이 시작된다. 이때 화물로 부칠 짐을 보내게 되는데, 좌석 등급과 항공사에 따라 무게 제한이 다르다. 이코노미석의 경우 20~23kg까지 부칠 수 있다.

탑승 수속을 마치면 탑승권과 탁송화물을 증명하는 클레임 태그 Claim Tag를 받게 된다. 탑승권에 적혀있는 비행기 편명, 탑승구 번호, 좌석 번호 그리고 탑승시각 등을 확인하고, 공항의 출발·도착 모니터도 수시로 확인한다. 탑승이 지연되거나 당겨지면 모니터나 방송을 통해 알려준다.

탑승 수속은 대개 비행기 출발 30분 전부터 시작된다. 수하물증은 흰색 스티커 형태로, 한 장은 짐에 붙이고 똑같은 다른 한 장은 항공권에 붙인다. 이 수하물증은 짐을 분실했을 때 배상받을 수 있는 근거가 되며, 자기 짐을 확인하는 증명서나 마찬가지다.

❷ 보안 검색 & 세관 신고

출국장을 들어서자마자 들고 타는 짐을 검사하는 검사장이 나온다. 휴대품은 X-Ray 투시기를 통과해야 하며, 몸은 금속 탐지기로 검사한다. 깜박 잊고 짐에 부치지 못한 맥가이버 칼이나 나침반 등은 압수당할 수도 있으니 미리 배낭 안에 넣어 화물로 부친다. 비디오·카메라·귀금속류 등 고가품을 가지고 출국할 때는 '휴대물품 반출 신고서'를 작성해 세관공무원에게 확인을 받아야 한다. 신고하지 않았을 때는 여행지에서 구입한 물건으로 오해받아 귀국할 때 그 물건에 대한 세금을 물 수도 있다.

❸ 출국 심사

세관을 거치면 여권 심사대가 나온다. 창구에서 여권과 탑승권을 제시하고 스탬프를 받아야 한다. 심사대에 줄이 길 때는 자동출입국 심사를 이용하면 빨리 통과할 수 있다. 19세 이상의 성인이라면 별도의 사전 등록 없이 자동 출입국 심사를 이용할 수 있다. 이로써 출국을 위한 모든 수속은 끝!

❹ 비행기 탑승

출국 심사를 마치면 드디어 면세구역. 이곳에는 면세점과 화장실, 흡연실, 공중전화 부스 등의 편의시설이 있다. 탑승권에 적힌 탑승구 앞으로 가면 탑승 대기실이 있는데, 이곳에서 탑승할 때까지 기다리면 된다.

혹시 기내 반입용 가방의 부피가 크다면 일찍 탑승해서 좌석 상단의 공간이 넉넉할 때 올려두는 것이 좋다. 운이 나쁘면 좌석 밑에 짐을 두고 10시간을 불편하게 가야 한다.

- 인천국제공항 📞 1577-2600 🏠 www.airport.kr
- 공항 리무진 버스
  📞 02-2664-9898 🏠 www.airportlimousine.co.kr
- 공항 버스 📞 02-447-4033 🏠 www.limusine.co.kr
- 한국도심공항터미널 리무진 버스
  📞 02-551-0790, 0077 🏠 www.kcat.co.kr
- 신공항 하이웨이
  📞 032-560-6100 🏠 www.hiway21.co.kr

호주 입국

❶ 신고서 작성

착륙 2시간 전쯤에 기내에서 입국 신고서와 세관 신고서를 나눠준다. 꼼꼼하게 잘 읽어보고 거짓 없이 작성하되, 마지막 서명 부분은 반드시 여권에 기재한 서명과 똑같이 한다.

입국 신고서 앞면

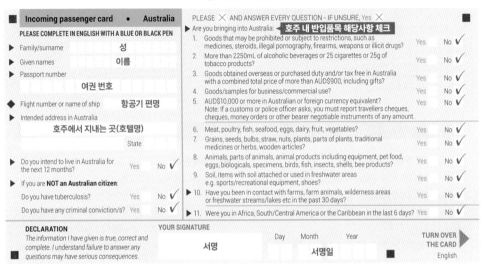

입국 신고서 뒷면

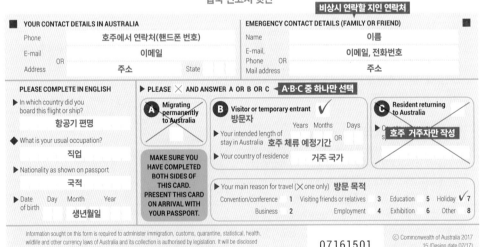

입국 신고서 Incoming Passenger Card

여권을 펼쳐놓고 첫 페이지에 있는 내용을 참조해서 영문으로 작성한다. 호주에서의 체류 주소란은 예약한 호텔이나 이 책자에서 소개한 호텔 한 군데를 골라 적으면 된다.

세관 신고서 Custom Declaration Form

개별 여행자는 각자 한 장씩, 가족일 경우에는 가구당 한 장만 작성하면 된다. 작성은 반드시 영문으로. 대부분의 내용이 O, X로 표시하는 것이며, 마지막 이름 정도만 영문으로 작성하면 된다. 음식과 식품류는 검역대상 품목이므로 반드시 신고하도록 한다.

❷ 입국 심사

비행기에서 내리면 'Immigration'이나 'Passport Control'이라는 표지판이 보인다. 그냥 사람들이 가는 대로 따라만 가도 입국 심사대가 나온다. 준비한 여권과 입국 카드를 준비하고 '외국인 Foreigner' 입국 심사대에 줄을 선다. 대개는 별다른 질문이 없지만, 간혹 체류기간과 호주 입국 목적을 묻는 경우도 있으니 입국 신고서에 기재한 대로 간단히 답하면 된다.

❸ 수하물 인수

입국 심사대를 통과하면 'Baggage Claim' 표지판이 있는 곳에서 짐을 찾는다. 자신이 탑승했던 항공기 편명과 출발지가 적힌 컨테이너 벨트에서 기다리면 짐이 차례로 나온다. 만약 짐이 없어졌거나 파손되었을 경우, 항공권에 붙어있는 클레임 태그와 여권·항공권을 소지하고 화물분실 신고센터에 신고한다. 짐을 바로 찾지 못하면 항공사측에서 당장 사용할 최소한의 생필품 비용을 배상해준다.

❹ 세관 신고 및 검역

입국의 마지막 과정은 세관 카운터 Custom를 거치는 일. 직원에게 짐과 여권, 세관 신고서를 보여준다. 이때 신고할 품목이 있으면 레드 라인 Red Line에, 없으면 그린 라인 Green Line에 서 있으면 된다.

······· TIP ·······
꼭 읽어보고, 반드시 지키자!!

호주의 독특한 자연환경을 보호하기 위해 검역은 필수불가결한 과정이다. 해외에서 유입되는 모든 음식물과 동식물 제품들은 빠짐없이 검역을 받고, 도착과 함께 검역 대상 품목을 스스로 신고하도록 되어 있다.

검역 대상 품목

신선한 상태나 포장된 상태의 음식물, 과일, 알류, 육류, 채소류, 종자류, 가죽, 털, 목재 및 식물. 호주 검역청(AQIS)은 모든 짐을 직접 검사하거나 엑스레이 기계로 검사하고, 위험 물질 탐색을 위해 탐지견도 이용하고 있다. 공항에는 검역에 앞서 여행객들이 검역 대상 품목을 직접 처리할 수 있도록 수거함도 비치되어 있다.

반입 금지 품목

총기, 장도를 포함한 각종 무기류, 음란물, 마약류, 멸종위기의 동식물, 햄과 치즈, 돼지고기 통조림, 과일, 육류, 달걀 제품 등.
단, 고추장과 김, 멸치, 오징어, 포장 김치, 팩 소주, 라면류 등의 기호식품은 세관 신고서에 기재한 뒤 세관원에게 보여주면 별다른 불이익을 받지 않는다. 중요한 것은 신고를 얼마나 정확하게 하느냐다. 반입 금지 품목이라도 신고만 하면 압수당하는 외에 특별한 불이익을 당하지 않지만, 신고하지 않으면 압수는 물론 A$200 이상의 과중한 벌금형을 받을 수도 있다.

면세

18세 이상의 호주 입국자는 1인당 술 2250㎖와 담배 25개비 또는 25g의 궐련 제품에 대해 관세를 내지 않고 들여갈 수 있다.

현금과 외국환

현금 A$10,000 이상 또는 동일한 가치의 외국환을 가지고 입국 또는 출국할 경우 반드시 세관에 신고해야 한다. 신고하지 않을 경우 위법행위로 간주되어 벌금을 물거나 불이익을 당할 수 있다.

의약품

호주 내로 반입하는 의약품은 엄격한 통제를 받고 도착 시 반드시 세관에 신고해야 한다. 자신의 의학적 상태와 의약품에 관한 의사의 처방전 또는 소견서를 지참하는 것이 좋다.

수하물 검사

승객들의 수하물은 국내선이나 국제선 비행기에 탑승하기 전에 당국의 검사를 받을 수 있다. 호주에 도착하는 모든 수하물 역시 검사를 받아야 한다. 검역 대상 물품은 모두 신고해야 하며, 신고하지 않을 경우 벌금을 물거나 기소될 수 있다.

각종 여행 관련 세금

호주 출국세 Departure Tax는 1인당 A$60로 항공권을 구입할 때 한꺼번에 지불하게 된다. 이때 12세 이하의 어린이와 24시간 이내 환승 승객은 면제된다. 출국세 이외에 정부공항세 등 각종 부과세가 있지만 대개 항공 요금에 포함되어 있다.

예방 접종

호주 도착 전 6일 이내에 황열병이 발병한 국가나 지역을 방문했을 경우에는 예방접종이 필요하다. 그러나 한국에서 출발하는 경우라면 특별한 예방접종이나 건강 증명이 필요 없다.

여행 트러블 대책
Travel Trouble

여행을 더 즐겁게 만드는 것은 안전이다. 어떤 경우에도 안전하지 않은 여행은 행복할 수 없기 때문이다. 호주는 매우 안전한 여행지 중 한 곳이지만, 사건 사고는 누구에게라도 예고 없이 일어나므로 적당한 긴장감을 유지하는 것이 좋다. 그래도 일어난 사고에 대해서는 당황하지 말고, 침착하게 해결책을 찾도록 한다. 당연한 이야기 같지만 현지에서는 요긴하게 쓰일 정보를 모았다.

질병·부상

호주 어디를 여행하든 건강에 해가 되는 요소는 거의 없다. 특별한 전염병이나 맹수 등이 없기 때문. 다만 장기간 여행할 때는 환경 변화와 피로 때문에 몸에 무리가 갈 수 있다. 이럴 때는 숙소의 매니저에게 도움을 청하면 의사를 불러주거나 병원으로 보내준다.
큰 질병에 걸리거나 의사소통에 문제가 있을 때는 호주 주재 한국 공관을 불러줄 것을 요청할 수도 있다. 한국 교민이나 유학생에게 도움을 청하는 것도 효과적이다. 여행자보험에 가입했다면 의사의 진단서와 진료비 영수증을 받아서 귀국 후 보험금을 청구한다.

여권 도난·분실

여권 분실은 여행 중 일어날 수 있는 거의 최악의 경우다. 만약 실제 상황이 되었다면, 일단 경찰서를 찾아간다. 경찰에서 발급해준 도난·분실 증명서와 사진 2장을 가지고 그다음 갈 곳은 한국 대사관이나 영사관. 여권 재발급 신청에는 여권 번호와 발행 연월일 등이 필요하므로 미리 여권 앞장을 복사해서 다니거나 따로 기록해두는 것이 좋다. 재발행까지는 2~3주 걸리지만, 급할 때는 귀국을 위한 도항서를 발행해준다.

신용카드 도난·분실

한국에서와 마찬가지로 카드 회사에 분실 신고를 해야 한다. 한국에서 발급받은 카드라면 국제전화로 한국의 카드 회사에 연락해 분실 사실과 함께 카드 번호와 유효기간을 알려야 한다. 카드 번호를 모를 때는 주민등록 번호로도 조회가 가능하니, 당황하지 말고 빠른 시간 내에 신고하는 것이 중요하다.

기타 도난·분실

다국적 배낭여행자가 모이는 투어 버스나 숙소에서는 종종 도난·분실 사고가 일어난다. 카메라나 노트북, 스마트폰 등은 여행자보험을 통해 보상받을 수 있지만, 현금은 보상받을 수 없으니 스스로 주의해야 한다. 현금은 항상 몸에 지니고, 배낭은 눈에 띄는 곳에 두도록 한다. 큰돈이나 귀중품은 호텔이나 숙소의 프런트에 맡길 것.

알아두면 유용한 현지 연락처
· 영사 콜센터 ⊕ www.0404.go.kr
· 캔버라 주재 대한민국대사관 ☎ 02-6270-4100
· 시드니 주재 대한민국 총영사관 ☎ 02-9210-0200~2
· 화재·경찰·앰뷸런스·가스 누출 등 긴급상황 ☎ 000

> **TIP**
> ### 여행자 세금 환급 제도,
> ### TRS(Tourist Refund Scheme)
>
> 어느 나라든 제품의 가격에는 여러 세금이 포함되어 있다. 그 가운데 일부는 해당 국가의 국민에게 부과하는 주민세의 성격이 강한데, 여행자의 경우는 국민이 아니므로 그 부분을 환급해주는 제도가 TRS, 여행자 세금 환급 제도다.
> 호주를 떠나기 전 60일 이내에, 단일 매장에서 A$300 이상의 제품을 구입했을 경우가 이에 해당되며, 한 매장에서 구입한 날짜가 동일할 필요는 없다. 즉 기간 내에 여러 차례 구입한 물품의 가격이 A$300 이상일 경우도 해당된다.
> 환급을 위해서는 출국 공항에서 짐을 부치기 전에 TRS 오피스를 방문한다. 이때 영수증과 함께 구입한 물품을 제시해야 하는 경우가 많으니, 모든 절차가 끝난 다음 수하물을 부치는 것이 안전하다. 온라인(trs.border.gov.au) 또는 애플리케이션(TRS Australia)에서 미리 신고서를 작성하면 현장에서의 절차가 훨씬 수월해진다. 신고 후 60일 이내에 신청시 등록한 계좌 또는 신용카드로 환급된다.

싱가포르항공과 함께 떠나는 호주 여행

시드니	멜버른	퍼스	브리즈번
애들레이드	케언즈	다윈	골드코스트

호주 8개 도시로 주 120회 운항하는 싱가포르항공과 함께
즐거운 여행을 계획해 보세요.

지금 바로 singaporeair.com에서 예약하세요.

f ⓨ ⓞ ▶ in

SINGAPORE
AIRLINES

A STAR ALLIANCE MEMBER ✦